中国国家标准汇编

355

GB 20903～20916

（2007 年制定）

中国标准出版社　编

中国标准出版社

北京

图书在版编目（CIP）数据

中国国家标准汇编：2007 年制定．355：GB 20903～20916/中国标准出版社编．—北京：中国标准出版社，2008

ISBN 978-7-5066-4949-0

Ⅰ．中… Ⅱ．中… Ⅲ．国家标准-汇编-中国-2007 Ⅳ．T-652.1

中国版本图书馆 CIP 数据核字（2008）第 101065 号

中国标准出版社出版发行
北京复兴门外三里河北街 16 号
邮政编码：100045
网址 www.spc.net.cn
电话：68523946 68517548
中国标准出版社秦皇岛印刷厂印刷
各地新华书店经销

*

开本 880×1230 1/16 印张 46.25 字数 1 413 千字
2008 年 8 月第一版 2008 年 8 月第一次印刷

*

定价 200.00 元

ISBN 978-7-5066-4949-0

出 版 说 明

1.《中国国家标准汇编》是一部大型综合性国家标准全集。自1983年起,按国家标准顺序号以精装本、平装本两种装帧形式陆续分册汇编出版。本《汇编》在一定程度上反映了我国建国以来标准化事业发展的基本情况和主要成就,是各级标准化管理机构,工矿企事业单位,农林牧副渔系统,科研、设计、教学等部门必不可少的工具书。

2. 本《汇编》收入我国正式发布的全部国家标准。各分册中如有顺序号缺号的,除特殊情况注明外,均为作废标准号或空号。

3. 由于本《汇编》的出版时间与新国家标准的发布时间已达到基本同步,我社将在每年出版前一年发布的新制定的国家标准,便于读者及时使用。出版的形式不变,分册号继续顺延。标准的属性以本书目录上标明的为准。

4. 由于标准不断修订,修订信息不能在本《汇编》中得到充分和及时的反映,根据多年来读者的要求,自1995年起,在本《汇编》汇集出版前一年发布的新制定的国家标准的同时,新增出版前一年发布的被修订的标准的汇编版本,视篇幅分设若干分册。这些修订标准汇编的正书名、版本形式与《中国国家标准汇编》相同,但不占总的分册号,仅在封面和书脊上注明"20××年修订-1,-2,-3,……"字样,作为本《汇编》的补充。读者配套购买则可收齐前一年制定和修订的全部国家标准。

5. 由于读者需求的变化,自第201分册起,仅出版精装本。

6. 2007年制修订国家标准1 410项,全部收入在《中国国家标准汇编》第352~367分册和2007年修订-1~修订-23分册中。

本分册为第355分册,收入国家标准GB 20903~20916的最新版本。

中国标准出版社

2008年6月

目　　录

ICS 67.220.10
X 66

中华人民共和国国家标准

GB/T 20903—2007

调味品分类

Classification of condiment

2007-04-05 发布　　　　2007-09-01 实施

中华人民共和国国家质量监督检验检疫总局
中国国家标准化管理委员会　发布

前　言

本标准由全国食品工业标准化技术委员会调味品分技术委员会提出并归口。

本标准主要起草单位：中国调味品协会、李锦记集团公司、福建省泉州市安记食品有限公司。

本标准主要起草人：卫祥云、白燕、左宝起、钟冠山、孙胜枚、林肖芳。

本标准首次制定。

调 味 品 分 类

1 范围

本标准规定了调味品的术语、定义和产品分类。

本标准适用于调味品。

2 规范性引用文件

下列文件中的条款通过本标准的引用而成为本标准的条款。凡是注日期的引用文件，其随后所有的修改单(不包括勘误的内容)或修订版均不适用于本标准，然而，鼓励根据本标准达成协议的各方研究是否可使用这些文件的最新版本。凡是不注日期的引用文件，其最新版本适用于本标准。

GB/T 15091—1994　食品工业基本术语

3 术语和定义

下列术语和定义适用于本标准。

3.1

调味品　condiment

在饮食、烹饪和食品加工中广泛应用的，用于调和滋味和气味并具有去腥、除膻、解腻、增香、增鲜等作用的产品。

注：改写 GB/T 15091—1994，定义 3.15。

4 分类

本标准按照调味品终端产品进行分类。

4.1 食用盐

又称食盐。以氯化钠为主要成分，用于烹调、调味、腌制的盐。按其生产和加工方法可分为精制盐、粉碎洗涤盐、日晒盐。

4.2 食糖

用于调味的糖，一般指用甘蔗或甜菜精制的白砂糖或绵白糖，也包括淀粉糖浆、饴糖、葡萄糖、乳糖等。

4.3 酱油

4.3.1 酿造酱油

以大豆和(或)脱脂大豆、小麦和(或)麸皮为原料，经微生物发酵制成的具有特殊色、香、味的液体调味品。

4.3.2 配制酱油

以酿造酱油为主体(以全氮计不得少于 50%)，与酸水解植物蛋白调味液、食品添加剂等配制而成的液体调味品。

4.3.3 铁强化酱油

按照标准在酱油中加入一定量的乙二胺四乙酸铁钠(NaFeEDTA)制成的营养强化调味品。

4.4 食醋

4.4.1 酿造食醋

单独或混合使用各种含有淀粉、糖类的物料或酒精，经微生物发酵酿制而成的液体调味品。

4.4.2 配制食醋

以酿造食醋为主要原料(以乙酸计不得低于 50%)，与食用冰乙酸、食品添加剂等混合配制的调味食醋。

4.5 味精

4.5.1 味精(谷氨酸钠99%)

以淀粉质、糖质为原料,经微生物(谷氨酸棒杆菌等)发酵,提取、中和、结晶精制而成的谷氨酸钠含量不小于99.0%、具有特殊鲜味的白色结晶或粉末。

4.5.2 加盐味精(味素)

在味精(谷氨酸钠99%)中,定量添加了精制盐且谷氨酸钠含量不低于80%的均匀混合物。

4.5.3 增鲜味精

在味精(谷氨酸钠99%)中,定量添加了核苷酸二钠[5'-鸟苷酸二钠(GMP)、5'-肌苷酸二钠(IMP)或呈味核苷酸二钠(IMP+GMP)]等增鲜剂,且谷氨酸钠含量不低于97%,其鲜味度超过混合前的味精(谷氨酸钠99%)。

4.6 芝麻油

又称香油。从油料作物芝麻的种子中制取的植物油,可用于调味的一种油脂。

4.7 酱类

4.7.1 豆酱

以豆类或其副产品为主要原料,经微生物发酵酿制的酱类。包括黄豆酱、蚕豆酱、味噌等。

4.7.2 面酱

以小麦粉为主要原料,经微生物发酵酿制的酱类。

4.7.3 番茄酱

以番茄(西红柿)为原料,添加或不添加食盐、糖和食品添加剂制成的酱类,添加辅料的品种可称为番茄沙司。

4.7.4 辣椒酱

以辣椒为原料,经发酵或不发酵,添加或不添加辅料制成的酱类。

4.7.5 芝麻酱

又称麻酱。以芝麻为原料,经润水、脱壳、焙炒、研磨制成的酱品,有的加入其他辅料。

4.7.6 花生酱

花生果实经脱壳去衣,再经焙炒研磨制成的酱品,有的加入其他辅料。

4.7.7 虾酱

以海虾为主要原料,经盐渍、发酵酶解,配以各种香辛料和其他辅料制成的酱。

4.7.8 芥末酱

以芥菜籽粒或芥菜类植物块茎为原料,制成的酱,具有刺鼻辛辣味。

4.8 豆豉

以大豆为主要原料,经蒸煮、制曲、发酵,酿制而成的呈干态或半干态颗粒状的制品。

4.9 腐乳

以大豆为原料,经加工磨浆、制坯、培菌、发酵而制成的调味、佐餐制品。

4.9.1 红腐乳

在腐乳后期发酵的汤料中配以红曲酿制而成,外观呈红色或紫红色的腐乳。

4.9.2 白腐乳

在腐乳后期发酵的汤料中不添加任何着色剂酿制而成,外观呈白色或淡黄色的腐乳。

4.9.3 青腐乳

在腐乳后期发酵过程中以低度食盐水作汤料酿制而成,具有硫化物气味、外观呈豆青色的腐乳。

4.9.4 酱腐乳

在腐乳后期发酵过程中以酱曲为主要辅料酿制而成,外观呈棕红色的腐乳。

4.9.5 花色腐乳

在腐乳生产过程中，因添加不同风味的辅料，酿制出风味别致的各种腐乳。

4.10 鱼露

以鱼、虾、贝类为原料，在较高盐分下经生物酶解制成的鲜味液体调味品。

4.11 蚝油

利用牡蛎蒸、煮后的汁液进行浓缩或直接用牡蛎肉酶解，再加入食糖、食盐、淀粉或改性淀粉等原料，辅以其他配料和食品添加剂制成的调味品。

4.12 虾油

从虾酱中提取的汁液称为虾油。

4.13 橄榄油

以橄榄鲜果为原料，经压榨加工而成的植物油，多用于西餐调味。

4.14 调味料酒

以发酵酒、蒸馏酒或食用酒精为主要原料，添加食用盐（可加入植物香辛料），配制加工而成的液体调味品。

4.15 香辛料和香辛料调味品

4.15.1 香辛料

香辛料主要来自各种自然生长的植物的果实、茎、叶、皮、根等，具有浓烈的芳香味、辛辣味。

4.15.2 香辛料调味品

以各种香辛料为主要原料，添加或不添加辅料制成的制品。

4.15.2.1 香辛料调味粉

以一种或多种香辛料经研磨加工而成的粉末状制品。

4.15.2.2 香辛料调味油

从香辛料中萃取其呈味成分于植物油中的制品，如辣椒油、芥末油等。

4.15.2.3 香辛料调味汁

以香辛料为主要原料，提取其中的呈味成分，制成的液体制品。

4.15.2.4 油辣椒

香辣浓郁，可供佐餐和调味的熟制食用油和辣椒的混合体。产品中可添加或不添加辅料。

4.16 复合调味料

用两种或两种以上的调味品配制，经特殊加工而成的调味料。

4.16.1 固态复合调味料

以两种或两种以上的调味品为主要原料，添加或不添加辅料，加工而成的呈固态的复合调味料。

4.16.1.1 鸡精调味料

以味精、食用盐、鸡肉或鸡骨的粉末或其浓缩抽提物、呈味核苷酸二钠及其他辅料为原料，添加或不添加香辛料和（或）食用香料等增香剂，经混合干燥加工而成，具有鸡的鲜味和香味的复合调味料。

4.16.1.2 鸡粉调味料

以食用盐、味精、鸡肉或鸡骨的粉末或其浓缩抽提物、呈味核苷酸二钠及其他辅料为原料，添加或不添加香辛料和（或）食用香料等增香剂经混合加工而成，具有鸡的浓郁香味和鲜美滋味的复合调味料。

4.16.1.3 牛肉粉调味料

以牛肉的粉末或其浓缩抽提物、味精、食用盐及其他辅料为原料，添加或不添加香辛料和（或）食用香料等增香剂，经加工而成的具有牛肉鲜味和香味的复合调味料。

4.16.1.4 排骨粉调味料

以猪排骨或猪肉的浓缩抽提物、味精、食用盐、食糖和面粉为主要原料，添加香辛料、呈味核苷酸二钠等其他辅料，经混合干燥加工而成的具有排骨鲜味和香味的复合调味料。

4.16.1.5 **海鲜粉调味料**

以海产鱼、虾、贝类的粉末或其浓缩抽提物、味精、食用盐及其他辅料为原料，添加或不添加香辛料和(或)食用香料等增香剂，经加工而成的具有海鲜香味和鲜美滋味的复合调味料。

4.16.1.6 **其他固态复合调味料**

4.16.2 **液态复合调味料**

以两种或两种以上的调味品为主要原料，添加或不添加其他辅料，加工而成的呈液态的复合调味料。

4.16.2.1 **鸡汁调味料**

以磨碎的鸡肉或鸡骨或其浓缩抽提物以及其他辅料等为原料，添加或不添加香辛料和(或)食用香料等增香剂，加工而成的，具有鸡的浓郁鲜味和香味的汁状复合调味料。

4.16.2.2 **糟卤**

以稻米为原料制成黄酒糟，添加适量香料进行陈酿，制成香糟；然后萃取糟汁，添加黄酒、食盐等，经配制后过滤而成的汁液。

4.16.2.3 **其他液态复合调味料**

除鸡汁调味料、糟卤等以外的其他液态复合调味料。

4.16.3 **复合调味酱**

以两种或两种以上的调味品为主要原料，添加或不添加其他辅料，加工而成的呈酱状的复合调味料。

4.16.3.1 **风味酱**

以肉类、鱼类、贝类、果蔬、植物油、香辛调味料、食品添加剂和其他辅料配合制成的具有某种风味的调味酱。

4.16.3.2 **沙拉酱**

西式调味品。以植物油、酸性配料(食醋、酸味剂)等为主料，辅以变性淀粉、甜味剂、食盐、香料、乳化剂、增稠剂等配料，经混合搅拌、乳化均质制成的酸味半固体乳化调味酱。

4.16.3.3 **蛋黄酱**

西式调味品。以植物油、酸性配料(食醋、酸味剂)、蛋黄为主料，辅以变性淀粉、甜味剂、食盐、香料、乳化剂、增稠剂等配料，经混合搅拌、乳化均质制成的酸味半固体乳化调味酱。

4.16.3.4 **其他复合调味酱**

除风味酱、沙拉酱、蛋黄酱等以外的其他复合调味酱。

4.17 **火锅调料**

食用火锅时专用的调味料，包括火锅底料及火锅蘸料。

4.17.1 **火锅底料**

以动、植物油脂、辣椒、蔗糖、食盐、味精、香辛料、豆瓣酱等为主要原料，按一定配方和工艺加工制成的，用于调制火锅汤的调味料。

4.17.2 **火锅蘸料**

以芝麻酱、腐乳、韭菜花、辣椒、食盐、味精和其他调味品混合配制加工制成的，用于食用火锅时蘸食的调味料。

ICS 53.100
P 97

中华人民共和国国家标准

GB 20904—2007

水平定向钻机　安全操作规程

Horizontal directional drilling—Safety operation rules

2007-03-12 发布　　2007-10-01 实施

中华人民共和国国家质量监督检验检疫总局
中国国家标准化管理委员会　发布

前　言

本标准是首次制定。

本标准 3.1、3.4、3.12、3.13a)～3.13c)、3.17 **为强制性的，其余为推荐性的。**

本标准由中国机械工业联合会提出。

本标准由北京建筑机械化研究院归口。

本标准起草单位：长沙建设机械研究院、长沙中联重工科技发展股份有限公司。

本标准主要起草人：李桂芳、郭岗。

水平定向钻机　安全操作规程

1　范围

本标准规定了对水平定向钻机操作的一般要求、作业条件、作业前的安全准备、作业中和作业后的安全操作。

本标准适用于JB/T 10548中规定的水平定向钻机。

2　规范性引用文件

下列文件中的条款通过本标准的引用而成为本标准的条款。凡是注日期的引用文件，其随后所有的修改单(不包括勘误的内容)或修订版均不适用于本标准，然而，鼓励根据本标准达成协议的各方研究是否可使用这些文件的最新版本。凡是不注日期的引用文件，其最新版本适用于本标准。

JB/T 10548　水平定向钻机

3　一般要求

3.1　操作人员应经过专门的培训，熟悉并掌握所操作水平定向钻机及配套设备的性能、构造、使用和维护保养的方法，培训合格后方可操作。

3.2　应严格按照使用说明书规定进行操作。

3.3　操作人员应分工明确。

3.4　在施工过程中，操作人员应穿绝缘鞋，配戴安全帽、绝缘手套等安全用品。

3.5　定位探测操作人员应穿警戒服。

3.6　回拖扩孔直径的大小为待铺管线直径的1.2倍～1.5倍。

3.7　根据土质的情况应配制合适的钻进液。

3.8　水平定向钻机周围应架设隔离围栏。

3.9　水平定向钻机工作时，应将钻杆箱防护栏放下，严禁任何人员进入防护栏内。

3.10　水平定向钻机在使用过程中，当遇到紧急情况时，应按照使用说明书的有关规定进行紧急处理。

3.11　对穿越铁路、公路的工程，在施工之前应和相关主管部门取得联系，在施工时应考虑车辆的来往情况，并设立警示标志。

3.12　摩擦焊接的钻杆，需不定期的对钻杆的焊接处进行探伤检查。

3.13　为了保证钻杆在施工过程中的安全可靠，钻杆出现下列情况之一时应报废：

a)　钻杆表面的磨损量超过钻杆壁厚的15%时；

b)　钻杆的局部弯曲在每500 mm的长度范围内，弯曲变形超过5 mm时；

c)　对摩擦焊接的钻杆，在摩擦焊接处有任何缺陷时。

3.14　钻杆拆装时，应在钻杆的丝扣部位涂抹丝扣油。

3.15　钻杆没有装在钻杆箱里时，所有钻杆的两端应配丝扣保护套。

3.16　应按使用说明书的规定进行保养。

3.17　按使用说明书安装好接地保护装置。

4　作业条件

4.1　水平定向钻机工作环境温度为－10℃～＋40℃。

4.2　在待铺管线的两端，要有足够的作业空间。

4.3 地面的承压小于接地比压时，应采取措施。

4.4 在基坑或围堰中作业时，基坑或围堰应支护，并配备足够的排水设备。

4.5 夜间施工应有充分的照明设施。

5 作业前的安全准备

5.1 应勘查沿铺设管线水平方向管线长度两端以外至少各 100 m，垂直管线方向两边至少各 300 m 范围内的各种地下管线和设施，如：污水管、自来水管、高压电缆、通信电缆、光缆、煤气管线及人防工程等。这些地下管线和设施的资料可根据相关部门的档案和现场的原有标志情况与管线单位共同进行现场确认，并应用仪器对其进一步探测验证，必要时需对局部进行开挖验证。将所有地下管线和设施的位置和走向都标注在施工的剖面图和平面图上，且在实地作好标记。

5.2 应查询有关地质资料，了解地层土质的种类。检测土层的间隙度、含水性、透水性、地下水位、基岩的深度、含沙和砾石的情况，并将勘查结果标注在施工剖面图上。

5.3 穿越河流时，需要了解河流周围的地形地貌以及水流的缓急情况、河床底部的形状等。

5.4 设计导向孔时，应避开公用设施，并且要充分考虑钻进导向孔和回拖扩孔施工过程中对原有管线的安全距离和钻杆的最小弯曲半径，确保施工的安全。

5.5 设计的导向孔轨迹须得到其相关主管部门的同意。

5.6 检查钻具的水、气路是否通畅。

5.7 按使用说明书的规定检查液压系统，液压胶管不应有破损。

5.8 检查电气线路的各线端是否有松动，电器元件是否有损坏。

5.9 检查各种仪表显示是否正常。

5.10 标定定向系统。

5.11 检查急停开关工作是否正常。

5.12 检查分动器转动是否正常。

5.13 检查辅助系统工作是否正常。

6 作业中的安全操作

6.1 钻杆旋转时，任何人员不应接触钻杆。

6.2 钻进过程中推进或旋转压力突变时，应立即停机分析和查明原因。

6.3 遇探棒无信号、信号不变、信号突变、水和气不通畅等情况时，应立即停机分析和查明原因。

6.4 一般每钻进 1 m 距离时，对钻头定位测量一次。

6.5 需要摆动钻进时，应小角度对称摆动。摆动推进过程中钻杆有松动现象时，应正转数圈后再继续摆动推进。

6.6 钻头接近放管坑时，应缓慢推进，并逐渐减少水、气的排量。

6.7 回拖扩孔过程中，要保证孔中有适量的钻进液。

6.8 回拖扩孔过程中遇异常情况，如卡钻、水气路堵塞、旋转和回拖压力突变、地面和构筑物出现变化时，应立即停机检查分析，必要时开挖检查。

6.9 扩孔和铺管过程中，主机操作人员在没有得到操作指令时，不能操作水平定向钻机。

6.10 完成导向孔的钻进后，要及时清洗钻头和探棒，并将探棒内电池取出，将导向仪器归箱保存。

7 作业后的安全操作

7.1 作业完成后，应对钻具进行常规检查，检查内容主要包括：

a) 回扩头焊缝是否有裂纹；

b) 分动器连接销轴及开口销是否磨损及裂纹；

c) 回扩头喷嘴是否堵塞；

d) 钻具螺纹是否有滑丝、磨损；

e) 回扩头是否有明显变形。

7.2 应认真做好水平定向钻孔机的使用、维修、保养和交接班的记录工作。

7.3 水平定向钻孔长期停用时，应采取防雨措施。

ICS 25.120.30
J 61

中华人民共和国国家标准

GB 20905—2007

铸造机械 安全要求

Safety requirements for foundry machinery

2007-03-12 发布 2007-10-01 实施

中华人民共和国国家质量监督检验检疫总局
中国国家标准化管理委员会 发布

前　言

本标准全文为强制性。

本标准由中国机械工业联合会提出。

本标准由全国铸造机械标准化技术委员会(SAC/TC 186)归口。

本标准起草单位：秦皇岛春光铸造机械有限公司、济南铸造锻压机械研究所、天水铸造机械总厂。

本标准主要起草人：姜永录、卢军、李建平。

本标准首次发布。

铸造机械　安全要求

1　范围

本标准规定了铸造机械设计和制造所应遵守的安全要求。

本标准适用于铸造机械(以下简称机器)。

2　规范性引用文件

下列文件中的条款通过本标准的引用而成为本标准的条款。凡是注日期的引用文件,其随后所有的修改单(不包括勘误的内容)或修订版均不适用于本标准,然而,鼓励根据本标准达成协议的各方研究是否可使用这些文件的最新版本。凡是不注日期的引用文件,其最新版本适用于本标准。

GB 2893　安全色

GB/T 3766　液压系统　通用技术条件(GB/T 3766—2001,eqv ISO 4413:1998)

GB 4053.1　固定式钢直梯安全技术条件

GB 4053.2　固定式钢斜梯安全技术条件

GB 4053.3　固定式工业防护栏杆　安全技术条件

GB 4053.4　固定式工业钢平台

GB 5083　生产设备安全卫生设计总则

GB 5226.1—2002　机械安全　机械电气设备　第1部分:通用技术条件(IEC 60204-1:2000,IDT)

GB 6222　工业企业煤气安全规程

GB/T 7932　气动系统　通用技术条件(GB/T 7932—2003,ISO 4414:1998,IDT)

GB 9969.1　工业产品使用说明书　总则

GB/T 13306　标牌

GB/T 15706.1　机械安全　基本概念与设计通则　第1部分:基本术语、方法学

GB/T 15706.2—1995　机械安全　基本概念与设计通则　第2部分:技术原则与规范

3　一般要求

3.1　机器及零部件的设计结构应符合 GB 5083 和 GB/T 15706.1、GB/T 15706.2 及本标准规定的要求。

3.2　机器外露零部件包括安装在机器上的附属装置应符合安全要求。

3.3　机器工作时,如存在因加工材料、碎块(材料、模具破裂)、弹丸、制件或液体等从机器中飞出或溅出而发生危险的情况,则应采取相应的提示防护措施或设置透明的防护罩、隔板等,其强度应能承受可以预料的负荷。

3.4　机器应根据自身的结构特点和工艺对象及操作方式设置相应的安全防护装置和阻挡装置。

3.5　机器的重要零部件必要时应进行探伤检查。

3.6　机器的气动系统应符合 GB/T 7932 中有关安全的要求。

3.7　机器的液压系统应符合 GB/T 3766 中有关安全的要求。

3.8　机器的电气系统应符合 GB 5226.1 的规定。

3.9　机器的结构及各零、部件应有足够的强度、刚度及稳定性。在按规定条件制造、安装、储运和使用时,不应对人员造成危险。

3.10 当动力或控制信号中断时，制动、夹紧、提升或下降等动作应保证处于安全状态。

4 安全防护装置的要求

4.1 总的装配原则

机器应根据其自身的结构特点和操作方式，对工作危险区至少配置一种合适的安全防护装置，下列情况可除外：

——机器作往复运动的工作部件行程小于 6 mm 的；

——机器配置有专用送料装置的；

——设置安全防护装置不能减少风险的。

4.2 防护装置

4.2.1 防护装置的种类

防护装置分为固定式防护装置、活动式防护装置、可调式防护装置、联锁式防护装置、带防护锁定的联锁式防护装置、可控防护装置等。

4.2.2 对防护装置的要求

防护装置应符合 GB/T 15706.2—1995 中 4.2 的规定。

4.3 安全装置

4.3.1 安全装置分为双手操纵装置(如双手按钮)和自动停机装置(如光线式安全装置)等。

4.3.2 双手按钮应符合本标准 5.5 规定。

4.3.3 光线式安全装置应符合有关标准的规定。

5 对操作机构的要求

5.1 手动操作机构使用应灵活方便，并有可靠的定位装置。

5.2 有多种工作规范的机器，其工作规范的选择开关应采用带钥匙锁定的，也可对各工作规范分别采用带钥匙锁定的转换开关。

5.3 机器在单次工作行程时，每次行程工作部件应停止在设计规定的停止点，即使继续压着起动按钮，工作部件也不应出现下次行程。

5.4 操作机构及按钮的结构和安装位置应防止集存砂子、液体等。

5.5 双手操纵按钮

5.5.1 对用单手操作可能发生危险的机器(如起动芯盒向射芯机射砂头压紧时)，或有两个或两个以上操作者协同操作的机器，应对每个操作者提供双手按钮。

5.5.2 双手操纵时，应把两个起动按钮同时按下，操纵系统才能起动工作部件。若先锁定一个按钮时，工作部件应不能起动。

5.5.3 工作部件作往复运动的机器采用双手按钮操纵时，双手按压起动按钮的时间应持续至工作方向行程中手不可能进入工作危险区，过早松开一个或两个按钮，工作部件行程应立即停止。

5.5.4 双手操纵按钮的布置位置应防止由一只手或一只手和肘、膝等部位进行操纵的可能性。

5.6 脚踏操纵装置

5.6.1 脚踏操纵与手动操纵应联锁。

5.6.2 脚踏操纵装置的脚踏部分的上部及两侧应有防护罩。

5.6.3 脚踏部分的脚踏处应有防滑板或防滑垫。

5.6.4 脚踏部分的复位弹簧应采用带导杆或导套的压簧。

5.7 对自动线和自动控制的单机，根据需要设有在突然断电或发生故障时，能进行手动移动运动部件的操纵器件(如手柄、手轮等)。

5.8 对于同时动作会发生危险的运动部件，其控制机构应互锁。

5.9 操纵力

5.9.1 对于经常使用(包括单次行程工作规范)的手柄及脚踏开关的操纵力不应大于40 N。

5.9.2 对于不经常使用的手柄、操纵杆和手轮上的力,每班使用的次数不超过10次的不应大于150 N;每班使用次数不超过25次的不应大于80 N。

5.9.3 机器液压系统的操纵力应符合GB/T 3766的规定。

5.10 紧急停止机构

5.10.1 机器上应设置紧急停止机构(如按钮、手柄等),但紧急停止机构不能减小风险的机器除外。

5.10.2 紧急停止机构应设置在操作者或者需要操纵它的人员易于接近且无操作危险的位置。

5.10.3 由多人协同操作的机器,每个操作点都应设置紧急停止机构。

5.10.4 紧急停止机构应保证在任何操作规范下都能停止机器的工作,但不应断开若中断其工作可能引起事故的夹紧装置、制动装置或其他装置。

5.10.5 紧急停止机构应能自锁,其操作件的颜色应为红色,如果操作件后面有衬托色,则该衬托色应为黄色。按钮操作开关的操作件应为掌揿式或蘑菇头式的。

5.10.6 紧急停止机构被重调前应保证机器不能操作起动。

5.11 操作按钮的颜色应符合GB 5226.1—2002中10.2.1的规定。

6 对运动部件的要求

6.1 人员易触及并有可能造成伤害的运动零部件,应安装安全防护装置,如因工艺需要不可能安装安全防护装置时,应在运动零部件端部涂以45°斜度的同样宽度黄、黑相间的线条,线条宽度为20 mm～50 mm,根据需要亦可只涂黄色。

6.2 要求单方向旋转的电动机应在明显的位置标出运动方向的箭头。

6.3 电动激振器的偏心块应牢固安装在轴上,并应带有罩盖。

6.4 对于有翻转或摆动的机器,其翻转或摆动机构动作区域应围起,如特殊情况不能围起时,翻转或摆动机构端部表面应按6.1规定涂漆,并应装有明显的标示机构动作范围的标牌。

6.5 回转台应有回转定位器,并应有明显的警示标记。

7 对制动保险装置的要求

7.1 在机器开动需要进行调整时,如果可能造成伤害,则机器上应设有可靠的保险装置。

7.2 需要指明压力、温度、电流等的机器或机构,应装有指示仪表,并能使操作者明显看到。

7.3 用手移动的部件,应设有防止掉落的防护措施,并应在机器使用说明书中写明。

7.4 带有罩盖的运动部件,应有开盖停止运动的联锁装置(如抛砂机抛头、抛丸器抛头等)。否则应装有指明开盖危险的标牌或切断传动装置后才允许将其打开的说明。

8 对夹紧装置的要求

8.1 夹紧或合模闭锁装置应设有能保证被夹工装完全关闭密合后才能执行下一操作(如射砂或浇注)的联锁装置或控制装置,并保证不会在工作过程中张开,防止喷砂或金属液喷溅和外溢。

8.2 夹紧装置应装有能保证被夹工装(芯盒、金属铸型等)容腔(包括与其相连的压力腔)内的压力未完全降低时或未达到工艺时限时不应打开的联锁或控制装置。

8.3 夹紧装置在遇到工作过程中突然停电及气压、液压系统的压力下降时,应能可靠地处于夹持状态,否则应设置安全防护装置。

9 对液压、气动装置及管路和压力容器的要求

9.1 气动、液压系统的压力表应安装在操作人员容易观察到的地方,对气压、液压的突然失压或中断应

有保护措施和必要的信号显示。

9.2 液压系统中应装备防止液压超载的安全装置。

9.3 液压泵起动后，应保证若不操作工作按钮工作部件就不动作。

9.4 压力容器，包括各种蓄能器的设计、制造应符合有关压力容器安全标准的规定。

10 对润滑、水冷和其他系统的要求

10.1 润滑通道应畅通无阻，管道、接头不应泄漏，应保证润滑系统不会向机器外飞溅油滴。

10.2 冷却系统应保证冷却液不滴流到浇注槽或其他盛有金属溶液的容器中和金属型腔内。

10.3 冷却液、润滑剂和工作液均不应造成操作人员工作段污染和打滑，机器上不应积存冷却液的死角。

10.4 工作中不允许因停电而造成水冷和其他系统中断的机器，应另设有维持水冷和其他系统继续正常工作的附属装置。

10.5 集中润滑系统应密封，防止润滑液漏至地面上。

11 对工作平台、梯子及栏杆的要求

11.1 当需要在离地面 3 m 以上的高度进行操作、维修和保养时，机器应设置平台和梯子。平台的铺板应防滑，周围应设置栏杆，其高度应不低于 1 050 mm。梯子的阶梯应防滑。

11.2 阶梯、平台和防护栏杆的设计应符合 GB 4053.1～4053.4 的有关规定。

12 维修对结构的要求

12.1 需要经常润滑、清洗、调整和维修的部位应便于操作。

12.2 机器结构应能保证在更换损坏的零部件时，满足安全装卸的要求。

12.3 机器液压系统中的储液容器、液压缸等应能保证全部排净工作液。

12.4 需要进入危险区进行检修、保养和调整的情况，应提供保证与动力源切断的联锁装置。如果原设置的安全防护保护装置此时失去作用，应采取其他的安全防护措施。

12.5 为便于维修，对机器低于地面的部分，应保证足够的地坑宽度和深度，并应在机器使用说明书中注明。

13 环境、劳动卫生和局部照明的要求

13.1 工作时能释放出有害物质(粉尘、烟雾、有害气体等)的机器，应配置局部护罩，以便排放或与车间的集中通风、吸收系统可靠连接。

各类铸造机械的局部通风、吸收护罩应符合有关技术条件标准的规定，并须在使用说明书上写明需要的风速、风量或除尘效率等指标。

当机器工作时，通风、除尘装置应立即投入运行，应设有在通风、吸收装置关闭的情况下机器工作的联锁装置。

13.2 机器的噪声应符合相应技术条件标准的规定，噪声测量方法应符合有关标准的规定。

13.3 机器工作区应采取有效的减振措施。

13.4 机器的工作区应根据需要设置局部照明装置，局部照明装置应符合 GB 5226.1—2002 中 16.2 的要求。

14 对有可燃、易爆、腐蚀性物质机器的要求

14.1 储运有害物质的装置应采用防腐材料制造，并应保证不泄漏。

14.2 有易燃材料的混制或贮存设备应被隔离安装在符合防爆、防燃要求的地区，这些设备上使用的所

有电动机和电器应为防爆型。

14.3 有腐蚀性溶液的混制装置应装有保证看管人员安全的封闭盖及溶液量指示计，并应有紧急情况下的报警装置。

14.4 需要煤气加热的设备应符合 GB 6222 的有关安全规定，使用煤气加热的设备应有能保证空气自由循环的足够空间。

15 其他要求

15.1 机器的外形和色彩应符合结构美学的要求。

15.2 操作人员的操作位置应考虑操作时的安全、方便和减少疲劳。

15.3 所有紧固件应固紧，不应在机器工作中松动；对可能在运行中松脱的零、部件，应采取有效的安全措施，防止因起动、制动、反转、冲击等产生松动和造成危险。

15.4 需要在运行中取样的机器，应保证取样安全。

16 安全标志与指示

16.1 一般要求

机器的各种安全与警告指示应在机器的相应部位作出明显的标志，警告标志、铭牌、标记和识别牌应经久耐用，经得住复杂环境的影响。

16.2 操作面板的指示映像

机器操作面板上应有反映机器安全运行、工作状态、故障等有关信息的指示。

16.3 警告性标志

机器及其电气存在遗留风险的地方应有警告性标志。警告性标志应符合 GB 5226.1—2002 中第17章的规定。

16.4 安全色

机器工作部件及易对操作者产生碰撞、夹紧、挤压的部位应按 GB 2893 的规定涂以黑色与黄色相间隔的安全色条纹。根据需要亦可只涂黄色。

16.5 指示信号颜色

指示信号颜色含义应符合 GB 5226.1—2002 中 10.3.2 的规定。

16.6 标牌

机器的标牌应符合 GB/T 13306 的规定，并至少应具有下列内容的清楚耐久的标记：

——型号与基本参数；

——制造厂的名称和地址；

——出厂年份和编号。

17 使用说明书

机器应带有使用说明书，使用说明书中应按 GB 9969.1 的规定进行编写。

ICS 25.120.30
J 61

GB

中华人民共和国国家标准

GB 20906—2007

压铸单元安全技术要求

Safety requirements for high pressure metal diecasting units

2007-03-12 发布　　　　2007-10-01 实施

中华人民共和国国家质量监督检验检疫总局
中国国家标准化管理委员会　发布

前　言

本标准中的第3章是推荐性的，其余为强制性的。

本标准修改采用EN 869：1998《压铸单元　安全技术要求》(英文版)。

本标准根据EN 869：1998《压铸单元　安全技术要求》重新起草，与EN 869：1998的技术差异为：

——对原标准进行了编辑性修改；

——删除了国际标准前言和引言；

——删除了规范性引用文件目录中正文没出现的引用标准，增加了原文中出现而目录未出现的引用标准；

——将原标准中术语和定义一章的表格形式更改为成条款形式；

——将原标准7.1增加了标题；

——删除原标准中不适合我国国情的附录A(资料性附录)。

本标准由中国机械工业联合会提出。

本标准由全国铸造机械标准化技术委员会(SAC/TC 186)归口。

本标准起草单位：宁波东方压铸机床有限公司、济南铸造锻压机械研究所。

本标准主要起草人：竺丰年、卢军。

本标准为首次制定。

压铸单元安全技术要求

1 范围

本标准规定了压铸单元的安全技术要求。

本标准适用于压铸机及其辅助设备,如给料、抽芯和喷涂设备。

本标准不适用于低压铸造机、重力铸造机和失蜡铸造机。

2 规范性引用文件

下列文件中的条款通过本标准的引用而成为本标准的条款。凡是注日期的引用文件,其随后所有的修改单(不包括勘误的内容)或修订版均不适用于本标准,然而,鼓励根据本标准达成协议的各方研究是否可使用这些文件的最新版本。凡是不注日期的引用文件,其最新版本适用于本标准。

GB 5226.1—2002 机械安全 机械电气设备 第1部分:通用技术条件(IEC 60204-1:2000,IDT)

GB/T 8196 机械安全 防护装置 固定式和活动式防护装置设计与制造一般要求(GB/T 8196—2003,ISO 14120:2002,MOD)

GB 12265.1—1997 机械安全 防止上肢触及危险区的安全距离(eqv EN 294:1992)

GB 12265.3 机械安全 避免人体各部位挤压的最小间距(GB 12265.3—1997,eqv EN 349:1993)

GB/T 15706.1—1995 机械安全 基本概念与设计通则 第1部分:基本术语、方法学

GB/T 15706.2—1995 机械安全 基本概念与设计通则 第2部分:技术原则与规范

GB/T 16855.1—2005 机械安全 控制系统有关安全部件 第1部分:设计通则(ISO 13849-1:1999,MOD)

GB/T 19436.1—2004 机械电气安全 电敏防护装置 第1部分:一般要求和试验(IEC 61496-1:1997,IDT)

EN 574:1997 机械安全 双手控制装置 设计原则

EN 614-1:1995 机械安全 第1部分:术语和总则

EN 1005-1:2001 机械安全 人体特征 第1部分:术语和定义

EN 1005-2:2003 机械安全 人体特征 第2部分:与机械有关项目的手动处理

EN 1005-3:2002 机械安全 人体特征 第3部分:机械操作力限值

EN 1265:2000 铸造机械和设备噪声测试规范

EN 61310-1:1995 机械安全 指示,标识和使动原则 第1部分:视觉、听觉和触觉信号

ISO 7745:1993 流体动力 防火介质 使用导则

ISO/TR 11688-1:1995 声学 设计低噪声机械和设备的推荐方法 第1部分:计划

3 术语和定义

本标准采用下列术语和定义。

3.1 基本术语和定义

在本标准中术语"铸造"是指"压铸",其他术语定义如下。

3.1.1

压铸 diecasting

熔融金属被射入模具中,并在高压状态下被保持到完全凝固为止的过程。

3.1.2

压铸机 diecasting machine

在压力下将熔融金属射入可重复使用的模具中的一种动力机器，该模具固定在机器的型板上。

3.1.3

压铸单元 diecasting unit

压铸机与辅助装置形成的生产单元。

3.1.4

辅助设备 ancillary equipment

执行生产过程的压铸机的自动装置，如金属给料/取件/模具喷涂设备。

3.1.5

金属 metal

压铸材料。

3.2 机器类型、部件、机器零件、机器区域、防护装置、防护措施的术语和定义

3.2.1 机器类型

3.2.1.1

热室压铸机 hot-chamber diecasting machine

压射室和冲头浸入在保温炉熔融金属表面以下的压铸机(见图1)。

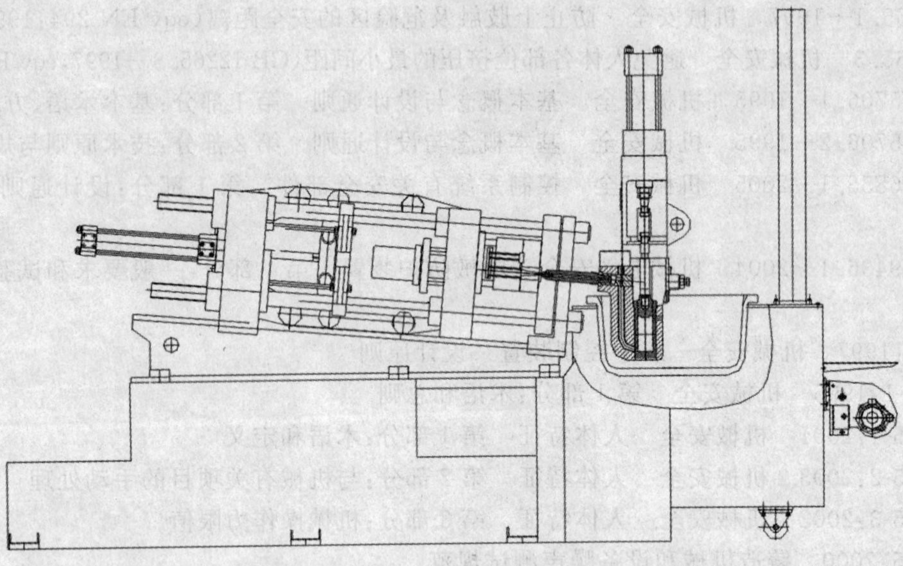

图1 热室压铸机

3.2.1.2

冷室压铸机 cold-chamber diecasting machine

独立的保温炉中的定量熔融金属被输送到压射室的压铸机。

3.2.1.3

卧式冷室压铸机 horizontal cold-chamber diecasting machine

压射室水平安装的压铸机(见图2)。

3.2.1.4

立式冷室压铸机 vertical cold-chamber diecasting machine

压射室垂直安装的压铸机(见图3)。

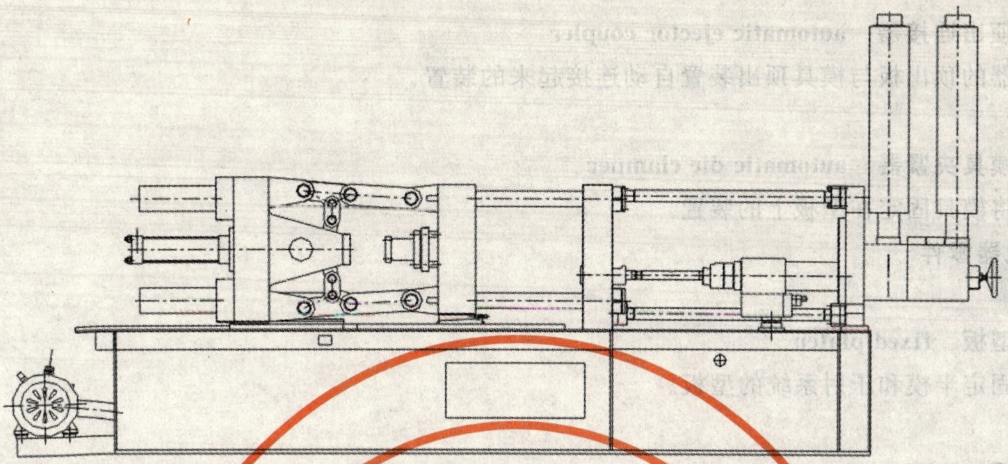

图2　卧式冷室压铸机

图3　立式冷室压铸机

3.2.2　部件

3.2.2.1

合模系统　die closing system

打开和合上模具的部件，并保持模具以抵抗凝固过程中作用在金属上的力。

3.2.2.2

压射系统　injection system

将金属从压射室压入模具，并使金属固化过程中受压的部件。

3.2.2.3

顶出装置　ejector system

从模腔中顶出压铸件的装置。

3.2.2.4

抽芯器　core puller

起动和控制型芯运动的装置。

3.2.2.5

自动大杠抽动装置　automatic tie bar puller

用于模具调整程序的大杠自动抽动装置。

3.2.2.6

自动顶出连接器　automatic ejector coupler

将机器的顶出板与模具顶出装置自动连接起来的装置。

3.2.2.7

自动模具夹紧器　automatic die clamper

自动将模具固定在型板上的装置。

3.2.3　**机器零件**

3.2.3.1

固定型板　fixed platen

装有固定半模和压射系统的型板。

3.2.3.2

动型板　moving platen

装有移动半模的型板。

3.2.3.3

合模缸座　thrust platen

装有合模机构和合型缸的型板。

3.2.3.4

大杠　tie bar

携带合型负载，并对运动型板导向的圆棒。

3.2.3.5

压射驱动装置　injection drive

使冲头运动，并对其施加作用力的液压动力系统。

3.2.3.6

压射室(冷室压铸机)　shot sleeve(cold-chamber diecasting machine)

在其内部对熔融金属施加压力的圆柱型容器。

3.2.3.7

冲头　plunger

将金属压入压射室，并在凝固过程中对其施加压力的活塞。

3.2.3.8

压射杆　plunger rod

连接冲头与压射驱动装置的杆。

3.2.3.9

反向冲头(垂直压射的卧式冷室压铸机)　counter plunger (horizontal cold-chamber diecasting machine with vertical injection)

压铸前将浇口封闭，压铸后将废料顶出的活塞。

3.2.3.10

鹅颈(热室压铸机)　gooseneck (hot-chamber diecasting machine)

浸入在熔融金属中的压射系统零件(包括压射室和金属通道)。

3.2.3.11

鹅颈嘴　nozzle

鹅颈和固定半型的连接件。

3.2.3.12

浇口　sprue

压射室之间的连接件(冷室压铸机),或鹅颈嘴(热室压铸机)和固定半型之间的连接件。

3.2.3.13

废料　slug

在冷室压射室内固化并随压铸件弹出的金属。

3.2.3.14

顶出板　ejector plate

传递给模具顶出装置运动的零件。

3.2.3.15

顶出杆　ejector rod

连接机器顶出板和模具顶出装置的零件。

3.2.4　**机器区域**

3.2.4.1

模具区域　die area

定型板和动型板之间的区域。

3.2.4.2

模具合型机构区域　die closing mechanism area

动型板和合模缸座之间的区域。

3.2.4.3

压射驱动区域　injection drive area

定型板和压射缸之间的区域。

3.2.5　**防护装置/防护措施**

3.2.5.1

固定式防护装置　fixed guard

见 GB/T 15706.1—1995 中 3.22.1,GB/T 15706.2—1995 中 4.2.2.2。

3.2.5.2

活动式防护装置　movable guard

见 GB/T 15706.1—1995 中 3.22.2,GB/T 15706.2—1995 中 4.2.2.3。

3.2.5.3

双手控制装置　two hand control

见 EN 574。

3.2.5.4

合型安全装置　closing safety device

由移动式安全装置直接操纵的装置,如果控制系统出现故障,该装置能防止模型封闭。

3.2.5.5

自监控控制装置　self monitoring control system

控制系统出现损害安全功能的故障但不会引起意外起动的控制系统,该系统应能发现故障并防止另一个危险运动。

3.2.5.6

电敏防护装置(ESPD)　electro-sensitive protective device (ESPD)

见 GB/T 19436.1。

3.3 操作类型

3.3.1

调整 setting

工作中能选择任意步骤和任意顺序中的手动操作。执行过程中的独立步骤，如为了更换模具(不必要遵守操作循环顺序)。

3.3.2

手动 manual

机器循环中按预定的顺序手动操作的独立步骤。执行过程中的独立步骤，如结束压铸循环或进行压铸循环以便检查或查找故障(仅适用于程序固定的操作循环顺序)。

3.3.3

半自动 semi-automatic

每个循环由手动起动，但自动完成整个循环。为了生产压铸件，循环过程的至少一个步骤是由操作者在机器外部完成。

3.3.4

自动 automatic

完成一个循环后自动起动下一个循环。为了连续生产压铸件，任何外部过程步骤均由辅助装置自动进行。

4 危险分类

4.1 概述

压铸机的危险区域是对人引起伤害的区域，伤害是由运动危险(如挤压或剪切)、辐射危险(如热辐射、金属的飞溅、高压液体的飞溅)、噪声、气体、蒸汽、电流的影响的因素引起的。

4.2 机械危险

由于机器设计和运动危险的原因，压铸机及其辅助设备都可能出现机械危险。

运动危险包括：

——模具的运动；

——抽芯器的运动；

——顶出机构的运动；

——辅助装置的运动；

——压射机构的运动；

——保护装置的运动；

——曲轴、模具夹紧装置的运动；

——工具夹紧装置的运动；

——含有压力流体的油箱、管路、活动软管的爆裂也可能产生运动危险。

机械危险和危险区的主要例子见图4。

4.3 电气危险/控制系统

4.3.1 压铸机的电气危险可以在如下情况出现：

——电气接触，直接的或间接的；

——电气设备的外部影响；

——热辐射或其他现象(如熔融金属粒子的喷射)的伤害。

4.3.2 电气/电子控制系统或液压或气动系统出现的故障引起的机器意外运动。

4.4 热危险

压铸机可能出现的热危险包括：

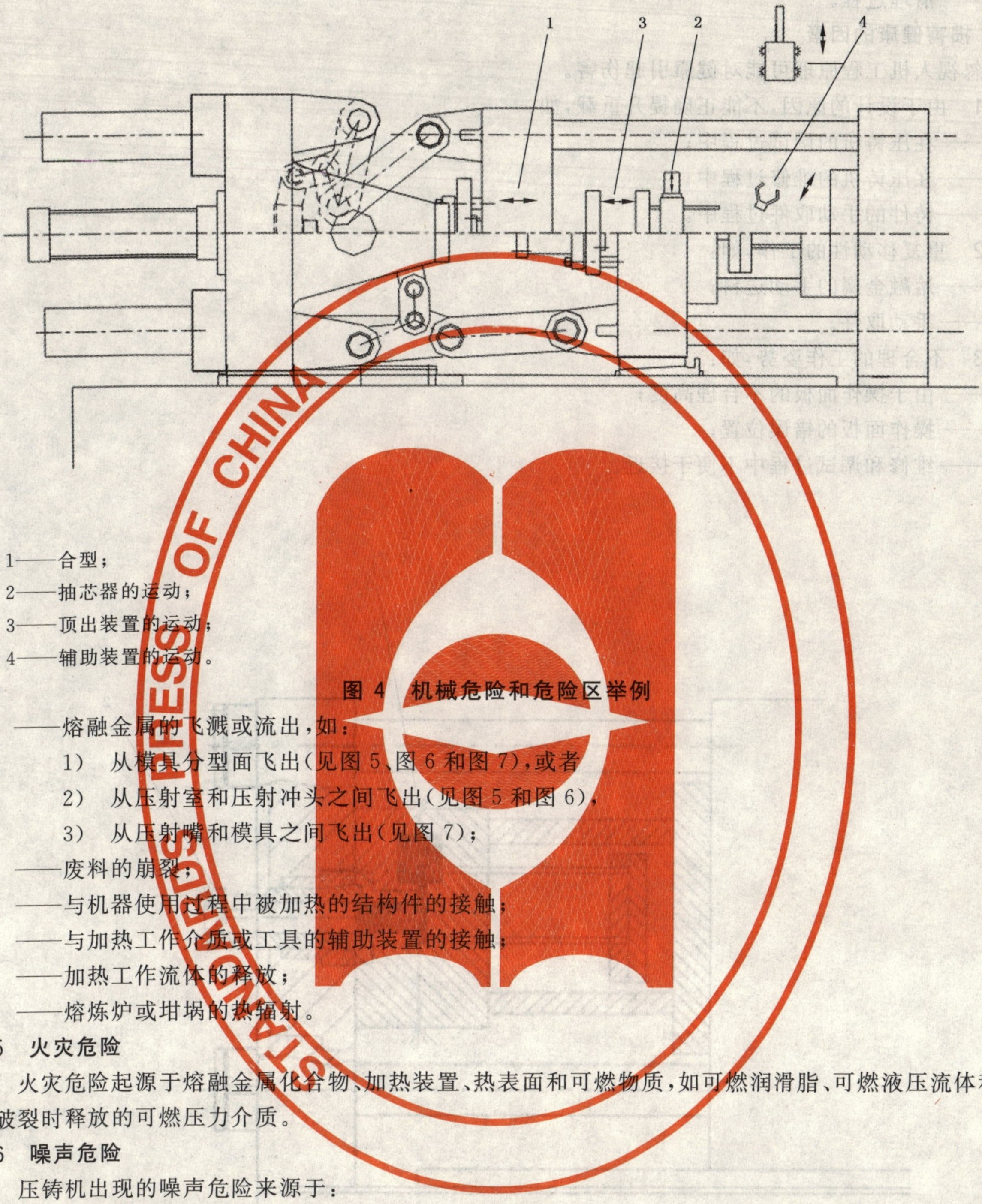

1——合型；

2——抽芯器的运动；

3——顶出装置的运动；

4——辅助装置的运动。

图 4 机械危险和危险区举例

——熔融金属的飞溅或流出，如：

1) 从模具分型面飞出(见图 5、图 6 和图 7)，或者

2) 从压射室和压射冲头之间飞出(见图 5 和图 6)，

3) 从压射嘴和模具之间飞出(见图 7)；

——废料的崩裂；

——与机器使用过程中被加热的结构件的接触；

——与加热工作介质或工具的辅助装置的接触；

——加热工作流体的释放；

——熔炼炉或坩埚的热辐射。

4.5 火灾危险

火灾危险起源于熔融金属化合物、加热装置、热表面和可燃物质，如可燃润滑脂、可燃液压流体和管路破裂时释放的可燃压力介质。

4.6 噪声危险

压铸机出现的噪声危险来源于：

——压铸过程；

——机器的移动部件和其功率源；

——机器的安装方式；

——喷洒模具过程。

4.7 气体、蒸汽、烟雾和灰尘引起的危险

该危险出现于：

——使用润滑剂；

——使用释放介质；

——熔化和保温某些金属，如铅合金时释放的泡沫、蒸汽和尘雾；

——清理过程。

4.8　损害健康的因素

忽视人机工程原理可能对健康引起伤害。

4.8.1　由于设计的原因，不能正确提升重载，如：

——在压铸机的调试过程中；

——在压铸机的维修过程中；

——铸件的手动取件过程中。

4.8.2　重复移动性的工作，如：

——熔融金属的手动送料；

——手动取件。

4.8.3　不合理的工作姿势，如：

——由于操作面板的不合理高度；

——操作面板的错误位置；

——维修和调试过程中不便于接近。

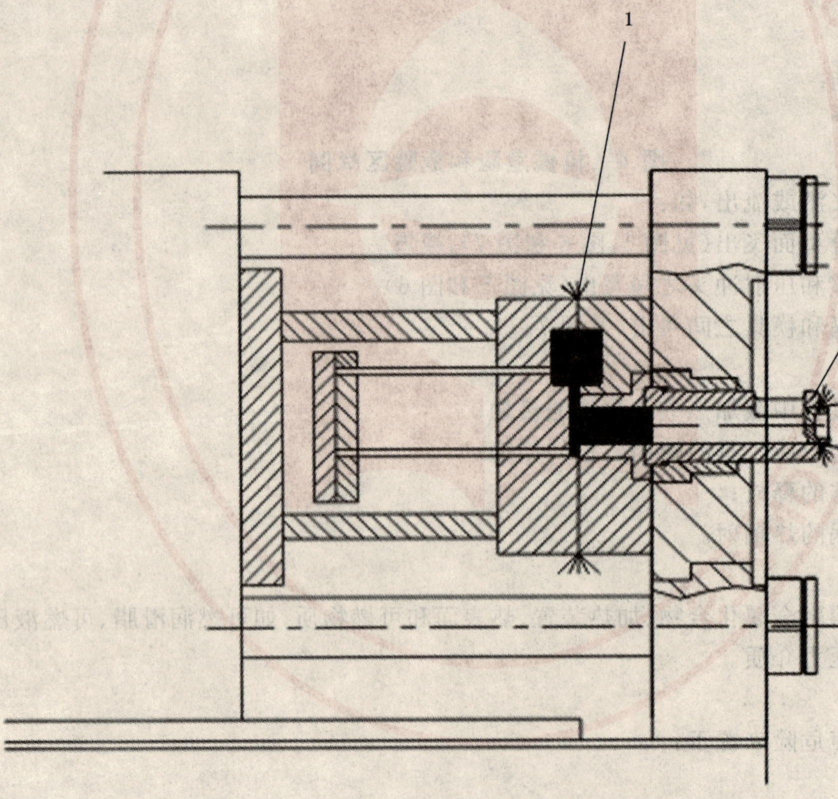

1——分型面；

2——压射室和冲头之间。

图5　卧式冷室压铸机金属飞溅危险区

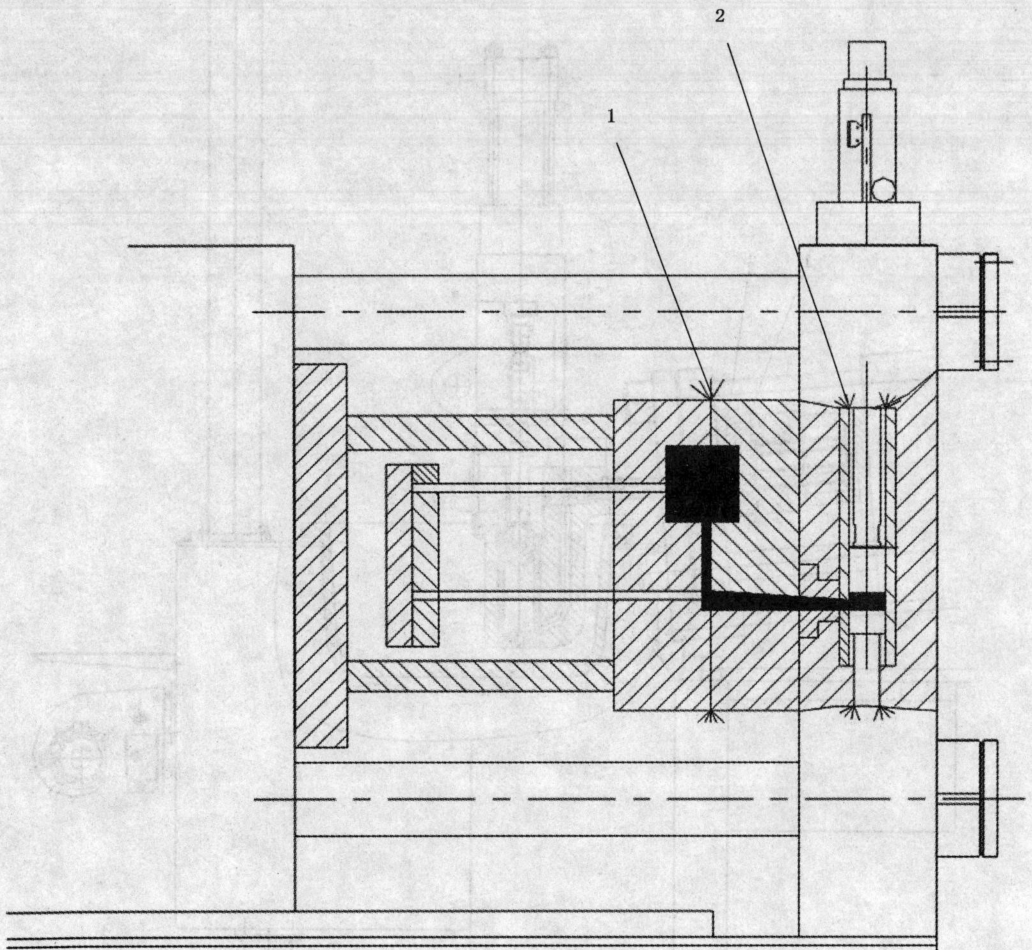

1——分型面；
2——压射室和冲头之间。

图 6　立式冷室压铸机金属飞溅危险区

4.9　压铸机的调试

在压铸机的调试过程中，要求某些保护装置不发挥作用时，可能导致附加危险。

4.10　高处跌落的危险

当操作人员工作在地面以上或地坑上面时都有可能出现危险。

4.11　冷室压铸机的特别危险

4.11.1　废料的崩裂

废料在从压射室推出之前，如果没有很好的固化，可能引起崩裂。

飞溅金属的主要危险区见图 5 和图 6。

4.11.2　压射驱动区域

在垂直压射的冷室压铸机压射过程中，危险可能出现在压射室和冲头之间的压射驱动区域。

4.12　垂直合型的压铸机的特别危险

垂直合型的压铸机，由于模具在其自重状态下可能滑落，而出现危险。

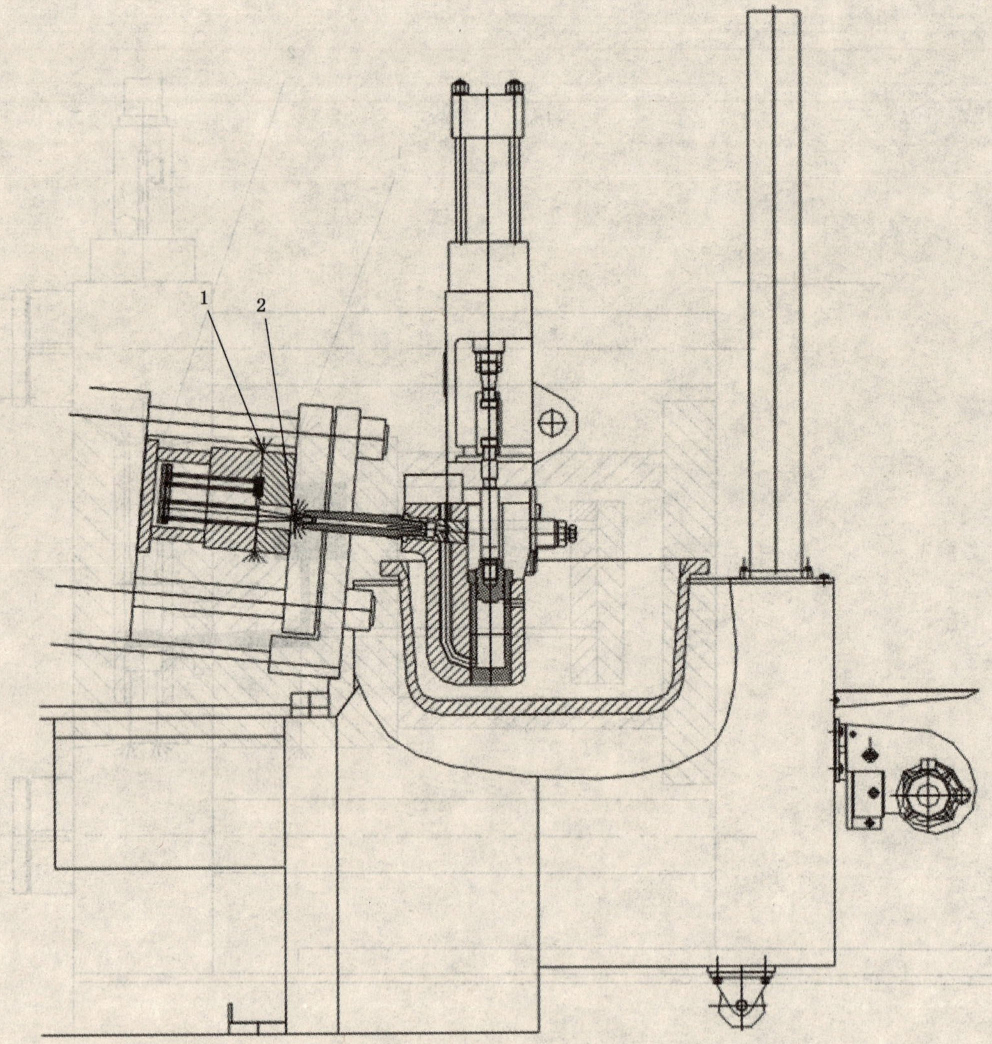

1——分型面；

2——喷嘴和模具之间。

图 7　热室压铸机金属飞溅危险区

4.13　热室压铸机的特别危险

4.13.1　喷嘴

如果喷嘴不能与模具很好的密封，可能出现金属飞溅。

4.13.2　由于控制故障，引起压铸过程的意外起动

如果模具是打开的，由于故障出现，引起金属被射出，出现金属飞溅的危险。

飞溅金属造成的主要危险区见图 7。

5　安全要求和措施

5.1　概述

压铸机在设计时应考虑第 4 章中提到的各种危险和本章中提到的安全要求和预防措施。

在本章中要作一切尝试来认识到相关的危险。然而制造者应通过自己的风险评价来确保不出现本章没有覆盖的附加风险。当附加风险存在时，推荐使用 GB/T 15706.1 和 GB/T 15706.2 及其相关的 A 类和 B 类标准作为基础来处理这些附加风险。

当附属装置不作为压铸机的整体组成部分时，压铸单元的设计者、制造者和供应商应考虑他们的用途，并提供措施确保这些附属装置与压铸机的安全联接。

通过设计不能消除危险的地方，应采取特别安全装置（如保护装置、联锁控制）和/或特别的书面程序，以保护在压铸机周围的人员。

5.2 机械

保护装置应按 GB/T 15706.1、GB/T 15706.2 和 GB/T 8196 的规定进行设计。安全距离应符合 GB 12265.1—1997 中表 2 和 GB 12265.3 规定。安全装置设计应不能自身引起伤害。

如果保护装置是动力驱动的，它不应产生夹紧。在出现夹紧时，提供的动力应不足以引起伤害，或者保护装置在其前端配有合适的安全触发机构以预防伤害。起动安全触发机构应停止可移动的保护装置或使其反向运动。安全触发机构应符合 GB/T 16855.1—2005 第 1 类的要求。

5.2.1 模具区域的保护装置

5.2.1.1 模具区域应用可移动保护装置保护起来，如果有必要，用辅助的固定式保护装置保护起来，以避免运动引起的伤害（如模具、抽芯器、模具喷涂装置的运动）（见图 8）。如有必要，应提供辅助装置，当保护装置闭合时，防止人员滞留在保护装置和机器框架之间。

单位为毫米

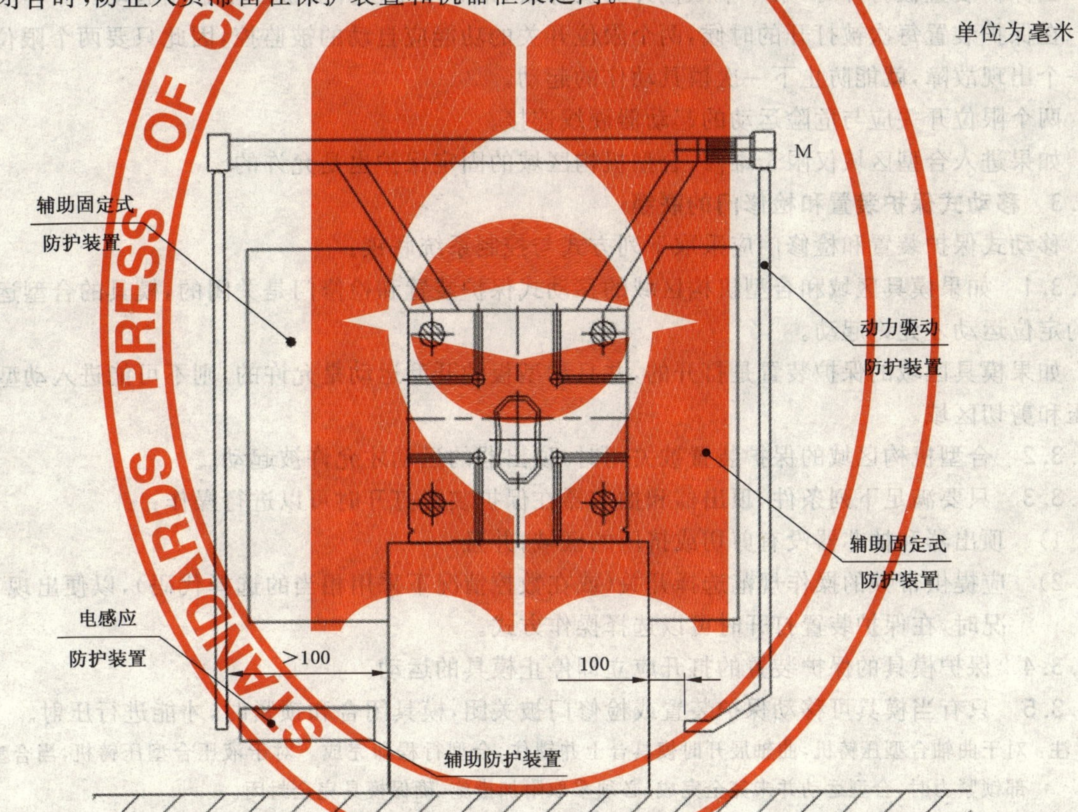

图 8 符合 5.2.1.1 机器框架和防护装置之间距离

合适的措施包括：

a) 需用可移动保护装置的地方，保护装置和机器框架之间的距离在整个保护长度上不应超过 100 mm，保护效果应由保护装置的自身构造来完成。或者

b) 用可移动保护装置和辅助保护装置在保护装置和机器框架结构之间形成保护区，防止人处于保护装置的里面。

防止人员处于保护装置里面的辅助安全装置可以是符合 GB/T 19436.1—2004 等级 4 的电敏保护装置，或者是符合 GB/T 16855.1—2005 等级 4 的自监控电液机械装置。

如果电敏保护装置用于辅助保护装置，应按如下要求进行设计和配置：

1） 如果压铸机的控制系统已接通，该装置也应处于接通位置；

2） 在每个机器循环过程中，该装置应能自动监控；

3） 该装置不能作为控制元件；

4） 无论是在垂直或水平方向，该装置应不可调；

5） 该装置应与压铸机的危险运动和辅助装置相联锁；

6） 该装置的输出信号应独立于压铸机的电子控制系统和其辅助装置。

移动式保护装置应通过两个机械限位开关和一个封闭安全装置与控制系统相耦合(见5.3)。当保护装置关闭时，一个限位开关被保护装置压下强制起动，另一个被释放。

当保护装置被打开时，第一个限位开关被释放，第2个限位开关被压下强制起动。

5.2.2 合型机构区域的防护

合型机构应配置移动式保护装置。移动式保护装置应通过两个机械限位开关与控制系统相耦合。当保护装置关闭时，一个限位开关被保护装置压下强制起动，另一个被释放。

当保护装置被打开时，第一个限位开关被释放，第2个限位开关被压下强制起动。

在保护装置每次被打开的时候，两个限位开关的功能应自动的被监控，因此只要两个限位开关之中的一个出现故障，就能防止下一次模具动作的起动。

两个限位开关应与危险运动的起动器硬线连接。

如果进入合型区域仅限于维修，合型机构区域的固定保护也是允许的。

5.2.3 移动式保护装置和检修门的联锁

移动式保护装置和检修门应采取下列方式与控制系统联锁：

5.2.3.1 如果模具区域和合型机构区域的移动式保护装置和检修门是关闭的，模具的合型运动和抽芯器的定位运动才允许起动。

如果模具区域的保护装置是打开的，并且动型板的开型运动是允许的，则不可能进入动型板后面的挤压和剪切区域。

5.2.3.2 合型机构区域的保护装置被关闭时，顶出器的运动才允许被起动。

5.2.3.3 只要满足下列条件，顶出器和抽芯器在保护装置打开时可以进行操作：

1） 顶出器和抽芯器没有剪切或挤压的区域；并且

2） 应提供带锁的操作规范选择开关(或在数控情况下采用相当的选择代码)，以便出现1)中的情况时，在保护装置打开时可以选择操作方式。

5.2.3.4 保护模具的保护装置的打开应立即停止模具的运动。

5.2.3.5 只有当模具可移动保护装置或检修门被关闭，模具闭合和锁紧时，才能进行压射。

注：对于曲轴合型压铸机，曲轴展开时模具合上并锁住，合型行程即完成。对于液压合型压铸机，当合型缸施加全部锁紧力时，合型运动并未完全完成，必须采取附加措施，确保模具完全封闭。

5.2.3.6 机器不应通过关闭保护装置或门进行起动，必须安装独立于移动式保护装置限位开关的附加起动开关。本条不适用于大杠垂直间距不超过650 mm的压铸机。

5.2.4 压铸单元

当压铸机与辅助设备配套使用时(如取件机械手)，造成了5.2.1.1规定的移动式保护装置不能使用，应使用环绕封闭式保护装置(见图9)。

注：本条要求不规定辅助设备的安全要求。在某些情况下，可能需要更高水平的防护。

在封闭区域内，急停装置应安装在合适的位置。急停装置的操作元件应适合当地情况，如固定式或移动式操作元件。

封闭区域的检修门应设计成不能向里开。检修门应通过两个限位开关与压铸机和其辅助装置的控制系统相耦合。当门被关闭时，一个限位开关被门压下强制起动，另一个限位开关被释放。限位开关的连接方式，应是当门关闭以后和起动装置（重新起动装置）的命令发出以后，才能起动压铸机和其辅助装置。重新起动装置应安装在危险区外边门的附近，并且只能在封闭区的外部起动。

从安全的观点考虑，限位开关的信号应独立于压铸机和其辅助装置的电子控制系统，限位开关的联锁也应独立于压铸机和其辅助装置的电气/电子控制系统。

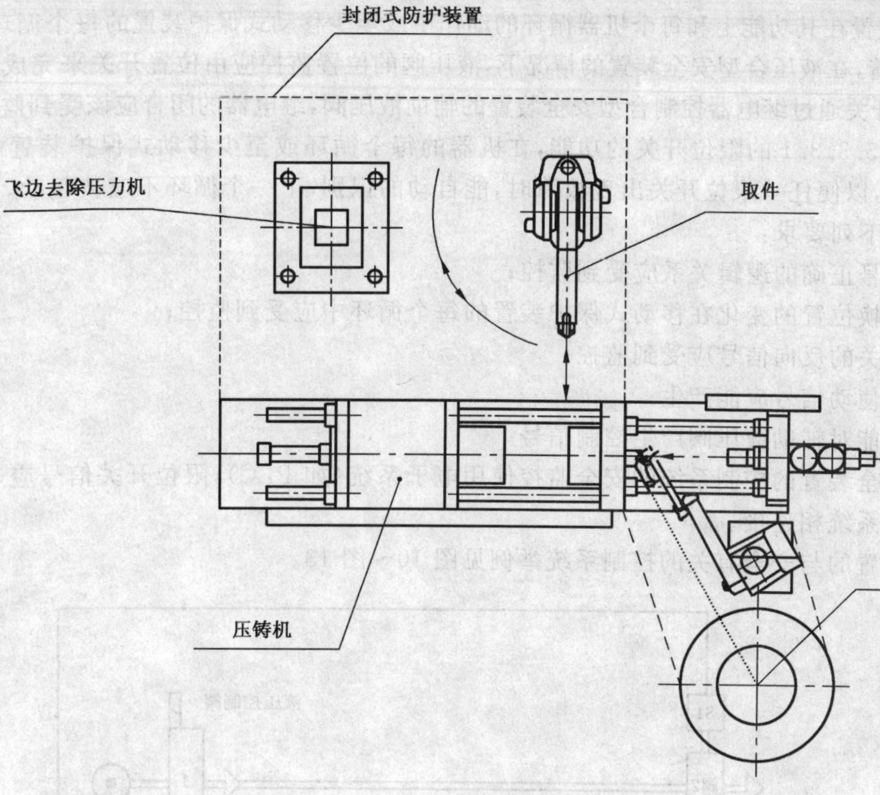

图 9　压铸单元的安全区域

5.3　电气/控制系统

5.3.1　电气设备

压铸机的电气设备应符合 GB 5226.1 的规定，停止功能应符合 GB 5226.1—2002 规定的 2 类要求。

5.3.2　模具危险运动相关控制系统的安全

影响模具危险运动的压铸机控制系统的部件，如模具区域的移动式保护装置和模具区域的检修门应符合 GB/T 16855.1—2005 的等级 4 的规定。

5.3.3　带有合型安全装置的危险运动控制系统的相关安全

5.3.3.1　下面章节中规定的带有合型安全装置控制系统的相关安全将被认为符合 GB/T 16855.1—2005 的 4 类规定。

合型安全装置在动力线路中是一个附属装置，它是由模具区域的移动式保护装置或检修门强制起动控制，并能防止由于控制系统中的故障所引起的模具闭合。

合型安全装置的例子如下：

a)　辅助的液压阀，其由移动式保护装置或检修门强制控制起动，当保护装置打开时，它将停止压力介质流入合型缸，或将介质泄入油箱（见图 10）；

b)　由移动式保护装置或检修门控制起动的先导阀，它将控制动力线路中的阀，以实现上述 a）所规定的功能（见图 11）；

c)　由移动式保护装置或检修门控制起动的辅助电气限位开关，其控制辅助液压阀或先导阀，以实现上述 a）所规定的功能（见图 12 和图 13）。

从安全的观点出发，利用电气限位开关驱动阀，需要限位开关信号独立于电气/电子控制系统。限位开关的电气系统应：

——限位开关的电缆应与电气/电子控制系统的电缆分开；

——应硬件连接，并直接作用在辅助液压阀上；

——直接的导向接触作用。

5.3.3.2　合型安全装置在其功能上和每个机器循环的动作中或至少移动式保护装置的每个循环中，能被自动监控。这就意味着，在液压合型安全装置的情况下，液压阀的位置监控应由位置开关来完成。如按照5.3.3.1中c)的位置开关通过继电器控制合型安全装置的辅助液压阀，继电器的闭合应该受到监控。

符合5.2.1.1和5.3.3.1的限位开关的功能，在机器的每个循环或至少移动式保护装置的每个循环过程中应受到监控，以便任一限位开关出现故障时，能自动的识别，下一个循环不应被起动。

监控线路应达到下列要求：

——限位开关信号正确的逻辑关系应受到监控；

——限位开关转换位置的变化在移动式保护装置的每个循环中应受到监控；

——保护装置开关的反向信号应受到监控；

——控制线路的使动信号应能产生；

——监控线路不能对辅助液压阀产生控制信号。

如果带有合型安全装置的控制系统的安全监控使用电子系统（如PLC），限位开关信号应通过独立输入模块与电子控制系统相连接。

带有合型安全装置的与安全有关的控制系统举例见图10～图13。

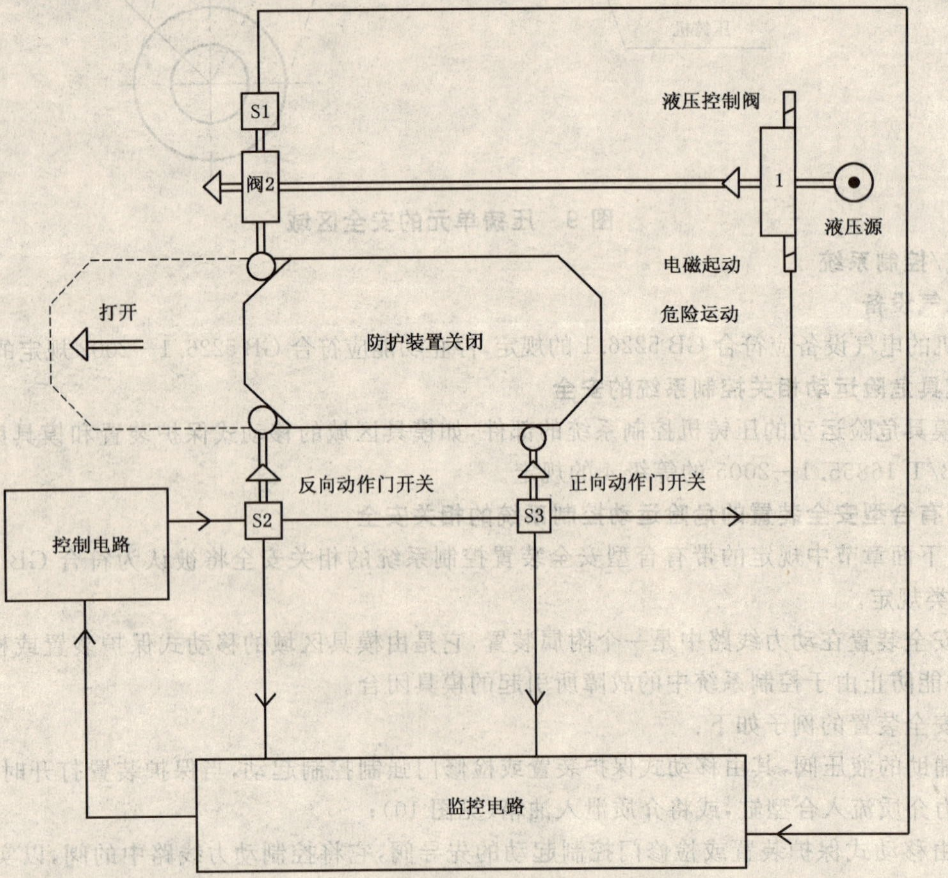

阀2由活动式防护装置强制操作，以停止合型缸供油。阀2的转换位置受到位置开关S1监控。限位开关S2和S3相互监控。当防护装置关闭时，可以供应液压动力。

图10　带强制驱动液压阀的合型安全装置举例[见5.3.3.1a)]

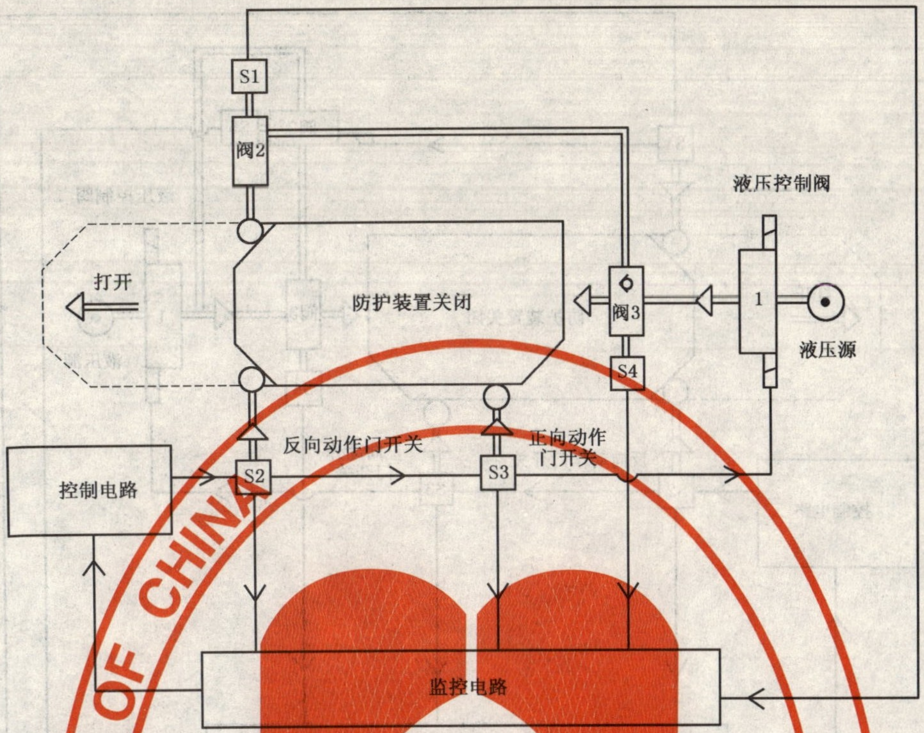

阀 2 由活动式防护装置强制操作，当防护装置关闭时，其打开先导控制单向阀 3，阀 2 的转换位置由位置开关 S1 监控，位置开关 S4 监控阀 3 的转换位置，限位开关 S2 和 S3 相互监控。

图 11 带强制驱动先导阀的合型安全装置[见 5.3.3.1b)]

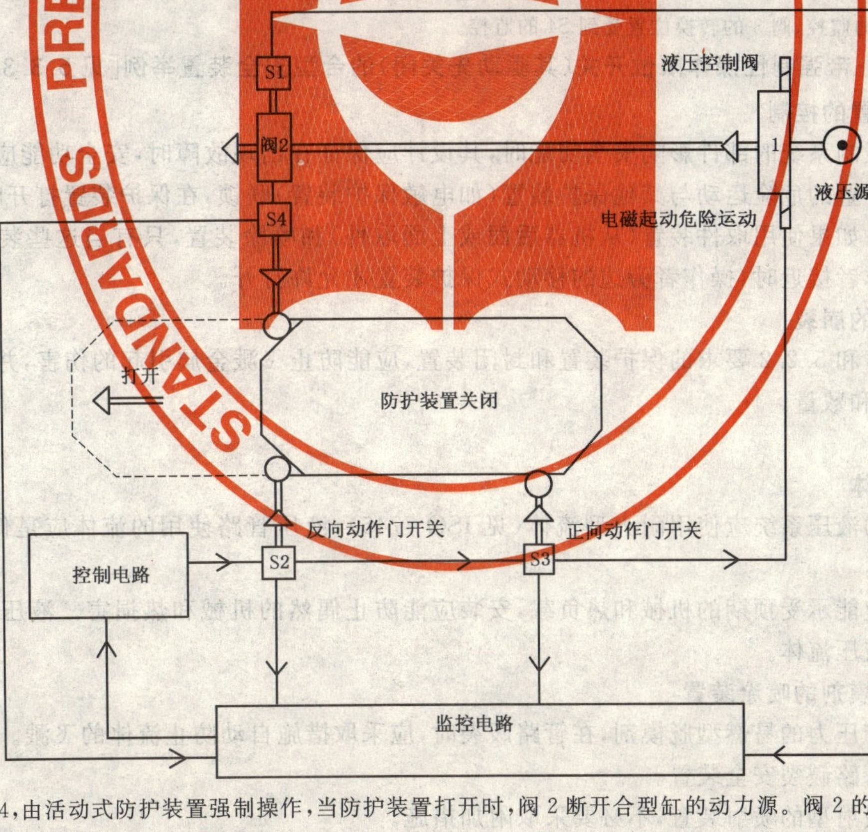

限位开关 S4，由活动式防护装置强制操作，当防护装置打开时，阀 2 断开合型缸的动力源。阀 2 的转换位置受到位置开关 S1 监控。限位开关 S2 和 S3 相互监控，当安全防护装置关闭时，液压动力打开，限位开关 S4 的转换位置受到监控。

图 12 带强制性操作限位开关(其驱动液压阀)的合型安全装置举例[见 5.3.3.1c)]

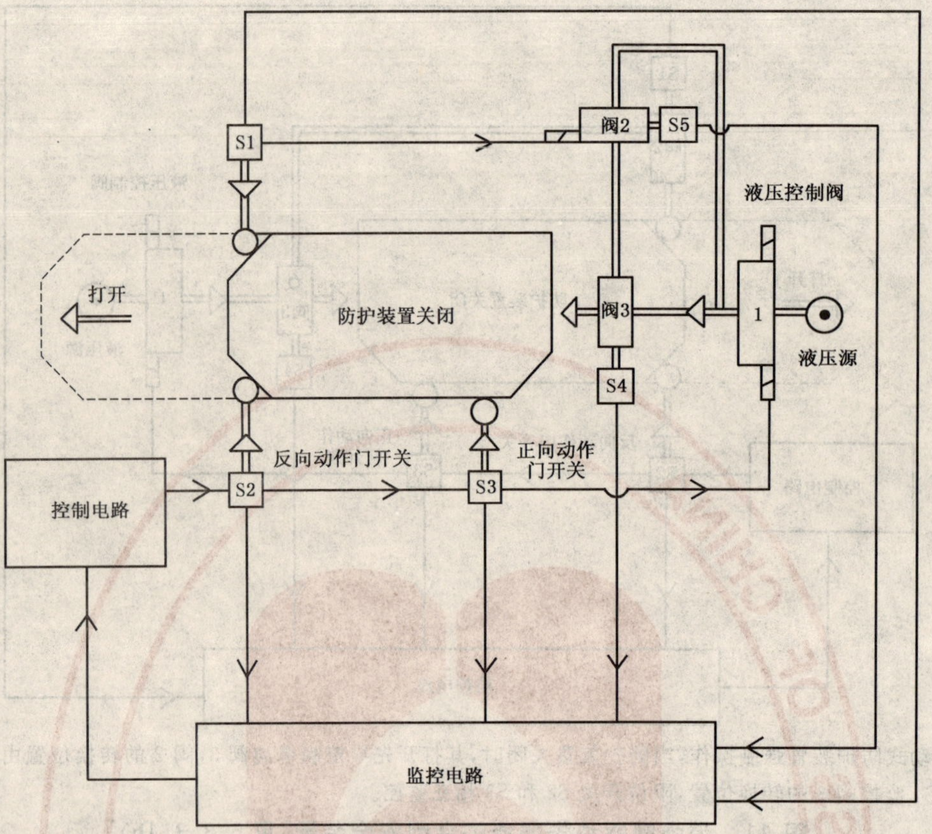

活动式防护装置由 3 个限位开关检查，限位开关 S1 控制阀 2，阀 2 控制阀 3 断开合型缸的液压源。阀 2 的转换位置受到位置开关 S5 的监控，阀 3 的转换位置受到 S4 的监控。

图 13　带强制性操作限位开关(其驱动先关闭)的合型安全装置举例[见 5.3.3.1c)]

5.3.4　辅助装置的控制

辅助装置控制系统的部件影响安全功能时，其设计应保证在出现故障时，安全功能应能起作用。

如果辅助装置的危险运动与其他保护装置(如电敏保护装置)联锁，在保护装置打开时，辅助装置的运动是允许的。如果使用取件装置(从机器后面或上面取件)和喷涂装置，只有当这些装置离开模具区域和不能被操作者接近时，操作者旁边的移动式保护装置才允许打开。

5.4　熔融金属的崩裂

符合 5.2.1 和 5.2.2 要求的保护装置和封闭装置，应能防止飞溅金属引起的伤害，并应考虑飞溅金属的温度、速度和数量。

5.5　易燃流体

5.5.1　压力流体

压铸单元的液压系统应使用耐火型流体(见 ISO 7745)，液压管路使用的流体应是低燃型，如水乙二醇等。

管路设计应能承受预期的机械和热负载，安装应能防止偶然的机械和热损害。液压管路和接头应适用于低燃型液压流体。

5.5.2　喷洒脱模剂的喷涂装置

如果使用带压力的易燃型脱模剂，在管路破裂时，应采取措施自动防止流体的飞溅。合适的措施如泵关停装置和管路破裂安全装置。

如果使用喷射型的喷射装置，不必要采取附加措施。

5.5.3　热交换器介质

热交换器的接头和管路安装和封闭，应做到如果泄漏出现，介质不应被点燃。

5.6 噪声

见 ISO/TR 11688-1。

应特别考虑以下因素：

——选择低噪声泵，而不是将泵封闭起来；

——气动能量的释放，考虑采用消声器和废气过滤器；

——采取特别的紧固措施降低管路的振荡噪声；

——采用加强带或降噪材料，减轻面板的振动，降低噪声水平；

——尽可能将产生噪声设备远离有人的区域；

——采用声学封闭或其他设备隔离噪声。

5.7 气体、蒸汽、烟雾和灰尘

从气体、蒸汽、烟雾和灰尘产生的危害取决于被加工的材料，超出了设计者的控制范围，因此不可能给设计者提出措施。

5.8 影响健康的因素

半自动操作的压铸机的手动控制应按人机工程学的原理进行设计。

设计的压铸机在调整和维修过程中，应使操作者处于良好的姿势（见 EN 1005-1、EN 1005-2 和 EN 1005-3）。

应考虑提升设备、金属给料装置和取件装置的安装。手动提升限值按 EN 614-1 进行。

5.9 调整压铸机、插入和取件装置、大杠拉紧装置和其他辅助装置时的保护措施

5.9.1 没有保护装置时的调整

如果由于技术的原因，在调整时和选择没有保护装置调整的操作规范时，符合 5.2.1、5.2.2 和 5.2.4 的保护装置不能被使用，保护装置与控制系统的连接应通过带锁的操作规范选择开关将其锁定在 OFF 位置，以确保压射过程不能被起动，并且符合下列要求：

1） 最大合型速度限于 30 mm/s，合型过程通过点动控制装置进行；或

2） 使用符合 EN 574:1997 类型ⅢB 的双手按钮，最大合型速度限于 60 mm/s；或

3） 当速度没有限制，运动通过点动控制按钮起动，允许动型板寸动，每步距离不超过 5 mm。

5.9.2 抽芯器和顶出器的运动

当操作规范选择开关定位在调整位置时，抽芯器和顶出器的运动只能通过点动控制装置起动。

5.9.3 大杠抽动装置的运动

设计的压铸机大杠抽动装置，在调整时，大杠在进入距定型板 300 mm 时的定位速度不应超过 30 mm/s。如果危险区域在符合 GB 12265.1 的安全距离以外，则可以超过此限值。推进和抽出只能通过点动控制装置进行。

5.10 高处工作位置

应提供合适的工作平台和梯子，防止在正常操作、调整和维修时跌落。

5.11 冷室压铸机的附加保护措施

5.11.1 废料的崩裂

设计的冷室压铸机，通过下列方式尽可能的防止废料的崩裂：

a） 用可锁紧的控制装置，以确保压铸模的封闭时间调整到适合压铸过程。

b） 平压射的冷室压铸机，其模具区域的移动式保护装置应按下列方式与控制系统连接：

——在机动操作移动式保护装置的情况下，模具行程至少超过其开模行程的 1/3 时，才允许移动式保护装置离开封闭位置；

——在手动操作移动式保护装置的情况下，模具行程至少超过其开模行程的 1/3 时，才通过一个停止装置允许移动式保护装置打开。

5.11.2 压射区域的移动式保护装置

在垂直压射的冷室压铸机中，压射室和压射冲头之间的危险区域应通过移动式保护装置进行防护。

其与控制系统的连接方式应确保只有当保护装置处于封闭位置时，才能起动压射冲头的运动。

压射冲头的运动也可能在保护装置到达封闭位置时起动。

5.11.3 压射冲头的运动

在水平压射的冷室压铸机模具和保护装置处于开启位置时，压射冲头只能减速进入模具区域。

5.11.4 金属送料装置

冷室压铸机，其金属送料装置的危险区应由单独的保护装置保护起来。能打开的保护装置的零件应与控制系统联锁。联锁应确保：

——当保护装置打开开时，危险运动应停止；

——只有当危险运动完成以后，保护装置才能被打开。

5.12 热室压铸机的附加保护措施

5.12.1 喷嘴和模具间的金属飞溅

应至少通过一个固定保护装置防止热室压铸机喷嘴和模具间的金属的飞溅。

5.12.2 压射过程的起动

应有两个独立的安全回路元件，以确保在控制系统出现故障时压射过程不能发生。

5.13 垂直合型运动压铸机的附加安全防护措施

由于重力的原因，可能引起模具的运动，其控制系统设计应确保防止由于能量失效或控制系统的关闭引起的模具运动，可以采用液压回路(见图 14)和机械阻挡装置来解决。

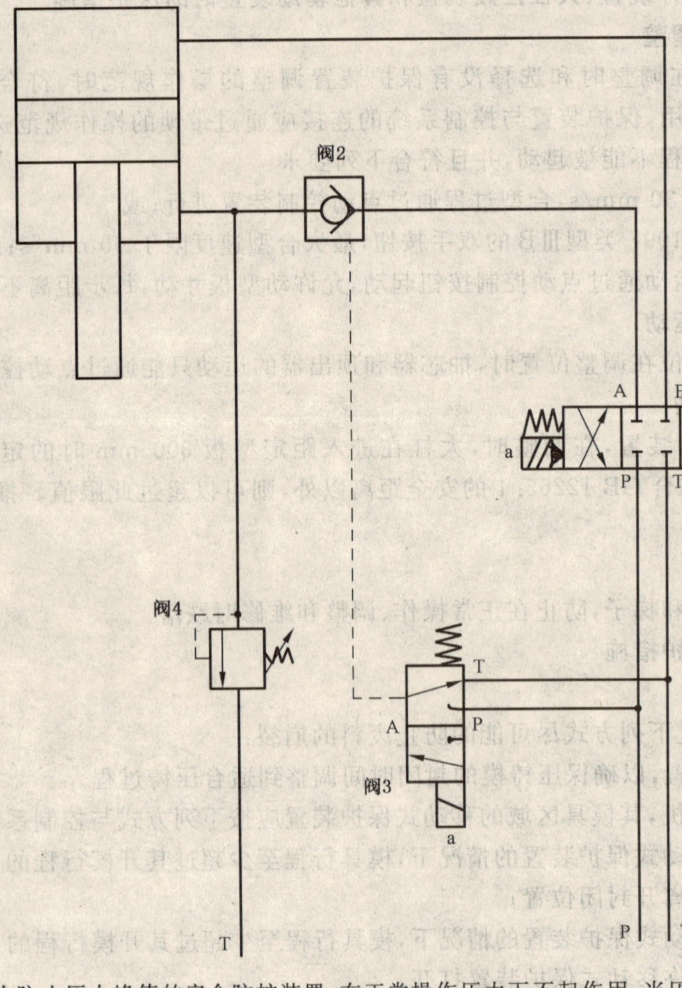

安全阀 4 只作为防止压力峰值的安全防护装置，在正常操作压力下不起作用，当压力高于操作压力的 10% 时卸荷，安全阀由制造者调整后，应进行型式试验和密封。

图 14 垂直合型运动机器的液压控制的最低要求

如果保护装置打开，设计的机械阻挡装置应能自动停止模具的运动。

如果阻挡装置设计和制造符合机器的预期压力范围，且其控制系统按照5.3.3设计制造，则应满足5.3.3所规定的合型安全装置的要求，

如果阻挡装置处于保持位置，其锁紧与控制系统的连接方式应保证模具的运动不能被起动，其锁紧状态应清晰可辨。

6 安全要求和措施的检查

可以通过目测和设备的功能试验来检查安全要求和措施，电气安全试验应按GB 5226.1进行，噪声测量应按EN 1265:2000进行。

7 使用信息

7.1 总则

使用信息的基本要求在GB/T 15706.2—1995第5章中已经列出，除了这些基本要求，应特别考虑下列条款。

7.2 最少标注

下列信息应清晰永久地标注在压铸机上：

——制造者的名称和地址；

——设计系列号或型号；

——强制性认证符号；

——系列编号/机器编号；

——制造年份；

——公称合型力；

——重量；

——电气数据；

——辅助电气设备应配有含有数据(包括外壳防护等级)的永久性铭牌。

7.3 操作手册

制造者对每台机器(包括所有辅助设备)应提供操作手册，手册中应注明压铸机的特性和特别措施。下列几点是描述了操作手册的结构和内容的例子：

a) 机器声明，特别是：

——制造者、机器型号、制造年份、设备编号等；

——技术文件(线路图、零件表、数据单、配件信息等)；

——预期使用，附加/选配机器和设备接口的详细信息；

——禁止使用(如压铸禁止使用的特殊材料，特殊辅助设备的禁止使用)；

——按照GB/T 15706.2—1995附录A和EN 1265测量的噪声辐射的详细情况，必要时，应参考使用人身保护设备，如，耳朵的保护；

——辅助设备/系统和其控制连接的描述(如急停/安全装置的效果)。

b) 关于运输、调整、安装的详细情况，特别是：

——起吊指示(如吊具、吊环)；

——运输重量；

——运输安全装置和交付前安全装置的去除；

——工厂布局/安装条件(地基设计，建筑要求)；

——机器或单一部件的安装/装配说明；

——防止倾翻和高处跌落的说明。

c) 关于交付使用和不投入使用的详细情况，特别是：
——动力准备的详细情况（如电气、液压、气动）；
——关于流体介质的详细情况（如低燃高压介质）；
——关于特殊装置装配的详细情况（如调整装置）；
——关于启动、操作、停车的详细情况；
——关于交付前安全装置的检查和禁止未授权的改装的详细情况；
——停止使用的情况（高压介质的处理，清空指示）。

d) 操作指示，特别是：
——关于可用的安全保护装置的详细情况。
——关于安全保护装置日常检查的情况。
——关于特殊危险的详细情况（如电气、液压、调整时的特殊说明和调整后的重新交付使用）。
——如果处理的金属产生对人体有害的气体、泡沫和尘雾，应对用户提出使用通风装置和其与机器连接信息的说明。
——相关控制系统安全的描述。
——操作者，如：
1) 对操作者资格水平的要求；
2) 对操作者如何操作机器的指示；
3) 对安全保护装置和事故出现时排除手段的介绍。
——故障动作，或不正常的操作情况。
——对用户预防危险情况的指示，如熔融金属和湿材料之间反应引起的爆炸。
——使用装置去取热铸件和使用人身保护装置的说明。
——残余危险的说明，如：
1) 振动；
2) 辐射；
3) 工作区、熔化炉区和给料区的热表面；
4) 热压铸件的处理和贮存对环境的要求和对人身的保护；
5) 残料的飞出。
——特殊情况下接触特殊危险的说明（如维修，故障排除）应在操作手册中给出，并按照危险的性质在机器上给出标识（见 EN 61310-1）。如果在操作中不使用安全保护装置，应按 5.9.1 说明可用的措施。
——对下列原因造成危险的说明：
1) 不能减轻的压力；
2) 可编程电子系统的错误功能；
3) 温度；
4) 火；
5) 爆炸气氛。
——按照 5.8 手动处理的说明。

7.4 维修手册

维修手册应包括进行试验的指令、维修的指令、危险的保护措施，应给出维修活动所需要的特别资格和建议，应提供备件表及其参考图和线路图。

安全装置的操作应由周期性的检查程序。检查的频次应在设计阶段按照装置的可靠性、特点和重要性进行规定，并可以在使用操作阶段进行修整。

下列指令在编写维修手册时应特别注意：

——按照 7.3 中 c)重复交付使用以后的指令；
——预防措施的指导(如易损件的更换、润滑等)；
——易损件清单；
——控制系统错误信息的说明和后果；
——故障原因及其排除措施表；
——在维修过程中系统零件应关闭的说明；
——必要时，关于残存能量的说明及其减少的措施。

ICS 93.080
Q 84

GB

中华人民共和国国家标准

GB/T 20907—2007

城市轨道交通自动售检票系统技术条件

Technical requirements for automatic fare collection system of urban rail transportation

2007-04-29 发布　　　　2007-11-01 实施

中华人民共和国国家质量监督检验检疫总局
中国国家标准化管理委员会　发布

前　言

本标准由中华人民共和国建设部提出。

本标准由全国城市轨道交通标准化技术委员会(SAC/TC 290)归口。

本标准起草单位：城市建设研究院、上海邮电通信设备股份有限公司、天津地下铁道总公司、广州市地下铁道总公司、深圳地铁运营分公司、南京地下铁道有限责任公司、上海申通轨道交通研究咨询有限公司、上海市标准化研究院、上海公共交通卡股份有限公司、上海市隧道工程轨道交通设计研究院、上海地铁运营有限公司、南京熊猫电子股份公司、上海华铭智能终端设备公司、北京市政交通一卡通有限公司、黄石捷德万达金卡有限公司。

本标准主要起草人：何宗华、黄钟、陆明、李宇轩、王家振、王健、蒋维彬、谢志刚、王淑敏、王子强、张汉清、陆斌、张伟国、陈文革、张亮、杨健。

本标准为首次制定。

城市轨道交通自动售检票系统技术条件

1 范围

本标准规定了城市轨道交通自动售检票系统的术语和定义、结构、车票、车站终端设备、计算机系统和清分系统等要求。

本标准适用于城市轨道交通自动售检票系统及设备的生产和运行管理。

2 规范性引用文件

下列文件中的条款通过本标准的引用而成为本标准的条款。凡是注日期的引用文件，其随后所有的修改单(不包括勘误的内容)或修订版均不适用于本标准，然而，鼓励根据本标准达成协议的各方研究是否可使用这些文件的最新版本。凡是不注日期的引用文件，其最新版本适用于本标准。

GB 4943—2001 信息技术设备的安全(idt IEC 60950:1999)

GB 9254—1998 信息技术设备的无线电骚扰极限值和测量方法

GB/T 17618 信息技术设备抗扰度限制和测量方法

GB 17625.1 电磁兼容 限值 谐波电流发射限值(设备每相输入电流≤16 A)(GB 17625.1—2003,IEC 61000-3-2:2001,IDT)

CJ/T 166 建设事业 IC 卡应用技术

ISO/IEC 7810:2003 识别卡 物理特性

ISO/IEC 14443.1:2000 识别卡 无触点集成电路卡 接近卡 第1部分 物理特性

ISO/IEC 14443.2 识别卡 无触点集成电路卡 接近卡 第2部分 射频功率及信号接口

3 术语和定义

下列术语和定义适用于本标准。

3.1

自动售检票系统 automatic fare collection

基于计算机、通信、网络、自动控制等技术，实现轨道交通售票、检票、计费、收费、统计、清分、管理等全过程的自动化系统。

3.2

无触点集成电路卡 contact-less integrated circuit card

卡的内部嵌装集成电路及天线，以非接触方式与外部专用读写器进行耦合操作的集成电路卡。

3.3

单程票 single journey ticket

不具有充值功能，在限定时间内一次性使用的车票。

3.4

储值票 storage value ticket

具有储值功能，可重复充值使用的车票。

3.5

公共交通“一卡通” one through card

可在城市各类公共交通工具中通用，也可在城市轨道交通网络中实现换乘使用的储值票。

3.6

自动售票机　automatic ticket vending machine

用于现场自助发售、赋值有效车票，具备自动处理支付和找零功能的设备。

3.7

半自动售票机　booking office machine

用于现场人工辅助发售、赋值有效车票，具备补票、退票、查询、更新等票务处理功能的设备。

3.8

检票机　gate

对车票进行检验和处理，并放行或阻挡乘客出入付费区的设备。

3.9

防冲突　anti-collision

多张车票同时处于检票机的操作区域内时，可进行区分的功能。

3.10

清分系统　central clearing system

发行和管理轨道交通车票，对不同线路的票、款进行结算，并具有与城市公共交通"一卡通"进行清分功能的系统。

3.11

线路中央计算机系统　central computer

管理和控制轨道交通线路自动售检票系统的计算机系统。

3.12

车站计算机系统　station computer

管理车站的票务、运行、客流统计等的计算机系统。

3.13

车站终端设备　station terminal

用于各轨道交通线路车站进行车票发售、进出站检票、充值、验票分析等读写交易处理的终端设备。

3.14

黑名单　black list

根据管理要求对挂失车票和异常车票等进行特殊控制的数据列表。

4　系统结构

4.1　城市轨道交通自动售检票系统结构分为五个层次。第一层为车票；第二层为车站终端设备；第三层为车站计算机系统；第四层为线路中央计算机系统；第五层为城市轨道交通清分系统。

4.2　系统结构如图1所示。

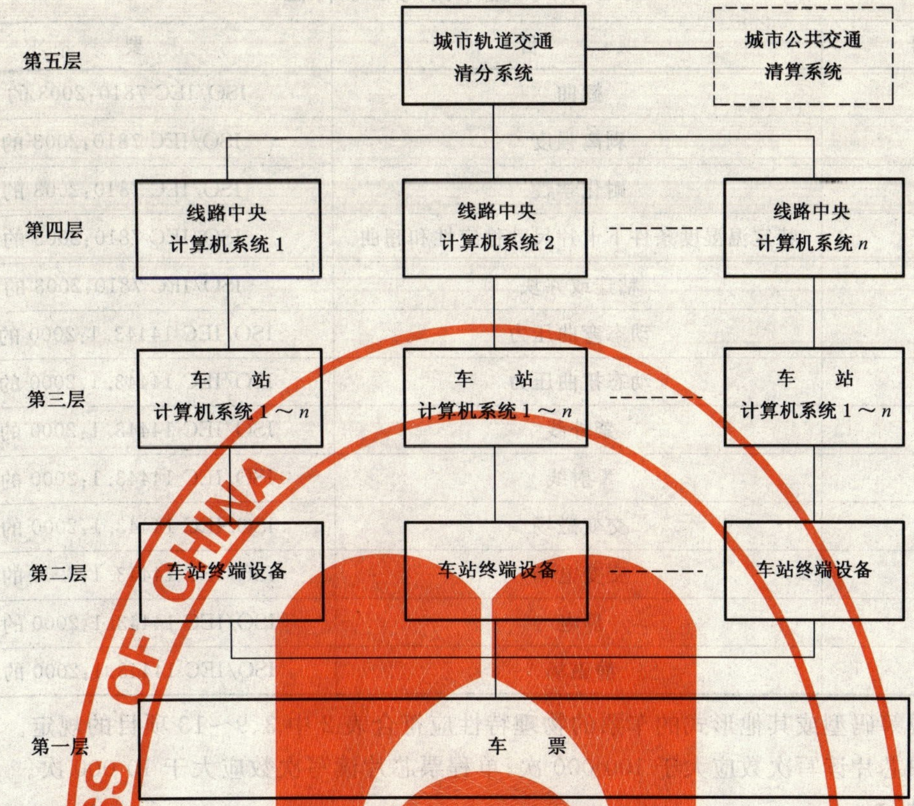

图 1 系统结构图

5 车票

5.1 基本要求

5.1.1 城市轨道交通的车票应采用无触点集成电路卡。

5.1.2 车票按应用方式的不同，可分为单程票和储值票等。车票可按需要封装成卡片、筹码或其他形式。

5.1.3 车票的尺寸规格

5.1.3.1 卡片型车票的尺寸规格应符合表 1 的规定。

表 1 卡片型车票的尺寸规格

单位为毫米

种类	尺寸规格							
	长		宽		厚		切角半径	
	最小	最大	最小	最大	最小	最大	最小	最大
储值票	85.47	85.72	53.92	54.03	0.68	0.84	2.88	3.48
单程票					0.40	0.58		

5.1.3.2 筹码型车票的尺寸规格及重量应符合下列要求：

a) 直径：30 mm±0.3 mm；

b) 厚度：Ⅰ型 2 mm±0.2 mm；Ⅱ型 3 mm±0.3 mm；

c) 筹码的重量偏差应不大于 5%。

5.1.4 储值票芯片存储容量应不小于 1 kbyte，单程票芯片存储容量应不小于 512 bit。

5.2 物理特性

5.2.1 卡片型车票封装后的物理特性应符合表 2 的规定。

表 2 卡片型车票的物理特性

序号	项目	要求
1	翘曲	ISO/IEC 7810:2003 的 8.11 条
2	剥离强度	ISO/IEC 7810:2003 的 8.8 条
3	耐化学性	ISO/IEC 7810:2003 的 8.4 条
4	特定温湿度条件下卡片尺寸稳定性和翘曲	ISO/IEC 7810:2003 的 8.5 条
5	粘连或并块	ISO/IEC 7810:2003 的 8.9 条
6	动态弯曲压力	ISO/IEC 14443.1:2000 的 4.3.3 条
7	动态扭曲压力	ISO/IEC 14443.1:2000 的 4.3.3 条
8	紫外线	ISO/IEC 14443.1:2000 的 4.3.1 条
9	X 射线	ISO/IEC 14443.1:2000 的 4.3.3 条
10	交变磁场	ISO/IEC 14443.1:2000 的 4.3.5 条
11	交变电场	ISO/IEC 14443.1:2000 的 4.3.6 条
12	静电	ISO/IEC 14443.1:2000 的 4.3.7 条
13	静磁场	ISO/IEC 14443.1:2000 的 4.3.8 条

5.2.2 封装成筹码型或其他形式的车票的物理特性应符合表 2 中 3、9～13 项目的规定。

5.2.3 储值票芯片读写次数应大于 100 000 次;单程票芯片读写次数应大于 10 000 次。

5.3 电气特性

5.3.1 车票的电气特性应符合 ISO/IEC 14443.2 的规定。

5.3.2 车票应具有防冲突的功能。

5.3.3 完成一次车票读写的处理时间:储值票应不大于 300 ms;单程票应不大于 200 ms。

5.4 应用文件

5.4.1 采用公共交通“一卡通”储值票的应用文件应符合 CJ/T 166 的规定。

5.4.2 储值票的应用文件

5.4.2.1 储值票应设立目录区,应用类型标识可用 1 byte 16 进制代码表示。

5.4.2.2 发行信息区应记录卡的发行流水号、卡的认证码、卡类型、发行版本及卡的发行日期等信息。

5.4.2.3 钱包及充值信息区应包括钱包、钱包备份和校验等信息。数据文件标识符在卡的初始化时,应由发卡机构写入指定的目录块内。充值信息区内应记录最新的充值交易记录。

5.4.2.4 公共交易变量信息应包含交易记录指针、钱包累计交易次数等各线路共用的信息。

5.4.2.5 公共交易记录信息区应记录交易设备编码、交易金额、交易后钱包余额、交易时间等。卡内存放的交易记录应为等长环型结构。

5.4.3 单程票的应用文件

5.4.3.1 应用文件由标识、发行信息、售票记录、共用信息、进出站交易记录等组成。

5.4.3.2 单程票的标识应由客户代码、制造商代码和单程票序列号生成。

5.4.3.3 发行信息应包括单程票的发行企业代码、发行日期、发行流水号及版本号等。

5.4.3.4 售票记录应包括售票机线路代码、售票机站点代码、售票机设备代码、单程票的类型、售票时间和售票金额等信息。

5.4.3.5 共用信息应包括交易标志、使用次数等,并能进行校验。

5.4.3.6 进站交易记录应包括时间、线路代码、站点代码、设备代码和校验等信息。

5.4.3.7 出站交易记录应包括时间、线路代码、站点代码、设备代码、金额和校验等信息。

5.5 安全机制

5.5.1 密钥管理

5.5.1.1 车票的主密钥的生成及安全认证模块(存放主密钥)应按规定程序管理。

5.5.1.2 在车票发生交易时,应由设备内的安全模块根据车票的特性判定合法性。

5.5.1.3 车票在每次操作时,应经过密钥验证。车票的应用密钥应根据车票的唯一码、认证码以及交易过程中产生的变量,按照规定的加密算法生成。

5.5.2 通信安全

5.5.2.1 车票应具有数据通信加密并双向验证密码系统。单程车票与读写器通信可使用握手式半双工通信。

5.5.2.2 在通信过程中,不得明文传输密钥。

6 车站终端设备

6.1 构成

车站终端设备应包括售票机、检票机及相关配套设备。

6.2 通用要求

6.2.1 外观

6.2.1.1 设备外部表面应平滑,边角圆滑,机箱表面应无外露的螺栓头、螺帽、毛边或裂纹。

6.2.1.2 设备外部结构应符合 GB 4943—2001 中 4.3 的要求。

6.2.2 基本功能

6.2.2.1 设备应具有正常服务模式、降级服务模式、维护模式、故障模式。

6.2.2.2 正常服务模式时,设备处于自动运行状态,应能够实现售检票的功能。

6.2.2.3 降级服务模式时,设备应按照系统要求,实现降级模式下的售检票功能。

6.2.2.4 在对设备进行检测和维护时,设备应处于维护模式;在维护模式下,宜使用测试用车票。

6.2.2.5 设备发生故障时,应能自动进入故障模式,并向系统报告故障信息;当故障消除后,设备应能自动恢复实现售检票功能。

6.2.2.6 车站终端设备内部系统应在外部电源失电时,不被改变或破坏,并能保存断电前的工作状态和内部数据。

6.2.3 工作环境

a) 工作温度:A 级 −10℃～45℃;B 级 −20℃～45℃;

b) 湿度:20%RH～95%RH;

c) 工作电压:AC 220×(1+10%) V～220×(1−15%) V,50×(1±4%) Hz。

6.2.4 电气特性

6.2.4.1 设备的电气绝缘应符合 GB 4943—2001 中 2.9 的要求。

a) 接触电流的允许值应符合 GB 4943—2001 中 5.1 的要求,最大接触电流 3.5 mA;

b) 抗电强度的施加电压值应符合 GB 4943—2001 中 5.2 的要求,试验电压为频率 50 Hz,幅值 1 500 V,保持 1 min。

6.2.4.2 电磁兼容性应符合下列规定:

a) 无线电骚扰限值应符合 GB 9254—1998 中 A 级的规定;

b) 当终端设备供电电压为 220 V 或电源适配器供电功率大于或等于 75 W 时,其谐波电流骚扰应符合 GB 17625.1 的要求;

c) 电磁敏感度应符合 GB/T 17618 的要求。

6.2.5 物理特性应符合表 3 规定。

表 3　物理特性

项　　目			物理特性
振动适应性	初始和最后振动响应检查	频率范围/Hz	10～55
		扫描速度/(OCT/min)	≤1
		驱动振幅/mm	0.15
	定频耐久性	驱动振幅/mm	0.75(10 Hz～25 Hz) 0.15(25 Hz～55 Hz)
		持续时间/min	30±1
	扫频耐久性	频率范围/Hz	10～55～10
		驱动振幅/mm	0.15
		循环次数/次	5
冲击适应性	峰值加速度/(m/s)		300
	脉冲持续时间/ms		11
	冲击波形		半正弦波形或峰锯齿波或梯形波
碰撞适应性	峰值加速度/(m/s)		300
	脉冲持续时间/ms		11
	碰撞次数/次		1 000

6.2.6　从车站终端设备读写区域的表面到最大读写距离范围内，应均能正确操作车票。最大读写距离：卡片型车票应不小于 60 mm，筹码型车票应不小于 40 mm。

6.2.7　当两张或两张以上车票同时出现在车站终端设备的读写区域内时，车票读写器应能区分并能正确操作。

6.2.8　接口要求

6.2.8.1　通信接口方式宜采用 10/100 M 以太网，通信协议应采用 TCP/IP。

6.2.8.2　实时时钟同步误差应小于 2 s。

6.2.8.3　数据上传间隔时间应小于 15 min。

6.2.8.4　命令响应时间应小于 2 s。

6.2.8.5　状态改变的响应时间小于 1 s。

6.3　售票机

6.3.1　半自动售票机

6.3.1.1　基本功能应符合下列要求：

a)　应具备车票发售、充值、补票、退款、罚款、更新、分析、交易查询、收益管理、操作登录等票务处理功能；

b)　应能与车站计算机进行通信，上传车票处理交易、设备运行状态等数据，接收车站计算机或线路中央计算机下传的命令、参数、票价表、黑名单及其他数据，并应能对版本控制参数执行自动生效处理；

c)　在与线路中央计算机及车站计算机通信中断时，应能在离线运行模式下工作，并保存数据；在通信恢复后，应自动上传未传送的数据。

6.3.1.2　主要性能应符合以下要求：

半自动售票机单张车票处理时间应小于 1 s。

6.3.1.3 可靠性应符合下列要求：

a) 平均无故障工作次数大于100 000次；

b) 平均故障恢复周期小于30 min。

6.3.2 自动售票机

6.3.2.1 基本功能应符合下列要求：

a) 发售有效单程车票；

b) 应能向车站计算机上传车票处理交易、设备运行状态等数据，接收车站计算机或线路中央计算机下传的命令、票价表、黑名单及其他参数等数据，并应对版本控制参数执行自动生效处理；

c) 应具备自动接受硬币、纸币、银行卡等的一种或数种支付方式，并具备硬币找零或硬币、纸币找零的功能；

d) 在与线路中央计算机及车站计算机通信中断时，应能在离线运行模式下工作，并保存数据；在通信恢复后，应自动上传未传送的数据。

6.3.2.2 主要性能应符合表4的要求。

表4 自动售票机主要性能

项　　目		要　　求
车票处理	单张车票发售时间/s	≤3
储票、储币总容量	卡片型车票/张	≥1 500
	筹码型车票/枚	≥2 000
	纸币找零/张	≥500
	硬币找零/枚	≥1 000
	纸币回收/张	≥1 000
	硬币回收/枚	≥2 000

6.3.2.3 可靠性应符合下列要求：

a) 平均无故障工作次数应大于50 000次；

b) 平均故障恢复周期应小于30 min。

6.3.2.4 钱箱应具有移动时的监控措施和分隔、锁闭的机构。

6.4 检票机

6.4.1 基本功能应符合下列要求：

a) 进出通道的通行控制；

b) 读写、回收、退还车票和计扣车费；

c) 乘客提示信息、运行状态显示和报警；

d) 维护人员操作界面；

e) 交易记录和审计数据的生成、存储和传送；

f) 在与线路中央计算机及车站计算机通信中断时，应能在离线运行模式下工作，并能保存数据；在通信恢复后，应自动上传未传送的数据；

g) 检票机在断电和接到紧急放行的信号后，必须自动打开检票通道。

6.4.2 主要性能应符合表5的要求。

表5 检票机主要性能

项　　目	要　　求
单张车票处理时间(包括检查、编码、校验等)/s	≤0.30
单张车票回收处理时间(包括检查、编码、校验、无效退出等)/s	≤0.50

表 5（续）

项目			要求
门式检票机的闸门打开时间(检查车票为有效后)/s			≤0.50
通过能力/(人/min)	转杆式检票机		≥25
	门式检票机	无回收票	≥30
		有回收票	≥25
通道净宽/mm	常规通道		≥500
	宽通道		900
检票机宽度/mm			≤300
储票总容量	卡片型车票/张		≥1 500
	筹码型车票/枚		≥2 000

6.4.3 可靠性应符合下列要求：

a) 平均无故障工作次数大于 100 000 次；

b) 平均故障恢复周期小于 30 min。

7 车站计算机系统

7.1 构成

车站计算机系统应包括服务器、网络设备、操作工作站、紧急按钮、不间断电源和打印机等。

7.2 基本功能

7.2.1 接受线路中央计算机系统运行参数、运营模式及黑名单等，并下传给车站终端设备。

7.2.2 采集车站终端设备的原始交易数据和设备状态数据，并上传给线路中央计算机系统。

7.2.3 对车站终端设备进行实时监控，并能显示设备的通信、运行状态及故障等信息。

7.2.4 完成车站各类票务管理工作，按运营日自动处理所有数据和文件，并生成定期的统计报告。

7.2.5 车站业务处理包括票务管理、数据处理、业务统计、实时监视系统运营、接收和发送运营指令以及设备监控、时钟同步等。

7.2.6 保存不少于 7 个运营日的业务数据和系统数据，并应有数据备份。

7.2.7 记录审核与应用系统和数据库安全性有关的事件。

7.2.8 接收线路中央计算机系统下传的设备更新软件，通过车站系统网络对车站终端设备的软件进行更新。

7.3 主要性能

7.3.1 车站计算机系统中的服务器应为工业级计算机。

7.3.2 应能支持系统 24 h 连续在线实时运行。

7.3.3 在断电时应具有系统和数据自动保护功能。

7.3.4 应具备每日处理不少于 30 万笔交易量和每分钟能处理 5 000 条交易数据的能力。

7.3.5 应能实时查询车站设备状态及数据，在 5 s 内下达查询命令并返回查询结果。

7.3.6 应能对保存的数据进行统计及报表查询，在 30 s 内显示并返回查询结果。

7.3.7 车站计算机下达的系统命令应能在 5 s 内下达到车站所有设备。

7.3.8 在运营结束时，应能在 15 min 内完成当日运营作业程序的统计。

8 线路中央计算机系统

8.1 构成

线路中央计算机系统应包括服务器、工作站、网络设备、不间断电源和打印机等。

8.2 基本功能

8.2.1 接受、发送轨道交通清分系统的运行参数、票价表、降级运行模式、交易结算数据、账务清分数据、黑名单及车票调配信息。

8.2.2 向清分系统上传各类车票的原始交易数据。

8.2.3 接受和处理系统各类车票原始交易数据、设备状态数据及设备维修数据等。

8.2.4 对采集的数据进行分类处理，完成各种统计分析报告和报表打印。

8.2.5 具有系统及数据的自动备份和恢复功能。

8.2.6 设置和管理本线路系统和终端设备的操作权限。

8.2.7 对系统中各种参数的设置和更新进行管理。

8.2.8 应能与时钟系统同步，并将时钟信息下传到车站计算机系统。

8.2.9 在无清分系统的情况下，线路中央计算机系统还应符合 9.2.2～9.2.6 的规定。

8.3 主要性能

8.3.1 大型数据库应采用关系型数据库，符合 SAG、ODBC 工业级标准，支持 SQL-92 结构化查询语言。

8.3.2 应能保存不少于 6 个月的业务数据。

8.3.3 支持系统 24 h 连续在线实时运行。

8.3.4 具备每日处理不少于 400 万笔交易量和每秒能处理 5 000 条交易数据的能力。

8.3.5 实时查询车站设备状态及数据，在 5 s 内下达查询命令并返回查询结果。

8.3.6 对保存的数据进行统计及报表查询，在 30 s 内显示并返回查询结果。

8.3.7 在运营结束时，应能在 4 h 内完成当日运营作业程序的统计。

9 清分系统

9.1 构成

清分系统应包括服务器、工作站、网络设备、车票编码/分拣机、不间断电源和打印机等。

9.2 基本功能

9.2.1 设置和下发运行参数、票价表、降级运行模式、交易清分数据、黑名单及车票调配信息。

9.2.2 向城市公共交通清算系统上传“一卡通”车票的原始交易数据，接受系统下发的黑名单等系统控制参数。

9.2.3 对车票进行跟踪管理，并能提供车票交易的历史数据和车票余额等信息的查询及黑名单管理。

9.2.4 管理系统时钟同步。

9.2.5 管理系统密钥。

9.2.6 车票编码/分拣机具有对系统发行的车票进行初始化、编码、分拣和管理。

9.2.7 接收和处理线路中央计算机系统上传的各类车票交易数据。

9.2.8 对采集的数据进行分类处理，完成各种统计分析报告和报表打印。

9.2.9 具有系统及数据的自动备份和恢复功能。

9.2.10 对系统中各种参数的设置和更新进行管理。

9.3 主要性能

9.3.1 大型数据库应采用关系型数据库，符合 SAG、ODBC 工业级标准，支持 SQL-92 结构化查询语言和 RAC 集群及并行处理技术。

9.3.2 应能保存不少于 13 个月的业务数据。

9.3.3 支持系统 24 h 连续在线实时运行。

ICS 29.280
S 80

中华人民共和国国家标准

GB/T 20908—2007

城市轨道交通接触网检测车通用技术条件

General specification for the contact line measuring car of urban rail transit

2007-04-29 发布　　　　2007-11-01 实施

中华人民共和国国家质量监督检验检疫总局
中国国家标准化管理委员会　发布

前　言

本标准由中华人民共和国建设部提出。

本标准由全国城市轨道交通标准化技术委员会(SAC/TC 290)归口。

本标准负责起草单位:铁科院(北京)工程咨询有限责任公司。

本标准参加起草单位:建设部地铁与轻轨研究中心、铁科院机车车辆研究所、中铁电气化工程局、上海地铁运营有限公司、天津滨海快速交通发展有限公司、大连现代轨道交通有限公司、中铁宝工有限责任公司、广州地下铁道总公司。

本标准主要起草人:韩通新、方鸣、肖彦君、秦国栋、刘杰、张世标、朱厚福、李子华、张殿军、喻聪。

本标准为首次制定。

城市轨道交通接触网检测车通用技术条件

1 范围

本标准规定了城市轨道交通线路用接触网检测车(以下简称“检测车”)的使用条件、技术要求、试验和验收、备品备件与质量保证等。

本标准适用于采用标称电压为DC 750 V或DC 1 500 V,接触网供电,走行轨回流的城市轨道交通线路用接触网检测车。

2 规范性引用文件

下列文件中的条款通过本标准的引用而成为本标准的条款。凡是注日期的引用文件,其随后所有的修改单(不包括勘误的内容)或修订版本均不适用于本标准,然而,鼓励根据本标准达成协议的各方研究是否可使用这些文件的最新版本。凡是不注日期的引用文件,其最新版本适用于本标准。

GB/T 2900.36　电工术语　电力牵引(GB/T 2900.36—2003,IEC 60050-811:1991,IDT)

GB/T 6770　机车司机室特殊安全规则

GB/T 7928　地铁车辆通用技术条件

GB/T 10082—1996　重型轨道车技术条件

GB/T 10411—2005　城市轨道交通直流牵引供电系统

GB/T 14894　城市轨道交通车辆组装后的检查与试验规则(GB/T 14894—2005,IEC 61133:1992,MOD)

CJJ 96　地铁限界标准

TB/T 1333.1　铁路应用　机车车辆电气设备　第1部分:一般使用条件和通用规则(TB/T 1333.1—2002,IEC 60077-1:1999,IDT)

TB/T 1333.2　铁路应用　机车车辆电气设备　第2部分:电工器件　通用规则(TB/T 1333.2—2002,IEC 60077-2:1999,IDT)

TB/T 1451　机车、动车组用电加温玻璃技术条件

TB/T 1484　铁路机车车辆电线电缆订货技术条件　第1部分:额定电压3 kV及以下电线电缆

TB/T 1677　电气化铁道牵引供电系统术语

TB/T 2879.3　铁路机车车辆　涂料及涂装　第3部分　金属和非金属材料表面处理技术条件

TB/T 2879.5　铁路机车车辆　涂料及涂装　第5部分　客车和牵引动力车的防护和涂装技术条件

TB/T 3034—2002　机车车辆电气设备　电磁兼容性试验及其限值

TB/T 3035—2002　列车通信网络

TB/T 3058—2003　铁路应用　机车车辆设备　冲击和振动试验(IEC 61373:1999,IDT)

TB/T 3076—2003　铁路应用　机车车辆　电气隐患防护的规定(IEC 61991:2000,IDT)

3 术语和定义

GB/T 2900.36及TB/T 1677确立的术语和定义适用于本标准。

4 使用条件

4.1 适用于检测的接触网形式:

——悬挂形式：全补偿简单链型悬挂、简单悬挂、弹性简单悬挂和刚性悬挂；

——接触导线材质：铜或铜合金接触线；

——接触导线数：单根导线和双根导线；

——接触网电压：符合 GB/T 10411—2005 中 4.4 的规定。

4.2 环境条件：

——正常工作的海拔高度一般不超过 1 200 m；

——环境温度为－25℃～＋40℃；

——最湿月的月平均最大相对湿度不大于 90%（该月月平均最低气温为 25℃）；

——工作时的环境最大风速不大于 20 m/s。

4.3 地区不同而存在环境条件差异时，其环境条件可由供需双方协商确定。

4.4 在满足 4.2 规定的环境条件下，检测车应能够在白昼、夜晚条件下，以及接触网带电或不带电状态下正常工作和检测。

5 技术要求

5.1 车辆

5.1.1 检测车车辆主要技术参数：

——传动形式：机械传动或液力传动；

——整体碾钢车轮轮径：840 mm；

——轨距：1 435 mm；

——制动方式：空气制动及驻车制动；

——最高运行速度：80 km/h；100 km/h；120 km/h；

——可通过最小曲线半径：110 m；

——线路最大坡度：若无特殊规定，正线的最大坡度不超过 35‰，辅助线的最大坡度不超过 40‰。

5.1.2 检测车车体

5.1.2.1 检测车的限界应符合 CJJ 96 的规定，车体外形线条明快、壁板平整，门窗布置实用、美观。

5.1.2.2 车体及各部件的设计、制造及性能，应符合 GB/T 6770、GB/T 10082 及供需双方间签订合同中的规定，检测车整体设计使用寿命不应少于 30 年。

5.1.2.3 检测车的整体及各部结构应坚固，可靠，耐久，易于操作、检查、维修和更换；检测车所配套的外购机电产品应是标准化系列产品。

5.1.2.4 检测车应具有完备、可靠的安全设计，在各种危急情况下，均可采取保障人员与车辆安全的对应措施。

5.1.2.5 车体应有完备的保温、隔热措施；车内设备及装饰应采用防火阻燃材料；地板必须覆盖防滑材料且容易清洗。

5.1.2.6 车体墙板及底架等金属结构，应按照 TB/T 2879.3、TB/T 2879.5 的规定进行防锈处理。在涂漆前应实行表面清理，防锈底漆及面漆的漆膜厚度应达到标准规定要求，并应能承受寿命期内使用场所大气的腐蚀。

5.1.2.7 车门的净空最小尺寸为 1 700 mm×430 mm；脚蹬间的距离不得超过 450 mm，等宽且防滑，最小尺寸应为 300 mm，最小深度应为 150 mm；扶手位置适宜，最低点到最高点的距离不超过 1 250 mm，顶端到地板面的距离不小于 1 200 mm，与车壁间最小净空为 40 mm，外形圆滑，容易清洗。

5.1.3 检测车动力

5.1.3.1 检测车动力选用内燃发动机，其功率按照用户所要求的最大速度配置，且内燃发动机的废气排放应符合国家相关的标准。

5.1.3.2 采用机械传动或液力传动，传动系统各总成应选用匹配合理、性能可靠的标准化系列产品。

5.1.4 检测车应可前、后两端驾驶，控制系统联锁。

5.1.5 检测车司机室的设计应遵循 GB 6770 的规定，正、副司机座椅舒适、高低位置可调，便于司机瞭望和驾驶；前方的窗户设计应保证司机视野宽阔，前窗应采用符合 TB/T 1451 规定的抗穿透和冲击，带有电加热的安全玻璃，并且设置有雨刮器和遮阳装置。

5.1.6 检测车的制动系统

5.1.6.1 检测车的制动系统应采用空气制动系统，制动性能应安全、平稳、可靠。当检测车与其他工程救援车辆相连时，形成的制动系统应由检测车进行制动控制。

5.1.6.2 当最高运行速度分别为 80 km/h、100 km/h、120 km/h 时，检测车的紧急制动距离应分别小于等于 400 m、小于等于 600 m、小于等于 1 000 m。

5.1.6.3 检测车应设驻车制动装置。基础制动应设闸瓦间隙调整装置，各悬挂的梁或轴应设必要的脱落保险装置。

5.1.7 车体的构成和布置

5.1.7.1 车顶的设备配置

5.1.7.1.1 检测受电弓型式和安装位置

检测车车顶应安装一台符合 5.2.1.2 规定的检测受电弓，且受电弓中心对准转向架的芯盘中心。

5.1.7.1.2 观察天窗

观察天窗位于车顶中部，便于工作人员观察接触网和受电弓运行状态。

5.1.7.1.3 照明设备

在车顶检测受电弓附近设置探照灯，以便夜间(或隧道内)观察受电弓的工作状态。

设置检测设备需要的其他探照灯。

5.1.7.1.4 防雷

车顶应设置避雷器，对车辆及其中的电气设备实施冲击过电压保护。避雷器的各项参数应符合国家或行业的避雷器和绝缘配合相关标准要求。

5.1.7.1.5 检测设备

在车顶设置需要的检测设备和传感器。

5.1.7.2 车内平面布置

车内宜设置检测间、观察间、配电室等。

5.1.7.3 车内电气设施

车内电气设施的设计和选型，应按照 TB/T 1333.1、TB/T 1333.2 规定进行；车内的电气隐患防护，应按照 TB/T 3076 规定执行。

5.1.7.3.1 车内照明

车内要有足够的照明和良好的均匀度，保证在测试台面上有连续的 60 lx 照度。

5.1.7.3.2 电源设备

应设置集中供电、本车内燃发电机组、蓄电池组和外接电源供电等检测车用电的供电方式，并设置相应的交流及稳压装置。所有装置均应符合相应的国家或行业标准的规定。

5.1.7.3.3 车辆的接地系统

车辆应按照 TB/T 3076—2003 中 6.4.2～6.4.4 的要求设置接地系统。

5.1.8 其他要求

5.1.8.1 检测车以最大速度运行，且门窗紧闭时，车内噪音应满足 GB/T 10082 的要求；地面停车仅辅助设备运转时，车内噪音不大于 63 dB(A)。

5.1.8.2 检测车车顶应设检测受电弓及检测人员工作台。车内的隔间与设施应满足检测设备合理布置的要求。

5.1.8.3 检测车走行装置应满足 GB/T 10082—1996 中 6.6 的规定；车钩应采用密接式半自动车钩。

采用车钩的形式应考虑与其他工程救援车辆的车钩形式相匹配。

5.1.8.4 检测车应设供检测、空调、取暖用电的内燃发电机组，或是设置供检测用电的蓄电池组。

5.1.8.5 检测车应设工作照明，前后大灯照明在 300 m 远处，照度不应小于 1 lx。内、外的灯光照明应满足司机操纵、车内活动、车外夜间工作照明，其他标志灯具应符合行车、制动停车的要求，符合线路、调车场、站场的有关规定。

5.1.8.6 检测车应设单元式空调及电热采暖装置，保证环境温度变化时车内环境温度控制在 10℃～30℃之间。

5.1.8.7 检测车各控制系统应具有可靠的安全保护功能，在任何情况下，对任何误操作均应有妥当的保护措施。

5.1.8.8 检测车各主要部件总成，各电气、电子系统应具有免维护功能；电气设备连接使用的电线、电缆应采用多股铜芯电线、电缆，其电气性能、阻燃性能等应满足 TB/T 1484 要求；光缆和通信电缆应满足相关的国家或行业标准。

5.2 检测系统

5.2.1 基本要求

5.2.1.1 测量系统包括接触导线几何状态检测设备、接触网受流性能测试设备、接触网和受电弓运行状态视频处理系统、数据处理和分析系统。

5.2.1.2 测试受电弓的类型应选用与城轨交通动车组相同的受电弓类型。安装传感器后，受电弓的受流性能应不受影响，并且受电弓的操作必须与车上的受电弓室入口，以及通往车顶的维修窗建立安全联锁装置。

5.2.1.3 测试系统全部实现计算机控制，自动化检测。主控计算机应采用工业控制级系列机。

5.2.1.4 计算机系统硬件应模块化，各模块应能单独升级换代。

5.2.1.5 测量系统中使用的检测设备或传感器其精度应满足本标准对测量系统精度的要求。

5.2.1.6 检测设备在车辆上的布局应安全、合理，便于操作。

5.2.1.7 各项目检测系统的性能应稳定、可靠，应能承受 TB/T 3058、TB/T 3034 规定的车载设备的冲击和振动试验、电磁兼容性试验。

5.2.1.8 各检测系统应具有必要的自诊断功能。

5.2.2 检测项目及检测精度要求

检测项目及检测精度要求见表 1。

表 1 检测项目及检测精度

序 号	检测项目	测量范围	分辨率	允许误差
1	导线高度	3 900 mm～5 500 mm	5 mm	±10 mm
2	导线高度变化率	0～10‰	—	<10%
3	拉出值	±600 mm	10 mm	±10 mm
4	硬点和冲击	±100 *g*	1 *g*	<1%
5	弓网动态压力	0 N～200 N	1 N	<1%
6	离线	100 ms	2 ms	5%
7	接触导线间水平距离	0 mm～800 mm	2 mm	±2 mm
8	接触导线间垂直距离	0 mm～800 mm	2 mm	±2 mm
9	线岔	不合格检出	—	—
10	接触网电压	直流 0 V～1 800 V	10 V	±5%

表 1（续）

序　号	检测项目	测量范围	分辨率	允许误差
11	定位管坡度	0～1/5		＜2%
12	环境温度	－30℃～＋50℃	1℃	1%
13	定位点(支柱)	0001 号～9999 号	—	—
14	速度	0 km/h～150 km/h	0.1 km/h	±0.1 km/h
15	跨距	0 m～80 m	0.1 m	＜1‰
16	里程	0 km～100 km	1 m	1%
17	受电弓滑板振动[a]			
18	车顶垂直振动[a]			
19	导线磨耗[b]			

a　由于刚性悬挂形式在我国还缺乏应用经验，此检测项目由用户与制造厂商协商列入。

b　由于测量技术的原因，此检测项目由用户与制造厂商协商列入。

5.2.3　**数据处理系统**

5.2.3.1　**数据处理系统的硬件结构**

数据处理系统包括硬件、软件和网络系统。硬件结构至少应包括数据实时采集和处理主机、图形工作站(信号波形)、图像处理和信息综合与通信计算机、数据处理和分析计算机，以及用于上述计算机之间的通信网络。

5.2.3.2　**系统功能**

5.2.3.2.1　系统的人机交换平台应采用 Windows 平台，或是其他方便用户使用的平台，并且汉化；应用软件应做到模块化。

5.2.3.2.2　具有软件自诊断功能：在设备发生故障时能及时发现并确定故障所在部位，提示排出故障的建议。

5.2.3.2.3　实时性：对各项测量参数进行实时处理。

5.2.3.2.4　应具有系统参数设置、线路资料输入、检测设备标定等功能。

5.2.3.2.5　事后处理功能：对测量结果进行分析、统计、归类，对多次检测结果进行对比分析。

5.2.3.2.6　数据输出方式：

——打印：定位点打印、超限打印、召唤打印；

——数据存储：能以数据库的方式存储所有实时采集数据和统计数据。

5.2.3.2.7　数据显示和记录：在计算机屏幕上能实时显示测量的主要参数和信号波形，对于超限数值，应能做出相应提示。

5.2.3.2.8　受电弓的运行图像应能与主要检测数据叠加后，录像存储。

5.2.3.2.9　参数的统计数据应以接触网支柱的杆号和线路里程为参考坐标。

5.2.3.3　**网络要求**

车载网络应符合 TB/T 3035 中多功能车辆总线要求，具备支持数据、图像和声音等多媒体传输，能完成检测系统各部分间的控制信息和数据交换的功能。同时，应具备检测数据下载标准接口。

6　试验和验收

检测车试验前，供货厂商应出具检测车车辆部分满足 GB/T 10082 规定的型式试验报告。

检测车的检查应按 GB/T 7928、GB/T 10082 进行，并且出具车辆试验大纲。

6.1 出厂试验

检测车车辆部分的出厂试验应按 GB/T 10082 规定进行。

检测车检测系统的出厂试验项目应按 GB/T 7928 和 5.2 中的有关规定进行，试验方法宜按 GB/T 14894规定进行。

试验包括静态试验和在试验线上的动态试验。

6.2 线路运行试验

检测车车辆部分的线路试验应按 GB/T 10082 规定进行，试验走行里程由供需双方协商后在车辆试验大纲中规定。

检测车检测系统的试验应按 5.2.2 规定的检测项目及检测精度要求进行。

6.3 验收

包括初步验收和最终验收。

6.3.1 初步验收

验收地点：生产厂或用户现场线路上进行。

验收内容：各检测项目分系统性能测试、综合并行检测性能测试、供方负责进行对全线往返接触网的全面检测并记录，以实际结果验证检测系统的性能及检测精度。

6.3.2 最终验收

检测车经过用户一段时间的实际线路运行试验后，进行最终验收交接。实际线路运行试验的时间(或运行里程)，由供需双方在合同中协商确定。

7 备品备件与质量保证

7.1 备品备件

车辆及检测设备中的易损零部件均应由制造商提供一定数量的备品、备件。备品、备件的具体品种、数量，可由供需双方参照相关的国家标准、行业标准要求，或是根据实际需求，在合同中确定。

7.2 质量保证

接触网检测车的质量保证期自最终验收之日起一年止。

ICS 91.060.050
Q 73

GB

中华人民共和国国家标准

GB/T 20909—2007
代替 GB/T 5826.1—1986,GB/T 5826.3—1986,GB/T 5827.1—1986,
GB/T 5827.2—1986,GB/T 9155—1988,GB/T 9156—1988,GB/T 13684—1992

钢门窗

Steel doors and windows

2007-04-27 发布　　　　2007-11-01 实施

中华人民共和国国家质量监督检验检疫总局
中国国家标准化管理委员会　发布

前 言

本标准代替 GB/T 5826.1—1986《平开钢门基本尺寸系列(32、40 mm 实腹料)》、GB/T 5826.3—1986《平开钢窗基本尺寸系列(32 mm 实腹料)》、GB/T 5827.1—1986《实腹钢窗检验规则》、GB/T 5827.2—1986《空腹钢窗检验规则》、GB/T 9155—1988《空腹钢门》、GB/T 9156—1988《实腹钢门》、GB/T 13684—1992《钢窗建筑物理性能分级》7 项标准。

本标准与上述 7 项标准的主要差异如下:

——将上述 7 项国家标准合为一项标准,为各种钢门窗制定了统一标准,名称为《钢门窗》;

——按产品标准的要求对缺项内容进行了增补,增加了玻璃选用及安装的要求等内容;

——增加了反复启闭要求;

——采用最新版本的抗风压、水密、气密、保温、空气声隔声、采光等性能指标;

——删减了部分与生产工艺有关的内容;

——删减了部分无量化检测指标的要求。

本标准的附录 A 为资料性附录。

本标准由中华人民共和国建设部提出。

本标准由建设部建筑制品与构配件产品标准化技术委员会归口。

本标准起草单位:中国建筑金属结构协会、中国建筑科学研究院物理所、中国建筑标准设计研究院、北京曼特门业有限公司、北京日上工贸有限公司、中国步阳集团有限公司、霍曼(北京)门业有限公司、北京天明兴业科技发展有限公司、北京天海门业有限公司、北京严实华瑞金属框架有限公司、上海意倍达彩钢制品有限公司、重庆华厦门窗有限责任公司、瑞士严实股份有限公司。

本标准主要起草人:刘达民、刘敬涛、王洪涛、曹颖奇、褚连红、张景和、冯仲、徐步云、张大鹏、王保军、杨建军、张荣喜、郭黎阳、及轶弢、刘树燕。

本标准代替标准的历次版本发布情况:

——GB/T 5826.1—1986、GB/T 5826.3—1986、GB/T 5827.1—1986、GB/T 5827.2—1986、GB/T 9155—1988、GB/T 9156—1988、GB/T 13684—1992。

钢 门 窗

1 范围

本标准规定了钢门窗的术语和定义、代号与标记、材料、要求、检验方法、检验规则和标志、包装、运输、贮存。

本标准适用于工业与民用建筑用钢门、钢窗。

本标准不适用于转门、车库门、卷帘门、伸缩门、工业大门、卷帘窗、栅栏窗等特殊门窗。

2 规范性引用文件

下列文件中的条款通过本标准的引用而成为本标准的条款。凡是注日期的引用文件，其随后所有的修改单(不包括勘误的内容)或修订版均不适用于本标准，然而，鼓励根据本标准达成协议的各方研究是否可使用这些文件的最新版本。凡是不注日期的引用文件，其最新版本适用于本标准。

GB 191 包装储运图示标志(GB 191—2000，eqv ISO 780:1997)

GB/T 716 碳素结构钢冷轧钢带

GB/T 1720—1979 漆膜附着力测定法

GB/T 1732—1993 漆膜耐冲击性测定法

GB/T 2518 连续热镀锌薄钢板和钢带

GB/T 5823 建筑门窗术语

GB/T 5824 建筑门窗洞口尺寸系列

GB/T 6388 运输包装收发货标志

GB/T 6807 钢铁工件涂漆前磷化处理技术条件

GB/T 7106 建筑外窗抗风压性能分级及检测方法

GB/T 7107 建筑外窗气密性能分级及检测方法

GB/T 7108 建筑外窗水密性能分级及检测方法

GB/T 7633 门和卷帘的耐火试验方法

GB/T 8484 建筑外窗保温性能分级及检测方法

GB/T 8485 建筑外窗空气声隔声性能分级及检测方法

GB/T 9158—1988 建筑用窗承受机械力的检测方法

GB/T 11976 建筑外窗采光性能分级及检测方法

GB 12513 镶玻璃构件耐火试验方法

GB/T 12754 彩色涂层钢板及钢带

GB 12955 钢质防火门通用技术条件

GB/T 13306 标牌

GB/T 14155 塑料门 软重物体撞击试验方法(GB/T 14155—1993，neq ISO 8270-1985)

GB/T 14436 工业产品保证文件 总则

GB 16809 钢质防火窗

GB 17565 防盗安全门通用技术条件

JG/T 73 不锈钢建筑型材

JG/T 115 彩色涂层钢板门窗型材

JG/T 187 建筑门窗用密封胶条

JG/T 192—2006 建筑门窗反复启闭性能检测方法

JGJ 113 建筑玻璃应用技术规程

3 术语和定义

GB/T 5823、GB/T 5824 确立的以及下列术语适用于本标准。

3.1

钢门 steel doors

用钢质型材或板材制作门框、门扇或门扇骨架结构的门。

3.2

钢窗 steel windows

用钢质型材、板材(或以钢质型材、板材为主)制作框、扇结构的窗。

4 代号与标记

4.1 门窗代号

门窗代号按表1规定。

表1 门窗代号

门	窗	门窗组合
M	C	MC

4.2 分类代号

4.2.1 开启形式代号

门窗的开启形式与代号按表2规定。

表2 开启形式与代号

开启形式		固定	上悬	中悬	下悬	立转	平开	推拉	弹簧	提拉
代号	门	G	—	—	—	—	P	T	H	—
	窗	G	S	C	X	L	P	T	—	TL

注1:百叶门、百叶窗符号为Y,纱扇符号为A。

注2:固定门、固定窗与其他各种可开启形式门、窗组合时,以开启形式代号表示。

4.2.2 材质代号

门窗的材质与代号按表3规定。

表3 材质与代号

材质	代号	材质	代号
热轧型钢	SG	彩色涂层钢板	CG
冷轧普通碳素钢	KG	不锈钢	BG
冷轧镀锌钢板	ZG	其他复合材料	FG

4.3 性能代号

门窗的性能与代号按表4规定。

表4 性能与代号

性能	代号	性能	代号
抗风压性能	P_3	空气声隔声性能	R_W
水密性能	ΔP	采光性能	T_r
气密性能	q_1、q_2	防盗性能	H
保温性能	K	防火性能	F

4.4 规格型号

钢门窗的规格型号用洞口尺寸表示。门窗的洞口尺寸应符合 GB/T 5824 的规定。

4.5 标记

4.5.1 标记组成

钢门窗的标记由：开启形式代号、材质代号、门窗代号、规格型号、性能代号及纱扇标记 A 等组成。

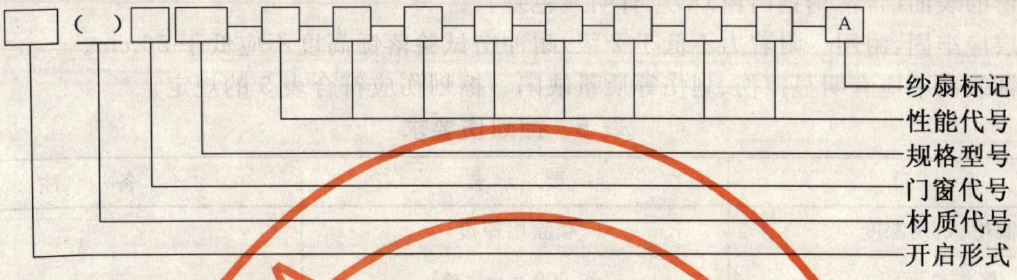

无要求的性能代号不填写；不带纱扇时纱扇标记不填写。

4.5.2 标记示例

示例 1：

P(ZG)M1020-K2.5-R_w30-FA0.50 表示：

使用冷轧镀锌钢板制作的平开钢门，规格 1020，保温性能 2.5 W/(m² · K)，隔声性能 30 dB，防火性能为 A0.50 级。抗风压、气密、水密、采光等性能无要求，无纱扇。

示例 2：

彩板平开下悬窗，规格 1518，抗风压性能为 2.0 kPa，水密性能 150 Pa，气密性能 1.5 m³/(m · h)，保温性能 3.5 W/(m² · K)，隔声性能 30 dB，采光性能 0.40，带纱扇。标注为：

PX(CG)C1518-$P_3$2.0-ΔP150-$q_1$1.5-K3.5-R_w30-T_r0.40-A

5 材料

5.1 一般规定

各种门窗用材料应符合现行国家标准、行业标准的有关规定，参见附录 A。

5.2 型材、板材

5.2.1 钢门窗型材应符合以下规定：

a) 彩色涂层钢板门窗型材应符合 GB/T 12754、JG/T 115 的规定；

b) 使用碳素结构钢冷轧钢带制作的钢门窗型材，材质应符合 GB/T 716 的规定，型材壁厚不应小于 1.2 mm；

c) 使用镀锌钢带制作的钢门窗型材，材质应符合 GB/T 2518 的规定，型材壁厚不应小于 1.2 mm；

d) 不锈钢门窗型材应符合 JG/T 73 的规定。

5.2.2 使用板材制作的门，门框板材厚度不应小于 1.5 mm，门扇面板厚度不应小于 0.6 mm，具有防盗、防火等要求的应符合相关标准的规定。

5.3 玻璃

根据功能要求选用玻璃。玻璃的厚度、面积等应经计算确定，计算方法按 JGJ 113 的规定。

5.4 密封材料

密封材料应按功能要求选用，并应符合 JG/T 187 及相关标准的规定。

5.5 五金件、附件、紧固件

门窗的启闭五金件、连接插接件、紧固件、加强板等配件，应按功能要求选用。配件的材料性能应与门窗的要求相适应。

6 要求

6.1 外观要求

6.1.1 使用碳钢材料制作的门窗，应根据功能要求选用适当品种的表面涂料，采用涂漆、烤漆、喷涂等工艺对门窗的表面进行处理。

6.1.2 门窗的表面(含不锈钢门窗)不应有明显色差。

6.1.3 涂层应牢固、耐用。附着力不低于2级，耐冲击试验落锤高度不应低于50 cm。

6.1.4 装饰表面不应有明显擦伤、划伤等质量缺陷。擦划伤应符合表5的规定。

表5 擦划伤要求

项目	要求	备注
擦伤、划伤深度	<涂层厚度	缺陷应修补
擦伤总面积	≤500 mm^2/樘	
每处擦伤面积	≤100 mm^2/樘	
划伤总长度	≤100 mm/樘	

6.1.5 门窗表面应清洁、光滑、平整，不得有毛刺、焊渣、锤迹、波纹等质量缺陷。

6.1.6 密封胶条应接头严密、表面平整、无咬边现象。密封胶胶线应平直、均匀。

6.2 结构、尺寸要求

6.2.1 框、扇组装

6.2.1.1 门窗的框、扇尺寸允许偏差应符合表6的规定。

表6 尺寸允许偏差

单位为毫米

项目	尺寸范围	允许偏差
门框及门扇的宽度、高度尺寸偏差	≤2 000	±2.0
	>2 000	±3.0
窗框宽度、高度尺寸偏差	≤1 500	±1.5
	>1 500	±2.0
门框及门扇两对边尺寸之差	≤2 000	≤2.0
	>2 000	≤3.0
窗框两对边尺寸之差	≤1 500	≤2.0
	>1 500	≤3.0
门框及门扇两对角线尺寸差	≤3 000	≤3.0
	>3 000	≤4.0
窗框两对角线尺寸之差	≤2 000	≤2.5
	>2 000	≤3.5
分格尺寸	—	±2.0
相邻分格尺寸之差	—	≤1.0
门扇扭曲度	—	<4.0
门扇宽、高方向弯曲度	1 000	≤2.0
同一平面高低差	—	≤0.4
装配间隙	—	≤0.4

6.2.1.2 以螺接、铆接方式组装的框、扇应牢固，不应有松动现象。宜采取在型材内部设置加强件等措施提高组装强度及可靠性。

6.2.1.3 以点焊或满焊方式组装的框、扇应牢固，不应有假焊、虚焊等质量缺陷。

6.2.1.4 框扇的螺接、铆接组装缝隙及焊接组装的非焊接缝隙应严密。宜在框扇组角部位内部填充密封膏、插接垫板。

6.2.2 框扇配合

6.2.2.1 扇周边与框的搭接量(或间隙)应均匀，相邻扇无明显的高低差；门窗扇启闭灵活，无阻滞；框与扇搭接处宜安装密封条。

6.2.2.2 平开门窗的框扇配合尺寸，见图1。无密闭结构的门窗应符合表7的规定，无下槛的平开门，门扇与地面的间隙不应大于8 mm。有密闭结构的门窗，框扇贴合应严密，无透光缝隙。

a) 合页面框扇配合尺寸

b) 其他面框扇配合尺寸

图1 框扇配合尺寸示意图

表7 无密闭结构平开门窗框扇配合尺寸

单位为毫米

项目	尺寸要求	
	门	窗
框扇搭接量 b	≥6	≥4
合页面贴合间隙 C_1	≤2	≤1.5
其他面贴合间隙 C_2	≤3	≤1.0

6.2.2.3 弹簧门的门框与门扇间、门扇与门扇间、门扇与地面的间隙，应根据所选用的密封装置设计。无密封装置的弹簧门，门扇与地面的间隙设计尺寸不应大于8 mm；其余间隙不应大于4 mm。

6.2.2.4 推拉门窗框扇搭接量不应小于6 mm。门窗扇应有防脱落装置、水平调节装置，宜安装门窗扇互锁及门窗扇关闭锁紧装置。

6.3 五金配件安装

门窗的五金件配置齐全，安装位置正确、牢固。五金件应具有足够的强度、启闭灵活、无噪声，满足功能要求。承受反复运动的附件、五金件应便于更换。

6.4 玻璃装配

6.4.1 玻璃装配应符合JGJ 113的规定。

6.4.2 玻璃的安装方式应便于更换，宜使用玻璃压条固定玻璃。

6.4.3 玻璃与型材及玻璃固定件不应直接接触。前部、后部余隙应采用密封剂或成型弹性材料、塑性填料密封。宜在玻璃的下边安装支承块，在玻璃的左右上三边安装定位块。见图2。

6.5 防腐处理

6.5.1 使用普通碳钢材料制作的门窗及五金配件应进行防腐处理。镀锌或涂防锈漆前应除油、除锈，宜按照GB/T 6807的要求进行磷化处理。

6.5.2 彩板门窗下料后，型材切口宜涂漆(或胶)。

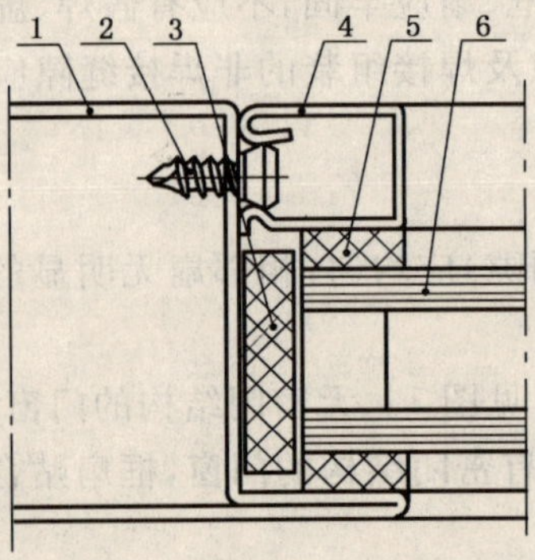

1——型材；

2——玻璃压条固定钉；

3——支承块或定位块；

4——玻璃压条；

5——密封剂或弹性材料、塑性填料；

6——玻璃。

图 2 玻璃安装示意图

6.6 性能

6.6.1 钢门窗性能及指标的确定

门窗的性能应根据建筑物所在地区的地理、气候和周围环境以及建筑物的高度、体型、重要性等确定，并符合设计要求。

6.6.2 抗风压性能

门窗的主要受力杆件应经试验或计算确定，玻璃的抗风压性能应符合 JGJ 113 的规定。抗风压性能分级指标值按表 8 的规定。

表 8 抗风压性能分级

单位为千帕

分级	1	2	3	4	5
指标值 P_3	$1.0 \leqslant P_3 < 1.5$	$1.5 \leqslant P_3 < 2.0$	$2.0 \leqslant P_3 < 2.5$	$2.5 \leqslant P_3 < 3.0$	$3.0 \leqslant P_3 < 3.5$
分级	6	7	8	X・X	—
指标值 P_3	$3.5 \leqslant P_3 < 4.0$	$4.0 \leqslant P_3 < 4.5$	$4.5 \leqslant P_3 < 5.0$	$P_3 \geqslant 5.0$	—
注：X・X 表示用≥5.0 kPa 的具体值，取代分级代号。					

6.6.3 水密性能

外窗、外门的水密性能分级指标值按表 9 规定。

表 9 水密性能分级

单位为帕

分级	1	2	3	4	5	XXXX
指标值 ΔP	$100 \leqslant \Delta P < 150$	$150 \leqslant \Delta P < 250$	$250 \leqslant \Delta P < 350$	$350 \leqslant \Delta P < 500$	$500 \leqslant \Delta P < 700$	$\Delta P \geqslant 700$
注：XXXX 表示用≥700 Pa 的具体值取代分级代号，适用于受热带风暴和台风袭击地区的建筑。						

6.6.4 气密性能

气密性能分级指标值按表 10 的规定。

表 10 气密性能分级

分级	1	2	3	4	5
单位缝长指标值 q_1/[m³/(m·h)]	$6.0 \geqslant q_1 > 4.0$	$4.0 \geqslant q_1 > 2.5$	$2.5 \geqslant q_1 > 1.5$	$1.5 \geqslant q_1 > 0.5$	$q_1 \leqslant 0.5$
单位面积指标值 q_2/[m³/(m²·h)]	$18 \geqslant q_2 > 12$	$12 \geqslant q_2 > 7.5$	$7.5 \geqslant q_2 > 4.5$	$4.5 \geqslant q_2 > 1.5$	$q_2 \leqslant 1.5$

6.6.5 保温性能

保温性能的分级指标值按表 11 规定。

表 11 保温性能分级 单位为瓦每平方米开

分级	5	6	7	8	9	10
指标值 K	$4.0 > K \geqslant 3.5$	$3.5 > K \geqslant 3.0$	$3.0 > K \geqslant 2.5$	$2.5 > K \geqslant 2.0$	$2.0 > K \geqslant 1.5$	$K < 1.5$

6.6.6 空气声隔声性能

钢门窗的空气声隔声分级指标值按表 12 的规定。

表 12 空气声隔声性能分级 单位为分贝

分级	1	2	3	4	5	6
指标值 R_W	$20 \leqslant R_W < 25$	$25 \leqslant R_W < 30$	$30 \leqslant R_W < 35$	$35 \leqslant R_W < 40$	$40 \leqslant R_W < 45$	$R_W \geqslant 45$
注：当 $R_W \geqslant 45$ dB 时，应给出具体数值。						

6.6.7 采光性能

采光性能分级指标值按表 13 规定。

表 13 采光性能分级

分级	1	2	3	4	5
指标值 T_r	$0.20 \leqslant T_r < 0.30$	$0.30 \leqslant T_r < 0.40$	$0.40 \leqslant T_r < 0.50$	$0.50 \leqslant T_r < 0.60$	$T_r \geqslant 0.60$
注：当 $T_r \geqslant 0.60$ 时，应给出具体数值。					

6.6.8 防盗性能

有防盗性能要求的钢门，其防盗性能应符合 GB 17565 的规定。

6.6.9 防火性能

有防火性能要求的钢门窗，其防火性能应符合 GB 12955、GB 16809 的规定。

6.6.10 软物冲击性能

钢门软物冲击性能试验后应能达到下列要求：

a) 门扇不应产生大于 5 mm 的凹变形，框、扇连接处无松动、开裂等现象；

b) 插销、锁具、合页等五金件完整无损，启闭正常；

c) 玻璃无破损。

6.6.11 悬端吊重

在 500 N 力的作用下，平开门、弹簧门残余变形不应大于 2 mm；试件不损坏，启闭正常。

6.6.12 启闭力

启闭力不大于 50 N。

6.6.13 反复启闭性能

钢窗反复启闭不应少于 1 万次，钢门反复启闭不应少于 10 万次，启闭无异常，使用无障碍。

7 检验方法

7.1 制作质量检验方法

外观质量、框扇组装、框扇配合、五金配件安装、玻璃装配、防腐处理检测应符合表 14 的规定。

表 14 制作质量检验方法

项目		方法或检验器具
外观质量	涂层附着力	GB/T 1720—1979
	涂层耐冲击性能	GB/T 1732—1993
	擦划伤	钢板尺(精度±0.5 mm)
	其余外观质量	自然光线充足,距门窗 0.5 m 外目测
框扇组装	框、扇的宽度和高度尺寸	钢卷尺(精度±0.5 mm);测量位置应避开四端角,宜距端角 50 mm～100 mm
	门窗框及门扇的两对边尺寸之差	
	门窗框及门扇两对角线尺寸之差	(ϕ30 mm 圆柱配合)钢卷尺(精度±0.5 mm)或对角线专用尺;框式结构门窗测量内角。
	分格尺寸、相邻分格尺寸之差	钢卷尺(精度±0.5 mm)
	门扇弯曲度	1 m 钢板尺、塞尺(精度±0.02 mm)
	门扇扭曲度	在不低于 1 m×2 m 的三级平台上,用高度偏差不大于 1 mm 的顶尖支撑门扇四角中的三个角,用高度尺(精度±0.02 mm)测量未支撑角的高度。门扇翻转 180°,再测未支撑角的高度。计算高度差平均值。
	同一平面高低差	150 mm 钢板尺、塞尺(精度±0.02 mm)
	装配间隙	塞尺(精度±0.02 mm)
	框扇组装其余项目	手试(开关门窗扇)、目测
框扇配合	框扇搭接量	深度尺或卡尺(精度±0.02 mm)
	框扇贴合间隙 C1、C2	塞尺(精度±0.02 mm)
	框扇配合其余项目	手试(开关窗扇)、目测
五金配件安装		手试、目测
玻璃装配		目测、卡尺(精度±0.02 mm)
防腐处理		目测

7.2 性能检验方法

7.2.1 物理性能宜按气密、水密、抗风压的顺序试验。

7.2.2 机械性能宜按撞击、启闭力、反复启闭、下垂量的顺序试验。

7.2.3 性能检验方法应符合表 15 的规定。

表 15 性能检验方法

项目	方法
抗风压性能	GB/T 7106
气密性能	GB/T 7107
水密性能	GB/T 7108
保温性能	GB/T 8484
空气声隔声性能	GB/T 8485
采光性能	GB/T 11976
防盗性能	GB 17565
防火性能	GB 7633、GB 12513
软物冲击性能	GB/T 14155
悬端吊重	GB/T 9158—1988 中 6.2.2
启闭力	GB/T 9158—1988 中 6.1
反复启闭性能	JG/T 192—2006

8 检验规则

8.1 检验分类

产品检验分型式检验和出厂检验。

8.2 型式检验

8.2.1 检验条件

有下列情况之一时应进行型式检验：

a) 新产品或老产品转厂生产的试制定型鉴定；

b) 正式生产后当结构、材料、工艺有较大改变可能影响产品性能时；

c) 正常生产时每两年检测一次；

d) 产品停产一年以上再恢复生产时；

e) 发生重大质量事故时；

f) 出厂检验结果与上次型式检验有较大差异时；

g) 国家质量监督机构或合同规定要求进行型式检验时。

8.2.2 批组规则与抽样方法

在出厂检验合格的产品中，随机抽取三樘规格相同、品种相同的产品。

8.2.3 检验项目

检验项目应符合表16的规定。

表16 型式检验与出厂检验项目

序号	项目名称			型式检验	出厂检验
1	制作质量检测项目	外观质量	涂层附着力	√	△[a]
2			涂层耐冲击性能	√	△[a]
3			擦划伤	√	√
4			其余外观质量	√	√
5		框扇组装	框扇宽度和高度尺寸、框及门扇两对边尺寸之差	√	√
6			框及门扇两对角线尺寸之差	√	√
7			分格尺寸、相邻分格尺寸之差	√	√
8			门扇宽、高方向弯曲度	√	√
9			门扇扭曲度	√	√
10			同一平面高低差	√	√
11			装配间隙	√	√
12			框扇组装其余项目	√	√
13		框扇配合	框扇搭接量	√	√
14			框扇贴合间隙 $C1$ 及 $C2$	√	√
15			框扇配合其余项目	√	√
16		五金配件安装		√	√
17		玻璃装配		√	√
18		防腐处理		√	√

表 16（续）

序号	项 目 名 称			型式检验	出厂检验
19	性能检测项目	抗风压性能	钢门	△	—
			钢窗	√	
20		水密性能	钢门	△	—
			钢窗	√	
21		气密性能	钢门	△	—
			钢窗	√	
22		保温性能		△	—
23		空气声隔声		△	—
24		采光性能		△	—
25		防盗性能		△	—
26		防火性能		△	—
27		(门)软物冲击性能		△	—
28		(平开门、弹簧门)悬端吊重		√	—
29		启闭力		√	△
30		反复启闭性能		√	—
注：“√”为检测项目；“△”为根据要求进行检测项目；“—”为不检测项目。					
a 检验时试件可用与待检验构件材质、材料厚度相同，同批制作的 65 mm×150 mm 钢板代替。					

8.2.4 判定规则

检验中三樘产品检验结果均达到标准要求，则判定该批产品型式检验合格。如有一樘不合格，应另外加倍抽样复检。复检合格，则判定该批产品合格；复检如有一樘产品不合格，则判定该批产品型式检验不合格。

8.3 出厂检验

8.3.1 检验条件

在型式检验合格的有效期内。

8.3.2 批组规则与抽样方案

从每项工程的不同品种、不同规格的产品中分别随机抽取 5%，且不得少于三樘。

8.3.3 检验项目

产品检验项目应符合表 16 的规定。

8.3.4 判定规则

受检产品均达到合格品要求，则判定该批产品为合格品。如有一樘产品不合格，应加倍抽检。复检合格，则判定该批产品为合格品；复检如有一樘产品不合格，则判定该批产品为不合格品。

8.4 其他

检验合格的产品应有合格证。合格证应符合 GB/T 14436 的规定。

9 标志、包装、运输及贮存

9.1 标志

9.1.1 在产品明显部位应标明下列标志：

a) 制造厂名与商标；

b) 产品名称、型号和标志；

c) 产品应贴有标牌，标牌应符合 GB/T 13306 的规定；

d) 制作日期或编号。

9.1.2 包装箱的箱面标志应符合 GB/T 6388 的规定。

9.1.3 包装箱上应有明显的“怕湿”、“小心轻放”、“向上”字样和标志，其图形应符合 GB 191 的规定。

9.2 包装

9.2.1 产品应用无腐蚀作用的软质材料进行包装。

9.2.2 包装箱应有足够的强度，确保运输中产品不受损坏。

9.2.3 包装箱内的各类部件安置应牢固可靠，避免发生相互碰撞、窜动。

9.2.4 包装箱内应有装箱单和产品检验合格证。

9.3 运输

9.3.1 在搬运过程中应轻拿轻放，严禁摔、扔和碰击。

9.3.2 运输过程中应有避免产品发生相互碰撞的措施。

9.3.3 运输工具应有防雨措施，并保持清洁无污染。

9.4 贮存

9.4.1 产品应放置在通风、干燥、防雨的地方，严禁与酸、碱、盐类物质接触。

9.4.2 产品放置应用高度大于 100 mm 木质垫块垫平，立放角度不应小于 70°。

附 录 A
（资料性附录）
常 用 标 准

A.1 金属材料

GB/T 708—2006 冷轧钢板和钢带的尺寸、外型、重量及允许偏差
GB/T 3280—1992 不锈钢冷轧钢板
GB/T 4239—1991 不锈钢和耐热钢冷轧钢带

A.2 五金附件及表面处理

GB/T 8377—1987 实腹钢门、窗五金配件通用技术条件
GB/T 9799—1997 金属覆盖层 钢铁件上的锌电镀层

A.3 玻璃

GB 9962—1999 夹层玻璃
GB/T 9963—1998 钢化玻璃
GB 11614—1999 浮法玻璃
GB/T 11944—2002 中空玻璃
GB/T 18701—2002 着色玻璃
GB/T 18915.1—2002 镀膜玻璃 第1部分:阳光控制镀膜玻璃
GB/T 18915.2—2002 镀膜玻璃 第2部分:低辐射镀膜玻璃
JC/T 511—2002 压花玻璃

A.4 紧固件

GB/T 845—1985 十字槽盘头自攻螺钉
GB/T 846—1985 十字槽沉头自攻螺钉

A.5 窗纱

QB/T 3882—1999(GB 8379—1987) 窗纱型式尺寸
QB/T 3883—1999(GB 8380—1987) 窗纱技术条件

A.6 密封材料

HG/T 3100—2004(GB 10712—1989) 硫化橡胶和热塑性橡胶 建筑用预成型密封垫的分类、要求和试验方法
GB/T 12002—1989 塑料门窗用密封条
GB 16776—2005 建筑用硅酮结构密封胶
GB/T 14683—2003 硅酮建筑密封胶

ICS 23.060.99
J 16

中华人民共和国国家标准

GB/T 20910—2007

热水系统用温度压力安全阀

Temperature/pressure safety valve for hot water supply system

2007-04-18 发布 2007-11-01 实施

中华人民共和国国家质量监督检验检疫总局
中国国家标准化管理委员会 发布

前言

本标准对应美国和加拿大标准 ANSI Z21.22—1999/CSA 4.4—M99《热水系统安全阀》，采标一致性程度为非等效。与 ANSI Z21.22—1999/CSA 4.4—M99 相比，主要技术内容和文本结构存在很大差异：

——本标准结构和编写规则按照 GB/T 1.1—2000 的要求；

——ANSI Z21.22—1999/CSA 4.4—M99 标准规定了加热水箱用温度阀、温度压力安全阀、单一的压力阀、气阀，而本标准仅规定了温度压力安全阀；

——ANSI Z21.22 标准中采用的美制单位在本标准中均转换为公制单位；

——删除 ANSI Z21.22—1999/CSA 4.4—M99 中蒸汽排量的要求，增加了压力释放排量、温度释放排量；

——本标准增加了术语和定义。

本标准由中国机械工业联合会提出。

本标准由全国阀门标准化技术委员会(SAC/TC 188)归口。

本标准起草单位：青岛安科尔机电制造有限公司、无锡市惠山华宏自动控制有限公司、临沂天华信诚能源有限公司。

本标准主要起草人：盖清顺、毛瑞东、万红光、徐文权、胡成滨。

本标准为首次发布。

热水系统用温度压力安全阀

1 范围

本标准规定了热水系统温度压力安全阀(以下简称安全阀)的术语和定义、技术要求、性能、试验方法、检验规则、标志、安装和维护。

本标准适用于公称尺寸为 DN15～DN50,流道直径不小于 11.1 mm,整定压力范围 0.1 MPa～1.1 MPa,整定温度不超过 99℃的承压式太阳能热水器、电热水器、热泵热水器、燃气热水器、燃油热水器等热水系统用温度压力安全阀。

2 规范性引用文件

下列文件中的条款通过本标准的引用而成为本标准的条款。凡是注日期的引用文件,其随后所有的修改单(不包括勘误的内容)或修订版均不适用于本标准,然而,鼓励根据本标准达成协议的各方研究是否可使用这些文件的最新版本。凡是不注日期的引用文件,其最新版本适用于本标准。

GB/T 1047 管道元件 DN(公称尺寸)的定义和选用(GB/T 1047—2005,ISO 6708:1995,MOD)

GB/T 1239.2 冷卷圆柱螺旋压缩弹簧技术条件

GB/T 1239.6 圆柱螺旋弹簧设计计算

GB/T 7306.1 55°密封管螺纹 第 1 部分:圆柱内螺纹与圆锥外螺纹(GB/T 7306.1—2000,eqv ISO 7-1:1994)

GB/T 7306.2 55°密封管螺纹 第 2 部分:圆锥内螺纹与圆锥外螺纹(GB/T 7306.2—2000,eqv ISO 7-1:1994)

GB/T 12225 通用阀门 铜合金铸件技术条件

GB/T 12243 弹簧直接载荷式安全阀(GB/T 12243—2005,JIS B 8210:1994,MOD)

GB/T 17219 生活饮用水配输水设备及防护材料的安全评价标准

3 术语和定义

下列术语和定义适用于本标准。

3.1

温度压力安全阀 temperature/pressure safety valve

一种自动阀,它不借助任何外力而利用介质本身的力及温感元件受热膨胀所产生的作用力,克服弹簧的载荷使阀瓣开启,排出一额定数量的流体,以防止压力和温度超过额定的安全值。当压力利温度恢复正常后,阀门再行关闭并阻止介质继续流出。

3.2

整定温度 set temperature

安全阀设定开启时的进口介质温度。

3.3

回座温度 reseating temperature

安全阀排放后,阀瓣重新与阀座接触时的进口介质温度。

3.4

整定压力 set pressure

安全阀设定开启时的进口介质压力。

3.5

回座压力 reseating pressure

安全阀排放后，阀瓣重新与阀座接触时的进口介质压力。

3.6

额定排量 certified(discharge)capacity

实测排量中允许作为安全阀应用基准的那一部分。

4 技术要求

4.1 参数

安全阀的公称尺寸应符合 GB/T 1047 的规定。

4.2 结构

4.2.1 典型结构型式如图 1 所示。

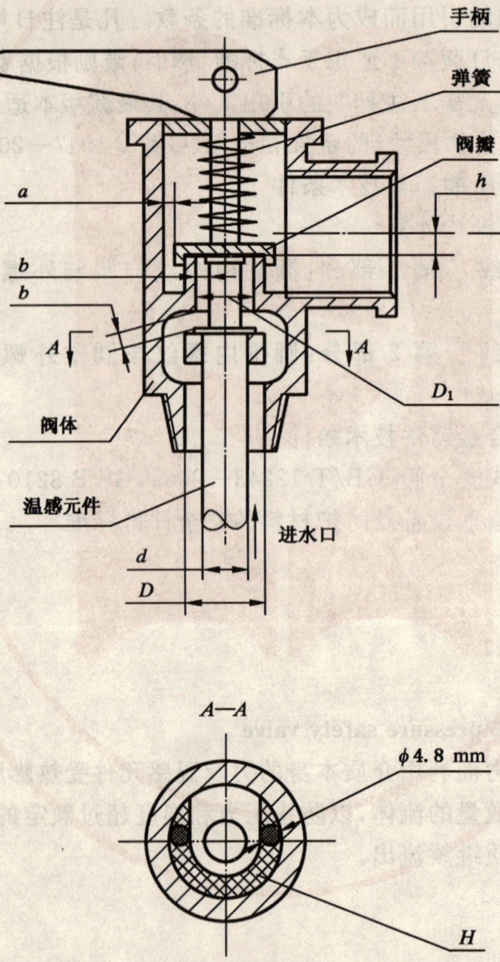

图 1 温度压力安全阀结构型式示意图

4.2.2 进、出水口端部连接螺纹应符合 GB/T 7306.1 和 GB/T 7306.2 的规定。

4.2.3 安全阀的进、出水口直径(D)不小于表 1 中的尺寸。

4.2.4 安全阀进水口内安装温感元件，温感元件的直径(d)不大于表 1 中的尺寸。

4.2.5 安全阀流道口(喉径)的直径(D_1)不小于 11.1 mm。

4.2.6 安全阀的排水管道中心线与阀座密封面的距离(h)不大于表 1 的尺寸。

4.2.7 安全阀流域的最小横截面尺寸不小于4.8 mm(如图1所示),下列条件除外:

a) 阀壁与阀瓣之间的流域(a)不能小于1.6 mm;

b) 流道口处的阀壁与温感元件之间的流域(b)不小于3.2 mm;

c) 图1剖面A—A中不能被直径4.8 mm圆所包含且正切于流域(网格面)的边(H)。

4.2.8 安全阀的进、出水口的介质流向应有永久性标志,以便于设备的安装。如刻上或铸造上标志。

4.3 阀体

阀体设计应保证安全阀在强度试验及工作条件下不发生破裂和永久性变形。

4.4 阀座和阀瓣

阀座和阀瓣的密封面一般为平面或锥面,当采用锥形密封面时,密封面对阀杆轴线的斜角以45°为宜。材料可为本体材料,或镶嵌的非金属弹性材料。

4.5 弹簧

弹簧设计应符合GB/T 1239.2及GB/T 12243的规定。

4.6 温感元件

设计温感元件应保证受热产生的膨胀力大于整定压力下阀瓣所受的压力。温感元件必须是属于自动返回型。

4.7 装配

温度压力安全阀的操作部分都不能被卸开,应用密封胶封好。

表1 结构尺寸

单位为毫米

公称尺寸 DN	进出口直径 D_{min}	温感元件直径 d_{max}	排水管道中心与密封面距离 h_{max}
15	13.5	6.35	3
20	18.3	7.92	6
25	23.6	10.6	9
32	31.8	14.2	12
40	37.3	16.7	15
50	48.5	21.7	21

4.8 压力释放性能

4.8.1 整定压力

最大整定压力为1.1 MPa。

4.8.2 整定压力优选系列(MPa):0.10、0.15、0.25、0.50、0.70、0.85、1.00、1.10。

4.8.3 整定压力偏差

整定压力偏差见表2。

表2 整定压力偏差

单位为兆帕

整定压力	整定压力偏差
≤0.5	±0.015
>0.5	整定压力的±3%

4.8.4 回座压力

回座压力不小于整定压力的80%。

4.8.5 压力释放持续性

安全阀在整定压力的110%和80%的交变压力作用下连续开启和关闭100次后，放入120℃水中保持30 min，安全阀的整定压力和回座压力仍应符合4.8.3、4.8.4规定。

4.9 温度释放性能

4.9.1 整定温度

最大整定温度为99℃。

4.9.2 整定温度偏差

整定温度偏差为±5℃，最大整定温度不应大于99℃。

4.9.3 回座温度

回座温度不小于整定温度的86%。

4.9.4 温度释放持续性

安全阀在交变温度为最大整定温度与回座温度之间连续开启和关闭100次后，安全阀的整定温度和回座温度仍应符合4.9.2、4.9.3规定。

4.10 排量

安全阀的额定排量应不大于试验测定排量的90%。

试验排量取以下两种排量数值中最小值为基准：

a) 温度释放排量；

b) 压力释放排量。

4.11 机械特性

动作必须稳定，应无频跳、颤振、卡阻等现象。

4.12 壳体强度

封闭安全阀阀座密封面，在进口侧体腔部位施加最大整定压力的1.5倍压力，保持2 min，介质为水，安全阀不允许有泄漏及结构损伤。

4.13 密封性

4.13.1 对于非金属弹性材料密封面的安全阀，应无泄漏。

4.13.2 对于金属密封面的安全阀，泄漏率不应超过表3的规定。

表3 泄 漏 率

公称尺寸 DN	最大允许泄漏率/(cm^3/h)
<25	10
≥25	10×(DN/25)

4.14 材料

4.14.1 阀体的材料为铜合金，应符合GB/T 12225的规定。

4.14.2 阀座和阀瓣材料的抗腐蚀性能不低于阀体材料。

4.14.3 弹簧的材料为耐腐蚀的不锈钢，应按GB/T 1239.6选用，并符合相应标准。

4.14.4 温感元件的外套管或外涂层应无毒、不变质和满足设计温度要求，熔化后应无毒，并符合GB/T 17219的规定。

5 试验方法

5.1 壳体强度试验

壳体强度试验按本标准4.12的要求。

5.2 密封性试验

a) 密封试验压力见表4。

表 4 密封试验压力

单位为兆帕

整定压力	试验压力
≤0.3	整定压力－0.03
>0.3	整定压力的 90%

b) 密封试验介质为水，水的温度为整定温度的 86%。

c) 在降低进口压力后，向阀体出口侧体腔内充水，直到有水自然溢出，然后停止溢出为止。

d) 将进口压力升高到密封试验压力，在密封试验压力下收集、计量溢出的水量即泄漏量并至少持续 1 min。

5.3 整定压力和回座压力试验

试验条件：试验装置如图 2 所示。介质为水，水温分别为整定温度的 20%±5℃和 86%±5℃两种。

试验过程：

a) 升高进口压力，当压力达到预期整定压力的 90%以后，升压速度应不超过 0.01 MPa/s，直到安全阀开启，同时观察并记录整定压力。

b) 逐渐降低进口压力直到安全阀关闭，同时观察并记录回座压力。

c) 重复 a)和 b)直到整定压力和回座压力均为稳定值为止(但至少应重复 2 次)。

5.4 压力释放持续性试验

试验条件：介质为水，水温为整定温度的 86%±5℃，交变压力为整定压力的 110%和 80%。

试验过程：

a) 升高进口压力至整定压力的 110%时，安全阀开启并排水至少 3 s，然后压力降至整定压力的 80%时，安全阀关闭，即为一次循环。

b) 重复 a)持续循环 100 次，速度不大于 15 次/min。

c) 放入 120℃水中 30 min。

d) 按 5.3 检验整定压力和回座压力。

5.5 整定温度和回座温度试验

试验条件：试验装置如图 2 所示。介质为水，压力为整定压力的 50%或者 0.5 MPa(取两者中较小值)。

试验过程：

a) 升高水温，当水温达到预期整定温度的 90%以后，升温速度应保持在 1.5℃/min～3℃/min，直到安全阀开启，同时观察并记录整定温度。

b) 降低水温，降温速度不能超过 3℃/min，直到安全阀关闭，同时观察并记录回座温度。

c) 重复 a)和 b)，直到整定温度和回座温度均为确定和稳定值为止(但至少应重复 2 次)。

5.6 温度释放持续性试验

试验条件：介质为水，压力为大气压力，交变水温为最大整定温度和整定温度的 70%。

试验过程：

a) 安全阀温感元件在水温为 70%整定温度中保持 30 s，然后在水温为最大整定温度中保持 30 s，即为一次循环。

b) 重复 a)持续循环 100 次。

c) 按 5.5 检验整定温度和回座温度。

5.7 温度释放排量试验

试验条件：介质为水，压力为 0.2 MPa～0.21 MPa，水温为最大整定温度；

试验过程：将水的温度保持在最大整定温度和水的压力保持在 0.2 MPa～0.21 MPa 时，读得流量计流量数值即为试验测定的排量。

5.8　压力释放排量试验

试验条件：介质为水，水温为整定温度的86%±5℃，压力为整定压力的110%；

试验过程：将水的温度保持在整定温度的86%±5℃和水的压力保持在整定压力的110%时，读得流量计流量数值即为试验测定的排量。

5.9　机械特性试验

在5.3～5.8的试验过程中，应利用听觉、触觉或视觉观察并记录机械特性。

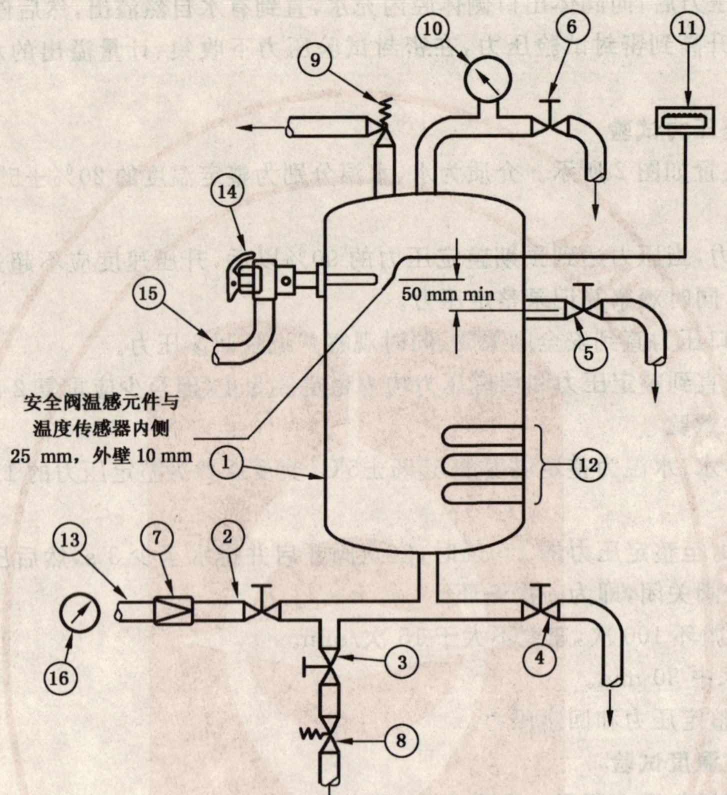

1——压力容器，设计压力2 MPa，温度大于200℃，容积大于80 L；
2～6——截止阀；
7——可调减压阀；
8——可调压力安全阀；
9——系统安全阀；
10——压力表，精度不低于0.5级；
11——温度传感器，温度表的分辨率不低于0.5℃；
12——加热器；
13——压力源；
14——被测温度压力安全阀；
15——排水管；
16——流量计。

图2　整定压力、整定温度试验时推荐的试验布置

6　检验规则

6.1　试验项目

安全阀出厂检验和型式检验的项目按表5的规定。

表5　检验项目

序号	试验项目	出厂检验	型式检验	技术要求	检验方法
1	壳体强度	√	√	按本标准4.12规定	本标准5.1规定
2	密封性	√	√	按本标准4.13规定	本标准5.2规定

表 5(续)

序号	试验项目	出厂检验	型式检验	技术要求	检验方法
3	整定压力	√	√	按本标准 4.8.1、4.8.3 规定	本标准 5.3 规定
4	回座压力	√	√	按本标准 4.8.4 规定	本标准 5.3 规定
5	压力释放持续性	—	√	按本标准 4.8.5 规定	本标准 5.4 规定
6	整定温度	√	√	按本标准 4.9.1、4.9.2 规定	本标准 5.5 规定
7	回座温度	√	√	按本标准 4.9.3 规定	本标准 5.5 规定
8	温度释放持续性	—	√	按本标准 4.9.4 规定	本标准 5.6 规定
9	温度释放排量	—	√	按本标准 4.10 规定	本标准 5.7 规定
10	压力释放排量	—	√	按本标准 4.10 规定	本标准 5.8 规定
11	机械特性	—	√	按本标准 4.11 规定	本标准 5.9 规定

6.2 出厂试验

每台阀门都必须进行出厂试验，检验合格后方可出厂。

6.3 型式检验

有下列情况之一时，一般应进行型式检验：

a) 新产品或老产品转厂生产的试制定型鉴定；

b) 正常生产时，定期或积累一定的产量后应周期性进行一次检验；

c) 正常生产后，如结构、材料、工艺有较大改变可能影响产品性能时；

d) 产品长期停产后恢复生产时；

e) 出厂检验结果与上次型式检验有较大差异时；

f) 国家产品质量监督检验部门提出型式检验的要求时。

6.4 抽样与判定

6.4.1 型式试验采取随机抽取经生产厂质检部门检查合格库存的或供给用户未经使用且保持出厂状态的阀门，每一规格阀门供抽样的最少台数为 30 台，抽样台数为 3 台，同一公称尺寸应抽 3 种不同整定压力的阀门，到用户抽样时，供抽样的台数不受限制，抽样台数仍为 3 台。

6.4.2 在型式试验中，如有一项不合格，在同批供抽样产品中重新抽取 3 台进行试验，如仍有不合格，则判定该批次不合格。

7 标志

7.1 阀体上应有介质流向的永久标记。

7.2 铭牌上至少应标志下列内容：

a) 制造厂名(或商标)和出厂日期；

b) 产品名称、型号和制造编号；

c) 公称尺寸；

d) 整定压力；

e) 整定温度；

f) 额定排量；

g) 产品执行标准号。

8 安装和维护

8.1 安全阀应安装于热水器顶部和侧面，温感元件必须浸泡在距离容器顶部 150 mm 之内的水中。

8.2　排放管道必须安装在阀的下方，排放管尺寸不应小于安全阀出口尺寸，排放管终端至地漏的距离应大于 150 mm，而不能把排放管终端直接连接在排污管上。

8.3　安全阀的维护，用户每年必须至少掀动阀的手柄一次，以确保阀的水路畅通。在操作手柄之前，应检查阀的排放管道，确保从阀出口排出来的热水能够排泄到适当的地方。

ICS 77.140.85
J 32

GB

中华人民共和国国家标准

GB/T 20911—2007

锻造用半成品尺寸、形状和质量公差

Semi finished products for forging—Tolerances on dimensions shape and mass

2007-04-18 发布　　　　2007-11-01 实施

中华人民共和国国家质量监督检验检疫总局
中国国家标准化管理委员会　发布

前　言

本标准等同采用 BS EN 10031:2003《锻造用半成品尺寸、形状和质量公差》(英文版)。

本标准等同翻译 BS EN 10031:2003,为便于使用,本标准作了下列编辑性修改:

——“本欧洲标准”一词改为“本标准”;

——用小数点“.”代替作为小数点的逗号“,”;

——删除欧洲标准中的前言。

本标准由中国机械工业联合会提出。

本标准由全国锻压标准化技术委员会归口。

本标准起草单位:北京机电研究所。

本标准主要起草人:金红、张倩生。

锻造用半成品尺寸、形状和质量公差

1 范围

本标准规定了将通过锻造进行热成形的半成品的尺寸、形状和质量公差，即由以下材料制成的钢锭(Blooms)、扁坯(Slabs)和钢坯(Billets)：

——符合 EN 10250-1～4 的一般用途钢材(参见参考文献)

——符合 EN 10222-1～5 的压力用途钢材(参见参考文献)

本标准不包含 EN 10243-1(参见参考文献)中需进行自由锻造的半成品。

2 规范性引用文件

下列文件中的条款通过本标准的引用而成为本标准的条款。凡是注日期的引用文件，其随后所有的修改单(不包括勘误的内容)或修订版均不适用于本标准，然而，鼓励根据本标准达成协议的各方研究是否可使用这些文件的最新版本。凡是不注日期的引用文件，其最新版本适用于本标准。

EN 10079:1992，钢制品的定义

3 术语和定义

根据本标准的用途，采用 EN 10079:1992 给出的术语和定义。

4 外观和完好性

4.1 一般原则

半成品应当完好，并且不存在偏析、裂纹、夹层以及其他妨碍使用的缺陷。

4.2 表面缺陷的消除

应当通过修整消除表面缺陷，以便符合 4.1 的要求。可以采用铲平、磨削或任何一种适当的方法进行修整：

——单面的最终凹痕深度尺寸最大不应超过名义尺寸的 2% 或 3 mm，选择其中的较大值；

——在消除同一横截面上的表面缺陷后，其尺寸仍应在给定公差之内；

——为保证充分锻造，修整区域的宽度应大于等于深度的 6 倍，并且表面应圆滑过渡。

5 尺寸公差

5.1 横截面各边的公差

5.1.1 长方形半成品

厚度 t 和宽度 b 的公差：

a) 厚度 t 的公差为 ±4% 或 3 mm，取其中较大值；

b) 宽度 b

——≤150 mm：±3% 或 ±3 mm，取其中较大值；

——>150 mm：±4.5 mm 或 ±2%，取其中较大值。

5.1.2 正方形或圆形半成品

边长 a 或直径 d 的公差：

——≤150 mm：±3% 或 ±3 mm，取其中较大值；

——>150 mm：±4.5 mm 或 ±2%，取其中较大值。

5.2 对角线公差

名义宽度≤200 mm 的半成品，同一截面的两条对角线之差应小于或等于两条对角线中较长者的6%；名义宽度>200 mm 的半成品，公差应在询价和订货时议定。

5.3 长度公差

5.3.1 按标准长度交货

如果按标准长度订货，则公差应为±1 000 mm。除非在询价和订货时约定，半成品的长度应≥1 000 mm。

此外，对名义横截面面积≤22 500 mm^2 的半成品来说，每一批货中，只允许有10%(相对于订货质量)的半成品短于标定的数值。

对名义横截面面积>22 500 mm^2 的半成品来说，短的半成品所占的百分比应在询价和订货时协商。

5.3.2 按固定长度交货

如果订货为固定长度，则应当采用以下公差级别：

a) 自由公差 ±250 mm；

b) 普通公差 ±100 mm；

c) 精密级公差 ±50 mm。

在订货时应指定公差级别。如果没有指明公差，则选用自由公差(±250 mm)。

在询价和订货时，可以协商确定低于a)、b)或c)中所给出的特定公差。如果在询价和订货时协商确定公差，则公差可以全部为正或全部为负。

此外，如果在询价和订货时有特别要求，应允许20%的半成品短于订货长度，这些短棒料所应用的公差应比为订货长度指定的公差高一个级别。

6 形状公差

6.1 平直度

半成品应在没有任何特殊矫直处理的热成形状态下交货。允许偏差为：

——弯曲变形，均匀弯曲每米10 mm(见图1)；

——局部变形或成波浪形，每米20 mm(见图2)。

如果在询价和订货时有特别要求，则应当进行特殊的矫直处理，允许公差应小于每米4 mm。

端部变形公差可以在询价和订货时议定。

6.2 扭曲

正方形半成品的扭曲角不应大于4°/m；长度≤6 m时，扭曲角最大为10°；长度>6 m时，扭曲角最大为15°。

长方形半成品上不允许存在影响其使用的扭曲。如果在询价和订货时有特别要求，长方形半成品的公差值可参照使用正方形半成品的公差。

7 质量公差

7.1 每单位长度上的质量公差

7.1.1 钢坯

每单位长度的质量应为相应于名义横截面积(相应尺寸的正方形或长方形)的理论质量的88%～100%。

7.1.2 钢锭和扁坯

每单位长度的质量应为相应于名义横截面积(相应尺寸的正方形或长方形)的理论质量的94%～100%。

7.2 **批量公差**

理论质量与交货质量之间的公差为：

——≤5 t 的批量　±10%；

——>5 t 的批量　±7%。

在询价和订货时，可以议定公差，议定的公差可以比 7.1 和 7.2 中所规定的公差大。

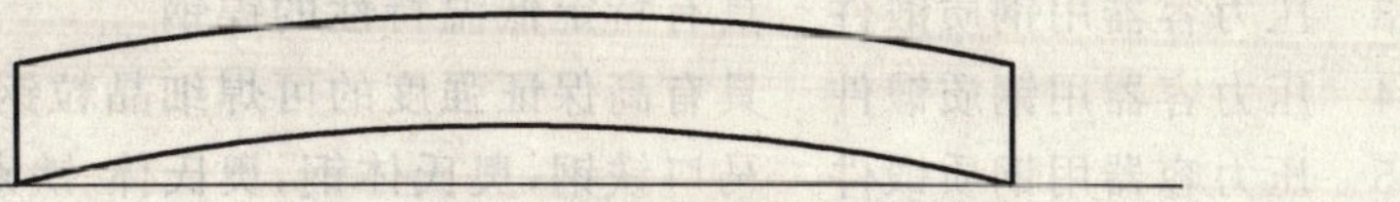

图 1　均匀分布的变形

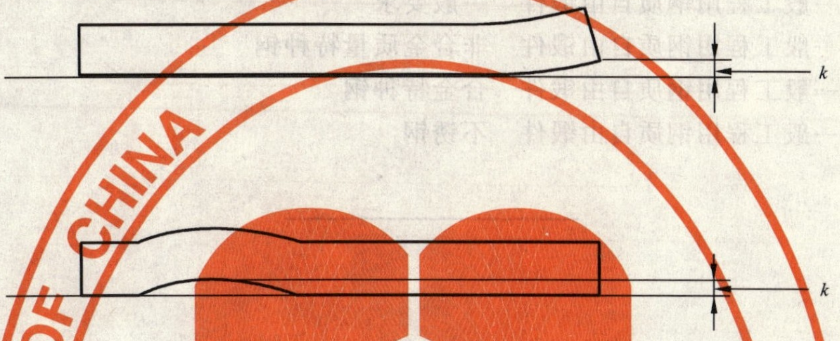

k——平直度偏差。

图 2　局部变形

参 考 文 献

EN 10222-1 承压用的钢质锻件 自由锻件的一般要求
EN 10222-2 压力容器用钢质锻件 具有规定升温特性的铁素体钢和马口铁钢
EN 10222-3 压力容器用钢质锻件 具有特定低温特性的镍钢
EN 10222-4 压力容器用钢质锻件 具有高保证强度的可焊细晶粒钢
EN 10222-5 压力容器用钢质锻件 马口铁钢,奥氏体钢,奥氏体-铁素体不锈钢
EN 10243-1 钢质模锻件 尺寸公差
EN 10250-1 一般工程用钢质自由锻件 一般要求
EN 10250-2 一般工程用钢质自由锻件 非合金质量特种钢
EN 10250-3 一般工程用钢质自由锻件 合金特种钢
EN 10250-4 一般工程用钢质自由锻件 不锈钢

ICS 43.080
T 47

中华人民共和国国家标准

GB 20912—2007

汽车用液化石油气蒸发调压器

Vaporizer/pressure regulator of LPG vehicle

2007-04-13 发布　　　　2007-11-01 实施

中华人民共和国国家质量监督检验检疫总局
中国国家标准化管理委员会　发布

前　言

本标准第 4 章至第 8 章的内容为强制性，其余为推荐性的。

本标准与 ECE R67：2000《关于动力系统使用液化石油气的机动车辆特殊装置批准的统一规定》的一致性程度为非等效。

本标准由国家发展和改革委员会提出。

本标准由全国汽车标准化技术委员会归口。

本标准起草单位：中国汽车技术研究中心。

本标准主要起草人：马宗华、顾严平、冯屹、刘桂彬、陈嵩、张富兴。

汽车用液化石油气蒸发调压器

1 范围

本标准规定了汽车用液化石油气(以下简称 LPG)蒸发调压器(定义见 GB/T 17895)的型号标记、要求、试验方法、检验规则、标志、包装、运输及储存。

本标准适用于工作环境温度为−40℃～120℃,入口处公称工作压力为 2.2 MPa(本标准所述的压力均指表压),以符合 GB 19159 要求的汽车用 LPG 为工作介质的汽车用蒸发调压器(以下简称蒸发调压器)。

2 规范性引用文件

下列文件中的条款通过本标准的引用而成为本标准的条款。凡是注日期的引用文件,其随后所有的修改单(不包括勘误的内容)或修订版均不适用于本标准,然而,鼓励根据本标准达成协议的各方研究是否可使用这些文件的最新版本。凡是不注日期的引用文件,其最新版本适用于本标准。

GB/T 528 硫化橡胶或热塑性橡胶拉伸应力应变性能的测定(GB/T 528—1998,eqv ISO 37:1994)

GB/T 1173 铸造铝合金

GB/T 1220 不锈钢棒

GB/T 4423 铜及铜合金拉制棒(GB/T 4423—1992,neq ISO 1637:1987,Wrought copper and copper alloy rod and bar—Technical conditions of delivery)

GB 5626.1 扩口式锥螺纹直通管接头

GB/T 7762 硫化橡胶或热塑性橡胶 耐臭氧龟裂 静态拉伸试验(GB/T 7762—2003,ISO 1431-1:1989,Rubber,vulcanized or thermoplastic—Resistance to ozone cracking—Part 1:Static and dynamic strain testing,MOD)

GB 9969.1 工业产品使用说明书 总则

GB/T 10125 人造气氛腐蚀试验 盐雾试验(GB/T 10125—1997,eqv ISO 9227:1990)

GB/T 17895 天然气汽车和液化石油气汽车 词汇

GB 19159 车用液化石油气

GB/T 19239 液化石油气汽车专用装置的安装要求

CB/T 3764 金属镀层和化学覆盖层厚度系列及质量要求

3 术语和定义

下列术语及定义适用于本标准。

设计压力 design pressure

蒸发调压器根据实际使用要求而设计成不同压力等级的工作腔,其每个工作腔的最大工作压力则为设计压力。

4 要求

4.1 一般要求

4.1.1 蒸发调压器表面应无尖角毛刺。

4.1.2 蒸发调压器承受液相 LPG 压力的连接接头宜采用卡套式或扩口式管接头。接头的综合机械强度不得低于 GB 5626.1 的要求。

4.1.3 所有电器元件应装有保护装置，不允许导电件裸露，以防止产生电火花。

4.1.4 蒸发调压器中所有进行金属镀层和化学覆盖层处理部件的外观要求，应符合 CB/T 3764 中的有关规定。

4.1.5 蒸发调压器在汽车上的安装方式应符合 GB/T 19239 的规定。

4.1.6 蒸发调压器宜有易于排放杂质的功能。

4.2 材料要求

4.2.1 用于制造蒸发调压器的材料应与 LPG 相容。

4.2.2 蒸发调压器的壳体宜采用符合 GB/T 1173 的铝合金压铸。如采用其他金属材料时应具有同等以上综合机械性能和耐腐蚀性能，并应符合相应标准的要求，其余金属零件一般应采用符合GB/T 1220 的不锈钢棒或符合 GB/T 4423 的 HPb59-1 铜合金拉制棒。

4.2.3 铸铁或可锻铸铁不能用作蒸发调压器的承压部件。

4.3 性能要求

4.3.1 液静压强度

蒸发调压器按 5.3 规定的试验方法进行液静压强度试验后，不应出现破裂、永久变形等现象。

4.3.2 气密性

4.3.2.1 常温气密性

蒸发调压器按 5.4.1 规定的试验方法进行试验应无气泡出现，或泄漏率不应超过 15×10^{-6} N·m³/h。

4.3.2.2 高温气密性

蒸发调压器按 5.4.2 规定的试验方法进行高温气密性试验，在 1 min 内压力表显示值不应下降，或检测其泄漏率不应超过 15×10^{-6} N·m³/h。

4.3.2.3 低温气密性

蒸发调压器按 5.4.3 规定的试验方法进行低温气密性试验，在 1 min 内压力表显示值不应下降，或检测其泄漏率不应超过 15×10^{-6} N·m³/h。

4.3.3 高温试验

蒸发调压器按 5.5 规定的试验方法进行高温试验后，按 5.4.2 规定的试验方法进行高温气密性检验，应符合 4.3.2.2 高温气密性的要求。

4.3.4 低温试验

蒸发调压器按 5.6 规定的试验方法进行低温试验后，按 5.4.3 规定的试验方法进行低温气密性检验，应符合 4.3.2.3 低温气密性的要求。

4.3.5 耐干热性

蒸发调压器与 LPG 接触的非金属零件按 5.7 规定的试验方法进行耐干热试验后，抗拉强度变化不应超过＋25％，延伸率变化范围不应超过－30％～＋10％。

4.3.6 相容性

蒸发调压器与 LPG 接触的非金属零件按 5.8 规定的试验方法进行相容性试验后，体积变化率不得超过 20％，质量下降率不得超过 5％。

4.3.7 耐臭氧性

蒸发调压器与 LPG 接触的非金属零件按 5.9 规定的试验方法进行耐臭氧性试验后不应出现裂纹。

4.3.8 耐腐蚀性

4.3.8.1 蒸发调压器按 5.10.1 规定的试验方法完成盐雾试验后，按 5.4.1 规定的试验方法进行常温气密性试验，应符合 4.3.2 气密性的要求。

4.3.8.2 对于含锌量高于 15％的黄铜承压部件，按 5.10.2 规定的试验方法进行试验后用 25 倍的放大镜检查，部件上不应有裂纹产生。

4.3.9 耐振性

蒸发调压器按 5.11 规定的试验方法完成振动试验后，所有连接处都不得有松动，按 5.4.1 规定的试验方法进行常温气密性试验，应符合 4.3.2 气密性的要求。

4.3.10 额定流量

蒸发调压器按 5.12 规定的试验方法测量的额定流量 Q 应不低于制造商提供的额定值。

4.3.11 耐用性

蒸发调压器按照 5.13 规定的试验方法完成 5 万次耐用性试验后，应满足：

a) 按 5.4.1 规定的试验方法进行常温气密性试验，应符合 4.3.2.1 的要求；

b) 按 5.12 规定的试验方法测量额定流量 Q，应符合 4.3.10 的要求。

4.3.12 温度循环试验

蒸发调压器按 5.14 规定的试验方法进行温度循环试验后，应符合 4.3.2 气密性的要求。

5 试验方法

5.1 一般规定

5.1.1 试验条件

除非另有规定，试验应在下述条件下进行：

a) 试验环境温度为 15℃～35℃（除非另有规定，试验应在环境温度为 20℃±5℃条件下进行）；

b) 试验介质应为清洁的干燥空气或氮气。

5.1.2 试验用仪表要求

a) 压力仪表：准确度不低于 1.5 级，测量量程为测量值的 1.5 倍～3 倍。

b) 流量仪表：准确度不低于 1.5 级，测量量程为测量值的 1.5 倍～3 倍。

c) 温度仪表：准确度为±0.5℃，最小分辨率不大于准确度的 2 倍（即 1℃）。

5.2 外观检验

用目测法对蒸发调压器的金属镀层和化学覆盖层处理进行外观检验。

5.3 液静压强度试验

将蒸发调压器的内腔灌满水，封闭出口，在其入口充入 6.75 MPa 的水压，并保持此压力不小于 1 min，检查蒸发调压器的组成零件。

5.4 气密性试验

5.4.1 常温气密性检验

常温气密性可用观察气泡法或泄漏率测试法进行检验。

5.4.1.1 观察气泡法

将试样出口密封，入口与供气管道相连，各种气路控制装置处于正常工作状态，调节入口压力为公称工作压力的 2 倍，将试样浸入水中 100 mm～300 mm 深处，至少观察 1 min，检查是否有气泡出现。

5.4.1.2 泄漏率测试法

堵住试件出口，从入口输入 2 倍公称工作压力的气压，用泄漏率测试仪测量泄漏率，测量时间不得少于 1 min。

5.4.2 高温气密性试验

将试样出口密封，入口经正向截止阀连接到气压源上，在试样和正向截止阀之间安装压力计，正向截止阀和压力计的压力范围应不低于 1.5 倍、不高于 2 倍的试验压力。将试样放入高温箱中，当高温箱显示温度达到 120℃时，向试样内充入 2 倍公称工作压力的试验气压并关闭正向截止阀，至少保持 1 min时间。观察压力计的显示值是否下降，或用泄漏率测试仪测量泄漏率。

5.4.3 低温气密性试验

将试样出口密封，入口经正向截止阀连接到气压源上，在试样和正向截止阀之间安装压力计，正向截止阀和压力计的压力范围应不低于 1.5 倍、不高于 2 倍的试验压力。将试样放入低温箱中，当低温箱显示温度达到－40℃时，向试样内充入 2 倍公称工作压力的试验气压并关闭正向截止阀，至少保持 1 min时间。观察压力计的显示值是否下降，或用泄漏率测试仪测量泄漏率。

5.5 高温试验

堵住试样出口，将其置于高温箱中，调节温度为 120℃并承受 2 倍公称工作压力的气压保持 8 h 后，进行高温气密性检验。

5.6 低温试验

堵住试样出口，将其置于低温箱中，调节温度为－40℃并承受 2 倍公称工作压力的气压保持 8 h 后，进行低温气密性检验。

5.7 耐干热性试验

蒸发调压器与 LPG 接触的非金属零件在温度为 120℃±2℃的中暴露 168 h 后，按 GB/T 528 规定的方法检查其抗拉强度和延伸率的变化。

5.8 相容性试验

蒸发调压器与 LPG 接触的非金属零件，在 23℃±2℃的正戊烷或正己烷中浸泡 72 h，检查其体积变化率；然后放置在温度为 40℃的空气中保持 48 h，检查其质量变化率。

5.9 耐臭氧性试验

蒸发调压器与 LPG 接触的非金属零件，按 GB/T 7762 的规定，拉伸 20%后，置于臭氧浓度为 50 pphm±5 pphm、温度为 40℃±2℃的臭氧室中，历时 120 h，用 2 倍放大镜检查样件表面。

5.10 耐腐蚀性试验

5.10.1 将蒸发调压器连接孔封住，按 GB/T 10125 规定的中性盐雾试验方法进行 144 h 的盐雾试验。

5.10.2 将清除表面油污并使其保持最大工作应力状况(由机械装配和额定工作压力的气压产生)的黄铜部件，放入温度为 35℃±2℃、容积为 30 L，且内装有 0.6 L、密度为 0.94 的含水氨水的封闭容器中，部件置于氨水表面上方 40 mm 处，放置 240 h。

5.11 耐振性试验

a) 将试样可靠地固定在振动试验台上；

b) 将振动频率设定为 17 Hz，振幅设定为 1.5 mm；

c) 在三个互相垂直的方向各振动 2 h；

d) 按 5.4.1 规定的方法检测其气密性。

5.12 额定流量测量

流量计可安装在蒸发调压器进气口或各级出气口。在蒸发调压器的进口处输入公称工作压力的试验气体，使末级膜片处于完全开启状态，反复调节被测蒸发调压器使其一级腔压力，使蒸发调压器出口获得最大流量，此时从流量计上读出最大流量值。

5.13 耐用性试验

蒸发调压器应进行 5 万次工作循环的耐用性试验。每次工作循环应为：接通气源，当入口压力达到公称工作压力时，开启出口，形成稳定的出口流量后，切断气源，待入口压力降至 1.1 MPa 以下时，关闭出口。循环频率不高于 10 次/min。

5.14 温度循环试验

将试件保持 2.2 MPa 的试验压力，进行 96 h 从－40℃～120℃的温度循环试验，循环周期为 120 min。

6 检验规则

6.1 检验项目见表 1。

6.2 出厂检验

产品出厂前应按表 1 规定项目进行逐只检验。

表 1 检验项目

序号	检验项目	检验方法	判定依据	出厂检验	型式检验
1	外观检查	5.2	4.1	√	√
2	液静压强度	5.3	4.3.1		√
3	气密性	5.4	4.3.2	√	√
4	高温试验	5.5	4.3.3		√
5	低温试验	5.6	4.3.4		√
6	耐干热性	5.7	4.3.5		√
7	相容性	5.8	4.3.6		√
8	耐臭氧性	5.9	4.3.7		√
9	耐腐蚀性	5.10	4.3.8		√
10	耐振性	5.11	4.3.9		√
11	额定流量	5.12	4.3.10		√
12	耐用性	5.13	4.3.11		√
13	温度循环试验	5.14	4.3.12		√
注：出厂检验中的气密性试验可以只进行常温气密性试验。					

6.3 型式检验

6.3.1 有下列情况之一时，蒸发调压器应按表 1 规定的项目进行型式检验。对新设计的产品还应按 4.1、4.2 的要求进行产品设计审查。

1) 新设计或设计参数、工艺、材料有重大变更时；

2) 停产半年以上，重新恢复生产时；

3) 连续生产满 1 年时。

6.4 经检验或试验合格后的试件，检验项目会影响其使用性能或使用寿命者，不能作为合格产品出厂。

7 标志、包装、运输及贮存

7.1 标志

蒸发调压器的壳体上应有永久性标记，标记应清晰。标记应包括以下内容：

a) 制造厂名称或商标；

b) 产品型号；

c) "LPG"标记；

d) 公称工作压力；

e) 生产批号和日期。

7.2 包装

7.2.1 产品的包装应保证搬运过程中不被损坏。

7.2.2 产品的包装箱内应附有产品合格证、使用说明书及必要的装箱清单。包装箱上应标有下列内容：

a) 制造厂名；

b) 产品型号和编号；

c) 数量和毛重；

d) 出厂日期；

e） 外形尺寸（长×宽×高）；

f） 搬运注意事项。

7.3 运输及贮存

7.3.1 产品装运时，应轻装轻放，防止重压及碰撞，严防雨淋及化学品的浸蚀。

7.3.2 产品贮存在通风、干燥、清洁的室内。

8 出厂文件

出厂文件包括产品合格证、装箱清单及产品使用说明书。

8.1 产品合格证

产品合格证应注明以下内容：

a） 制造厂名和商标；

b） 产品型号和编号；

c） 检验部门的签章及检验日期。

8.2 装箱清单

当包装箱内另有蒸发调压器以外的附件（如接头、专用工具等）时，应附装箱清单。

8.3 产品使用说明书

说明书的编写按 GB 9969.1《工业产品使用说明书总则》进行编写，并特别要说明以下内容：

a） 蒸发调压器的结构型式，功能介绍。

b） 使用过程中的故障判别及排除方法。

ICS 43.020
T 09

中华人民共和国国家标准

GB/T 20913—2007

乘用车正面偏置碰撞的乘员保护

The protection of the occupants in the event of an off-set frontal collision for passenger car

2007-04-30 发布 2007-12-01 实施

中华人民共和国国家质量监督检验检疫总局
中国国家标准化管理委员会 发布

前言

本标准的技术内容修改采用ECE R94《关于机动车正面碰撞时对乘员保护的认证统一规定》(01版本,2003年)。本标准与ECE R94的主要差异和原因有:

a) 在座椅一节中,参照GB 11551—2003《乘用车正面碰撞的乘员保护》5.1.4.3.11.1的内容,本标准增加了相应的调节方法,其原因是主要考虑我国人体参数和车型特点。

b) 本标准将ECE R94附录3的内容纳入标准正文中,删除ECE R94附录1、附录2有关认证标志的内容,其原因是标准体系与法规体系的形式差异所致。本标准的附录A、附录B、附录C、附录D、附录E、附录F、附录G分别对应于ECE R94附录4、附录5、附录6、附录8、附录9、附录10、附录7。

c) 本标准删除ECE R94第3章、第4章、第8章、第9章、第10章、第11章、第12章中有关认证管理程序内容,其原因是符合我国标准体系。

本标准的附录A、附录B、附录C、附录D、附录E、附录F、附录G均为规范性附录,附录H为资料性附录。

本标准由国家发展和改革委员会提出。

本标准由全国汽车标准化技术委员会归口。

本标准起草单位:中国汽车技术研究中心、国家汽车质量监督检验中心(襄樊)、清华大学汽车系、上海机动车检测中心、上海大众汽车有限公司、神龙汽车有限公司技术中心、广州本田汽车有限公司、奇瑞汽车公司、泛亚汽车技术中心、国家重型汽车质量监督检验中心、上汽通用五菱汽车有限公司、大众汽车(中国)投资有限公司、日产(中国)投资有限公司、东风汽车有限公司东风日产乘用车研发中心、丰田汽车技术中心(中国)有限公司、福特汽车(中国)有限公司、通用汽车(中国)投资有限公司、本田技研工业(中国)投资有限公司、华晨宝马汽车有限公司。

本标准主要起草人:孙振东、刘玉光、吴卫、李维菁、李三红、张金换、黄世霖、郑祖丹、彭晓勇、肖利寿、凌毅、李义明、叶晰海、鲁付俊、顾镭、沈海东、孙洁、朱晓冬、钟柳华、冯星野、田宗祥、姚笑莺、陈森昌、王存、张悦、冷雪鹰、严昀、谢伟、宋萱、周宇。

乘用车正面偏置碰撞的乘员保护

1 范围

本标准规定了乘用车正面偏置碰撞时前排外侧座椅乘员保护方面的技术要求和试验方法。

本标准适用于最大设计总质量不大于 2 500 kg 的 M_1 类汽车。质量超过该范围的 M_1 类汽车以及其他类型汽车可参照执行。

2 规范性引用文件

下列文件中的条款通过本标准的引用而成为本标准的条款。凡是注日期的引用文件，其随后所有的修改单(不包括勘误的内容)或修订版均不适用于本标准，然而，鼓励根据本标准达成协议的各方研究是否可使用这些文件的最新版本。凡是不注日期的引用文件，其最新版本适用于本标准。

GB 14166 机动车成年乘员用安全带和约束系统

GB 14167 汽车安全带安装固定点

ISO 209 锻造铝和铝合金

3 定义

下列术语和定义适用于本标准。

3.1

保护系统 protective system

用来约束乘员并有助于符合第 4 章要求的内部安装部件及装置。

3.2

保护系统的型式 type of protective system

在下列主要方面没有差异的保护装置：

——制造工艺；

——尺寸；

——材料。

3.3

车辆宽度 vehicle width

平行于车辆纵向中心平面，与车辆两侧面相切的两个平面间的距离，不包括后视镜、侧标志灯、胎压计、侧转向信号灯、示廓灯、挠性挡泥板、轮胎与地面接触的侧壁变形部分。

3.4

重叠 overlap

与壁障表面直接接触的车辆部分与车辆宽度的百分比。

3.5

可变形壁障 deformable barrier

安装在刚性块前面的可压缩部分。

3.6

车辆型式 vehicle type

在下列主要方面没有差异的车辆：

——对碰撞试验结果有不利影响的车辆长度和宽度；

——对碰撞试验结果有不利影响的，通过驾驶员座椅“R”点的横向平面前方的车辆部分的结构、尺寸、轮廓和材料；
——对碰撞试验结果有不利影响的乘员舱外形和内部尺寸以及保护系统的型式；
——发动机的布置(前置、后置或中置)及排列方向(横向或纵向)；
——对碰撞试验结果有不利影响的车辆整备质量；
——对碰撞试验结果有不利影响的，由制造厂提供的选装设备或装置。

3.7

乘员舱　passenger compartment

容纳乘员的空间，由顶盖、地板、侧围、车门、玻璃窗和前围、后围或后座椅靠背支撑板围成。

3.8

“R”点　R point

制造厂为每个座椅规定的，与车辆结构相关的基准点，见附录C。

3.9

“H”点　H point

按附录C描述的程序所确定的每个座椅的基准点。

3.10

整备质量　unladen kerb mass

处于运行状态的车辆质量，没有驾驶员、乘客和货物，但燃油箱加入占总容量90％的燃料，并带有随车工具和备胎(如果这些由车辆制造厂作为标准装备提供)。

3.11

安全气囊　airbag

安装在机动车上的作为安全带和约束系统的辅助约束装置。如在车辆发生剧烈碰撞时，自动展开的柔性装置，通过压缩其内部气体来减缓由于惯性乘员身体一个或多个部分与乘员舱内部发生接触的程度。

3.12

乘员安全气囊　passenger airbag

在正面碰撞中用来保护驾驶员座位以外乘员的安全气囊。

3.13

儿童约束装置　child restraint

安装到机动车上的包括织带、装有锁扣的柔性部件、调节装置、附加装置，以及某些情况下的辅助座椅或碰撞保护装置。该装置设计用来在车辆发生碰撞或突然减速时通过限制使用者身体的运动来降低使用者受伤害的危险性。

3.14

后向　rearward-facing

与车辆通常行驶方向相反的方向。

4　要求

4.1　一般要求

4.1.1　每个座椅的“H”点应按照附录C所规定的程序确定。

4.1.2　如果前排乘坐位置的保护系统包括安全带，那么该安全带应符合GB 14166的要求。

4.1.3　用于安放假人且装备了保护系统包括安全带的乘坐位置，其安全带固定点应符合GB 14167的要求。

4.2 技术要求

4.2.1 如果按照本标准第6章的规定对车辆进行试验并同时达到了下列的要求,应认为合格。

4.2.2 对于处于前排外侧座位的假人,按照附录D所确定的性能指标应符合下列要求:

4.2.2.1 头部性能指标(HPC)应不大于1 000,并且头部合成加速度大于80 *g* 的时间,累积不应超过3 ms,但不包括头部反弹。

4.2.2.2 颈部伤害指标(NIC)应不大于图1和图2所示值。

4.2.2.3 颈部对Y轴弯矩在伸张方向应不大于57 N·m。

4.2.2.4 胸部压缩指标(ThCC)应不大于50 mm。

4.2.2.5 胸部粘性指标(V·C)应不大于1.0 m/s。

4.2.2.6 大腿压缩力指标(FFC)应不大于图3所示力——时间性能指标曲线。

4.2.2.7 小腿压缩力指标(TCFC)应不大于8 kN。

4.2.2.8 小腿性能指标(TI)在每个小腿的顶部和底部测量的指标均应不大于1.3。

4.2.2.9 膝关节位移应不大于15 mm。

4.2.3 试验后在转向管柱中心所测得的转向盘位移量垂直向上不大于80 mm,水平向后不大于100 mm。

4.2.4 在试验过程中,车门不得开启。

4.2.5 在试验过程中,前门的锁止系统不得发生锁止。

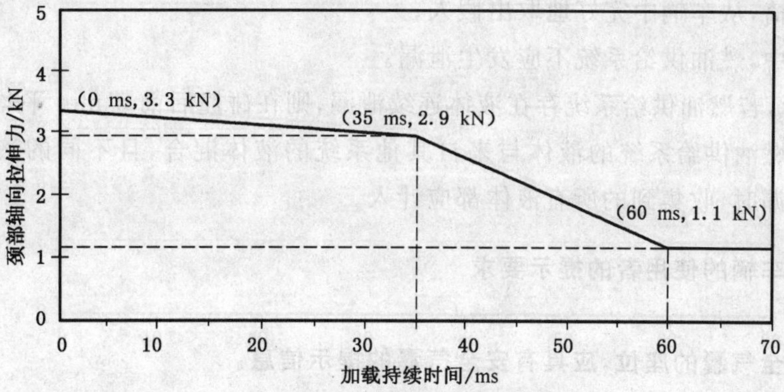

图1 颈部伸张指标图

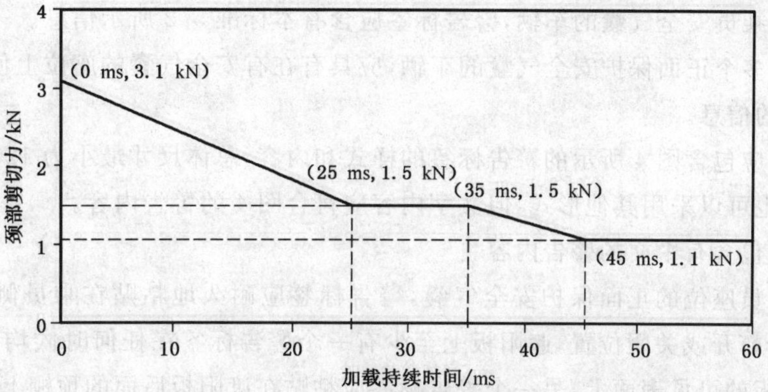

图2 颈部剪切指标图

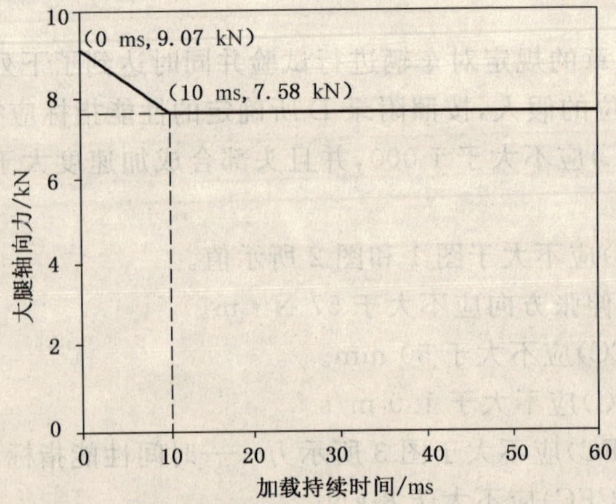

图3 大腿压缩力指标图

4.2.6 碰撞试验后,除支持假人质量的必要的工具之外,不使用其他工具,应能:

4.2.6.1 对应于每排座位,若有门,至少有一个门能打开。如果没有门,移动座椅或改变座椅靠背位置使得所有乘员能够撤离(本要求仅适用于硬顶结构的车辆)。

4.2.6.2 将假人从约束系统中解脱时,如果发生了锁止,通过在松脱装置上施加不超过60N的压力,该约束系统应能被打开。

4.2.6.3 不调整座椅,从车辆中完好地取出假人。

4.2.7 在碰撞过程中,燃油供给系统不应发生泄漏。

4.2.8 碰撞试验后,若燃油供给系统存在液体连续泄漏,则在碰撞后前 5 min 平均泄漏速率不得大于30 g/min;如果来自燃油供给系统的液体与来自其他系统的液体混合,且不同的液体不容易分离和辨认,则在评定连续泄漏时,收集到的所有液体都应计入。

5 对装有安全气囊车辆的使用者的提示要求

5.1 对于装备了安全气囊的座位,应具有安全气囊的提示信息。

5.1.1 对于装备了驾驶员安全气囊的车辆,应将有"AIRBAG"字样的信息或相应信息标注在转向盘圆周范围内,并且耐久易见。

5.1.2 对于装备了乘员安全气囊的车辆,警告标签应含有本标准 5.2 所示信息。

5.2 装备了一个或多个正面保护安全气囊的车辆,应具有在有安全气囊的座位上使用后向儿童约束系统而产生极端危险的信息。

5.2.1 该信息至少应包含图 4 所示的警告标签的样式和内容,总体尺寸最小为 120 mm×60 mm 或同等面积。上述标签也可以采用其他形式,但文字内容应符合图 4 的警告内容。

5.2.2 警告标签应包含有中文的警告内容。

5.2.3 对于前排乘员座位的正面保护安全气囊,警告标签应耐久地粘贴在乘员侧遮阳板的每个表面上,无论遮阳板处于打开或关闭位置,遮阳板上至少有一个警告标签在任何时候均可见。或者,一个警告标签粘贴在遮阳板的可见表面上,另一个警告标签应粘贴在遮阳板后面的顶棚上,至少有一个警告标签在任何时候均可见,警告标签内容文字应易于在该座位上视力正常的使用者阅读。对于车辆其他座位的正面保护安全气囊,警告标签应直接粘贴在相关座椅的前面,对于要在此座椅上安装后向儿童约束系统的使用者,在任何时候均清晰可见,警告标签内容文字应易于该座位上视力正常的使用者阅读。本规定不适用于当安装后向儿童约束系统时,具有自动解除正面保护安全气囊功能的座椅。

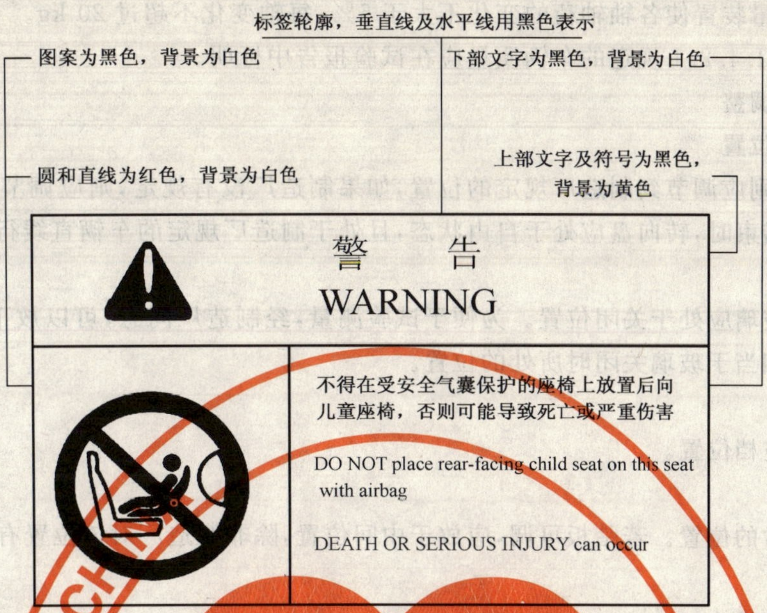

图 4　警告标签样式和内容

5.2.4　车辆使用手册上应使用中文说明如下内容："不得在受安全气囊保护的座椅上使用后向儿童约束系统！"，并伴有警告插图。

6　试验方法

6.1　设施及车辆准备

6.1.1　试验场地

试验场地应足够大，以容纳跑道、壁障和试验必需的技术设施。在壁障前至少 5m 的跑道应水平、平坦和光滑。

6.1.2　壁障

壁障的前表面由附录 E 所规定的可变形壁障构成。可变形壁障的前表面与试验车行驶方向垂直，允许偏差在±1°内。壁障应牢固安装在不小于 7×10^4 kg 的固定壁上。固定壁的前表面应铅直，允许偏差在±1°内。固定壁应植入地面或使用辅助定位装置将其固定在地面上，以限制其位移。

6.1.3　壁障定位

6.1.3.1　壁障的定位应使试验车辆与壁障的最先接触发生在车辆转向管柱侧。如果在使用左置转向盘和右置转向盘的车辆间有选择，试验由负责试验的机构确定应在不利车型的驾驶侧进行。

6.1.3.2　车辆应与壁障表面重叠车辆宽度的 40%±20 mm。

6.1.4　车辆状况

6.1.4.1　一般要求

试验车辆应能反映出该系列产品的特征，应包括正常安装的所有装备，并应处于能够正常运行状态。一些零部件可以被等质量代替物代替，但要求这种替换不应对 6.6 的测量结果有影响。

6.1.4.2　车辆质量

6.1.4.2.1　提交试验的车辆质量应是整备质量。

6.1.4.2.2　燃油箱应注入水，水的质量为制造厂规定的燃油箱满容量时燃油质量的 90%，偏差±1%。

6.1.4.2.3　所有其他系统（制动系、冷却系等）应排空，排出液体的质量应予补偿。

6.1.4.2.4　如果车载测量装置的质量超过 25 kg，可以通过减少一些对 6.6 的测量结果无明显影响的零件来进行补偿。

6.1.4.2.5　车载测量装置使各轴轴荷的变化不大于5%，每轴变化不超过20 kg。

6.1.4.2.6　上述6.1.4.2.1规定的车辆质量应在试验报告中标明。

6.1.4.3　乘员舱的调整

6.1.4.3.1　转向盘位置

若转向盘可调，则应调节到制造厂规定的位置，如果制造厂没有规定，则应调节到可调范围的中间位置。在加速过程结束时，转向盘应处于自由状态，且处于制造厂规定的车辆直线行驶时的位置。

6.1.4.3.2　玻璃

车辆上的活动玻璃应处于关闭位置。为便于试验测量，经制造厂同意，可以放下活动玻璃，只要此时操纵手柄的位置相当于玻璃关闭时所处的位置。

6.1.4.3.3　变速杆

变速杆应处于空档位置。

6.1.4.3.4　踏板

踏板应处于正常的位置。若踏板可调，应放于中间位置，除非制造厂对该位置有特殊要求。

6.1.4.3.5　车门

车门应关闭但不锁止。

6.1.4.3.6　活动车顶

如果安装有活动车顶或可拆式车顶，它应处于应有位置并关闭。为便于试验测量，经制造厂同意，可以打开。

6.1.4.3.7　遮阳板

遮阳板应处于收起位置。

6.1.4.3.8　后视镜

内后视镜应处于正常的使用位置。

6.1.4.3.9　扶手

前后座椅扶手若可移动，则应处于放下位置，除非受到车内假人的限制。

6.1.4.3.10　头枕

高度可调节的头枕应处于最高位置。

6.1.4.3.11　座椅

6.1.4.3.11.1　前排座椅位置

对于纵向可调节的座椅，应使“H”点（按照附录C规定的程序确定）位于行程的中间位置或者最接近于中间位置的锁止位置，并处于制造厂规定的高度位置（假如高度可以单独调节）。对于长条座椅，应以驾驶员位置的“H”点为基准。当假人不能正确安放并且驾驶员座椅或前排乘客座椅的设计“H”点（x_1，z_1）符合下式（即该点落在图5直线A的左侧区域内）时，允许对该座椅进行适当的调节，直到假人可以正确安放为止，以便使该设计“H”点位于图5中平面坐标系直线A的右侧且尽可能地接近直线A。

$$X < \frac{1\,670 - Z}{1.94} \qquad \cdots\cdots\cdots\cdots\cdots\cdots\cdots\cdots(1)$$

式中：

X——通过加速踏板表面设计中心并且垂直于车辆纵向中央平面的水平直线与设计“H”点间在前后方向上的水平距离，单位为毫米（mm）。

Z——通过加速踏板表面设计中心并且垂直于车辆纵向中央平面的水平直线与设计“H”点间在上下方向上的垂直距离，单位为毫米（mm）。

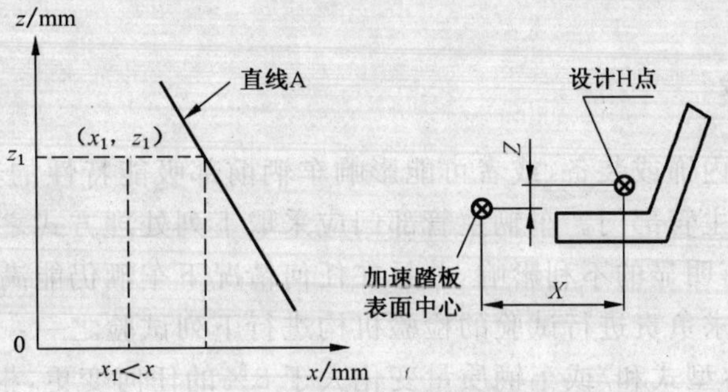

图 5 "H"点相对位置图

6.1.4.3.11.2 **前排座椅靠背位置**

如果可调，座椅靠背应调节到使假人躯干倾角尽量接近制造厂规定的正常使用角度，若制造厂没有规定，则应调节到从铅垂面向后倾斜 25°角的位置。

6.1.4.3.11.3 **后排座椅**

如果可调，后排座椅或后排长条座椅应处于最后位置。

6.2 假人

6.2.1 按照附录 B 的规定，在每个前排外侧座椅上，安放一个符合要求的假人，假人应符合 50% Hybrid Ⅲ假人技术要求及相应调整要求，并装有 45°脚踝。为记录必要的数据以便确定性能指标，假人应配备符合附录 D 技术要求的测量系统。假人的脚踝应按照附录 F 的规定进行标定。

6.2.2 试验时，使用制造厂设置的约束系统。

6.3 车辆的驱动

6.3.1 车辆不应靠自身动力驱动。

6.3.2 在碰撞瞬间，车辆应不再承受任何附加转向或驱动装置的作用。

6.3.3 车辆轨迹应符合 6.1.2 和 6.1.3.2 的规定。

6.4 试验速度

在碰撞瞬间，车辆速度应为 56^{+1}_{0} km/h。如果试验在更高的碰撞速度下进行并且车辆符合要求，也认为试验合格。

6.5 对前排座椅假人的测量

6.5.1 为确定性能指标必需的所有测量，均应采用符合附录 D 要求的测量系统。

6.5.2 不同的参数应通过具备下列 CFC（通道的频率等级）的独立数据通道来记录：

6.5.2.1 对假人头部的测量

重心处的加速度(a)由加速度的三维分量计算得出。加速度分量测量时，CFC 为 1000。

6.5.2.2 对假人颈部的测量

6.5.2.2.1 在头颈连接处测量的轴向张力和前后剪切力，CFC 为 1000。

6.5.2.2.2 在头颈连接处测量的对 Y 轴的弯矩，CFC 为 600。

6.5.2.3 对假人胸部的测量

胸部变形测量时，CFC 为 180。

6.5.2.4 对假人大腿和小腿的测量

6.5.2.4.1 轴向压缩力和弯矩测量时，CFC 为 600。

6.5.2.4.2 在膝关节滑块处测量的小腿相对于大腿的位移，CFC 为 180。

6.6 在车辆上所进行的测量

6.6.1 进行附录 G 所规定的简化试验时，车身结构减速度时间历程应以车辆碰撞侧"B"柱下端的纵向加速度传感器的读数为基础确定，采用符合附录 D 要求且 CFC 为 180 的数据通道。

6.6.2 附录 G 所规定的简化试验程序中所使用的速度时间曲线应从车辆碰撞侧"B"柱下端的纵向加

速度传感器获得。

7 车辆型式的变更和扩展

影响结构、座椅数量、内饰或装备，或者可能影响车辆前部吸能特性的车辆操纵件或机械部件位置的任何变更均应通知车辆主管部门。车辆主管部门应采取下列处理方式之一：

7.1 认为已做的变更没有明显的不利影响，并且在任何情况下车辆仍能满足本标准的要求。

7.2 按照变更的特征，要求负责进行试验的检验机构进行下列试验之一：

7.2.1 影响车辆结构基本型式和/或车辆质量变化大于8%的任何变更，根据认证机构的判定，认为对试验结果产生明显影响，需要重复第6章所规定的试验。

7.2.2 若变更仅涉及内部装备、质量变化不大于8%、且车辆上最初提供的前排座位数保持不变，则需进行下列试验：

7.2.2.1 附录G所规定的简化试验，和/或；

7.2.2.2 针对所作的变更，由检验机构确定的部件试验。

附 录 A
(规范性附录)
性能指标的确定

A.1 头部性能指标(HPC)

A.1.1 在试验过程中,如果头部与车辆任何部件不发生接触,则认为符合要求。

A.1.2 如果发生头部与车辆部件接触,则应根据 6.5.2.1 所测得的加速度(a,以 g 为单位),按下列公式计算 HPC 值:

$$HPC=(t_2-t_1)\left[\frac{1}{t_2-t_1}\int_{t_1}^{t_2}a\mathrm{d}t\right]^{2.5} \qquad \cdots\cdots(A.1)$$

式中:

A.1.2.1 a 为按照 6.5.2.1 测量出的合成加速度,以 g 为单位($1\ g=9.81\ m/s^2$)。

A.1.2.2 如果能够确定头部起始接触时刻,那么 t_1 和 t_2 为两个时刻,单位为秒(s),表示头部接触起点与记录结束两个时刻之间的某一段时间间隔,在该时间间隔内 HPC 值应为最大。

A.1.2.3 如果不能确定头部起始接触时刻,那么 t_1 和 t_2 为两个时刻,单位为秒(s),表示记录开始与记录结束两个时刻之间的某一段时间间隔,在该时间间隔内 HPC 值应为最大。

A.1.2.4 $t_2-t_1\leqslant 36$ ms。

A.1.3 在前向碰撞中头部的合成加速度累积超过 3 ms 的数值由按照 6.5.2.1 测量出的合成头部加速度计算出。

A.2 颈部伤害指标(NIC)

A.2.1 这些指标由在头颈连接处测量的轴向压力、张力和前后向剪切力确定,单位为千牛(kN),按 6.5.2.2测量,时间以 ms 计。

A.2.2 颈部弯矩指标由在头颈连接处的绕 Y 轴按 6.5.2.2 测出的弯矩确定,单位为牛米(N·m)。

A.2.3 以 N·m 为单位的颈部弯矩应记录下来。

A.3 胸部压缩指标(ThCC)和粘性指标(V·C)

A.3.1 按照本标准 6.5.2.3 规定测量胸部变形的绝对值,表示胸部压缩指标,单位为毫米(mm)。

A.3.2 粘性指标(V·C)按照 A.6 和 6.5.2.3 测量出的胸部变形的即时压缩量与变形率的乘积计算得出,单位为米每秒(m/s)。

A.4 大腿压缩力指标(FFC)

按照本标准 6.5.2.4 规定测量轴向传递至假人每条大腿的压力,表示大腿压缩力指标,单位为千牛(kN),时间以 ms 计。

A.5 小腿压缩力指标(TCFC)和小腿性能指标(TI)

A.5.1 小腿的压缩力指标由 6.5.2.4 测量出的沿小腿轴向传递的压缩力(F_Z)确定,单位为千牛(kN)。

A.5.2 小腿性能指标由弯矩(M_x 和 M_y)为基础和按照 A.5.1 测量的 F_Z,按以下公式计算:

$$TI=|M_R/(M_C)_R|+|F_Z/(F_C)_Z| \qquad \cdots\cdots(A.2)$$

式中：

$(M_C)_R$——临界弯矩，按 225 N·m 计，单位为牛米(N·m)；

F_Z——z 向的轴向压缩力，单位为千牛(kN)；

$(F_C)_Z$——z 向临界压缩力，单位为千牛(kN)，按 35.9 kN 计。

$$M_R = \sqrt{(M_X)^2 + (M_Y)^2} \quad \cdots\cdots\cdots\cdots\cdots\cdots\cdots\cdots (A.3)$$

M_x——绕 x 轴的弯矩，单位为牛米(N·m)；

M_y——绕 y 轴的弯矩，单位为牛米(N·m)。

对每个小腿的顶部和底部计算小腿性能指标；但 F_z 可以在任何一端测量，所获值用来计算顶部和底部的 TI 值。M_x 和 M_y 在两个位置都分别测量。

A.6 计算假人胸部粘性指标(V·C)的方法

A.6.1 粘性指标由胸骨的即时压缩量和变形率的乘积算出。这两个值都从测量的胸部变形量得出。

A.6.2 胸部变形响应按 CFC180 滤波。对时间的变形由此滤波数据按照 $C_{(t)} = D_{(t)}/0.229$ 计算。

对时间的胸部变形速度由滤波变形量按：

$$V_{(t)} = \frac{8(D_{(t+1)} - D_{(t-1)}) - (D_{(t+2)} - D_{(t-2)})}{12\delta_t} \quad \cdots\cdots\cdots\cdots\cdots\cdots\cdots\cdots (A.4)$$

计算。

式中：

$D_{(t)}$——对时间的变形量，单位为米(m)；

δ_t——测量变形量的时间间隔，单位为秒(s)，δ_t 的最大值为 1.25×10^{-4} s。

计算流程按下图所示：

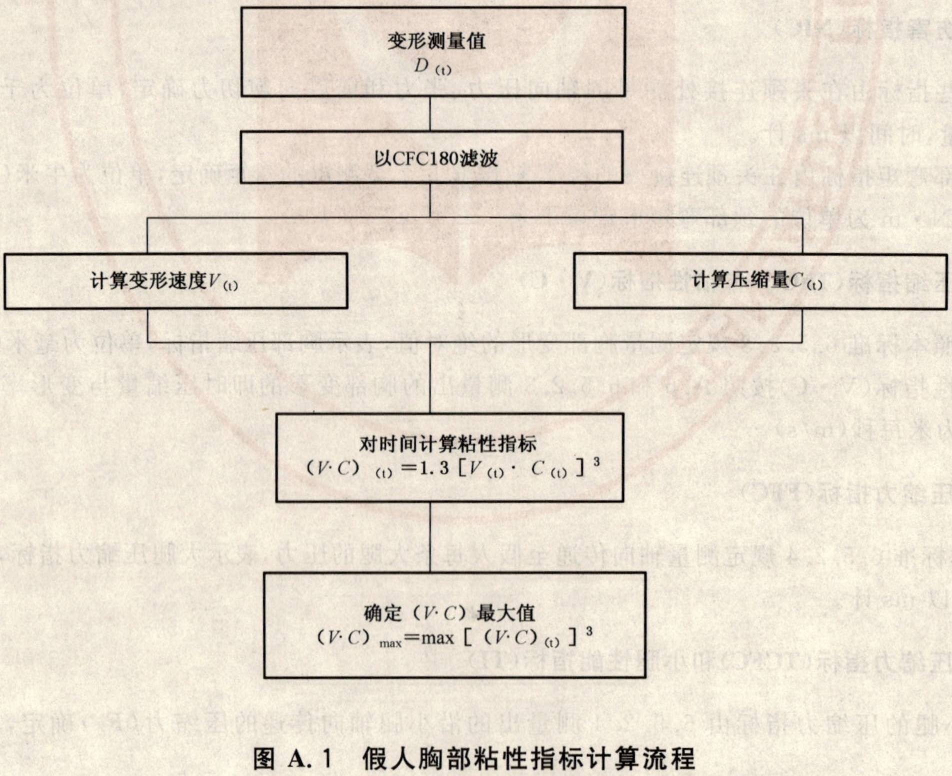

图 A.1 假人胸部粘性指标计算流程

附 录 B
（规范性附录）
假人的布置和约束系统的调整

B.1 假人的布置

B.1.1 单人座椅

假人的对称平面应与座椅铅垂中间平面重合。

B.1.2 前排长条座椅

B.1.2.1 驾驶员

假人的对称平面应位于通过转向盘中心且平行于车辆纵向中心平面的铅垂平面上。若乘坐位置由长条座椅形状来确定，则这样的座椅应视为单人座椅。

B.1.2.2 外侧乘客

假人的对称平面与驾驶员侧假人的对称平面应相对于车辆纵向中心平面对称。若乘坐位置由长条座椅形状来确定，则这样的座椅应视为单人座椅。

B.1.3 前排乘客（不包括驾驶员）长条座椅

假人的对称平面应与制造厂规定的乘坐位置的中间平面重合。

B.2 假人的安放

B.2.1 头部

头部传感器安装平面应是水平的，偏离角度在2.5°以内。为了在装备靠背不可调的直立座椅的车辆上使假人头部水平，必须按下列顺序操作：首先在B.2.4.3.1规定的范围内调节H点位置，以使假人头部传感器安装平面水平；若头部的传感器安装平面仍不水平，则在B.2.4.3.2规定的范围内调节假人的骨盆角度。若还未水平，则调节假人颈部支撑，调节量尽量小，使传感器安装平面与水平面的偏离在2.5°内。

B.2.2 手臂

B.2.2.1 驾驶员侧假人的上臂应贴近躯干，其中心线应尽量接近铅垂平面。

B.2.2.2 乘客侧假人的上臂应与座椅靠背及躯干两侧相接触。

B.2.3 手

B.2.3.1 驾驶员侧假人的手掌应在转向盘轮缘水平中心线处和轮缘外侧相接触，拇指应放在转向盘轮缘上并用胶带轻轻粘贴，以便使假人的手在受到不超过22 N且不小于9 N的力向上推动时，胶带松脱，手能离开转向盘轮缘。

B.2.3.2 乘客侧假人的手掌应和大腿的外侧相接触，小手指应接触到座垫。

B.2.4 躯干

B.2.4.1 在装有长条座椅的车辆上，驾驶员侧和乘客侧假人的上躯干都应靠着座椅靠背。驾驶员侧假人的对称面应铅垂并平行于车辆纵向中心线，且通过转向盘轮缘中心。乘客侧假人的对称面也应铅垂并平行于车辆纵向中心线，且距车辆纵向中心线的距离与驾驶员侧假人对称面距车辆纵向中心线的距离相等。

B.2.4.2 在装有单人座椅的车辆上，驾驶员侧和乘客侧假人的上躯干都应靠着座椅靠背。驾驶员及乘客假人的对称面应铅垂且与单人座椅的纵向中心线重合。

B.2.4.3 下肢

B.2.4.3.1 “H”点

驾驶员侧及乘客侧假人的“H”点应在一个规定点的铅垂方向和水平方向各为13 mm的范围内，该点位于按附录C规定的程序所确定的H点位置下方6 mm处。但当“H”点装置的小腿和大腿部分的长度分别调为414 mm和401 mm来代替432 mm和417 mm的这种情况除外。

B.2.4.3.2　骨盆角度

用插入假人“H”点测量孔中的骨盆角度量规(见图B.1)测定，与量规76.2 mm平面上的水平面所成的夹角应为22.5°±2.5°。

单位为毫米

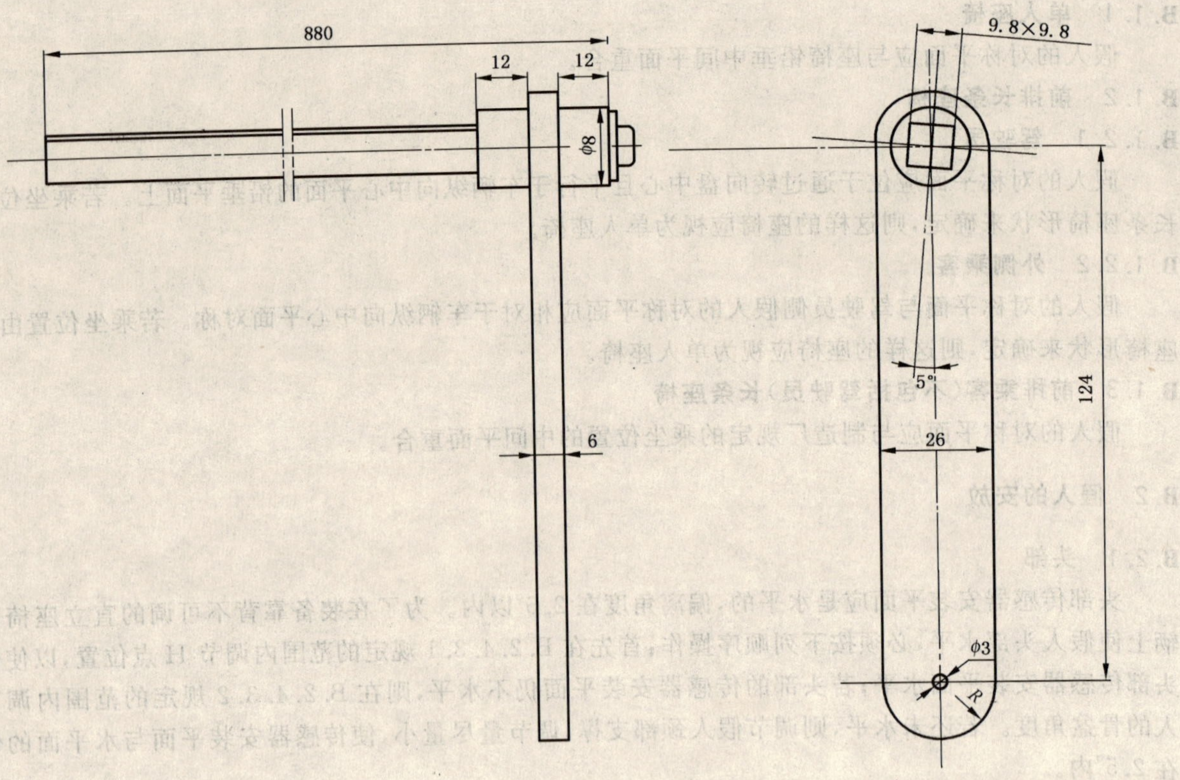

图 B.1　骨盆角度量规

B.2.5　腿

通过调整假人双脚，使驾驶员侧及乘客侧假人的大腿尽可能靠着座垫。双腿膝部U形凸缘外表面之间的初始距离为270 mm±10 mm，在可能的情况下，尽量使驾驶员侧假人的左腿及乘客侧假人的双腿分别处在纵向铅垂平面内。为更进一步接近实际情况，驾驶员侧假人的右腿应处于铅垂平面内。对不同的乘员舱形状，允许为适应按B.2.6放置双脚而对假人腿部位置作最后的调整。

B.2.6　脚

B.2.6.1　驾驶员侧假人的右脚应放在未踩下的加速踏板上，处于地板表面上的脚跟最后点应在踏板平面内。若脚不能放在加速踏板上，则应垂直于小腿放在适当位置，且沿踏板中心线方向尽量靠前，脚跟最后点搁在地板表面上。左脚脚跟应尽量靠前放置，并搁在地板上。左脚应尽可能放在踏板上。左脚的纵向中心线应尽可能和车辆纵向中心线平行。

B.2.6.2　乘客侧假人双脚脚跟应尽量靠前放置，并应搁在地板上。双脚应尽可能放在踏板上。两脚的纵向中心线应尽可能与车辆纵向中心线平行。

B.2.7　在碰撞过程中，车上安装的测量仪器不应影响假人的运动。

B.2.8　试验前，假人和测量仪器系统的温度应稳定，并保持在19℃～22℃范围内。

B.2.9　假人服装

B.2.9.1　假人应穿合身的纯棉半袖上衣和短裤。

B.2.9.2 假人的每只脚都应穿鞋，每只鞋重 570 g±100 g。

B.3 约束系统的调整

按 B.2.1 至 B.2.6 的规定，在指定乘坐座椅上放置假人，把安全带束缚在假人身上并扣上带扣。消除腰带的全部松弛量。从卷收器中拉出肩带织带，再使之卷回，重复操作 4 次。给腰带施加 9 N～18 N拉力。若安全带系统带有一个预紧装置，则按制造厂在车辆用户手册中为正常使用而推荐的方式，给肩带以最大松弛量。若安全带系统不带拉紧一放松装置，允许肩带多余的织带借助卷收器的卷收力自动卷回。

附 录 C
（规范性附录）
乘坐位置 H 点和实际靠背角的确定程序

C.1 目的

本附录所述程序用于确定汽车中一个或几个乘坐位置的“H”点和实际靠背角，以及检验测量数据与车辆制造厂给定的设计技术要求之间的关系。[1)]

C.2 定义

下列术语和定义适用于本附录。

C.2.1

基准数据　reference data

指某一乘坐位置的下列一个或几个特征：

C.2.1.1　“H”点和“R”点以及它们的关系；

C.2.1.2　实际靠背角和设计靠背角以及它们的关系。

C.2.2

三维“H”点装置(3-D H 装置)　three-dimensional H point machine

指用于确定“H”点和实际靠背角的装置(如图 C.1)。对该装置的描述见本附录 C.5。

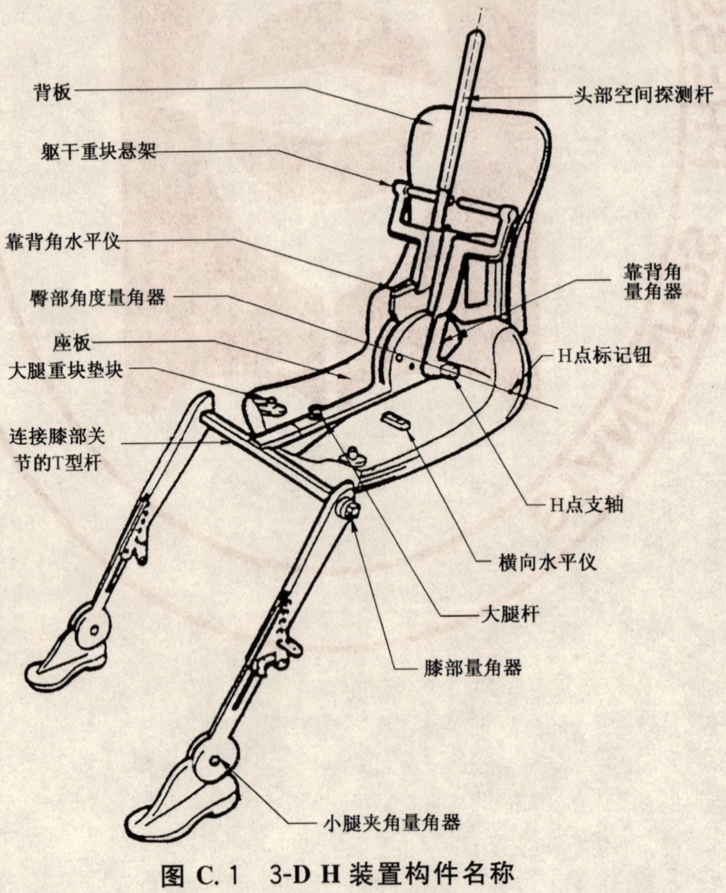

图 C.1　3-D H 装置构件名称

1)　在任一非前排座椅的乘坐位置，若“H”点不能用“三维 H 点装置”或程序确定，只要检测机构认可，可采用制造厂标明的“R”点作为基准。

C.2.3

"H"点 H point

指按C.4规定的安放在车辆座椅中的3-D H装置的躯干与大腿的铰接中心。"H"点位于该装置两侧"H"点标记钮中心线的中点。在理论上"H"点与"R"点一致(允差见下面C.3.2.2)。如果按C.4规定的程序确定,即认为"H"点相对座椅垫结构是固定的,且随座椅的调节而移动。

C.2.4

"R"点或乘坐基准点 R point or seating reference point

指由车辆制造厂为每一乘坐位置规定的设计点,相对于三维坐标系来确定。

C.2.5

躯干线 torso - line

指3-D H装置的探测杆处于最后位置时探测杆的中心线。

C.2.6

实际靠背角 actual torso angle

指过"H"点的铅垂线与躯干线之间的夹角,用3-D H装置的背部角量角器测量。理论上实际靠背角与设计靠背角相一致(允差见下面C.3.2.2)。

C.2.7

设计靠背角 design torso angle

指过"R"点的铅垂线与车辆制造厂规定的座椅靠背设计位置所对应的躯干线之间的夹角。

C.2.8

乘员中心面(C/LO) center plane of occupant

指放置在每一指定乘坐位置上的3-D H装置的中心面,用"H"点在"Y"轴上的坐标表示。对于单人座椅,座椅中心面即为乘员中心面;对于其他座椅,乘员中心面由制造厂规定。

C.2.9

三维坐标系 three-dimensional reference system

指本附录C.6描述的系统。

C.2.10

基准标记 fiducial marks

由制造厂在车身上确定的点(孔、面、标记或压痕)。

C.2.11

车辆测量位置 vehicle measuring attitude

指由基准标记在三维坐标系中的坐标所确定的车辆位置。

C.3 要求

C.3.1 数据的提供

为表明符合本标准规定,对要求提供基准数据的每一乘坐位置,应按本附录C.7规定的格式提供下述全部或适当选择的数据:

C.3.1.1 "R"点在三维坐标系中的坐标;

C.3.1.2 设计靠背角;

C.3.1.3 将座椅调节到(如果可调的话)C.4.3规定的测量位置而需要的全部数据。

C.3.2 测量数据与设计要求之间的关系

C.3.2.1 通过本附录C.4规定的程序所获得的"H"点坐标和实际靠背角值应分别同制造厂给出的"R"点坐标和设计靠背角值进行比较。

C.3.2.2 如果由坐标确定的"H"点位于水平与铅垂方向边长均为50 mm且对角线交于"R"点的正方

形内，并且实际靠背角偏离设计靠背角小于 5°，对于上述乘坐位置，应认为“R”点与“H”点相对位置以及设计靠背角与实际靠背角相对关系满足要求。

C.3.2.3 若符合上述条件，则应该采用该“R”点和设计靠背角来证明符合本标准的规定。

C.3.2.4 如果“H”点或实际靠背角不符合 C.3.2.2 的要求，则再重新确定两次（共 3 次）。如果这两次的结果符合要求，则 C.3.2.3 规定的条件适用。

C.3.2.5 如果上述 C.3.2.4 所描述的三次操作中至少有两次的结果不符合 C.3.2.3 的要求，或由于车辆制造厂未提供有关“R”点位置或设计靠背角的数据，而使检验无法进行时，则应取三次测量点的形心或三次测量角的平均值用于本标准涉及“R”点或设计靠背角的所有场合。

C.4 “H”点和实际靠背角确定程序

C.4.1 按制造厂的要求，车辆应在 20℃±10℃条件下进行预处理，以确保座椅材料达到室温。如果被检测的座椅从未有人坐过，则应让 70 kg 到 80 kg 的人或装置在座椅上试坐两次，每次 1 min，使座垫和靠背产生应有的变形。如果制造厂有要求，在安放 3-D H 装置前，所有座椅总成应保持空载至少 30 min。

C.4.2 车辆应处于 C.2.11 所定义的测量状态。

C.4.3 首先应将座椅调节到（如果可调的话）车辆制造厂规定的最后正常驾驶或乘坐位置，仅考虑座椅的纵向调节，不包括用于正常驾驶或乘坐位置以外目的的座椅行程。若存在其他座椅调节方式（如垂直、角度、座椅靠背等），应将它们调至车辆制造厂规定的位置。对于悬挂式座椅，则应将竖向位置刚性地固定在制造厂规定的正常驾驶位置。

C.4.4 3-D H 装置接触的乘坐位置区应铺一块尺寸足够、质地合适的细棉布，如可用 18.9 根纱/cm² 且密度为 0.228 kg/m 的素棉布或者具有相同特性的针织布或无纺布。如果在车外进行座椅试验，放置座椅的地板应与车辆内放座椅的地板有相同的基本特性。[2)]

C.4.5 放置 3-D H 装置的座板和背板总成，使乘员中心面（C/LO）与 3-D H 装置中心面重合。如果 3-D H装置放得太靠外，以致处于座椅的边缘而使 3-D H 不能水平时，应制造厂的要求，可以将 3-D H 装置相对 C/LO 向内移动。

C.4.6 把脚和小腿总成安装到底板总成上，可单独地装，也可以利用 T 形杆和小腿总成装。通过两“H”点标记钮的直线应平行于地面并垂直于座椅的纵向中心面。

C.4.7 调整 3-D H 装置双脚和腿的位置如下：

C.4.7.1 指定的乘坐位置：驾驶员和前排外侧乘客

C.4.7.1.1 向前移动双脚和腿总成，使双脚自然放在地板上，必要时放在各操纵踏板之间。如果可能的话，使左、右脚至 3-D H 装置中心面的距离大致相等。必要时重新调整座板或向后调整腿和脚总成，使检验 3-D H 装置横向定位的水准仪水平。通过两“H”点标记钮的直线应与座椅纵向中心面保持垂直。

C.4.7.1.2 如果左腿与右腿不能保持平行，并且左脚不能落地，则应移动左脚使之落地。通过两标记钮的直线仍应保持垂直于座椅纵向中心面。

C.4.7.2 指定的乘坐位置：后排外侧

对于后排座椅或辅助座椅，双腿位置按制造厂的规定调整。如果两脚落在地板上高度不同的部位上，应以先与前排座椅接触的脚作为基准来放置另一只脚，使该装置座板上的横向水平仪指示水平。

C.4.7.3 其他指定的乘坐位置

应遵循 C.4.7.1 规定的一般程序，但脚的放置应按车辆制造厂的规定进行。

C.4.8 装上小腿和大腿重块并调平 3-D H 装置。

2） 倾斜角、与座椅安装架的高度差、表面质地等。

C.4.9　将背板前倾到前限位块，用 T 形杆将 3-D H 装置拉离座椅靠背，然后再用下列方法之一，将 3-D H装置重新放到座椅上。

C.4.9.1　如果 3-D H 装置有向后滑动的趋势，使用下列程序：允许 3-D H 装置向后滑动，直到不需要在 T 形杆上施加水平向前的保持力为止(即直到背板接触到靠背为止)。必要时，重新放置小腿。

C.4.9.2　如果 3-D H 装置无向后滑动的趋势，则使用下列程序：在 T 形杆上施加一水平向后的力使 3-D H装置向后滑动，直到座板接触到座椅靠背为止(见图 C.2)。

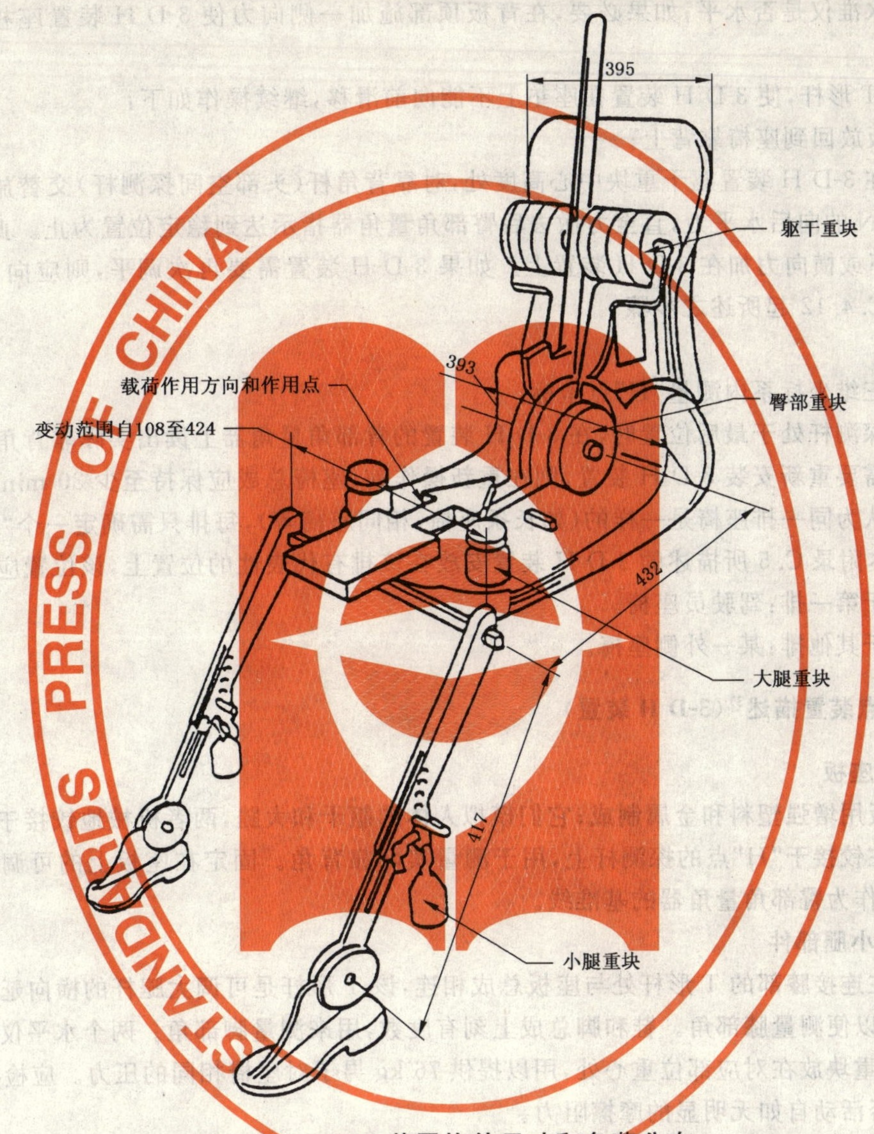

图 C.2　3-D H 装置构件尺寸和负荷分布

C.4.10　在臀部角度量角器和 T 形杆外壳相交处，对 3-D H 装置的背板和座板总成施加 100 N±10 N 的力。力的施加方向应沿一条通过上述交点到大腿杆外壳上面的直线(见图 C.2)。然后将背板小心地放回靠背上。在下述操作步骤中要处处小心，以防止 3-D H 装置向前滑动。

C.4.11　装上左右臀部重块，然后交替加上八块躯干重块，保持 3-D H 装置水平。

C.4.12　将背板前倾以消除对座椅靠背的张力。在 10°角(自铅垂中心面向两侧各 5°)的范围内，左右摇动 3-D H 装置三个来回，以消除 3-D H 装置与座椅之间聚集的摩擦。

在摇动过程中，3-D H 装置的 T 形杆可能离开规定的水平和垂直基准位置，所以，在摇动期间必须对 T 形杆施加适当的侧向力。在握住 T 形杆摆动 3-D H 装置时，应小心谨慎，以避免在垂直或前后方向施加意外的力。

进行上述操作时，3-D H 装置的双脚不应受任何约束。如果双脚变动位置，可暂时不必调整。

将背板放回座椅靠背上，检查两个水准仪是否水平。在摇动 3-D H 装置的过程中，如果双脚移动了位置，必须重新调整如下：

将左、右两脚轮流抬离地板到最小的必要高度，直至两脚不再产生附加的牵动。在抬脚的过程中，两脚要能自由转动；不施加任何向前或侧向的载荷。当每只脚放回到放下位置时，装置踵部应触及为之设计的支承结构上。

检查横向水准仪是否水平；如果必要，在背板顶部施加一侧向力使 3-D H 装置座板在座椅上保持水平。

C.4.13 拉住 T 形杆，使 3-D H 装置在座垫上不能向前滑移，继续操作如下：

a) 将背板放回到座椅靠背上；

b) 大约在 3-D H 装置躯干重块中心高度处，对靠背角杆（头部空间探测杆）交替施加和撤去不大于 25 N 的向后水平力，直至力撤去后臀部角量角器指示达到稳定位置为止。此时应确保无外来向下或横向力加在 3-D H 装置上。如果 3-D H 装置需要再次调平，则应向前转动背板，并重复 C.4.12 起所述之步骤。

C.4.14 测量

C.4.14.1 在三维坐标系内测量“H”点坐标。

C.4.14.2 当探测杆处于最后位置时，在 3-D H 装置的背部角量角器上读出实际靠背角的值。

C.4.15 如果需要重新安装 3-D H 装置，则在重新操作前，座椅总成应保持至少 30 min 的空载状态。

C.4.16 如果认为同一排座椅是一样的（如长条座椅、相同座椅等），每排只需确定一个“H”点和一个实际靠背角。将本附录 C.5 所描述的 3-D H 装置安放在该排有代表性的位置上，该位置应是：

C.4.16.1 对于第一排：驾驶员座椅。

C.4.16.2 对于其他排：某一外侧座椅。

C.5 三维“H”点装置描述[3]（3-D H 装置）

C.5.1 背板和座板

背板和座板用增强塑料和金属制成；它们模拟人体的躯干和大腿，两者机械地铰接于“H”点处。一个量角器固定在铰接于“H”点的探测杆上，用于测量实际靠背角。固定在座板上的可调节大腿杆确定大腿中心线，并作为臀部角量角器的基准线。

C.5.2 躯干和小腿部件

小腿杆件在连接膝部的 T 形杆处与座板总成相连，该 T 形杆是可调大腿杆的横向延伸。在小腿杆上装有量角器，以便测量膝部角。鞋和脚总成上刻有度数，用来测量脚部角。两个水平仪确定装置的空间位置，躯干各重块放在对应部位重心处，用以提供 76 kg 男子对座椅相同的压力。应检查 3-D H 装置的所有关节是否活动自如无明显的摩擦阻力。

C.6 三维坐标系

C.6.1 三维坐标系用车辆制造厂设立的三个正交平面来定义（见图 C.3）。[4]

C.6.2 车辆测量姿态由车辆在支承面上的放置位置确定，放置车辆时使基准标记的坐标与制造厂给定的值一致。

C.6.3 确定“R”点和“H”点相对于车辆制造厂给定的基准标记的坐标。

3） 有关 3-D H 装置结构的详细资料可向美国汽车工程师学会（SAE）索取。400 Commonwealth Drive，Warrendale.，Pennsylvania 15096，U.S.A。本装置符合 ISO 6549：1980 标准中的说明。

4） 本基准系符合 ISO 4130：1978 标准规定。

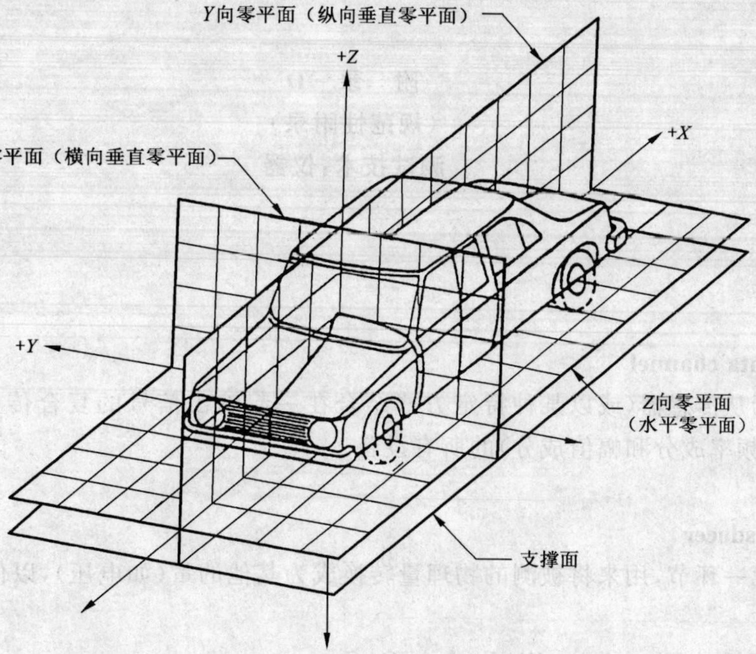

图 C.3 三维坐标系

C.7 有关乘坐位置的基准数据

C.7.1 基准数据代码

按顺序列出每一乘坐位置的基准数据。乘坐位置用两位代码表示。第一位是指明从前向后计数座椅排数的阿拉伯数字。第二位是指明该乘坐位置在某一排内位置的大写字母。当沿车辆向前行驶方向观察时，用下列字母表示：

L：左侧

C：中间

R：右侧

C.7.2 车辆测量姿态的描述

C.7.2.1 各基准标记的坐标

X……

Y……

Z……

C.7.3 基准数据表

C.7.3.1 乘坐位置：……

C.7.3.1.1 “R”点坐标

X……

Y……

Z……

C.7.3.1.2 设计靠背角

C.7.3.1.3 座椅调节技术要求：[5]

水平：

铅垂：

角度：

靠背角：

注：其余乘坐位置基准数据可列于作为本附录的 C.7.3.2、C.7.3.3 等往后罗列。

5) 划去不适用者。

附 录 D
(规范性附录)
测试技术:仪器

D.1 定义

D.1.1

数据通道 data channel

数据通道包括从传感器(或以某种特定方式结合在一起输出信号的复合传感器)到数据分析仪器(可以分析数据的频率成分和幅值成分)的所有设备。

D.1.2

传感器 transducer

数据通道的第一环节,用来将被测的物理量转换成为其他的量(如电压),以便接后处理设备。

D.1.3

通道的幅值等级 channel amplitude class,CAC

满足本附录规定的某些幅值特性的数据通道的表示方法。CAC 值在数值上等于测量范围的上限。

D.1.4

特征频率 characteristic frequencies F_H,F_L,F_N

这些频率的定义如图 D.1 所示。

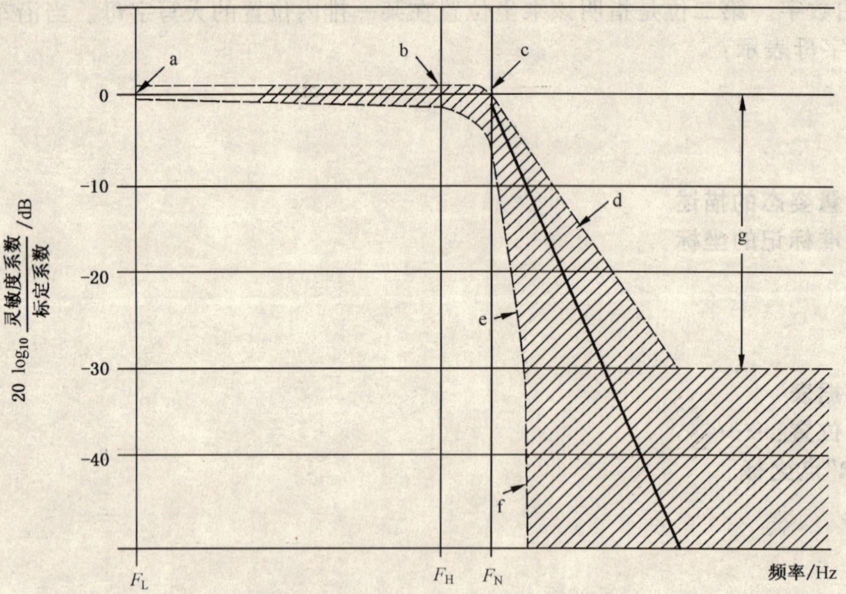

CFC	F_L/Hz	F_H/Hz	F_N/Hz	N	对数坐标		
1 000	≤0.1	1 000	1 650	a	±0.5		dB
600	≤0.1	600	1 000	b	+0.5	−1	dB
180	≤0.1	180	300	c	+0.5	−4	dB
60	≤0.1	60	100	d	−9		dB/倍频程
				e	−24		dB/倍频程
				f	∞		
				g	−30		dB

图 D.1 频率响应曲线

D. 1. 5

通道的频率等级 channels frequency class, CFC

通道的频率等级由某一数值表示，该值表明通道的频率响应位于图 D. 1 规定的限值内。CFC 值在数值上等于 F_H(Hz)值。

D. 1. 6

灵敏度系数 sensitivity coefficient

在通道的频率等级内，采用最小二乘法对标定值拟合，所得直线的斜率即为灵敏度系数。

D. 1. 7

数据通道的标定系数 calibration factor of a data channel

在对数坐标上，位于 F_L 与 $F_H/2.5$ 之间，用等间隔频率点的灵敏度系数的平均值表示。

D. 1. 8

线性误差 linearity error

标定值与 D. 1. 6 定义的直线上对应读数之间的最大差值同通道幅值等级的比，用百分数表示。

D. 1. 9

横向灵敏度 cross sensitivity

当一个激励施加于与测量轴线垂直的传感器上时的输出信号与输入信号的比值。该值表示为主测量轴横向灵敏度，以百分数表示。

D. 1. 10

相位滞后时间 phase delay time

数据通道的相位滞后时间等于某正弦信号的相位滞后[用 rad(弧度)表示]除以该信号的角频率[用 rad/s(弧度每秒)表示]。

D. 1. 11

环境 environment

在给定的时刻，数据通道所处的外部条件与受到的影响的总称。

D. 2 性能要求

D. 2. 1 线性误差

CFC 中任何频率下数据通道的线性误差的绝对值，在整个测量范围内，应等于或小于 CAC 值的 2.5%。

D. 2. 2 幅值对频率的关系

数据通道的频率响应应位于图 D. 1 给定的限定曲线内。0 dB 线由标定系数确定。

D. 2. 3 相位滞后时间

数据通道的输入与输出信号之间的相位滞后时间，在 $0.03F_H$ 与 F_H 之间，不应超过 $1/(10\ F_H)$s。

D. 2. 4 时间

D. 2. 4. 1 时基

时基应予记录并至少为 1/100 s，精度为 1%。

D. 2. 4. 2 相对时间延迟

两个或多个数据通道信号之间的相对时间延迟，不管何频率等级，不应超过 1 ms，除去因相位漂移而产生的滞后。

信号混合在一起的两个或多个数据通道应具有相同的频率等级且相对时间延迟不应超过 $1/(10F_H)$s。

这一要求适用于模拟信号以及同步脉冲和数字信号。

D.2.5　传感器横向灵敏度

传感器横向灵敏度在任何方向应小于5%。

D.2.6　标定

D.2.6.1　概述

数据通道用可追溯到已知标准的基准设备进行标定，每年至少一次。与基准设备进行比较的方法不应导致大于CAC的1%的误差。基准设备的使用应限定在已标定的频率范围内。数据采集系统的子系统可以单独标定，然后换算成总系统的精度。比如，可以用已知幅值的电信号模拟传感器的输出对系统进行标定，而不需要传感器。

D.2.6.2　用于标定的基准设备的精度

基准设备的精度应由官方计量机构予以检定或确认。

D.2.6.2.1　静态标定

D.2.6.2.1.1　加速度

误差应小于通道幅值等级的±1.5%。

D.2.6.2.1.2　力

误差应小于通道幅值等级的±1%。

D.2.6.2.1.3　位移

误差应小于通道幅值等级的±1%。

D.2.6.2.2　动态标定

D.2.6.2.2.1　加速度

基准加速度的误差表示成通道幅值等级的百分数，要求：

400 Hz以下时小于±1.5%；

400 Hz～900 Hz之间小于±2%；

大于900 Hz时小于±2.5%。

D.2.6.2.3　时间

基准时间的相对误差应小于10^{-5}。

D.2.6.3　灵敏度系数和线性误差

测量数据通道的输出信号与已知变化幅值的输入信号的关系即可确定灵敏度系数和线性误差。数据通道的标定应覆盖整个幅值等级。

对双向幅值通道，正值、负值均应标定。

如果标定设备不能产生要求的输入，标定应该在相应标准的限值内进行，限值应记录在测试报告中。

在F_L与$F_H/2.5$之间，整个数据通道应在有重要值的频率处或某一段频率范围内进行标定。

D.2.6.4　频率响应的标定

幅频特性和相频特性由数据通道的输出信号与已知输入信号的关系确定，输入信号在F_L与10倍的CFC或3 000 Hz(取较小者)之间变化。

D.2.7　环境影响

应进行定期检查以确定环境的影响(诸如电或磁通量等)。通常可以通过记录装备模拟传感器的备用数据通道的输出来进行。如果输出信号过大，即应采取纠正措施，例如更换电线。

D.2.8　数据采集通道的选择与确定

通过CAC与CFC确定数据通道。

CAC应是1、2或5×10^{N}，其中N为整数。

D.3　传感器的安装

传感器应刚性固定以使其记录受振动的影响尽可能小。安装的谐振频率至少为数据通道所考虑的

F_H 频率的五倍。尤其是加速度传感器的安装应保证实际测量轴线相对于基准轴线的偏离角不得大于5°,除非为分析安装的影响而采集数据。测量某一点的多轴向加速度时,每个加速度传感器轴线应距该点 10 mm 内,每个加速度计的惯性质量中心应距该点 30 mm 内。

D.4 记录

D.4.1 模拟磁带记录仪

带速应稳定,带速误差不超过使用带速的 0.5%。在最大带速时,记录仪信噪比应不低于 42 dB。总谐波失真应小于 3%,并且线性误差应小于量程的 1%。

D.4.2 数字式磁带记录仪

带速应稳定,带速误差不超过使用带速的 10%。

D.4.3 纸带式记录仪

在直接式数据记录情况下,纸带速度(以 mm/s 为单位)应至少为 F_H 值(以 Hz 为单位)的 1.5 倍。在其他情况下,纸带速度应保证获得相同的分辨率。

D.5 数据处理

D.5.1 滤波

在数据记录或处理过程中,都要进行相应于数据通道的频率等级的滤波。然而,在记录之前,应进行比 CFC 级别高的模拟滤波,以便使用记录仪至少 50% 的频响范围,而且降低了记录仪器高频饱和或导致数字处理过程中的频率混淆的危险。

D.5.2 数字化

D.5.2.1 采样频率

采样频率应至少等于 $8F_H$。对于模拟记录仪,当记录和回放速度不同时,采样频率能被速比整除。

D.5.2.2 幅值分辨率

数字长度至少为 7 位和 1 个符号位。

D.6 试验结果的表示

试验结果应以 A4 幅面纸给出。以图形表示的试验结果应有坐标轴,坐标轴采用相应于所选单位的适当倍数的测量单位来定标(如 1 mm,2 mm,5 mm,10 mm,20 mm)。应使用标准国际单位制,但车辆速度单位可以使用 km/h,而碰撞加速度则可以用 g 来表示,$g=9.81\ m/s^2$。

附 录 E
（规范性附录）
可变形壁障的规定

E.1 元件和材料要求

可变形壁障的尺寸如图 E.1 所示。可变形壁障每个元件的尺寸如下所列：

E.1.1 蜂窝铝主体

尺寸：

高：650 mm（在蜂窝铝层方向）

宽：1 000 mm

深：450 mm（在蜂窝铝单元轴向）

以上尺寸偏差范围±2.5 mm

材料：铝 3003（ISO 209，第 1 部分）

铝箔厚度：0.076×（1±15%）mm

单元尺寸：19.1×（1±20%）mm

密度：28.6×（1±20%）kg/m^3

压溃强度：0.342 MPa −10%～0%（根据 E.2 的规定）

E.1.2 保险杠元件

尺寸：

高：330 mm（在蜂窝铝层方向）

宽：1 000 mm

深：90 mm（在蜂窝铝单元轴向）

以上尺寸偏差范围±2.5 mm

铝箔厚度：0.076×（1±15%）mm

单元尺寸：6.4×（1±20%）mm

密度：82.6×（1±20%）kg/m^3

压溃强度：1.711 MPa−10%～0%（根据 E.2 的规定）

E.1.3 背板

尺寸：

高：800 mm±2.5 mm

宽：1 000 mm±2.5 mm

厚：2.0 mm±0.1 mm

E.1.4 覆板

尺寸：

长：1 700 mm±2.5 mm

宽：1 000 mm±2.5 mm

厚：0.81 mm±0.07 mm

材料：铝 5251/5052（ISO 209，第 1 部分）

E.1.5 保险杠面板

尺寸：

高：330 mm±2.5 mm

宽：1 000 mm±2.5 mm

厚：0.81 mm±0.07 mm

材料：铝 5251/5052(ISO 209，第 1 部分)

E.1.6 黏合剂

使用的黏合剂应该是双组分聚亚氨酯(如 Ciba-Geigy，XB5090/1 树脂与 XB5304 硬化剂或等同品)。

E.2 蜂窝铝标定

以下是对用于正面偏置碰撞可变形壁障的材料的标定试验规范的概述，材料的压溃强度分别为 0.342 MPa和 1.711 MPa。

E.2.1 采样位置

为确保可变形壁障面板整体范围内的压溃强度的一致性，应从可变形壁障的整体范围内 4 个均匀分布的位置取 8 个样品。采样位置取决于蜂窝铝块的尺寸。首先，取 4 块样品，每个尺寸为 300 mm×300 mm×50 mm，这 4 块样品从可变形壁障块表面材料上切取。按照图 E.2 来确定在可变形壁障上的取样位置。每个较大的样品要被分成小块(150 mm×150 mm×50 mm)用来测试。标定应基于 4 个位置上每个位置的 2 个样品的试验，另外 2 块在需要时，留给申请人。

E.2.2 样品尺寸

以下尺寸样品用于试验

长：150 mm±6 mm

宽：150 mm±6 mm

高：50 mm±2 mm

样品周围的残存的单元侧壁应如下剪裁：

“W”方向，边缘不应大于 1.8 mm(图 E.3)；

“L”方向，样品的任一端应保留(在蜂窝铝层方向)单元长的一半(图 E.3)。

E.2.3 面积测量

在三个位置测量样品的长度，从每端量 12.7 mm 的位置和中间位置，记录 L_1、L_2、L_3(图 E.3)。同样方法，测量宽度 W_1、W_2、W_3 并记录(图 E.3)。这些测量应在厚度方向上的中心位置进行。压溃区面积(A)应按式 E.1 计算，单位为平方毫米(mm^2)：

$$A = [(L_1 + L_2 + L_3)/3] \times [(W_1 + W_2 + W_3)/3] \quad \cdots\cdots\cdots\cdots\cdots\cdots(E.1)$$

E.2.4 压缩率和距离

样品的压缩率应不小于 5.1 mm/min，不大于 7.6 mm/min。最小压缩距离为 16.5 mm。

E.2.5 数据采集

对每个样品的力-变形的数据以模拟或数字形式采集。如果数据以模拟量方式采集，应有办法将其转为数字量。所有数字量的采集频率不小于 5 Hz(每秒 5 个点)。

E.2.6 压溃强度的确定

忽略压溃 6.4 mm 以前和 16.5 mm 以后的变形。将余下的数据分成 3 个部分或 3 个距离间隔(n=1,2,3)(图 E.4)，如下：

——6.4 mm～9.7 mm，含 6.4 mm、9.7 mm；

——9.7 mm～13.2 mm，不含 9.7 mm、13.2 mm；

——13.2 mm～16.5 mm，含 13.2 mm、16.5 mm。

对每部分求平均值：

$$F(n)=[F(n)_1+F(n)_2+\cdots+F(n)_m]/m \qquad \text{(E.2)}$$

式中：

m——三个间隔的每个间隔的数据点的个数，$m=1,2,3$。

计算压溃强度如式(E.3)：

$$S(n)=F(n)/A \qquad \text{(E.3)}$$

式中：

$n=1,2,3$。

E.2.7 样品压溃强度要求

对符合标定的蜂窝铝样品，应符合以下条件：

0.308 MPa$\leqslant S(n)\leqslant$0.342 Mpa，对 0.342 MPa 材料

1.540 MPa$\leqslant S(n)\leqslant$1.711 MPa ，对 1.711 MPa 材料，$n=1,2,3$

E.2.8 铝块压溃强度要求

从铝块上均匀分布的 4 个位置上取得的 8 个样品需要测试。铝块符合标定要求，需 8 个样品中的 7 个应符合上述规定。

E.3 黏合剂黏合方法

E.3.1 在即将黏合前，需要黏合的铝板的表面应用适合的溶剂（如 1-1-1 Trichlorethane）清洗。最少要清洗两次，达到清理油渍或沉淀物的要求。然后表面用 120 砂纸打磨。不能使用炭化金属/硅性打磨纸。表面应彻底清洁，并规律地更换砂纸，以避免由于砂纸堵塞而引起的抛光效应。表面打磨完毕后，应重新清洁。表面总共至少要用溶剂清洗 4 次。所有打磨残留的灰尘和沉积物都应清除，否则会对黏合产生不利影响。

E.3.2 黏合剂应用有棱的碗子涂于表面。当蜂窝铝粘到铝板上时，只将黏合剂涂到铝板上。最大用量 0.5 kg/m^2，最大厚度 0.5 mm。

E.4 结构

E.4.1 蜂窝铝主体应在单元轴线垂直背板的情况下粘到背板上。覆板应粘到蜂窝铝主体的前表面。覆板的最上、底部表面不应粘到蜂窝铝上，但应靠近。覆板应粘到背板的安装边上。

E.4.2 保险杠元件应粘到覆板上，单元轴线垂直覆板。保险杠元件底面应与覆板下表面平齐。保险杠面板应该粘到保险杠元件的前表面。

E.4.3 保险杠元件由两条水平槽分成等同的三个部分。这两个槽深应贯穿整个保险杠元件深度，宽应贯穿整个宽度。槽应用锯切开；宽度应为锯片的厚度，不超过 4.0 mm。

E.4.4 安装孔应该钻在可变形壁障安装边上（见图 E.5），孔的直径为 9.5 mm。在上安装边上钻 5 个孔，距离上边缘 40 mm，在下安装边上钻 5 个孔，距离下边缘 40 mm。从安装边的左右任意边测量，孔的位置应为 100 mm，300 mm，500 mm，700 mm，900 mm。所有孔的位置都应在设计位置±1 mm 内。孔的位置只作为建议，可以采用其他位置但至少应符合上述要求的安装强度。

E.5 安装

E.5.1 可变形壁障应刚性地安装到质量不少于 7×10^4 kg 的固定壁上或连接于固定壁上的刚性结构

上。可变形壁障与固定壁或连接于固定壁上的刚性结构的连接，应使车辆在碰撞过程中不与从可变形壁障上表面(不含安装边)到75 mm处的连接结构的任何位置接触。安装可变形壁障的表面应平坦光滑，竖直偏差± 1°，并垂直于跑道轴线，偏差± 1°。连接表面在试验过程中的位移不应大于10 mm。若需要，应使用防止固定壁上或连接于固定壁上的刚性结构产生位移的附加约束装置。可变形壁障的边缘，按照汽车碰撞侧，应与固定壁上或连接于固定壁上的刚性结构边缘对齐。

E.5.2 可变形壁障应使用10个螺栓固定在固定壁上或连接于固定壁上的刚性结构上，5个在上安装边，5个在下安装边。这些螺栓直径最少8 mm。夹紧钢带应分别用于上下两个安装边(见图E.1和图E.5)。钢带至少60 mm高，1 000 mm宽，3 mm厚。钢带的边缘应倒圆，以免在碰撞过程中可变形壁障从钢带上撕落。钢带的边高于可变形壁障上安装边5 mm，低于下安装边5 mm。在钢带上对应可变形壁障的安装边钻五个直径9.5 mm的孔(见E.4)。钢带和可变形壁障安装边上的孔可以从9.5 mm直径扩大到25 mm，以适应不同的背板布置和/或测力墙的孔的配置。安装装置不应在碰撞中失效。当可变形壁障安装在测力墙(LCW-load cell wall)上时，应注意上述为最低的安装尺寸要求。当用“LCW”时，钢带可以加长以适应较高的螺栓安装孔。如果钢带需要加长，则应使用较厚的钢带，以便可变形壁障在碰撞过程中不会从测力墙上拉脱、弯曲或撕裂。若用其他方法安装，应至少与上所述方法等效。

单位为毫米

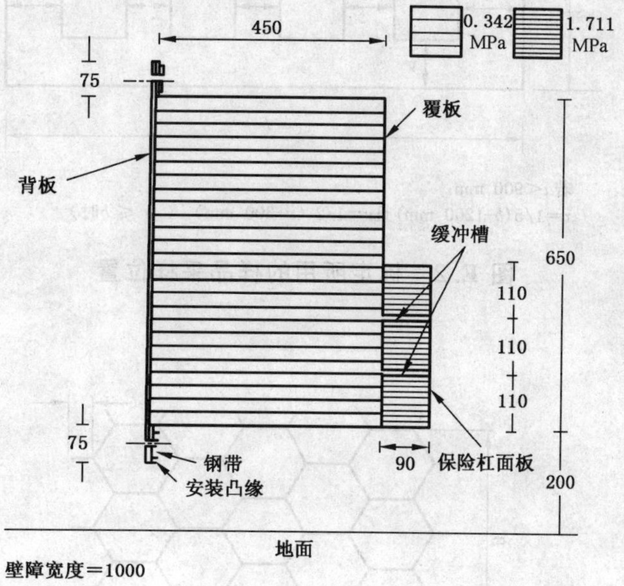

图E.1 正面偏置碰撞用的可变形壁障

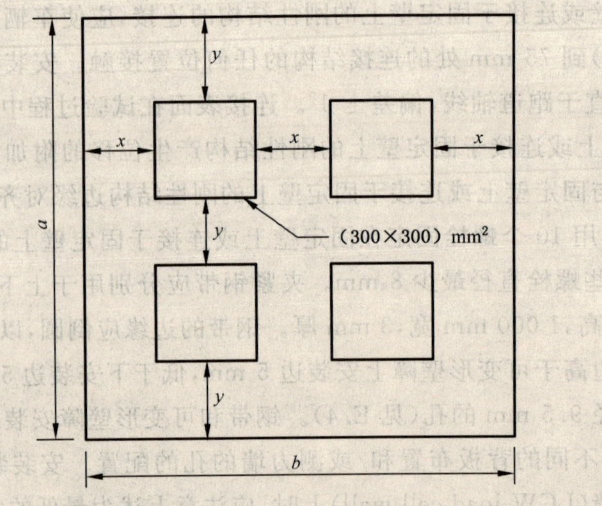

若$a \geqslant 900$ mm：

$x=1/3(b-600\ \text{mm})$且$y=1/3\ (a-600\ \text{mm})$ （$a\leqslant b$时）

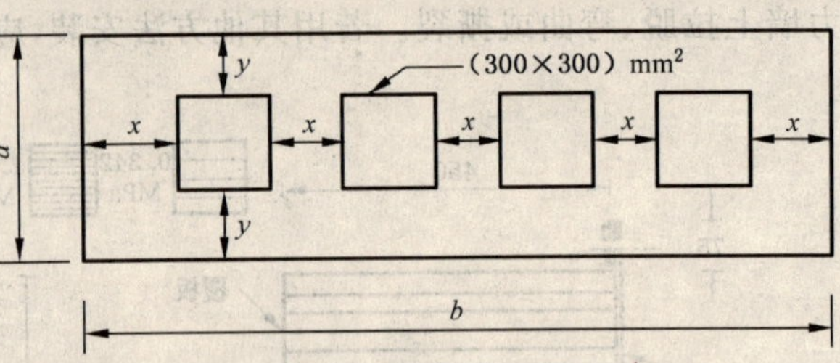

若$a<900$ mm：

$x=1/5(b-1200\ \text{mm})$且$y=1/2\ (a-300\ \text{mm})$ （$a\leqslant b$时）

图 E.2　标定所用的样品采样位置

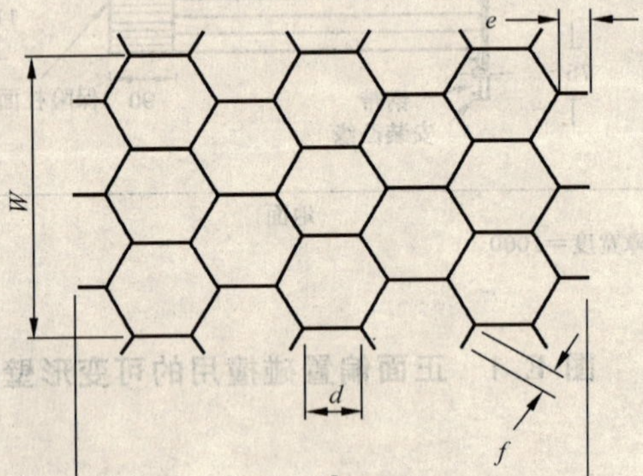

$e=d/2$

$f=0.8$mm

图 E.3　蜂窝铝的轴和测量的尺寸

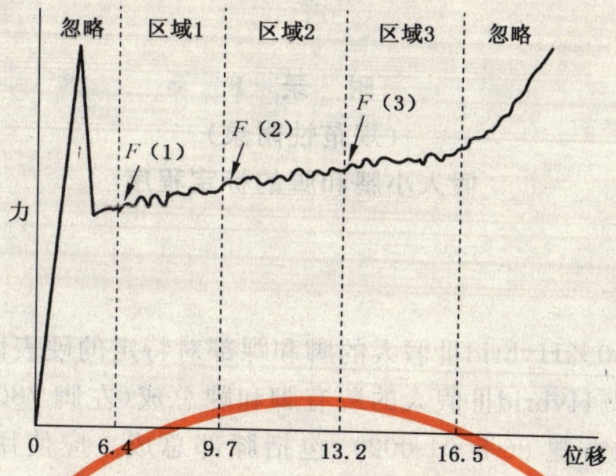

图 E.4 压缩力和位移

单位为毫米

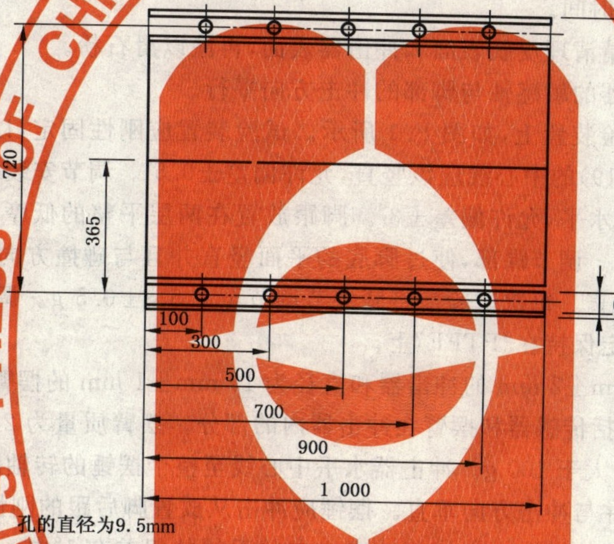

图 E.5 壁障安装孔的位置

附 录 F
（规范性附录）
假人小腿和脚的标定程序

F.1 脚上部冲击试验

F.1.1 试验的目的是测量50％HybridⅢ假人的脚和踝部对特定的硬表面摆锤冲击的响应。

F.1.2 在试验中应使用50％HybridⅢ假人的装有脚和踝总成（左脚78051-614，右脚78051-615）的小腿总成（左腿86-5001-001和右腿86-5001-002），包括膝部总成。应使用力传感器替代物（78051-319 Rev A）将膝部总成（78051-16 Rev B）与试验装置连接。

F.1.3 试验程序

F.1.3.1 每个腿总成在试验前应该在温度22℃±3℃，湿度40％±30％环境内放置4 h。放置时间不包括使环境达到该稳定状态的时间。

F.1.3.2 试验前用异丙基酒精清理皮肤表面和冲击器表面，再涂以滑石粉。

F.1.3.3 冲击器加速度传感器的敏感轴与脚部的冲击方向平行。

F.1.3.4 将腿总成安装到试验装置上，如图F.1所示。试验装置应刚性固定，以防止在冲击中移动。大腿力传感器替代物（78051-319）的中心线应该竖直，允许偏差±0.5°。调节安装位置使连接膝部U形接头和踝部连接球头的中心线水平，允许偏差±3°。脚跟放置在两层平整的低摩擦片上（PTFE），确保小腿肌肉完全位于小腿的下端。调节踝部，使过脚底的平面竖直并且与碰撞方向垂直，允许偏差±3°，使脚中部的圆弧面与摆锤臂对直。每次试验前将膝关节调节至1.5 g±0.5 g。调节踝关节使其处于自由状态，并调紧至刚好使脚稳定保持在“PTFE”上。

F.1.3.5 摆锤由直径为50 mm±2 mm的冲击器和直径为19 mm±1 mm的摆臂组成（图F.4）。冲击器的质量为1 250 g±20 g，包括传感器和摆臂在冲击器内的部分。摆臂质量为285 g±5 g。连接摆臂的轴的任何旋转部分的质量不大于100 g。冲击器水平中心线至整个摆锤的转轴距离应为1 250 mm±1 mm。冲击器的纵轴应水平并与冲击方向垂直。摆锤应冲击从放置脚后跟的刚性水平台向上185 mm±2 mm的脚底，在冲击时摆臂的纵向中心线与冲击方向的垂线的偏差在1°内。摆锤应避免产生侧向以及垂直或旋转运动。

F.1.3.6 对同一条腿的两次试验，应至少间隔30 min。

F.1.3.7 数据采集系统、传感器应符合CFC600的规定，如附录D要求。

F.1.4 性能要求

F.1.4.1 按F.1.3的规定以6.7 m/s±0.1 m/s冲击试验时，小腿绕 y 轴的最大弯矩（M_y）应为120 N·m±25 N·m。

F.2 不穿鞋的脚下部试验

F.2.1 本试验目的是测量50％HybridⅢ假人的脚皮肤对特定的硬表面摆锤冲击的响应。

F.2.2 在试验中应使用50％HybridⅢ假人的装有脚和踝总成（左脚78051-614，右脚78051-615）的小腿总成（左腿86-5001-001和右腿86-5001-002），包括膝部总成。应使用力传感器替代物（78051-319 Rev A）将膝部总成（78051-16 Rev B）与试验装置连接。

F.2.3 试验程序

F.2.3.1 每个腿总成在试验前应该在温度22℃±3℃，湿度40％±30％环境内放置4 h。放置时间不包括使环境达到该稳定状态的时间。

F.2.3.2 试验前用异丙基酒精清理皮肤表面和冲击器表面，再涂以滑石粉。检查插入脚跟的能量吸收垫没有可见损伤。

F.2.3.3　冲击器加速度传感器的敏感轴与脚部的冲击方向平行。

F.2.3.4　将腿总成安装到试验装置上，如图 F.2 所示。试验装置应刚性固定，以防止在冲击中移动。大腿力传感器替代物(78051-319)的中心线应该竖直，偏差±0.5°。调节安装位置使连接膝部 U 形接头和踝部连接球头的中心线水平，偏差±3°。脚跟放置在两层平整的低摩擦片上(PTFE)，确保小腿肌肉完全位于小腿的下端。调节踝部，使过脚底的平面竖直并且与碰撞方向垂直，偏差±3°，使脚中部的圆弧面与摆锤对直。每次试验前将膝关节调节至 1.5 g±0.5 g。调节踝关节使其处于自由状态，并调紧至刚好使脚稳定保持在"PTFE"上。

F.2.3.5　摆锤由直径为 50 mm±2 mm 的冲击器和直径为 19 mm±1 mm 的摆臂组成(图 F.4)。冲击器的质量为 1 250 g±20 g，包括传感器和摆臂在冲击器内的部分。摆臂质量为 285 g±5 g。连接摆臂的轴的任何旋转部分的质量不大于 100 g。冲击器水平中心线至整个摆锤的转轴距离应为 1 250 mm±1 mm。冲击器的纵轴应水平并与冲击方向垂直。摆锤应冲击从放置脚后跟的刚性水平台向上 62 mm±2 mm 的脚底，在冲击时摆臂的纵向中心线与冲击方向的垂线的偏差在 1°内。摆锤应避免产生侧向以及垂直或旋转运动。

F.2.3.6　对同一条腿的两次试验，应至少间隔 30 min。

F.2.3.7　数据采集系统、传感器应符合 CFC600 的规定，如附录 D 要求。

F.2.4　性能要求

F.2.4.1　按照 F.2.3 的规定以 4.4 m/s±0.1 m/s 冲击脚后跟时，摆锤的最大冲击加速度为 295 g±50 g。

F.3　穿鞋的脚下部冲击试验

F.3.1　本试验的目的是控制鞋和 50%HybridⅢ假人的脚后跟肌肉及踝关节对特定的硬表面摆锤冲击响应。

F.3.2　在试验中应使用 50%HybridⅢ假人的装有脚和踝总成(左脚 78051-614，右脚 78051-615)的小腿总成(左腿 86-5001-001 和右腿 86-5001-002)，包括膝部总成。应使用力传感器替代物(78051-319 Rev A)将膝部总成(78051-16 Rev B)与试验装置连接。脚上应穿附录 B 中 B.2.9.2 规定的鞋。

F.3.3　试验程序

F.3.3.1　每个腿总成在试验前应该在温度 22℃±3℃，湿度 40%±30%环境内放置 4 h。放置时间不包括使环境达到该稳定状态的时间。

F.3.3.2　试验前用干净的布擦净鞋底的碰撞表面，用异丙基酒精清理冲击器表面。检查插入脚跟的能量吸收垫没有可见损伤。

F.3.3.3　冲击器加速度传感器的敏感轴与脚部的冲击方向平行。

F.3.3.4　将腿总成安装到试验装置上，如图 F.3 所示。试验装置应刚性固定，以防止在冲击中移动。大腿力传感器替代物(78051-319)的中心线应该竖直，偏差±0.5°。调节安装位置使连接膝部 U 形接头和踝部连接球头的中心线水平，偏差±3°。鞋跟放置在两层平整的低摩擦片上(PTFE)，确保小腿肌肉完全位于小腿的下端。调节踝部，使脚后跟和鞋后跟的接触平面竖直并且与碰撞方向垂直，偏差±3°，使脚中部的圆弧面和鞋与摆锤对直。每次试验前将膝关节调节至 1.5 g±0.5 g。调节踝关节使其处于自由状态，并调紧至刚好使脚稳定保持在"PTFE"上。

F.3.3.5　摆锤由直径为 50 mm±2 mm 的冲击器和直径为 19 mm±1 mm 的摆臂组成(图 F.4)。冲击器的质量为 1 250 g±20 g，包括传感器和摆臂在冲击器内的部分。摆臂质量为 285 g±5 g。连接摆臂的轴的任何旋转部分的质量不大于 100 g。冲击器水平中心线至整个摆锤的转轴距离应为 1 250 mm±1 mm。冲击器的纵轴应水平并与冲击方向垂直。摆锤应在一个水平面内冲击鞋跟，摆锤应冲击鞋放置在刚性水平台时从假人脚后跟向上 62 mm±2 mm 的位置，在冲击时摆臂的纵向中心线与冲击方向的垂线的偏差在 1°内。摆锤应避免产生侧向、垂直或旋转运动。

F.3.3.6 对同一条腿的两次试验，两次试验应至少间隔 30 min。

F.3.3.7 数据采集系统、传感器应符合 CFC600 的规定，如附录 D 要求。

F.3.4 性能要求

F.3.4.1 当按照 F.3.3 的规定以 6.7 m/s±0.1 m/s 冲击鞋跟时，小腿最大压缩力为 3.3 kN±0.5 kN。

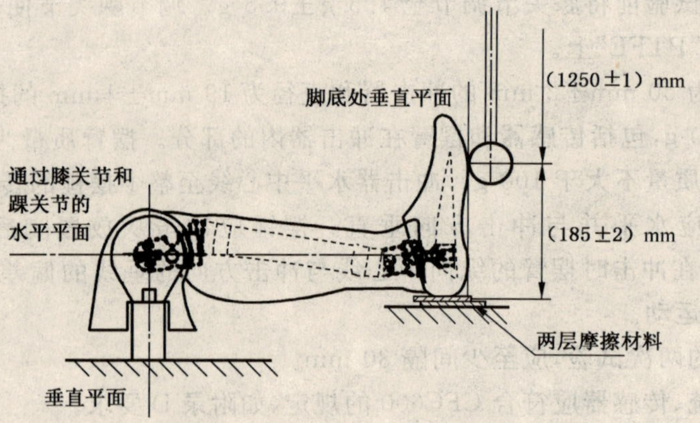

图 F.1 脚上部冲击试验

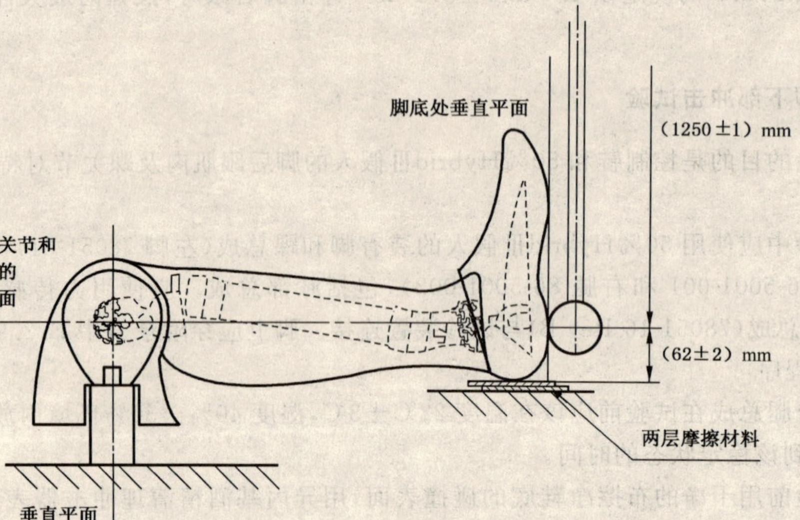

图 F.2 脚下部冲击试验(不穿鞋)

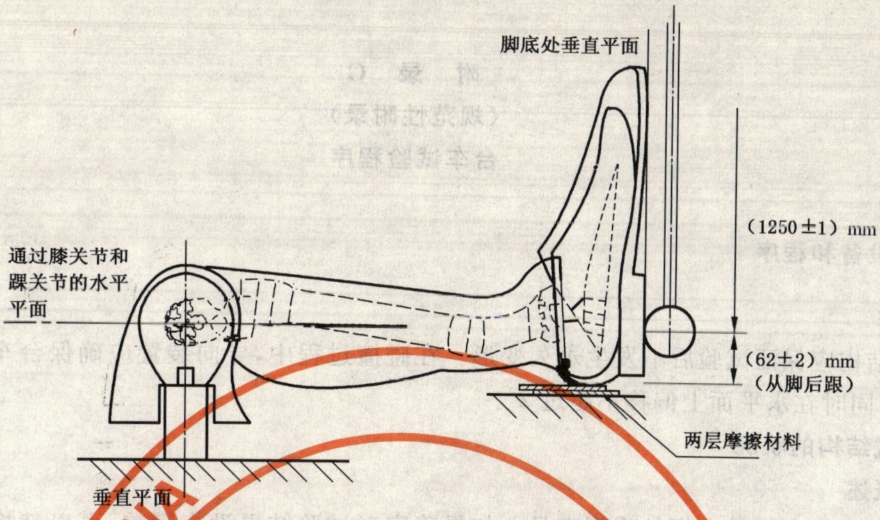

图 F.3　脚下部冲击试验(穿鞋)

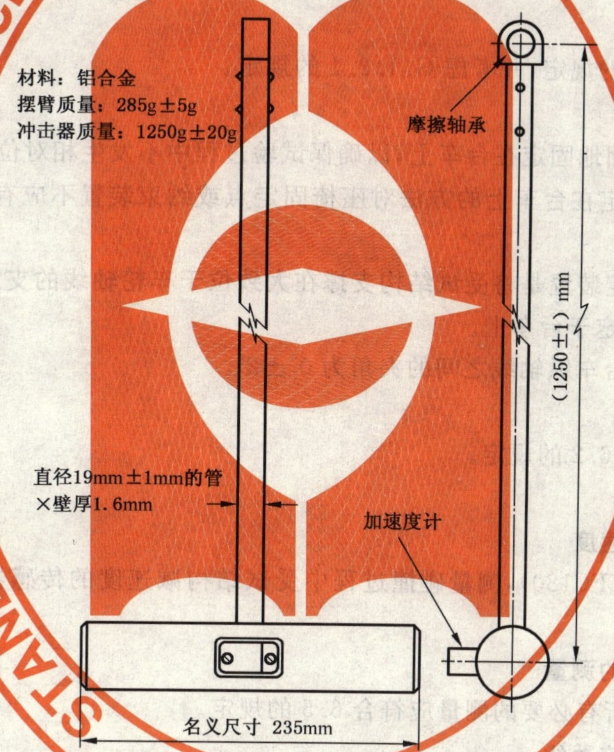

图 F.4　冲击摆锤

附 录 G
（规范性附录）
台车试验程序

G.1 试验设备和程序

G.1.1 台车

台车的结构应保证试验后不发生永久变形。在碰撞过程中，导向装置应确保台车在铅垂平面上偏移不超过 5°，同时在水平面上偏移不超过 2°。

G.1.2 受试结构的状况

G.1.2.1 概述

受试结构应代表相关车辆的系列产品。如果确定对试验结果没有影响，可以替换或者拆除某些零部件。

G.1.2.2 调整

调整应符合 6.1.4.3 的规定，并考虑 G.1.2.1 的规定。

G.1.3 受试结构的固定

G.1.3.1 受试结构应牢固地固定在台车上，以确保试验过程中不发生相对位移。

G.1.3.2 将受试结构固定在台车上的方法对座椅固定点或约束装置不应有加强作用，也不应使受试结构产生异常变形。

G.1.3.3 推荐采用的固定装置是将受试结构支撑在大致位于车轮轴线的支座上，如果可能，受试结构通过悬架系统的紧固件固定于台车上。

G.1.3.4 车辆纵轴线与台车纵轴线之间的夹角为 0°±2°。

G.1.4 假人

假人及其放置应符合 6.2 的规定。

G.1.5 测试设备

G.1.5.1 受试结构的减速度

按照附录 D 的规定（CFC180），测量碰撞过程中受试结构减速度的传感器位置应平行于台车的纵轴线。

G.1.5.2 对假人所进行的测量

为检验所列的指标，所有必要的测量应符合 6.5 的规定。

G.1.6 受试结构的减速度曲线

碰撞过程中受试结构的减速度曲线应保证：在任何点，由积分获得的“速度相对于时间的变化”曲线与本附录所规定的相关车辆“速度相对于时间变化”的基准曲线相差不超过±1 m/s。允许用相对于基准曲线时间轴平移的方式使得受试结构的速度曲线落在图 G.1 所示范围内。

G.1.7 相关车辆的基准曲线

$$\Delta V = f(t)$$

该基准曲线通过相关车辆减速度曲线积分获得，而减速度曲线来自按 6.6 所规定的正面偏置碰撞试验的测量结果。

G.1.8 等效试验方法

试验可以通过台车减速度法以外的其他方法来进行，但其他方法应符合 G.1.6 有关速度变化范围的规定。

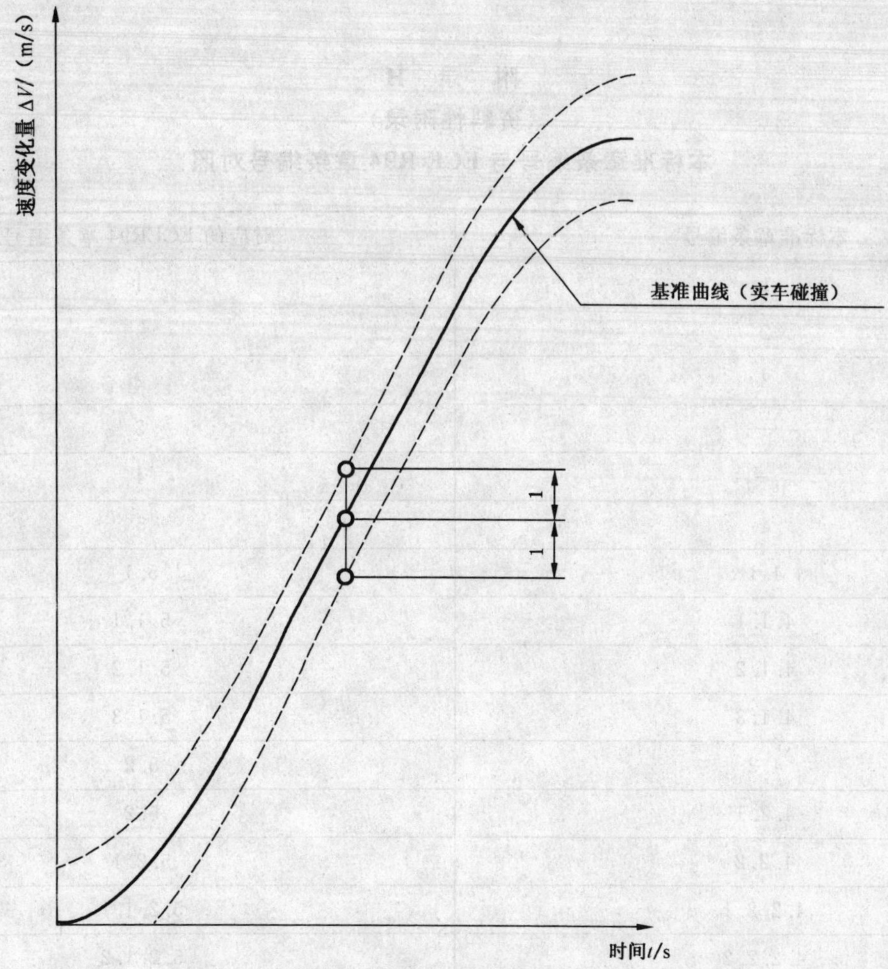

图 G.1 等效曲线——曲线 $\Delta V=f(t)$ 的公差带

附　录　H
（资料性附录）
本标准章条编号与 ECE R94 章条编号对照

本标准章条编号	对应的 ECER94 章条编号
1	1
2	—
3	2
—	3
—	4
4	5
4.1	5.1
4.1.1	5.1.1
4.1.2	5.1.2
4.1.3	5.1.3
4.2	5.2
4.2.1	5.2
4.2.2	5.2.1
4.2.2.1	5.2.1.1
4.2.2.2	5.2.1.2
4.2.2.3	5.2.1.3
4.2.2.4	5.2.1.4
4.2.2.5	5.2.1.5
4.2.2.6	5.2.1.6
4.2.2.7	5.2.1.7
4.2.2.8	5.2.1.8
4.2.2.9	5.2.1.9
4.2.3	5.2.2
4.2.4	5.2.3
4.2.5	5.2.4
4.2.6	5.2.5
4.2.6.1	5.2.5.1
4.2.6.2	5.2.5.2
4.2.6.3	5.2.5.3
4.2.7	5.2.6
4.2.8	5.2.7

表（续）

本标准章条编号	对应的 ECER94 章条编号
5	6
6	附录 3
7	7
—	8
—	9
—	10
—	11
—	12
—	附录 1
—	附录 2
附录 A	附录 4
附录 B	附录 5
附录 C	—
附录 C.1	附录 6—1
附录 C.2	附录 6—2
附录 C.3	附录 6—3
附录 C.4	附录 6—4
附录 C.5	附录 6—附件 1
附录 C.6	附录 6—附件 2
附录 C.7	附录 6—附件 3
附录 D	附录 8
附录 E	附录 9
附录 F	附录 10
附录 G	附录 7
附录 H	—

ICS 25.120.30
J 46

中华人民共和国国家标准

GB/T 20914.1—2007/ISO 11901-1:2003

冲模 氮气弹簧 第1部分:通用规格

Stamping dies—Gas springs—Part 1:General specification

(ISO 11901-1:2003 Tool for pressing—Gas springs —Part 1:General specifications,IDT)

2007-03-12 发布 2007-09-01 实施

中华人民共和国国家质量监督检验检疫总局
中国国家标准化管理委员会 发布

前 言

GB/T 20914《冲模　氮气弹簧》分为2部分：

——第1部分：冲模　氮气弹簧　通用规格；

——第2部分：冲模　氮气弹簧　附件规格。

本部分为GB/T 20914的第1部分。

本部分等同采用ISO 11901-1:2003《冲模　氮气弹簧　第1部分：通用规格》(英文版)。

本部分等同翻译ISO 11901-1:2003。

为便于使用，本部分做了如下编辑性修改：

——将“ISO 11901的本部分”改为“GB/T 20914的本部分”；

——用小数点符号“.”代替作为小数点的逗号“,”；

——删除了国际标准的前言；

——对于ISO 11901-1:2003中引用的ISO 2768-1:1989，已等效采用为GB/T 1804—2000；

——对于ISO 11901-1:2003中引用的ISO 7-1:1994，已等效采用为GB/T 7306.1—2000；

——对于ISO 11901-1:2003中引用的ISO 11901-2:2004，已等同采用为GB/T 20914.2—2007。

本部分由中国机械工业联合会提出。

本部分由全国模具标准化技术委员会(SAC/TC 33)归口。

本部分起草单位：桂林电器科学研究所、桂林电子科技大学、湖南邵阳市兴达气体弹簧有限公司、常州市东力机械有限公司。

本部分主要起草人：翁史振、廖宏谊、王一环、王鹏、李红英、李捷。

本部分为首次制定。

冲模 氮气弹簧
第1部分:通用规格

1 范围

本部分规定了冲模氮气弹簧的尺寸、标称初始弹压力和型号。

本部分适用于型号为900～100 000、用氮气加压、标称初始弹压力为900×(1±5%)N～100 600×(1±5%)N的冲模用氮气弹簧。

本部分还规定了冲模氮气弹簧的标志、交货技术条件和标记。

注:氮气弹簧安装附件的规格在GB/T 20914.2中给出。

2 规范性引用文件

下列文件中的条款通过GB/T 20914的本部分的引用而成为本部分的条款。凡是注日期的引用文件,其随后所有的修改单(不包括勘误的内容)或修订版均不适用于本部分,然而,鼓励根据本部分达成协议的各方研究是否可使用这些文件的最新版本。凡是不注日期的引用文件,其最新版本适用于本部分。

GB/T 1804—2000 一般公差 未注公差的线性尺寸和角度尺寸的公差(eqv ISO 2768-1:1989)

GB/T 7306.1 55°密封管螺纹 第1部分:圆柱内螺纹与圆锥外螺纹(GB/T 7306.1—2000,eqv ISO 7-1:1994)

GB/T 20914.2 冲模 氮气弹簧 第2部分:附件规格(GB/T 20914.2—2007,ISO 11901-2:2004,IDT)

3 说明和术语

氮气弹簧示意见图1。

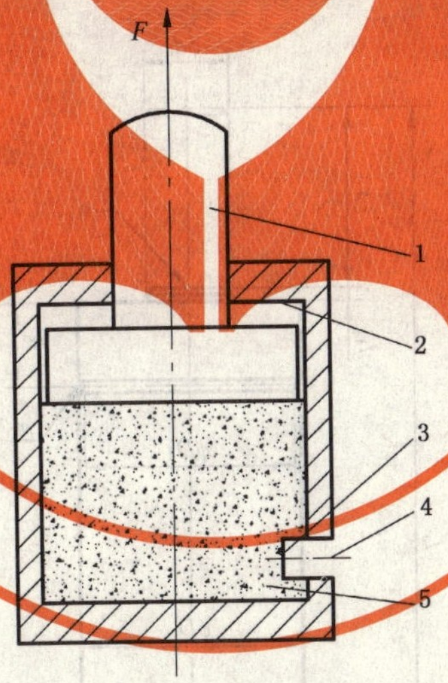

1——柱塞杆;

2——上止点;

3——阀;

4——压力充气孔;

5——氮气。

图1 氮气弹簧示意图

氮气弹簧是一种用氮气加压的自动弹簧。在静止位置时,柱塞杆处于推出状态。

这种氮气弹簧有一个用于加压或减压的压力充气孔。该压力充气孔位于缸体或缸底,并密封。

对于型号为 1 500 和 2 500 的氮气弹簧,压力充气孔可置于柱塞杆的顶端。这种情况下,柱塞杆的顶端不是球面。

型号大于 2 500 的氮气弹簧的压力充气孔应有符合 GB/T 7306.1 的管螺纹 Rp1/8。型号不大于 2 500的氮气弹簧压力充气孔应有 M6 的螺纹。

4 互换性尺寸和特性

4.1 通用标称规格

见表 1。

表 1 通用标称规格

<table>
<tr><th>型号</th><th colspan="2">标称初始弹压力/
N</th><th>最大充气压力/
MPa</th><th>行程终点标称
工作力增加系数</th></tr>
<tr><td>900</td><td>900</td><td rowspan="11">±5%</td><td>18</td><td>1.5</td></tr>
<tr><td>1 500</td><td>1 700</td><td>15</td><td>1.3</td></tr>
<tr><td>2 000</td><td>2 000</td><td>18</td><td>1.5</td></tr>
<tr><td>2 500</td><td>2 600</td><td rowspan="8">15</td><td>1.3</td></tr>
<tr><td>5 000</td><td>4 700</td><td rowspan="7">1.5</td></tr>
<tr><td>7 500</td><td>7 400</td></tr>
<tr><td>15 000</td><td>15 000</td></tr>
<tr><td>30 000</td><td>30 000</td></tr>
<tr><td>50 000</td><td>50 000</td></tr>
<tr><td>75 000</td><td>75 000</td></tr>
<tr><td>100 000</td><td>100 600</td></tr>
</table>

4.2 型号 900 和 2 000 的氮气弹簧

见图 2、表 2。

一般公差:GB/T 1804-m

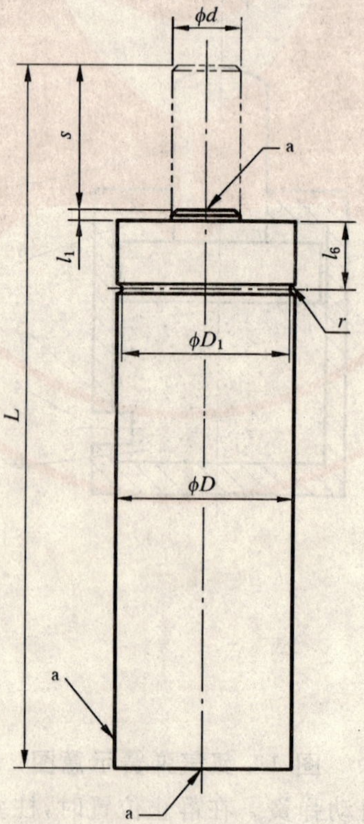

[a] 压力充气孔(设在底部标记为 F,设在缸体标记为 C,设在柱塞杆顶端标记为 B)。

图 2 型号 900 和 2 000 的氮气弹簧

表 2　型号 900 和 2 000 氮气弹簧的尺寸(最大充气压力 18 MPa)　单位为毫米

型号	标称行程 s	L ±0.25	l_1 $^{+1}_{0}$	l_6 $^{+1}_{0}$	r	d	D ±0.3	D_1 $^{0}_{-0.1}$
900	15	72	1	16	1	8	19	17
	25	92						
	38	118						
	50	142						
	63	172						
	80	205						
2 000	15	72	1			12	25	23
	25	92						
	38	118						
	50	142						
	63	172						
	80	205						
	100	245						
	125	295						

4.3　型号 1 500 和 2 500 的氮气弹簧

见图 3、表 3。

一般公差:GB/T 1804-m

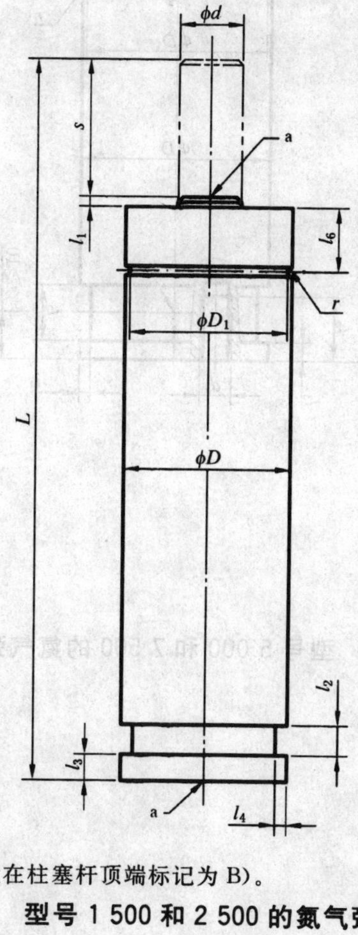

a　压力充气孔(设在底部标记为 F,设在柱塞杆顶端标记为 B)。

图 3　型号 1 500 和 2 500 的氮气弹簧

4.4 型号 5 000 和 7 500 的氮气弹簧

见图 4、表 3。

一般公差:GB/T 1804-m

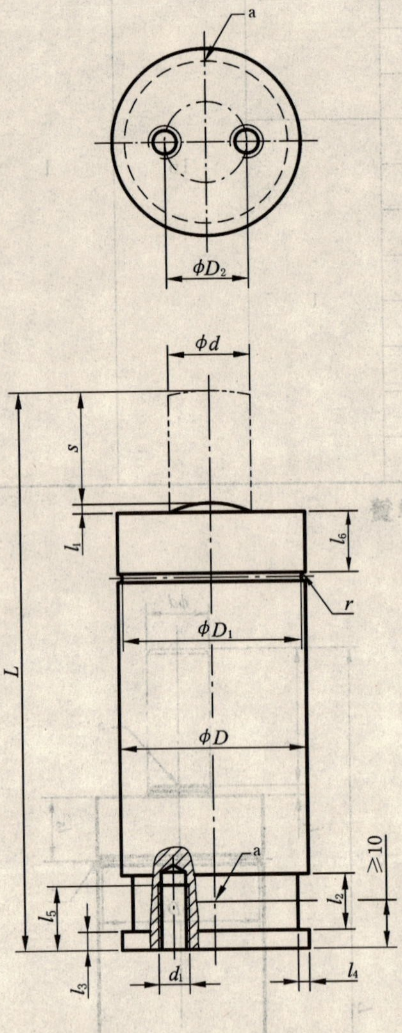

a 压力充气孔。柱塞杆顶端可为平面。

图 4 型号 5 000 和 7 500 的氮气弹簧

4.5 型号 15 000～100 000 的氮气弹簧

见图 5、表 3。

一般公差:GB/T 1804-m

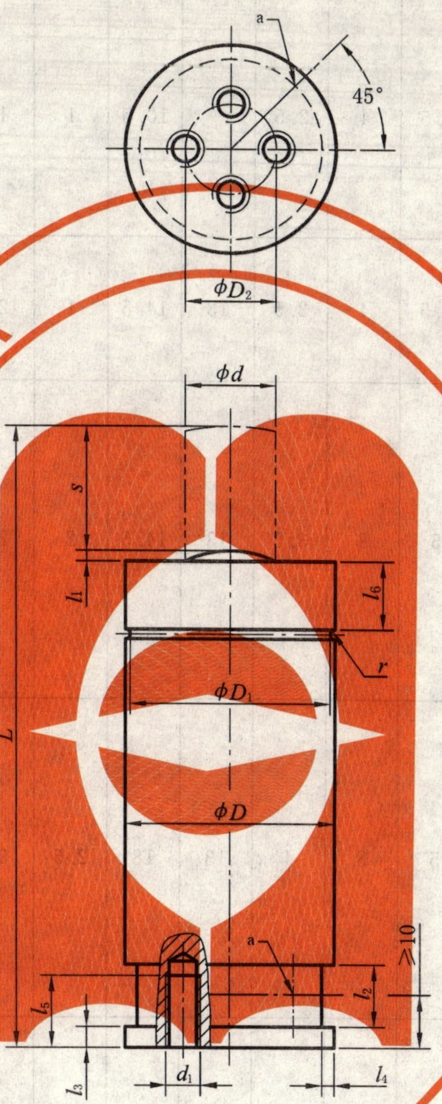

a 压力充气孔。柱塞杆顶端可为平面。

图 5 型号 15 000～100 000 的氮气弹簧

表 3 型号 1 500 和 2 500～100 000 氮气弹簧的尺寸(最大充气压力 15 MPa) 单位为毫米

型号	标称行程 s	L ±0.25	l_1	l_2 min	l_3 +0.15 0	l_4 min	l_5 min	l_6	r	d	D ±0.3	D_1 0 −0.1	d_1	D_2	孔数
1 500	10	70	2	3.5	4	2.5	—	10.5	1	12	32	30	—	—	—
	16	82													
	25	100													
	50	150													
	80	210													

表 3(续)　　单位为毫米

型号	标称行程 s	L ±0.25	l_1	l_2 min	l_3 $^{+0.15}_{0}$	l_4 min	l_5 min	l_6	r	d	D ±0.3	D_1 $^{0}_{-0.1}$	d_1	D_2	孔数
2 500	10	70	2	3.5	4	2.5	—	10.5	1	15	38	36	—	—	—
	16	82													
	25	100													
	50	150													
	80	210													
5 000	25	135	2	3.5	4	2.5	13	14.5	1	20	45	43	M8	20	2
	50	185													
	80	245													
7 500	25	145	3	5	8	3.5	13	14.5	2	25	50	46	M8	20	2
	50	195													
	80	255													
	100	295													
	125	345													
	160	415													
15 000	25	160	3	5	8	4	13	18	2.5	36	75	70	M8	40	4
	50	210													
	80	270													
	100	310													
	125	360													
	160	430													
30 000	25	170	3	5	8	4	13	21	2.5	50	95	90	M8	60	4
	50	220													
	80	280													
	100	320													
	125	370													
	160	440													
50 000	25	190	3	5	8	4	16	22.5	2.5	65	120	115	M10	80	4
	50	240													
	80	300													
	100	340													
	125	390													
	160	460													

表 3(续)

单位为毫米

型号	标称行程 s	L ±0.25	l_1	l_2 min	l_3 $^{+0.15}_{0}$	l_4 min	l_5 min	l_6	r	d	D ±0.3	D_1 $^{0}_{-0.1}$	d_1	D_2	孔数
75 000	25	205	3	5	8	4	16	24.5	2.5	80	150	145	M10	100	4
	50	255													
	80	315													
	100	355													
	125	405													
	160	475													
100 000	50	260	3	8	8	4	16	30.5	2.5	95	195	190	M12	120	4
	80	320													
	100	360													
	125	410													
	160	480													
	200	560													
	250	660													
	300	760													

5 标志

氮气弹簧应有标志，标志字迹应不能拭除，标志应至少包含以下信息：

a) 供方名称；

b) 所用的气体；

c) 制造日期；

d) 最大充气压力；

e) 型号。

6 交货技术条件

氮气弹簧的交货条件应以参考温度为20℃时的标称压力为准。

注：根据下列公式，在体积不变的情况下，压力随着温度的升高而增大：

$$p_t = p_0(1 + 0.0036\Delta t)$$

式中：

p_t——氮气在温度 t 时的压力，单位为兆帕(MPa)；

p_0——氮气在参考温度时的压力，单位为兆帕(MPa)；

Δt——温度的变量，单位为摄氏度(℃)。

柱塞杆应加少量油并有防震保护。

7 标记

按本部分的氮气弹簧应有下列标记：

a) 氮气弹簧；

b) 型号；

c) 标称行程，以毫米为单位；

d) 型号 900～2 500 的氮气弹簧的压力充气孔的位置；

e) 本部分代号，即 GB/T 20914.1。

示例：

型号为 1 500、标称行程为 25 mm、压力充气孔位于底部(F)的冲模氮气弹簧标记如下：

氮气弹簧 1 500×25-F GB/T 20914.1

参 考 文 献

[1] Council directive 97/23/CE "Pressure equipment"

ICS 25.120.30
J 46

中华人民共和国国家标准

GB/T 20914.2—2007/ISO 11091-2:2004

冲模 氮气弹簧 第2部分:附件规格

Stamping dies—Gas springs—Part 2:Specification of accessories

(ISO 11901-2:2004 Tools for pressing—Gas springs
—Part 2:Specification of accessories,IDT)

2007-03-12 发布　　2007-09-01 实施

中华人民共和国国家质量监督检验检疫总局
中国国家标准化管理委员会　发布

前 言

GB/T 20914《冲模　氮气弹簧》分为2部分：

——第1部分：冲模　氮气弹簧　通用规格；

——第2部分：冲模　氮气弹簧　附件规格。

本部分为GB/T 20914的第2部分。

本部分等同采用ISO 11901-2:2004《冲模　氮气弹簧　第2部分：附件规格》(英文版)。

本部分等同翻译ISO 11901-2:2004。

为便于使用，本部分做了如下编辑性修改：

——将“ISO 11901的本部分”改为“GB/T 20914的本部分”；

——用小数点符号“.”代替作为小数点的逗号“,”；

——删除了国际标准的前言；

——对于ISO 11901-2:2004中引用的ISO 2768-1:1989，已等效采用为GB/T 1804—2000；

——对于ISO 11901-2:2004中引用的ISO 11901-1:2003，已等同采用为GB/T 20914.1—2007。

本部分第4章“材料”中“ISO 630规定的E 355C钢”相当于我国的45钢($\sigma_b \geqslant 355$ MPa)。

本部分由中国机械工业联合会提出。

本部分由全国模具标准化技术委员会(SAC/TC 33)归口。

本部分起草单位：桂林电器科学研究所、桂林电子科技大学、湖南邵阳市兴达气体弹簧有限公司、常州市东力机械有限公司。

本部分主要起草人：翁史振、廖宏谊、王一环、王鹏、李红英、李捷。

本部分为首次制定。

冲模 氮气弹簧
第2部分:附件规格

1 范围

本部分规定了冲模氮气弹簧的固定座板、两半式固定夹板、法兰固定件和前端支承件的尺寸,与GB/T 20914.1—2007规定的氮气弹簧一同用于冲模。

本部分还给出了关于材料的要求,并规定了符合本部分的固定附件的标记。

2 规范性引用文件

下列文件中的条款通过GB/T 20914的本部分的引用而成为本部分的条款。凡是注日期的引用文件,其随后所有的修改单(不包括勘误的内容)或修订版均不适用于本部分,然而,鼓励根据本部分达成协议的各方研究是否可使用这些文件的最新版本。凡是不注日期的引用文件,其最新版本适用于本部分。

GB/T 1804—2000 一般公差 未注公差的线性尺寸和角度尺寸的公差(eqv ISO 2768-1:1989)

GB/T 20914.1 冲模 氮气弹簧 第1部分:通用规格(GB/T 20914.1—2007,ISO 11901-1:2003,IDT)

ISO 630 结构钢 板材、带材、型材和异型材(Structural steel—Plates,wide flats,bars,sections and profiles)

3 尺寸规格

3.1 A1型用双孔固定氮气弹簧的固定座板

见图1、表1。

一般公差:GB/T 1804-m

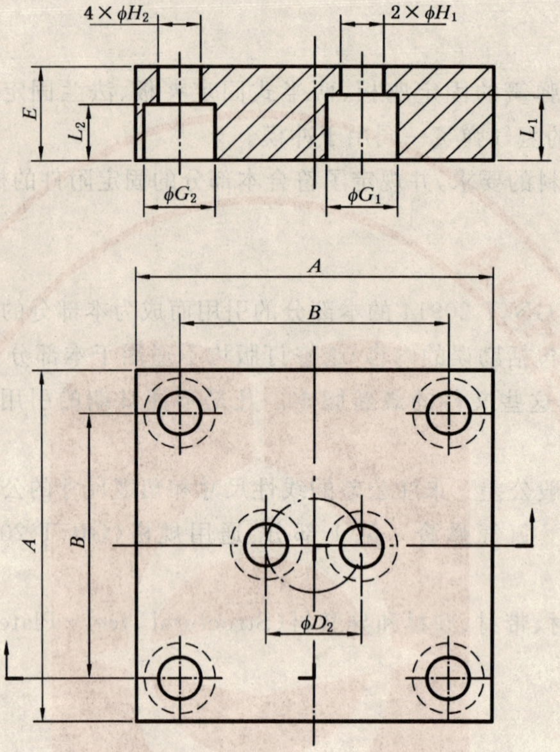

图 1　A1型固定座板

表 1　A1型固定座板尺寸

单位为毫米

用于安装氮气弹簧的型号	A	B	D_2	E $^{0}_{-0.1}$	G_1	G_2	H_1	H_2	L_1	L_2
5 000	70	50	20	20	15	15	9	9	14	12
7 500	75	56.5	20	20	15	15	9	9	14	12

3.2 A2 型用四孔固定氮气弹簧的固定座板

见图 2、表 2。

一般公差:GB/T 1804-m

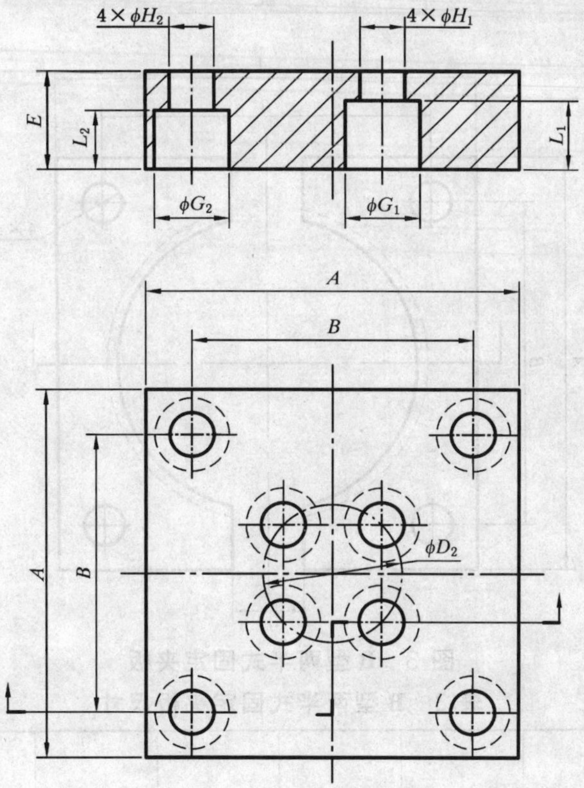

图 2 A2 型固定座板

表 2 A2 型固定座板尺寸

单位为毫米

用于安装氮气弹簧的型号	A	B	D_2	E $\begin{smallmatrix}0\\-0.1\end{smallmatrix}$	G_1	G_2	H_1	H_2	L_1	L_2
15 000	100	73.5	40	20	15	18	9	11	14	12
30 000	120	92	60	20	15	20	9	13.5	14	13
50 000	140	109.5	80	20	18	20	11	13.5	15	13
75 000	190	138	100	25	18	26	11	17.5	15	17
100 000	210	170	120	25	20	26	13.5	17.5	13	17

3.3 B型两半式固定夹板

见图3、表3。

一般公差:GB/T 1804-m

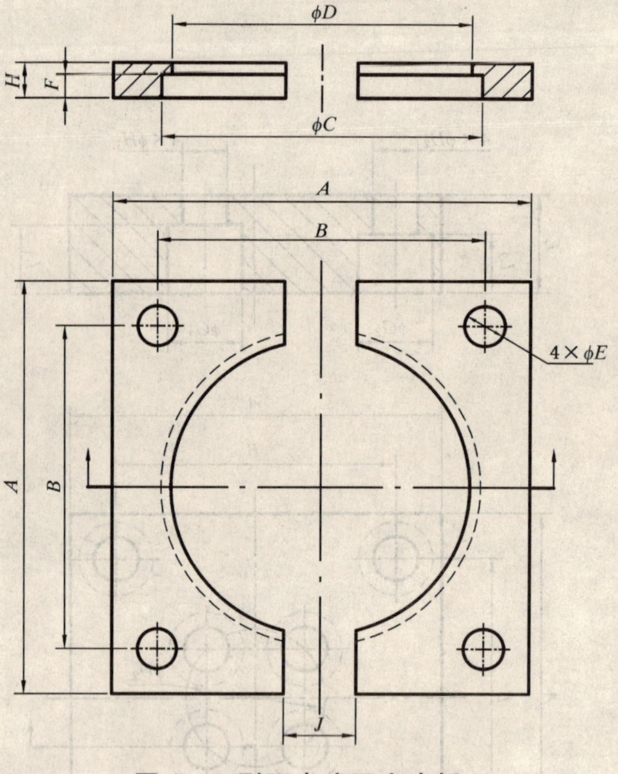

图3 B型两半式固定夹板

表3 B型两半式固定夹板尺寸

单位为毫米

用于安装氮气弹簧的型号	A	B	C	D	E	F 0 −0.1	H 0 −0.1	J
1 500	50	35	32.5	28.5	6.6	4	7	5
2 500	55	40	38.5	34.5	6.6	4	7	5
5 000	70	50	45.5	40.5	9	4	7	20
7 500	75	56.5	50.5	44.5	9	8	12	24
15 000	100	73.5	75.5	68.5	11	8	12	24
30 000	120	92	95.5	88.5	13.5	8	12	24
50 000	140	109.5	120.5	113.5	13.5	8	12	24
75 000	190	138	150.5	143.5	17.5	8	12	24
100 000	210	170	195.5	188	17.5	8	13	24

3.4 C 型法兰固定件

3.4.1 C1 型圆柱形法兰固定件

见图 4、表 4。

一般公差:GB/T 1804 m

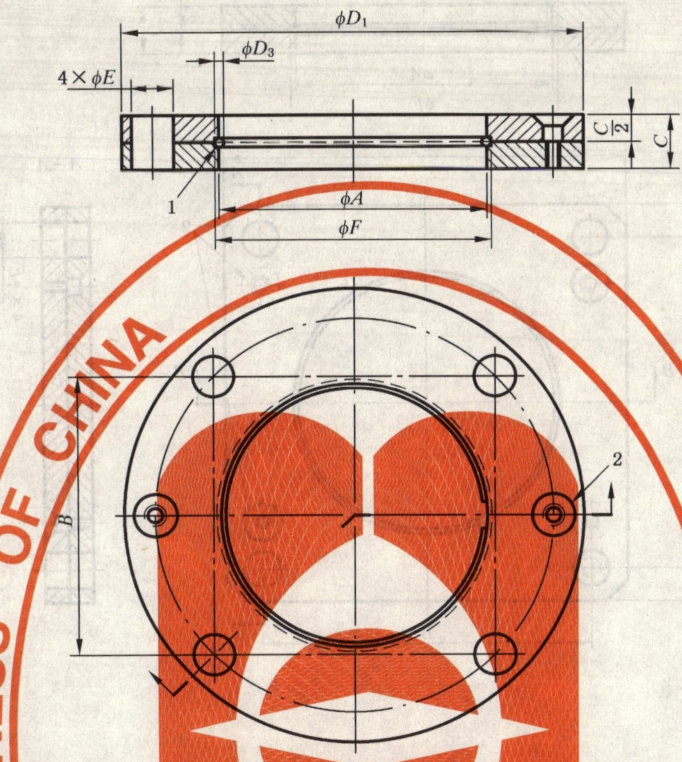

两法兰应用螺钉固定在一起。

1——平卡箍;

2——装配螺钉孔。

图 4 C1 型圆柱形法兰固定件

表 4 C1 和 C2 型法兰固定件的尺寸

单位为毫米

用于安装氮气弹簧的型号	A ±0.1	B	C	D_1	D_2	D_3 h10	E	F +0.1 −0.3	J	安装类型参考
1 500	32.5	35	9	60	—	2	6.6	34	17	C1
2 500	38.5	40	9	68	52	2	6.6	40	17	C1 和 C2
5 000	45.5	50	13	86	64	2	9	47	23	C1 和 C2
7 500	50.5	56.5	13	95	70	4	9	54	24	C1 和 C2
15 000	75.5	73.5	16	122	90	5	11	80	29	C1 和 C2
30 000	95.5	92	18	150	110	5	13.5	100	33	C1 和 C2
50 000	120.5	109.5	21	175	130	5	13.5	125	36	C1 和 C2
75 000	150.5	138	27	220	162	5	17.5	155	41	C1 和 C2
100 000	195.5	170	27	290	210	5	17.5	200	47	C1 和 C2

3.4.2 C2 型正方形法兰固定件

见图 5、表 4。

一般公差:GB/T 1804-m

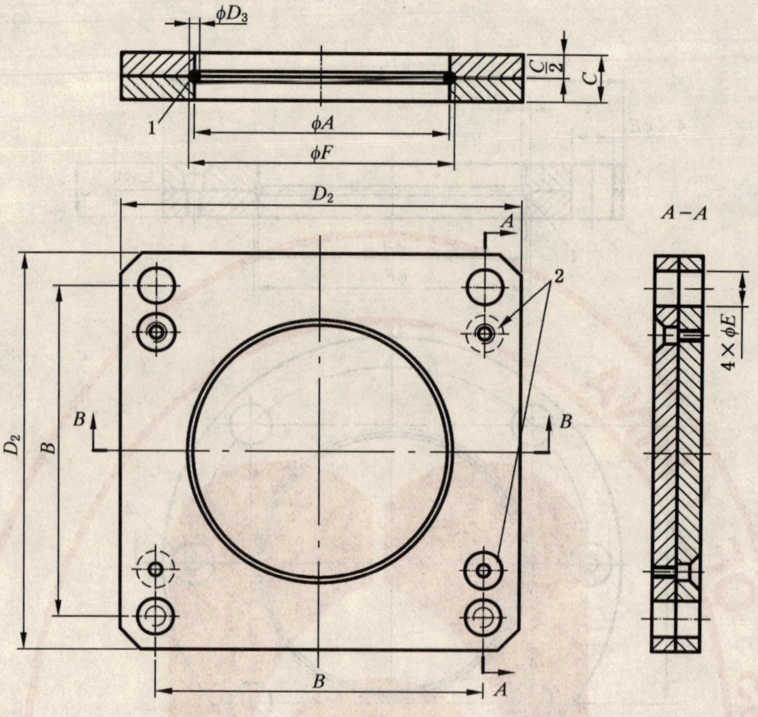

两法兰应用螺钉固定在一起。

1——平卡箍；

2——装配螺钉孔。

图 5 C2 型正方形法兰固定件

3.4.3 C1 和 C2 法兰固定件在氮气弹簧上的安装

见图 6、表 4。

一般公差:GB/T 1804-m

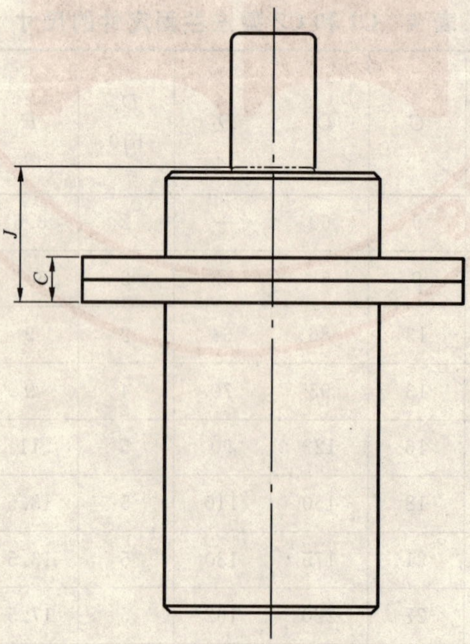

图 6 法兰固定件的安装

3.5 D型前端支承件

见图7、表5。

一般公差:GB/T 1804-m

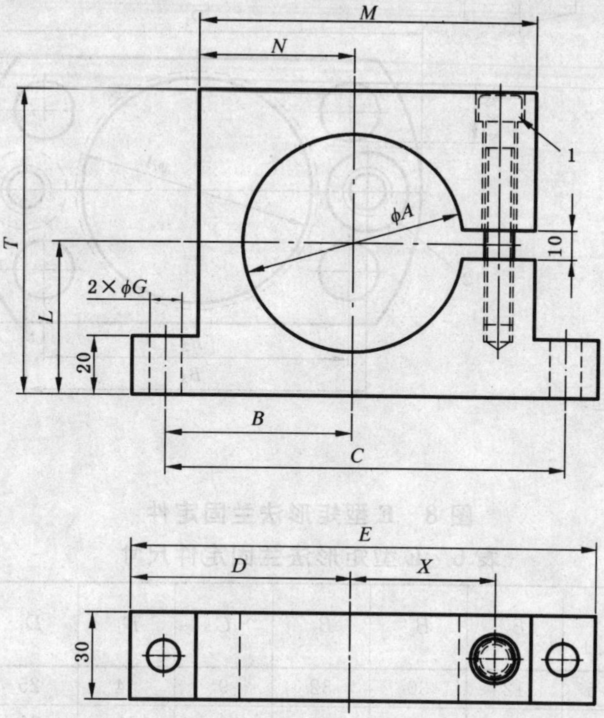

1——螺钉。

图7 D型前端支承件

表5 D型前端支承件尺寸

单位为毫米

用于安装氮气弹簧的型号	A	B	C	D	E	G	L	M	N	螺钉	T	X
7 500	50	50	110	60	130	9	80	90	40	M8	40	37.5
15 000	75	63.5	137	75	160	11	105	115	52.5	M10	52.5	50
30 000	95	80	170	92.5	195	13.5	125	145	67.5	M12	62.5	62.5
50 000	120	92.5	195	105	220	13.5	148	165	77.5	M12	74	73.7
75 000	150	110	230	125	260	13.5	200	200	95	M12	100	90

3.6 E型矩形法兰固定件

见图8、表6。

一般公差:GB/T 1804-m

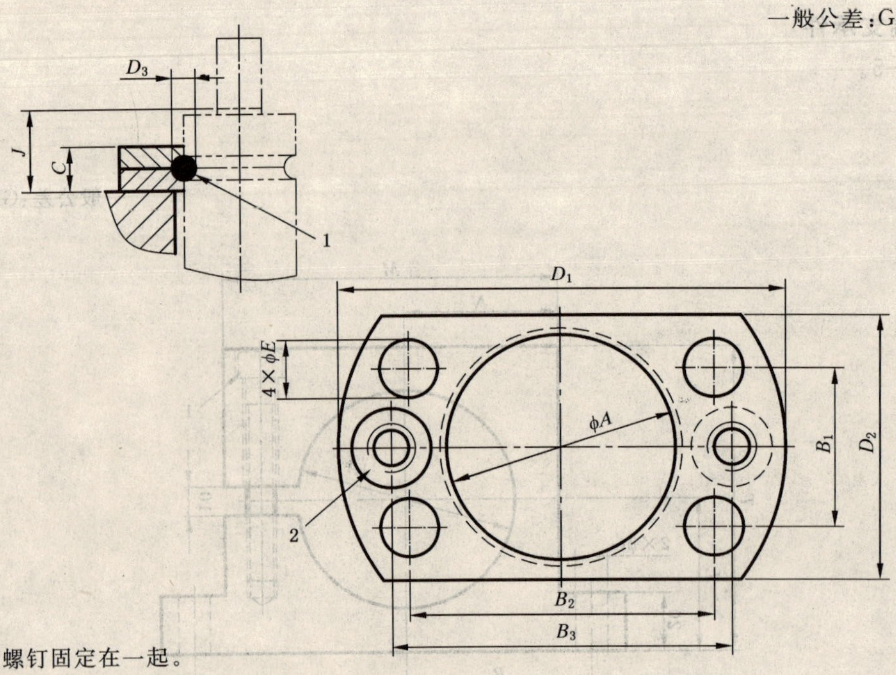

两法兰应用螺钉固定在一起。

1——平卡箍;

2——装配螺钉孔。

图 8 E 型矩形法兰固定件

表 6 E 型矩形法兰固定件尺寸

单位为毫米

用于安装氮气弹簧的型号	A ±0.1	B_1	B_2	B_3	C	D_1	D_2	D_3 h10	E	J
900	19.5	12	30	32	9	44	25	2	6.6	21.5
2 000	25.5	18	34	38	9	50	30	2	6.6	21.5

4 材料

材料应为 ISO 630 规定的 E 355C 钢,或具有同等力学性能的材料。

5 标记

按本部分的冲模氮气弹簧固定附件应有下列标记:

a) 附件名称(固定座板、两半式固定夹板、法兰固定件或前端支承件);

b) 固定附件的类型;

c) 冲模氮气弹簧的型号;

d) 本部分标准代号,即 GB/T 20914.2—2007。

示例:

用于安装类型为 5 000 的冲模氮气弹簧的 A1 型固定座板的标记如下:

固定座板 A1-5000 GB/T 20914.2—2007

ICS 25.120.30
J 46

中华人民共和国国家标准

GB/T 20915.1—2007/ISO 10069-1:1991

冲模　弹性体压缩弹簧
第1部分:通用规格

Stamping dies—Elastomer pressure springs—Part 1:General specification

(ISO 10069-1:1991 Tools for pressing—Elastomer pressure springs
—Part 1:General specification,IDT)

2007-03-21 发布　　　　2007-09-01 实施

中华人民共和国国家质量监督检验检疫总局
中国国家标准化管理委员会　发布

前　言

GB/T 20915《冲模　弹性体压缩弹簧》分为2部分：

——第1部分：冲模　弹性体压缩弹簧　通用规格；

——第2部分：冲模　弹性体压缩弹簧　附件规格。

本部分为GB/T 20915的第1部分。

本部分等同采用ISO 10069-1:1991《冲模　弹性体压缩弹簧　第1部分：通用技术条件》(英文版)。

本部分等同翻译ISO 10069-1:1991。

为便于使用，本部分做了如下编辑性修改：

——将“ISO 10069的本部分”改为“GB/T 20915的本部分”；

——用小数点符号“.”代替作为小数点的逗号“,”；

——删除了国际标准的前言；

——对于ISO 10069-1:1991中引用的ISO 10069-2:1991，已等同采用为GB/T 20915.2—2007。

本部分附录A为资料性附录。

本部分由中国机械工业联合会提出。

本部分由全国模具标准化技术委员会(SAC/TC 33)归口。

本部分起草单位：桂林电器科学研究所、桂林电子科技大学。

本部分主要起草人：翁史振、廖宏谊、李红英、李捷。

本部分为首次制定。

冲模　弹性体压缩弹簧
第1部分:通用规格

1　范围

本部分规定了冲模用弹性体压缩弹簧的尺寸和用于这些压缩弹簧的沉孔的直径。

本部分还给出了关于材料及其硬度的要求,并规定了符合本部分的弹簧的标记以及包装标识。

应用示例在附录A中给出。

附件(弹簧环和导正销)的尺寸在GB/T 20915.2中给出。

2　规范性引用文件

下列文件中的条款通过GB/T 20915的本部分的引用而成为本部分的条款。凡是注日期的引用文件,其随后所有的修改单(不包括勘误的内容)或修订版均不适用于本部分,然而,鼓励根据本部分达成协议的各方研究是否可使用这些文件的最新版本。凡是不注日期的引用文件,其最新版本适用于本部分。

GB/T 20915.2—2007　冲模　弹性体压缩弹簧　第2部分:附件规格(ISO 10069-2:1991,IDT)

3　尺寸

3.1　弹性体压缩弹簧

见图1、表1和表2。

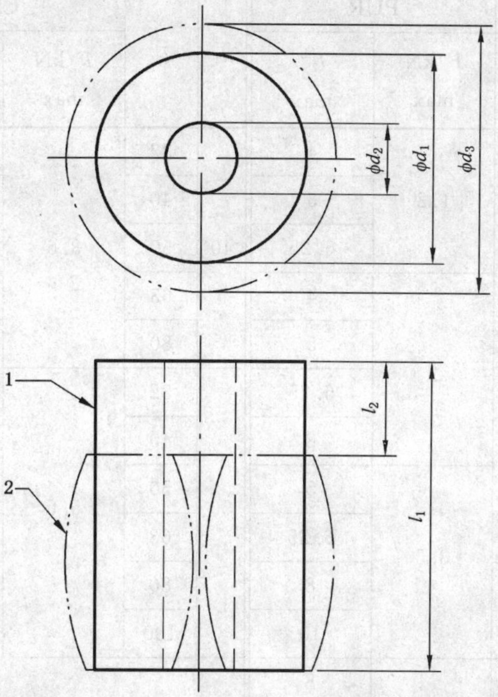

1——压缩弹簧在自由状态的轮廓;

2——压缩弹簧在压缩状态的轮廓;

d_1——自由状态弹簧的直径;

d_2——弹簧的内直径;

d_3——压缩状态弹簧的直径;

l_1——自由状态弹簧的长度;

l_2——弹簧的自由状态和完全压缩状态的长度差。

图1　压缩弹簧

表 1　弹性体压缩弹簧的通用尺寸

单位为毫米

d_1	d_2	d_3 max（对应 l_2 max）		l_1										
		CR[a]	PUR[a]	16	20	25	32	40	50	63	80	100	125	160
16	6.5	21.6	20	×	×	×								
20	8.5	27	25	×	×	×	×							
25	10.5	33.8	31.3		×	×	×	×						
32	13.5	43.2	40				×	×	×	×				
40		54	50				×	×	×	×	×			
50	17	67.5	62.5				×	×	×	×	×	×		
63		85	78.8				×	×	×	×	×	×	×	
80	21	108	100				×	×	×	×	×	×	×	
100		135	125				×	×	×	×	×	×	×	
125	27	168.8	156.3				×	×	×	×	×	×	×	×

[a] CR 为氯丁二烯橡胶；PUR 为聚氨酯橡胶。

表 2　按照表 1 的弹性体弹簧的负载值 ***F***
以及自由状态和完全压缩状态的长度差 l_2

单位为毫米

d_1	l_1	CR F/kN max	CR l_2[a] max	PUR F/kN max	PUR l_2[b] max	d_1	l_1	CR F/kN max	CR l_2[a] max	PUR F/kN max	PUR l_2[b] max
16	16	0.3	5.6	1.2	4	40	32	3.6	11.2	8.5	8
	20		7		5		40		14		10
	25		8.75		6.25		50		17.5		12.5
20	16	0.5	5.6	2	4		63		22.05		15.75
	20		7		5		80		28		20
	25		8.75		6.25	50	32	5.5	11.2	13	8
	32		11.2		8		40		14		10
25	20	0.8	7	3.5	5		50		17.5		12.5
	25		8.75		6.25		63		22.05		15.75
	32		11.2		8		80		28		20
	40		14		10		100		35		25
32	32	2.3	11.2	4.5	8						
	40		14		10						
	50		17.5		12.5						
	63		22.05		15.75						

表 2(续)

单位为毫米

d_1	l_1	CR F/kN max	CR l_2[a] max	PUR F/kN max	PUR l_2[b] max	d_1	l_1	CR F/kN max	CR l_2[a] max	PUR F/kN max	PUR l_2[b] max
63	32	10	11.2	21	8	100	32	27	11.2	65	8
	40		14		10		40		14		10
	50		17.5		12.5		50		17.5		12.5
	63		22.05		15.75		63		22.05		15.75
	80		28		20		80		28		20
	100		35		25		100		35		25
	125		43.75		31.75		125		43.75		31.75
80	32	18	11.2	38	8	125	32	42	11.2	100	8
	40		14		10		40		14		10
	50		17.5		12.5		50		17.5		12.5
	63		22.05		15.75		63		22.05		15.75
	80		28		20		80		28		20
	100		35		25		100		35		25
	125		43.75		31.75		125		43.75		31.75
							160		56		40

a l_2 max$=0.35l_1$;

b l_2 max$=0.25l_1$。

3.2 弹性体压缩弹簧沉孔

见图 2a)和图 2b)和表 3。

表面粗糙度以微米为单位

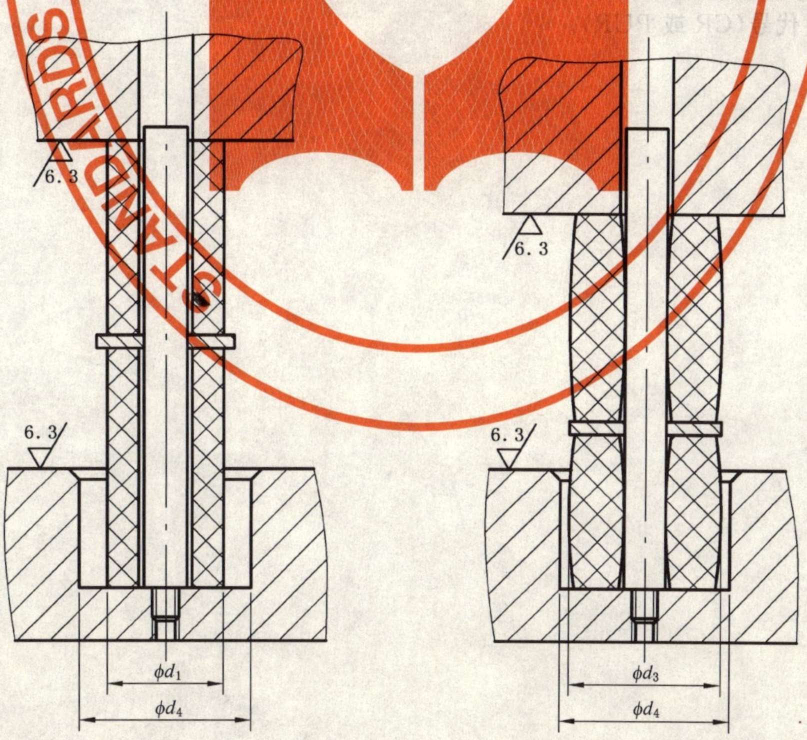

a)自由状态　　b)压缩状态

图 2 弹性体压缩弹簧沉孔

表 3　沉孔 d_4 的尺寸(随直径 d_1 和 d_3 改变而改变)

单位为毫米

d_1	16	20	25	32	40	50	63	80	100	125
d_3	22	27	34	43	54	68	85	108	135	169
d_4	24	30	38	48	61	75	94	118	150	188

4　材料和硬度

材料可以是硬度为 70 邵氏 A 的基于氯丁二烯橡胶(CR)的弹性体,也可以是硬度为 90 邵氏 A 的基于聚氨酯橡胶(PUR)的弹性体。这两种材料都应能耐 80℃的高温。

5　标记

按本部分的弹性体压缩弹簧应有下列标记:

a)　弹性体压缩弹簧;

b)　弹簧直径 d_1,以毫米为单位;

c)　弹簧长度 l_1,以毫米为单位;

d)　弹簧材料(CR 或 PUR);

e)　本部分标准代号,即 GB/T 20915.1—2007。

示例:

d_1=16 mm、l_1=20 mm 的氯丁二烯橡胶(CR)弹性体压缩弹簧的标记如下:

弹性体压缩弹簧　16×20-CR　GB/T 20915.1—2007

6　标志

按本部分的弹性体压缩弹簧应在其最小包装上标识以下信息:

a)　弹簧直径 d_1;

b)　弹簧长度 l_1;

c)　弹簧材料代号(CR 或 PUR)。

附 录 A
（资料性附录）
弹性体压缩弹簧的应用示例

A.1 弹性体压缩弹簧适宜的应用示例见图 A.1～图 A.3。

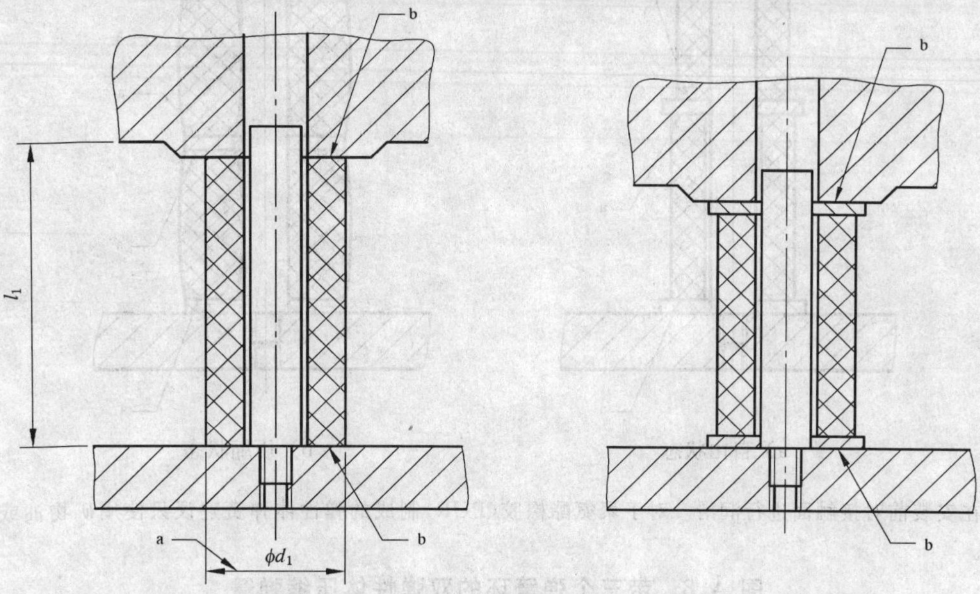

a）不带弹簧环　　　　b）带弹簧环

a　$d_1 \leqslant l_1$；

b　最好在安装前对接触面进行润滑。对于聚氨酯橡胶(PUR)弹性体弹簧建议只使用矿物油或润滑脂进行润滑。

图 A.1　单个弹性体压缩弹簧

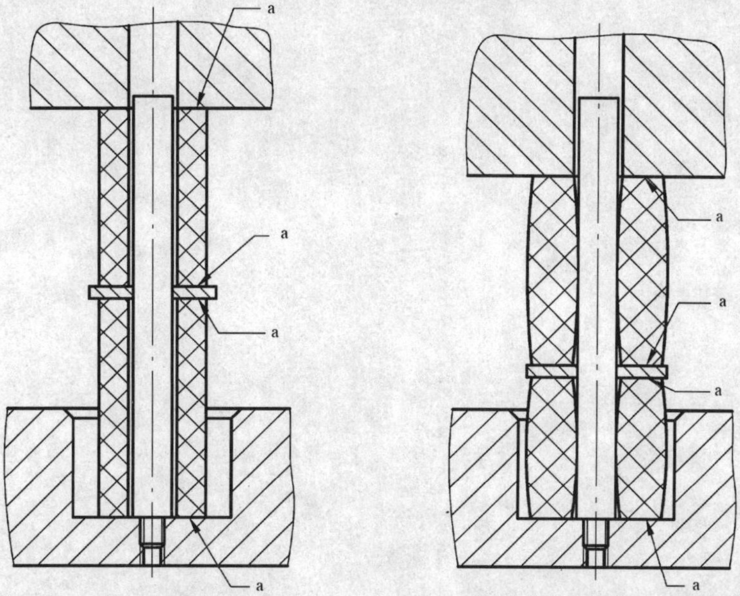

a）自由状态　　　　b）压缩状态

a　最好在安装前对接触面进行润滑。对于聚氨酯橡胶(PUR)弹性体弹簧建议只使用矿物油或润滑脂进行润滑。

图 A.2　带一个弹簧环的双弹性体压缩弹簧

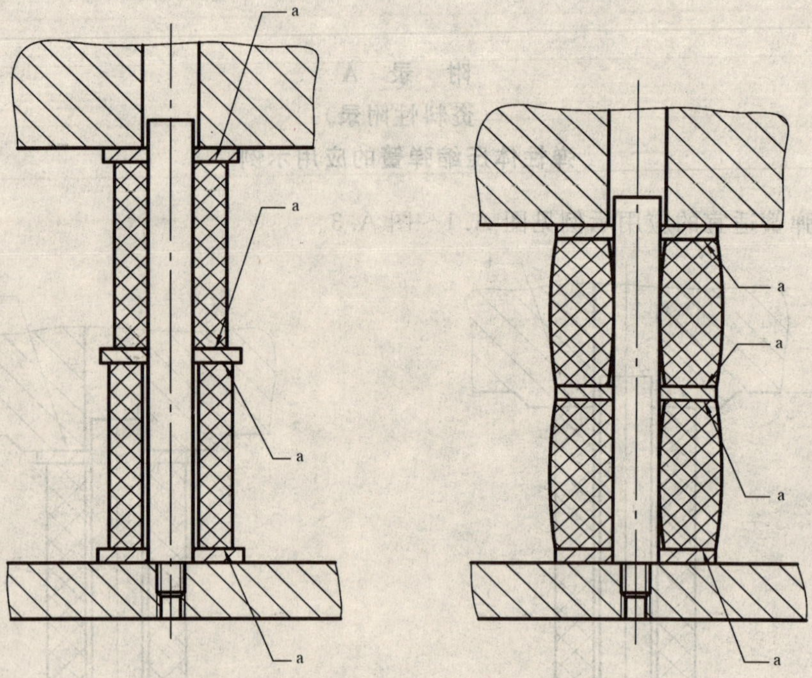

a）自由状态　　b）压缩状态

[a] 最好在安装前对接触面进行润滑。对于聚氨酯橡胶(PUR)制成的弹性体弹簧建议只使用矿物油或润滑脂进行润滑。

图 A.3　带三个弹簧环的双弹性体压缩弹簧

ICS 25.120.30
J 46

中华人民共和国国家标准

GB/T 20915.2—2007/ISO 10069-2:1991

冲模 弹性体压缩弹簧 第2部分:附件规格

Stamping dies—Elastomer pressure springs —Part 2:Specification of Accessories

(ISO 10069-2:1991,Tools for pressing—Elastomer pressure springs —Part 2:Specification of accessories,IDT)

2007-03-12 发布 2007-09-01 实施

中华人民共和国国家质量监督检验检疫总局
中国国家标准化管理委员会 发布

前　言

GB/T 20915《冲模　弹性体压缩弹簧》分为2部分：

——第1部分：冲模　弹性体压缩弹簧　通用规格；

——第2部分：冲模　弹性体压缩弹簧　附件规格。

本部分为GB/T 20915的第2部分。

本部分等同采用ISO 10069-2:1991《冲模　弹性体压缩弹簧　第2部分：附件技术条件》(英文版)。

本部分等同翻译ISO 10069-2:1991。

为便于使用，本部分做了如下编辑性修改：

——将“ISO 10069的本部分”改为“GB/T 20915的本部分”；

——用小数点符号“.”代替作为小数点的逗号“,”；

——删除了国际标准的前言；

——对于ISO 10069-2:1991中引用的ISO 10069-1:1991，已等同采用为GB/T 20915.1—2007。

本部分由中国机械工业联合会提出。

本部分由全国模具标准化技术委员会(SAC/TC 33)归口。

本部分起草单位：桂林电器科学研究所、桂林电子科技大学。

本部分主要起草人：翁史振、廖宏谊、李红英、李捷。

本部分为首次制定。

冲模　弹性体压缩弹簧
第2部分:附件规格

1　范围

本部分规定了冲模用弹性体压缩弹簧的弹簧环和导正销的尺寸，与GB/T 20915.1—2007规定的弹性体压缩弹簧一同用于冲模。

本部分还给出了关于材料及其硬度的要求，并规定了符合本部分的弹簧环和导正销的标记。

2　规范性引用文件

下列文件中的条款通过GB/T 20915的本部分的引用而成为本部分的条款。凡是注日期的引用文件，其随后所有的修改单(不包括勘误的内容)或修订版均不适用于本部分，然而，鼓励根据本部分达成协议的各方研究是否可使用这些文件的最新版本。凡是不注日期的引用文件，其最新版本适用于本部分。

GB/T 20915.1—2007　冲模　弹性体压缩弹簧　第1部分:通用规格(ISO 100691-1:1991,IDT)

3　尺寸

3.1　弹簧环

见图1、表1。

表面粗糙度以微米为单位

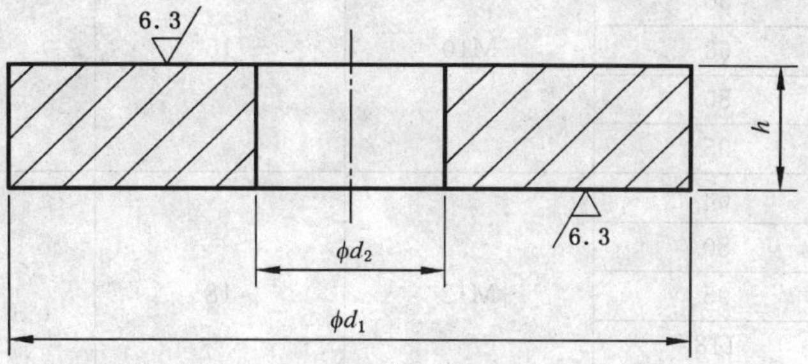

图1　弹簧环

表1　弹簧环尺寸

单位为毫米

d_1	20	25	30	40	50	60	80	100	120	150
d_2	6.5	8.5	10.5	13.5	13.5	16.5	16.5	20.5	20.5	26
h	4	4	5	5	5	6	6	8	8	8

3.2　导正销

见图2、表2。

表面粗糙度以微米为单位

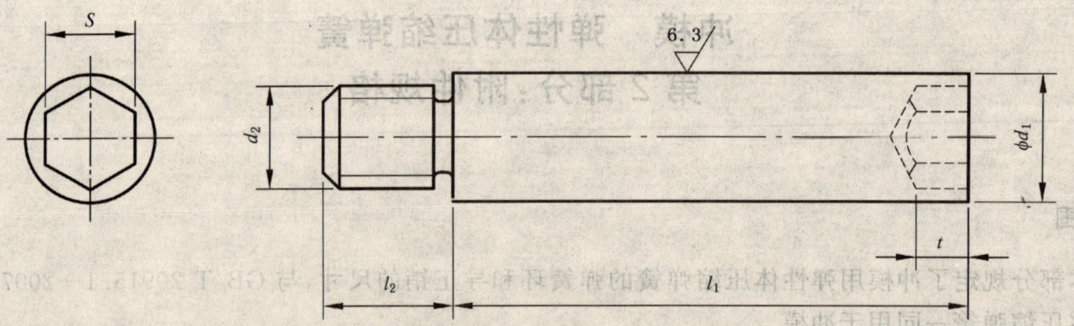

图 2 导正销

表 2 导正销尺寸

单位为毫米

d_1 h11	l_1	d_2	l_2	s	t
6	20	M4	6	3	2.5
	25				
	32				
	40				
8	25	M6	9	4	3
	32				
	40				
	50				
10	32	M8	15	5	4
	40				
	50				
	63				
13	40	M10	15	6	5
	50				
	63				
	80				
	95				
16	63	M12	18	8	6
	80				
	95				
	118				
	140				
20	95	M16	25	10	8
	118				
	140				
	180				
	224				
25	140	M20	30	14	10
	180				
	224				
	265				
	340				

4 材料和硬度

材料和硬度由制造者选定。

5 标记

5.1 弹簧环

按本部分的弹性体压缩弹簧的弹簧环应有下列标记：

a) 弹簧环；

b) 直径 d_1，以毫米为单位；

c) 本部分代号，即 GB/T 20915.2—2007。

示例：

d_1=20 mm 的弹簧环标记如下：

弹簧环 20 GB/T 20915.2—2007

5.2 导正销

按本部分的弹性体压缩弹簧的导正销应有下列标记：

a) 导正销；

b) 直径 d_1，以毫米为单位；

c) 长度 l_1，以毫米为单位；

d) 本部分代号，即 GB/T 20915.2—2007。

示例：

d_1=6 mm、l_1=20 mm 的导正销标记如下：

导正销 6×20 GB/T 20915.2—2007

ICS 35.240.20
L 76

中华人民共和国国家标准

GB/T 20916—2007

中文办公软件文档格式规范

Specification for the Chinese office file format

2007-04-30 发布 2007-09-01 实施

中华人民共和国国家质量监督检验检疫总局
中国国家标准化管理委员会 发布

前　言

本标准的附录A、附录B、附录C、附录D、附录E、附录F、附录G、附录H、附录I、附录J为规范性附录，附录K为资料性附录。

本标准由中华人民共和国信息产业部提出。

本标准由中国电子技术标准化研究所归口。

本标准的起草单位：中国电子技术标准化研究所、中国科学院软件研究所、北京信息工程学院、珠海金山软件股份公司、无锡永中科技有限公司、北京红旗中文贰仟软件技术有限公司、北京九州软件有限公司、上海中标软件有限公司、国家应用软件产品质量监督检验中心。

本标准的主要起草人：吴志刚、李宁、丁蔚、陈建明、黄芳、王长胜、李健萍、成修治、赵菁华、左家平。

引　言

本标准的发布机构提请注意，使用者声明符合本标准时，可能使用涉及第5章、第6章、附录A、附录B和附录C中有关内容的相关授权的和正在申请的专利。

本标准的发布机构对于专利的范围、有效性和验证资料不提出任何看法。

专利持有人已向本标准的发布机构保证，愿意同任何申请人在合理和无歧视的条款和条件下，就使用授权许可进行协商。该专利持有人的声明已向本标准的发布机构提交。

以下列出有关专利权利人的信息：

专利持有人：中国电子技术标准化研究所
联 系 人：赵菁华
通讯地址：北京1101信箱
邮政编码：100007
电子邮件：zhaojh@cesi.ac.cn
电　　话：+10-84029795　13910006825
传　　真：+10-84029948
网　　址：http://www.egs.org.cn

专利持有人：北京信息工程学院
联 系 人：李宁
通讯地址：北京北四环中路35号
邮政编码：100101
电子邮件：ningli@public2.bta.net.cn
电　　话：+10-64884878　13501218765
传　　真：+10-64879080

专利持有人：北京九州软件有限公司
联 系 人：顾国泰
通讯地址：北京朝阳区北土城西路3号微电子大厦B座六层
邮政编码：100029
电子邮件：guotai@soft99.com.cn
电　　话：+10-82993166
传　　真：+10-82993297
网　　址：http://www.soft99.com.cn

请注意除上述已经识别出的专利外，本标准的某些内容有可能涉及专利。本标准的发布机构不承担识别这些专利的责任。

中文办公软件文档格式规范

1 范围

本标准规定了基于 XML 的中文办公软件文档格式标准。此处的中文办公软件包括文字处理、电子表格和演示文档应用。

本标准适用于中文办公软件文档格式和存储格式的定义，支持不同的中文办公软件之间的兼容和文档互换。

2 规范性引用文件

下列文件中的条款通过本标准的引用而成为本标准的条款。凡是注日期的引用文件，其随后所有的修改单(不包括勘误的内容)或修订版均不适用于本标准，然而，鼓励根据本标准达成协议的各方研究是否可使用这些文件的最新版本。凡是不注日期的引用文件，其最新版本适用于本标准。

GB 13000.1—1993 信息技术 通用多八位编码字符集(UCS) 第一部分:体系结构与基本多文种平面(idt ISO/IEC 10646-1:1993)

GB/T 18792—2002 信息技术 文件描述和处理语言 超文本置标语言(HTML)(idt ISO/IEC 15445:2000)

GB/T 18793—2002 信息技术 可扩展置标语言(XML)1.0(W3C RFC-xml:1998,NEQ)

3 术语和定义

下列术语和定义适用于本标准。

3.1

可扩展置标语言 eXtensible Markup Languge; XML

定义语义标记的规则，这些标记将文档分成许多部件并对部件加以标识。作为元标记语言，用于定义与特定领域有关的结构化标记语言的句法语言。

3.2

命名空间 namespace

在 XML 文档中，对元素和属性通过赋予一个有两个部分名称进行标识的手段。第一部分是名字空间，第二部分是功能名称。名字空间标识一组名称，以防止出自不同来源去纳入同一 XML 文档中的具有相同功能名称的多个对象发生混淆。各种典型的名字空间引用统一资源定位符(URI)，因为每一个 URI 都是惟一的。参见参考文献[4]。

3.3

文档类型定义 schema

一种用于限定文档结构(如元素的顺序、出现次数、属性等)的机制，用于描述一类实例文档的结构。分析器可以根据 schema 来验证文档。本标准中特指 W3C 制定的 Schema 标准 REC-xmlschema-0-20010502 第 0～2 部分。

3.4

元素 element

在诸如 HTML 和 SGML 之类的标记语言中，一组标记、标记之间的内容以及标记所含的所有属性的组合。

3.5

属性　attribute

文档类型定义的基本构成部分，用于给一个具体元素实例添加信息或修改其信息的一个名称—值对。

3.6

组　Group

文档类型定义的构成部分，包括元素组和属性组，定义多个元素或属性构成的组合。

3.7

类型　type

文档类型定义的基本构成部分，用以描述元素特征的、单独抽取以便其他元素共用的元素和属性集合，分为复杂类型和简单类型。

3.8

可扩展式样单语言　eXtensible Stylesheet Language；XSL

由 W3C 组织制定的用于定义 XML 文档转换和显现的系列标准。包括：XSLT、XPath、XSL-FO 3 部分。

3.9

可扩展式样单语言转换　eXtensible Stylesheet Language Transformations；XSLT

一种用于将现有的 XML 文档转化为重构的 XML 文档的技术。

注：XSLT 由万维网联盟于 1999 年制定，主要用作 XSL 的组成部分。XSL 描述借助于 XSLT 转化将文档样式化为 XML 文档。参见参考文献[5]。

3.10

式样单　stylesheet

一套指令集合，主要用于规定 XML 文档显现格式，也可以将一个 XML 文档转换成另一个文档。

3.11

统一资源定位符　uniform resource locators；URL

网络环境下引用资源的统一的方法。

4　整体结构

本标准定义了基于 XML 语言的中文办公软件文档格式的规范化描述及其物理存储方式，称为统一办公文档格式(Uniform Office Format，UOF)。本标准包括 3 个组成部分，即以 XML 文档类型定义语言定义的文档格式标准、文档物理存储的打包格式和支持文档格式标准定义的规范性附录。文档格式规范的构成见图 1。

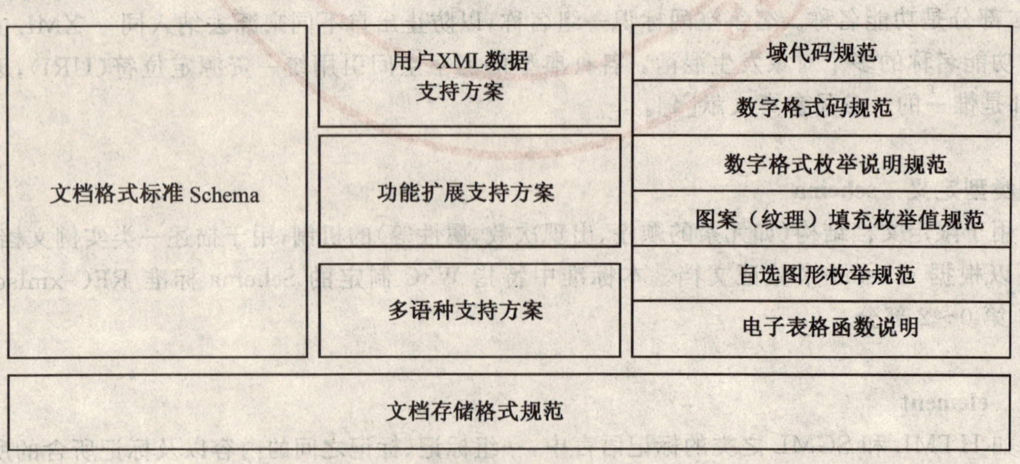

图 1　文档格式规范的构成

本标准的第5章以规范性描述文件(扩展名为xsd)的结构为线索,刻画了文档的体系结构,说明了文档类型定义包含的元素和属性的特征。每个规范性描述文件构成独立的命名空间,作为管理和控制元素和属性集合的基本单元,一个符合标准的文档通过引用多个命名空间中的元素和属性定义文档的实例。

本标准的第6章说明了基于XML的中文办公软件文档存储格式规范,即采用物理存储格式的基本结构。物理存储格式扩展名为uof,采用了压缩存储的方法,方便大型文档的处理和文档交换,在本标准中采用的字符集为GB 13000.1—1993。

在本标准的规范性附录部分描述了文档格式规范的辅助性功能定义,包括如下内容:

附录A为描述中文办公软件文档格式的完整的文档类型定义(Schema)。

附录B为用户XML数据支持方案,支持用户定义的逻辑文档结构XML数据。如果用户通过办公软件编辑带有逻辑格式的文本片断,本标准将独立存储描述此逻辑文本的数据元结构,并以标识符关联的方法与物理文本联系起来,从而形成同时支持物理文档和逻辑文档的统一文档。

附录C为功能扩展支持方案,支持用户功能扩展能力。本标准目前仅支持中文办公软件基本功能的定义,为了鼓励用户的功能创新,支持用户的个性化功能,本标准提供了扩展机制。用户通过扩展机制描述个性化的功能,同样也是符合标准的。

附录D为多语种支持方案,支持多语种版本管理。本标准的主版本是中文,对于其他语言版本的支持通过在规范定义的元素和属性中加入惟一标识符,可以方便地通过自动化处理工具形成多种语言版本的规范,从而支持标准的国际化。

为了完成文档格式的规范化描述,在附录E～附录H中还定义了包括域代码规范、数字格式码规范、数字格式枚举说明规范、图案(纹理)填充枚举值和预定义图形类型值及名称说明等。

附录E为域代码定义。为了表示文档中可能发生变化的数据,需要采用域代码来标识文档中某个数据块的内容,并通过通用开关、格式开关、数字格式开关以及日期时间格式开关来说明域所标识数据块的特征。本标准定义了标准的域代码和域开关,符合本标准的文档通过相同的域功能描述,可以实现交换过程中无损失的域功能表达。

附录F为数字格式的格式码描述。文字处理软件通常会处理多种形式的数字格式,包括常规型、数值型、货币型、会计型、日期型等等。在描述格式信息时,通常采用以字符串表示的格式码来实现,格式码通过约定的格式来表示一定的意义。本标准通过规范化的格式码描述和组织来表达不同的数字格式,保证了数字格式描述的统一性。

附录G为数字格式枚举说明。文字处理对于同一个数字在描述上可能有多种方式,包括阿拉伯数字、罗马数字等等,本标准通过枚举的方式定义了规范化的描述方式列表,从列表中选择特定的描述方式就可以保证交换过程中其他的文字处理软件可以正确地显示和解析。

附录H为图案(纹理)填充枚举和预定义图形枚举。本标准定义了文档中的图案(纹理)填充、预定义图形类型的标准化模板编号,以减少对于填充图案和预定义图形内容的描述中的复杂性。在文档中只需要标示出相应的编号,就可以通过文字处理软件重现图案和预定义图形的特征。

附录I描述了本标准所支持的预定义图形种类。

附录J为电子表格函数说明。描述了电子表格中的函数名称、作用与语法。

附录K为标准涉及的专利清单。

本标准规定的Schema在下次正式修订之前,可能会不定期更新,关于最新版本请参见:http://www.egs.org.cn/uof/。

5 文档格式标准 schema 格式

5.1 文档格式标准 schema 基本结构

5.1.1 uof.xsd

uof.xsd是构成文档格式标准的基本模块之一,定义了独立的命名空间,包括文字处理、电子表格和演示文档3种办公应用共同具有的基本要素。

5.1.1.1 命名空间

目标命名空间	http://schemas.uof.org/cn/2003/uof

5.1.1.2 元素与类型

元素	复杂类型	简单类型
UOF	书签类型	度量单位类型
停止引用	修订信息类型	式样类型
锚点	元数据类型	百分比类型
	字体声明类型	纸张方向类型
	式样表类型	线型类型
	纸张类型	长度类型
	超级链接类型	颜色类型
	边框类型	
	边框线类型	
	页边距类型	

5.1.2 字.xsd

字.xsd是构成文档格式标准的基本模块之一，定义了独立的命名空间，主要包括文字处理使用的基本要素，但同时也提供给其他应用文档格式描述使用。

5.1.2.1 命名空间

目标命名空间	http://schemas.uof.org/cn/2003/uof-wordproc

5.1.2.2 元素与类型

元素	复杂类型	简单类型	属性组
分节	主体类型	单元格垂直对齐类型	式样属性
句	位置类型	字符位置类型	
文字表	修订信息类型	数字格式类型	
段落	公用处理规则类型	文字排列方向类型	
逻辑章节	分栏类型	文字表对齐类型	
	分节类型	节垂直对齐方式类型	
	删除类型	节类型类型	
	制表位设置类型	视图类型	
	区域引用类型		
	单元格属性类型		
	单元格类型		
	句属性类型		
	句式样类型		
	句类型		
	域代码类型		
	域开始类型		

	域结束类型		
	尾注设置类型		
	批注类型		
	文字处理文档类型		
	文字表属性类型		
	文字表式样类型		
	文字表类型		
	文档设置类型		
	段落属性类型		
	段落式样类型		
	段落类型		
	用户类型		
	缩进类型		
	脚注尾注类型		
	脚注设置类型		
	自动编号类型		
	自动编号集类型		
	节属性类型		
	行属性类型		
	行类型		
	逻辑章节类型		
	锚点类型		
	页眉页脚类型		
	首字下沉类型		

5.1.3 表.xsd

表.xsd是构成标准的基本模块之一，定义了独立的命名空间，主要包括电子表格使用的基本要素，但同时也提供其他应用文档格式描述使用。

5.1.3.1 命名空间

目标命名空间	http://schemas.uof.org/cn/2003/uof-spreadsheet

5.1.3.2 元素与类型

元素	复杂类型	简单类型	属性组
区域	公用处理规则类型	偏移量	数字格式
图形	分组类型	公式	
图表	刻度类型	刻度标志	
填充	单元格式样类型	刻度线类型	
字体	单元格类型	区域	
对齐	图表类型	区域类型	

操作码	坐标轴类型	单元格值	
第一操作数	对齐格式类型	单元格数据类型	
第二操作数	工作表内容类型	命名表达式	
线型	工作表属性类型	图例位置	
边框	工作表类型	垂直对齐	
	数值类型	数值分类名称	
	数据有效性类型	文字方向	
	数据标志类型	文字旋转角度	
	数据点类型	显示单位	
	条件格式化类型	普通筛选类型	
	标题类型	条件操作符	
	校验条件类型	标题名	
	电子表格类型	校验类型	
	筛选类型	水平对齐	
	页面设置类型	系列产生类型	
		缩进量	
		网格线类型	
		随动方式	
		页眉页脚位置	

5.1.4 演.xsd

演.xsd是构成标准的基本模块之一，定义了独立的命名空间，主要包括演示文档使用的基本要素，但同时也提供其他应用文档格式描述使用。

5.1.4.1 命名空间

目标命名空间	http://schemas.uof.org/cn/2003/uof-slideshow

5.1.4.2 元素与类型

元素	复杂类型	简单类型	
声音	主体类型	运动方向	
背景	动画类型		
	幻灯片备注类型		
	幻灯片类型		
	放映设置类型		
	文本式样类型		
	母版类型		
	演示文档类型		
	配色方案类型		
	页面版式类型		
	页面设置类型		

5.1.5 图.xsd

5.1.5.1 命名空间

目标命名空间	http://schemas.uof.org/cn/2003/graph

5.1.5.2 元素与类型

元素	复杂类型	简单类型
图形	图形属性类型	箭头大小类型
	图形类型	箭头式样类型
	填充类型	随动方式类型

5.1.6 数.xsd

命名空间如下：

目标命名空间	http://www.w3c.org/1998/Math/MathML

5.2 文档格式规范元素和类型说明

5.2.1 元素 UOF

层次结构

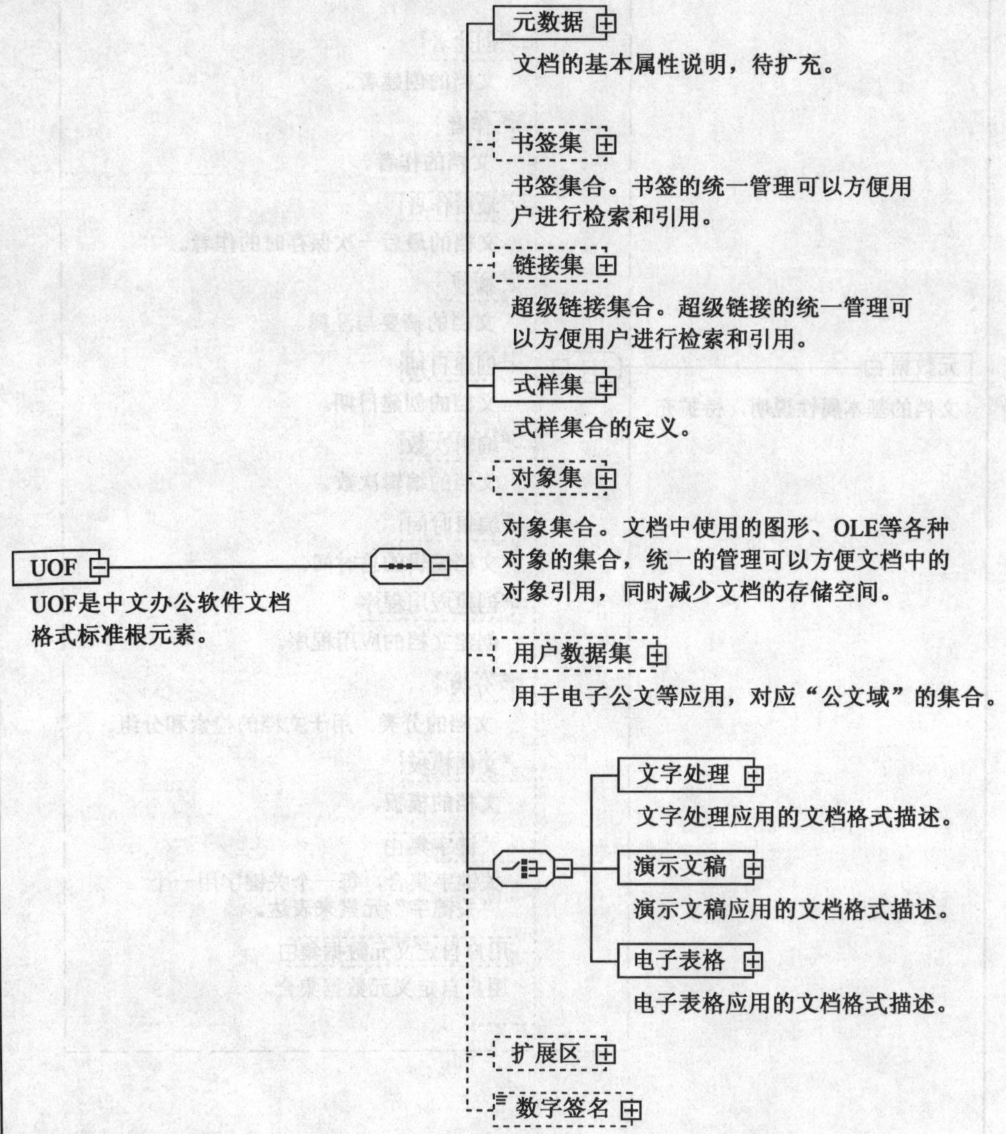

命名空间	http://schemas.uof.org/cn/2003/uof
子元素	元数据 书签集 链接集 式样集 对象集 用户数据集 文字处理 演示文稿 电子表格 扩展区 数字签名

	名称	类型	可用性	隐含值	固定值	注释
属性	language	xsd:string	required			
	version	xsd:string	required		1.0	文档 1.0
	locID	xsd:string	required		u0000	

5.2.2 元素 UOF/元数据

层次结构	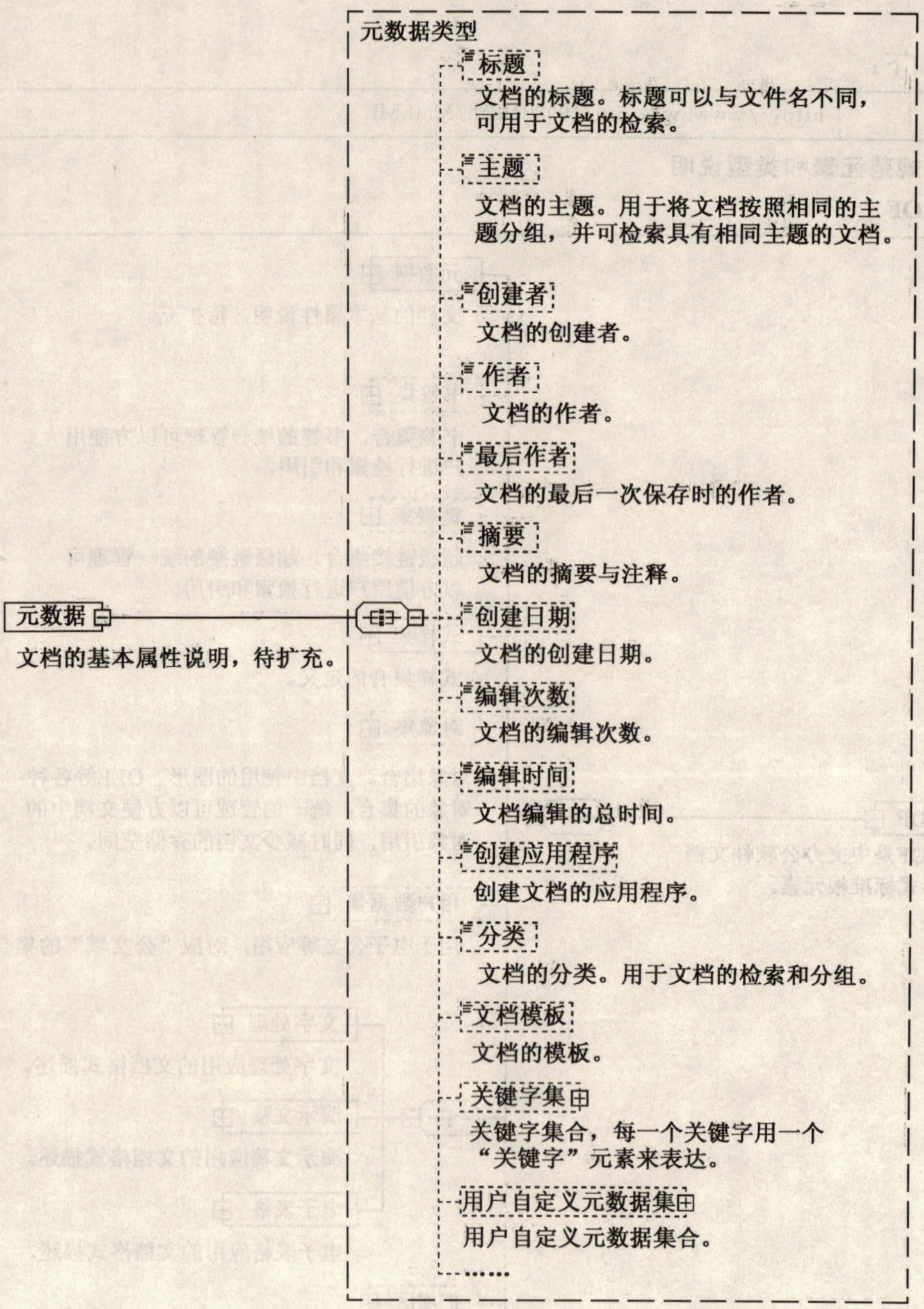

层次结构	
命名空间	http://schemas. uof. org/cn/2003/uof
类型	扩展 元数据类型
子元素	标题 主题 创建者 作者 最后作者 摘要 创建日期 编辑次数 编辑时间 创建应用程序 分类 文档模板 关键字集 用户自定义元数据集 公司名称 经理名称 页数 字数 英文字符数 中文字符数 行数 段落数 对象数
属性	名称 类型 可用性 隐含值 固定值 注释 locID xsd:string required u0001

5.2.3 元素 UOF/书签集

层次结构	
命名空间	http://schemas. uof. org/cn/2003/uof
子元素	书签
属性	名称 类型 可用性 隐含值 固定值 注释 locID xsd:string required u0027

5.2.4 元素 UOF/书签集/书签

<table>
<tr><td>层次结构</td><td colspan="6">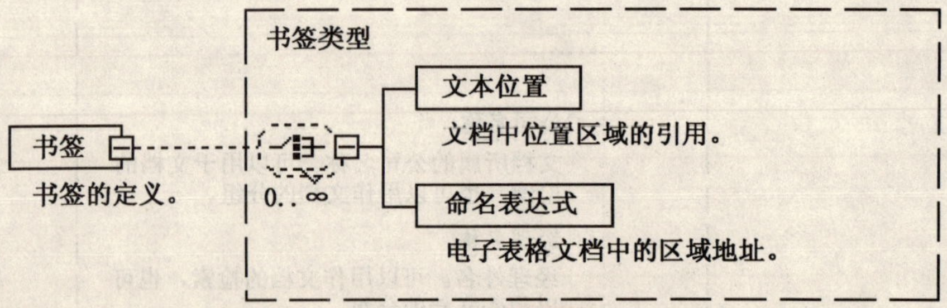
</td></tr>
<tr><td>命名空间</td><td colspan="6">http://schemas.uof.org/cn/2003/uof</td></tr>
<tr><td>类型</td><td colspan="6">扩展 书签类型</td></tr>
<tr><td>子元素</td><td colspan="6">文本位置 命名表达式</td></tr>
<tr><td rowspan="4">属性</td><td>名称</td><td>类型</td><td>可用性</td><td>隐含值</td><td>固定值</td><td>注释</td></tr>
<tr><td>名称</td><td>xsd:ID</td><td>required</td><td></td><td></td><td>文档 书签的名称和标识符。</td></tr>
<tr><td>locID</td><td>xsd:string</td><td>required</td><td></td><td>u0028</td><td></td></tr>
<tr><td>attrList</td><td>xsd:NMTOKENS</td><td>required</td><td></td><td>名称</td><td></td></tr>
</table>

5.2.5 元素 UOF/链接集

<table>
<tr><td>层次结构</td><td colspan="6">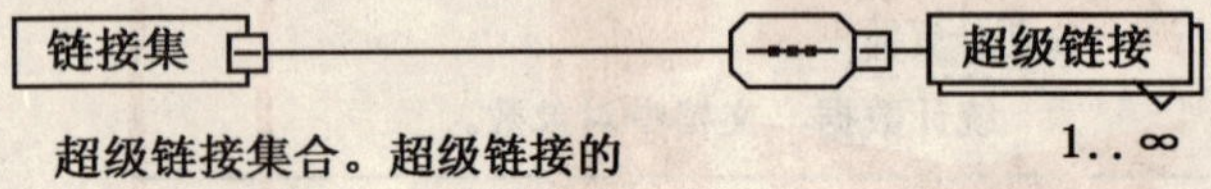

超级链接集合。超级链接的统一管理可以方便用户进行检索和引用。
超级链接的描述。定义了文档中出现的超级链接全部属性，可以是互联网地址（例如：http://www.UOF.org）、本地存储设备中的路径（例如：c:\UOF\documents），或者网络路径（例如：\\myserver\public\documents），也可以是本文档或其他文档中的书签。</td></tr>
<tr><td>命名空间</td><td colspan="6">http://schemas.uof.org/cn/2003/uof</td></tr>
<tr><td>子元素</td><td colspan="6">超级链接</td></tr>
<tr><td rowspan="2">属性</td><td>名称</td><td>类型</td><td>可用性</td><td>隐含值</td><td>固定值</td><td>注释</td></tr>
<tr><td>locID</td><td>xsd:string</td><td>required</td><td></td><td>u0031</td><td></td></tr>
</table>

5.2.6 元素 UOF/链接集/超级链接

<table>
<tr><td>层次结构</td><td>超级链接
超级链接的描述。定义了文档中出现的超级链接全部属性，可以是互联网地址（例如：http://www.UOF.org）、本地存储设备中的路径（例如：c:\UOF\documents），或者网络路径（例如：\\myserver\public\documents），也可以是本文档或其他文档中的书签。</td></tr>
<tr><td>命名空间</td><td>http://schemas.uof.org/cn/2003/uof</td></tr>
<tr><td>类型</td><td>扩展 超级链接类型</td></tr>
</table>

	名称	类型	可用性	隐含值	固定值	注释	
属性	标识符	xsd:ID	optional			文档	超级链接的标识符。
	目标	xsd:anyURI	optional			文档	超级链接的目标地址,可以是本地存储文件、网络文件或互联网地址等等。
	书签	xsd:string	optional			文档	超级链接的目标书签地址。如果目标书签在本文档中,则此属性值为书签的标识符;若目标书签在外部文档中,则此属性值为外部文档书签的标识符。
	式样引用	xsd:IDREF	optional			文档	超级链接在未访问之前的式样,引用的是句式样。
	已访问式样引用	xsd:IDREF	optional			文档	超级链接在访问之后的式样,引用的是句式样。
	提示	xsd:string	optional			文档	提示文字。是鼠标移到超级链接载体上时显示的屏幕提示。
	链源	xsd:string	optional			文档	作为超级链接载体的区域的标识符的引用,如果在电子表格中,就是表格中地址的引用。
	locID	xsd:string	required		u0032		
	attrList	xsd:NMTOKENS	required		标识符 目标 书签 式样引用 已访问式样引用 提示 链源		

5.2.7 元素 UOF/式样集

<table>
<tr><td>层次结构</td><td colspan="6">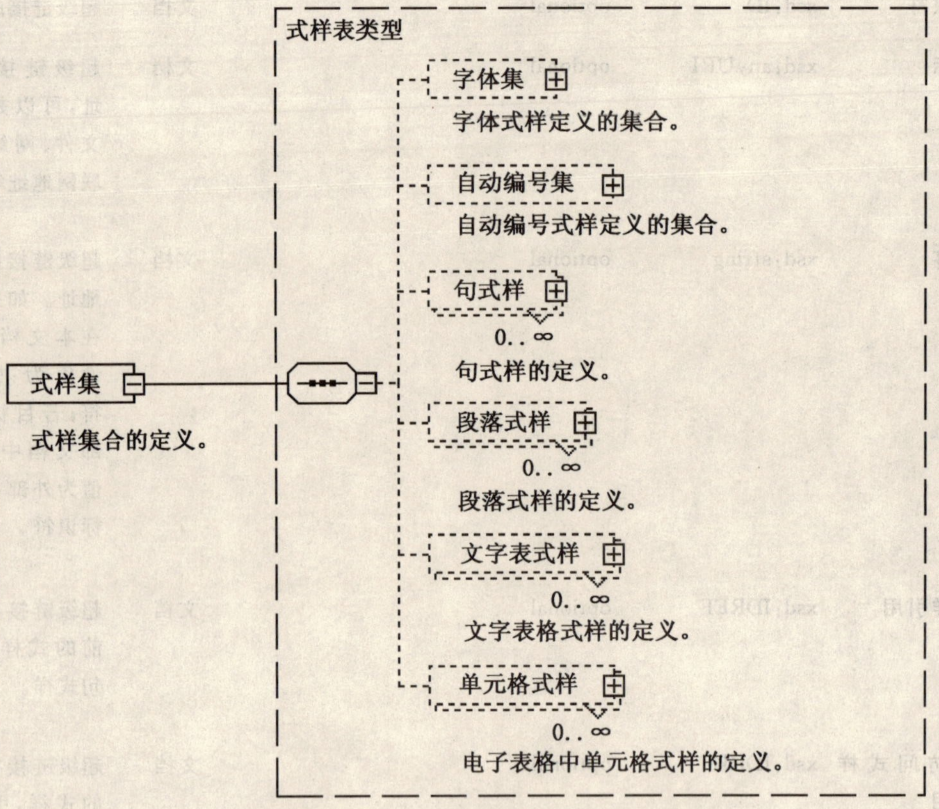
</td></tr>
<tr><td>命名空间</td><td colspan="6">http://schemas.uof.org/cn/2003/uof</td></tr>
<tr><td>类型</td><td colspan="6">扩展 式样表类型</td></tr>
<tr><td>子元素</td><td colspan="6">字体集 自动编号集 句式样 段落式样 文字表式样 单元格式样</td></tr>
<tr><td rowspan="2">属性</td><td>名称</td><td>类型</td><td>可用性</td><td>隐含值</td><td>固定值</td><td>注释</td></tr>
<tr><td>locID</td><td>xsd:string</td><td>required</td><td></td><td>u0039</td><td></td></tr>
</table>

5.2.8 元素 UOF/对象集

<table>
<tr><td>层次结构</td><td colspan="6">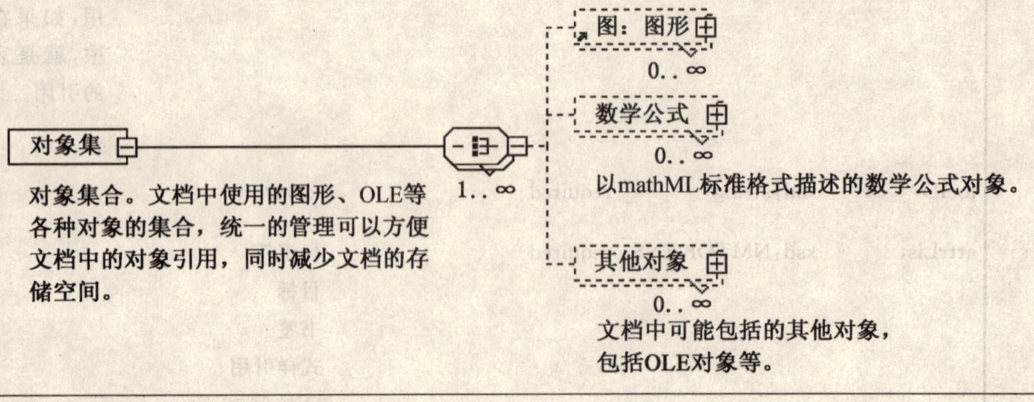
</td></tr>
<tr><td>命名空间</td><td colspan="6">http://schemas.uof.org/cn/2003/uof</td></tr>
<tr><td>子元素</td><td colspan="6">图:图形 数学公式 其他对象</td></tr>
<tr><td rowspan="2">属性</td><td>名称</td><td>类型</td><td>可用性</td><td>隐含值</td><td>固定值</td><td>注释</td></tr>
<tr><td>locID</td><td>xsd:string</td><td></td><td></td><td>u0033</td><td></td></tr>
</table>

5.2.9 元素 UOF/对象集/数学公式

层次结构	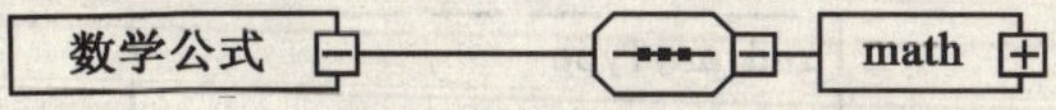 以mathML标准格式描述的数学公式对象。				
命名空间	http://schemas.uof.org/cn/2003/uof				
子元素	数:math				
属性	名称	类型	可用性	隐含值	固定值	注释
	locID	xsd:string	required		u0034	
	attrList	xsd:NMTOKENS	required		标识符	
	标识符	xsd:ID	required			

5.2.10 元素 UOF/对象集/数学公式/math

层次结构	math
命名空间	http://schemas.uof.org/cn/2003/uof

5.2.11 元素 UOF/对象集/其他对象

层次结构	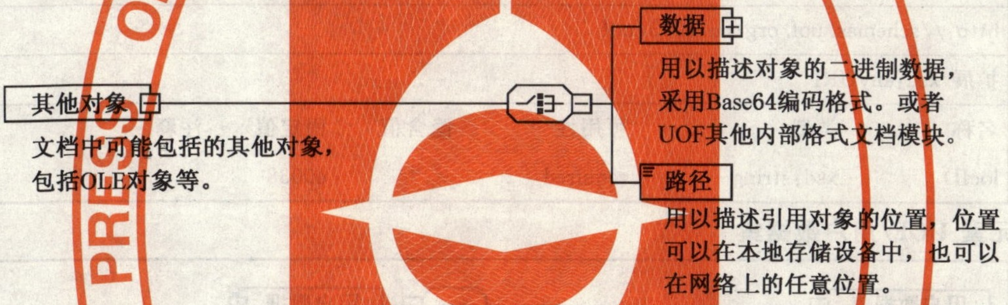					
命名空间	http://schemas.uof.org/cn/2003/uof					
子元素	数据 路径					
属性	名称	类型	可用性	隐含值	固定值	注释
	locID	xsd:string	required		u0036	
	标识符	xsd:ID	required			
	内嵌	xsd:boolean	optional			
	公共类型	xsd:string	optional	文档		类型标识。公共类型为共同支持的媒体数据类型，属于可交换的内容。
	私有类型	xsd:string	optional	文档		类型标识。私有类型为不可交换的媒体数据。OLE数据由于描述复杂，各厂商描述区别较大，目前作为私有类型处理。
	attrList	xsd:NMTOKENS	required		标识符 内嵌 公共类型 私有类型	

5.2.12 元素 UOF/对象集/其他对象/数据

层次结构	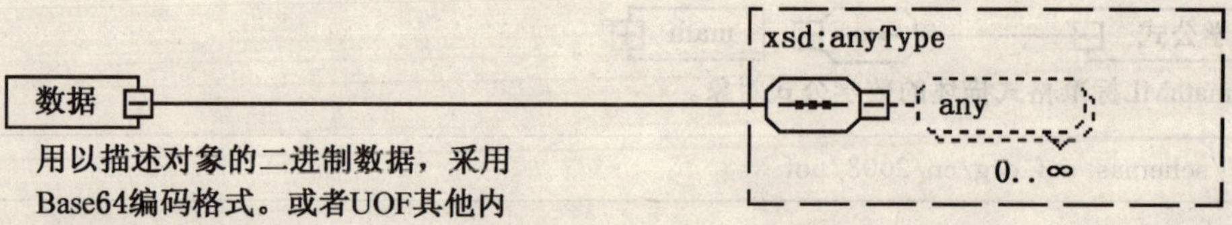 用以描述对象的二进制数据，采用Base64编码格式。或者UOF其他内部格式文档模块。				
命名空间	http://schemas.uof.org/cn/2003/uof				
类型	扩展 xsd:any 类型				
属性	名称	类型	可用性	隐含值	固定值	注释
	locID	xsd:string	required		u0037	

5.2.13 元素 UOF/对象集/其他对象/路径

层次结构	 用以描述引用对象的位置，位置可以在本地存储设备中，也可以在网络上的任意位置。					
命名空间	http://schemas.uof.org/cn/2003/uof					
类型	扩展 xsd:anyURI					
属性	名称	类型	可用性	隐含值	固定值	注释
	locID	xsd:string	required		u0038	

5.2.14 元素 UOF/用户数据集

层次结构	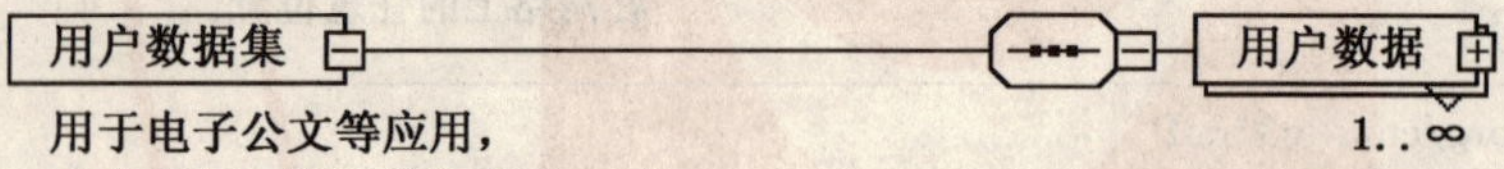 用于电子公文等应用，对应“公文域”的集合 用于电子公文等应用，对应“公文域”。通过“UOF／节点路径”指出文档的哪一部分作为用户数据（“公文域”）。并通过“用户XML／节点路径”对应到用户XML数据的相应元素上。					
命名空间	http://schemas.uof.org/cn/2003/uof					
子元素	用户数据					
属性	名称	类型	可用性	隐含值	固定值	注释
	locID	xsd:string	required		u0068	

5.2.15 元素 UOF/用户数据集/用户数据

层次结构	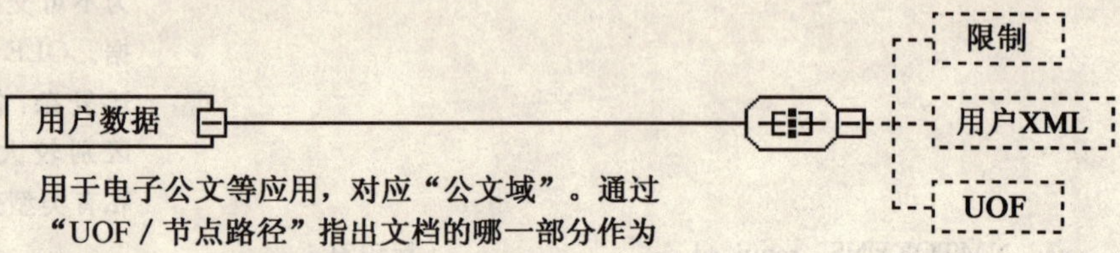 用于电子公文等应用，对应“公文域”。通过“UOF／节点路径”指出文档的哪一部分作为用户数据（“公文域”）。并通过“用户XML／节点路径”对应到用户XML数据的相应元素上。
命名空间	http://schemas.uof.org/cn/2003/uof

子元素	限制 用户 XML UOF					
属性	名称	类型	可用性	隐含值	固定值	注释
	名称	xsd:string				
	locID	xsd:string	required		u0069	
	attrList	xsd:NMTOKENS	required		名称	

5.2.16 元素 UOF/用户数据集/用户数据/限制

层次结构	限制					
命名空间	http://schemas.uof.org/cn/2003/uof					
属性	名称	类型	可用性	隐含值	固定值	注释
	可否显示	xsd:boolean		true		
	可否编辑	xsd:boolean		true		
	可否打印	xsd:boolean		true		
	locID	xsd:string	required		u0070	
	attrList	xsd:NMTOKENS	required		可否显示 可否编辑 可否打印	

5.2.17 元素 UOF/用户数据集/用户数据/用户 XML

层次结构	用户XML						
命名空间	http://schemas.uof.org/cn/2003/uof						
属性	名称	类型	可用性	隐含值	固定值	注释	
	schema	xsd:string				文档	用户 XML 数据所对应的 schema。
	文件名	xsd:string				文档	用户 XML 文件的 URL。
	节点路径	xsd:string				文档	用户 XML 数据的元素位置。
	locID	xsd:string	required		u0071	文档	元素语种标识符。
	attrList	xsd:NMTOKENS	required		schema 文件名 节点路径	文档	元素属性列表名称。

5.2.18 元素 UOF/用户数据集/用户数据/UOF

层次结构	UOF						
命名空间	http://schemas.uof.org/cn/2003/uof						
属性	名称	类型	可用性	隐含值	固定值	注释	
	节点路径	xsd:string				文档	UOF 元素的位置。
	locID	xsd:string	required		u0072		
	attrList	xsd:NMTOKENS	required		节点路径		

5.2.19 元素 UOF/文字处理

层次结构	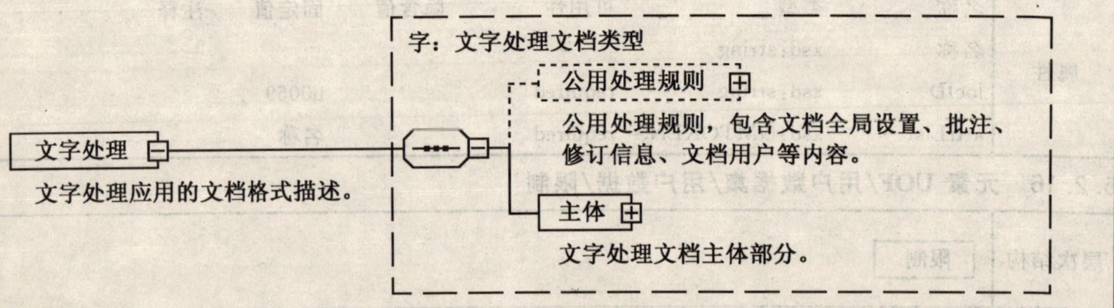					
命名空间	http://schemas.uof.org/cn/2003/uof					
类型	扩展 字:文字处理文档类型					
子元素	公用处理规则 主体					
属性	名称	类型	可用性	隐含值	固定值	注释
	locID	xsd:string	required		u0047	

5.2.20 元素 UOF/演示文稿

层次结构	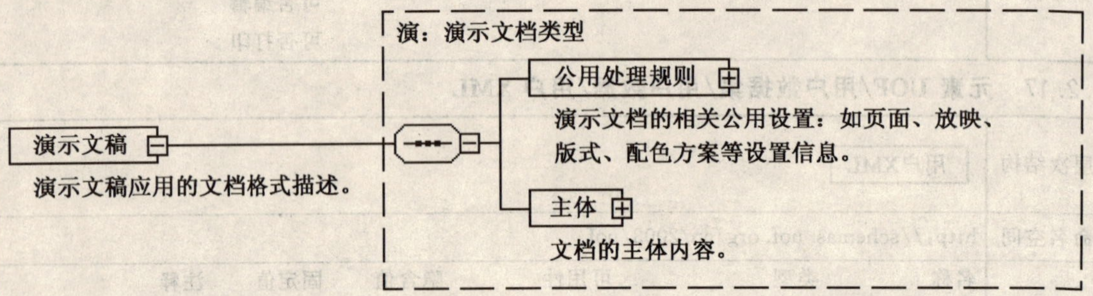					
命名空间	http://schemas.uof.org/cn/2003/uof					
类型	扩展 演:演示文档类型					
子元素	公用处理规则 主体					
属性	名称	类型	可用性	隐含值	固定值	注释
	locID	xsd:string	required		u0048	

5.2.21 元素 UOF/电子表格

层次结构	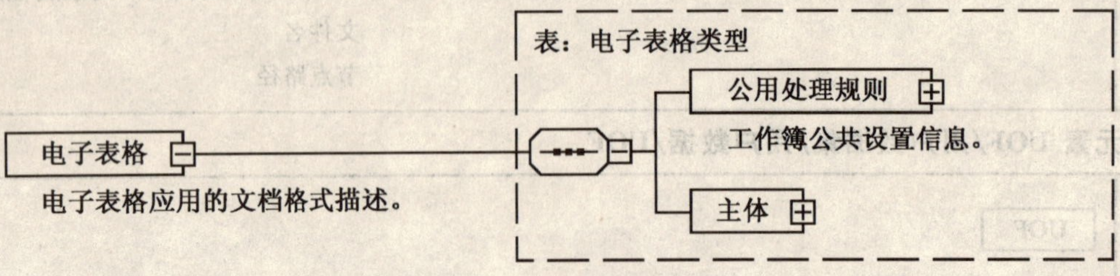					
命名空间	http://schemas.uof.org/cn/2003/uof					
类型	扩展 表:电子表格类型					
子元素	公用处理规则 主体					
属性	名称	类型	可用性	隐含值	固定值	注释
	locID	xsd:string	required		u0049	

5.2.22 元素 UOF/扩展区

层次结构	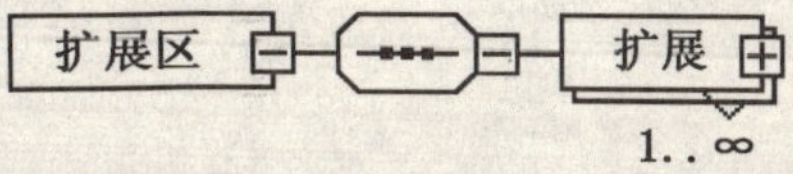
命名空间	http://schemas.uof.org/cn/2003/uof
子元素	扩展
属性	名称 类型 可用性 隐含值 固定值 注释 locID xsd:string required u0050

5.2.23 元素 UOF/扩展区/扩展

层次结构	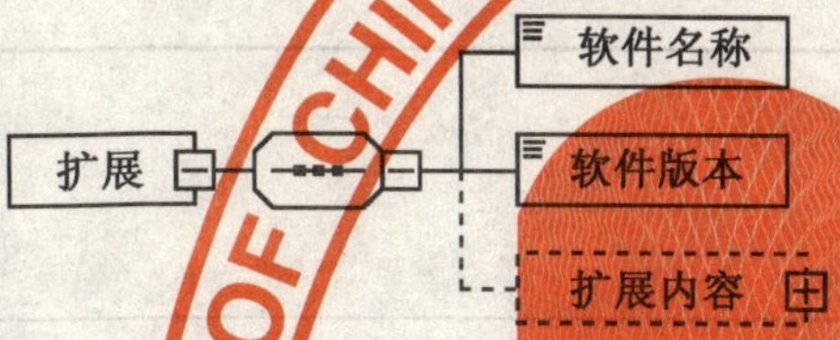
命名空间	http://schemas.uof.org/cn/2003/uof
子元素	软件名称 软件版本 扩展内容
属性	名称 类型 可用性 隐含值 固定值 注释 locID xsd:string required u0051

5.2.24 元素 UOF/扩展区/扩展/软件名称

层次结构	软件名称
命名空间	http://schemas.uof.org/cn/2003/uof
类型	扩展 xsd:string
属性	名称 类型 可用性 隐含值 固定值 注释 locID xsd:string required u0052

5.2.25 元素 UOF/扩展区/扩展/软件版本

层次结构	软件版本
命名空间	http://schemas.uof.org/cn/2003/uof
类型	扩展 xsd:string
属性	名称 类型 可用性 隐含值 固定值 注释 locID xsd:string required u0053

5.2.26 元素 UOF/扩展区/扩展/扩展内容

层次结构	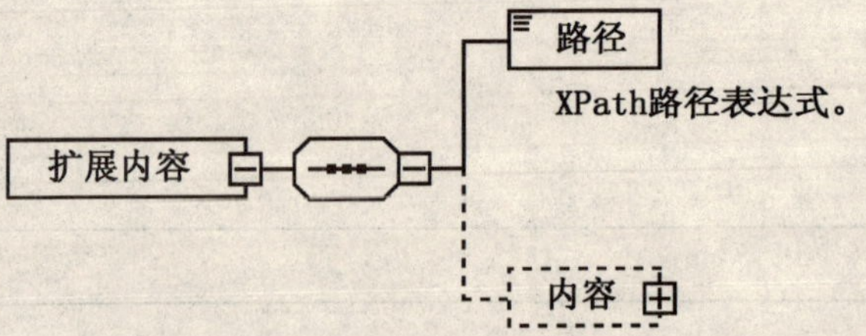					
命名空间	http://schemas.uof.org/cn/2003/uof					
子元素	路径 内容					
属性	名称	类型	可用性	隐含值	固定值	注释
	locID	xsd:string	required		u0054	

5.2.27 元素 UOF/扩展区/扩展/扩展内容/路径

层次结构	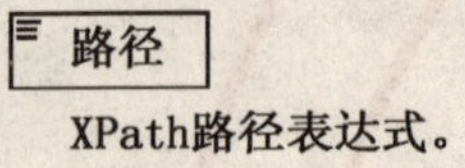					
命名空间	http://schemas.uof.org/cn/2003/uof					
类型	扩展 xsd:string					
属性	名称	类型	可用性	隐含值	固定值	注释
	locID	xsd:string	required		u0065	

5.2.28 元素 UOF/扩展区/扩展/扩展内容/内容

层次结构	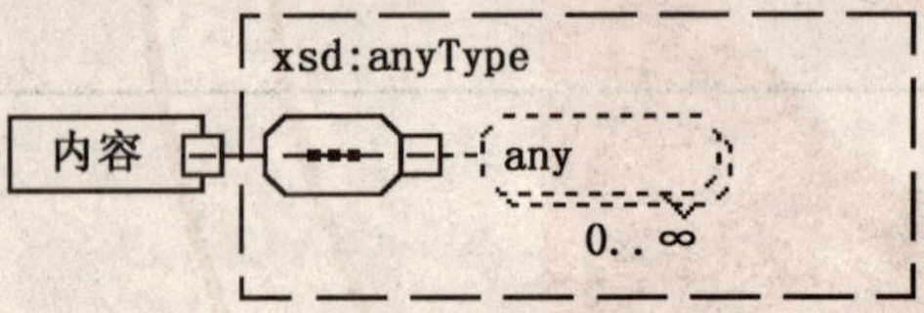					
命名空间	http://schemas.uof.org/cn/2003/uof					
类型	扩展 xsd:any 类型					
属性	名称	类型	可用性	隐含值	固定值	注释
	locID	xsd:string	required		u0056	

5.2.29 元素 UOF/数字签名

层次结构	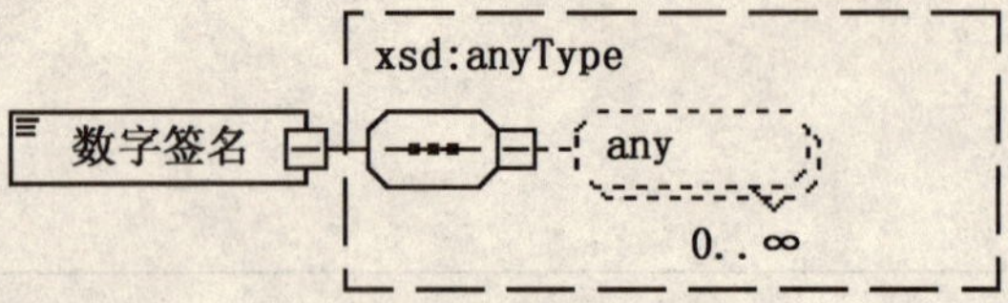					
命名空间	http://schemas.uof.org/cn/2003/uof					
类型	xsd:any 类型					
属性	名称	类型	可用性	隐含值	固定值	注释

5.2.30 元素 停止引用

层次结构	停止引用 — 路径 0..∞ 用于停止继承祖先节点的设置。 路径：XPath形式，仅限当前节点和属性，不支持完整的XPath路径。
命名空间	http://schemas.uof.org/cn/2003/uof
子元素	路径
用于	复杂类型　字:单元格属性类型　字:文字表属性类型　字:段落属性类型
属性	名称：locID　类型：xsd:string　可用性：required　隐含值：　固定值：u0066　注释：

5.2.31 元素 停止引用/路径

层次结构	路径 XPath形式，仅限当前节点和属性，不支持完整的XPath路径。
命名空间	http://schemas.uof.org/cn/2003/uof
类型	扩展 xsd:string
属性	名称：locID　类型：xsd:string　可用性：required　隐含值：　固定值：u0067　注释：

5.2.32 元素 锚点

层次结构	锚点
命名空间	http://schemas.uof.org/cn/2003/uof
用于	元素：表:单元格类型/批注 复杂类型：演:幻灯片备注类型　演:幻灯片类型　演:母版类型　演:页面版式类型　表:单元格类型　表:工作表内容类型

属性：

名称	类型	可用性	隐含值	固定值	注释
locID	xsd:string	required		u0064	
attrList	xsd:NMTOKENS	required		x 坐标 y 坐标 宽度 高度 图形引用 随动方式 缩略图 占位符	
x 坐标	xsd:float	optional			
y 坐标	xsd:float	optional			
宽度	xsd:float	optional			
高度	xsd:float	optional			
图形引用	xsd:IDREF	required			
随动方式	图:随动方式类型	optional			

	名称	类型	可用性	隐含值	固定值	注释	
属性	缩略图	xsd:boolean	optional			文档	演示文档中备注幻灯片中的缩略图。
	占位符	xsd:string	optional			文档	页面版式和演示文稿母版中的占位符类型。

5.2.33 复杂类型 书签类型

层次结构	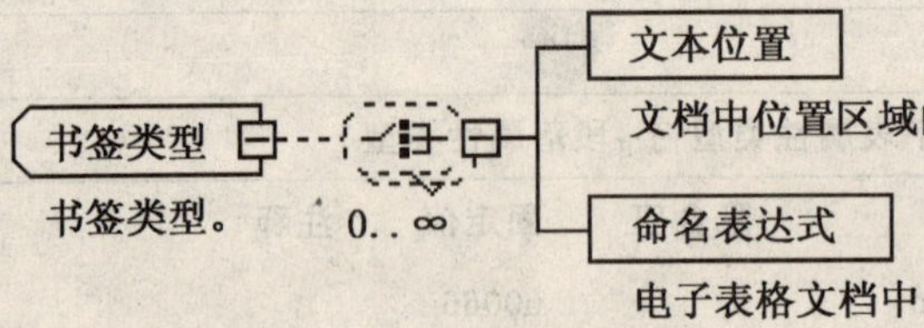 						
命名空间	http://schemas.uof.org/cn/2003/uof						
子元素	文本位置 命名表达式						
用于	元素 UOF/书签集/书签						
属性	名称	类型	可用性	隐含值	固定值	注释	
	名称	xsd:ID	required			文档	书签的名称和标识符。

5.2.34 元素 书签类型/文本位置

层次结构	文本位置 文档中位置区域的引用。						
命名空间	http://schemas.uof.org/cn/2003/uof						
类型	扩展 字:区域引用类型						
属性	名称	类型	可用性	隐含值	固定值	注释	
	区域引用	xsd:IDREF	required			文档	指定所引用的区域的标识符。
	locID	xsd:string	required		u0029		
	attrList	xsd:NMTOKENS	required		区域引用		

5.2.35 元素 书签类型/命名表达式

层次结构	命名表达式 电子表格文档中的区域地址。						
命名空间	http://schemas.uof.org/cn/2003/uof						
属性	名称	类型	可用性	隐含值	固定值	注释	
	locID	xsd:string	required		u0030		
	attrList	xsd:NMTOKENS	required		行列区域 工作表名		
	行列区域	表:命名表达式	optional			文档	以电子表格中行和列数值定义的区域。
	工作表名	xsd:string	optional			文档	记录命名表达式所属的工作表，以区分命名表达式是工作表私有的还是公有的。

5.2.36 复杂类型 修订信息类型

层次结构	修订信息类型 存放作者、时间、修订类型等修订信息。						
命名空间	http://schemas.uof.org/cn/2003/uof						
属性	名称	类型	可用性	隐含值	固定值	注释	
	标识符	xsd:ID	required			文档	修订信息的标识符。
	作者标识符引用	xsd:IDREF	optional			文档	修订作者的标识符引用。
	日期	xsd:dateTime	optional			文档	修订的日期和时间。

5.2.37 复杂类型 元数据类型

层次结构

<table>
<tr><td>层次结构</td><td>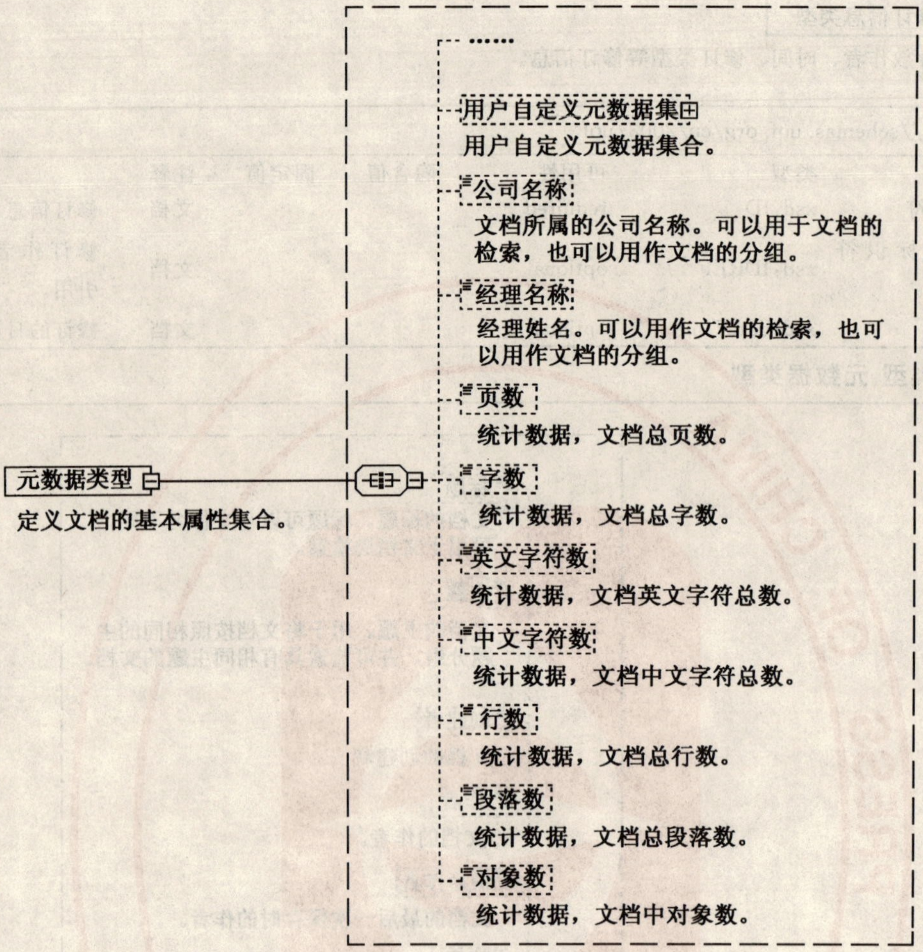
</td></tr>
<tr><td>命名空间</td><td>http://schemas.uof.org/cn/2003/uof</td></tr>
<tr><td>子元素</td><td>标题 主题 创建者 作者 最后作者 摘要 创建日期 编辑次数 编辑时间 创建应用程序 分类 文档模板 关键字集 用户自定义元数据集 公司名称 经理名称 页数 字数 英文字符数 中文字符数 行数 段落数 对象数</td></tr>
<tr><td>用于</td><td>元素 UOF/元数据</td></tr>
</table>

5.2.38 元素 元数据类型/标题

<table>
<tr><td>层次结构</td><td>标题
文档的标题。标题可以与文件名不同，可用于文档的检索。</td></tr>
<tr><td>命名空间</td><td>http://schemas.uof.org/cn/2003/uof</td></tr>
<tr><td>类型</td><td>扩展 xsd:string</td></tr>
<tr><td>属性</td><td><table><tr><td>名称</td><td>类型</td><td>可用性</td><td>隐含值</td><td>固定值</td><td>注释</td></tr><tr><td>locID</td><td>xsd:string</td><td>required</td><td></td><td>u0002</td><td></td></tr></table></td></tr>
</table>

5.2.39　元素 元数据类型/主题

层次结构	主题 文档的主题。用于将文档按照相同的主题分组，并可检索具有相同主题的文档。
命名空间	http://schemas.uof.org/cn/2003/uof
类型	扩展 xsd:string
属性	名称 类型 可用性 隐含值 固定值 注释 locID xsd:string required u0003

5.2.40　元素 元数据类型/创建者

层次结构	创建者 文档的创建者。
命名空间	http://schemas.uof.org/cn/2003/uof
类型	扩展 xsd:string
属性	名称 类型 可用性 隐含值 固定值 注释 locID xsd:string required u0004

5.2.41　元素 元数据类型/作者

层次结构	作者 文档的作用。
命名空间	http://schemas.uof.org/cn/2003/uof
类型	扩展 xsd:string
属性	名称 类型 可用性 隐含值 固定值 注释 locID xsd:string required u0005

5.2.42　元素 元数据类型/最后作者

层次结构	最后作者 文档的最后一次保存时的作者。
命名空间	http://schemas.uof.org/cn/2003/uof
类型	扩展 xsd:string
属性	名称 类型 可用性 隐含值 固定值 注释 locID xsd:string required u0006

5.2.43 元素 元数据类型/摘要

层次结构	摘要 文档的摘要与注释。
命名空间	http://schemas.uof.org/cn/2003/uof
类型	扩展 xsd:string
属性	名称 类型 可用性 隐含值 固定值 注释 locID xsd:string required u0007

5.2.44 元素 元数据类型/创建日期

层次结构	创建日期 文档的创建日期。
命名空间	http://schemas.uof.org/cn/2003/uof
类型	扩展 xsd:dateTime
属性	名称 类型 可用性 隐含值 固定值 注释 locID xsd:string required u0008

5.2.45 元素 元数据类型/编辑次数

层次结构	编辑次数 文档的编辑次数。
命名空间	http://schemas.uof.org/cn/2003/uof
类型	扩展 xsd:string
属性	名称 类型 可用性 隐含值 固定值 注释 locID xsd:string required u0009

5.2.46 元素 元数据类型/编辑时间

层次结构	编辑时间 文档编辑的总时间。
命名空间	http://schemas.uof.org/cn/2003/uof
类型	扩展 xsd:duration
属性	名称 类型 可用性 隐含值 固定值 注释 locID xsd:string required u0010

5.2.47 元素 元数据类型/创建应用程序

层次结构	创建应用程序 创建文档的应用程序。					
命名空间	http://schemas.uof.org/cn/2003/uof					
类型	扩展 xsd:string					
属性	名称	类型	可用性	隐含值	固定值	注释
	locID	xsd:string	required		u0011	

5.2.48 元素 元数据类型/分类

层次结构	分类 文档的分类。用于文档的检索和分组。					
命名空间	http://schemas.uof.org/cn/2003/uof					
类型	扩展 xsd:string					
属性	名称	类型	可用性	隐含值	固定值	注释
	locID	xsd:string	required		u0012	

5.2.49 元素 元数据类型/文档模板

层次结构	文档模板 文档的模板。					
命名空间	http://schemas.uof.org/cn/2003/uof					
类型	扩展 xsd:anyURI					
属性	名称	类型	可用性	隐含值	固定值	注释
	locID	xsd:string	required		u0013	

5.2.50 元素 元数据类型/关键字集

层次结构	关键字集 关键字集合，每一个关键字用一个"关键字"元素来表达。 关键字 1..∞ 用于文档检索的关键字。					
命名空间	http://schemas.uof.org/cn/2003/uof					
子元素	关键字					
属性	名称	类型	可用性	隐含值	固定值	注释
	locID	xsd:string	required		u0014	

5.2.51 元素 元数据类型/关键字集/关键字

层次结构	关键字 用于文档检索的关键字。
命名空间	http://schemas.uof.org/cn/2003/uof
类型	扩展 xsd:string
属性	名称 类型 可用性 隐含值 固定值 注释 locID xsd:string required u0015

5.2.52 元素 元数据类型/用户自定义元数据集

层次结构	用户自定义元数据集 用户自定义元数据集合。 用户自定义元数据 1..∞ 用户自定义元数据，可以指定一个名称，并指定一种类型。
命名空间	http://schemas.uof.org/cn/2003/uof
子元素	用户自定义元数据
属性	名称 类型 可用性 隐含值 固定值 注释 locID xsd:string required u0016

5.2.53 元素 元数据类型/用户自定义元数据集/用户自定义元数据

层次结构	用户自定义元数据 用户自定义元数据，可以指定一个名称，并指定一种类型。
命名空间	http://schemas.uof.org/cn/2003/uof
类型	扩展 xsd:string
属性	名称 类型 可用性 隐含值 固定值 注释 locID xsd:string required u0017 attrList xsd:NMTOKENS required 名称 类型 名称 xsd:string optional 类型 xsd:string optional

5.2.54 元素 元数据类型/公司名称

层次结构	公司名称 文档所属的公司名称。可以用于文档的检索，也可以用作文档的分组。
命名空间	http://schemas.uof.org/cn/2003/uof
类型	扩展 xsd:string
属性	名称 类型 可用性 隐含值 固定值 注释 locID xsd:string required u0018

5.2.55 元素 元数据类型/经理名称

层次结构	经理名称 经理姓名。可以用作文档的检索，也可以用作文档的分组。
命名空间	http://schemas.uof.org/cn/2003/uof
类型	扩展 xsd:string
属性	名称 类型 可用性 隐含值 固定值 注释 locID xsd:string required u0019

5.2.56 元素 元数据类型/页数

层次结构	页数 统计数据，文档总页数。
命名空间	http://schemas.uof.org/cn/2003/uof
类型	扩展 xsd:long
属性	名称 类型 可用性 隐含值 固定值 注释 locID xsd:string required u0020

5.2.57 元素 元数据类型/字数

层次结构	字数 统计数据，文档总字数。
命名空间	http://schemas.uof.org/cn/2003/uof
类型	扩展 xsd:long
属性	名称 类型 可用性 隐含值 固定值 注释 locID xsd:string required u0021

5.2.58 元素 元数据类型/英文字符数

层次结构	英文字符数 统计数据，文档英文字符总数。
命名空间	http://schemas.uof.org/cn/2003/uof
类型	扩展 xsd:long
属性	名称 类型 可用性 隐含值 固定值 注释 locID xsd:string required u0022

5.2.59 元素 元数据类型/中文字符数

层次结构	中文字符数 统计数据，文档中文字符总数。
命名空间	http://schemas.uof.org/cn/2003/uof
类型	扩展 xsd:long
属性	名称 类型 可用性 隐含值 固定值 注释 locID xsd:string required u0023

5.2.60 元素 元数据类型/行数

层次结构	行数 统计数据，文档总行数。
命名空间	http://schemas.uof.org/cn/2003/uof
类型	扩展 xsd:long
属性	名称 类型 可用性 隐含值 固定值 注释 locID xsd:string required u0024

5.2.61 元素 元数据类型/段落数

层次结构	段落数 统计数据，文档总段落数。
命名空间	http://schemas.uof.org/cn/2003/uof
类型	扩展 xsd:long
属性	名称 类型 可用性 隐含值 固定值 注释 locID xsd:string required u0025

5.2.62 元素 元数据类型/对象数

层次结构	对象数 统计数据，文档中对象数。
命名空间	http://schemas.uof.org/cn/2003/uof
类型	扩展 xsd:long
属性	名称 类型 可用性 隐含值 固定值 注释 locID xsd:string required u0026

5.2.63 复杂类型 字体声明类型

层次结构	字体声明类型 字体声明基本信息定义。
命名空间	http://schemas.uof.org/cn/2003/uof
用于	元素 式样表类型/字体集/字体声明
属性	名称 类型 可用性 隐含值 固定值 注释 标识符 xsd:ID required 文档 字体标识符。 名称 xsd:string required 文档 字体的名称。 字体族 xsd:string optional 文档 字体族名称。

5.2.64 复杂类型 式样表类型

层次结构	式样表类型 式样表。包括字体、句、段落、文字表、单元格等对象的式样。 字体集 字体式样定义的集合。 自动编号集 自动编号式样定义的集合。 句式样 0..∞ 句式样的定义。 段落式样 0..∞ 段落式样的定义。 文字表式样 0..∞ 文字表格式样的定义。 单元格式样 0..∞ 电子表格中单元格式样的定义。
命名空间	http://schemas.uof.org/cn/2003/uof
子元素	字体集 自动编号集 句式样 段落式样 文字表式样 单元格式样
用于	元素 UOF/式样集

5.2.65 元素 式样表类型/字体集

层次结构	字体集 字体式样定义的集合。 字体声明 1..∞ 字体的名称和字体族描述。
命名空间	http://schemas.uof.org/cn/2003/uof
子元素	字体声明
属性	名称 类型 可用性 隐含值 固定值 注释 locID xsd:string required u0040

5.2.66 元素 式样表类型/字体集/字体声明

层次结构	字体声明 字体的名称和字体族描述。
命名空间	http://schemas.uof.org/cn/2003/uof
类型	扩展 字体声明类型

属性	名称	类型	可用性	隐含值	固定值	注释	
	标识符	xsd:ID	required			文档	字体标识符。
	名称	xsd:string	required			文档	字体的名称。
	字体族	xsd:string	optional			文档	字体族名称。
	locID	xsd:string	required		u0041	文档	元素语种标识符。
	attrList	xsd:NMTOKENS	required		标识符 名称 字体族	文档	元素属性列表名称。

5.2.67 元素 式样表类型/自动编号集

层次结构	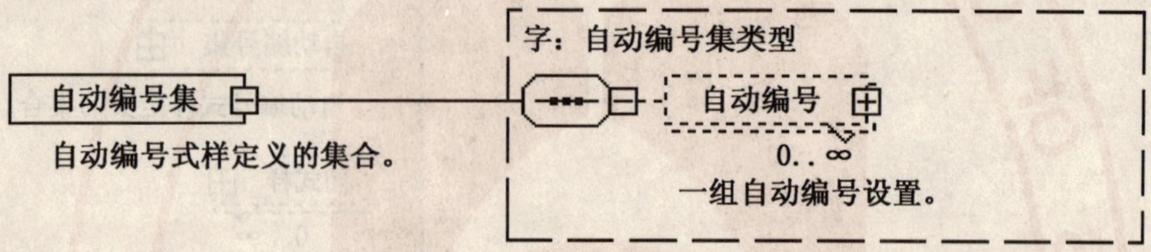
命名空间	http://schemas.uof.org/cn/2003/uof
类型	扩展 字:自动编号集类型
子元素	自动编号

属性	名称	类型	可用性	隐含值	固定值	注释
	locID	xsd:string	required		u0042	

5.2.68 元素 式样表类型/句式样

层次结构	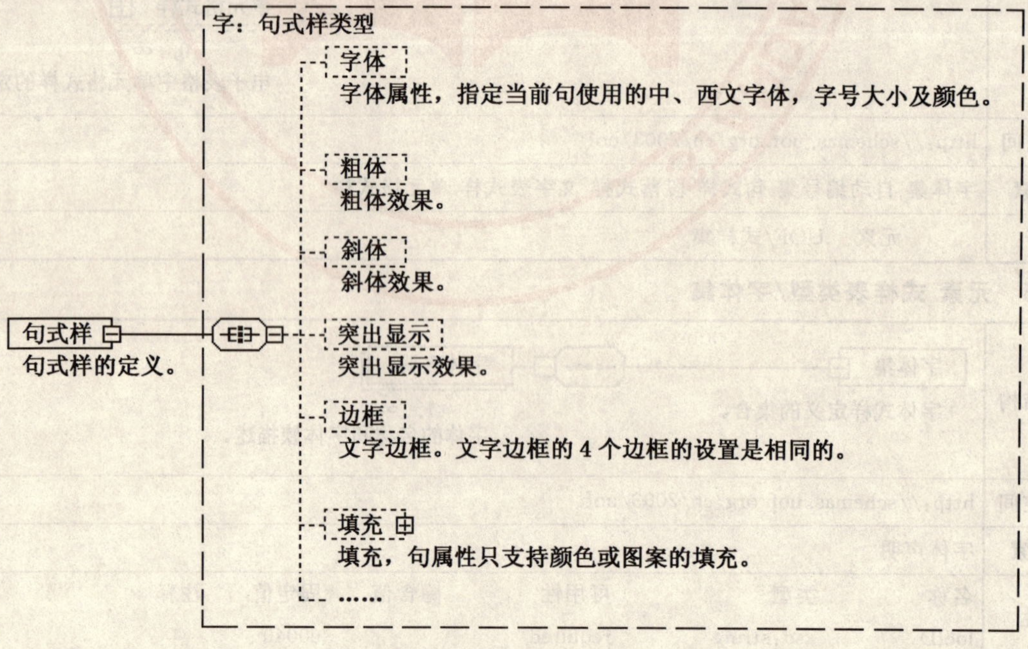

层次结构

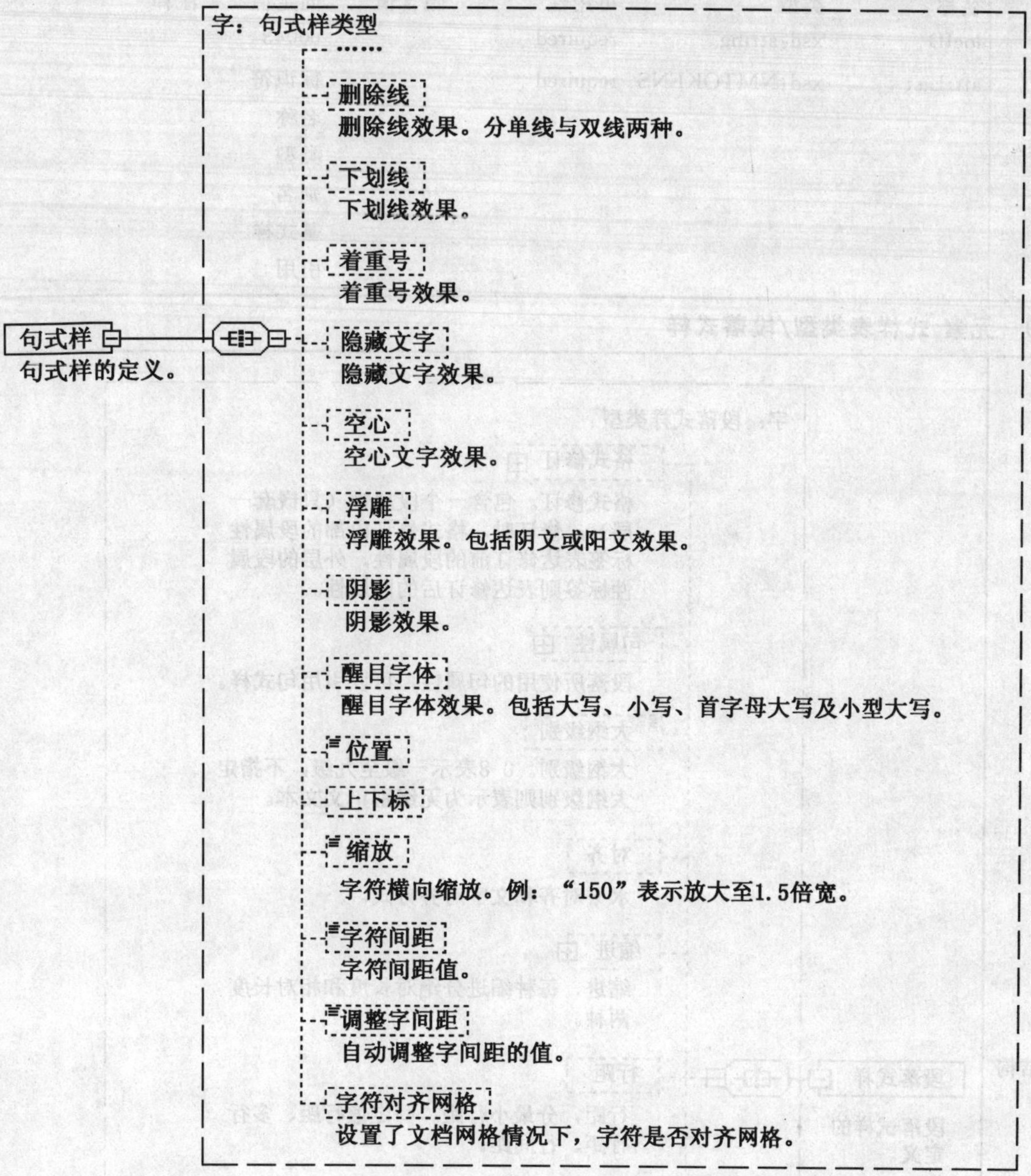

命名空间	http://schemas.uof.org/cn/2003/uof
类型	扩展 字:句式样类型
子元素	字体 粗体 斜体 突出显示 边框 填充 删除线 下划线 着重号 隐藏文字 空心 浮雕 阴影 醒目字体 位置 上下标 缩放 字符间距 调整字间距 字符对齐网格

属性

名称	类型	可用性	隐含值	固定值	注释	
标识符	xsd:ID	required			文档	式样的标识符,供引用。
名称	xsd:string	required			文档	式样名称。
类型	uof:式样类型	required			文档	指定当前式样是否是系统默认的基式样,用户定义式样,还是自动式样。
别名	xsd:string	optional			文档	式样别名。
基式样引用	xsd:IDREF	optional			文档	指定当前式样的基式样。

	名称	类型	可用性	隐含值	固定值	注释
属性	locID	xsd:string	required		u0043	
	attrList	xsd:NMTOKENS	required		标识符 名称 类型 别名 基式样 引用	

5.2.69 元素 式样表类型/段落式样

层次结构

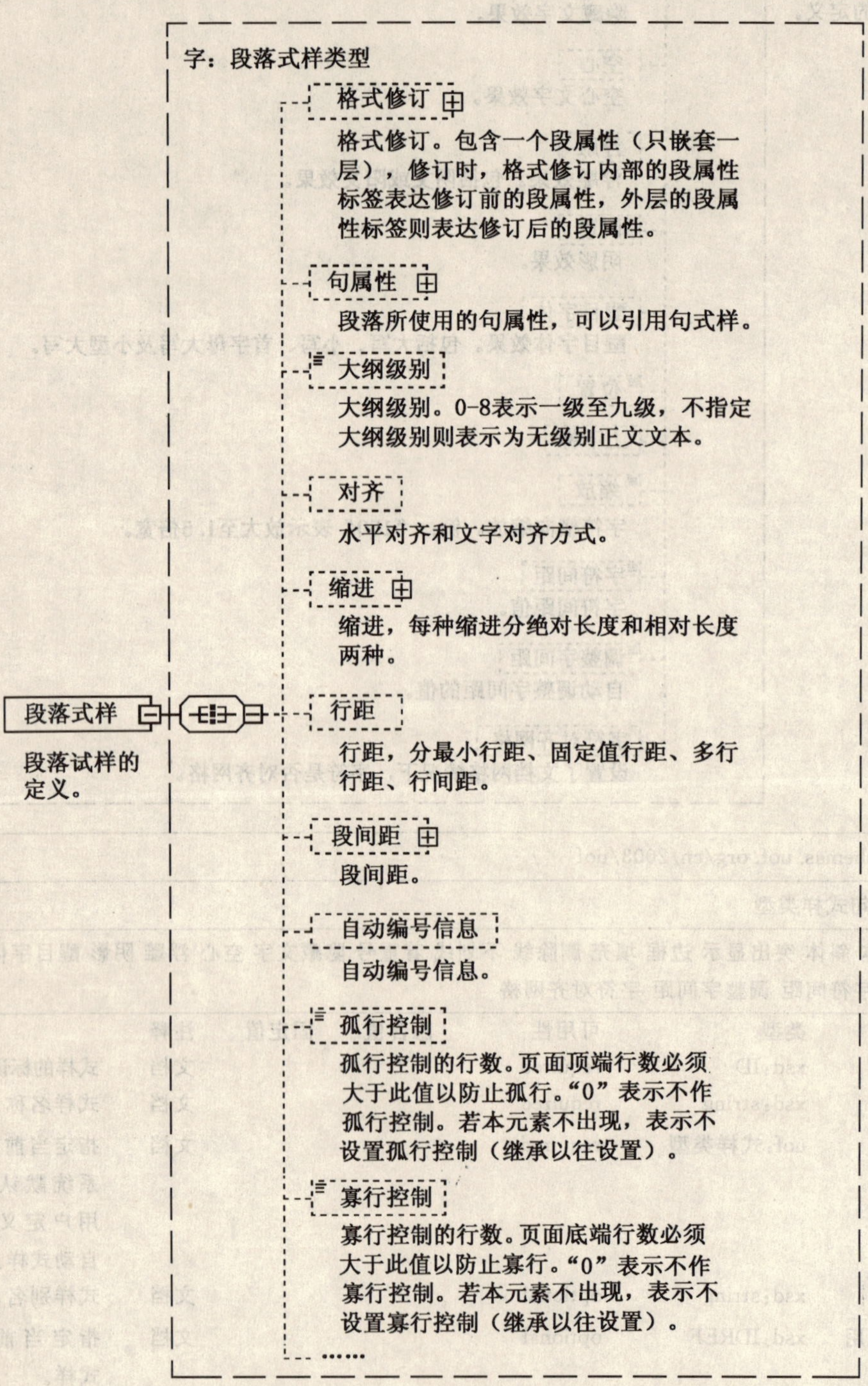

层次结构

段落式样 — 段落试样的定义。

字：段落式样类型

……

- 段中不分页：段中不分页。
- 与下段同页：与下段同页。
- 段前分页：段前分页。
- 边框 ⊞：边框。段落边框无“对角线1”与“对角线2”。
- 填充 ⊞：填充设置。
- 制表位设置 ⊞：段落制表位设置。
- 对齐网格：对齐网格。
- 首字下沉：段落首字下沉设置。
- 取消断字：取消断字。
- 取消行号：取消行号。当前段落不显示行号。
- 允许单词断字：允许西文单词中部换行。
- 行首尾标点控制：允许标点溢出边界。
- 是否行首标点压缩：是否进行行首标点压缩。
- 中文习惯首尾字符：按中文习惯控制首尾字符。
- 自动调整中英文字符间距：自动调整中文字符与英文字符之间的间距。
- 自动调整中文与数字间距：自动调整中文字符与数字之间的间距。
- 有网格自动调整右缩进：如果不出现该元素，代表“False”。
- uof：停止引用 ⊞：用于停止继承祖先节点的设置。

命名空间	http://schemas.uof.org/cn/2003/uof
类型	扩展 字:段落式样类型
子元素	格式修订 句属性 大纲级别 对齐 缩进 行距 段间距 自动编号信息 孤行控制 寡行控制 段中不分页 与下段同页 段前分页 边框 填充 制表位设置 对齐网格 首字下沉 取消断字 取消行号 允许单词断字 行首尾标点控制 是否行首标点压缩 中文习惯首尾字符 自动调整中英文字符间距 自动调整中文与数字间距 有网格自动调整右缩进 停止引用

属性：

名称	类型	可用性	隐含值	固定值	注释	
标识符	xsd:ID	required			文档	式样的标识符，供引用。
名称	xsd:string	required			文档	式样名称。
类型	uof:式样类型	required			文档	指定当前式样是否是系统默认的基式样，用户定义式样，还是自动式样。
别名	xsd:string	optional			文档	式样别名。
基式样引用	xsd:IDREF	optional			文档	指定当前式样的基式样。
locID	xsd:string	required		u0044		
attrList	xsd:NMTOKENS	required		标识符 名称 类型 别名 基式样引用		

5.2.70 元素 式样表类型/文字表式样

层次结构

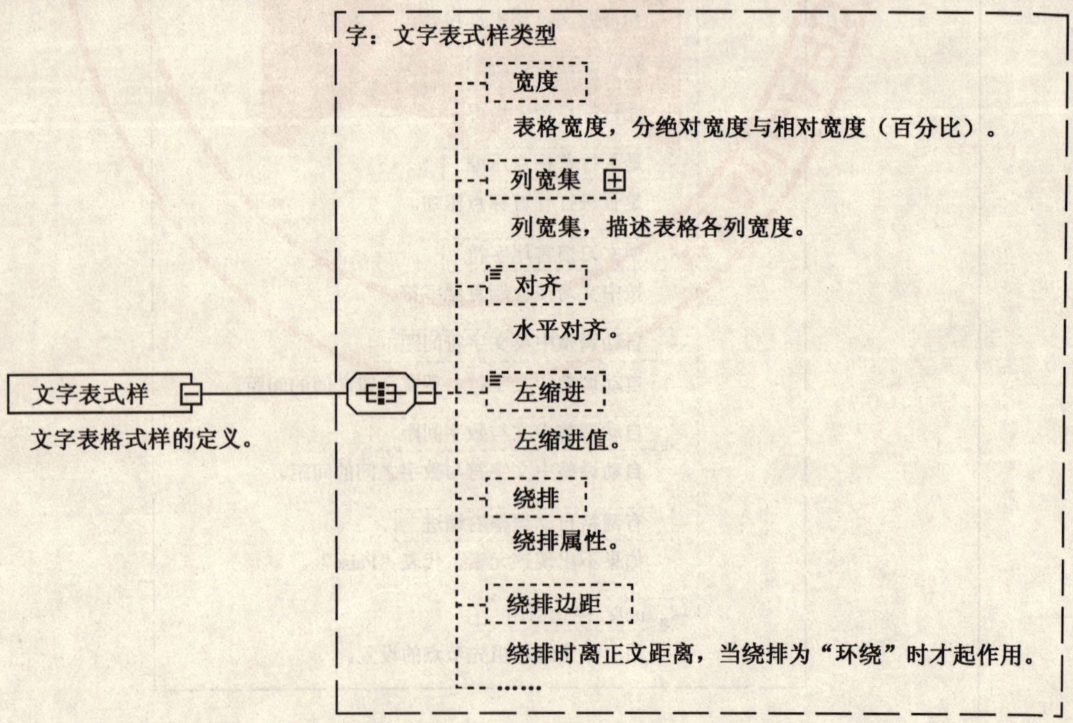

层次结构	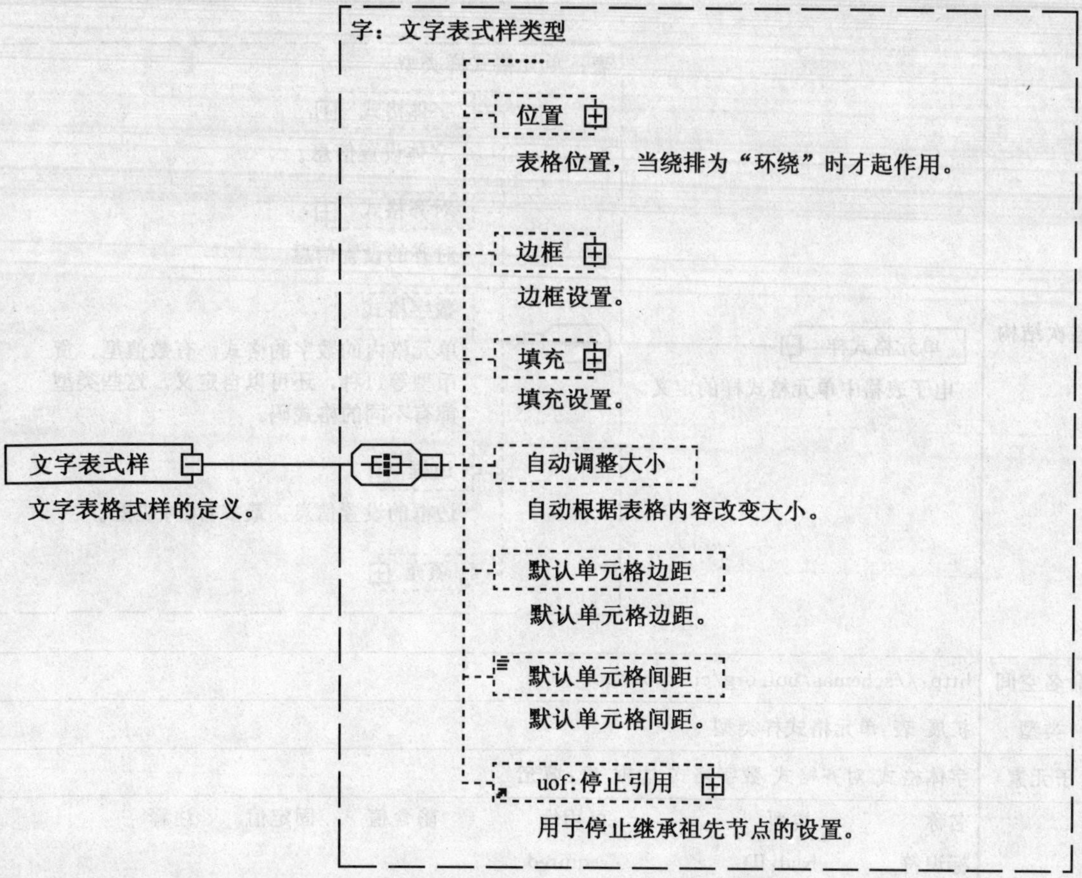
命名空间	http://schemas.uof.org/cn/2003/uof
类型	扩展 字:文字表式样类型
子元素	宽度 列宽集 对齐 左缩进 绕排 绕排边距 位置 边框 填充 自动调整大小 默认单元格边距 默认单元格间距 停止引用

属性	名称	类型	可用性	隐含值	固定值	注释	
	标识符	xsd:ID	required			文档	式样的标识符,供引用。
	名称	xsd:string	required			文档	式样名称。
	类型	uof:式样类型	required			文档	指定当前式样是否是系统默认的基式样,用户定义式样,还是自动式样。
	别名	xsd:string	optional			文档	式样别名。
	基式样引用	xsd:IDREF	optional			文档	指定当前式样的基式样。
	locID	xsd:string	required		u0045		
	attrList	xsd:NMTOKENS	required		标识符 名称 类型 别名 基式样引用		

5.2.71 元素 式样表类型/单元格式样

层次结构	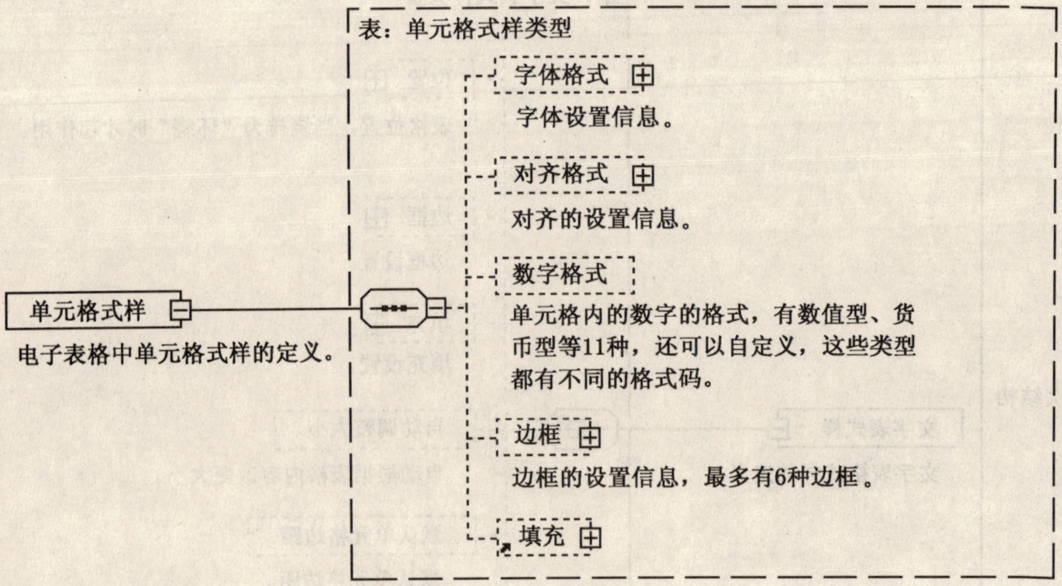					
命名空间	http://schemas. uof. org/cn/2003/uof					
类型	扩展 表:单元格式样类型					
子元素	字体格式 对齐格式 数字格式 边框 表:填充					
属性	名称	类型	可用性	隐含值	固定值	注释
	标识符	xsd:ID	required			
	名称	xsd:string	required			
	类型	uof:式样类型	required			
	locID	xsd:string	required		u0046	
	attrList	xsd:NMTOKENS	required		标识符 名称 类型	

5.2.72 复杂类型 纸张类型

层次结构	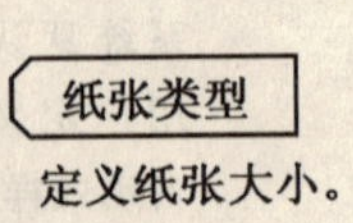					
命名空间	http://schemas. uof. org/cn/2003/uof					
用于	元素 字:节属性类型/纸张 表:页面设置类型/纸张 演:页面设置类型/纸张					
属性	名称	类型	可用性	隐含值	固定值	注释
	纸型	xsd:string	optional			文档 纸型，如A4、B5等，标识了纸张的宽度和高度。
	宽度	长度类型	required			文档 纸张的宽度。
	高度	长度类型	required			文档 纸张的高度。

5.2.73 复杂类型 超级链接类型

层次结构	超级链接类型 超级链接信息。超级链接的载体为文本区域、对象、电子表格中的区域引用等等。						
命名空间	http://schemas.uof.org/cn/2003/uof						
用于	元素 UOF/链接集/超级链接						
属性	名称	类型	可用性	隐含值	固定值	注释	
	标识符	xsd:ID	optional			文档	超级链接的标识符。
	目标	xsd:anyURI	optional			文档	超级链接的目标地址,可以是本地存储文件、网络文件或互联网地址等等。
	书签	xsd:string	optional			文档	超级链接的目标书签地址。如果目标书签在本文档中,则此属性值为书签的标识符;若目标书签在外部文档中,则此属性值为外部文档书签的标识符。
	式样引用	xsd:IDREF	optional			文档	超级链接在未访问之前的式样,引用的是句式样。
	已访问式样引用	xsd:IDREF	optional			文档	超级链接在访问之后的式样,引用的是句式样。
	提示	xsd:string	optional			文档	提示文字。是鼠标移到超级链接载体上时显示的屏幕提示。
	链源	xsd:string	optional			文档	作为超级链接载体的区域的标识符的引用,如果在电子表格中,就是表格中地址的引用。

5.2.74 复杂类型 边框类型

层次结构	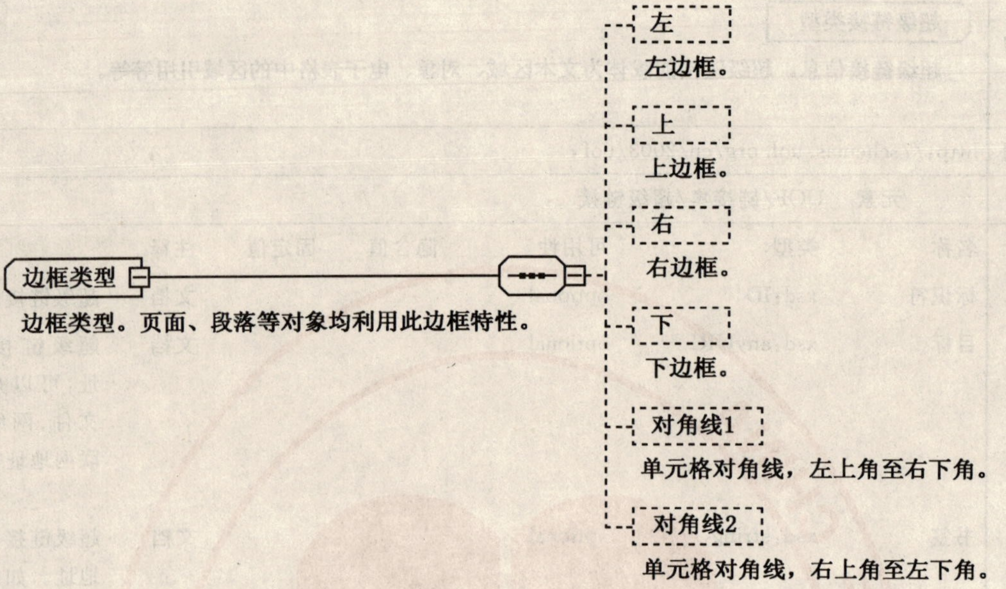
命名空间	http://schemas.uof.org/cn/2003/uof
子元素	左 上 右 下 对角线 1 对角线 2
用于	元素 字:段落属性类型/边框 字:单元格属性类型/边框 字:文字表属性类型/边框 字:节属性类型/边框 表:单元格式样类型/边框

5.2.75 元素 边框类型/左

层次结构	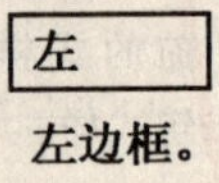 						
命名空间	http://schemas.uof.org/cn/2003/uof						
类型	扩展 边框线类型						
属性	名称	类型	可用性	隐含值	固定值	注释	
	类型	线型类型	required			文档	边框线的线型。
	宽度	长度类型	optional			文档	边框线的宽度。
	边距	长度类型	optional			文档	边框线的边距。
	颜色	颜色类型	optional			文档	边框线的颜色。
	阴影	xsd:boolean	optional			文档	边框线是否有阴影。
	locID	xsd:string	required		u0057		
	attrList	xsd:NMTOKENS	required		类型 宽度 边距 颜色 阴影		

5.2.76 元素 边框类型/上

<table>
<tr><td>层次结构</td><td colspan="6">上
上边框。</td></tr>
<tr><td>命名空间</td><td colspan="6">http://schemas.uof.org/cn/2003/uof</td></tr>
<tr><td>类型</td><td colspan="6">扩展 边框线类型</td></tr>
<tr><td rowspan="8">属性</td><td>名称</td><td>类型</td><td>可用性</td><td>隐含值</td><td>固定值</td><td>注释</td></tr>
<tr><td>类型</td><td>线型类型</td><td>required</td><td></td><td>文档</td><td>边框线的线型。</td></tr>
<tr><td>宽度</td><td>长度类型</td><td>optional</td><td></td><td>文档</td><td>边框线的宽度。</td></tr>
<tr><td>边距</td><td>长度类型</td><td>optional</td><td></td><td>文档</td><td>边框线的边距。</td></tr>
<tr><td>颜色</td><td>颜色类型</td><td>optional</td><td></td><td>文档</td><td>边框线的颜色。</td></tr>
<tr><td>阴影</td><td>xsd:boolean</td><td>optional</td><td></td><td>文档</td><td>边框线是否有阴影。</td></tr>
<tr><td>locID</td><td>xsd:string</td><td>required</td><td></td><td>u0058</td><td></td></tr>
<tr><td>attrList</td><td>xsd:NMTOKENS</td><td>required</td><td></td><td>类型
宽度
边距
颜色
阴影</td><td></td></tr>
</table>

5.2.77 元素 边框类型/右

<table>
<tr><td>层次结构</td><td colspan="6">右
右边框。</td></tr>
<tr><td>命名空间</td><td colspan="6">http://schemas.uof.org/cn/2003/uof</td></tr>
<tr><td>类型</td><td colspan="6">扩展 边框线类型</td></tr>
<tr><td rowspan="8">属性</td><td>名称</td><td>类型</td><td>可用性</td><td>隐含值</td><td>固定值</td><td>注释</td></tr>
<tr><td>类型</td><td>线型类型</td><td>required</td><td></td><td>文档</td><td>边框线的线型。</td></tr>
<tr><td>宽度</td><td>长度类型</td><td>optional</td><td></td><td>文档</td><td>边框线的宽度。</td></tr>
<tr><td>边距</td><td>长度类型</td><td>optional</td><td></td><td>文档</td><td>边框线的边距。</td></tr>
<tr><td>颜色</td><td>颜色类型</td><td>optional</td><td></td><td>文档</td><td>边框线的颜色。</td></tr>
<tr><td>阴影</td><td>xsd:boolean</td><td>optional</td><td></td><td>文档</td><td>边框线是否有阴影。</td></tr>
<tr><td>locID</td><td>xsd:string</td><td>required</td><td></td><td>u0059</td><td></td></tr>
<tr><td>attrList</td><td>xsd:NMTOKENS</td><td>required</td><td></td><td>类型
宽度
边距
颜色
阴影</td><td></td></tr>
</table>

5.2.78 元素 边框类型/下

层次结构	下 下边框。					
命名空间	http://schemas.uof.org/cn/2003/uof					
类型	扩展 边框线类型					
属性	名称	类型	可用性	隐含值	固定值	注释
	类型	线型类型	required			文档 边框线的线型。
	宽度	长度类型	optional			文档 边框线的宽度。
	边距	长度类型	optional			文档 边框线的边距。
	颜色	颜色类型	optional			文档 边框线的颜色。
	阴影	xsd:boolean	optional			文档 边框线是否有阴影。
	locID	xsd:string	required		u0060	
	attrList	xsd:NMTOKENS	required		类型 宽度 边距 颜色 阴影	

5.2.79 元素 边框类型/对角线 1

层次结构	对角线1 单元格对角线，左上角至右下角。					
命名空间	http://schemas.uof.org/cn/2003/uof					
类型	扩展 边框线类型					
属性	名称	类型	可用性	隐含值	固定值	注释
	类型	线型类型	required			文档 边框线的线型。
	宽度	长度类型	optional			文档 边框线的宽度。
	边距	长度类型	optional			文档 边框线的边距。
	颜色	颜色类型	optional			文档 边框线的颜色。
	阴影	xsd:boolean	optional			文档 边框线是否有阴影。
	locID	xsd:string	required		u0061	
	attrList	xsd:NMTOKENS	required		类型 宽度 边距 颜色 阴影	

5.2.80 元素 边框类型/对角线2

层次结构	对角线2 单元格对角线，右上角至左下角。					
命名空间	http://schemas.uof.org/cn/2003/uof					
类型	扩展 边框线类型					
属性	名称	类型	可用性	隐含值	固定值	注释
	类型	线型类型	required			文档 边框线的线型。
	宽度	长度类型	optional			文档 边框线的宽度。
	边距	长度类型	optional			文档 边框线的边距。
	颜色	颜色类型	optional			文档 边框线的颜色。
	阴影	xsd:boolean	optional			文档 边框线是否有阴影。
	locID	xsd:string	required		u0062	
	attrList	xsd:NMTOKENS	required		类型 宽度 边距 颜色 阴影	

5.2.81 复杂类型 边框线类型

层次结构	边框线类型 边框线类型。					
命名空间	http://schemas.uof.org/cn/2003/uof					
用于	元素 边框类型/上 边框类型/下 边框类型/右 表:图表类型/数据表/填充 边框类型/对角线1 边框类型/对角线2 边框类型/左 表:图表类型/网格线集/网格线 表:线型 表:边框 字:句属性类型/边框					
属性	名称	类型	可用性	隐含值	固定值	注释
	类型	线型类型	required			文档 边框线的线型。
	宽度	长度类型	optional			文档 边框线的宽度。
	边距	长度类型	optional			文档 边框线的边距。
	颜色	颜色类型	optional			文档 边框线的颜色。
	阴影	xsd:boolean	optional			文档 边框线是否有阴影。

5.2.82 复杂类型 页边距类型

层次结构	页边距类型 页边距的类型。					
命名空间	http://schemas.uof.org/cn/2003/uof					
用于	元素 字:节属性类型/页边距 表:页面设置类型/页边距 演:页面设置类型/页边距					
属性	名称	类型	可用性	隐含值	固定值	注释
	左	长度类型	optional			文档 左页边距，即距左页边的距离。
	上	长度类型	optional			文档 上页边距，即距上页边的距离。
	右	长度类型	optional			文档 右页边距，即距右页边的距离。
	下	长度类型	optional			文档 下页边距，即距下页边的距离。

5.2.83 简单类型 度量单位类型

命名空间	http://schemas.uof.org/cn/2003/uof	
类型	restriction of xsd:string	
用于	元素	字:文档设置类型/度量单位 表:公用处理规则类型/度量单位 演:演示文档类型/公用处理规则/度量单位
刻面	枚举	cm
	枚举	mm
	枚举	inch
	枚举	pt

5.2.84 简单类型 式样类型

命名空间	http://schemas.uof.org/cn/2003/uof	
类型	restriction of xsd:string	
用于	属性	表:单元格式样类型/@类型 字:式样属性/@类型
刻面	枚举	隐含值
	枚举	custom
	枚举	auto

5.2.85 简单类型 百分比类型

命名空间	http://schemas.uof.org/cn/2003/uof	
类型	restriction of xsd:float	
用于	属性	字:单元格属性类型/宽度/@相对值 字:句属性类型/字体/@相对字号 字:文字表属性类型/宽度/@相对宽度 演:动画类型/效果/强调/缩放/@自定义尺寸 演:动画类型/效果/强调/更改字号/@自定义尺寸 演:动画类型/效果/强调/透明/@自定义透明度
刻面	minInclusive	0.0

5.2.86 简单类型 纸张方向类型

命名空间	http://schemas.uof.org/cn/2003/uof	
类型	restriction of xsd:string	
用于	元素	字:节属性类型/纸张方向 表:页面设置类型/纸张方向 演:页面设置类型/纸张方向
刻面	枚举	landscape
	枚举	portrait

5.2.87 简单类型 线型类型

命名空间	http://schemas.uof.org/cn/2003/uof	
类型	restriction of xsd:string	
用于	元素	图:图形属性类型/线型
	属性	字:分栏类型/@分隔线 边框线类型/@类型 字:句属性类型/下划线/@类型
刻面	枚举	none
	枚举	single
	枚举	double

刻面	枚举 thick 枚举 dotted 枚举 dotted-heavy 枚举 dash 枚举 dashed-heavy 枚举 dash-long 枚举 dash-long-heavy 枚举 dot-dash 枚举 dash-dot-heavy 枚举 dot-dot-dash 枚举 dash-dot-dot-heavy 枚举 wave 枚举 wavy-heavy 枚举 wavy-double

5.2.88 简单类型 长度类型

命名空间	http://schemas.uof.org/cn/2003/uof	
类型	xsd:float	
用于	元素	字:文字表属性类型/列宽集/列宽 字:自动编号类型/级别/制表符位置 字:句属性类型/字符间距 字:锚点类型/锚点属性/宽度 字:文字表属性类型/左缩进 字:句属性类型/调整字间距 字:锚点类型/锚点属性/高度 字:文档设置类型/默认制表位位置 字:文字表属性类型/默认单元格间距
	属性	页边距类型/@上 字:文字表属性类型/默认单元格边距/@上 字:文字表属性类型/绕排边距/@上 字:单元格属性类型/单元格边距/@上 字:锚点类型/锚点属性/边距/@上 字:文字表属性类型/绕排边距/@下 页边距类型/@下 字:单元格属性类型/单元格边距/@下 字:文字表属性类型/默认单元格边距/@下 字:锚点类型/锚点属性/边距/@下 字:制表位设置类型/制表位/@位置 字:缩进类型/首行/绝对/@值 字:段落属性类型/段间距/段后距/绝对值/@值 字:缩进类型/右/绝对/@值 字:缩进类型/左/绝对/@值 字:段落属性类型/段间距/段前距/绝对值/@值 字:分栏类型/@分隔线宽度 表:工作表内容类型/列/@列宽 字:锚点类型/锚点属性/边距/@右 字:单元格属性类型/单元格边距/@右 字:文字表属性类型/默认单元格边距/@右 页边距类型/@右 字:文字表属性类型/绕排边距/@右 字:行属性类型/高度/@固定值 字:分栏类型/栏/@宽度 表:图表类型/@宽度 边框线类型/@宽度 表:工作表属性类型/视图/拆分/@宽度 纸张类型/@宽度 字:节属性类型/网格设置/@宽度 字:文字表属性类型/默认单元格边距/@左 字:文字表属性类型/绕排边距/@左 字:单元格属性类型/单元格边距/@左 页边距类型/@左 字:锚点类型/锚点属性/边距/@左 字:行属性类型/高度/@最小值 字:单元格属性类型/宽度/@绝对值 字:文字表属性类型/宽度/@绝对宽度 表:工作表内容类型/@缺省列宽 表:工作表内容类型/@缺省行高 表:工作表内容类型/行/@行高 字:节属性类型/页眉位置/@距版芯 字:节属性类型/页脚位置/@距版芯 字:节属性类型/页脚位置/@距边界 字:节属性类型/装订线/@距边界 字:节属性类型/行号设置/@距边界 字:节属性类型/页眉位置/@距边界 边框线类型/@边距 字:首字下沉类型/@间距 字:分栏类型/栏/@间距 字:节属性类型/网格设置/@高度 表:图表类型/@高度 纸张类型/@高度 表:工作表属性类型/视图/拆分/@高度

5.2.89 简单类型 颜色类型

命名空间	http://schemas.uof.org/cn/2003/uof
类型	union of (restriction of xsd:string, restriction of xsd:string)
用于	元素 演:配色方案类型/填充 演:配色方案类型/强调 演:配色方案类型/强调和尾随超级链接 演:配色方案类型/强调和超级链接 演:配色方案类型/文本和线条 表:工作表属性类型/标签前景色 表:工作表属性类型/标签背景色 演:配色方案类型/标题文本 图:图形属性类型/线颜色 表:工作表属性类型/视图/网格颜色 演:配色方案类型/背景色 演:配色方案类型/阴影 图:填充类型/颜色 属性 字:分栏类型/@分隔线颜色 图:填充类型/图案/@前景色 图:填充类型/渐变/@终止色 表:工作表类型/@背景 图:填充类型/图案/@背景色 图:填充类型/渐变/@起始色 边框线类型/@颜色 字:句属性类型/字体/@颜色 字:句属性类型/突出显示/@颜色 字:句属性类型/下划线/@颜色 字:句属性类型/着重号/@颜色 演:动画类型/增强/动画播放后/@颜色 演:动画类型/效果/强调/更改线条颜色/@颜色 演:动画类型/效果/强调/更改填充颜色/@颜色 演:动画类型/效果/强调/更改字体颜色/@颜色

5.2.90 元素 字:分节

层次结构	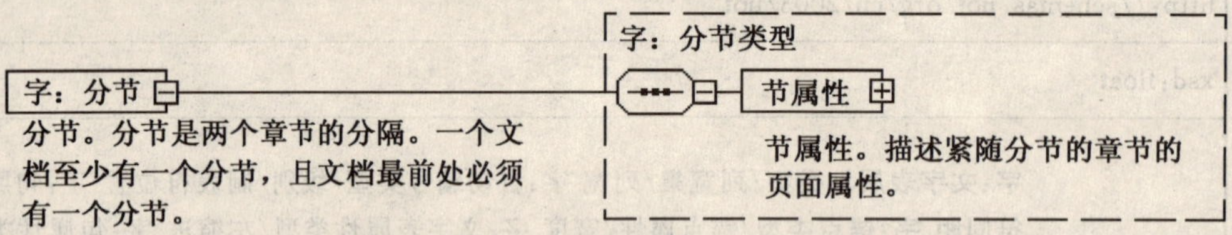
命名空间	http://schemas.uof.org/cn/2003/uof-wordproc
类型	扩展 字:分节类型
子元素	节属性
用于	复杂类型 字:主体类型 字:删除类型 字:域代码类型 字:逻辑章节类型
属性	名称 / 类型 / 可用性 / 隐含值 / 固定值 / 注释 名称 / xsd:string / optional uof:locID / xsd:string / required / / t0017 uof:attrList / xsd:NMTOKENS / required / / 名称

5.2.91 元素 字:句

层次结构	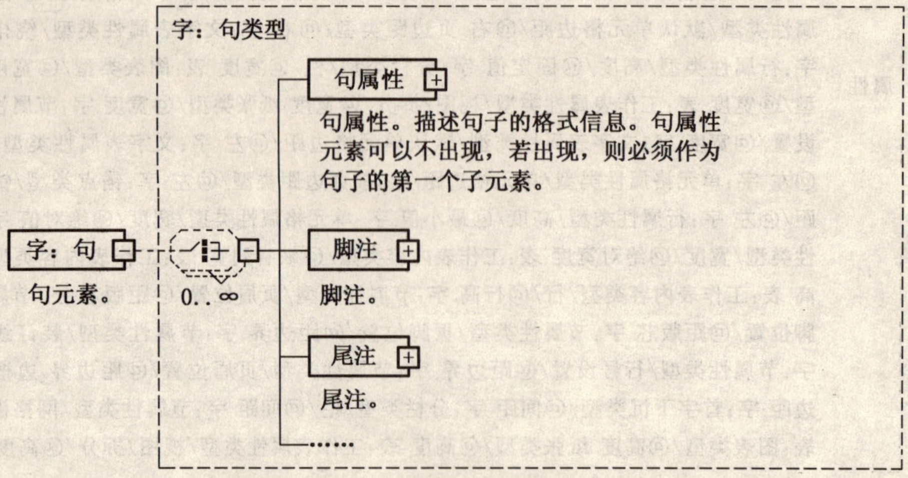

层次结构

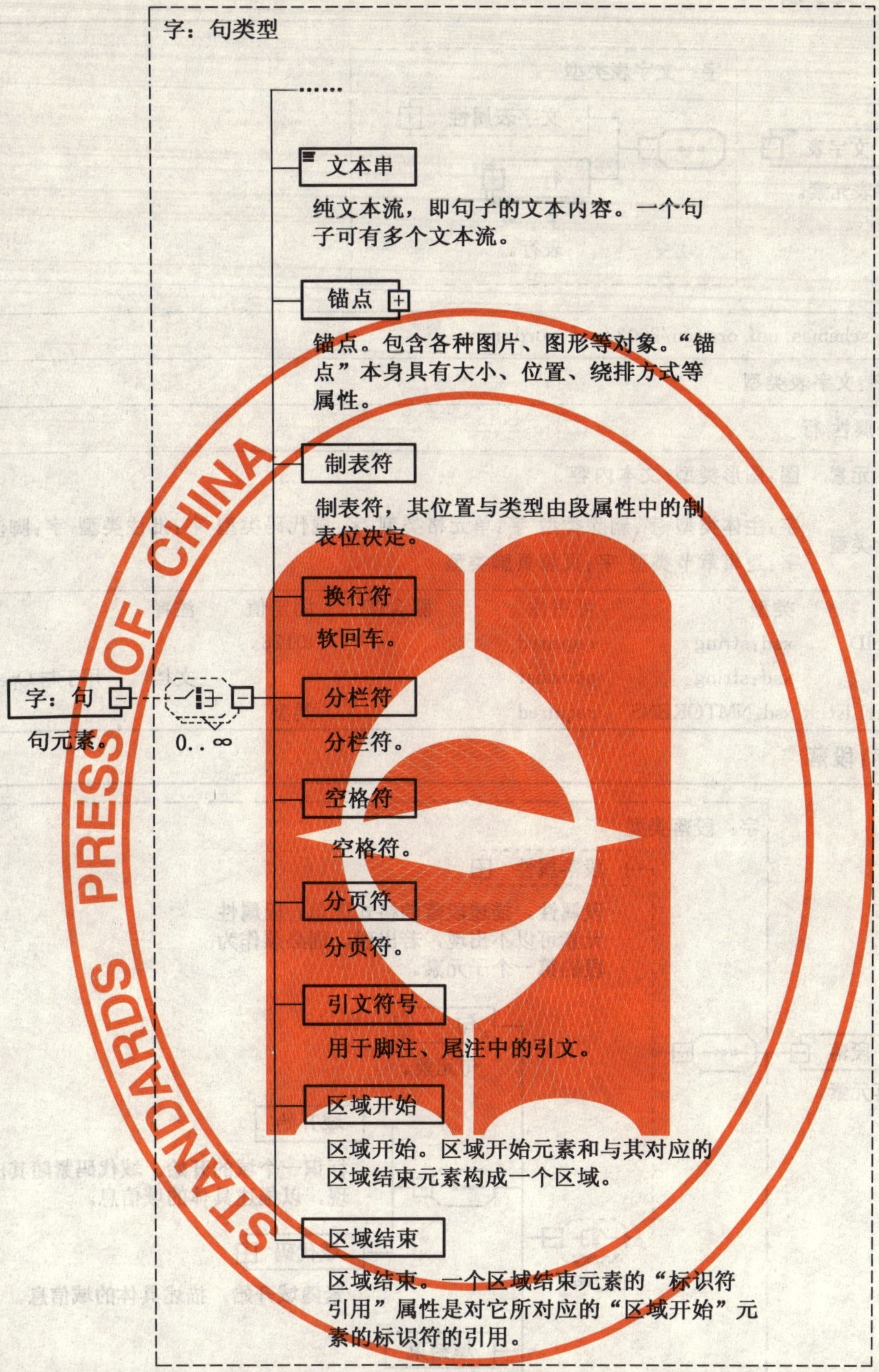

命名空间	http://schemas.uof.org/cn/2003/uof-wordproc
类型	扩展 字:句类型
子元素	句属性 脚注 尾注 文本串 锚点 制表符 换行符 分栏符 空格符 分页符 引文符号 区域开始 区域结束
用于	元素 表:单元格类型/数据 复杂类型 字:段落类型

属性

名称	类型	可用性	隐含值	固定值	注释
uof:locID	xsd:string	required		t0085	

5.2.92 元素 字:文字表

层次结构	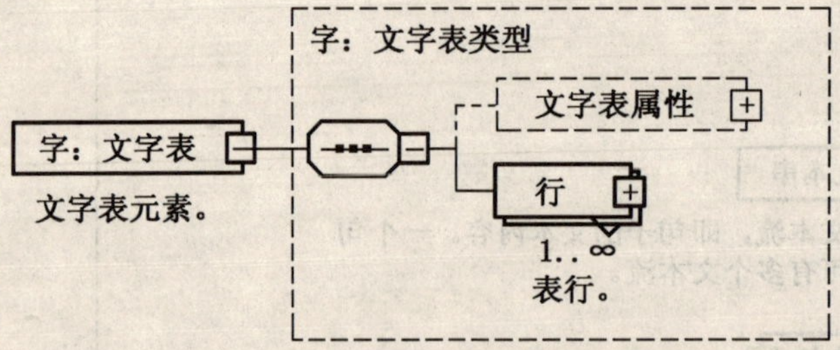
命名空间	http://schemas.uof.org/cn/2003/uof-wordproc
类型	扩展 字:文字表类型
子元素	文字表属性 行
用于	元素　图:图形类型/文本内容 复杂类型　字:主体类型 字:删除类型 字:单元格类型 字:域代码类型 字:批注类型 字:脚注尾注类型 字:逻辑章节类型 字:页眉页脚类型
属性	名称 / 类型 / 可用性 / 隐含值 / 固定值 / 注释 uof:locID / xsd:string / required / / t0128 / 类型 / xsd:string / optional / / / 文档类型 用于与 OpenOffice 兼容。 uof:attrList / xsd:NMTOKENS / required / / /

5.2.93 元素 字:段落

层次结构	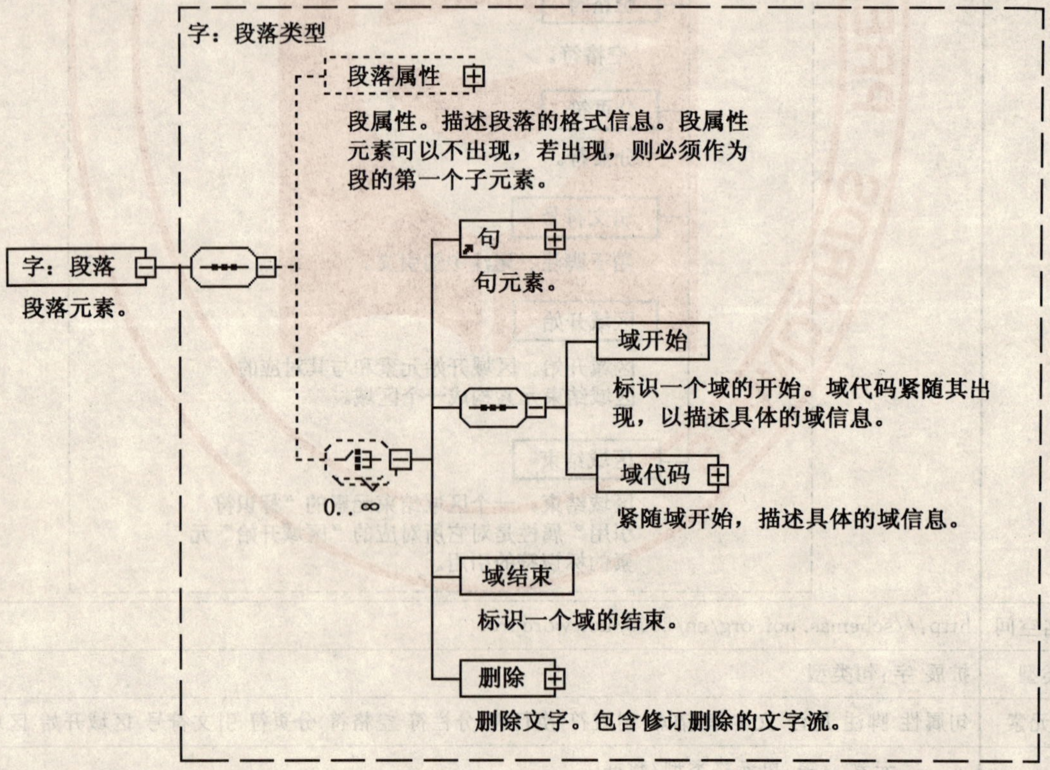
命名空间	http://schemas.uof.org/cn/2003/uof-wordproc
类型	扩展 字:段落类型
子元素	段落属性 字:句 域开始 域代码 域结束 删除

用于	元素	图:图形类型/文本内容				
	复杂类型	字:主体类型 字:删除类型 字:单元格类型 字:域代码类型 字:批注类型 字:脚注尾注类型 字:逻辑章节类型 字:页眉页脚类型				
属性	名称	类型	可用性	隐含值	固定值	注释
	标识符	xsd:ID	optional			文档演示文稿中的动画对象可以通过该标识引用段落。
	uof:locID	xsd:string	required		t0051	
	uof:attrList	xsd:NMTOKENS	required		标识符	

5.2.94 元素 字:逻辑章节

层次结构	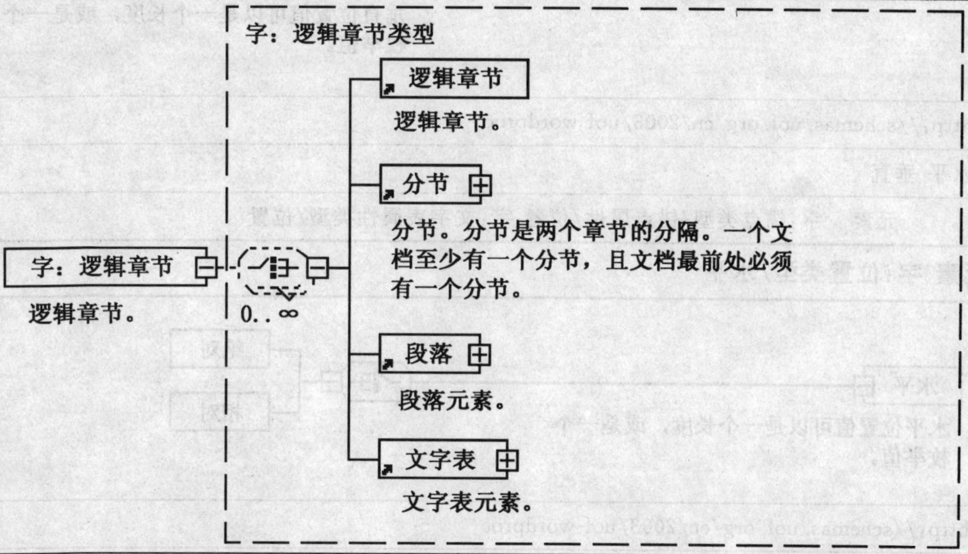					
命名空间	http://schemas.uof.org/cn/2003/uof-wordproc					
类型	扩展 字:逻辑章节类型					
子元素	字:逻辑章节 字:分节 字:段落 字:文字表					
用于	复杂类型	字:主体类型 字:域代码类型 字:逻辑章节类型				
属性	名称	类型	可用性	隐含值	固定值	注释
	uof:locID	xsd:string	required		t0050	

5.2.95 复杂类型 字:主体类型

层次结构	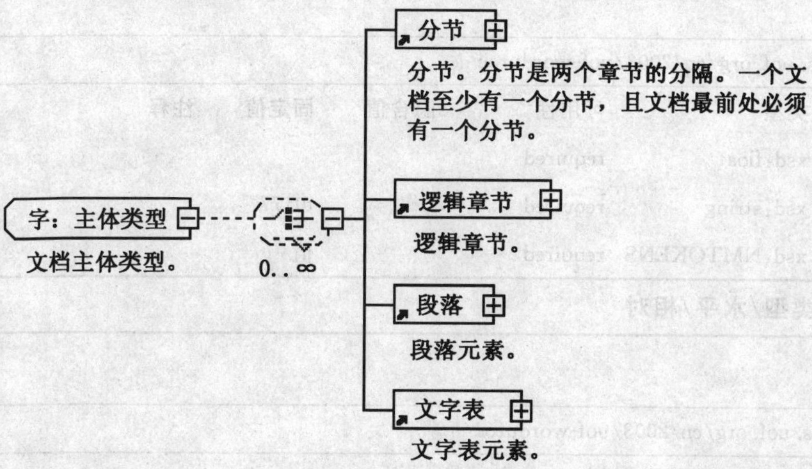

命名空间	http://schemas.uof.org/cn/2003/uof-wordproc
子元素	字:分节 字:逻辑章节 字:段落 字:文字表
用于	元素　字:文字处理文档类型/主体

5.2.96　复杂类型 字:位置类型

层次结构	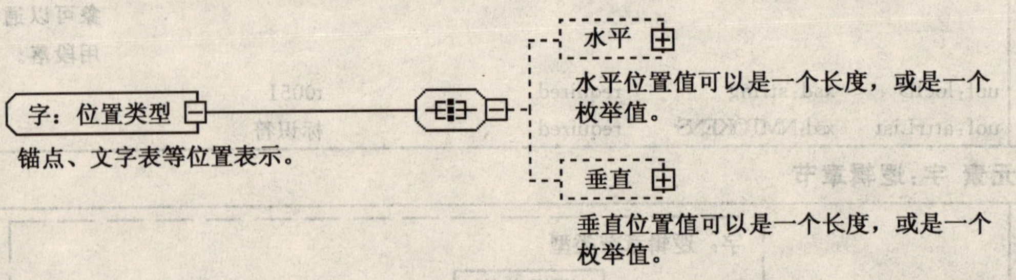
命名空间	http://schemas.uof.org/cn/2003/uof-wordproc
子元素	水平 垂直
用于	元素　字:锚点类型/锚点属性/位置 字:文字表属性类型/位置

5.2.97　元素 字:位置类型/水平

层次结构	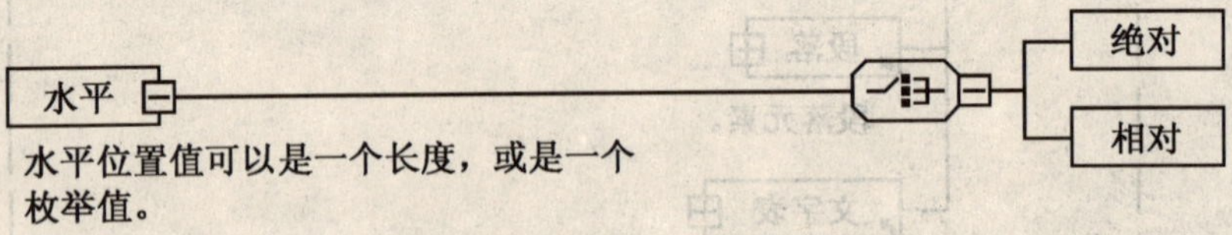					
命名空间	http://schemas.uof.org/cn/2003/uof-wordproc					
子元素	绝对 相对					
属性	名称	类型	可用性	隐含值	固定值	注释
	相对于	xsd:string	optional			
	uof:locID	xsd:string	required		t0176	
	uof:attrList	xsd:NMTOKENS	required		相对于	

5.2.98　元素 字:位置类型/水平/绝对

层次结构	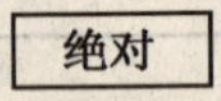					
命名空间	http://schemas.uof.org/cn/2003/uof-wordproc					
属性	名称	类型	可用性	隐含值	固定值	注释
	值	xsd:float	required			
	uof:locID	xsd:string	required		t0177	
	uof:attrList	xsd:NMTOKENS	required		值	

5.2.99　元素 字:位置类型/水平/相对

层次结构	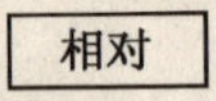
命名空间	http://schemas.uof.org/cn/2003/uof-wordproc

	名称	类型	可用性	隐含值	固定值	注释
属性	值	xsd:string	required			
	uof:locID	xsd:string	required		t0178	
	uof:attrList	xsd:NMTOKENS	required		值	

5.2.100 元素 字:位置类型/垂直

层次结构	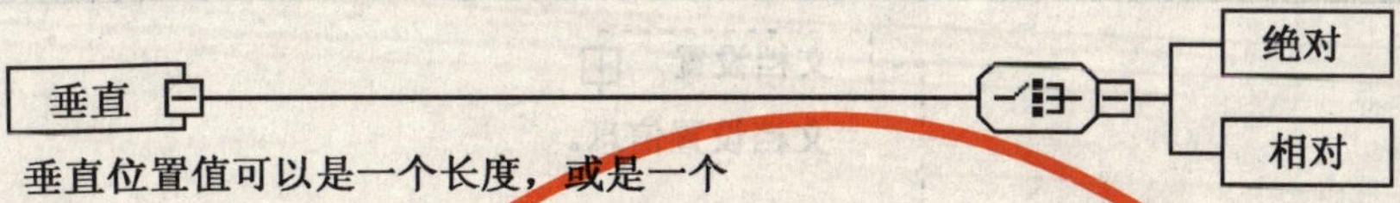 垂直位置值可以是一个长度，或是一个枚举值。					
命名空间	http://schemas.uof.org/cn/2003/uof-wordproc					
子元素	绝对 相对					
属性	名称	类型	可用性	隐含值	固定值	注释
	相对于	xsd:string	optional			
	uof:locID	xsd:string	required		t0179	
	uof:attrList	xsd:NMTOKENS	required		相对于	

5.2.101 元素 字:位置类型/垂直/绝对

层次结构	绝对					
命名空间	http://schemas.uof.org/cn/2003/uof-wordproc					
属性	名称	类型	可用性	隐含值	固定值	注释
	值	xsd:float	required			
	uof:locID	xsd:string	required		t0180	
	uof:attrList	xsd:NMTOKENS	required		值	

5.2.102 元素 字:位置类型/垂直/相对

层次结构	相对					
命名空间	http://schemas.uof.org/cn/2003/uof-wordproc					
属性	名称	类型	可用性	隐含值	固定值	注释
	值	xsd:string	required			
	uof:locID	xsd:string	required		t0181	
	uof:attrList	xsd:NMTOKENS	required		值	

5.2.103 复杂类型 字:修订信息类型

层次结构	字：修订信息类型 存放作者、时间、修订类型等修订信息。
命名空间	http://schemas.uof.org/cn/2003/uof-wordproc
用于	元素 字:公用处理规则类型/修订信息集/修订信息

	名称	类型	可用性	隐含值	固定值	注释
属性	标识符	xsd:ID	required		文档	修订信息标识符。
	作者	xsd:IDREF	optional		文档	修订作者。引用用户集中某用户。
	日期	xsd:dateTime	optional		文档	修订的时间。

5.2.104 复杂类型 字:公用处理规则类型

层次结构	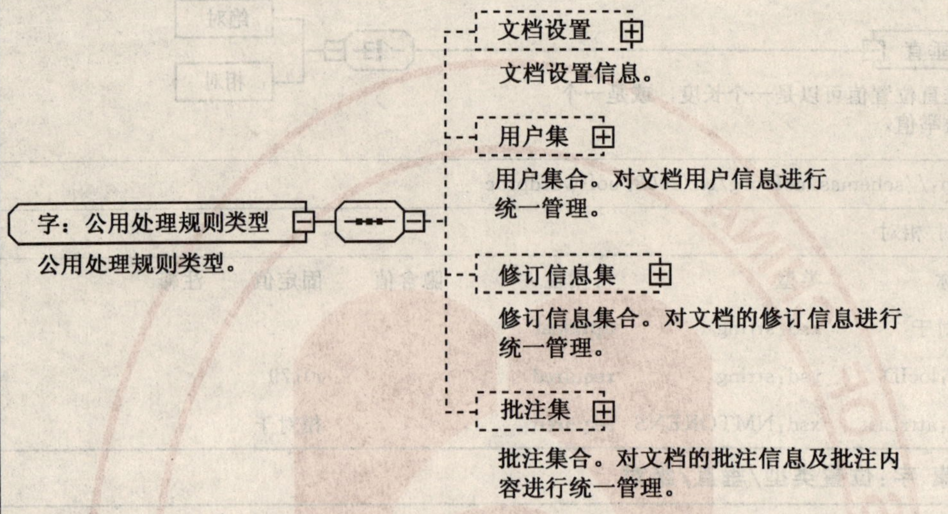
命名空间	http://schemas.uof.org/cn/2003/uof-wordproc
子元素	文档设置 用户集 修订信息集 批注集
用于	元素 字:文字处理文档类型/公用处理规则

5.2.105 元素 字:公用处理规则类型/文档设置

层次结构	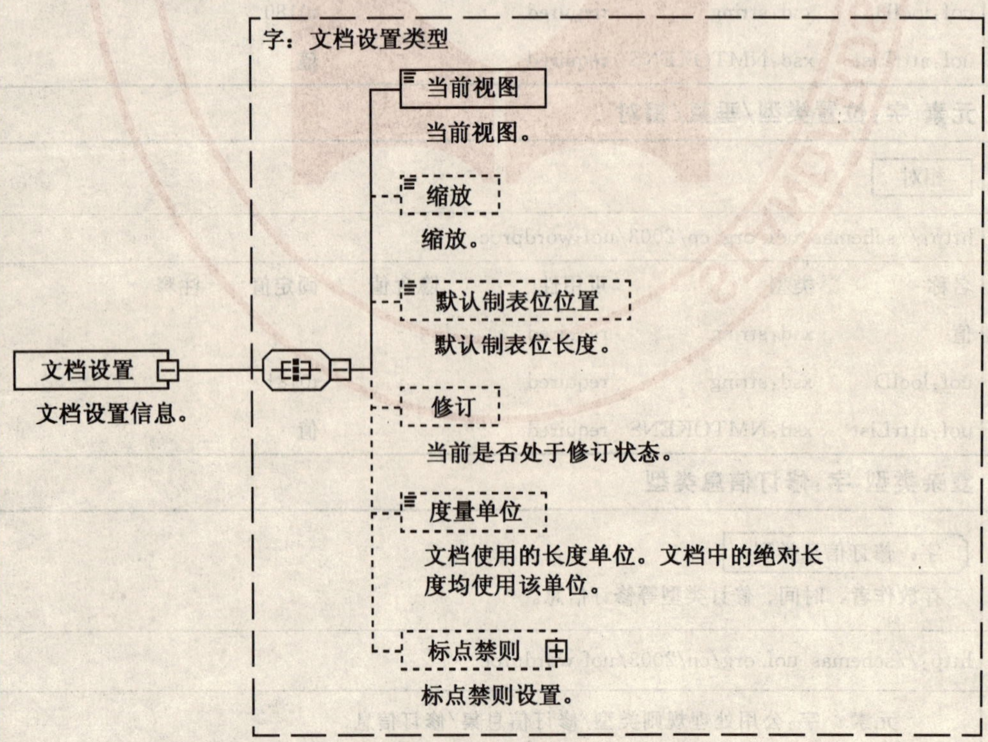

命名空间	http://schemas.uof.org/cn/2003/uof-wordproc					
类型	扩展 字:文档设置类型					
子元素	当前视图 缩放 默认制表位位置 修订 度量单位 标点禁则					
属性	名称	类型	可用性	隐含值	固定值	注释
	uof:locID	xsd:string	required		t0001	

5.2.106 元素 字:公用处理规则类型/用户集

层次结构	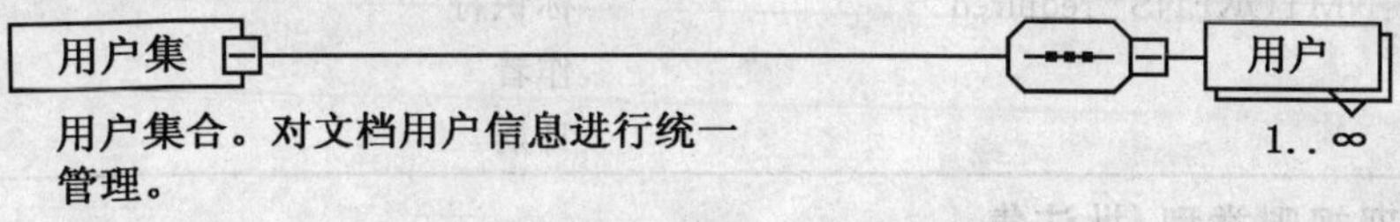					
命名空间	http://schemas.uof.org/cn/2003/uof-wordproc					
子元素	用户					
属性	名称	类型	可用性	隐含值	固定值	注释
	uof:locID	xsd:string	required		t0010	

5.2.107 元素 字:公用处理规则类型/用户集/用户

层次结构	用户					
命名空间	http://schemas.uof.org/cn/2003/uof-wordproc					
类型	扩展 字:用户类型					
属性	名称	类型	可用性	隐含值	固定值	注释
	标识符	xsd:ID	required			文档 用户标识符。
	姓名	xsd:string	optional			文档 用户姓名。
	uof:locID	xsd:string	required		t0011	
	uof:attrList	xsd:NMTOKENS	required		标识符 姓名	

5.2.108 元素 字:公用处理规则类型/修订信息集

层次结构	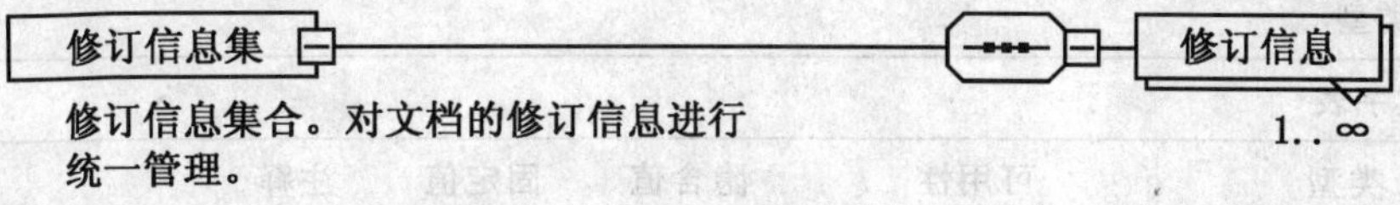					
命名空间	http://schemas.uof.org/cn/2003/uof-wordproc					
子元素	修订信息					
属性	名称	类型	可用性	隐含值	固定值	注释
	uof:locID	xsd:string	required		t0012	

5.2.109 元素 字:公用处理规则类型/修订信息集/修订信息

层次结构	修订信息
命名空间	http://schemas.uof.org/cn/2003/uof-wordproc

类型	扩展 字:修订信息类型					
属性	名称	类型	可用性	隐含值	固定值	注释
	标识符	xsd:ID	required			文档 修订信息标识符。
	作者	xsd:IDREF	optional			文档 修订作者。引用用户集中某用户。
	日期	xsd:dateTime	optional			文档 修订的时间。
	uof:locID	xsd:string	required		t0013	
	uof:attrList	xsd:NMTOKENS	required		标识符 作者 日期	

5.2.110 元素 字:公用处理规则类型/批注集

层次结构	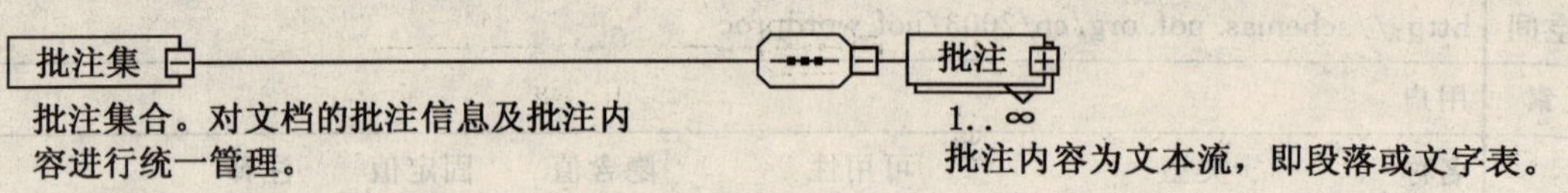					
命名空间	http://schemas.uof.org/cn/2003/uof-wordproc					
子元素	批注					
属性	名称	类型	可用性	隐含值	固定值	注释
	uof:locID	xsd:string	required		t0014	

5.2.111 元素 字:公用处理规则类型/批注集/批注

层次结构	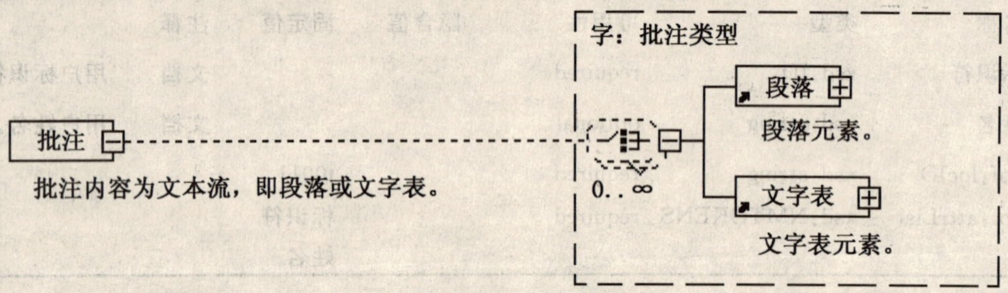					
命名空间	http://schemas.uof.org/cn/2003/uof-wordproc					
类型	扩展 字:批注类型					
子元素	字:段落 字:文字表					
属性	名称	类型	可用性	隐含值	固定值	注释
	区域引用	xsd:IDREF	required			文档 指定应用此批注的文本的区域。
	作者	xsd:IDREF	optional			文档 批注作者，引用用户集中的某用户。
	日期	xsd:dateTime	optional			文档 生成批注的时间。
	uof:locID	xsd:string	required		t0015	
	uof:attrList	xsd:NMTOKENS	required		区域引用 作者 日期	

5.2.112 复杂类型 字:分栏类型

层次结构	字：分栏类型 —— 栏 0..∞ 分栏类型。					
命名空间	http://schemas.uof.org/cn/2003/uof-wordproc					
子元素	栏					
用于	元素 字:节属性类型/分栏					
属性	名称	类型	可用性	隐含值	固定值	注释
	栏数	xsd:positiveInteger	optional	1		文档 分栏数目。不分栏的情况下该值为“1”。
	等宽	xsd:boolean	optional			文档 指定所有分栏的宽度相等还是分别设置不同值。
	分隔线	uof:线型类型	optional			文档 分栏之间分隔线，指定一种线型。
	分隔线宽度	uof:长度类型	optional			文档 分隔线宽度。
	分隔线颜色	uof:颜色类型	optional			文档 分隔线颜色。

5.2.113 元素 字:分栏类型/栏

层次结构	栏					
命名空间	http://schemas.uof.org/cn/2003/uof-wordproc					
属性	名称	类型	可用性	隐含值	固定值	注释
	宽度	uof:长度类型	optional			文档 当前栏宽度。当分栏的“等宽”设为“true”时，只设置第一个栏的栏宽；当“等宽”设为“false”时，每一个栏的栏宽均需设置。
	间距	uof:长度类型	optional			文档 当前栏与下一栏之间的间距。当分栏的“等宽”设为“true”时，只设置第一个栏的栏间距；当“等宽”设为“false”时，除最后一栏外的每一个栏的栏间距均需设置。
	uof:locID	xsd:string	required		t0050	
	uof:attrList	xsd:NMTOKENS	required		宽度 间距	

5.2.114 复杂类型 字:分节类型

层次结构	字：分节类型 —— 节属性 分节类型。 节属性。描述紧随分节的章节的页面属性。

命名空间	http://schemas.uof.org/cn/2003/uof-wordproc					
子元素	节属性					
用于	元素 字:分节					
属性	名称	类型	可用性	隐含值	固定值	注释
	名称	xsd:string	optional			

5.2.115 元素 字:分节类型/节属性

层次结构

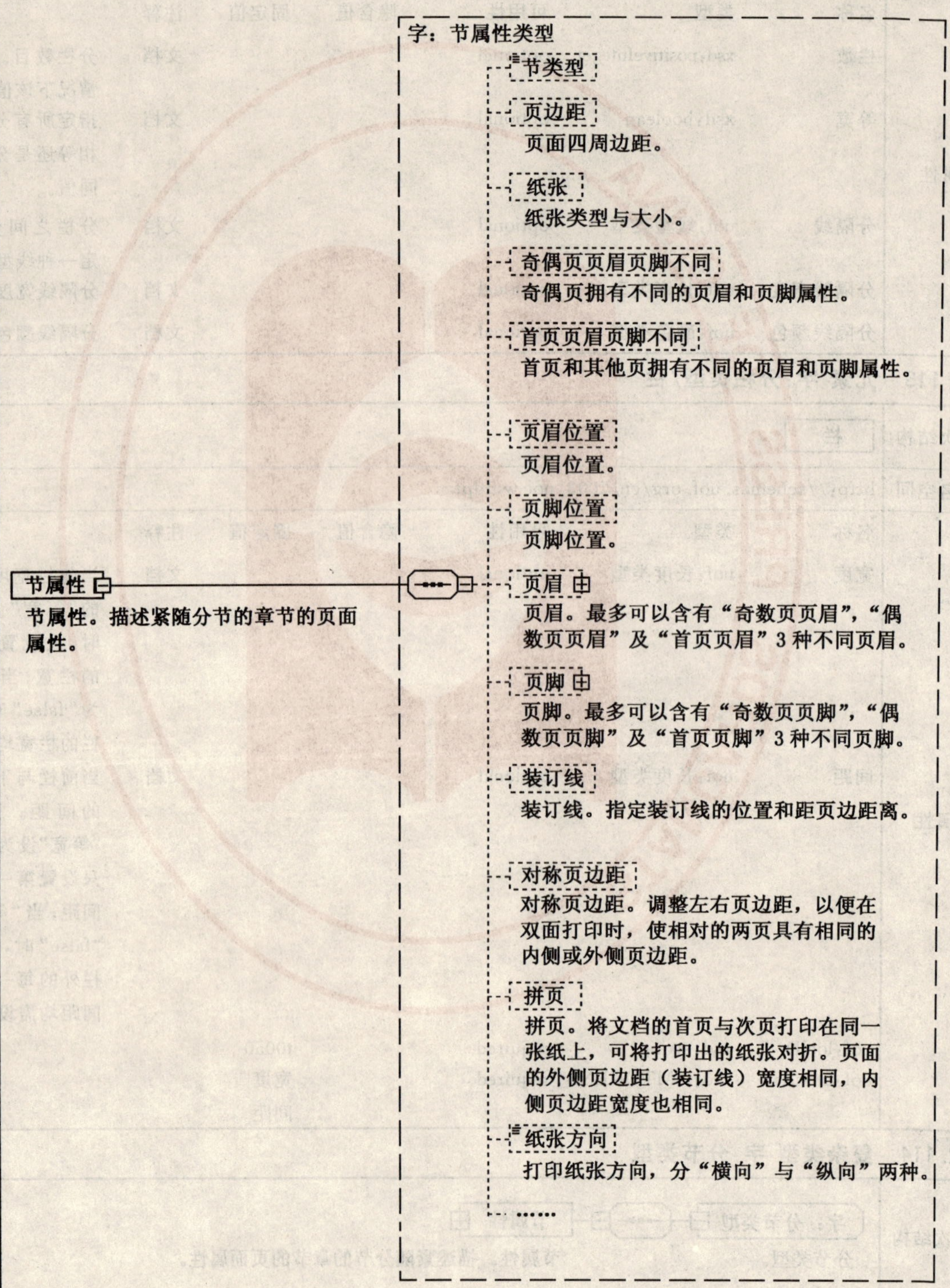

层次结构	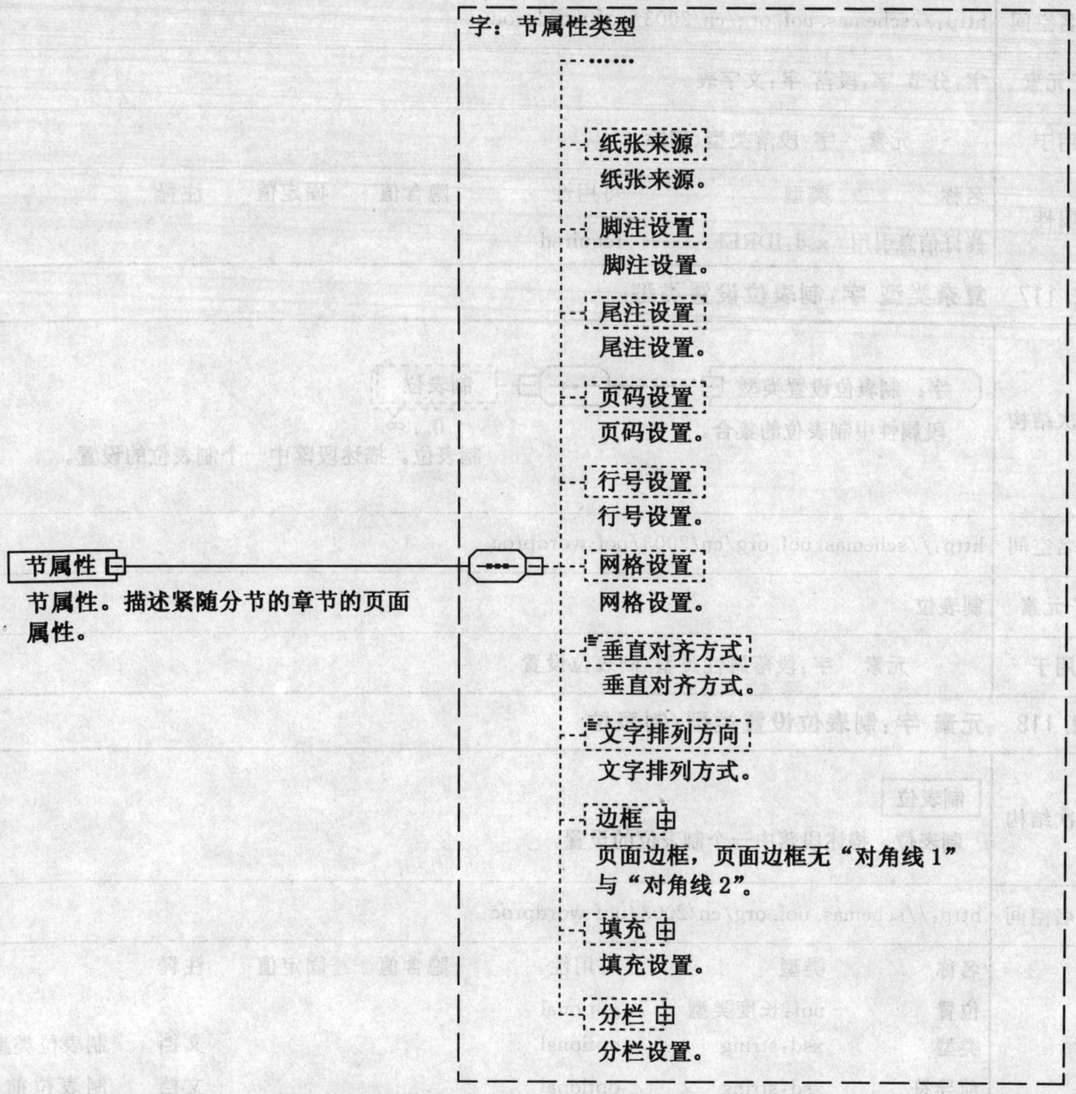
命名空间	http://schemas.uof.org/cn/2003/uof-wordproc
类型	扩展 字:节属性类型
子元素	节类型 页边距 纸张 奇偶页页眉页脚不同 首页页眉页脚不同 页眉位置 页脚位置 页眉 页脚 装订线 对称页边距 拼页 纸张方向 纸张来源 脚注设置 尾注设置 页码设置 行号设置 网格设置 垂直对齐方式 文字排列方向 边框 填充 分栏
属性	名称 类型 可用性 隐含值 固定值 注释 uof:locID xsd:string required t0018

5.2.116 复杂类型 字:删除类型

层次结构	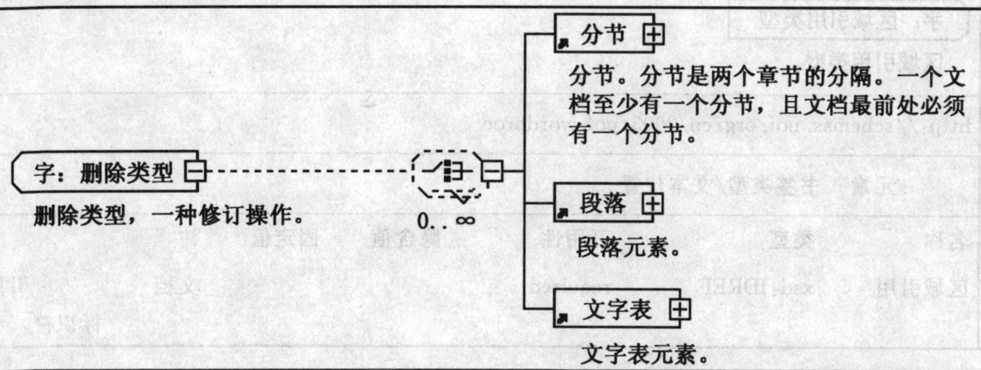

命名空间	http://schemas.uof.org/cn/2003/uof-wordproc
子元素	字:分节 字:段落 字:文字表
用于	元素 字:段落类型/删除
属性	名称 | 类型 | 可用性 | 隐含值 | 固定值 | 注释 修订信息引用 | xsd:IDREF | required

5.2.117 复杂类型 字:制表位设置类型

层次结构	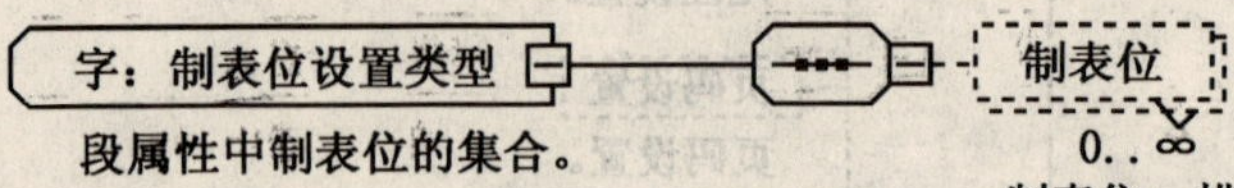段属性中制表位的集合。 制表位。描述段落中一个制表位的设置。
命名空间	http://schemas.uof.org/cn/2003/uof-wordproc
子元素	制表位
用于	元素 字:段落属性类型/制表位设置

5.2.118 元素 字:制表位设置类型/制表位

层次结构	制表位 制表位。描述段落中一个制表位的设置。
命名空间	http://schemas.uof.org/cn/2003/uof-wordproc

属性：

名称	类型	可用性	隐含值	固定值	注释
位置	uof:长度类型	optional			
类型	xsd:string	optional			文档 制表位类型。
前导符	xsd:string	optional			文档 制表位前导符，可以是任意字符。
制表位字符	xsd:string	optional			
uof:locID	xsd:string	required		t0068	
uof:attrList	xsd:NMTOKENS	required		位置 类型 前导符 制表位字符	

5.2.119 复杂类型 字:区域引用类型

层次结构	字：区域引用类型 区域引用类型。
命名空间	http://schemas.uof.org/cn/2003/uof-wordproc
用于	元素 书签类型/文本位置

属性：

名称	类型	可用性	隐含值	固定值	注释
区域引用	xsd:IDREF	required			文档 所引用的区域的标识符。

5.2.120 复杂类型 字:单元格属性类型

层次结构	
命名空间	http://schemas.uof.org/cn/2003/uof-wordproc
子元素	宽度 单元格边距 边框 填充 垂直对齐方式 跨行 跨列 自动换行 适应文字 停止引用
用于	元素 字:单元格类型/单元格属性

5.2.121 元素 字:单元格属性类型/宽度

层次结构	宽度 单元格宽度，分绝对宽度与相对宽度（百分比）。实际单元格宽度可能会根据单元格文字内容进行自动调整。					
命名空间	http://schemas.uof.org/cn/2003/uof-wordproc					
属性	名称	类型	可用性	隐含值	固定值	注释
	绝对值	uof:长度类型	optional			
	相对值	uof:百分比类型	optional			文档 单元格相对宽度，百分比。
	uof:locID	xsd:string	required		t0150	
	uof:attrList	xsd:NMTOKENS	required		绝对值 相对值	

5.2.122 元素 字:单元格属性类型/单元格边距

层次结构	单元格边距 单元格边距。					
命名空间	http://schemas.uof.org/cn/2003/uof-wordproc					
属性	名称	类型	可用性	隐含值	固定值	注释
	上	uof:长度类型	optional			文档 上边距，锚点上边的外部留空长度。
	左	uof:长度类型	optional			文档 左边距，锚点左边的外部留空长度。
	右	uof:长度类型	optional			文档 右边距，锚点右边的外部留空长度。
	下	uof:长度类型	optional			文档 下边距，锚点下边的外部留空长度。
	uof:locID	xsd:string	required		t0151	
	uof:attrList	xsd:NMTOKENS	required		上 左 右 下	

5.2.123 元素 字:单元格属性类型/边框

层次结构	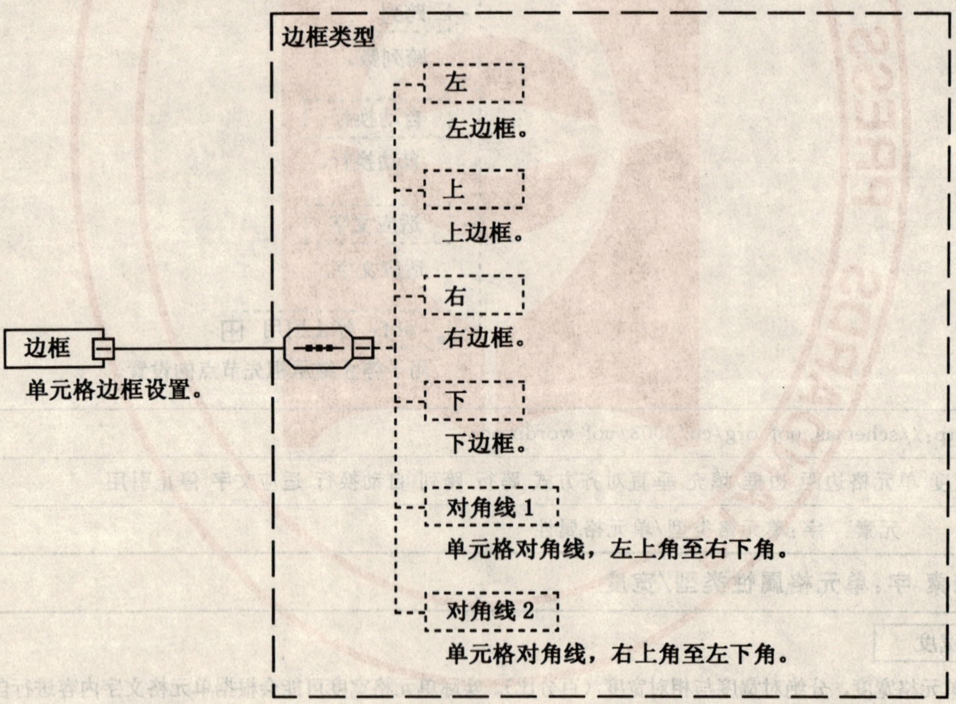					
命名空间	http://schemas.uof.org/cn/2003/uof-wordproc					
类型	扩展 边框类型					
子元素	左 上 右 下 对角线 1 对角线 2					
属性	名称	类型	可用性	隐含值	固定值	注释
	uof:locID	xsd:string	required		t0152	

5.2.124 元素 字:单元格属性类型/填充

层次结构	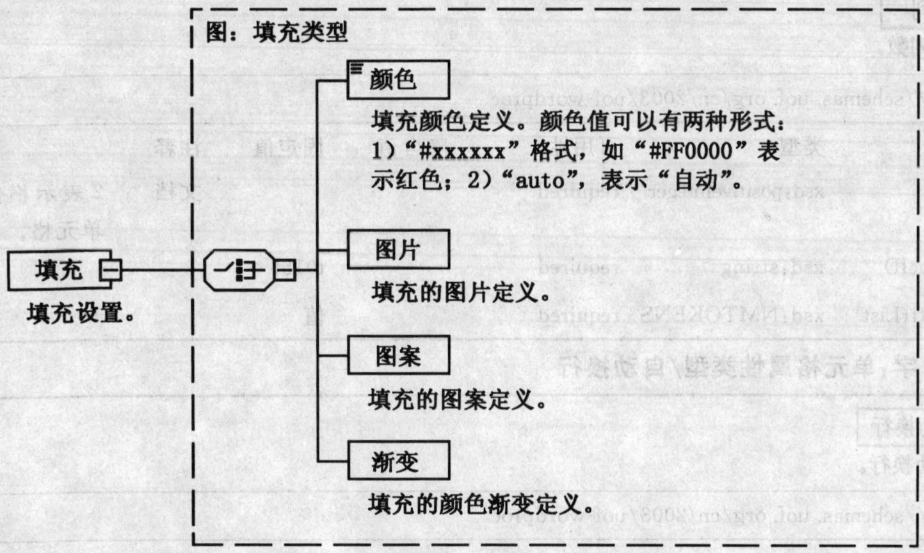					
命名空间	http://schemas.uof.org/cn/2003/uof-wordproc					
类型	扩展 图:填充类型					
子元素	颜色 图片 图案 渐变					
属性	名称	类型	可用性	隐含值	固定值	注释
	uof:locID	xsd:string	required		t0153	

5.2.125 元素 字:单元格属性类型/垂直对齐方式

层次结构	垂直对齐方式 垂直对齐方式。					
命名空间	http://schemas.uof.org/cn/2003/uof-wordproc					
类型	扩展 字:单元格垂直对齐类型					
刻面	枚举 top 枚举 bottom 枚举 center 枚举 both					
属性	名称	类型	可用性	隐含值	固定值	注释
	uof:locID	xsd:string	required		t0154	

5.2.126 元素 字:单元格属性类型/跨行

层次结构	跨行 跨行数。					
命名空间	http://schemas.uof.org/cn/2003/uof-wordproc					
属性	名称	类型	可用性	隐含值	固定值	注释
	值	xsd:positiveInteger	required			文档 2表示纵向合并两个单元格。
	uof:locID	xsd:string	required		t0155	
	uof:attrList	xsd:NMTOKENS	required		值	

5.2.127 元素 字:单元格属性类型/跨列

层次结构	跨列 跨列数。					
命名空间	http://schemas.uof.org/cn/2003/uof-wordproc					
属性	名称	类型	可用性	隐含值	固定值	注释
	值	xsd:positiveInteger	required			文档 2表示横向合并两个单元格。
	uof:locID	xsd:string	required		t0156	
	uof:attrList	xsd:NMTOKENS	required		值	

5.2.128 元素 字:单元格属性类型/自动换行

层次结构	自动换行 自动换行。					
命名空间	http://schemas.uof.org/cn/2003/uof-wordproc					
属性	名称	类型	可用性	隐含值	固定值	注释
	值	xsd:boolean	required			
	uof:locID	xsd:string	required		t0157	
	uof:attrList	xsd:NMTOKENS	required		值	

5.2.129 元素 字:单元格属性类型/适应文字

层次结构	适应文字 适应文字。					
命名空间	http://schemas.uof.org/cn/2003/uof-wordproc					
属性	名称	类型	可用性	隐含值	固定值	注释
	值	xsd:boolean	required			
	uof:locID	xsd:string	required		t0158	
	uof:attrList	xsd:NMTOKENS	required		值	

5.2.130 复杂类型 字:单元格类型

层次结构	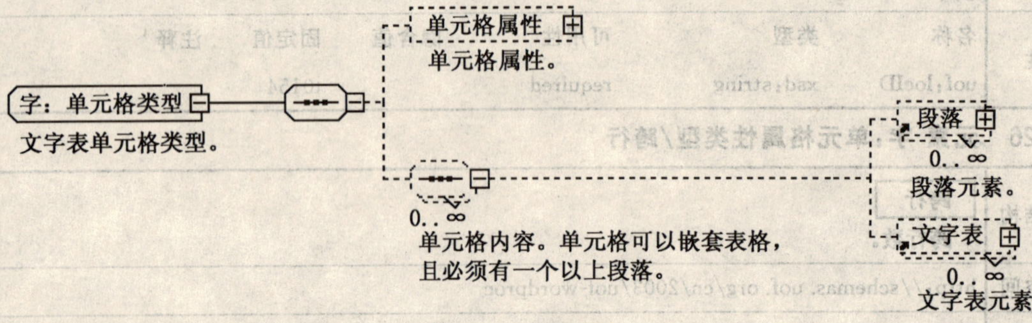
命名空间	http://schemas.uof.org/cn/2003/uof-wordproc
子元素	单元格属性 字:段落 字:文字表
用于	元素 字:行类型/单元格

5.2.131　元素 字:单元格类型/单元格属性

层次结构	
命名空间	http://schemas.uof.org/cn/2003/uof-wordproc
类型	扩展 字:单元格属性类型
子元素	宽度 单元格边距 边框 填充 垂直对齐方式 跨行 跨列 自动换行 适应文字 停止引用
属性	名称　类型　可用性　隐含值　固定值　注释 uof:locID　xsd:string　required　　t0149

5.2.132 复杂类型 字:句属性类型

层次结构

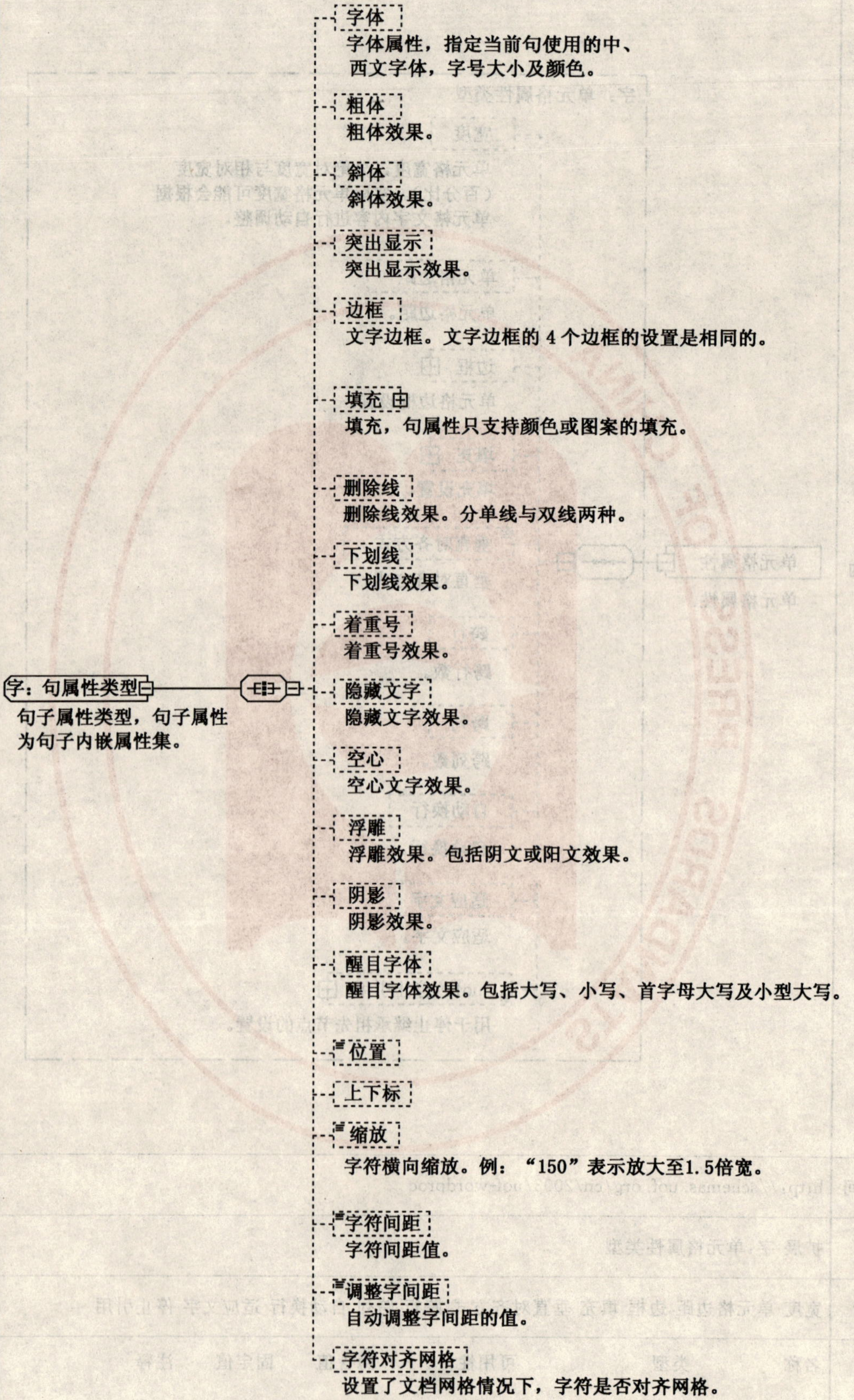

命名空间	http://schemas.uof.org/cn/2003/uof-wordproc	
子元素	字体 粗体 斜体 突出显示 边框 填充 删除线 下划线 着重号 隐藏文字 空心 浮雕 阴影 醒目字体 位置 上下标 缩放 字符间距 调整字间距 字符对齐网格	
用于	元素	字:句类型/句属性 字:段落属性类型/句属性 表:单元格式样类型/字体格式 字:自动编号类型/级别/符号字体 表:字体
	复杂类型	字:句式样类型

5.2.133 元素 字:句属性类型/字体

层次结构	字体 **字体属性，指定当前句使用的中、西文字体，字号大小及颜色。**					
命名空间	http://schemas.uof.org/cn/2003/uof-wordproc					
属性	名称	类型	可用性	隐含值	固定值	注释
	西文字体引用	xsd:IDREF	optional			文档 使用的英文字体。
	中文字体引用	xsd:IDREF	optional			文档 使用的中文字体。
	特殊字体引用	xsd:IDREF	optional			文档 用于表示特殊符号。
	西文绘制	xsd:boolean	optional	false		文档 表示当前字符是使用中文字体还是西文字体进行绘制。不出现表示"false"。
	字号	xsd:float	optional			文档 字号大小(磅值)。
	相对字号	uof:百分比类型	optional			文档 字号相对大小，相对于前面出现字号的百分数表示。
	颜色	uof:颜色类型	optional			文档 字体颜色。
	uof:locID	xsd:string	required		t0088	
	uof:attrList	xsd:NMTOKENS	required		西文字体引用 中文字体引用 特殊字体引用 西文绘制 字号 相对字号 颜色	

5.2.134 元素 字:句属性类型/粗体

层次结构	粗体 粗体效果。					
命名空间	http://schemas.uof.org/cn/2003/uof-wordproc					
属性	名称	类型	可用性	隐含值	固定值	注释
	值	xsd:boolean	required			
	uof:locID	xsd:string	required		t0089	
	uof:attrList	xsd:NMTOKENS	required		值	

5.2.135 元素 字:句属性类型/斜体

层次结构	斜体 斜体效果。
命名空间	http://schemas.uof.org/cn/2003/uof-wordproc

属性	名称	类型	可用性	隐含值	固定值	注释
	值	xsd:boolean	required			
	uof:locID	xsd:string	required		t0090	
	uof:attrList	xsd:NMTOKENS	required		值	

5.2.136 元素 字:句属性类型/突出显示

层次结构	突出显示 突出显示效果。
命名空间	http://schemas.uof.org/cn/2003/uof-wordproc

属性	名称	类型	可用性	隐含值	固定值	注释
	颜色	uof:颜色类型	required			
	uof:locID	xsd:string	required		t0091	
	uof:attrList	xsd:NMTOKENS	required		颜色	

5.2.137 元素 字:句属性类型/边框

层次结构	边框 文字边框。文字边框的4个边框的设置是相同的。
命名空间	http://schemas.uof.org/cn/2003/uof-wordproc
类型	扩展 边框线类型

属性	名称	类型	可用性	隐含值	固定值	注释	
	类型	线型类型	required			文档	边框线的线型。
	宽度	长度类型	optional			文档	边框线的宽度。
	边距	长度类型	optional			文档	边框线的边距。
	颜色	颜色类型	optional			文档	边框线的颜色。
	阴影	xsd:boolean	optional			文档	边框线是否有阴影。
	uof:locID	xsd:string	required		t0092		
	uof:attrList	xsd:NMTOKENS	required		类型 宽度 边距 颜色 阴影		

5.2.138 元素 字:句属性类型/填充

层次结构	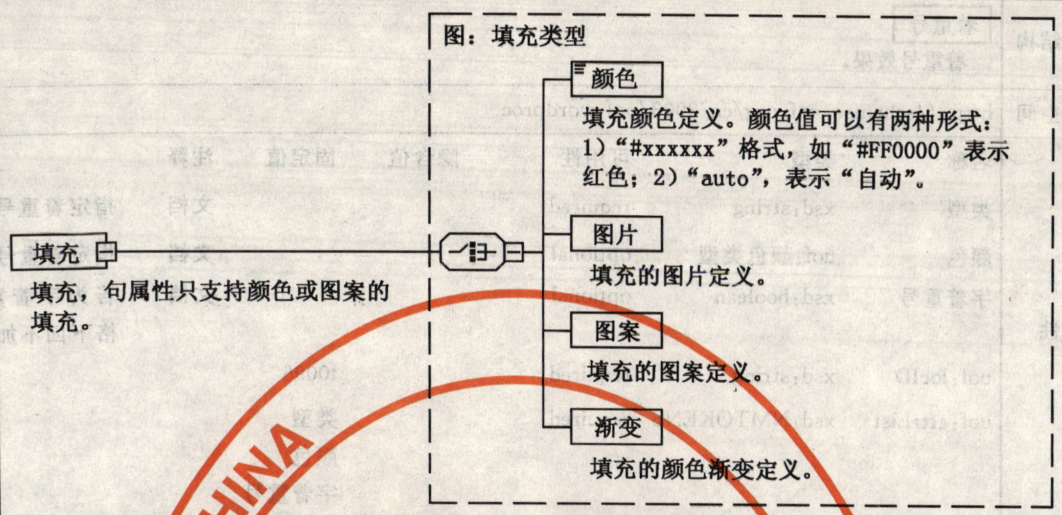						
命名空间	http://schemas.uof.org/cn/2003/uof-wordproc						
类型	扩展 图:填充类型						
子元素	颜色 图片 图案 渐变						
属性	名称	类型	可用性	隐含值	固定值	注释	
	uof:locID	xsd:string	required		t0093		

5.2.139 元素 字:句属性类型/删除线

层次结构	删除线 删除线效果。分单线与双线两种。						
命名空间	http://schemas.uof.org/cn/2003/uof-wordproc						
属性	名称	类型	可用性	隐含值	固定值	注释	
	类型	xsd:string	required			文档	指定一种删除线的名称，或“无”。
	uof:locID	xsd:string	required		t0094		
	uof:attrList	xsd:NMTOKENS	required		类型		

5.2.140 元素 字:句属性类型/下划线

层次结构	下划线 下划线效果。						
命名空间	http://schemas.uof.org/cn/2003/uof-wordproc						
属性	名称	类型	可用性	隐含值	固定值	注释	
	类型	uof:线型类型	required			文档	指定下划线的类型。
	颜色	uof:颜色类型	optional			文档	指定下划线的颜色。
	字下划线	xsd:boolean	optional			文档	若为字下划线，则空格下无下划线。
	uof:locID	xsd:string	required		t0095		
	uof:attrList	xsd:NMTOKENS	required		类型 颜色 字下划线		

5.2.141　元素 字:句属性类型/着重号

层次结构	着重号 着重号效果。
命名空间	http://schemas.uof.org/cn/2003/uof-wordproc

属性	名称	类型	可用性	隐含值	固定值	注释	
	类型	xsd:string	required			文档	指定着重号的类型。
	颜色	uof:颜色类型	optional			文档	指定着重号的颜色。
	字着重号	xsd:boolean	optional			文档	若为字着重号,则空格下面不加着重号。
	uof:locID	xsd:string	required		t0096		
	uof:attrList	xsd:NMTOKENS	required		类型 颜色 字着重号		

5.2.142　元素 字:句属性类型/隐藏文字

层次结构	隐藏文字 隐藏文字效果。
命名空间	http://schemas.uof.org/cn/2003/uof-wordproc

属性	名称	类型	可用性	隐含值	固定值	注释
	值	xsd:boolean	required			
	uof:locID	xsd:string	required		t0097	
	uof:attrList	xsd:NMTOKENS	required		值	

5.2.143　元素 字:句属性类型/空心

层次结构	空心 空心文字效果。
命名空间	http://schemas.uof.org/cn/2003/uof-wordproc

属性	名称	类型	可用性	隐含值	固定值	注释
	值	xsd:boolean	required			
	uof:locID	xsd:string	required		t0098	
	uof:attrList	xsd:NMTOKENS	required		值	

5.2.144　元素 字:句属性类型/浮雕

层次结构	浮雕 浮雕效果。包括阴文或阳文效果。
命名空间	http://schemas.uof.org/cn/2003/uof-wordproc

属性	名称	类型	可用性	隐含值	固定值	注释	
	类型	xsd:string	required			文档	指定是阳文还是阴文,或无浮雕效果。
	uof:locID	xsd:string	required		t0099		
	uof:attrList	xsd:NMTOKENS	required		类型		

5.2.145 元素 字:句属性类型/阴影

层次结构	阴影 阴影效果。					
命名空间	http://schemas.uof.org/cn/2003/uof-wordproc					
属性	名称	类型	可用性	隐含值	固定值	注释
	值	xsd:boolean	required			
	uof:locID	xsd:string	required		t0100	
	uof:attrList	xsd:NMTOKENS	required		值	

5.2.146 元素 字:句属性类型/醒目字体

层次结构	醒目字体 醒目字体效果。包括大写、小写、首字母大写及小型大写。					
命名空间	http://schemas.uof.org/cn/2003/uof-wordproc					
属性	名称	类型	可用性	隐含值	固定值	注释
	类型	xsd:string	required			
	uof:locID	xsd:string	required		t0101	
	uof:attrList	xsd:NMTOKENS	required		类型	

5.2.147 元素 字:句属性类型/位置

层次结构	位置					
命名空间	http://schemas.uof.org/cn/2003/uof-wordproc					
类型	扩展 字:字符位置类型					
属性	名称	类型	可用性	隐含值	固定值	注释
	uof:locID	xsd:string	required		t0102	

5.2.148 元素 字:句属性类型/上下标

层次结构	上下标					
命名空间	http://schemas.uof.org/cn/2003/uof-wordproc					
属性	名称	类型	可用性	隐含值	固定值	注释
	值	xsd:string				
	uof:locID	xsd:string	required		t0205	
	uof:attrList	xsd:NMTOKENS	required		值	

5.2.149 元素 字:句属性类型/缩放

层次结构	缩放 字符横向缩放。例“150”表示放大至1.5倍宽。					
命名空间	http://schemas.uof.org/cn/2003/uof-wordproc					
类型	扩展 xsd:float					
属性	名称	类型	可用性	隐含值	固定值	注释
	uof:locID	xsd:string	required		t0103	

5.2.150 元素 字:句属性类型/字符间距

层次结构	字符间距 字符间距值。
命名空间	http://schemas.uof.org/cn/2003/uof-wordproc
类型	扩展 长度类型
属性	名称 类型 可用性 隐含值 固定值 注释 uof:locID xsd:string required t0104

5.2.151 元素 字:句属性类型/调整字间距

层次结构	调整字间距 自动调整字间距的值。
命名空间	http://schemas.uof.org/cn/2003/uof-wordproc
类型	扩展 长度类型
属性	名称 类型 可用性 隐含值 固定值 注释 uof:locID xsd:string required t0105

5.2.152 元素 字:句属性类型/字符对齐网格

层次结构	字符对齐网格 设置了文档网格情况下,字符是否对齐网格。
命名空间	http://schemas.uof.org/cn/2003/uof-wordproc
属性	名称 类型 可用性 隐含值 固定值 注释 值 xsd:boolean required uof:locID xsd:string required t0106 uof:attrList xsd:NMTOKENS required 值

5.2.153 复杂类型 字:句式样类型

层次结构	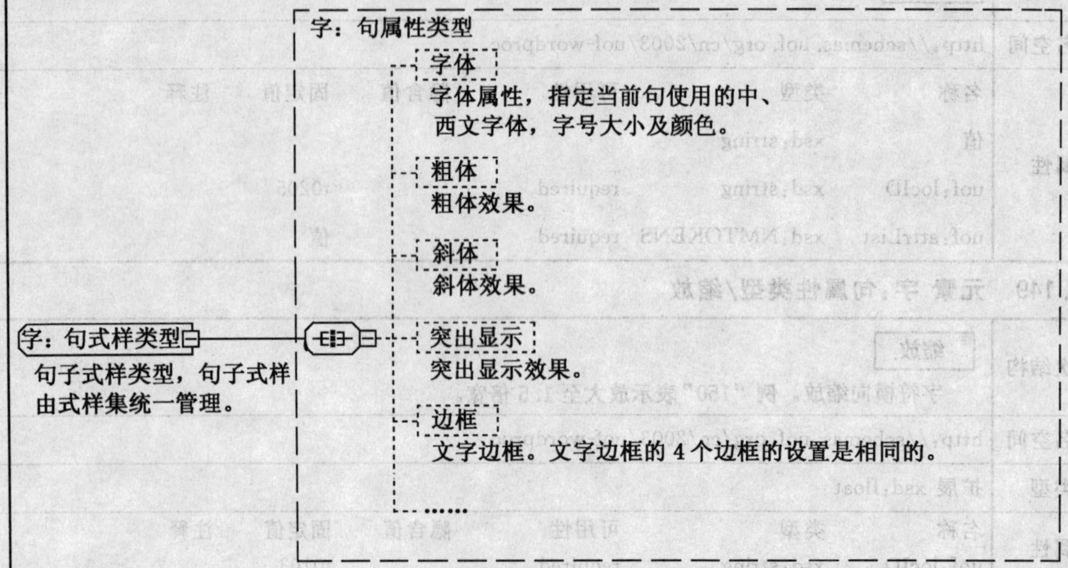

层次结构	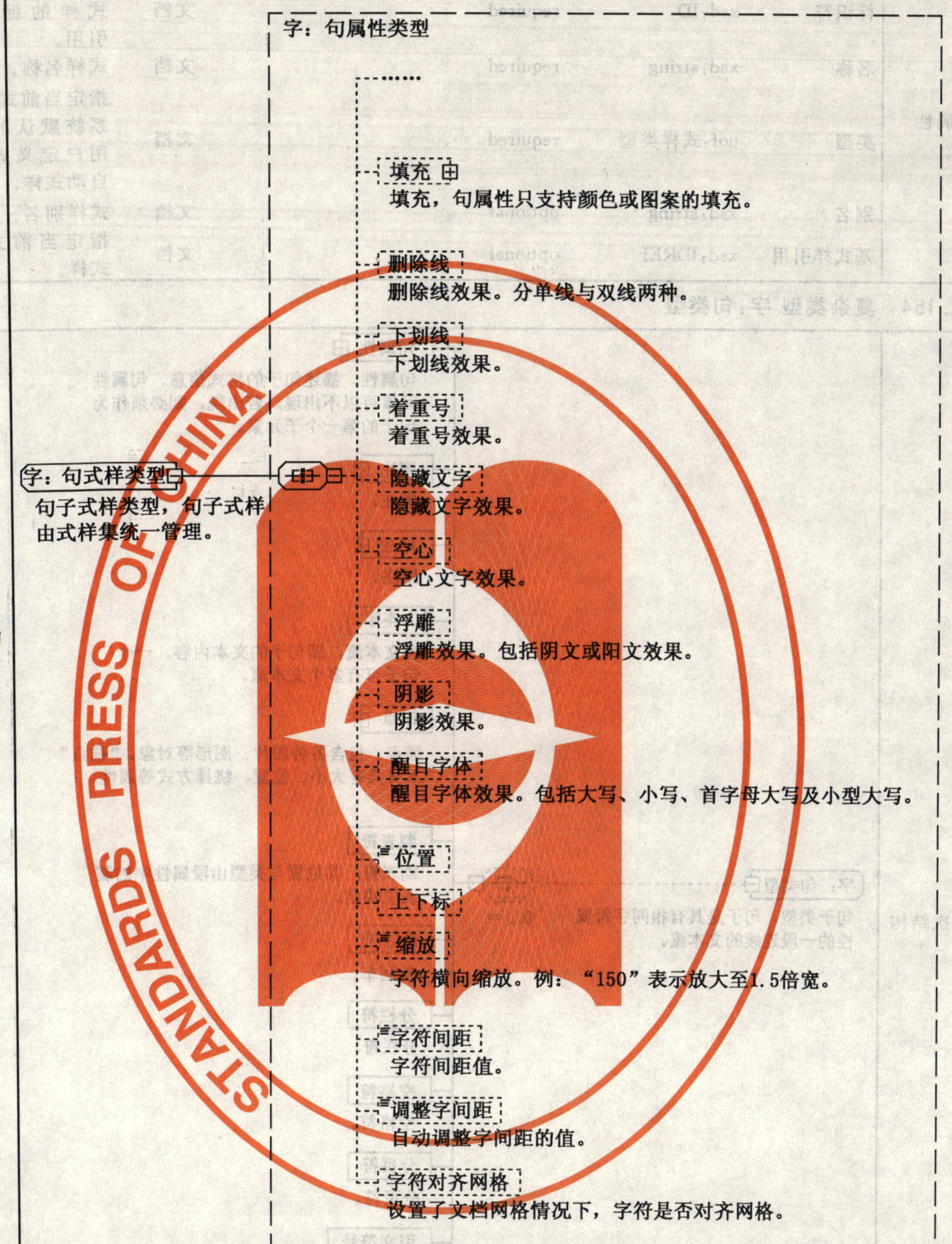
命名空间	http://schemas.uof.org/cn/2003/uof-wordproc
类型	扩展 字:句属性类型
子元素	字体 粗体 斜体 突出显示 边框 填充 删除线 下划线 着重号 隐藏文字 空心 浮雕 阴影 醒目字体 位置 上下标 缩放 字符间距 调整字间距 字符对齐网格
用于	元素 式样表类型/句式样

	名称	类型	可用性	隐含值	固定值	注释	
属性	标识符	xsd:ID	required			文档	式样的标识符，供引用。
	名称	xsd:string	required			文档	式样名称。
	类型	uof:式样类型	required			文档	指定当前式样是否是系统默认的基式样，用户定义式样，还是自动式样。
	别名	xsd:string	optional			文档	式样别名。
	基式样引用	xsd:IDREF	optional			文档	指定当前式样的基式样。

5.2.154　**复杂类型 字:句类型**

层次结构

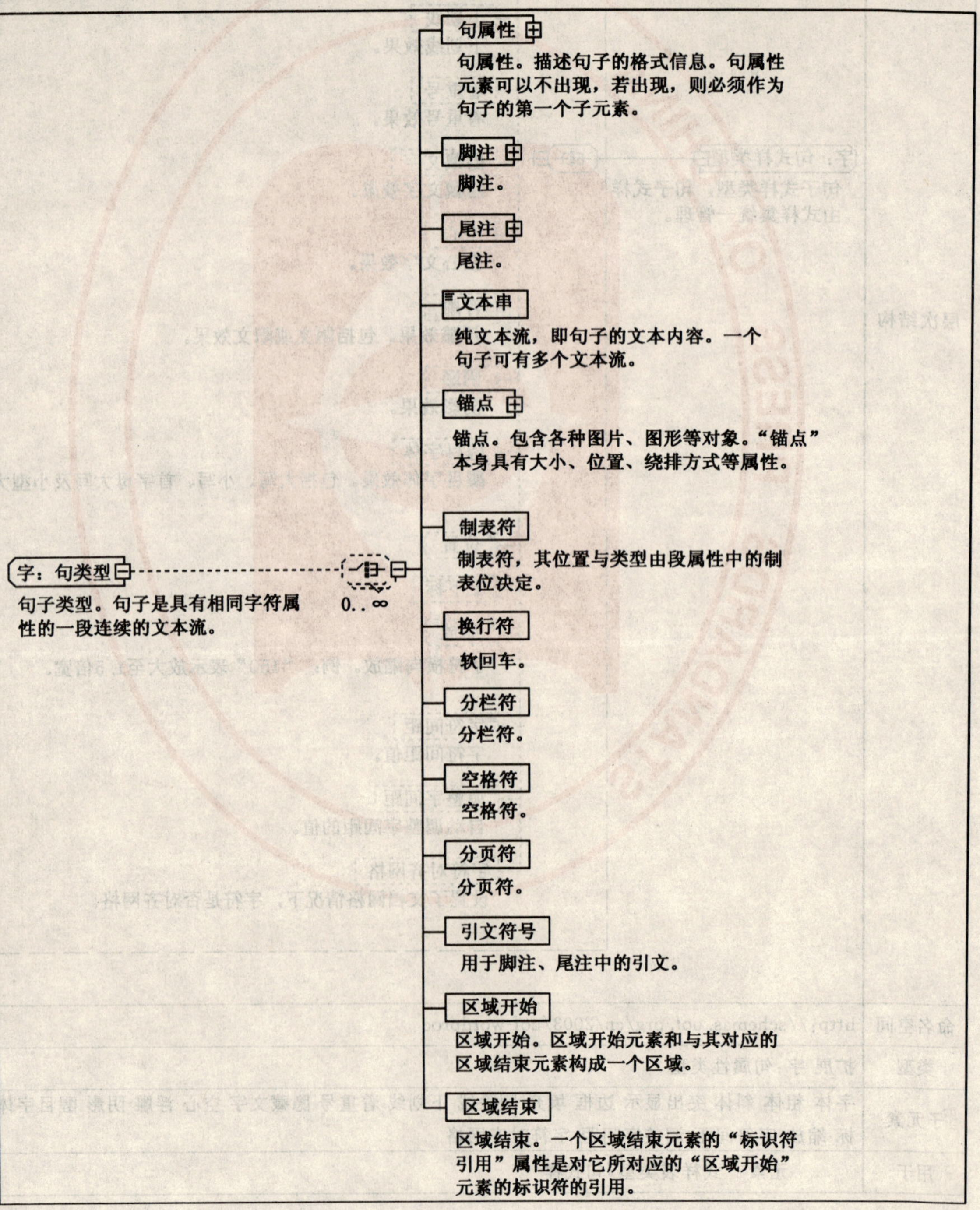

命名空间	http://schemas.uof.org/cn/2003/uof-wordproc
子元素	句属性 脚注 尾注 文本串 锚点 制表符 换行符 分栏符 空格符 分页符 引文符号 区域开始 区域结束
用于	元素 字:句

5.2.155 元素 字:句类型/句属性

层次结构	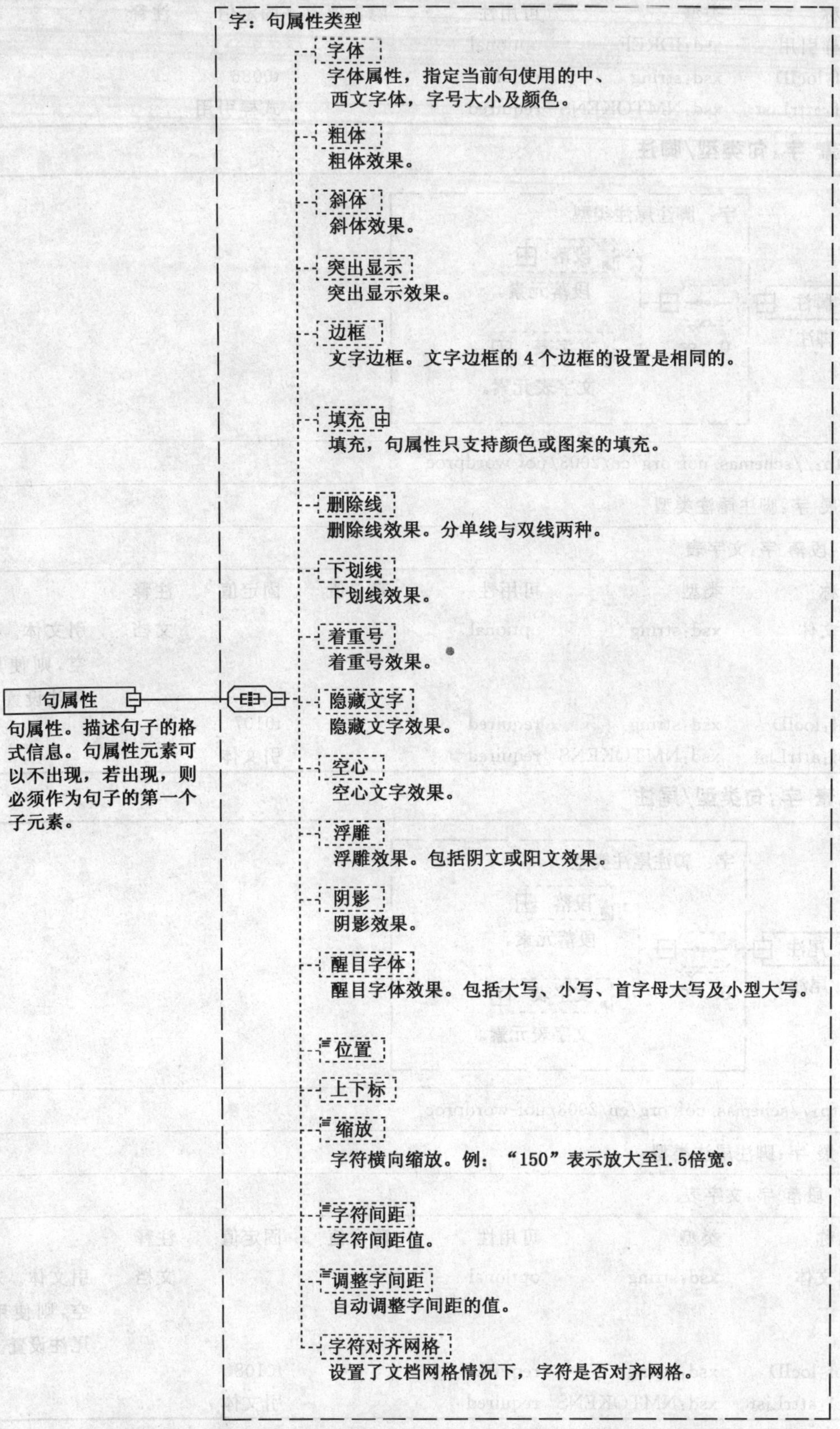

命名空间	http://schemas.uof.org/cn/2003/uof-wordproc					
类型	扩展 字:句属性类型					
子元素	字体 粗体 斜体 突出显示 边框 填充 删除线 下划线 着重号 隐藏文字 空心 浮雕 阴影 醒目字体 位置 上下标 缩放 字符间距 调整字间距 字符对齐网格					
属性	名称	类型	可用性	隐含值	固定值	注释
	式样引用	xsd:IDREF	optional			
	uof:locID	xsd:string	required		t0086	
	uof:attrList	xsd:NMTOKENS	required		式样引用	

5.2.156 元素 字:句类型/脚注

层次结构	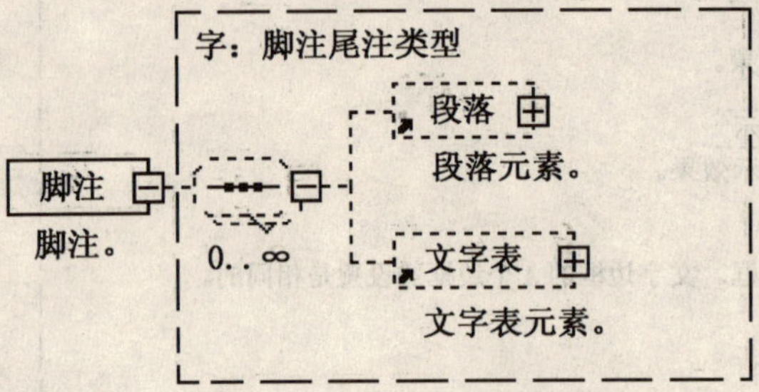					
命名空间	http://schemas.uof.org/cn/2003/uof-wordproc					
类型	扩展 字:脚注尾注类型					
子元素	字:段落 字:文字表					
属性	名称	类型	可用性	隐含值	固定值	注释
	引文体	xsd:string	optional			文档 引文体。若该属性为空，则使用全局脚注尾注设置。
	uof:locID	xsd:string	required		t0107	
	uof:attrList	xsd:NMTOKENS	required		引文体	

5.2.157 元素 字:句类型/尾注

层次结构	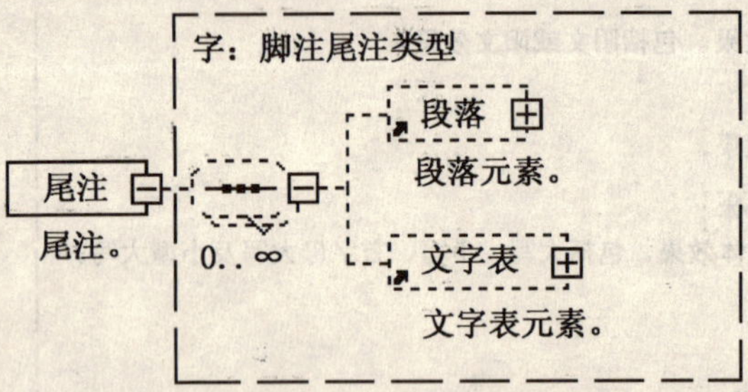					
命名空间	http://schemas.uof.org/cn/2003/uof-wordproc					
类型	扩展 字:脚注尾注类型					
子元素	字:段落 字:文字表					
属性	名称	类型	可用性	隐含值	固定值	注释
	引文体	xsd:string	optional			文档 引文体。若该属性为空，则使用全局脚注尾注设置。
	uof:locID	xsd:string	required		t0108	
	uof:attrList	xsd:NMTOKENS	required		引文体	

5.2.158 元素 字:句类型/文本串

层次结构	文本串 纯文本流，即句子的文本内容。一个句子可有多个文本流。					
命名空间	http://schemas.uof.org/cn/2003/uof-wordproc					
类型	扩展 xsd:string					
属性	名称	类型	可用性	隐含值	固定值	注释
	uof:locID	xsd:string	required		t0109	
	udsPath	xsd:string	optional			文档 用于与用户 XML 数据绑定。
	uof:attrList	xsd:NMTOKENS	required		udsPath	

5.2.159 元素 字:句类型/锚点

层次结构	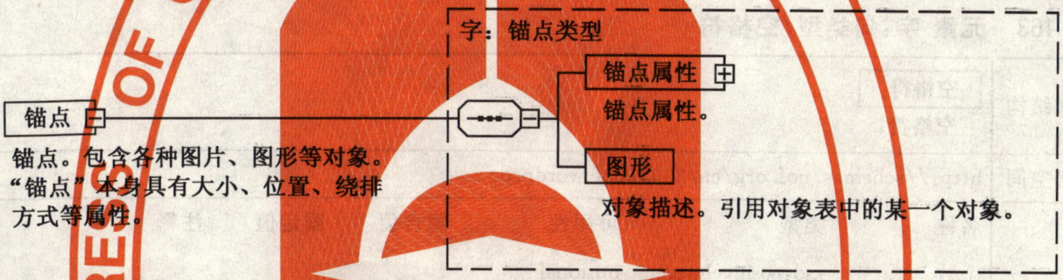					
命名空间	http://schemas.uof.org/cn/2003/uof-wordproc					
类型	扩展 字:锚点类型					
子元素	锚点属性 图形					
属性	名称	类型	可用性	隐含值	固定值	注释
	标识符	xsd:ID	optional			
	类型	xsd:string	required			文档 锚点类型。如果为 as-char,则为嵌入式。
	uof:locID	xsd:string	required		t0110	
	uof:attrList	xsd:NMTOKENS	required		标识符 类型	

5.2.160 元素 字:句类型/制表符

层次结构	制表符 制表符，其位置与类型由段属性中的制表位决定。					
命名空间	http://schemas.uof.org/cn/2003/uof-wordproc					
属性	名称	类型	可用性	隐含值	固定值	注释
	uof:locID	xsd:string	required		t0123	

5.2.161　元素 字:句类型/换行符

层次结构	换行符 软回车。
命名空间	http://schemas.uof.org/cn/2003/uof-wordproc
属性	名称　类型　可用性　隐含值　固定值　注释 uof:locID　xsd:string　required　　t0124

5.2.162　元素 字:句类型/分栏符

层次结构	分栏符 分栏符。
命名空间	http://schemas.uof.org/cn/2003/uof-wordproc
属性	名称　类型　可用性　隐含值　固定值　注释 uof:locID　xsd:string　required　　t0125

5.2.163　元素 字:句类型/空格符

层次结构	空格符 空格符。
命名空间	http://schemas.uof.org/cn/2003/uof-wordproc
属性	名称　类型　可用性　隐含值　固定值　注释 个数　xsd:positiveInteger　optional　1 uof:locID　xsd:string　required　　t0126 uof:attrList　xsd:NMTOKENS　required　　个数

5.2.164　元素 字:句类型/分页符

层次结构	分页符 分页符。
命名空间	http://schemas.uof.org/cn/2003/uof-wordproc
属性	名称　类型　可用性　隐含值　固定值　注释 uof:locID　xsd:string　required　　t0127

5.2.165　元素 字:句类型/引文符号

层次结构	引文符号 用于脚注、尾注中的引文。
命名空间	http://schemas.uof.org/cn/2003/uof-wordproc
属性	名称　类型　可用性　隐含值　固定值　注释 uof:locID　xsd:string　required　　t0204

5.2.166　元素 字:句类型/区域开始

层次结构	区域开始 区域开始。区域开始元素和与其对应的区域结束元素构成一个区域。

命名空间	http://schemas.uof.org/cn/2003/uof-wordproc					
属性	名称	类型	可用性	隐含值	固定值	注释
	标识符	xsd:ID	required			
	名称	xsd:string	optional			
	类型	xsd:string	required		文档	区域有多种用途。类型指明其用途，如超级链接、书签、批注、修订(插入、删除、改变格式)等等。
	uof:locID	xsd:string	required		t0121	
	uof:attrList	xsd:NMTOKENS	required		标识符 名称 类型	

5.2.167 元素 字:句类型/区域结束

层次结构	区域结束 区域结束。一个区域结束元素的“标识符引用”属性是对它所对应的“区域开始”元素的标识符的引用。					
命名空间	http://schemas.uof.org/cn/2003/uof-wordproc					
属性	名称	类型	可用性	隐含值	固定值	注释
	标识符引用	xsd:IDREF	required		文档	值为相应“区域开始”的标识符。
	uof:locID	xsd:string	required		t0122	
	uof:attrList	xsd:NMTOKENS	required		标识符引用	

5.2.168 复杂类型 字:域代码类型

层次结构	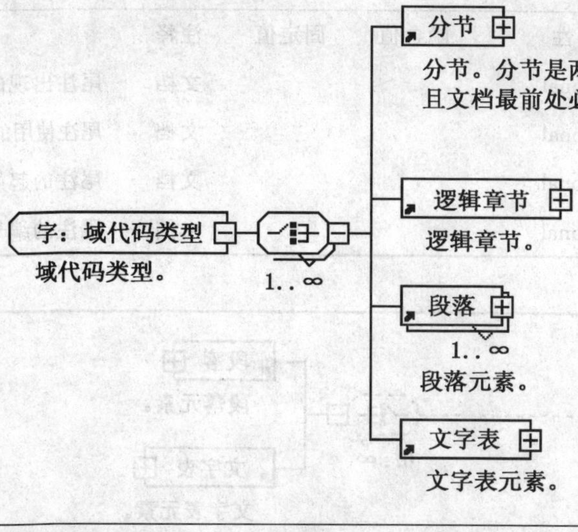
命名空间	http://schemas.uof.org/cn/2003/uof-wordproc
子元素	字:分节 字:逻辑章节 字:段落 字:文字表
用于	元素 字:段落类型/域代码

5.2.169 复杂类型 字:域开始类型

层次结构	字：域开始类型 域开始类型。
命名空间	http://schemas.uof.org/cn/2003/uof-wordproc
用于	元素 字:段落类型/域开始

属性：

名称	类型	可用性	隐含值	固定值	注释
类型	xsd:string	required			
锁定	xsd:boolean	optional		文档	锁定。锁定的域不允许更新。

5.2.170 复杂类型 字:域结束类型

层次结构	字：域结束类型 域结束类型。
命名空间	http://schemas.uof.org/cn/2003/uof-wordproc
用于	元素 字:段落类型/域结束

5.2.171 复杂类型 字:尾注设置类型

层次结构	字：尾注设置类型 尾注设置类型。
命名空间	http://schemas.uof.org/cn/2003/uof-wordproc
用于	元素 字:节属性类型/尾注设置

属性：

名称	类型	可用性	隐含值	固定值	注释
位置	xsd:string	optional		文档	尾注出现的位置。
格式	数字格式类型	optional		文档	尾注使用的数字格式。
起始编号	xsd:integer	optional		文档	尾注的起始编号。
编号方式	xsd:string	optional		文档	尾注的编号方式。

5.2.172 复杂类型 字:批注类型

层次结构：

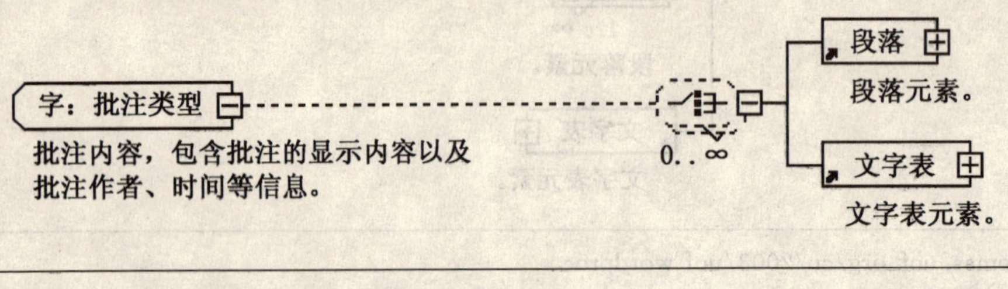

命名空间	http://schemas.uof.org/cn/2003/uof-wordproc
子元素	字:段落 字:文字表

用于	元素　字:公用处理规则类型/批注集/批注					
属性	名称	类型	可用性	隐含值	固定值	注释
	区域引用	xsd:IDREF	required			文档　指定应用此批注的文本的区域。
	作者	xsd:IDREF	optional			文档　批注作者,引用用户集中的某用户。
	日期	xsd:dateTime	optional			文档　生成批注的时间。

5.2.173　复杂类型 字:文字处理文档类型

层次结构	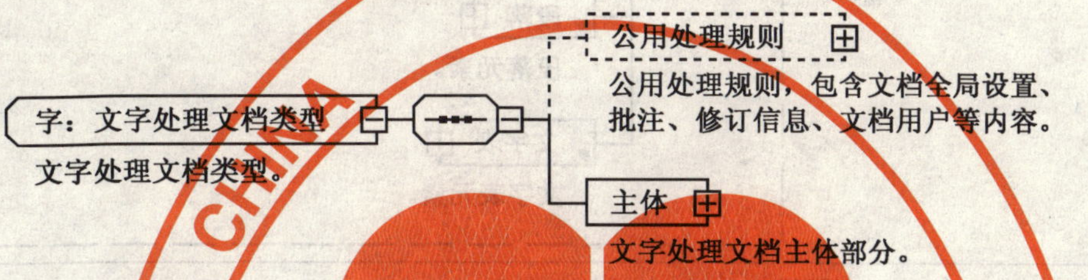
命名空间	http://schemas.uof.org/cn/2003/uof-wordproc
子元素	公用处理规则 主体
用于	元素　UOF/文字处理

5.2.174　元素 字:文字处理文档类型/公用处理规则

层次结构						
命名空间	http://schemas.uof.org/cn/2003/uof-wordproc					
类型	扩展 字:公用处理规则类型					
子元素	文档设置 用户集 修订信息集 批注集					
属性	名称	类型	可用性	隐含值	固定值	注释
	uof:locID	xsd:string	required		t0000	

5.2.175 元素 字:文字处理文档类型/主体

层次结构	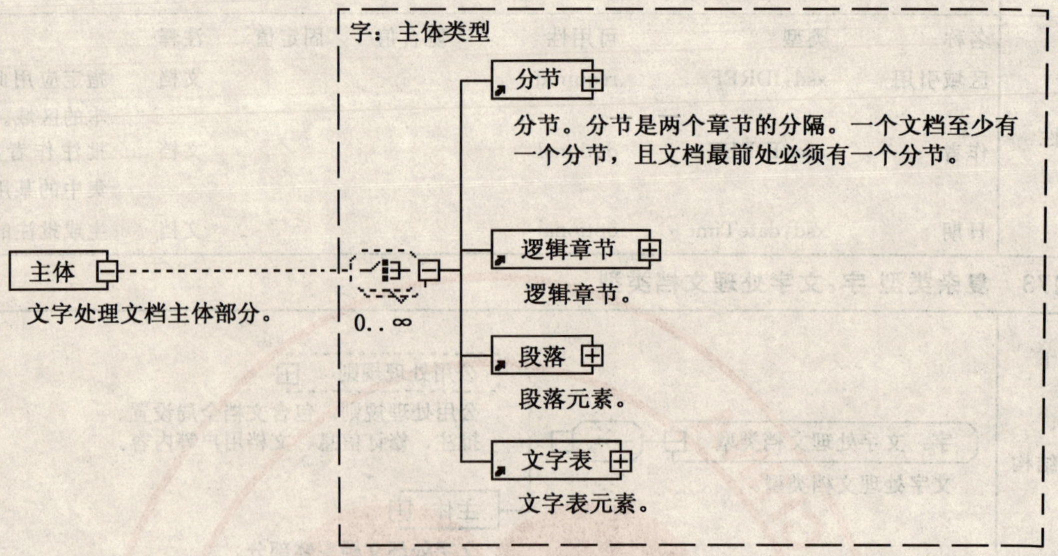					
命名空间	http://schemas.uof.org/cn/2003/uof-wordproc					
类型	扩展 字:主体类型					
子元素	字:分节 字:逻辑章节 字:段落 字:文字表					
属性	名称	类型	可用性	隐含值	固定值	注释
	uof:locID	xsd:string	required		t0016	

5.2.176 复杂类型 字:文字表属性类型

层次结构	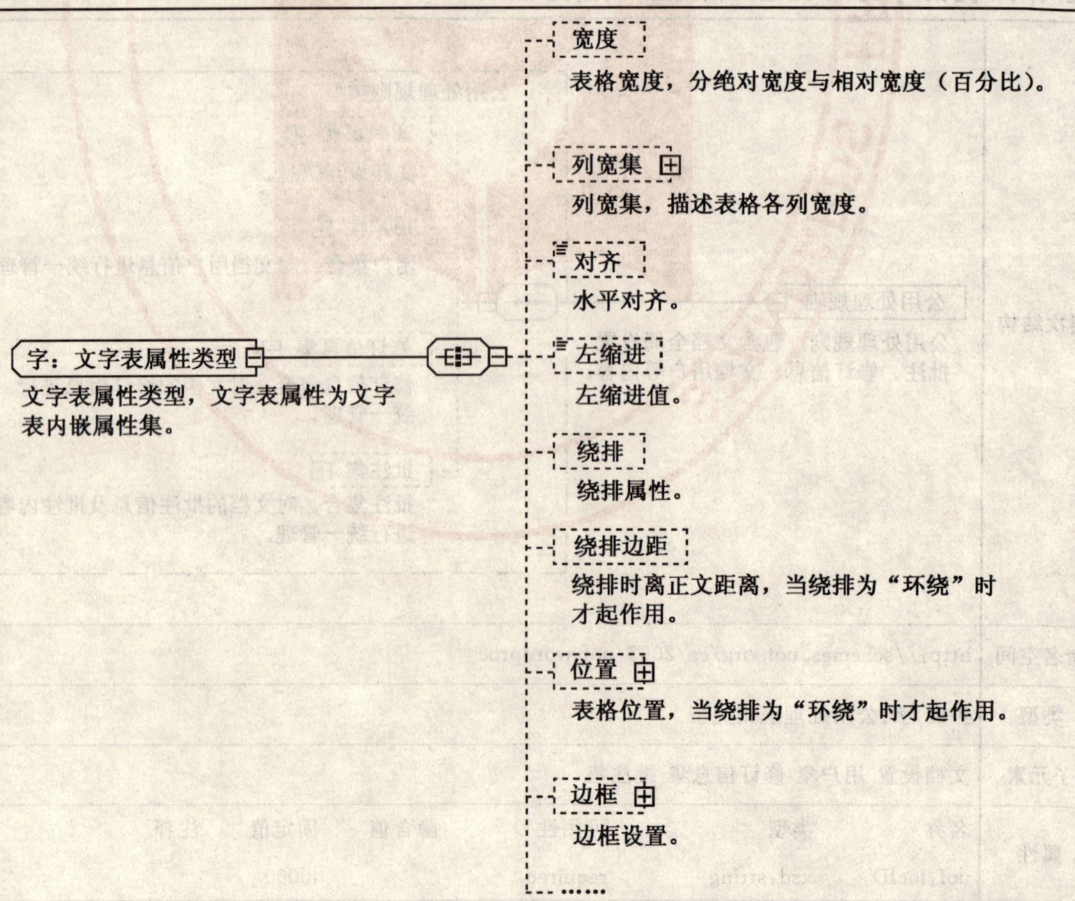

层次结构	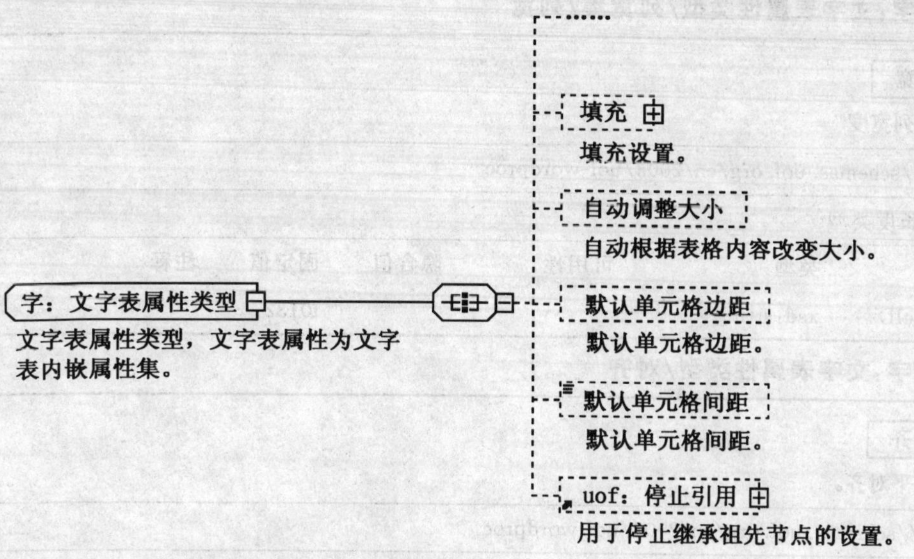
命名空间	http://schemas.uof.org/cn/2003/uof-wordproc
子元素	宽度 列宽集 对齐 左缩进 绕排 绕排边距 位置 边框 填充 自动调整大小 默认单元格边距 默认单元格间距 停止引用
用于	元素　字:文字表类型/文字表属性 复杂类型　字:文字表式样类型

5.2.177　元素 字:文字表属性类型/宽度

层次结构	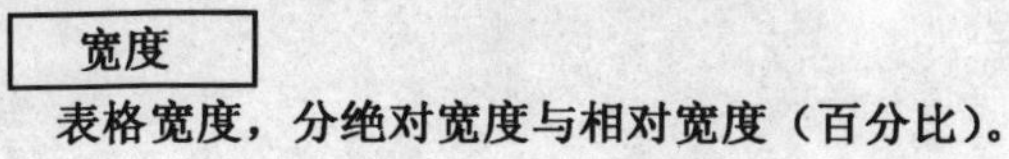					
命名空间	http://schemas.uof.org/cn/2003/uof-wordproc					
属性	名称	类型	可用性	隐含值	固定值	注释
	绝对宽度	uof:长度类型	optional			
	相对宽度	uof:百分比类型	optional		文档	表示表格的相对宽度，如“150”表示 150%。
	uof:locID	xsd:string	required		t0130	
	uof:attrList	xsd:NMTOKENS	required		绝对宽度 相对宽度	

5.2.178　元素 字:文字表属性类型/列宽集

层次结构	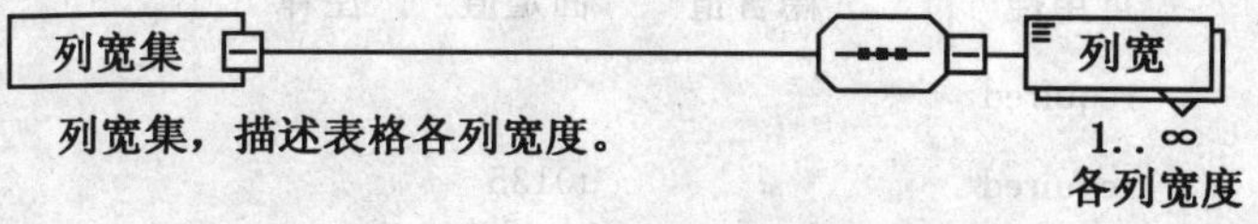					
命名空间	http://schemas.uof.org/cn/2003/uof-wordproc					
子元素	列宽					
属性	名称	类型	可用性	隐含值	固定值	注释
	uof:locID	xsd:string			t0131	

5.2.179 元素 字:文字表属性类型/列宽集/列宽

层次结构	列宽 各列宽度
命名空间	http://schemas.uof.org/cn/2003/uof-wordproc
类型	扩展 长度类型
属性	名称 类型 可用性 隐含值 固定值 注释 uof:locID xsd:string t0132

5.2.180 元素 字:文字表属性类型/对齐

层次结构	对齐 水平对齐。
命名空间	http://schemas.uof.org/cn/2003/uof-wordproc
类型	扩展 字:文字表对齐类型
刻面	枚举 left 枚举 right 枚举 center
属性	名称 类型 可用性 隐含值 固定值 注释 uof:locID xsd:string required t0133

5.2.181 元素 字:文字表属性类型/左缩进

层次结构	左缩进 左缩进值。
命名空间	http://schemas.uof.org/cn/2003/uof-wordproc
类型	扩展 长度类型
属性	名称 类型 可用性 隐含值 固定值 注释 uof:locID xsd:string required t0134

5.2.182 元素 字:文字表属性类型/绕排

层次结构	绕排 绕排属性。
命名空间	http://schemas.uof.org/cn/2003/uof-wordproc
属性	名称 类型 可用性 隐含值 固定值 注释 值 xsd:string required uof:locID xsd:string required t0135 uof:attrList xsd:NMTOKENS required 值

5.2.183 元素 字:文字表属性类型/绕排边距

层次结构	绕排边距 绕排时离正文距离,当绕排为"环绕"时才起作用。
命名空间	http://schemas.uof.org/cn/2003/uof-wordproc

属性	名称	类型	可用性	隐含值	固定值	注释	
	上	uof:长度类型	optional			文档	上边距，锚点上边的外部留空长度。
	左	uof:长度类型	optional			文档	左边距，锚点左边的外部留空长度。
	右	uof:长度类型	optional			文档	右边距，锚点右边的外部留空长度。
	下	uof:长度类型	optional			文档	下边距，锚点下边的外部留空长度。
	uof:locID	xsd:string	required		t0139		
	uof:attrList	xsd:NMTOKENS	required		上 左 右 下		

5.2.184 元素 字:文字表属性类型/位置

层次结构	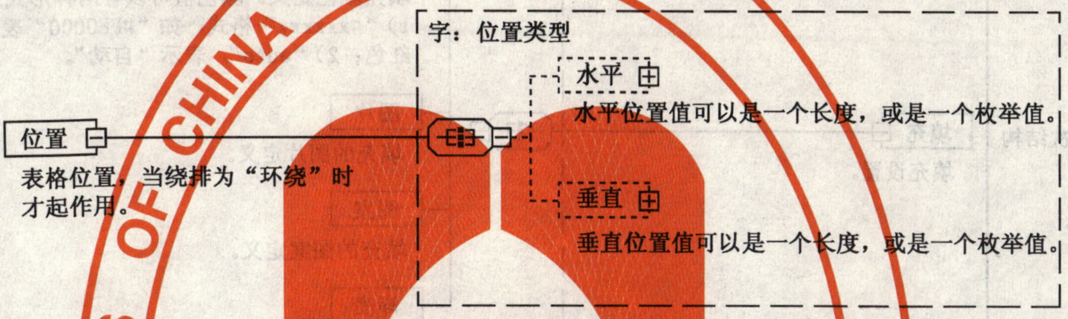 					
命名空间	http://schemas.uof.org/cn/2003/uof-wordproc					
类型	扩展 字:位置类型					
子元素	水平 垂直					
属性	名称	类型	可用性	隐含值	固定值	注释
	uof:locID	xsd:string	required		t0136	

5.2.185 元素 字:文字表属性类型/边框

层次结构	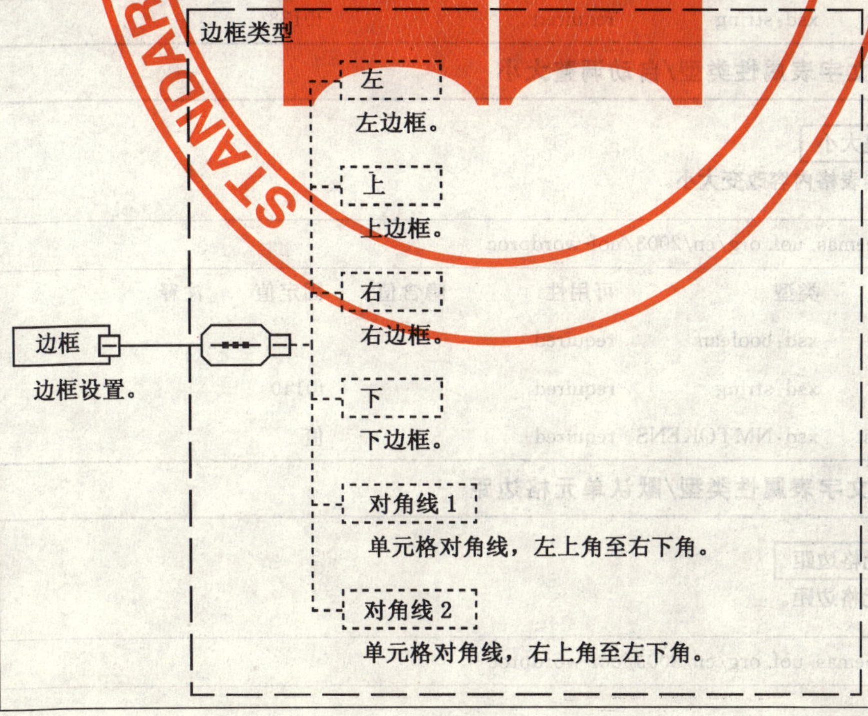

命名空间	http://schemas.uof.org/cn/2003/uof-wordproc					
类型	扩展 边框类型					
子元素	左 上 右 下 对角线 1 对角线 2					
属性	名称	类型	可用性	隐含值	固定值	注释
	uof:locID	xsd:string	required		t0137	

5.2.186 元素 字:文字表属性类型/填充

层次结构	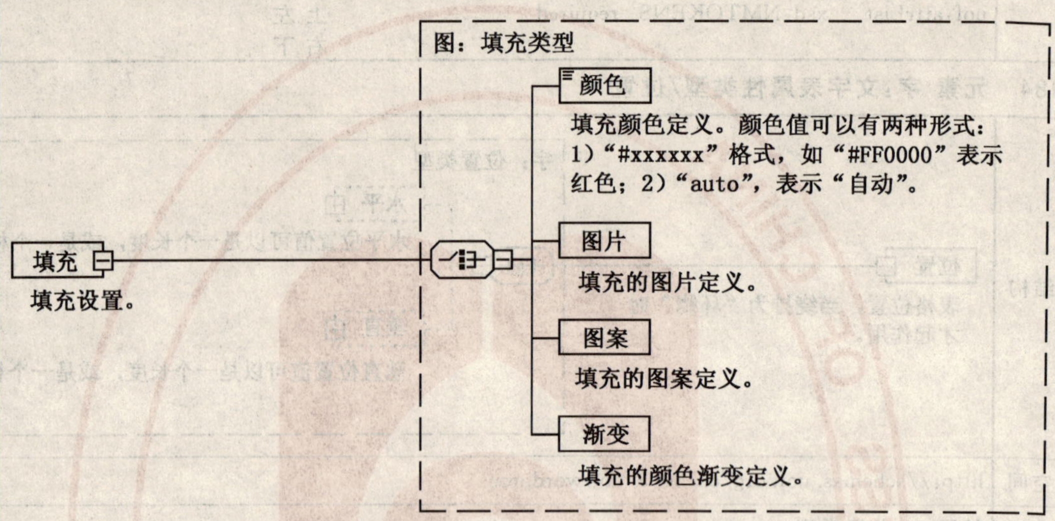					
命名空间	http://schemas.uof.org/cn/2003/uof-wordproc					
类型	扩展 图:填充类型					
子元素	颜色 图片 图案 渐变					
属性	名称	类型	可用性	隐含值	固定值	注释
	uof:locID	xsd:string	required		t0138	

5.2.187 元素 字:文字表属性类型/自动调整大小

层次结构	自动调整大小 自动根据表格内容改变大小。					
命名空间	http://schemas.uof.org/cn/2003/uof-wordproc					
属性	名称	类型	可用性	隐含值	固定值	注释
	值	xsd:boolean	required			
	uof:locID	xsd:string	required		t0140	
	uof:attrList	xsd:NMTOKENS	required		值	

5.2.188 元素 字:文字表属性类型/默认单元格边距

层次结构	默认单元格边距 默认单元格边距。
命名空间	http://schemas.uof.org/cn/2003/uof-wordproc

	名称	类型	可用性	隐含值	固定值	注释
属性	上	uof:长度类型	optional			文档 上边距，锚点上边的外部留空长度。
	左	uof:长度类型	optional			文档 左边距，锚点左边的外部留空长度。
	右	uof:长度类型	optional			文档 右边距，锚点右边的外部留空长度。
	下	uof:长度类型	optional			文档 下边距，锚点下边的外部留空长度。
	uof:locID	xsd:string	required		t0141	
	uof:attrList	xsd:NMTOKENS	required		上 左 右 下	

5.2.189 元素 字:文字表属性类型/默认单元格间距

层次结构	默认单元格间距 默认单元格间距。
命名空间	http://schemas.uof.org/cn/2003/uof-wordproc
类型	扩展 长度类型

	名称	类型	可用性	隐含值	固定值	注释
属性	uof:locID	xsd:string	required		t0142	

5.2.190 复杂类型 字:文字表式样类型

层次结构

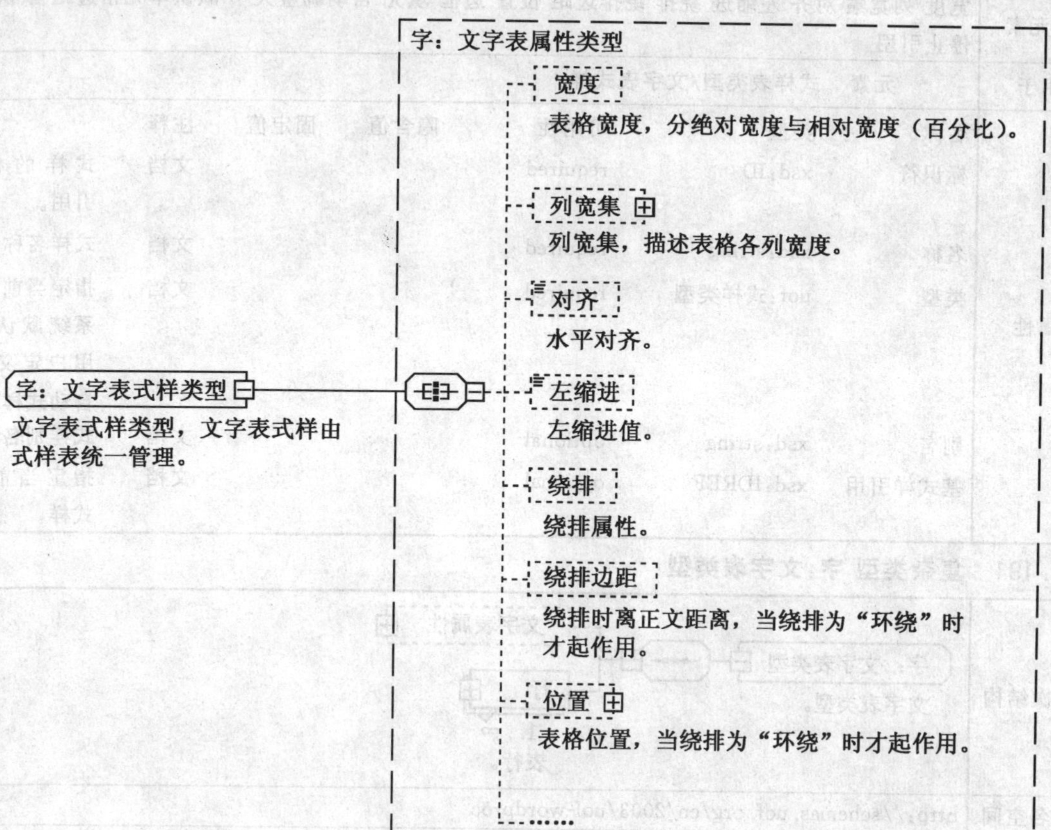

层次结构

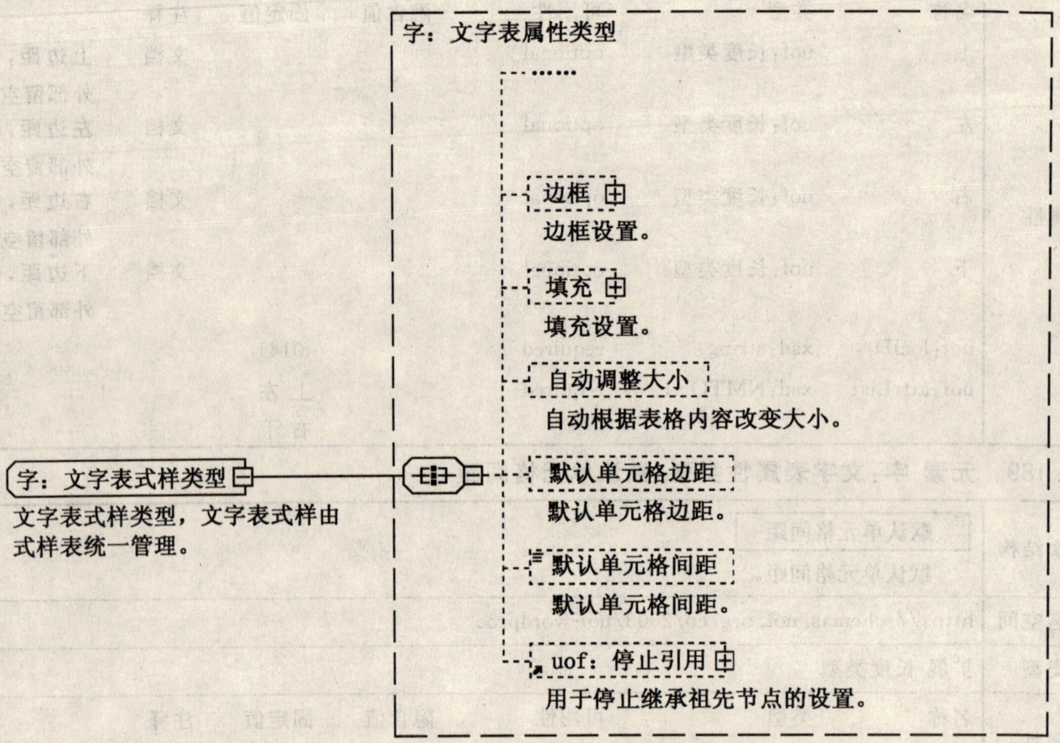

命名空间	http://schemas.uof.org/cn/2003/uof-wordproc
类型	扩展 字:文字表属性类型
子元素	宽度 列宽集 对齐 左缩进 绕排 绕排边距 位置 边框 填充 自动调整大小 默认单元格边距 默认单元格间距 停止引用
用于	元素 式样表类型/文字表式样

属性

名称	类型	可用性	隐含值	固定值	注释	
标识符	xsd:ID	required			文档	式样的标识符，供引用。
名称	xsd:string	required			文档	式样名称。
类型	uof:式样类型	required			文档	指定当前式样是否是系统默认的基式样，用户定义式样，还是自动式样。
别名	xsd:string	optional			文档	式样别名。
基式样引用	xsd:IDREF	optional			文档	指定当前式样的基式样。

5.2.191 复杂类型 字:文字表类型

层次结构

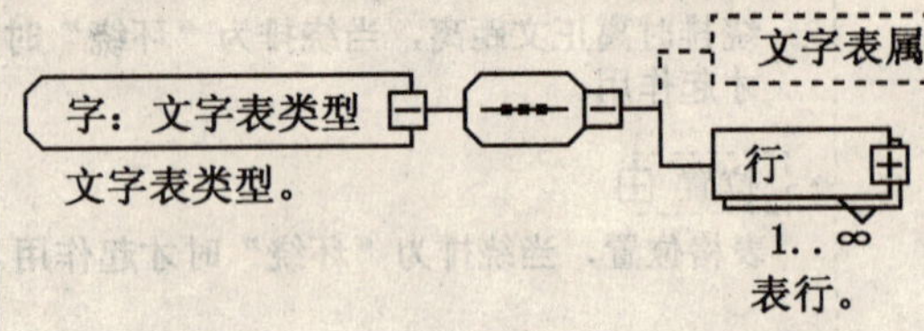

命名空间	http://schemas.uof.org/cn/2003/uof-wordproc
子元素	文字表属性 行
用于	元素 字:文字表

5.2.192 元素 字:文字表类型/文字表属性

层次结构

命名空间	http://schemas.uof.org/cn/2003/uof-wordproc
类型	扩展 字:文字表属性类型
子元素	宽度 列宽集 对齐 左缩进 绕排 绕排边距 位置 边框 填充 自动调整大小 默认单元格边距 默认单元格间距 停止引用

属性

名称	类型	可用性	隐含值	固定值	注释
式样引用	xsd:IDREF	optional			
uof:locID	xsd:string	required		t0129	
uof:attrList	xsd:NMTOKENS	required		式样引用	

5.2.193 元素 字:文字表类型/行

层次结构	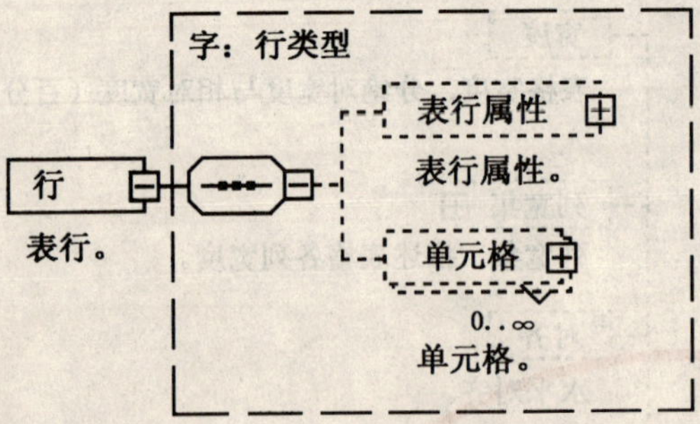
命名空间	http://schemas.uof.org/cn/2003/uof-wordproc
类型	扩展 字:行类型
子元素	表行属性 单元格
属性	名称：uof:locID 类型：xsd:string 可用性：required 隐含值： 固定值：t0143 注释：

5.2.194 复杂类型 字:文档设置类型

层次结构	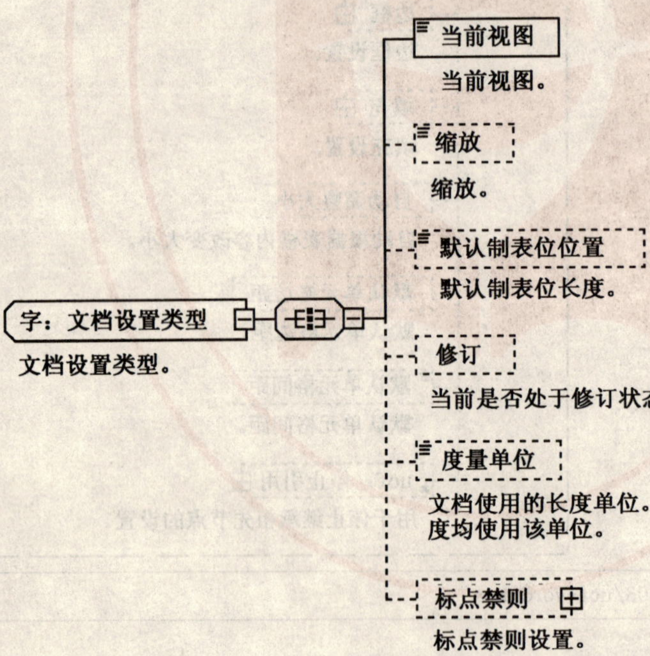
命名空间	http://schemas.uof.org/cn/2003/uof-wordproc
子元素	当前视图 缩放 默认制表位位置 修订 度量单位 标点禁则
用于	元素 字:公用处理规则类型/文档设置

5.2.195 元素 字:文档设置类型/当前视图

层次结构	当前视图 当前视图。
命名空间	http://schemas. uof. org/cn/2003/uof-wordproc
类型	扩展 字:视图类型
刻面	枚举 page 枚举 outline 枚举 web 枚举 normal
属性	名称 类型 可用性 隐含值 固定值 注释 uof:locID xsd:string required t0002

5.2.196 元素 字:文档设置类型/缩放

层次结构	缩放 缩放。
命名空间	http://schemas. uof. org/cn/2003/uof-wordproc
类型	扩展 xsd:float
属性	名称 类型 可用性 隐含值 固定值 注释 uof:locID xsd:string required t0003

5.2.197 元素 字:文档设置类型/默认制表位位置

层次结构	默认制表位位置 默认制表位长度。
命名空间	http://schemas. uof. org/cn/2003/uof-wordproc
类型	扩展 长度类型
属性	名称 类型 可用性 隐含值 固定值 注释 uof:locID xsd:string required t0004

5.2.198 元素 字:文档设置类型/修订

层次结构	修订 当前是否处于修订状态。
命名空间	http://schemas. uof. org/cn/2003/uof-wordproc
属性	名称 类型 可用性 隐含值 固定值 注释 值 xsd:boolean optional true uof:locID xsd:string t0005 uof:attrList xsd:NMTOKENS 值

5.2.199 元素 字:文档设置类型/度量单位

层次结构	度量单位 文档使用的长度单位。文档中的绝对长度均使用该单位。
命名空间	http://schemas.uof.org/cn/2003/uof-wordproc
类型	扩展 度量单位类型
刻面	枚举 cm 枚举 mm 枚举 inch 枚举 pt
属性	名称 类型 可用性 隐含值 固定值 注释 uof:locID xsd:string required t0006

5.2.200 元素 字:文档设置类型/标点禁则

层次结构	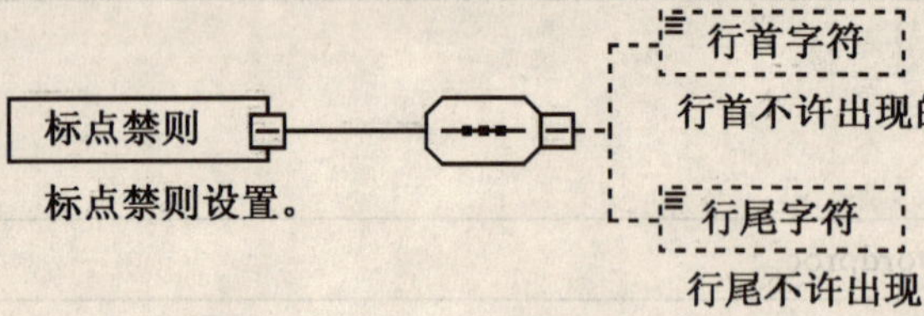
命名空间	http://schemas.uof.org/cn/2003/uof-wordproc
子元素	行首字符 行尾字符
属性	名称 类型 可用性 隐含值 固定值 注释 uof:locID xsd:string required t0007

5.2.201 元素 字:文档设置类型/标点禁则/行首字符

层次结构	行首字符 行首不许出现的字符。
命名空间	http://schemas.uof.org/cn/2003/uof-wordproc
类型	扩展 xsd:string
属性	名称 类型 可用性 隐含值 固定值 注释 uof:locID xsd:string required t0008

5.2.202 元素 字:文档设置类型/标点禁则/行尾字符

层次结构	行尾字符 行尾不许出现的字符。
命名空间	http://schemas.uof.org/cn/2003/uof-wordproc
类型	扩展 xsd:string
属性	名称 类型 可用性 隐含值 固定值 注释 uof:locID xsd:string required t0009

5.2.203 复杂类型 字:段落属性类型

层次结构	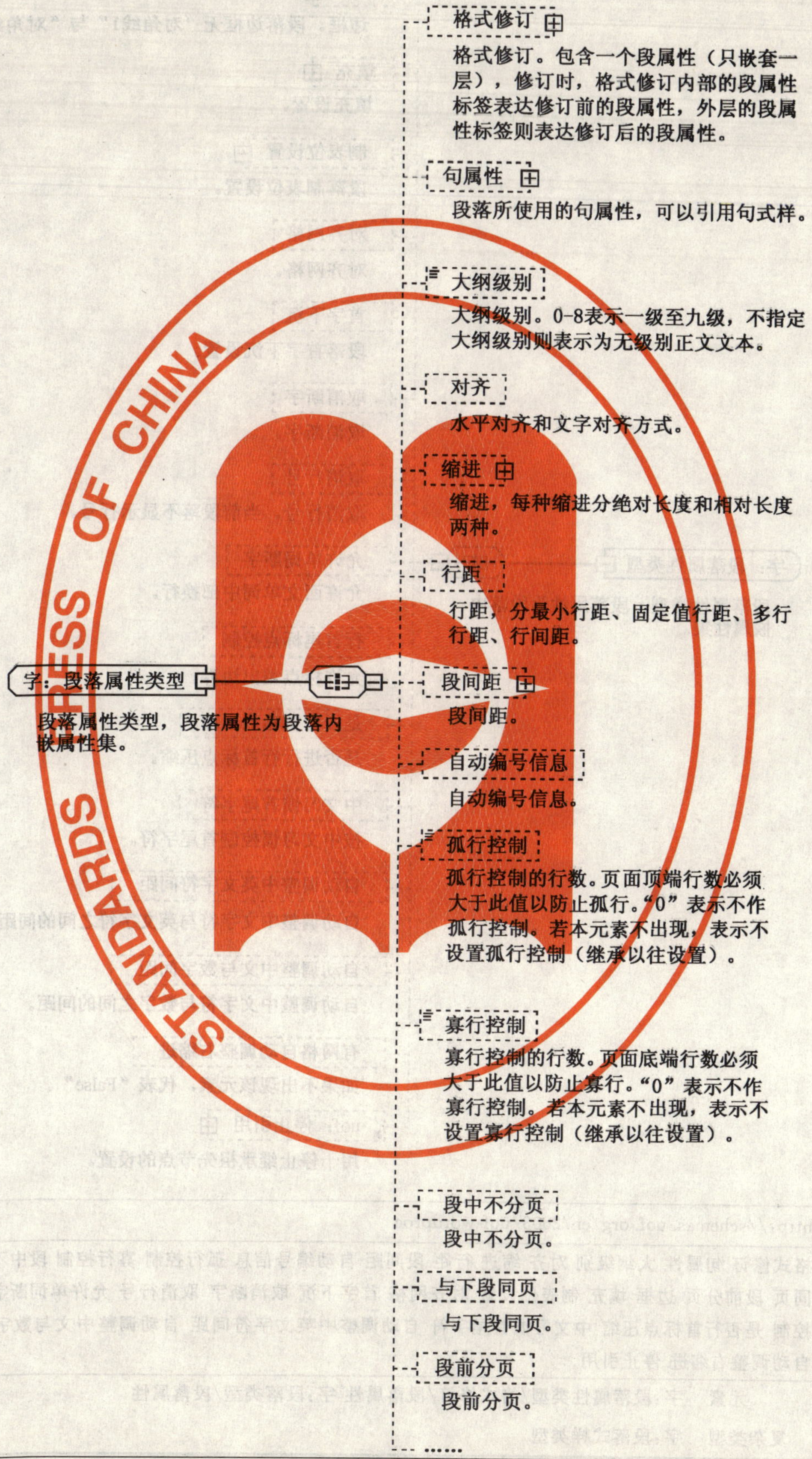

<table>
<tr><td>层次结构</td><td>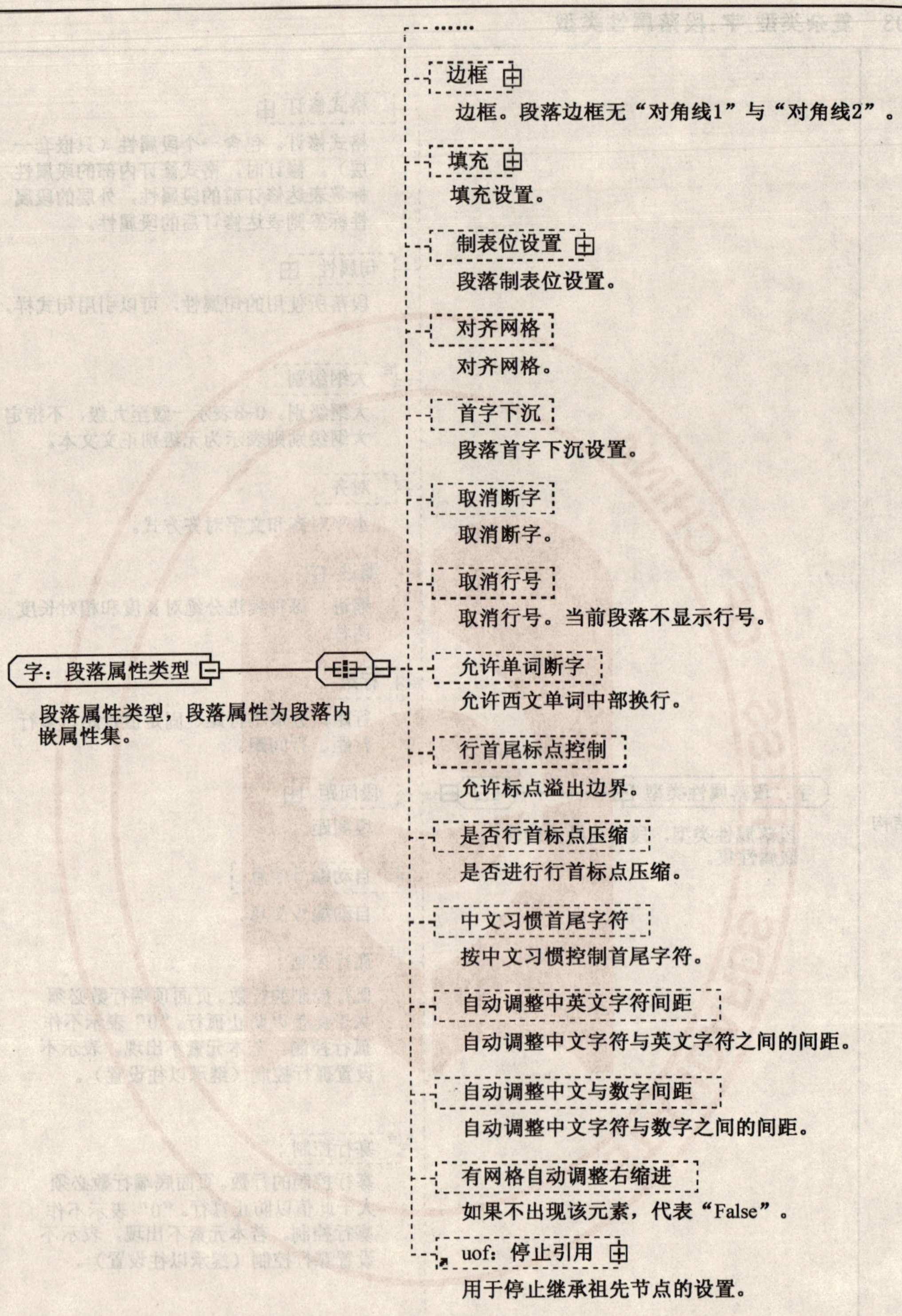
</td></tr>
<tr><td>命名空间</td><td>http://schemas.uof.org/cn/2003/uof-wordproc</td></tr>
<tr><td>子元素</td><td>格式修订 句属性 大纲级别 对齐 缩进 行距 段间距 自动编号信息 孤行控制 寡行控制 段中不分页 与下段同页 段前分页 边框 填充 制表位设置 对齐网格 首字下沉 取消断字 取消行号 允许单词断字 行首尾标点控制 是否行首标点压缩 中文习惯首尾字符 自动调整中英文字符间距 自动调整中文与数字间距 有网格自动调整右缩进 停止引用</td></tr>
<tr><td>用于</td><td>元素 字:段落属性类型/格式修订/段落属性 字:段落类型/段落属性
复杂类型 字:段落式样类型</td></tr>
</table>

5.2.204 元素 字:段落属性类型/格式修订

层次结构	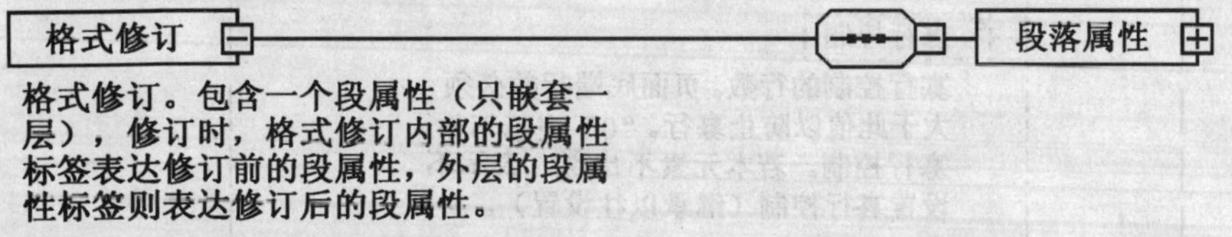
命名空间	http://schemas.uof.org/cn/2003/uof-wordproc
子元素	段落属性
属性	名称 类型 可用性 隐含值 固定值 注释

名称	类型	可用性	隐含值	固定值	注释
修订信息引用	xsd:IDREF	required			
uof:locID	xsd:string	required		t0053	
uof:attrList	xsd:NMTOKENS	required		修订信息引用	

5.2.205 元素 字:段落属性类型/格式修订/段落属性

层次结构

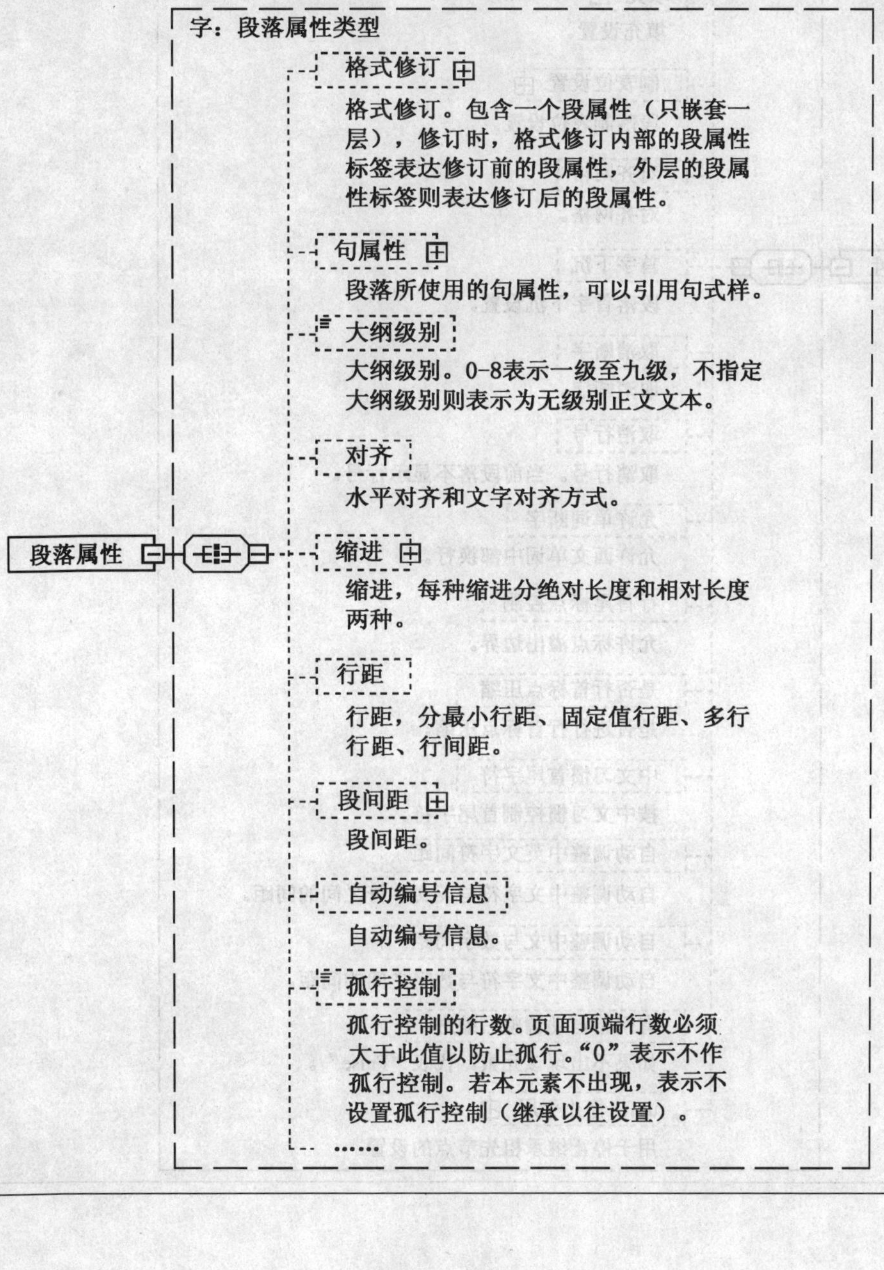

层次结构

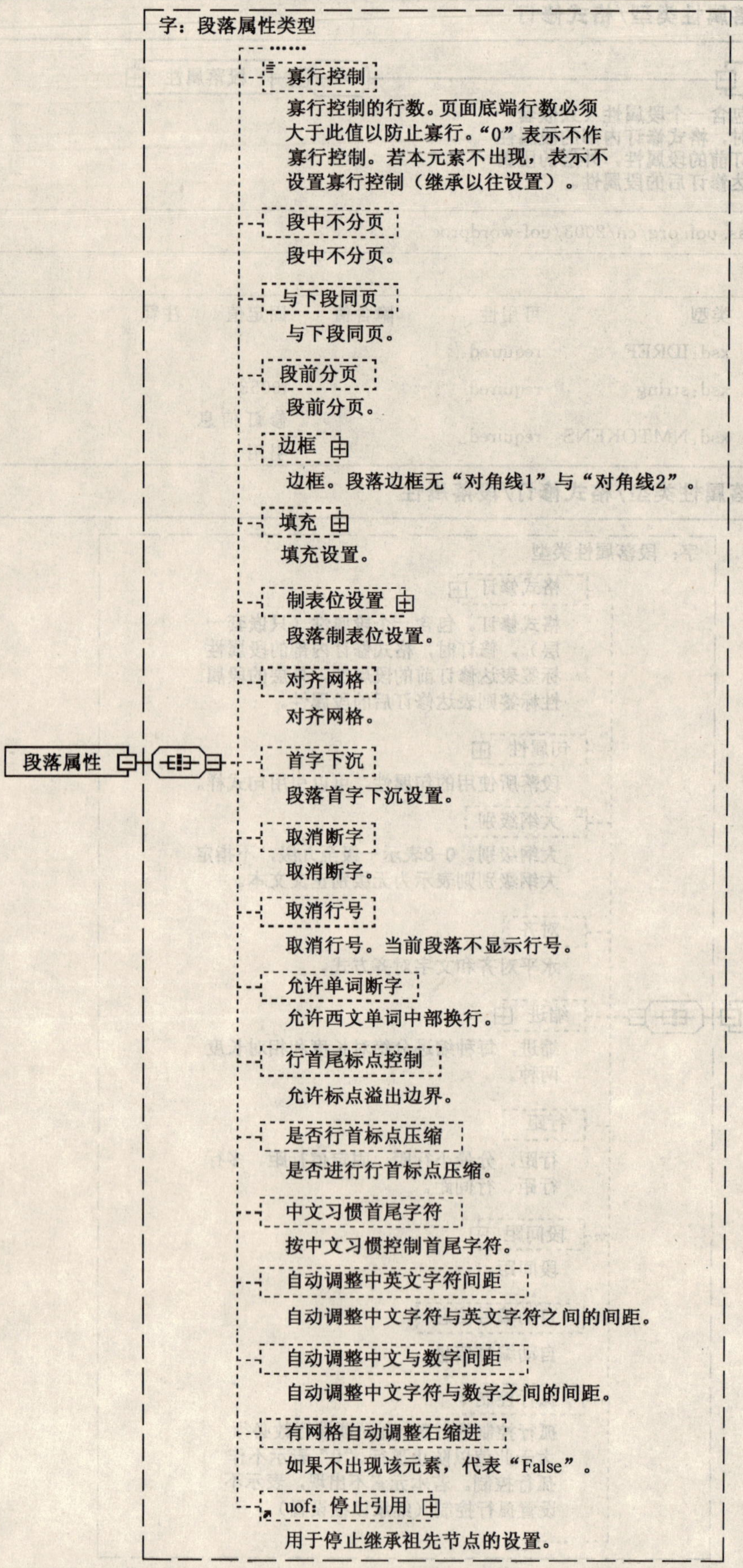
字：段落属性类型
寡行控制
寡行控制的行数。页面底端行数必须大于此值以防止寡行。“0”表示不作寡行控制。若本元素不出现，表示不设置寡行控制（继承以往设置）。
段中不分页
段中不分页。
与下段同页
与下段同页。
段前分页
段前分页。
边框
边框。段落边框无“对角线1”与“对角线2”。
填充
填充设置。
制表位设置
段落制表位设置。
对齐网格
对齐网格。
段落属性
首字下沉
段落首字下沉设置。
取消断字
取消断字。
取消行号
取消行号。当前段落不显示行号。
允许单词断字
允许西文单词中部换行。
行首尾标点控制
允许标点溢出边界。
是否行首标点压缩
是否进行行首标点压缩。
中文习惯首尾字符
按中文习惯控制首尾字符。
自动调整中英文字符间距
自动调整中文字符与英文字符之间的间距。
自动调整中文与数字间距
自动调整中文字符与数字之间的间距。
有网格自动调整右缩进
如果不出现该元素，代表“False”。
uof：停止引用
用于停止继承祖先节点的设置。

命名空间	http://schemas.uof.org/cn/2003/uof-wordproc
类型	扩展 字:段落属性类型
子元素	格式修订 句属性 大纲级别 对齐 缩进 行距 段间距 自动编号信息 孤行控制 寡行控制 段中不分页 与下段同页 段前分页 边框 填充 制表位设置 对齐网格 首字下沉 取消断字 取消行号 允许单词断字 行首尾标点控制 是否行首标点压缩 中文习惯首尾字符 自动调整中英文字符间距 自动调整中文与数字间距 有网格自动调整右缩进 停止引用
属性	名称 / 类型 / 可用性 / 隐含值 / 固定值 / 注释 式样引用 / xsd:IDREF / optional / / / uof:locID / xsd:string / required / / t0052 / uof:attrList / xsd:NMTOKENS / required / / 式样引用 /

5.2.206 元素 字:段落属性类型/句属性

层次结构	

层次结构	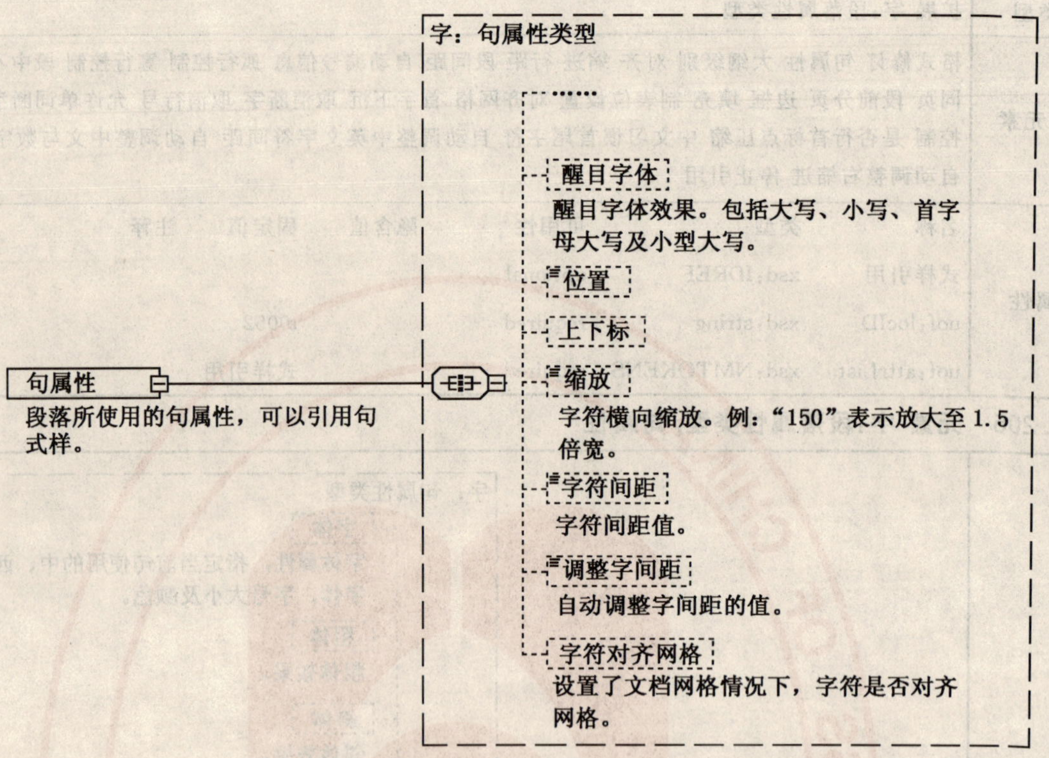
命名空间	http://schemas.uof.org/cn/2003/uof-wordproc
类型	扩展 字:句属性类型
子元素	字体 粗体 斜体 突出显示 边框 填充 删除线 下划线 着重号 隐藏文字 空心 浮雕 阴影 醒目字体 位置 上下标 缩放 字符间距 调整字间距 字符对齐网格

属性：

名称	类型	可用性	隐含值	固定值	注释
式样引用	xsd:IDREF	optional			文档 引用句式样。
uof:locID	xsd:string	required		t0086	
uof:attrList	xsd:NMTOKENS	required		式样引用	

5.2.207 元素 字:段落属性类型/大纲级别

层次结构	大纲级别 大纲级别。0～8表示一级至九级，不指定大纲级别则表示为无级别正文文本。
命名空间	http://schemas.uof.org/cn/2003/uof-wordproc
类型	扩展 xsd:nonNegativeInteger

属性：

名称	类型	可用性	隐含值	固定值	注释
uof:locID	xsd:string	required		t0054	

5.2.208 元素 字:段落属性类型/对齐

层次结构	对齐 水平对齐和文字对齐方式。					
命名空间	http://schemas.uof.org/cn/2003/uof-wordproc					
属性	名称	类型	可用性	隐含值	固定值	注释
	水平对齐	xsd:string	optional			文档　水平对齐方式。
	文字对齐	xsd:string	optional			文档　文字垂直对齐方式。
	uof:locID	xsd:string	required		t0055	
	uof:attrList	xsd:NMTOKENS	required		水平对齐 文字对齐	

5.2.209 元素 字:段落属性类型/缩进

层次结构	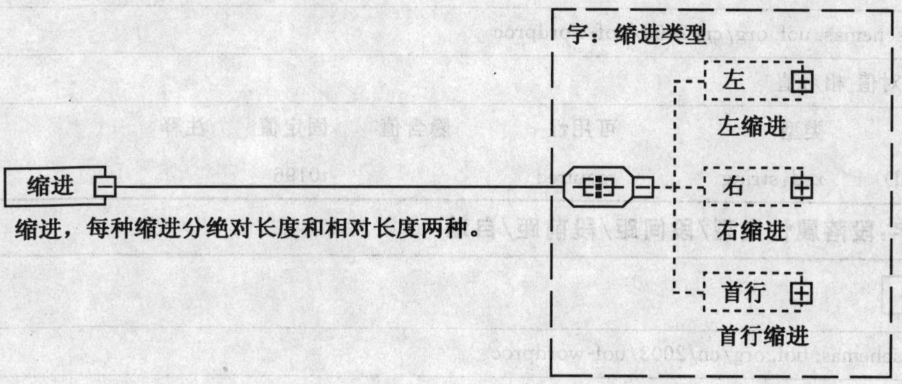					
命名空间	http://schemas.uof.org/cn/2003/uof-wordproc					
类型	扩展 字:缩进类型					
子元素	左 右 首行					
属性	名称	类型	可用性	隐含值	固定值	注释
	uof:locID	xsd:string	required		t0056	

5.2.210 元素 字:段落属性类型/行距

层次结构	行距 行路，分最小行距、固定值行距、多行行距、行间距。					
命名空间	http://schemas.uof.org/cn/2003/uof-wordproc					
属性	名称	类型	可用性	隐含值	固定值	注释
	类型	xsd:string	required			
	值	xsd:float	required			
	uof:locID	xsd:string	required		t0057	
	uof:attrList	xsd:NMTOKENS	required		类型 值	

5.2.211　元素　字:段落属性类型/段间距

层次结构	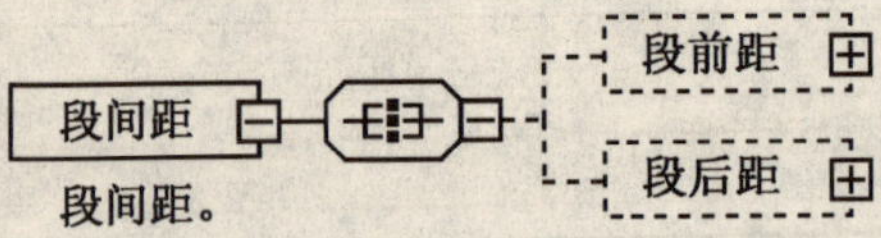段间距。					
命名空间	http://schemas.uof.org/cn/2003/uof-wordproc					
子元素	段前距 段后距					
属性	名称	类型	可用性	隐含值	固定值	注释
	uof:locID	xsd:string	required		t0058	

5.2.212　元素　字:段落属性类型/段间距/段前距

层次结构	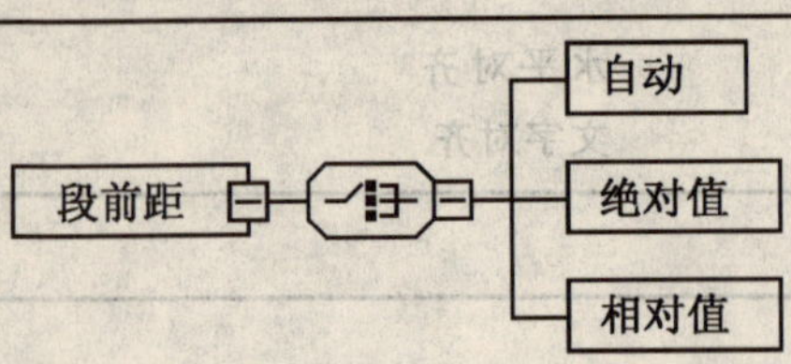					
命名空间	http://schemas.uof.org/cn/2003/uof-wordproc					
子元素	自动 绝对值 相对值					
属性	名称	类型	可用性	隐含值	固定值	注释
	uof:locID	xsd:string	required		t0196	

5.2.213　元素　字:段落属性类型/段间距/段前距/自动

层次结构	自动					
命名空间	http://schemas.uof.org/cn/2003/uof-wordproc					
属性	名称	类型	可用性	隐含值	固定值	注释
	uof:locID	xsd:string	required		t0198	

5.2.214　元素　字:段落属性类型/段间距/段前距/绝对值

层次结构	绝对值					
命名空间	http://schemas.uof.org/cn/2003/uof-wordproc					
属性	名称	类型	可用性	隐含值	固定值	注释
	uof:locID	xsd:string	required		t0199	
	值	uof:长度类型	required			
	uof:attrList	xsd:NMTOKENS	required		值	

5.2.215　元素　字:段落属性类型/段间距/段前距/相对值

层次结构	相对值					
命名空间	http://schemas.uof.org/cn/2003/uof-wordproc					
属性	名称	类型	可用性	隐含值	固定值	注释
	uof:locID	xsd:string	required		t0200	
	值	xsd:float	required			
	uof:attrList	xsd:NMTOKENS	required		值	

5.2.216　元素 字:段落属性类型/段间距/段后距

层次结构	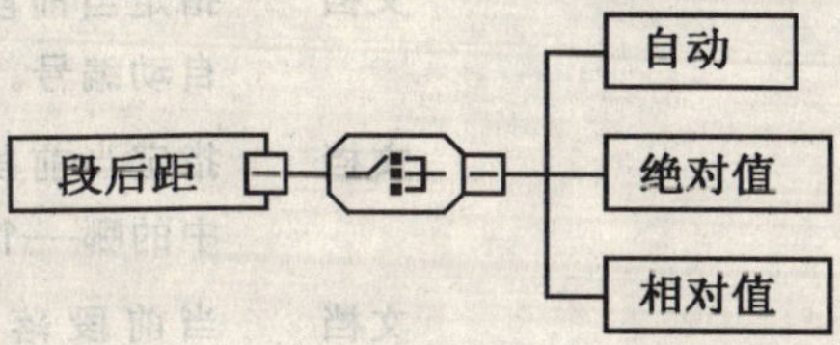					
命名空间	http://schemas.uof.org/cn/2003/uof-wordproc					
子元素	自动 绝对值 相对值					
属性	名称	类型	可用性	隐含值	固定值	注释
	uof:locID	xsd:string	required		t0197	

5.2.217　元素 字:段落属性类型/段间距/段后距/自动

层次结构	自动					
命名空间	http://schemas.uof.org/cn/2003/uof-wordproc					
属性	名称	类型	可用性	隐含值	固定值	注释
	uof:locID	xsd:string	required		t0201	

5.2.218　元素 字:段落属性类型/段间距/段后距/绝对值

层次结构	绝对值					
命名空间	http://schemas.uof.org/cn/2003/uof-wordproc					
属性	名称	类型	可用性	隐含值	固定值	注释
	uof:locID	xsd:string	required		t0202	
	值	uof:长度类型	required			
	uof:attrList	xsd:NMTOKENS	required		值	

5.2.219　元素 字:段落属性类型/段间距/段后距/相对值

层次结构	相对值					
命名空间	http://schemas.uof.org/cn/2003/uof-wordproc					
属性	名称	类型	可用性	隐含值	固定值	注释
	uof:locID	xsd:string	required		t0203	
	值	xsd:float	required			
	uof:attrList	xsd:NMTOKENS	required		值	

5.2.220　元素 字:段落属性类型/自动编号信息

层次结构	自动编号信息 自动编号信息。
命名空间	http://schemas.uof.org/cn/2003/uof-wordproc

	名称	类型	可用性	隐含值	固定值	注释
属性	编号引用	xsd:IDREF	required			文档 指定当前段落引用的自动编号。
	编号级别	xsd:nonNegativeInteger	required			文档 指定当前段落为编号中的哪一个级别。
	重新编号	xsd:boolean	optional			文档 当前段落开始重新编号。
	起始编号	xsd:nonNegativeInteger	optional			文档 重新编号的起始值。
	uof:locID	xsd:string	required		t0059	
	uof:attrList	xsd:NMTOKENS	required		编号引用 编号级别 重新编号 起始编号	

5.2.221 元素 字:段落属性类型/孤行控制

层次结构	孤行控制 孤行控制的行数。页面顶端行数必须大于此值以防止孤行。"0"表示不作孤行控制。若本元素不出现,表示不设置孤行控制(继承以往设置)。					
命名空间	http://schemas.uof.org/cn/2003/uof-wordproc					
类型	扩展 xsd:nonNegativeInteger					
属性	名称	类型	可用性	隐含值	固定值	注释
	uof:locID	xsd:string	required		t0060	

5.2.222 元素 字:段落属性类型/寡行控制

层次结构	寡行控制 寡行控制的行数。页面底端行数必须大于此值以防止寡行。"0"表示不作寡行控制。若本元素不出现,表示不设置寡行控制(继承以往设置)。					
命名空间	http://schemas.uof.org/cn/2003/uof-wordproc					
类型	扩展 xsd:nonNegativeInteger					
属性	名称	类型	可用性	隐含值	固定值	注释
	uof:locID	xsd:string	required		t0061	

5.2.223 元素 字:段落属性类型/段中不分页

层次结构	段中不分页 段中不分页。					
命名空间	http://schemas.uof.org/cn/2003/uof-wordproc					
属性	名称	类型	可用性	隐含值	固定值	注释
	值	xsd:boolean	required			
	uof:locID	xsd:string	required		t0062	
	uof:attrList	xsd:NMTOKENS	required		值	

5.2.224 元素 字:段落属性类型/与下段同页

层次结构	与下段同页 与下段同页。					
命名空间	http://schemas.uof.org/cn/2003/uof-wordproc					
属性	名称	类型	可用性	隐含值	固定值	注释
	值	xsd:boolean	required			
	uof:locID	xsd:string	required		t0063	
	uof:attrList	xsd:NMTOKENS	required		值	

5.2.225 元素 字:段落属性类型/段前分页

层次结构	段前分页 段前分页。					
命名空间	http://schemas.uof.org/cn/2003/uof-wordproc					
属性	名称	类型	可用性	隐含值	固定值	注释
	值	xsd:boolean	required			
	uof:locID	xsd:string	required		t0064	
	uof:attrList	xsd:NMTOKENS	required		值	

5.2.226 元素 字:段落属性类型/边框

层次结构	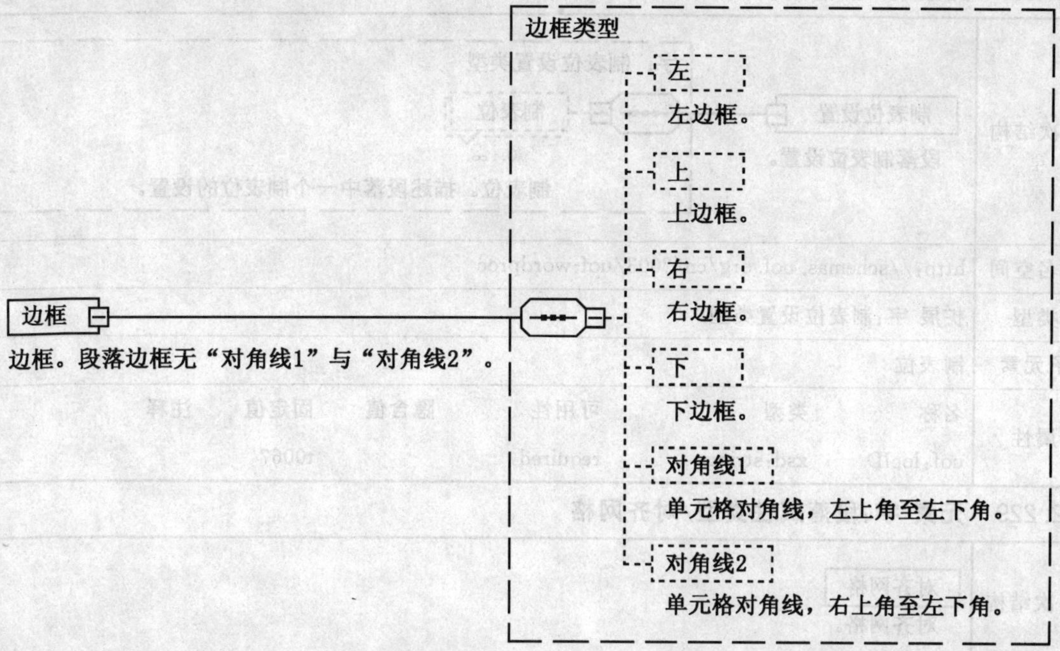					
命名空间	http://schemas.uof.org/cn/2003/uof-wordproc					
类型	扩展 边框类型					
子元素	左 上 右 下 对角线 1 对角线 2					
属性	名称	类型	可用性	隐含值	固定值	注释
	uof:locID	xsd:string	required		t0065	

5.2.227　元素 字:段落属性类型/填充

层次结构

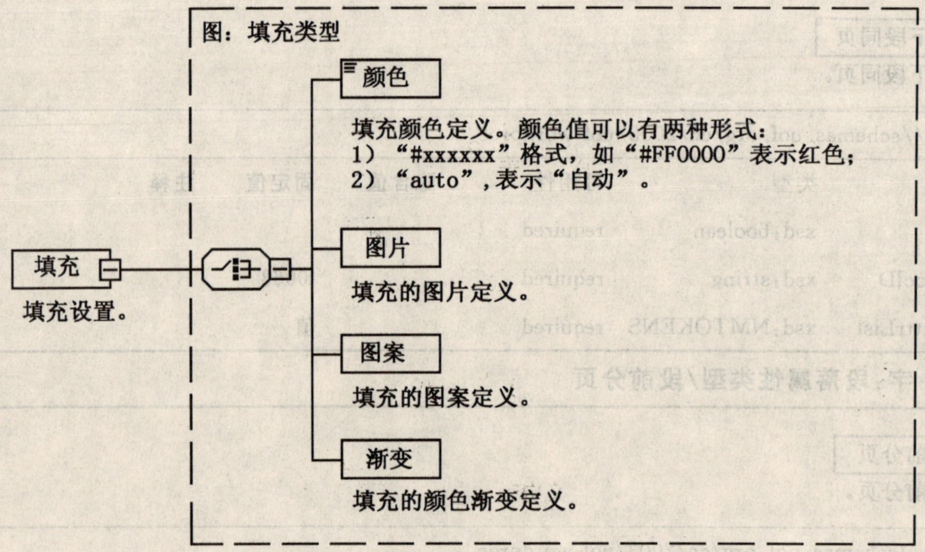

命名空间	http://schemas.uof.org/cn/2003/uof-wordproc					
类型	扩展 图:填充类型					
子元素	颜色 图片 图案 渐变					
属性	名称	类型	可用性	隐含值	固定值	注释
	uof:locID	xsd:string	required		t0066	

5.2.228　元素 字:段落属性类型/制表位设置

层次结构

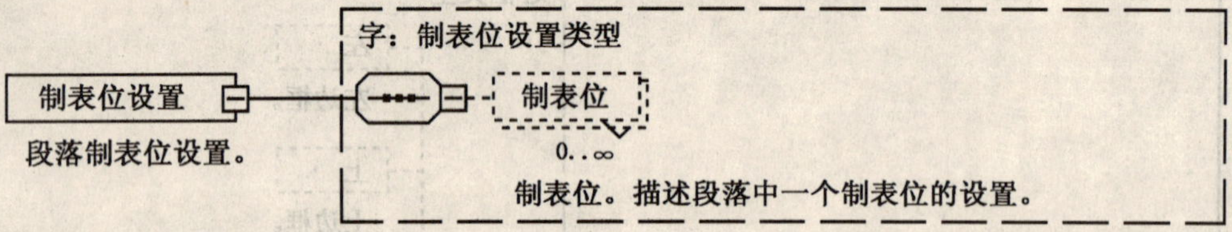

命名空间	http://schemas.uof.org/cn/2003/uof-wordproc					
类型	扩展 字:制表位设置类型					
子元素	制表位					
属性	名称	类型	可用性	隐含值	固定值	注释
	uof:locID	xsd:string	required		t0067	

5.2.229　元素 字:段落属性类型/对齐网格

层次结构

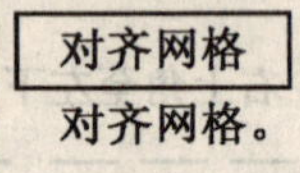

命名空间	http://schemas.uof.org/cn/2003/uof-wordproc					
属性	名称	类型	可用性	隐含值	固定值	注释
	值	xsd:boolean	required			
	uof:locID	xsd:string	required		t0069	
	uof:attrList	xsd:NMTOKENS	required		值	

5.2.230　元素 字:段落属性类型/首字下沉

层次结构	首字下沉 段落首字下沉设置。					
命名空间	http://schemas. uof. org/cn/2003/uof-wordproc					
类型	扩展 字:首字下沉类型					
属性	名称	类型	可用性	隐含值	固定值	注释
	类型	xsd:string	required			文档 首字下沉的位置类型。下沉:将段落第一个字符设为首字下沉格式并与左页边距对齐，段落中的文字环绕在该字符的右侧和下方。悬挂:将段落第一个字符设为下沉并将其置于从段落首行开始的左页边距中。
	字体引用	xsd:IDREF	optional			文档 指定下沉的字使用的字体。
	字符数	xsd: positiveInteger	optional			文档 下沉的字包含的字符数。
	行数	xsd: positiveInteger	required			文档 下沉字符从段落首行向下扩展的行数。
	间距	uof:长度类型	required			文档 下沉的字符与段落正文的间距量。
	uof:locID	xsd:string	required		t0070	
	uof:attrList	xsd:NMTOKENS	required		类型 字体引用 字符数 行数 间距	

5.2.231　元素 字:段落属性类型/取消断字

层次结构	取消断字 取消断字。					
命名空间	http://schemas. uof. org/cn/2003/uof-wordproc					
属性	名称	类型	可用性	隐含值	固定值	注释
	值	xsd:boolean	required			
	uof:locID	xsd:string	required		t0071	
	uof:attrList	xsd:NMTOKENS	required		值	

5.2.232 元素 字:段落属性类型/取消行号

层次结构	取消行号 取消行号。当前段落不显示行号。
命名空间	http://schemas.uof.org/cn/2003/uof-wordproc
属性	名称 | 类型 | 可用性 | 隐含值 | 固定值 | 注释 值 | xsd:boolean | required uof:locID | xsd:string | required | | t0072 uof:attrList | xsd:NMTOKENS | required | | 值

5.2.233 元素 字:段落属性类型/允许单词断字

层次结构	允许单词断字 允许西文单词中部换行。
命名空间	http://schemas.uof.org/cn/2003/uof-wordproc
属性	名称 | 类型 | 可用性 | 隐含值 | 固定值 | 注释 值 | xsd:boolean | required uof:locID | xsd:string | required | | t0073 uof:attrList | xsd:NMTOKENS | required | | 值

5.2.234 元素 字:段落属性类型/行首尾标点控制

层次结构	行首尾标点控制 允许标点溢出边界。
命名空间	http://schemas.uof.org/cn/2003/uof-wordproc
属性	名称 | 类型 | 可用性 | 隐含值 | 固定值 | 注释 值 | xsd:boolean | required uof:locID | xsd:string | required | | t0074 uof:attrList | xsd:NMTOKENS | required | | 值

5.2.235 元素 字:段落属性类型/是否行首标点压缩

层次结构	是否行首标点压缩 是否进行行首标点压缩。
命名空间	http://schemas.uof.org/cn/2003/uof-wordproc
属性	名称 | 类型 | 可用性 | 隐含值 | 固定值 | 注释 值 | xsd:boolean | required uof:locID | xsd:string | required | | t0075 uof:attrList | xsd:NMTOKENS | required | | 值

5.2.236 元素 字:段落属性类型/中文习惯首尾字符

层次结构	中文习惯首尾字符 按中文习惯控制首尾字符。
命名空间	http://schemas.uof.org/cn/2003/uof-wordproc
属性	名称 | 类型 | 可用性 | 隐含值 | 固定值 | 注释 值 | xsd:boolean | required | | | uof:locID | xsd:string | required | | t0076 | uof:attrList | xsd:NMTOKENS | required | | 值 |

5.2.237 元素 字:段落属性类型/自动调整中英文字符间距

层次结构	自动调整中英文字符间距 自动调整中文字符与英文字符之间的间距。
命名空间	http://schemas.uof.org/cn/2003/uof-wordproc
属性	名称 | 类型 | 可用性 | 隐含值 | 固定值 | 注释 值 | xsd:boolean | required | | | uof:locID | xsd:string | required | | t0077 | uof:attrList | xsd:NMTOKENS | required | | 值 |

5.2.238 元素 字:段落属性类型/自动调整中文与数字间距

层次结构	自动调整中文与数字间距 自动调整中文字符与数字之间的间距。
命名空间	http://schemas.uof.org/cn/2003/uof-wordproc
属性	名称 | 类型 | 可用性 | 隐含值 | 固定值 | 注释 值 | xsd:boolean | required | | | uof:locID | xsd:string | required | | t0078 | uof:attrList | xsd:NMTOKENS | required | | 值 |

5.2.239 元素 字:段落属性类型/有网格自动调整右缩进

层次结构	有网格自动调整右缩进 如果不出现该元素，代表“False”。
命名空间	http://schemas.uof.org/cn/2003/uof-wordproc
属性	名称 | 类型 | 可用性 | 隐含值 | 固定值 | 注释 值 | xsd:boolean | optional | false | | uof:locID | xsd:string | required | | t0195 | uof:attrList | xsd:NMTOKENS | required | | 值 |

5.2.240 复杂类型 字:段落式样类型

层次结构	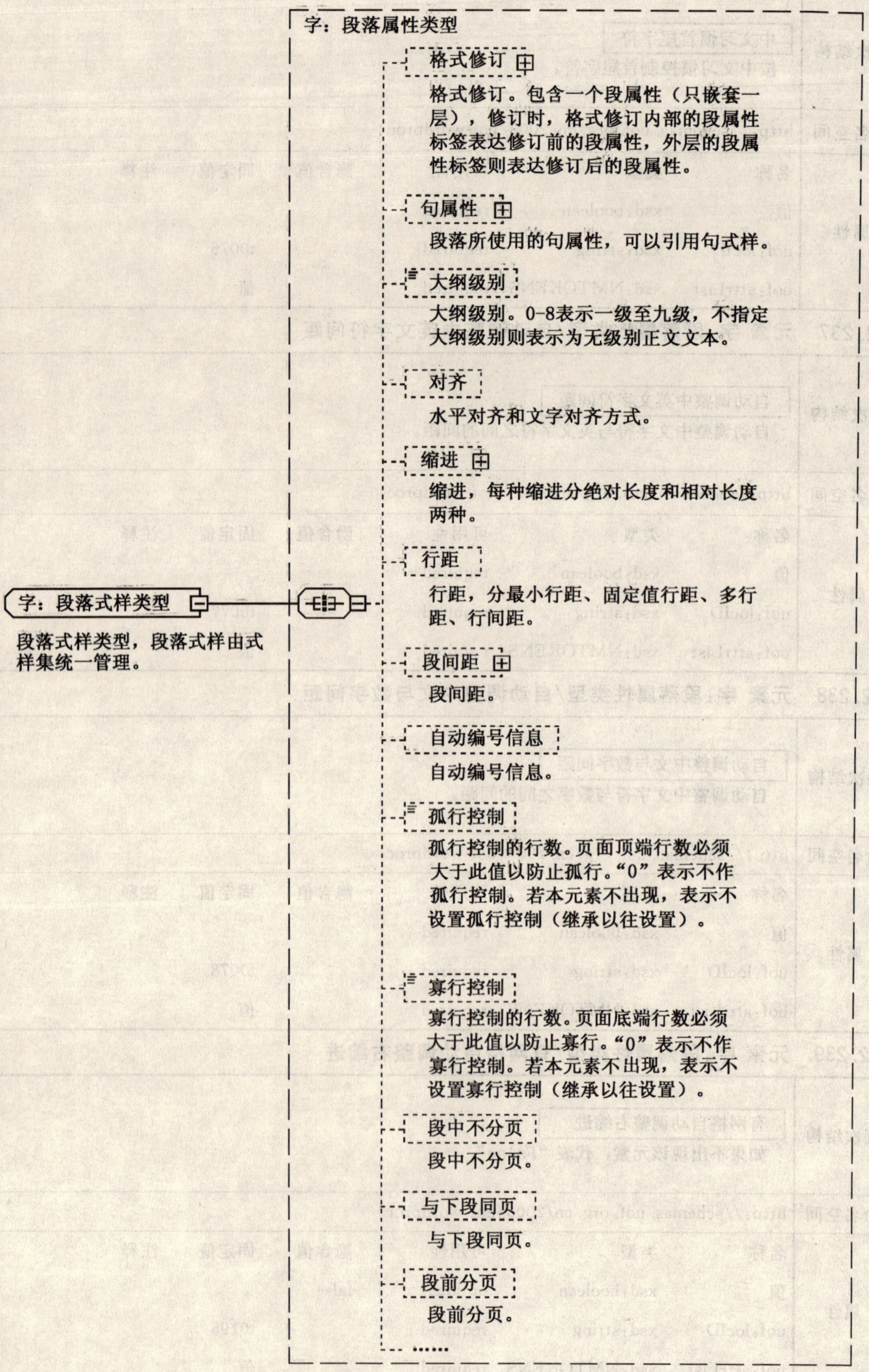

层次结构

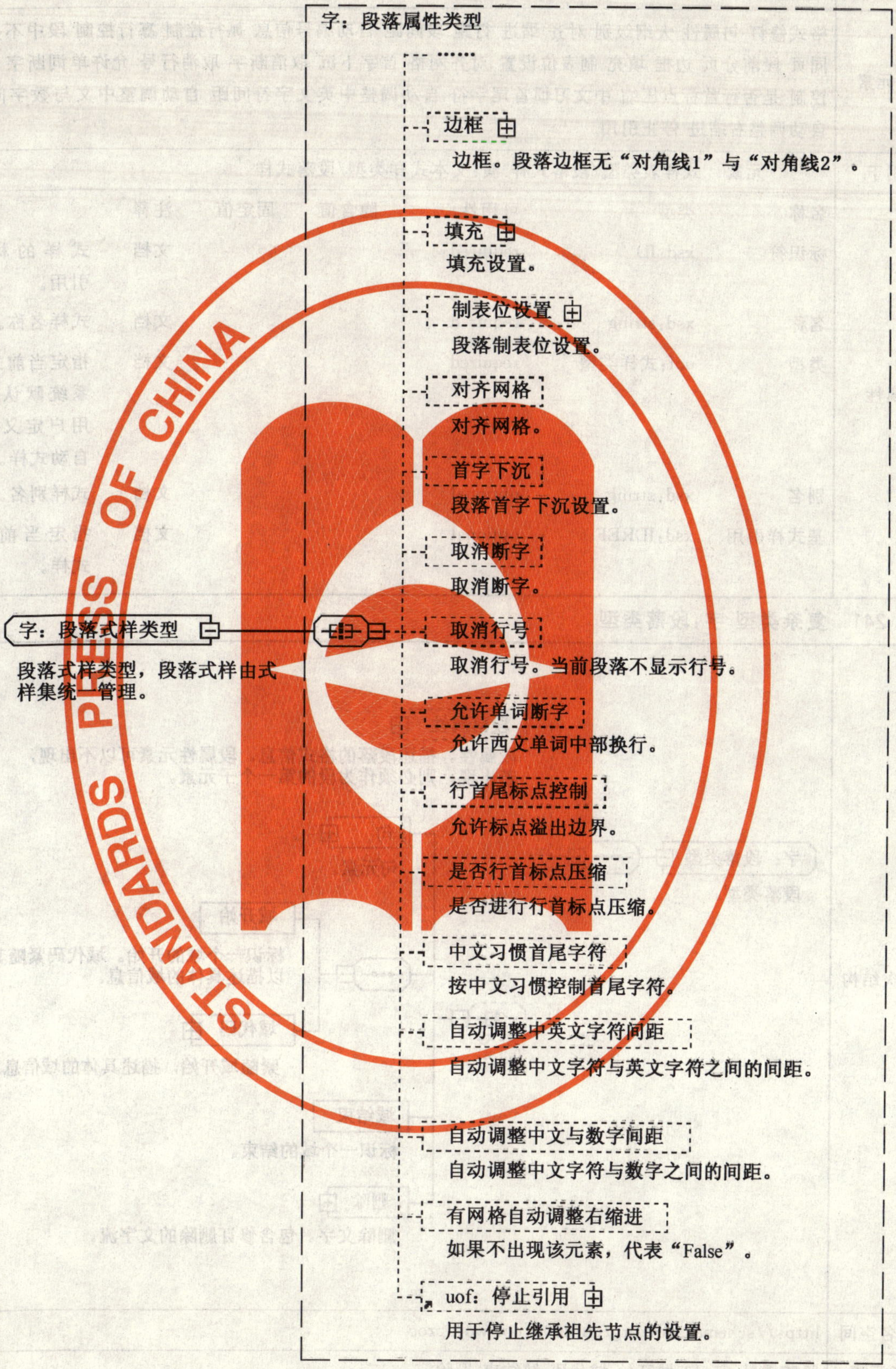
字：段落属性类型
……
边框
边框。段落边框无“对角线1”与“对角线2”。
填充
填充设置。
制表位设置
段落制表位设置。
对齐网格
对齐网格。
首字下沉
段落首字下沉设置。
取消断字
取消断字。
取消行号
取消行号。当前段落不显示行号。
允许单词断字
允许西文单词中部换行。
行首尾标点控制
允许标点溢出边界。
是否行首标点压缩
是否进行行首标点压缩。
中文习惯首尾字符
按中文习惯控制首尾字符。
自动调整中英文字符间距
自动调整中文字符与英文字符之间的间距。
自动调整中文与数字间距
自动调整中文字符与数字之间的间距。
有网格自动调整右缩进
如果不出现该元素，代表“False”。
uof：停止引用
用于停止继承祖先节点的设置。
字：段落式样类型
段落式样类型，段落式样由式样集统一管理。

命名空间	http://schemas.uof.org/cn/2003/uof-wordproc
类型	扩展 字:段落属性类型
子元素	格式修订 句属性 大纲级别 对齐 缩进 行距 段间距 自动编号信息 孤行控制 寡行控制 段中不分页 与下段同页 段前分页 边框 填充 制表位设置 对齐网格 首字下沉 取消断字 取消行号 允许单词断字 行首尾标点控制 是否行首标点压缩 中文习惯首尾字符 自动调整中英文字符间距 自动调整中文与数字间距 有网格自动调整右缩进 停止引用
用于	元素　式样表类型/段落式样 演:文本式样类型/段落式样
属性	（见下表）

名称	类型	可用性	隐含值	固定值	注释	
标识符	xsd:ID	required			文档	式样的标识符，供引用。
名称	xsd:string	required			文档	式样名称。
类型	uof:式样类型	required			文档	指定当前式样是否是系统默认的基式样，用户定义式样，还是自动式样。
别名	xsd:string	optional			文档	式样别名。
基式样引用	xsd:IDREF	optional			文档	指定当前式样的基式样。

5.2.241　复杂类型 字:段落类型

层次结构：

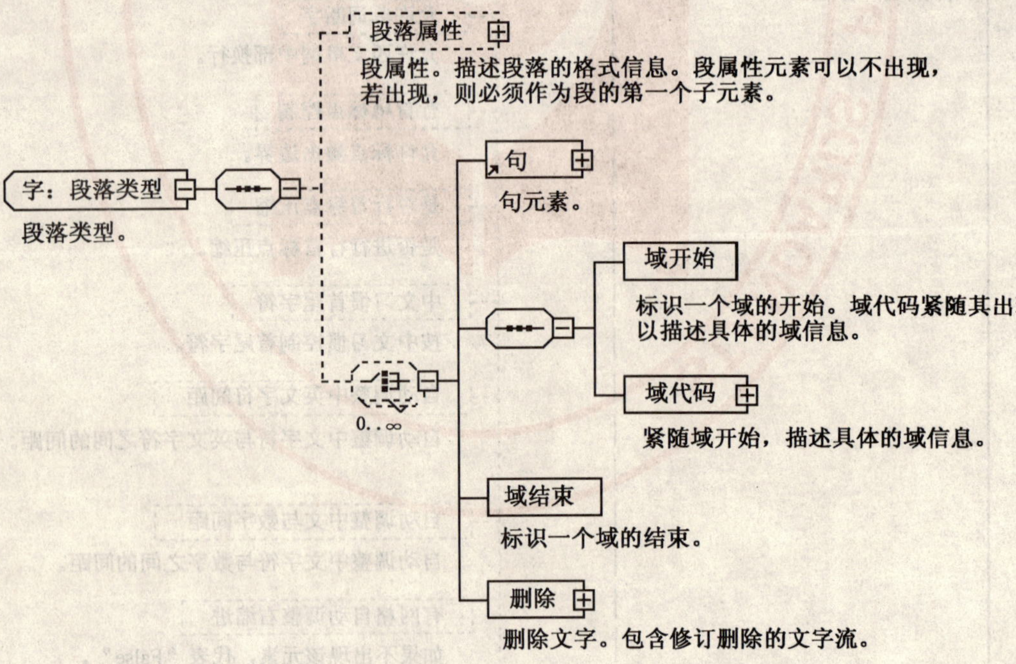

命名空间	http://schemas.uof.org/cn/2003/uof-wordproc
子元素	段落属性 字:句 域开始 域代码 域结束 删除
用于	元素　字:段落

5.2.242 元素 字:段落类型/段落属性

层次结构

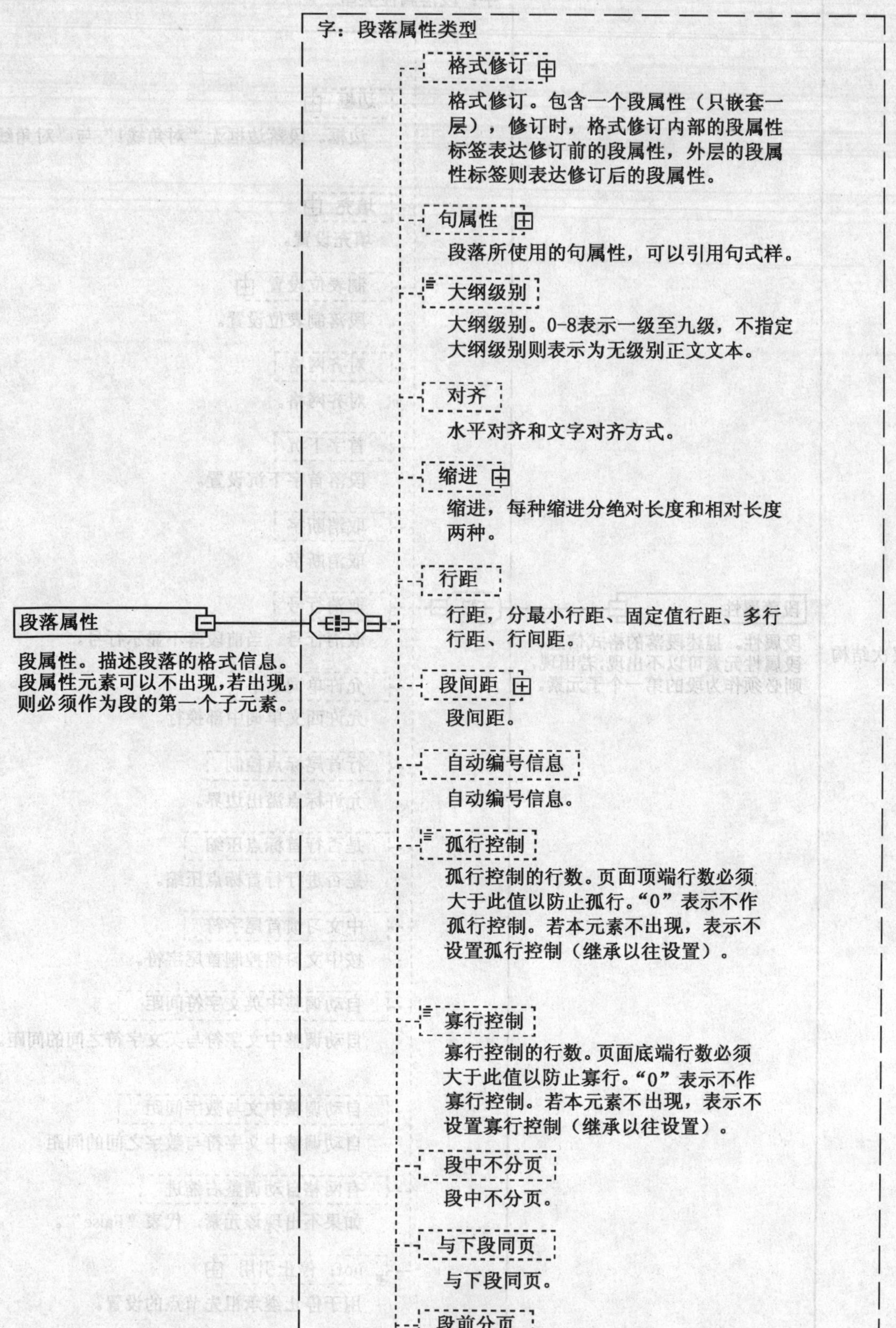

层次结构	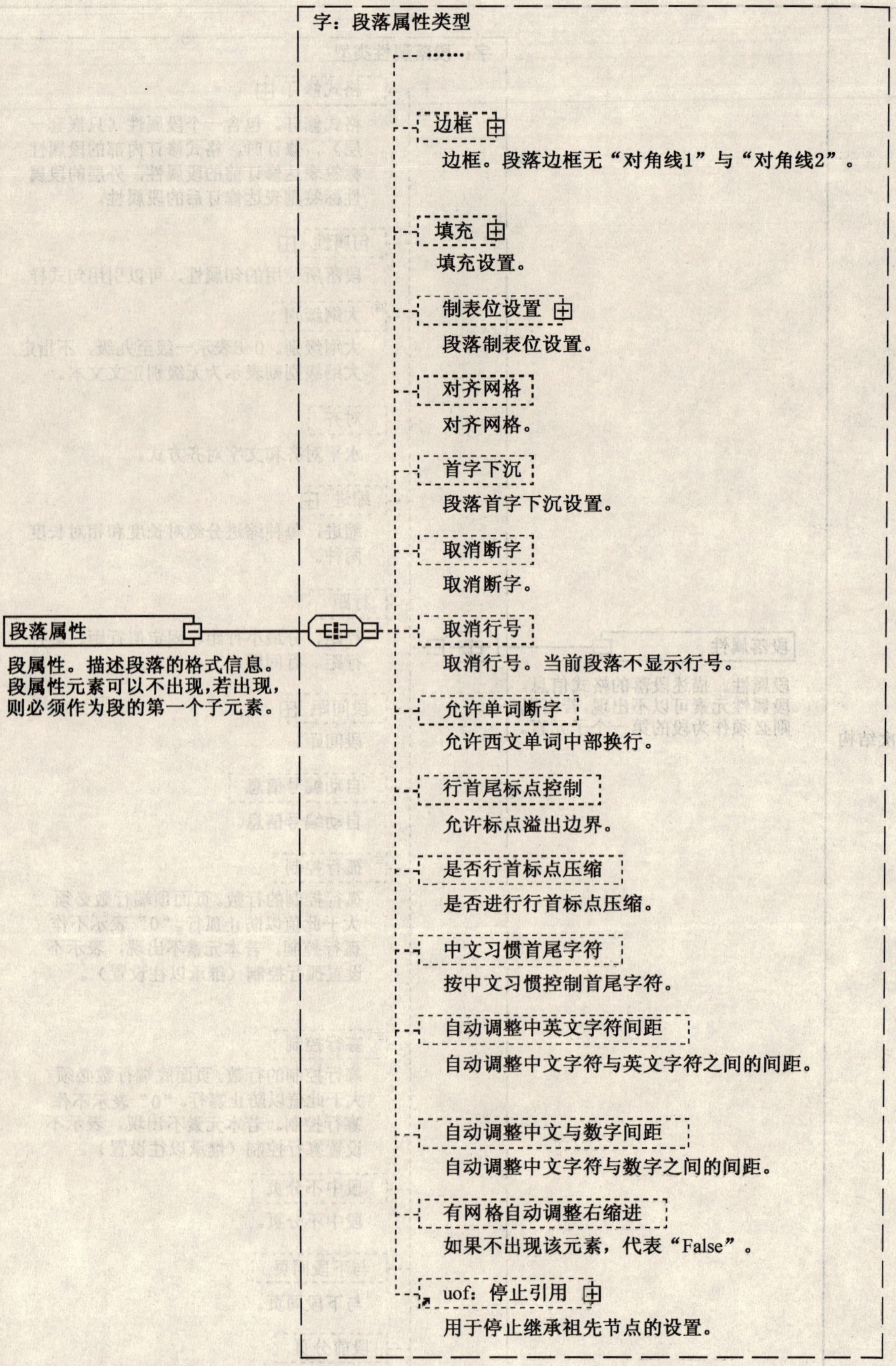
命名空间	http://schemas.uof.org/cn/2003/uof-wordproc
类型	扩展 字:段落属性类型

子元素	格式修订 句属性 大纲级别 对齐 缩进 行距 段间距 自动编号信息 孤行控制 寡行控制 段中不分页 与下段同页 段前分页 边框 填充 制表位设置 对齐网格 首字下沉 取消断字 取消行号 允许单词断字 行首尾标点控制 是否行首标点压缩 中文习惯首尾字符 自动调整中英文字符间距 自动调整中文与数字间距 有网格自动调整右缩进 停止引用
属性	名称 / 类型 / 可用性 / 隐含值 / 固定值 / 注释 式样引用 / xsd:IDREF / optional uof:locID / xsd:string / required / / t0052 uof:attrList / xsd:NMTOKENS / required / / 式样引用

5.2.243 元素 字:段落类型/域开始

层次结构	域开始 标识一个域的开始。域代码紧随其出现，以描述具体的域信息。
命名空间	http://schemas.uof.org/cn/2003/uof-wordproc
类型	扩展 字:域开始类型
属性	名称 / 类型 / 可用性 / 隐含值 / 固定值 / 注释 类型 / xsd:string / required 锁定 / xsd:boolean / optional / / / 文档锁定。锁定的域不允许更新。 uof:locID / xsd:string / required / / t0079 uof:attrList / xsd:NMTOKENS / required / / 类型 锁定

5.2.244 元素 字:段落类型/域代码

层次结构	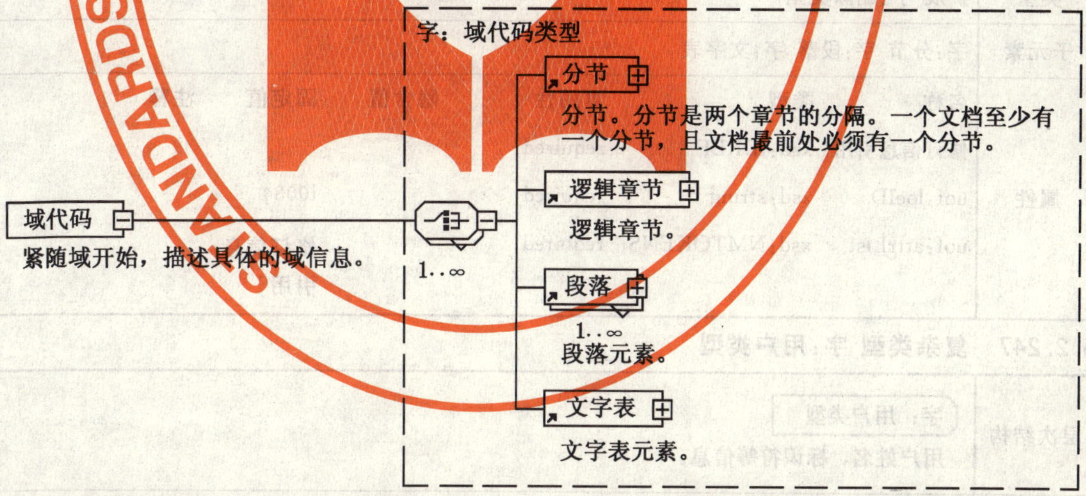
命名空间	http://schemas.uof.org/cn/2003/uof-wordproc
类型	扩展 字:域代码类型
子元素	字:分节 字:逻辑章节 字:段落 字:文字表
属性	名称 / 类型 / 可用性 / 隐含值 / 固定值 / 注释 uof:locID / xsd:string / required / / t0080

5.2.245 元素 字:段落类型/域结束

层次结构	域结束 标识一个域的结束。
命名空间	http://schemas.uof.org/cn/2003/uof-wordproc
类型	扩展 字:域结束类型
属性	见下表

名称	类型	可用性	隐含值	固定值	注释
uof:locID	xsd:string	required		t0081	

5.2.246 元素 字:段落类型/删除

层次结构：

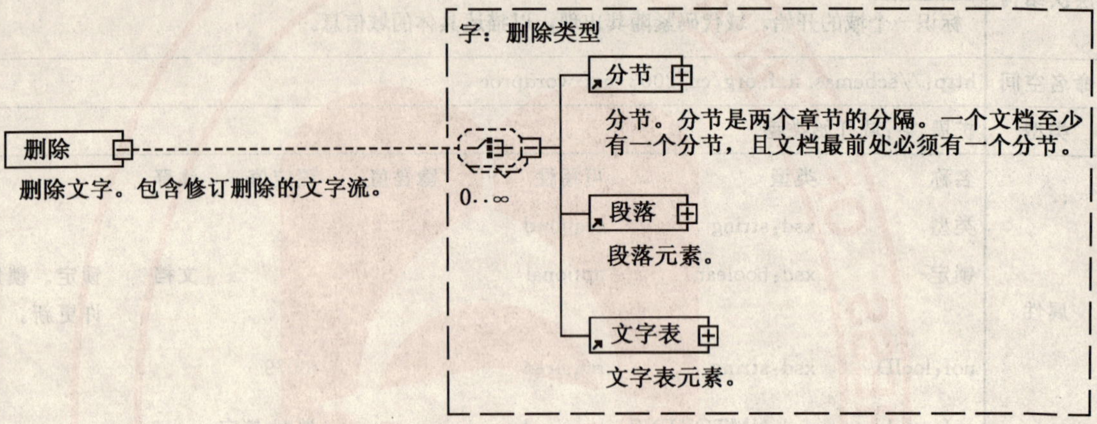

命名空间	http://schemas.uof.org/cn/2003/uof-wordproc
类型	扩展 字:删除类型
子元素	字:分节 字:段落 字:文字表
属性	见下表

名称	类型	可用性	隐含值	固定值	注释
修订信息引用	xsd:IDREF	required			
uof:locID	xsd:string	required		t0084	
uof:attrList	xsd:NMTOKENS	required		修订信息引用	

5.2.247 复杂类型 字:用户类型

层次结构	字:用户类型 用户姓名、标识符等信息。
命名空间	http://schemas.uof.org/cn/2003/uof-wordproc
用于	元素 字:公用处理规则类型/用户集/用户
属性	见下表

名称	类型	可用性	隐含值	固定值	注释
标识符	xsd:ID	required			文档 用户标识符。
姓名	xsd:string	optional			文档 用户姓名。

5.2.248 复杂类型 字:缩进类型

层次结构	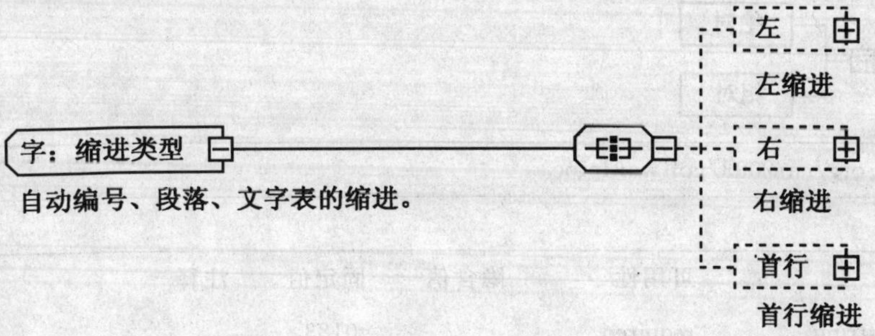
命名空间	http://schemas.uof.org/cn/2003/uof-wordproc
子元素	左 右 首行
用于	元素 字:自动编号类型/级别/缩进 字:段落属性类型/缩进

5.2.249 元素 字:缩进类型/左

层次结构	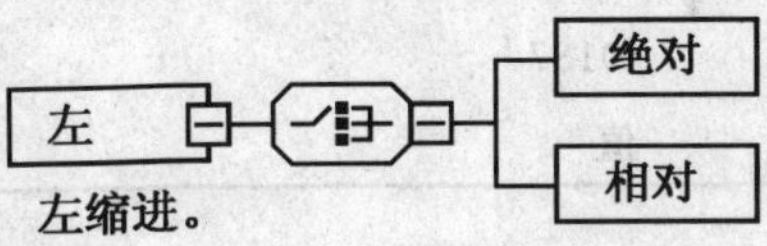					
命名空间	http://schemas.uof.org/cn/2003/uof-wordproc					
子元素	绝对 相对					
属性	名称	类型	可用性	隐含值	固定值	注释
	uof:locID	xsd:string	required		t0182	

5.2.250 元素 字:缩进类型/左/绝对

层次结构	绝对					
命名空间	http://schemas.uof.org/cn/2003/uof-wordproc					
属性	名称	类型	可用性	隐含值	固定值	注释
	值	uof:长度类型	required			
	uof:locID	xsd:string	required		t0185	
	uof:attrList	xsd:NMTOKENS	required		值	

5.2.251 元素 字:缩进类型/左/相对

层次结构	相对					
命名空间	http://schemas.uof.org/cn/2003/uof-wordproc					
属性	名称	类型	可用性	隐含值	固定值	注释
	值	xsd:float	required			
	uof:locID	xsd:string	required		t0186	
	uof:attrList	xsd:NMTOKENS	required		值	

5.2.252 元素 字:缩进类型/右

层次结构	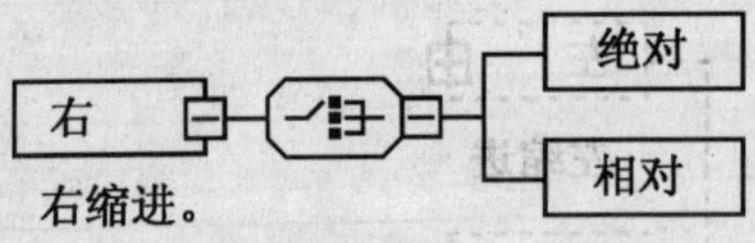
命名空间	http://schemas.uof.org/cn/2003/uof-wordproc
子元素	绝对 相对

属性	名称	类型	可用性	隐含值	固定值	注释
	uof:locID	xsd:string	required		t0183	

5.2.253 元素 字:缩进类型/右/绝对

层次结构	绝对
命名空间	http://schemas.uof.org/cn/2003/uof-wordproc

属性	名称	类型	可用性	隐含值	固定值	注释
	值	uof:长度类型	required			
	uof:locID	xsd:string	required		t0187	
	uof:attrList	xsd:NMTOKENS	required		值	

5.2.254 元素 字:缩进类型/右/相对

层次结构	相对
命名空间	http://schemas.uof.org/cn/2003/uof-wordproc

属性	名称	类型	可用性	隐含值	固定值	注释
	值	xsd:float	required			
	uof:locID	xsd:string	required		t0188	
	uof:attrList	xsd:NMTOKENS	required		值	

5.2.255 元素 字:缩进类型/首行

层次结构	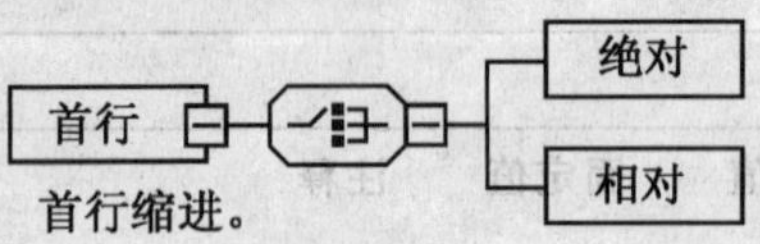
命名空间	http://schemas.uof.org/cn/2003/uof-wordproc
子元素	绝对 相对

属性	名称	类型	可用性	隐含值	固定值	注释
	uof:locID	xsd:string	required		t0184	

5.2.256 元素 字:缩进类型/首行/绝对

层次结构	绝对
命名空间	http://schemas.uof.org/cn/2003/uof-wordproc

属性	名称	类型	可用性	隐含值	固定值	注释
	值	uof:长度类型	required			
	uof:locID	xsd:string	required		t0189	
	uof:attrList	xsd:NMTOKENS	required		值	

5.2.257 元素 字:缩进类型/首行/相对

层次结构	相对					
命名空间	http://schemas.uof.org/cn/2003/uof-wordproc					
属性	名称	类型	可用性	隐含值	固定值	注释
	值	xsd:float	required			
	uof:locID	xsd:string	required		t0190	
	uof:attrList	xsd:NMTOKENS	required		值	

5.2.258 复杂类型 字:脚注尾注类型

层次结构	字:脚注尾注类型 脚注尾注类型。 0..∞ 段落 段落元素。 文字表 文字表元素。						
命名空间	http://schemas.uof.org/cn/2003/uof-wordproc						
子元素	字:段落 字:文字表						
用于	元素 字:句类型/尾注 字:句类型/脚注						
属性	名称	类型	可用性	隐含值	固定值	注释	
	引文体	xsd:string	optional			文档	引文体。若该属性为空,则使用全局脚注尾注设置。

5.2.259 复杂类型 字:脚注设置类型

层次结构	字:脚注设置类型 脚注设置类型。						
命名空间	http://schemas.uof.org/cn/2003/uof-wordproc						
用于	元素 字:节属性类型/脚注设置						
属性	名称	类型	可用性	隐含值	固定值	注释	
	位置	xsd:string	optional			文档	脚注出现的位置。
	格式	数字格式类型	optional			文档	脚注使用的数字格式。
	起始编号	xsd:nonNegativeInteger	optional			文档	脚注的起始编号。
	编号方式	xsd:string	optional			文档	脚注的编号方式。

5.2.260 复杂类型 字:自动编号类型

层次结构	字:自动编号类型 自动编号类型,自动编号包含自动编号与项目符号的设置。 级别 0..9 多级编号的级别。

命名空间	http://schemas.uof.org/cn/2003/uof-wordproc						
子元素	级别						
用于	元素　字:自动编号集类型/自动编号						
属性	名称	类型	可用性	隐含值	固定值	注释	
	标识符	xsd:ID	required			文档	项目符号标识符,使用项目符号的文字通过该标识符引用项目编号。
	名称	xsd:string	optional			文档	项目编号名称。
	父编号引用	xsd:IDREF	optional			文档	用于在自动编号间建立父子关系。

5.2.261　元素　字:自动编号类型/级别

层次结构

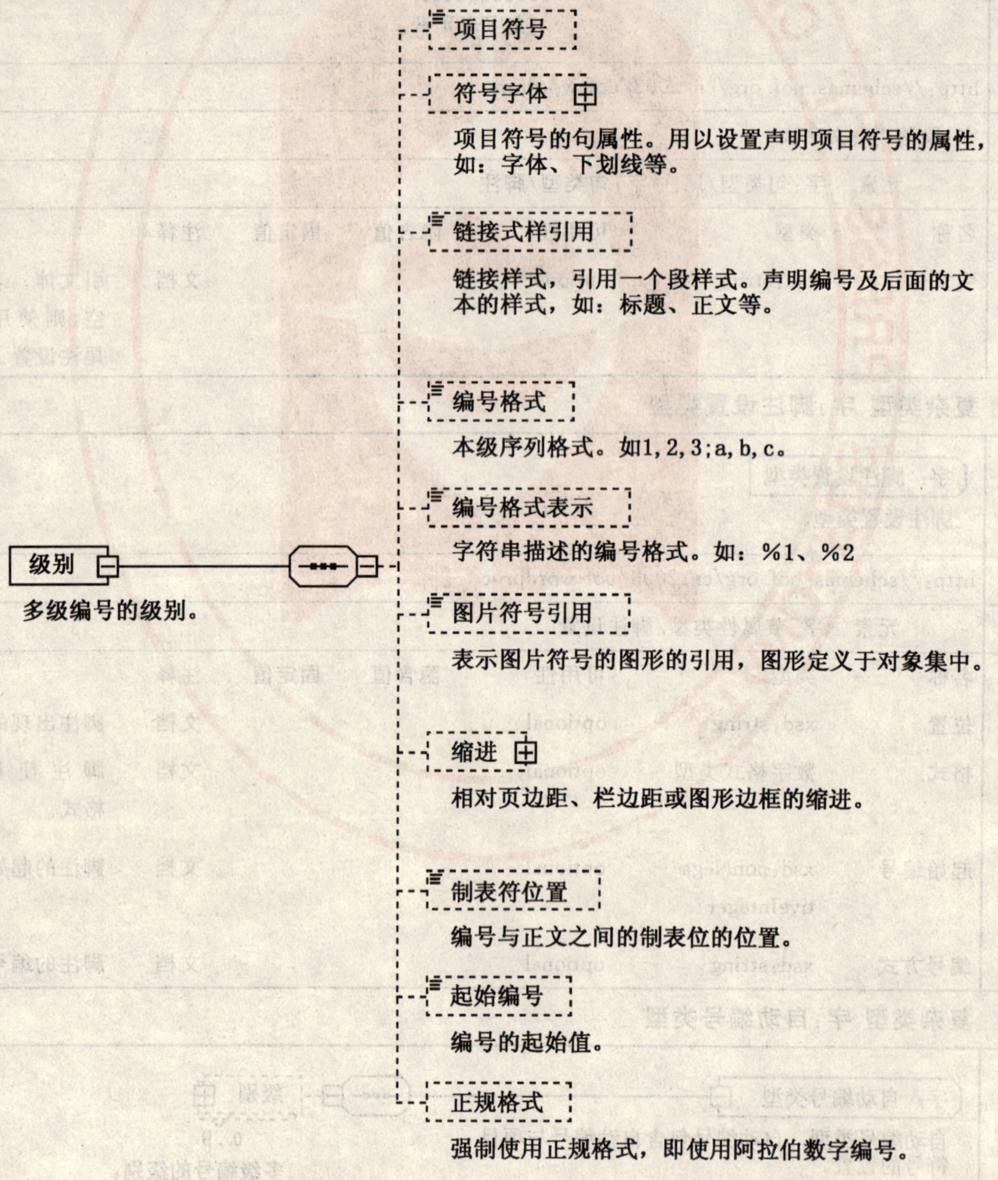

命名空间	http://schemas.uof.org/cn/2003/uof-wordproc
子元素	项目符号 符号字体 链接式样引用 编号格式 编号格式表示 图片符号引用 缩进 制表符位置 起始编号 正规格式
属性	名称：级别值；类型：xsd:nonNegativeInteger；可用性：required；注释：文档 当前级别值。 名称：编号对齐方式；类型：xsd:string；可用性：optional；注释：文档 编号的水平对齐方式。 名称：尾随字符；类型：xsd:string；可用性：optional 名称：uof:locID；类型：xsd:string；可用性：required；固定值：t0159 名称：uof:attrList；类型：xsd:NMTOKENS；可用性：required；固定值：级别值 编号对齐方式 尾随字符

属性表：

名称	类型	可用性	隐含值	固定值	注释	
级别值	xsd:nonNegativeInteger	required			文档	当前级别值。
编号对齐方式	xsd:string	optional			文档	编号的水平对齐方式。
尾随字符	xsd:string	optional				
uof:locID	xsd:string	required		t0159		
uof:attrList	xsd:NMTOKENS	required		级别值 编号对齐方式 尾随字符		

5.2.262 元素 字:自动编号类型/级别/项目符号

层次结构	项目符号
命名空间	http://schemas.uof.org/cn/2003/uof-wordproc
类型	扩展 xsd:string

属性：

名称	类型	可用性	隐含值	固定值	注释
uof:locID	xsd:string			t0171	

5.2.263 元素 字:自动编号类型/级别/符号字体

层次结构

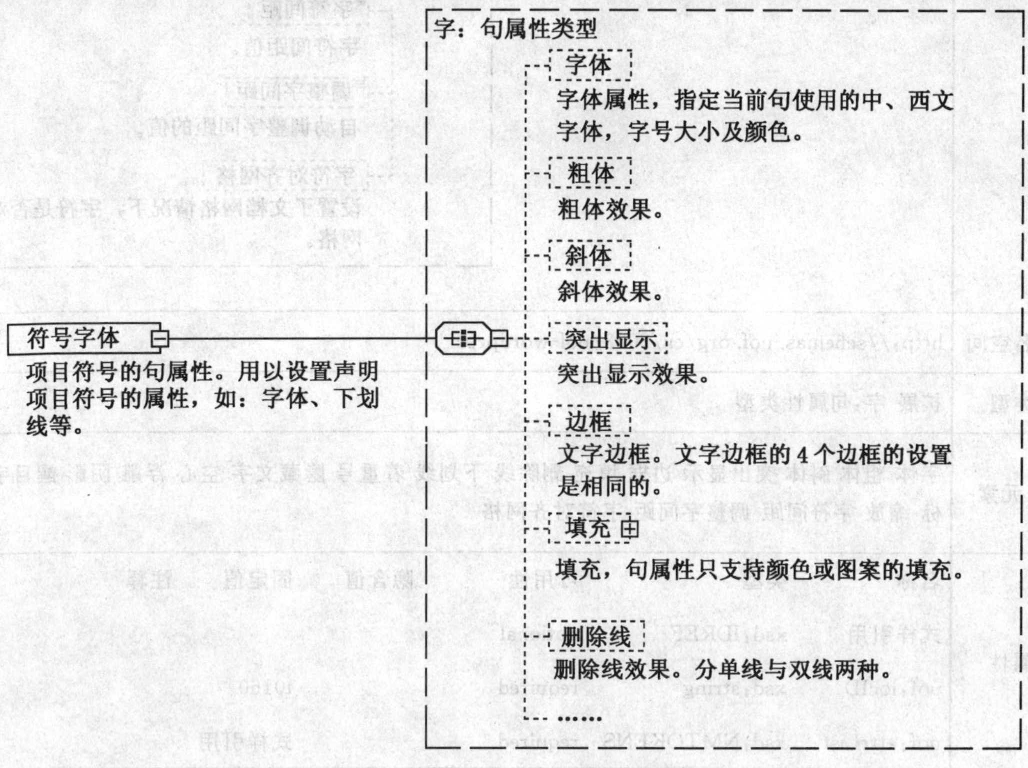

层次结构

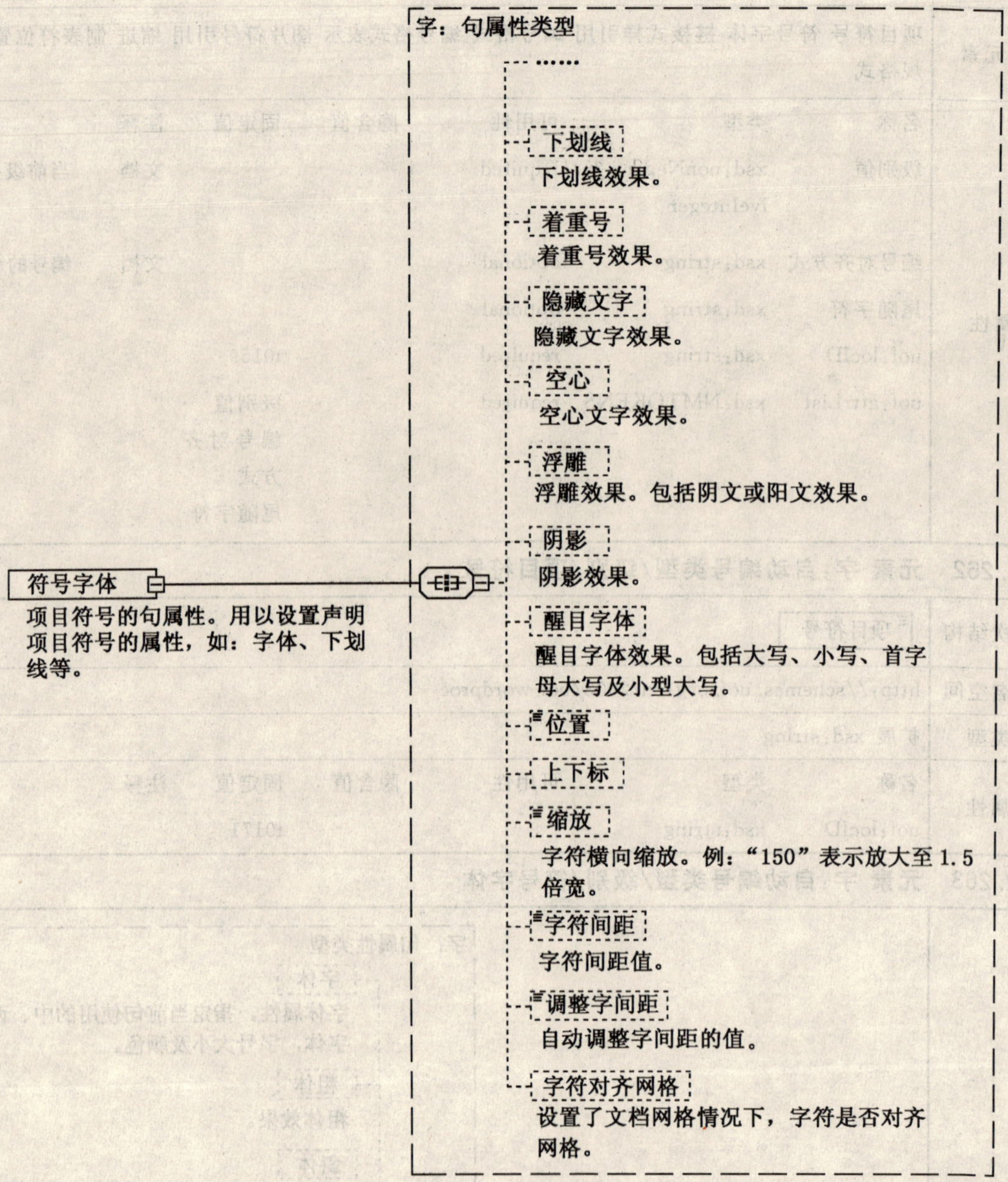

命名空间	http://schemas.uof.org/cn/2003/uof-wordproc
类型	扩展 字:句属性类型
子元素	字体 粗体 斜体 突出显示 边框 填充 删除线 下划线 着重号 隐藏文字 空心 浮雕 阴影 醒目字体 位置 上下标 缩放 字符间距 调整字间距 字符对齐网格

属性

名称	类型	可用性	隐含值	固定值	注释
式样引用	xsd:IDREF	optional			
uof:locID	xsd:string	required		t0160	
uof:attrList	xsd:NMTOKENS	required		式样引用	

5.2.264　元素 字:自动编号类型/级别/链接式样引用

层次结构	链接式样引用 链接样式，引用一个段样式。声明编号及后面的文本的样式，如：标题、正文等。					
命名空间	http://schemas.uof.org/cn/2003/uof-wordproc					
类型	扩展 xsd:IDREF					
属性	名称	类型	可用性	隐含值	固定值	注释
	uof:locID	xsd:string	required		t0161	

5.2.265　元素 字:自动编号类型/级别/编号格式

层次结构	编号格式 本级序列格式。如1,2,3；a,b,c。					
命名空间	http://schemas.uof.org/cn/2003/uof-wordproc					
类型	扩展 字:数字格式类型					
刻面	枚举 decimal 枚举 upper-roman 枚举 lower-roman 枚举 upper-letter 枚举 lower-letter 枚举 ordinal 枚举 cardinal-text 枚举 ordinal-text 枚举 hex 枚举 decimal-full-width 枚举 decimal-half-width 枚举 decimal-enclosed-circle 枚举 decimal-enclosed-fullstop 枚举 decimal-enclosed-paren 枚举 decimal-enclosed-circle-chinese 枚举 ideograph-enclosed-circle 枚举 ideograph-traditional 枚举 ideograph-zodiac 枚举 chinese-counting 枚举 chinese-legal-simplified					
属性	名称	类型	可用性	隐含值	固定值	注释
	uof:locID	xsd:string	required		t0162	

5.2.266　元素 字:自动编号类型/级别/编号格式表示

层次结构	编号格式表示 字符串描述的编号格式。如：%1、%2。					
命名空间	http://schemas.uof.org/cn/2003/uof-wordproc					
类型	扩展 xsd:string					
属性	名称	类型	可用性	隐含值	固定值	注释
	uof:locID	xsd:string	required		t0163	

5.2.267 元素 字:自动编号类型/级别/图片符号引用

层次结构	图片符号引用 表示图片符号的图形的引用，图形定义于对象集中。					
命名空间	http://schemas.uof.org/cn/2003/uof-wordproc					
类型	扩展 xsd:IDREF					
属性	名称	类型	可用性	隐含值	固定值	注释
	宽度	xsd:float	optional			
	高度	xsd:float	optional			
	uof:locID	xsd:string	required		t0164	
	uof:attrList	xsd:NMTOKENS	required		宽度 高度	

5.2.268 元素 字:自动编号类型/级别/缩进

层次结构	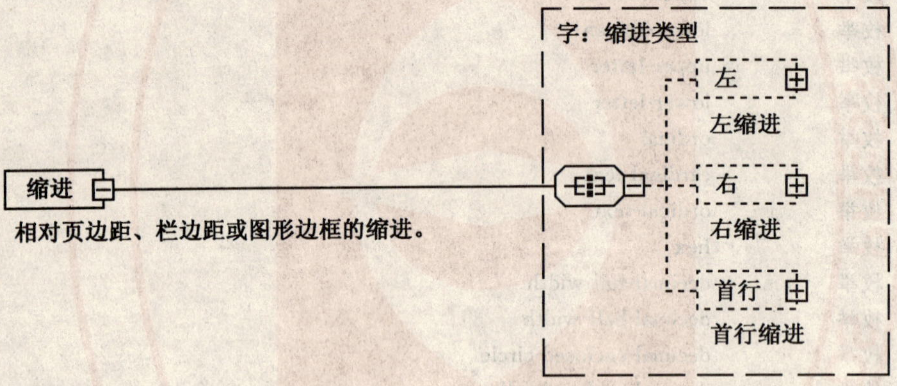					
命名空间	http://schemas.uof.org/cn/2003/uof-wordproc					
类型	扩展 字:缩进类型					
子元素	左 右 首行					
属性	名称	类型	可用性	隐含值	固定值	注释
	uof:locID	xsd:string	required		t0165	

5.2.269 元素 字:自动编号类型/级别/制表符位置

层次结构	制表符位置 编号与正文之间的制表位的位置。					
命名空间	http://schemas.uof.org/cn/2003/uof-wordproc					
类型	扩展 长度类型					
属性	名称	类型	可用性	隐含值	固定值	注释
	uof:locID	xsd:string	required		t0166	

5.2.270 元素 字:自动编号类型/级别/起始编号

层次结构	起始编号 编号的起始值。
命名空间	http://schemas.uof.org/cn/2003/uof-wordproc
类型	扩展 xsd:nonNegativeInteger
属性	名称：uof:locID；类型：xsd:string；可用性：required；隐含值：；固定值：t0167；注释：

5.2.271 元素 字:自动编号类型/级别/正规格式

层次结构	正规格式 强制使用正规格式，即使用阿拉伯数字编号。
命名空间	http://schemas.uof.org/cn/2003/uof-wordproc

属性：

名称	类型	可用性	隐含值	固定值	注释	
值	xsd:boolean	required			文档	是否使用正规形式（即阿拉伯数字）。
uof:locID	xsd:string	required		t0168		
uof:attrList	xsd:NMTOKENS	required		值		

5.2.272 复杂类型 字:自动编号集类型

层次结构	字:自动编号集类型 自动编号集合类型。 自动编号 0..∞ 一组自动编号设置。
命名空间	http://schemas.uof.org/cn/2003/uof-wordproc
子元素	自动编号
用于	元素 式样表类型/自动编号集

5.2.273 元素 字:自动编号集类型/自动编号

层次结构	自动编号 一组自动编号设置。 字:自动编号类型 级别 0..9 多级编号的级别。
命名空间	http://schemas.uof.org/cn/2003/uof-wordproc
类型	扩展 字:自动编号类型
子元素	级别

	名称	类型	可用性	隐含值	固定值	注释
属性	标识符	xsd:ID	required			文档 项目符号标识符，使用项目符合的文字通过该标识符引用项目编号。
	名称	xsd:string	optional			文档 项目编号名称。
	父编号引用	xsd:IDREF	optional			文档 用于在自动编号间建立父子关系。
	多级编号	xsd:boolean	optional	false		
	uof:locID	xsd:string	required		t0169	
	uof:attrList	xsd:NMTOKENS	required		标识符 名称 父编号引用 多级编号	

5.2.274 复杂类型 字:节属性类型

层次结构	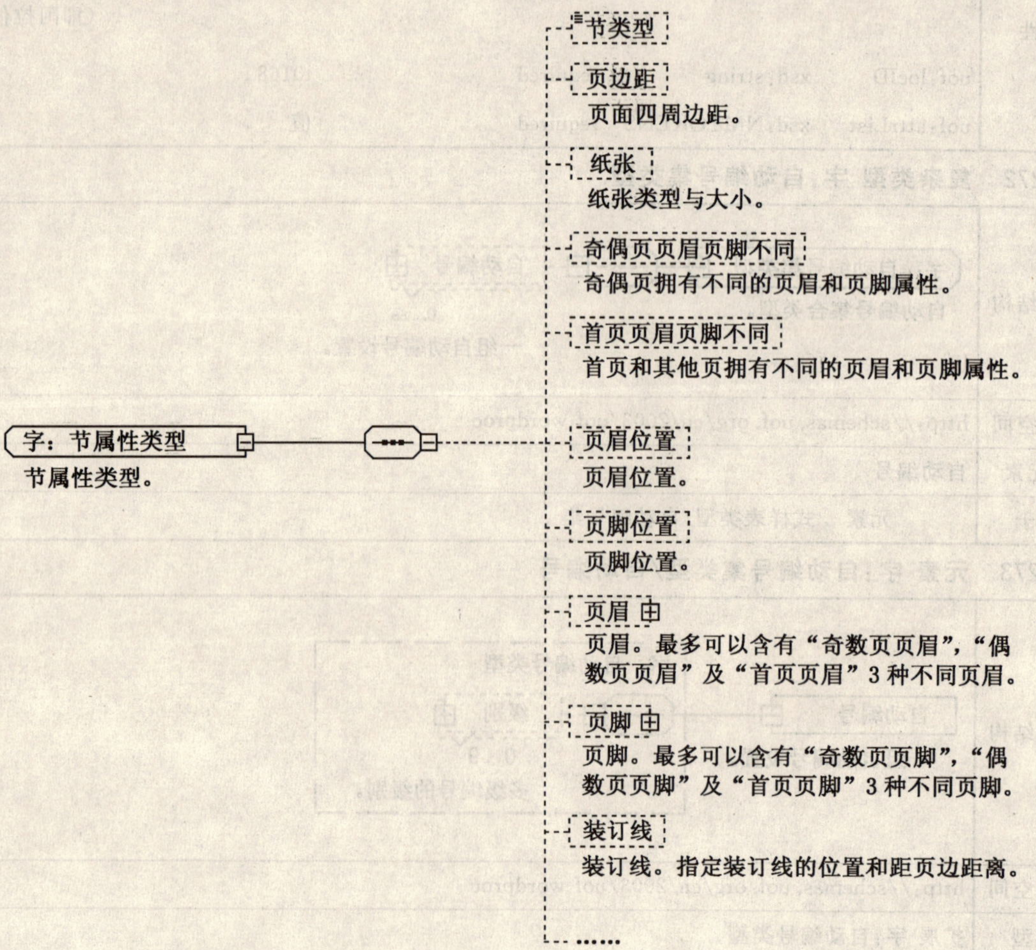

<table>
<tr><td>层次结构</td><td>
</td></tr>
<tr><td>命名空间</td><td>http://schemas.uof.org/cn/2003/uof-wordproc</td></tr>
<tr><td>子元素</td><td>节类型 页边距 纸张 奇偶页页眉页脚不同 首页页眉页脚不同 页眉位置 页脚位置 页眉 页脚 装订线 对称页边距 拼页 纸张方向 纸张来源 脚注设置 尾注设置 页码设置 行号设置 网格设置 垂直对齐方式 文字排列方向 边框 填充 分栏</td></tr>
<tr><td>用于</td><td>元素 字:分节类型/节属性</td></tr>
</table>

5.2.275　元素 字:节属性类型/节类型

层次结构	节类型
命名空间	http://schemas.uof.org/cn/2003/uof-wordproc
类型	扩展 字:节类型类型
刻面	枚举 new-page 枚举 new-column 枚举 continuous 枚举 even-page 枚举 odd-page
属性	名称 / 类型 / 可用性 / 隐含值 / 固定值 / 注释 uof:locID / xsd:string / required / / t0020 /

5.2.276　元素 字:节属性类型/页边距

层次结构	页边距 页面四周边距。						
命名空间	http://schemas.uof.org/cn/2003/uof-wordproc						
类型	扩展 页边距类型						
属性	名称	类型	可用性	隐含值	固定值	注释	
	左	长度类型	optional			文档	左页边距,即距左页边的距离。
	上	长度类型	optional			文档	上页边距,即距左页边的距离。
	右	长度类型	optional			文档	右页边距,即距右页边的距离。
	下	长度类型	optional			文档	下页边距,即距下页边的距离。
	uof:locID	xsd:string	required		t0021		
	uof:attrList	xsd:NMTOKENS	required		左 上 右 下		

5.2.277　元素 字:节属性类型/纸张

层次结构	纸张 纸张类型与大小。
命名空间	http://schemas.uof.org/cn/2003/uof-wordproc
类型	扩展 纸张类型

	名称	类型	可用性	隐含值	固定值	注释
属性	纸型	xsd:string	optional			文档 纸型，如 A4、B5 等，标识了纸张的宽度和高度。
	宽度	长度类型	required			文档 纸张的宽度。
	高度	长度类型	required			文档 纸张的高度。
	uof:locID	xsd:string	required		t0022	
	uof:attrList	xsd:NMTOKENS	required		纸型 宽度 高度	

5.2.278 元素 字:节属性类型/奇偶页页眉页脚不同

层次结构	奇偶页页眉页脚不同 奇偶页拥有不同的页眉和页脚属性。					
命名空间	http://schemas.uof.org/cn/2003/uof-wordproc					
属性	名称	类型	可用性	隐含值	固定值	注释
	值	xsd:boolean	required			
	uof:locID	xsd:string	required		t0023	
	uof:attrList	xsd:NMTOKENS	required		值	

5.2.279 元素 字:节属性类型/首页页眉页脚不同

层次结构	首页页眉页脚不同 首页和其他页拥有不同的页眉和页脚属性。					
命名空间	http://schemas.uof.org/cn/2003/uof-wordproc					
属性	名称	类型	可用性	隐含值	固定值	注释
	值	xsd:boolean	required			
	uof:locID	xsd:string	required		t0024	
	uof:attrList	xsd:NMTOKENS	required		值	

5.2.280 元素 字:节属性类型/页眉位置

层次结构	页眉位置 页眉位置。					
命名空间	http://schemas.uof.org/cn/2003/uof-wordproc					
属性	名称	类型	可用性	隐含值	固定值	注释
	距边界	uof:长度类型	optional			文档 页眉顶部与页面上边沿的距离。
	距版芯	uof:长度类型	optional			文档 页眉下边界与版芯的间距。
	uof:locID	xsd:string	required		t0025	
	uof:attrList	xsd:NMTOKENS	required		距边界 距版芯	

5.2.281 元素 字:节属性类型/页脚位置

层次结构	页脚位置 页脚位置。					
命名空间	http://schemas.uof.org/cn/2003/uof-wordproc					
属性	名称	类型	可用性	隐含值	固定值	注释
	距边界	uof:长度类型	optional			文档 页脚底部与页面下边沿的距离。
	距版芯	uof:长度类型	optional			文档 页脚上边界与版芯的间距。
	uof:locID	xsd:string	required		t0026	
	uof:attrList	xsd:NMTOKENS	required		距边界 距版芯	

5.2.282 元素 字:节属性类型/页眉

层次结构	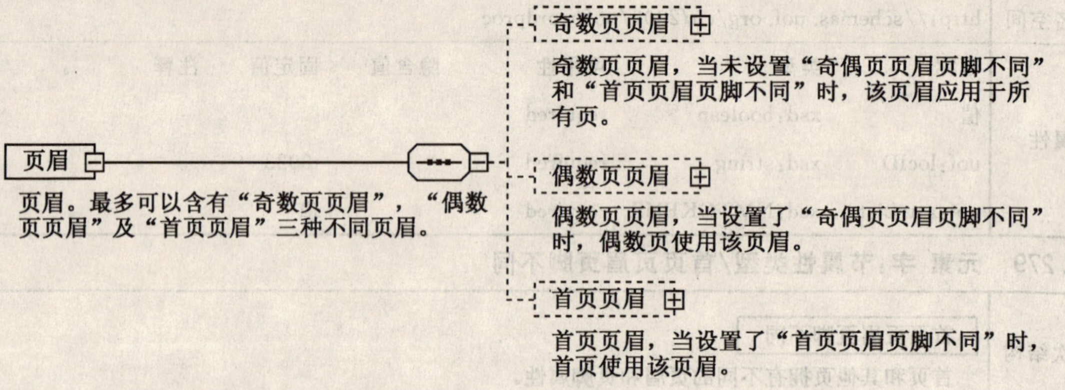					
命名空间	http://schemas.uof.org/cn/2003/uof-wordproc					
子元素	奇数页页眉 偶数页页眉 首页页眉					
属性	名称	类型	可用性	隐含值	固定值	注释
	uof:locID	xsd:string	required		t0027	

5.2.283 元素 字:节属性类型/页眉/奇数页页眉

层次结构	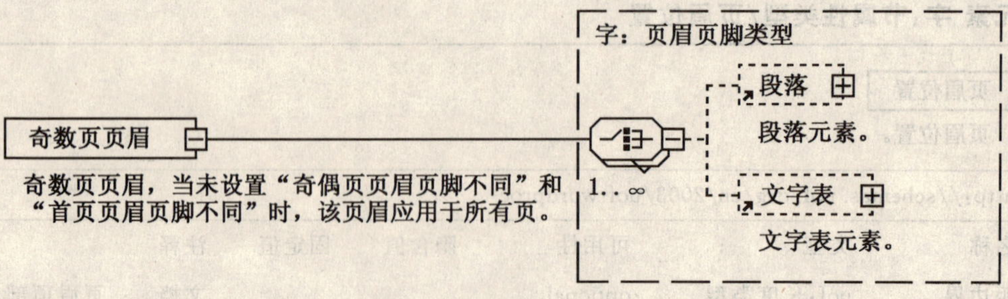					
命名空间	http://schemas.uof.org/cn/2003/uof-wordproc					
类型	扩展 字:页眉页脚类型					
子元素	字:段落 字:文字表					
属性	名称	类型	可用性	隐含值	固定值	注释
	uof:locID	xsd:string	required		t0028	

5.2.284　元素 字:节属性类型/页眉/偶数页页眉

层次结构	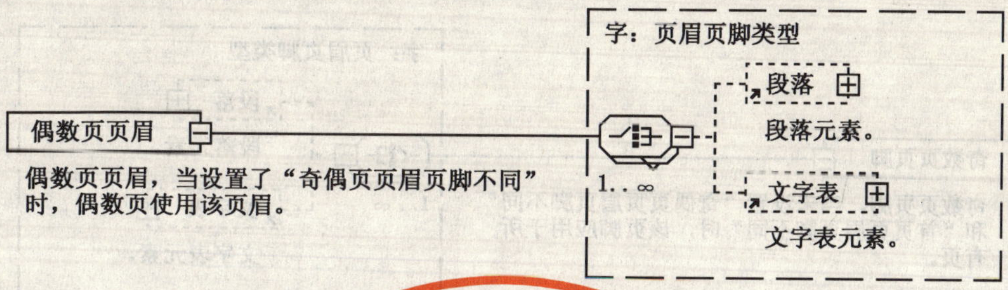
命名空间	http://schemas.uof.org/cn/2003/uof-wordproc
类型	扩展 字:页眉页脚类型
子元素	字:段落 字:文字表
属性	名称　类型　可用性　隐含值　固定值　注释 uof:locID　xsd:string　required　　t0029

5.2.285　元素 字:节属性类型/页眉/首页页眉

层次结构	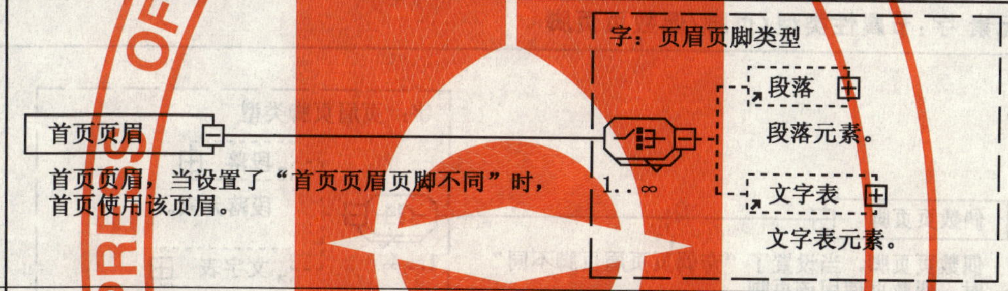
命名空间	http://schemas.uof.org/cn/2003/uof-wordproc
类型	扩展 字:页眉页脚类型
子元素	字:段落 字:文字表
属性	名称　类型　可用性　隐含值　固定值　注释 uof:locID　xsd:string　required　　t0030

5.2.286　元素 字:节属性类型/页脚

层次结构	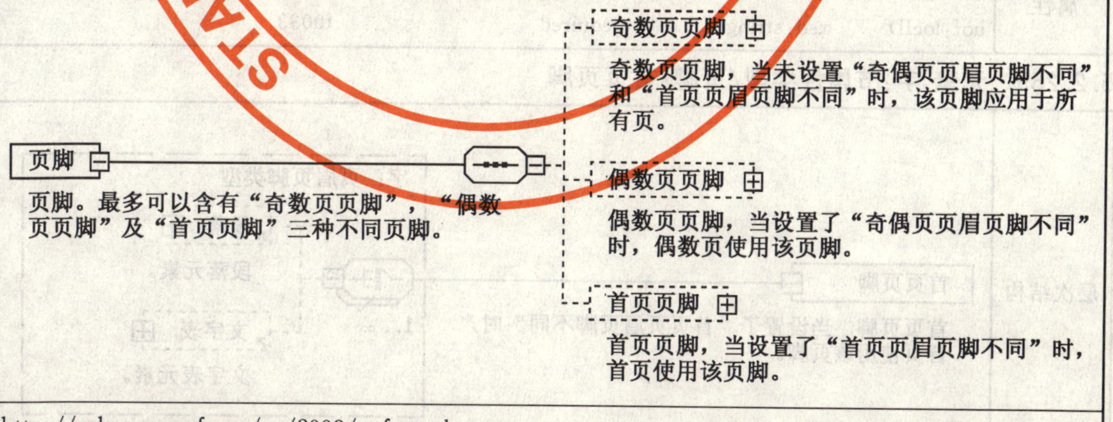
命名空间	http://schemas.uof.org/cn/2003/uof-wordproc
子元素	奇数页页脚 偶数页页脚 首页页脚
属性	名称　类型　可用性　隐含值　固定值　注释 uof:locID　xsd:string　required　　t0031

5.2.287 元素 字:节属性类型/页脚/奇数页页脚

层次结构	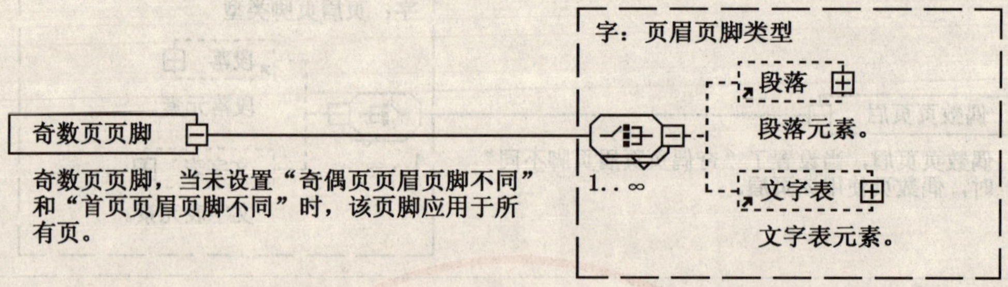					
命名空间	http://schemas.uof.org/cn/2003/uof-wordproc					
类型	扩展 字:页眉页脚类型					
子元素	字:段落 字:文字表					
属性	名称	类型	可用性	隐含值	固定值	注释
	uof:locID	xsd:string	required		t0032	

5.2.288 元素 字:节属性类型/页脚/偶数页页脚

层次结构	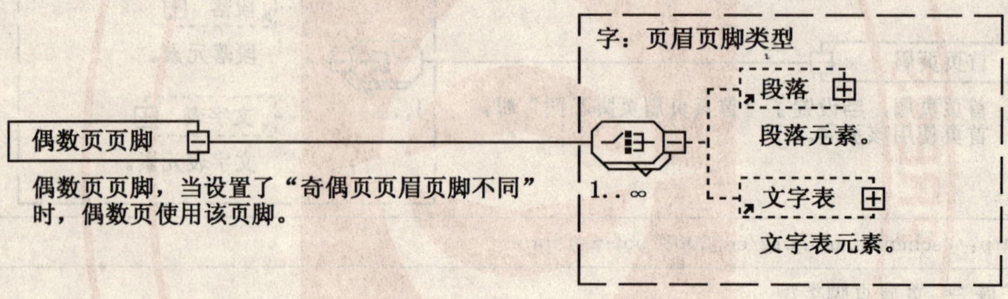					
命名空间	http://schemas.uof.org/cn/2003/uof-wordproc					
类型	扩展 字:页眉页脚类型					
子元素	字:段落 字:文字表					
属性	名称	类型	可用性	隐含值	固定值	注释
	uof:locID	xsd:string	required		t0033	

5.2.289 元素 字:节属性类型/页脚/首页页脚

层次结构	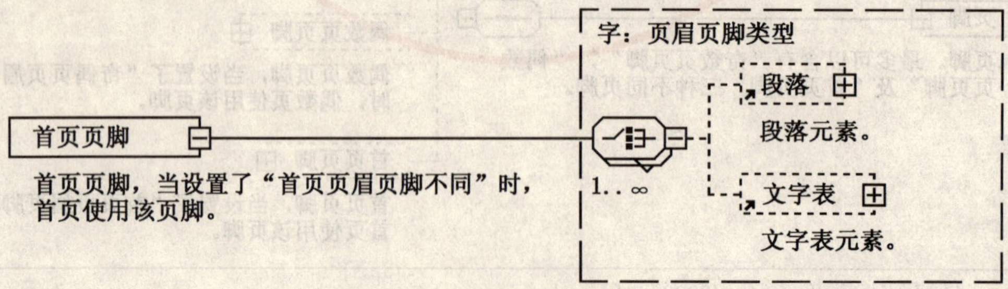
命名空间	http://schemas.uof.org/cn/2003/uof-wordproc
类型	扩展 字:页眉页脚类型

子元素	字:段落 字:文字表					
属性	名称	类型	可用性	隐含值	固定值	注释
	uof:locID	xsd:string	required		t0034	

5.2.290 元素 字:节属性类型/装订线

层次结构	装订线 装订线。指定装订线的位置和距页边距离。					
命名空间	http://schemas.uof.org/cn/2003/uof-wordproc					
属性	名称	类型	可用性	隐含值	固定值	注释
	位置	xsd:string	optional		文档	指定装订线是位于左边还是上边。
	距边界	uof:长度类型			文档	装订线与页边的距离。
	uof:locID	xsd:string	required		t0035	
	uof:attrList	xsd:NMTOKENS	required		位置 距边界	

5.2.291 元素 字:节属性类型/对称页边距

层次结构	对称页边距 对称页边距。调整左右页边距,以便在双面打印时,使相对的两页具有相同的内侧或外侧页边距。					
命名空间	http://schemas.uof.org/cn/2003/uof-wordproc					
属性	名称	类型	可用性	隐含值	固定值	注释
	值	xsd:boolean	required			
	uof:locID	xsd:string	required		t0036	
	uof:attrList	xsd:NMTOKENS	required		值	

5.2.292 元素 字:节属性类型/拼页

层次结构	拼页 拼页。将文档的首页与次页打印在同一张纸上,可将打印出的纸张对折。页面的外侧页边距(装订线)宽度相同,内侧页边距宽度也相同。					
命名空间	http://schemas.uof.org/cn/2003/uof-wordproc					
属性	名称	类型	可用性	隐含值	固定值	注释
	值	xsd:boolean	required			
	uof:locID	xsd:string	required		t0037	
	uof:attrList	xsd:NMTOKENS	required		值	

5.2.293 元素 字:节属性类型/纸张方向

层次结构	纸张方向 打印纸张方向，分“横向”与“纵向”两种。
命名空间	http://schemas.uof.org/cn/2003/uof-wordproc
类型	扩展 纸张方向类型
刻面	枚举 landscape 枚举 portrait

属性	名称	类型	可用性	隐含值	固定值	注释
	uof:locID	xsd:string	required		t0038	

5.2.294 元素 字:节属性类型/纸张来源

层次结构	纸张来源 纸张来源。
命名空间	http://schemas.uof.org/cn/2003/uof-wordproc

属性	名称	类型	可用性	隐含值	固定值	注释
	首页	xsd:string	optional			
	其他页	xsd:string	optional			
	uof:locID	xsd:string	required		t0039	
	uof:attrList	xsd:NMTOKENS	required		首页 其他页	

5.2.295 元素 字:节属性类型/脚注设置

层次结构	脚注设置 脚注设置。
命名空间	http://schemas.uof.org/cn/2003/uof-wordproc
类型	扩展 字:脚注设置类型

属性	名称	类型	可用性	隐含值	固定值	注释
	位置	xsd:string	optional			文档 脚注出现的位置。
	格式	数字格式类型	optional			文档 脚注使用的数字格式。
	起始编号	xsd:nonNegativeInteger	optional			文档 脚注的起始编号。
	编号方式	xsd:string	optional			文档 脚注的编号方式。
	uof:locID	xsd:string	required		t0040	
	uof:attrList	xsd:NMTOKENS	required		位置 格式 起始编号 编号方式	

5.2.296 元素 字:节属性类型/尾注设置

层次结构	尾注设置 尾注设置。					
命名空间	http://schemas.uof.org/cn/2003/uof-wordproc					
类型	扩展 字:尾注设置类型					
属性	名称	类型	可用性	隐含值	固定值	注释
	位置	xsd:string	optional			文档 尾注出现的位置。
	格式	数字格式类型	optional			文档 尾注使用的数字格式。
	起始编号	xsd:integer	optional			文档 尾注的起始编号。
	编号方式	xsd:string	optional			文档 尾注的编号方式。
	uof:locID	xsd:string	required		t0041	
	uof:attrList	xsd:NMTOKENS	required		位置 格式 起始编号 编号方式	

5.2.297 元素 字:节属性类型/页码设置

层次结构	页码设置 页码设置。					
命名空间	http://schemas.uof.org/cn/2003/uof-wordproc					
属性	名称	类型	可用性	隐含值	固定值	注释
	首页显示	xsd:boolean	optional			文档 首页上是否打印页码。
	格式	数字格式类型	optional			文档 页码格式,反映页码的表现形式。
	包含章节号	xsd:boolean	optional			文档 页码中包含章节号。
	章节起始样式引用	xsd:IDREF	optional			文档 页码中的章节号的起始样式。
	分隔符	xsd:NMTOKEN	optional			文档 页码中章节号与页码之间的分隔符。
	起始编号	xsd:nonNegativeInteger	optional			文档 页码的超始编号。
	uof:locID	xsd:string	required		t0042	
	uof:attrList	xsd:NMTOKENS	required		首页显示 格式 包含章节号 章节起始样式引用分隔符 起始编号	

5.2.298 元素 字:节属性类型/行号设置

层次结构	行号设置 行号设置。					
命名空间	http://schemas.uof.org/cn/2003/uof-wordproc					
属性	名称	类型	可用性	隐含值	固定值	注释
	使用行号	xsd:boolean	optional		文档	是否为文档添加行号。
	编号方式	xsd:NMTOKEN	optional		文档	行号的编号方式。
	起始编号	xsd: positiveInteger	optional		文档	行号的起始编号。
	距边界	uof:长度类型	optional		文档	行号与正文之间的距离。
	行号间隔	xsd: positiveInteger	optional		文档	设置间隔多少行来显示行号,如:1 为间隔行数是 1,即显示所有行号;2 为间隔数是 2,即显示行号 2、4、6、8...依此类推。
	uof:locID	xsd:string	required		t0043	
	uof:attrList	xsd:NMTOKENS	required		使用行号 编号方式 起始编号 距边界 行号间隔	

5.2.299 元素 字:节属性类型/网格设置

层次结构	网格设置 网格设置。					
命名空间	http://schemas.uof.org/cn/2003/uof-wordproc					
属性	名称	类型	可用性	隐含值	固定值	注释
	网格类型	xsd:NMTOKEN	optional		文档	使用何种文档网格。
	宽度	uof:长度类型	optional		文档	网格字符间距。
	高度	uof:长度类型	optional		文档	网格行间距。
	显示网格	xsd:boolean	optional		文档	是否显示网格。
	打印网格	xsd:boolean	optional		文档	是否打印网格。
	uof:locID	xsd:string	required		t0044	
	uof:attrList	xsd:NMTOKENS	required		网格类型 宽度 高度 显示网格 打印网格	

5.2.300 元素 字:节属性类型/垂直对齐方式

层次结构	垂直对齐方式 垂直对齐方式。
命名空间	http://schemas.uof.org/cn/2003/uof-wordproc
类型	扩展 字:节垂直对齐方式类型
刻面	枚举 top 枚举 center 枚举 bottom 枚举 justified
属性	名称 类型 可用性 隐含值 固定值 注释 uof:locID xsd:string required t0045

5.2.301 元素 字:节属性类型/文字排列方向

层次结构	文字排列方向 文字排列方式。
命名空间	http://schemas.uof.org/cn/2003/uof-wordproc
类型	扩展 字:文字排列方向类型
刻面	枚举 hori-l2r 枚举 hori-r2l 枚举 vert-l2r 枚举 vert-r2l
属性	名称 类型 可用性 隐含值 固定值 注释 uof:locID xsd:string required t0046

5.2.302 元素 字:节属性类型/边框

层次结构	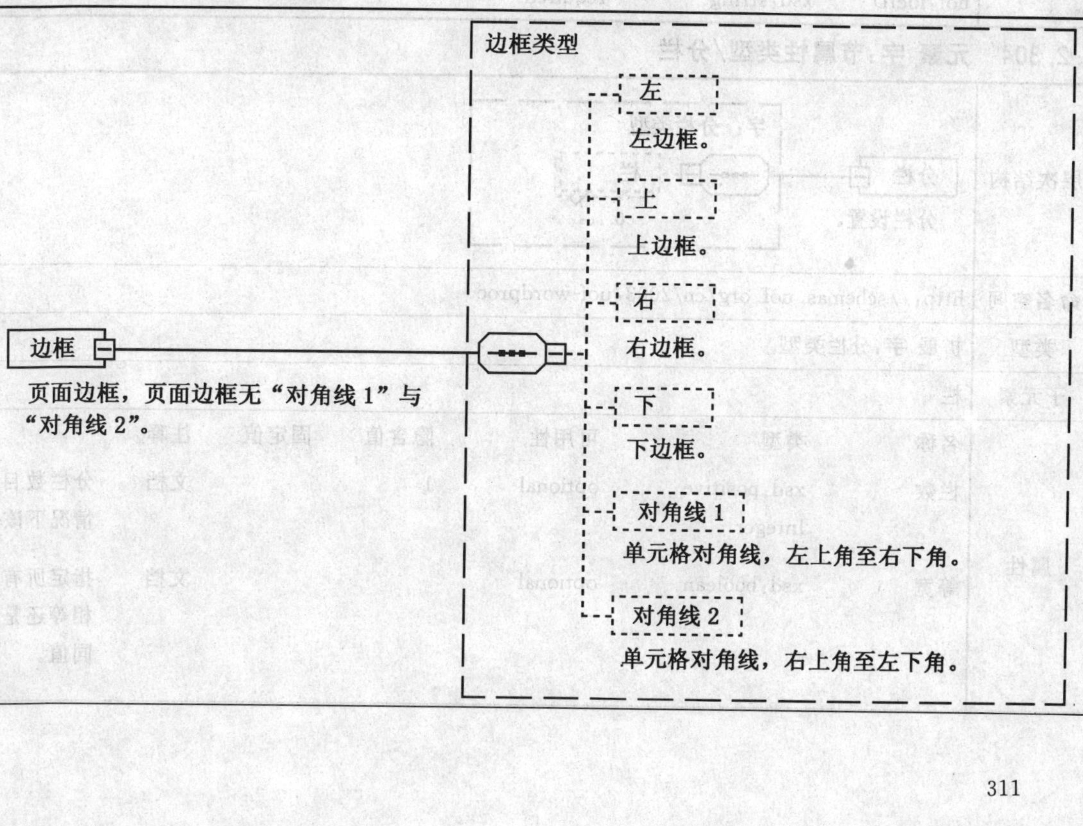

命名空间	http://schemas.uof.org/cn/2003/uof-wordproc					
类型	扩展 边框类型					
子元素	左 上 右 下 对角线 1 对角线 2					
属性	名称	类型	可用性	隐含值	固定值	注释
	uof:locID	xsd:string	required		t0047	

5.2.303 元素 字:节属性类型/填充

层次结构

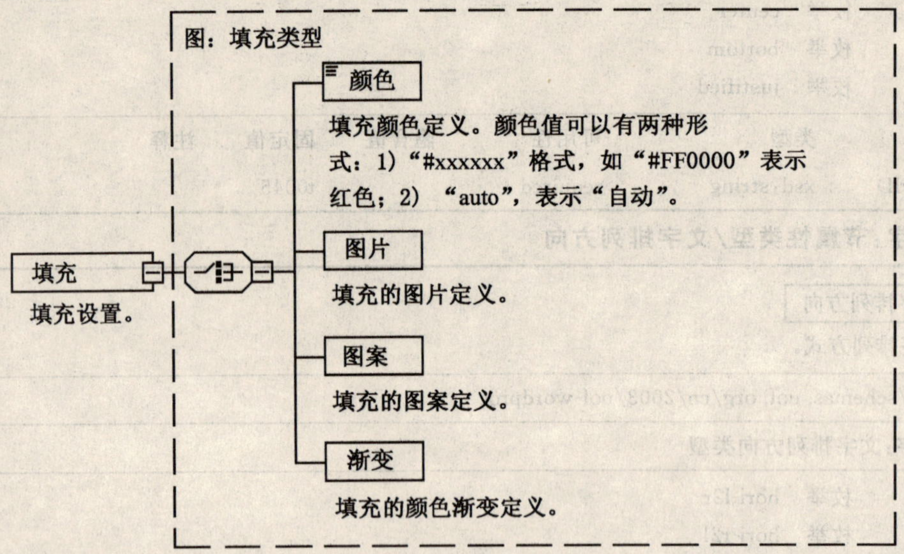

命名空间	http://schemas.uof.org/cn/2003/uof-wordproc					
类型	扩展 图:填充类型					
子元素	颜色 图片 图案 渐变					
属性	名称	类型	可用性	隐含值	固定值	注释
	uof:locID	xsd:string	required		t0048	

5.2.304 元素 字:节属性类型/分栏

层次结构

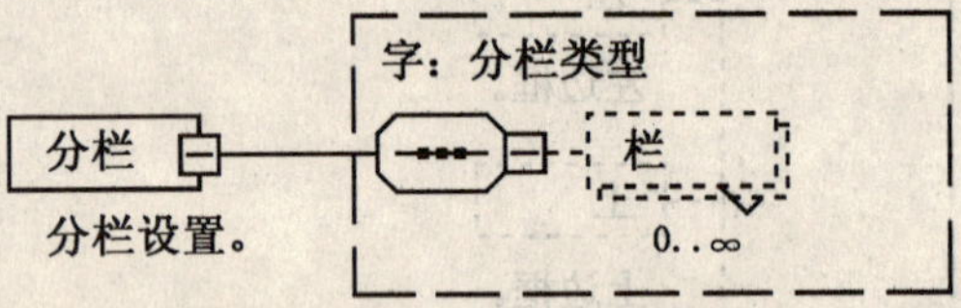

命名空间	http://schemas.uof.org/cn/2003/uof-wordproc						
类型	扩展 字:分栏类型						
子元素	栏						
属性	名称	类型	可用性	隐含值	固定值	注释	
	栏数	xsd:positive Integer	optional	1		文档	分栏数目。不分栏的情况下该值为“1”。
	等宽	xsd:boolean	optional			文档	指定所有分栏的宽度相等还是分别设置不同值。

属性	名称	类型	可用性	隐含值	固定值	注释
	分隔线	uof:线型类型	optional			文档 分栏之间分隔线，指定一种线型。
	分隔线宽度	uof:长度类型	optional			文档 分隔线宽度。
	分隔线颜色	uof:颜色类型	optional			文档 分隔线颜色。
	uof:locID	xsd:string	required		t0049	
	uof:attrList	xsd:NMTOKENS	required		栏数 等宽 分隔线 分隔线宽度 分隔线颜色	

5.2.305 复杂类型 字:行属性类型

层次结构	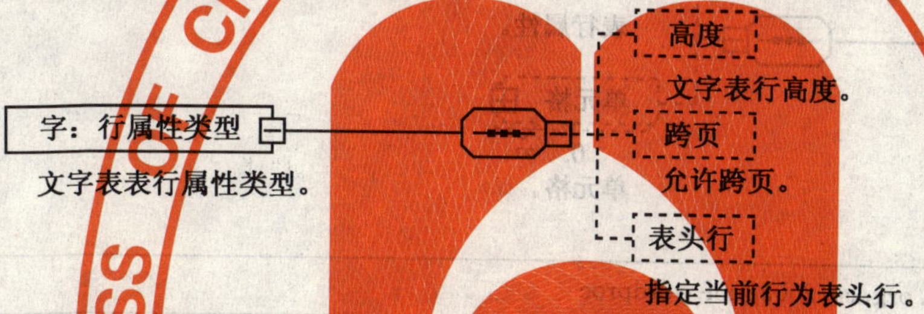
命名空间	http://schemas.uof.org/cn/2003/uof-wordproc
子元素	高度 跨页 表头行
用于	元素 字:行类型/表行属性

5.2.306 元素 字:行属性类型/高度

层次结构	高度 文字表行高度。					
命名空间	http://schemas.uof.org/cn/2003/uof-wordproc					
属性	名称	类型	可用性	隐含值	固定值	注释
	固定值	uof:长度类型	optional			
	最小值	uof:长度类型	optional			
	uof:locID	xsd:string	required		t0145	
	uof:attrList	xsd:NMTOKENS	required		固定值 最小值	

5.2.307 元素 字:行属性类型/跨页

层次结构	跨页 允许跨页。					
命名空间	http://schemas.uof.org/cn/2003/uof-wordproc					
属性	名称	类型	可用性	隐含值	固定值	注释
	值	xsd:boolean	required			
	uof:locID	xsd:string	required		t0146	
	uof:attrList	xsd:NMTOKENS	required		值	

5.2.308 元素 字:行属性类型/表头行

层次结构	表头行 指定当前行为表头行。
命名空间	http://schemas.uof.org/cn/2003/uof-wordproc
属性	名称 / 类型 / 可用性 / 隐含值 / 固定值 / 注释 值 / xsd:boolean / required / / / uof:locID / xsd:string / required / / t0147 / uof:attrList / xsd:NMTOKENS / required / / 值 /

5.2.309 复杂类型 字:行类型

层次结构	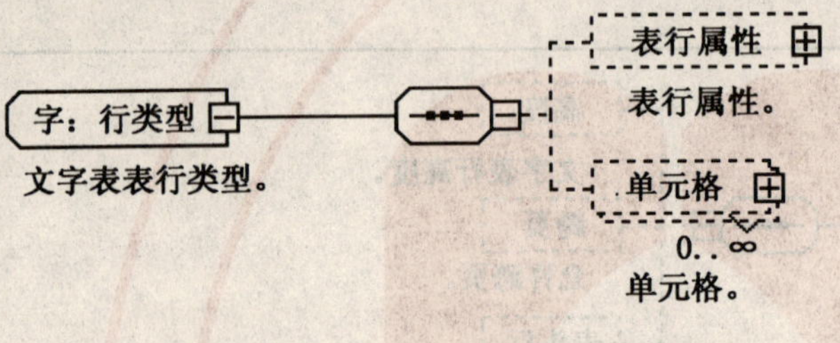
命名空间	http://schemas.uof.org/cn/2003/uof-wordproc
子元素	表行属性 单元格
用于	元素 字:文字表类型/行

5.2.310 元素 字:行类型/表行属性

层次结构	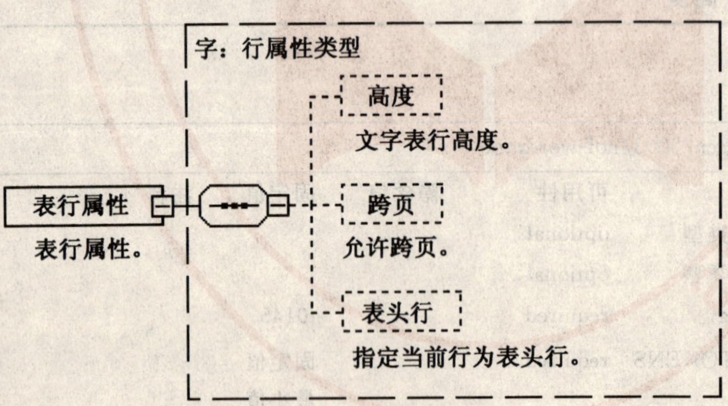
命名空间	http://schemas.uof.org/cn/2003/uof-wordproc
类型	扩展 字:行属性类型
子元素	高度 跨页 表头行
属性	名称 / 类型 / 可用性 / 隐含值 / 固定值 / 注释 uof:locID / xsd:string / required / / t0144 /

5.2.311 元素 字:行类型/单元格

层次结构

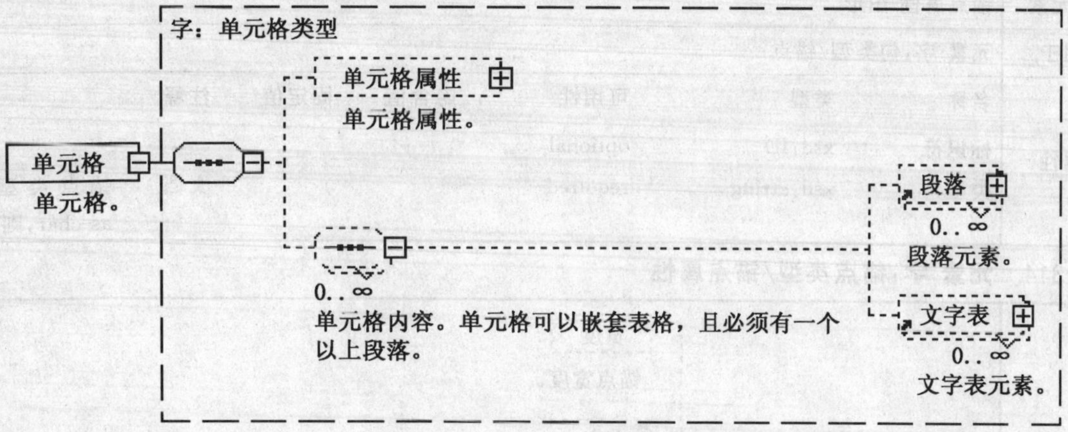

命名空间	http://schemas.uof.org/cn/2003/uof-wordproc
类型	扩展 字:单元格类型
子元素	单元格属性 字:段落 字:文字表

属性

名称	类型	可用性	隐含值	固定值	注释
uof:locID	xsd:string	required		t0148	

5.2.312 复杂类型 字:逻辑章节类型

层次结构

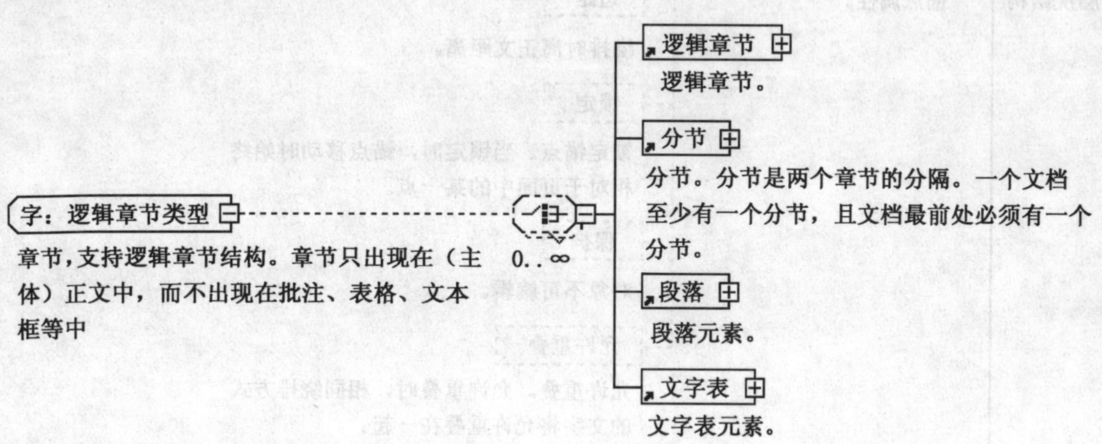

命名空间	http://schemas.uof.org/cn/2003/uof-wordproc
子元素	字:逻辑章节 字:分节 字:段落 字:文字表
用于	元素 字:逻辑章节

5.2.313 复杂类型 字:锚点类型

层次结构

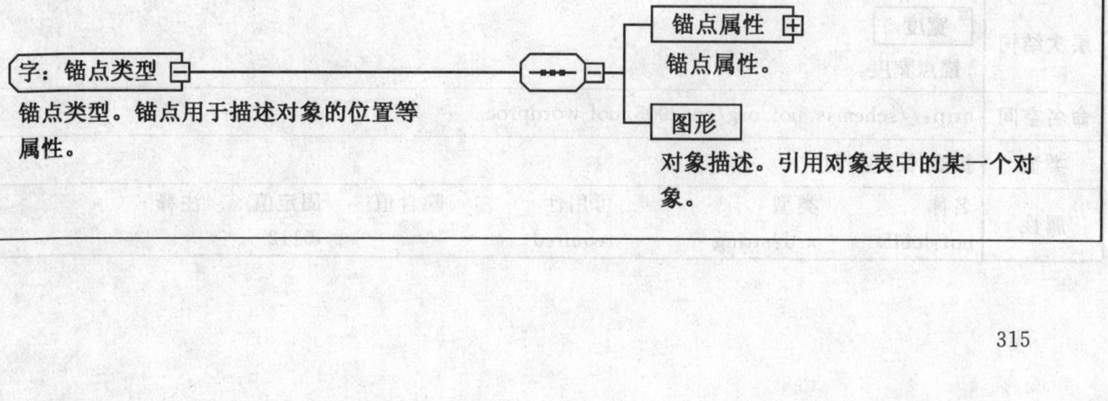

命名空间	http://schemas.uof.org/cn/2003/uof-wordproc					
子元素	锚点属性 图形					
用于	元素 字:句类型/锚点					
属性	名称	类型	可用性	隐含值	固定值	注释
	标识符	xsd:ID	optional			
	类型	xsd:string	required			文档 锚点类型。如果为as-char,则为嵌入式。

5.2.314 元素 字:锚点类型/锚点属性

层次结构	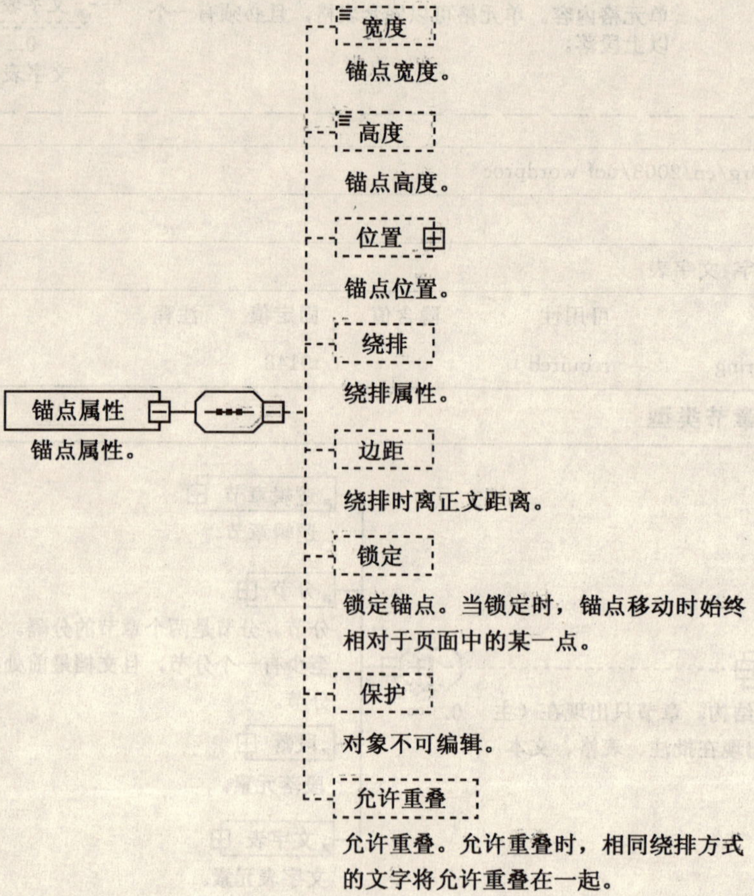					
命名空间	http://schemas.uof.org/cn/2003/uof-wordproc					
子元素	宽度 高度 位置 绕排 边距 锁定 保护 允许重叠					
属性	名称	类型	可用性	隐含值	固定值	注释
	uof:locID	xsd:string	required		t0111	

5.2.315 元素 字:锚点类型/锚点属性/宽度

层次结构	宽度 锚点宽度。					
命名空间	http://schemas.uof.org/cn/2003/uof-wordproc					
类型	扩展 长度类型					
属性	名称	类型	可用性	隐含值	固定值	注释
	uof:locID	xsd:string	required		t0112	

5.2.316 元素 字:锚点类型/锚点属性/高度

层次结构	高度 锚点高度。					
命名空间	http://schemas.uof.org/cn/2003/uof-wordproc					
类型	扩展 长度类型					
属性	名称	类型	可用性	隐含值	固定值	注释
	uof:locID	xsd:string	required		t0113	

5.2.317 元素 字:锚点类型/锚点属性/位置

层次结构	位置 锚点位置。 字:位置类型 水平 水平位置值可以是一个长度，或是一个枚举值。 垂直 垂直位置值可以是一个长度，或是一个枚举值。					
命名空间	http://schemas.uof.org/cn/2003/uof-wordproc					
类型	扩展 字:位置类型					
子元素	水平 垂直					
属性	名称	类型	可用性	隐含值	固定值	注释
	uof:locID	xsd:string	required		t0114	

5.2.318 元素 字:锚点类型/锚点属性/绕排

层次结构	绕排 绕排属性。					
命名空间	http://schemas.uof.org/cn/2003/uof-wordproc					
属性	名称	类型	可用性	隐含值	固定值	注释
	绕排方式	xsd:string	optional			文档 锚点的绕排方式。
	环绕文字	xsd:string	optional			文档 环绕文字属性。
	绕排顶点	xsd:string	optional			文档 绕排顶点，描述锚点的绕排路径。如:"20 20 20 30 30 30 30 20"。
	uof:locID	xsd:string	required		t0115	
	uof:attrList	xsd:NMTOKENS	required		绕排方式 环绕文字 绕排顶点	

5.2.319 元素 字:锚点类型/锚点属性/边距

层次结构	边距 绕排时离正文距离。					
命名空间	http://schemas.uof.org/cn/2003/uof-wordproc					
属性	名称	类型	可用性	隐含值	固定值	注释
	上	uof:长度类型	optional		文档	上边距,锚点上边的外部留空长度。
	左	uof:长度类型	optional		文档	左边距,锚点左边的外部留空长度。
	右	uof:长度类型	optional		文档	右边距,锚点右边的外部留空长度。
	下	uof:长度类型	optional		文档	下边距,锚点下边的外部留空长度。
	uof:locID	xsd:string	required		t0116	
	uof:attrList	xsd:NMTOKENS	required		上 左 右 下	

5.2.320 元素 字:锚点类型/锚点属性/锁定

层次结构	锁定 锁定锚点。当锁定时,锚点移动时始终相对于页面中的某一点。					
命名空间	http://schemas.uof.org/cn/2003/uof-wordproc					
属性	名称	类型	可用性	隐含值	固定值	注释
	值	xsd:boolean	required			
	uof:locID	xsd:string	required		t0117	
	uof:attrList	xsd:NMTOKENS	required		值	

5.2.321 元素 字:锚点类型/锚点属性/保护

层次结构	保护 对象不可编辑。					
命名空间	http://schemas.uof.org/cn/2003/uof-wordproc					
属性	名称	类型	可用性	隐含值	固定值	注释
	值	xsd:boolean	required			
	uof:locID	xsd:string	required		t0118	
	uof:attrList	xsd:NMTOKENS	required		值	

5.2.322 元素 字:锚点类型/锚点属性/允许重叠

层次结构	允许重叠 允许重叠。允许重叠时,相同绕排方式的文字将允许重叠在一起。

命名空间	http://schemas.uof.org/cn/2003/uof-wordproc					
属性	名称	类型	可用性	隐含值	固定值	注释
	值	xsd:boolean	required			
	uof:locID	xsd:string	required		t0119	
	uof:attrList	xsd:NMTOKENS	required		值	

5.2.323 元素 字:锚点类型/图形

层次结构	图形 对象描述。引用对象表中的某一个对象。					
命名空间	http://schemas.uof.org/cn/2003/uof-wordproc					
属性	名称	类型	可用性	隐含值	固定值	注释
	图形引用	xsd:IDREF	required			
	uof:locID	xsd:string	required		t0120	
	uof:attrList	xsd:NMTOKENS	required		图形引用	

5.2.324 复杂类型 字:页眉页脚类型

层次结构	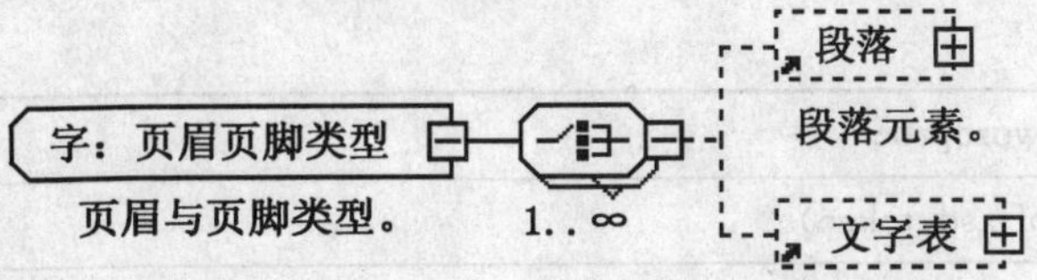		
命名空间	http://schemas.uof.org/cn/2003/uof-wordproc		
子元素	字:段落 字:文字表		
用于	元素	字:节属性类型/页眉/偶数页页眉 字:节属性类型/页脚/偶数页页脚 字:节属性类型/页眉/奇数页页眉 字:节属性类型/页脚/奇数页页脚 表:页面设置类型/页眉页脚 字:节属性类型/页眉/首页页眉 字:节属性类型/页脚/首页页脚	

5.2.325 复杂类型 字:首字下沉类型

层次结构	字：首字下沉类型 首字下沉类型。					
命名空间	http://schemas.uof.org/cn/2003/uof-wordproc					
用于	元素 字:段落属性类型/首字下沉					
属性	名称	类型	可用性	隐含值	固定值	注释
	类型	xsd:string	required			文档 首字下沉的位置类型。下沉:将段落第一个字符设为首字下沉格式并与左页边距对齐,段落中的文字环绕在该字符的右侧和下方。悬挂:将段落第一个字符设为下沉并将其置于从段落首行开始的左页边距中。

属性	名称	类型	可用性	隐含值	固定值	注释
	字体引用	xsd:IDREF	optional		文档	指定下沉的字使用的字体。
	字符数	xsd:positiveInteger	optional		文档	下沉的字包含的字符数。
	行数	xsd: positiveInteger	required		文档	下沉字符从段落首行向下扩展的行数。
	间距	uof:长度类型	required		文档	下沉的字符与段落正文的间距量。

简单类型 字:单元格垂直对齐类型

命名空间	http://schemas.uof.org/cn/2003/uof-wordproc
类型	restriction of xsd:string
用于	元素 字:单元格属性类型/垂直对齐方式
刻面	枚举 top 枚举 bottom 枚举 center 枚举 both

5.2.326 简单类型 字:字符位置类型

命名空间	http://schemas.uof.org/cn/2003/uof-wordproc
类型	union of (list of xsd:float, restriction of xsd:token)
用于	元素 字:句属性类型/位置

5.2.327 简单类型 字:数字格式类型

命名空间	http://schemas.uof.org/cn/2003/uof-wordproc
类型	restriction of xsd:string
用于	元素 字:自动编号类型/级别/编号格式 演:页面设置类型/页码格式 属性 字:脚注设置类型/@格式 字:尾注设置类型/@格式 字:节属性类型/页码设置/@格式
刻面	枚举 decimal 枚举 upper-roman 枚举 lower-roman 枚举 upper-letter 枚举 lower-letter 枚举 ordinal 枚举 cardinal-text 枚举 ordinal-text 枚举 hex 枚举 decimal-full-width 枚举 decimal-half-width 枚举 decimal-enclosed-circle 枚举 decimal-enclosed-fullstop 枚举 decimal-enclosed-paren 枚举 decimal-enclosed-circle-chinese 枚举 ideograph-enclosed-circle 枚举 ideograph-traditional 枚举 ideograph-zodiac 枚举 chinese-counting 枚举 chinese-legal-simplified

5.2.328 简单类型 字:文字排列方向类型

命名空间	http://schemas.uof.org/cn/2003/uof-wordproc
类型	restriction of xsd:string
用于	元素 字:节属性类型/文字排列方向
刻面	枚举 hori-l2r 枚举 hori-r2l 枚举 vert-l2r 枚举 vert-r2l

5.2.329 简单类型 字:文字表对齐类型

命名空间	http://schemas.uof.org/cn/2003/uof-wordproc
类型	restriction of xsd:string
用于	元素 字:文字表属性类型/对齐
刻面	枚举 left 枚举 right 枚举 center

5.2.330 简单类型 字:节垂直对齐方式类型

命名空间	http://schemas.uof.org/cn/2003/uof-wordproc
类型	restriction of xsd:string
用于	元素 字:节属性类型/垂直对齐方式
刻面	枚举 top 枚举 center 枚举 bottom 枚举 justified

5.2.331 简单类型 字:节类型类型

命名空间	http://schemas.uof.org/cn/2003/uof-wordproc
类型	restriction of xsd:string
用于	元素 字:节属性类型/节类型
刻面	枚举 new-page 枚举 new-column 枚举 continuous 枚举 even-page 枚举 odd-page

5.2.332 简单类型 字:视图类型

命名空间	http://schemas.uof.org/cn/2003/uof-wordproc
类型	restriction of xsd:string
用于	元素 字:文档设置类型/当前视图

刻面	枚举　page 枚举　outline 枚举　web 枚举　normal

5.2.333　属性组 字:式样属性

命名空间	http://schemas.uof.org/cn/2003/uof-wordproc
用于	复杂类型 字:句式样类型 字:文字表式样类型 字:段落式样类型

属性	名称	类型	可用性	隐含值	固定值	注释	
	标识符	xsd:ID	required			文档	式样的标识符，供引用。
	名称	xsd:string	required			文档	式样名称。
	类型	uof:式样类型	required			文档	指定当前式样是否是系统默认的基式样，用户定义式样，还是自动式样。
	别名	xsd:string	optional			文档	式样别名。
	基式样引用	xsd:IDREF	optional			文档	指定当前式样的基式样。

5.2.334　元素 表:区域

层次结构	表：区域 此范围为一RC区域值，如‘工作表1’!$B$9:$E$17，当作用区域交叉时，后面的作用区域覆盖前面交叉部分的作用区域。
命名空间	http://schemas.uof.org/cn/2003/uof-spreadsheet
类型	扩展 表:区域
用于	元素 表:公用处理规则类型/区域公式集/区域公式 复杂类型 表:数据有效性类型 表:条件格式化类型

属性	名称	类型	可用性	隐含值	固定值	注释
	uof:locID	xsd:string	required		s0007	

5.2.335　元素 表:图形

层次结构	表：图形 锚点在单元格的图形对象
命名空间	http://schemas.uof.org/cn/2003/uof-spreadsheet

属性	名称	类型	可用性	隐含值	固定值	注释
	图形引用	xsd:IDREF	optional			
	uof:locID	xsd:string	required		s0054	
	uof:attrList	xsd:NMTOKENS	required		图形引用	

5.2.336 元素 表:图表

<table>
<tr><td>层次结构</td><td>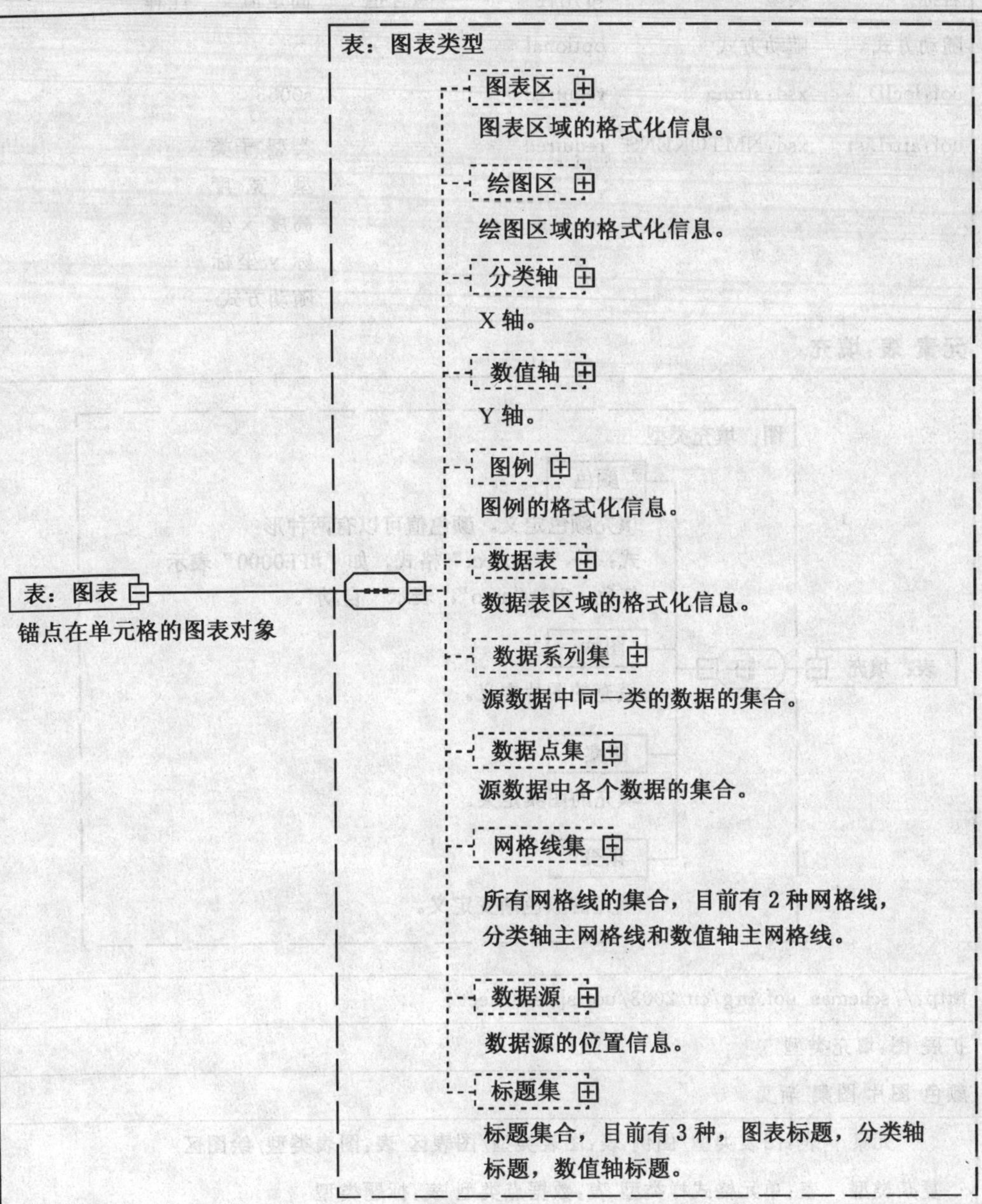
</td></tr>
<tr><td>命名空间</td><td>http://schemas.uof.org/cn/2003/uof-spreadsheet</td></tr>
<tr><td>类型</td><td>扩展 表:图表类型</td></tr>
<tr><td>子元素</td><td>图表区 绘图区 分类轴 数值轴 图例 数据表 数据系列集 数据点集 网格线集 数据源 标题集</td></tr>
<tr><td>用于</td><td>复杂类型 表:单元格类型 表:工作表内容类型 表:工作表类型</td></tr>
<tr><td>属性</td><td><table>
<tr><td>名称</td><td>类型</td><td>可用性</td><td>隐含值</td><td>固定值</td><td>注释</td></tr>
<tr><td>类型</td><td>xsd:string</td><td>required</td><td></td><td></td><td></td></tr>
<tr><td>子类型</td><td>xsd:string</td><td>required</td><td></td><td></td><td></td></tr>
<tr><td>宽度</td><td>uof:长度类型</td><td>required</td><td></td><td></td><td></td></tr>
<tr><td>高度</td><td>uof:长度类型</td><td>required</td><td></td><td></td><td></td></tr>
<tr><td>x 坐标</td><td>xsd:int</td><td>required</td><td></td><td></td><td></td></tr>
<tr><td>y 坐标</td><td>xsd:int</td><td>required</td><td></td><td></td><td></td></tr>
</table></td></tr>
</table>

	名称	类型	可用性	隐含值	固定值	注释
属性	随动方式	随动方式	optional			
	uof:locID	xsd:string	required		s0055	
	uof:attrList	xsd:NMTOKENS	required		类型 子类型 宽度 高度 x坐标 y坐标 随动方式	

5.2.337 **元素 表:填充**

层次结构	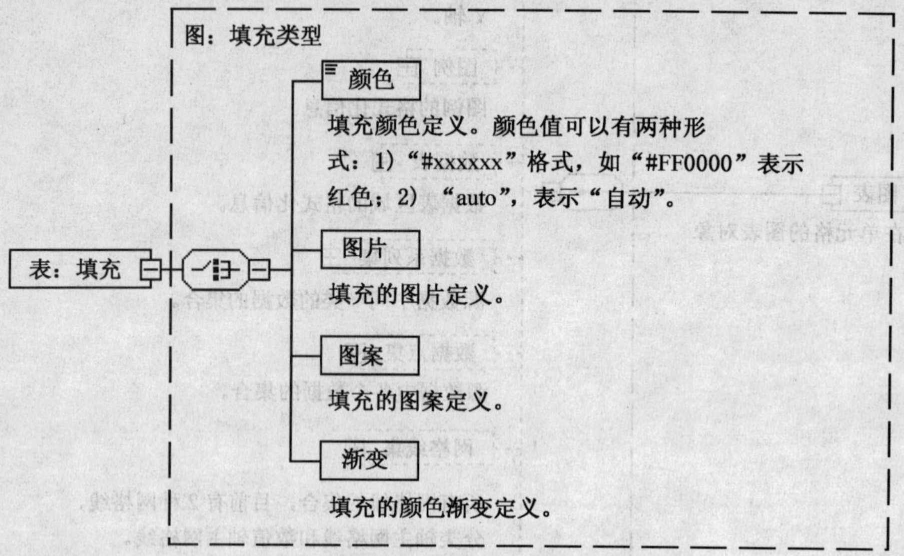
命名空间	http://schemas.uof.org/cn/2003/uof-spreadsheet
类型	扩展 图:填充类型
子元素	颜色 图片 图案 渐变
用于	元素 表:图表类型/图例 表:图表类型/图表区 表:图表类型/绘图区 复杂类型 表:单元格式样类型 表:数据点类型 表:标题类型

	名称	类型	可用性	隐含值	固定值	注释
属性	uof:locID	xsd:string	required		s0058	

5.2.338 **元素 表:字体**

层次结构	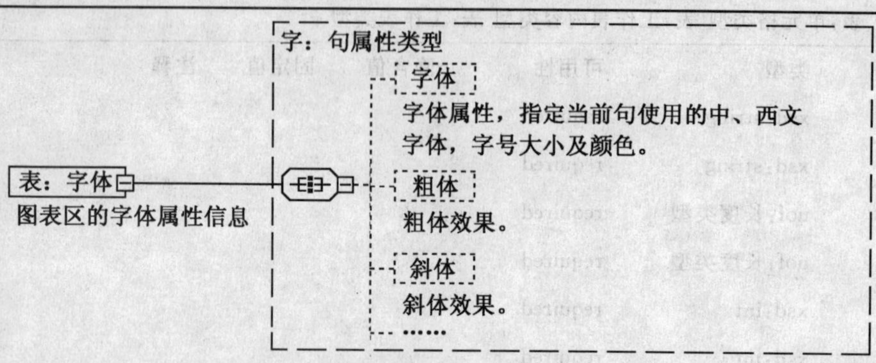

层次结构	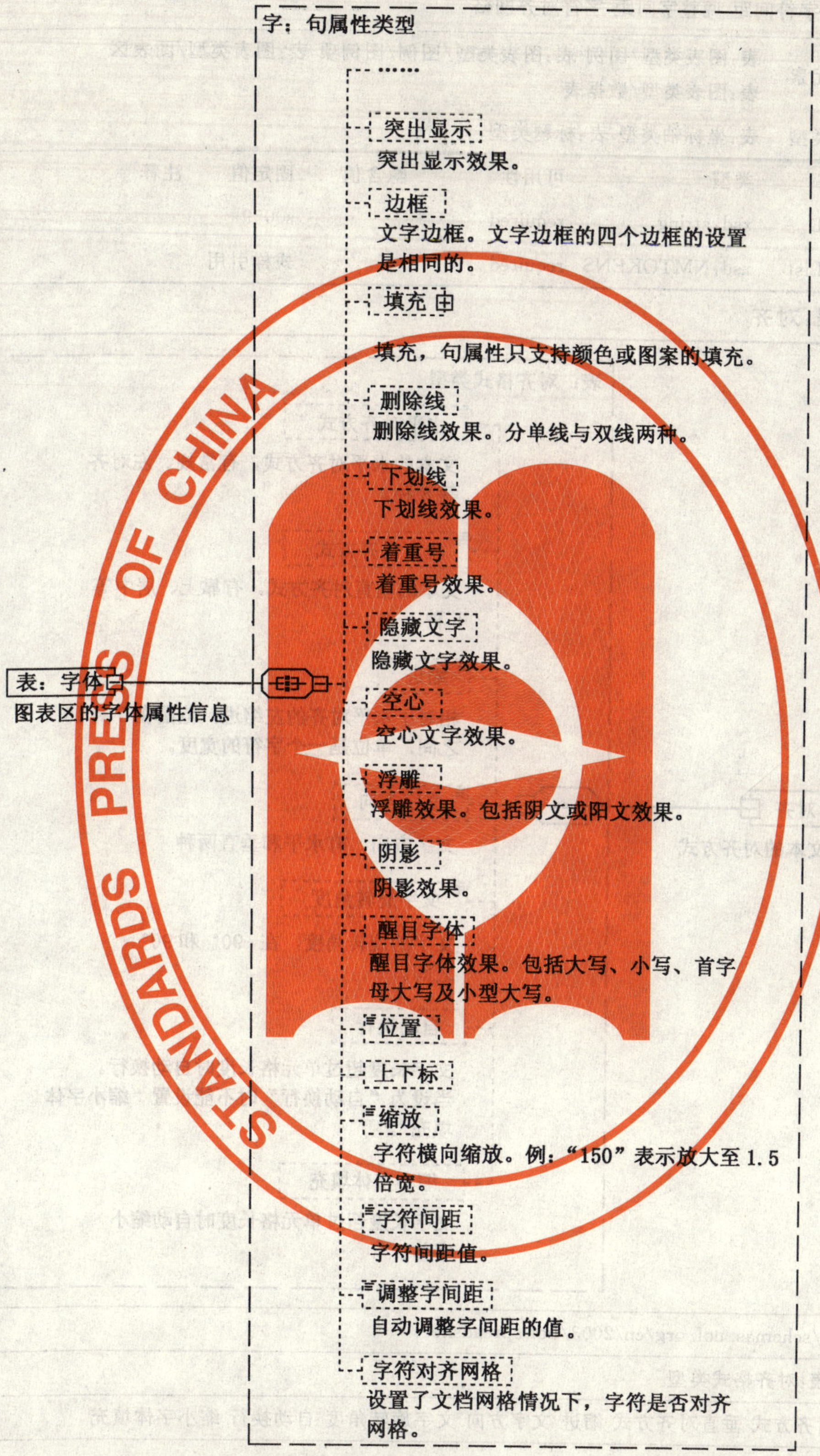
命名空间	http://schemas.uof.org/cn/2003/uof-spreadsheet
类型	扩展 字:句属性类型

子元素	字体 粗体 斜体 突出显示 边框 填充 删除线 下划线 着重号 隐藏文字 空心 浮雕 阴影 醒目字体 位置 上下标 缩放 字符间距 调整字间距 字符对齐网格
用于	元素　表:图表类型/图例 表:图表类型/图例/图例项 表:图表类型/图表区 表:图表类型/数据表 复杂类型　表:坐标轴类型 表:标题类型
属性	名称　类型　可用性　隐含值　固定值　注释 uof:locID　xsd:string　required　　s0059 uof:attrList　xsd:NMTOKENS　required　　式样引用

5.2.339　**元素 表:对齐**

层次结构	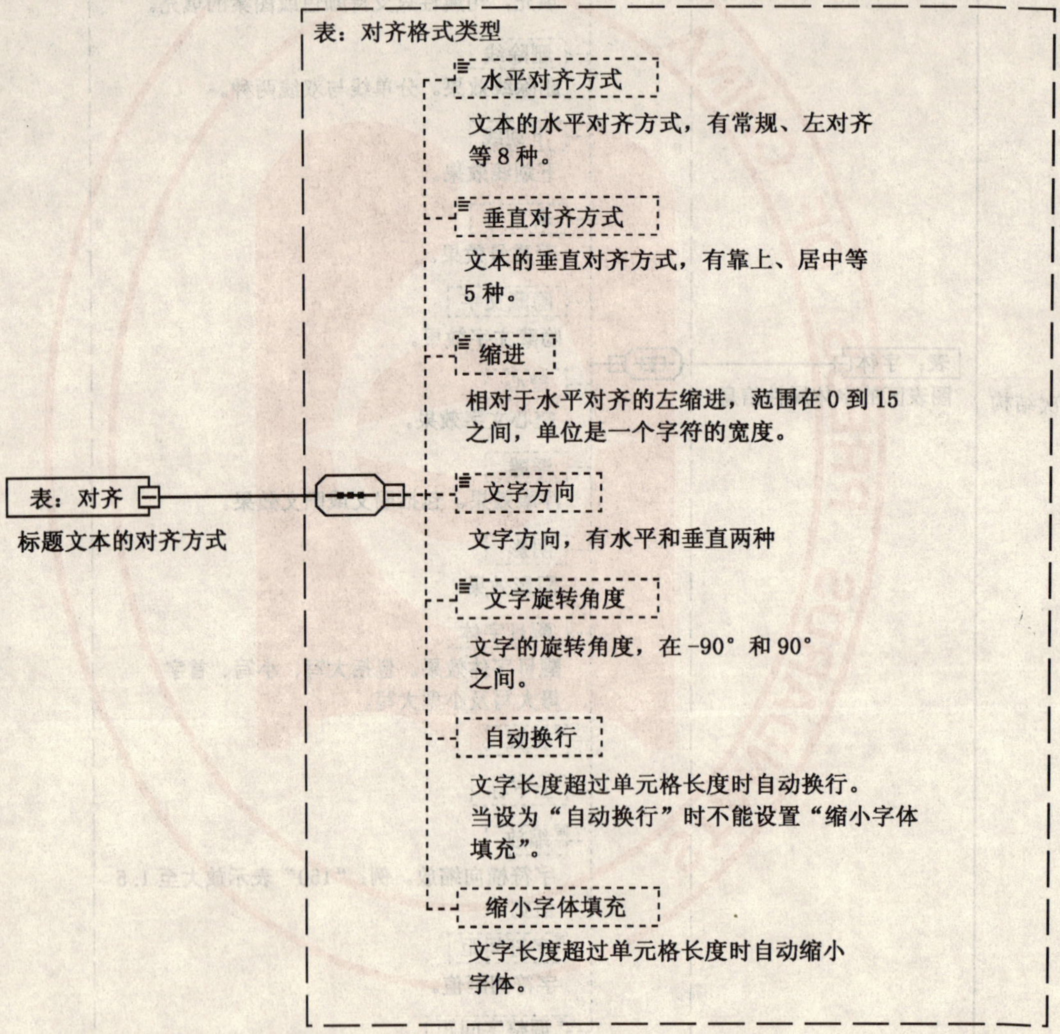
命名空间	http://schemas.uof.org/cn/2003/uof-spreadsheet
类型	扩展 表:对齐格式类型
子元素	水平对齐方式 垂直对齐方式 缩进 文字方向 文字旋转角度 自动换行 缩小字体填充
用于	复杂类型 表:标题类型
属性	名称　类型　可用性　隐含值　固定值　注释 uof:locID　xsd:string　required　　s0020

5.2.340 元素 表:操作码

层次结构	表：操作码 校验条件的比较运算符，可选择的比较运算符取决于已决定的校验类型。
命名空间	http://schemas.uof.org/cn/2003/uof-spreadsheet
类型	扩展 表:条件操作符
用于	元素 表:条件格式化类型/条件 复杂类型 表:数据有效性类型 表:校验条件类型
刻面	枚举 equal to 枚举 not equal to 枚举 greater than 枚举 greater than or equal to 枚举 less than 枚举 less than or equal to 枚举 start with 枚举 not start with 枚举 end with 枚举 not end with 枚举 contain 枚举 not contain 枚举 between 枚举 not between
属性	名称 / 类型 / 可用性 / 隐含值 / 固定值 / 注释 uof:locID / xsd:string / required / / s0009 /

5.2.341 元素 表:第一操作数

层次结构	表：第一操作数 操作码为二元操符时，指第一个操作数，一元操作时为操作数，可以为公式、数值、日期、时间或区域等。
命名空间	http://schemas.uof.org/cn/2003/uof-spreadsheet
类型	扩展 表:单元格值
用于	元素 表:条件格式化类型/条件 复杂类型 表:数据有效性类型
属性	名称 / 类型 / 可用性 / 隐含值 / 固定值 / 注释 uof:locID / xsd:string / required / / s0010 /

5.2.342 元素 表:第二操作数

层次结构	表：第二操作数 二元操作时，第二个操作数。
命名空间	http://schemas.uof.org/cn/2003/uof-spreadsheet
类型	扩展 表:单元格值

用于	元素 表:条件格式化类型/条件 复杂类型 表:数据有效性类型					
属性	名称	类型	可用性	隐含值	固定值	注释
	uof:locID	xsd:string	required		s0011	

5.2.343 元素 表:线型

层次结构	表:线型 坐标线的格式化信息。						
命名空间	http://schemas.uof.org/cn/2003/uof-spreadsheet						
类型	扩展 边框线类型						
用于	复杂类型 表:坐标轴类型						
属性	名称	类型	可用性	隐含值	固定值	注释	
	类型	线型类型	required			文档	边框线的线型。
	宽度	长度类型	optional			文档	边框线的宽度。
	边距	长度类型	optional			文档	边框线的边距。
	颜色	颜色类型	optional			文档	边框线的颜色。
	阴影	xsd:boolean	optional			文档	边框线是否有阴影。
	uof:locID	xsd:string	required		s0062		
	uof:attrList	xsd:NMTOKENS	required		类型 宽度 边距 颜色 阴影		

5.2.344 元素 表:边框

层次结构	表:边框 图例的边框。						
命名空间	http://schemas.uof.org/cn/2003/uof-spreadsheet						
类型	扩展 边框线类型						
用于	元素 表:图表类型/图例 表:图表类型/图表区 表:图表类型/绘图区 复杂类型 表:数据点类型 表:标题类型						
属性	名称	类型	可用性	隐含值	固定值	注释	
	类型	线型类型	required			文档	边框线的线型。
	宽度	长度类型	optional			文档	边框线的宽度。
	边距	长度类型	optional			文档	边框线的边距。
	颜色	颜色类型	optional			文档	边框线的颜色。
	阴影	xsd:boolean	optional			文档	边框线是否有阴影。
	uof:locID	xsd:string	required		s0057		
	uof:attrList	xsd:NMTOKENS	required		类型 宽度 边距 颜色 阴影		

5.2.345 **复杂类型 表:公用处理规则类型**

层次结构	
命名空间	http://schemas.uof.org/cn/2003/uof-spreadsheet
子元素	度量单位 精确度以显示值为准 日期系统-1904 计算设置 数据有效性集 条件格式化集 区域公式集 是否RC引用
用于	元素 表:电子表格类型/公用处理规则

5.2.346 **元素 表:公用处理规则类型/度量单位**

层次结构	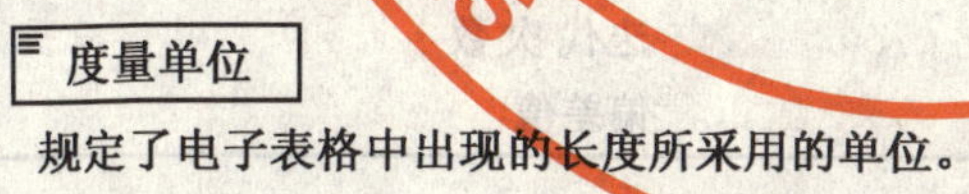
命名空间	http://schemas.uof.org/cn/2003/uof-spreadsheet
类型	扩展 度量单位类型
刻面	枚举 cm 枚举 mm 枚举 inch 枚举 pt
属性	名称 / 类型 / 可用性 / 隐含值 / 固定值 / 注释 uof:locID / xsd:string / required / / s0001 /

5.2.347　元素 表:公用处理规则类型/精确度以显示值为准

层次结构	精确度以显示值为准 以单元格中数值显示的精确度为准。					
命名空间	http://schemas.uof.org/cn/2003/uof-spreadsheet					
属性	名称	类型	可用性	隐含值	固定值	注释
	值	xsd:boolean	required			
	uof:locID	xsd:string	required		s0002	
	uof:attrList	xsd:NMTOKENS	required		值	

5.2.348　元素 表:公用处理规则类型/日期系统-1904

层次结构	日期系统 -1904 放弃默认的1899年12月31日，采用1904年1月2日作为日期计算的起始日期。					
命名空间	http://schemas.uof.org/cn/2003/uof-spreadsheet					
属性	名称	类型	可用性	隐含值	固定值	注释
	值	xsd:boolean	required			
	uof:locID	xsd:string	required		s0003	
	uof:attrList	xsd:NMTOKENS	required		值	

5.2.349　元素 表:公用处理规则类型/计算设置

层次结构	计算设置 工作簿中迭代计算的设置。					
命名空间	http://schemas.uof.org/cn/2003/uof-spreadsheet					
属性	名称	类型	可用性	隐含值	固定值	注释
	迭代次数	xsd:positiveInteger	optional			文档　迭代运算停止前的最多迭代次数。
	偏差值	xsd:double	optional			文档　两次迭代结果之差的最大值，若小于此值，则迭代终止。
	uof:locID	xsd:string	required		s0004	
	uof:attrList	xsd:NMTOKENS	required		迭代次数 偏差值	

5.2.350　元素 表:公用处理规则类型/数据有效性集

层次结构	数据有效性集 — 数据有效性 (1..∞) 数据有效性集合，记录工作簿中定义的所有有效性校验条件。 允许定义多个校验条件					
命名空间	http://schemas.uof.org/cn/2003/uof-spreadsheet					
子元素	数据有效性					
属性	名称	类型	可用性	隐含值	固定值	注释
	uof:locID	xsd:string	required		s0005	

5.2.351 元素 表:公用处理规则类型/数据有效性集/数据有效性

层次结构

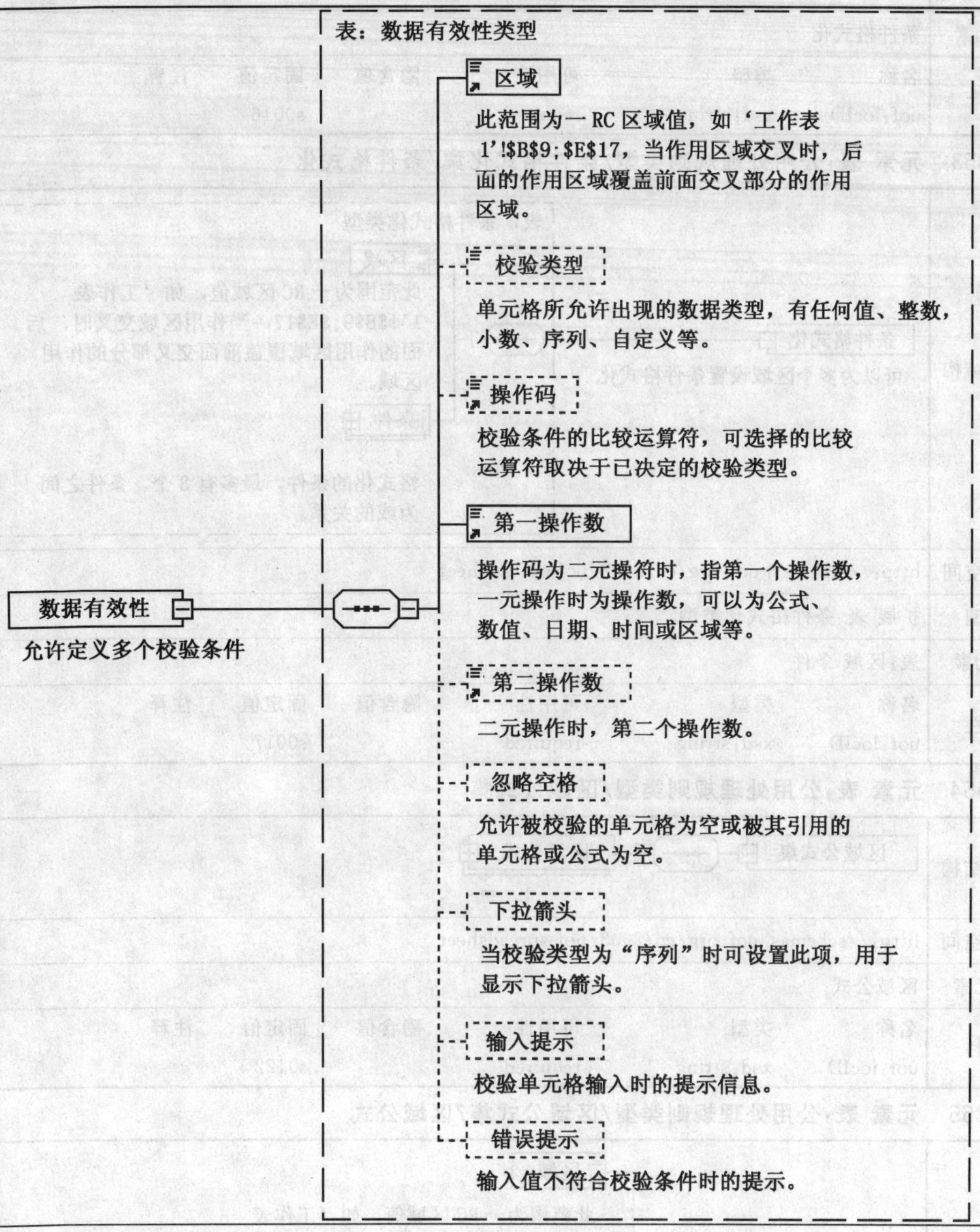

命名空间	http://schemas.uof.org/cn/2003/uof-spreadsheet					
类型	扩展 表:数据有效性类型					
子元素	表:区域 校验类型 表:操作码 表:第一操作数 表:第二操作数 忽略空格 下拉箭头 输入提示 错误提示					
属性	名称	类型	可用性	隐含值	固定值	注释
	uof:locID	xsd:string	required		s0006	

5.2.352 元素 表:公用处理规则类型/条件格式化集

层次结构

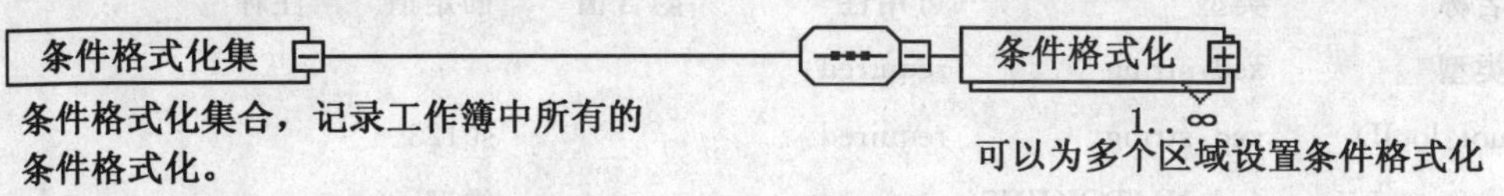

命名空间	http://schemas.uof.org/cn/2003/uof-spreadsheet					
子元素	条件格式化					
属性	名称	类型	可用性	隐含值	固定值	注释
	uof:locID	xsd:string	required		s0016	

5.2.353 元素 表:公用处理规则类型/条件格式化集/条件格式化

层次结构	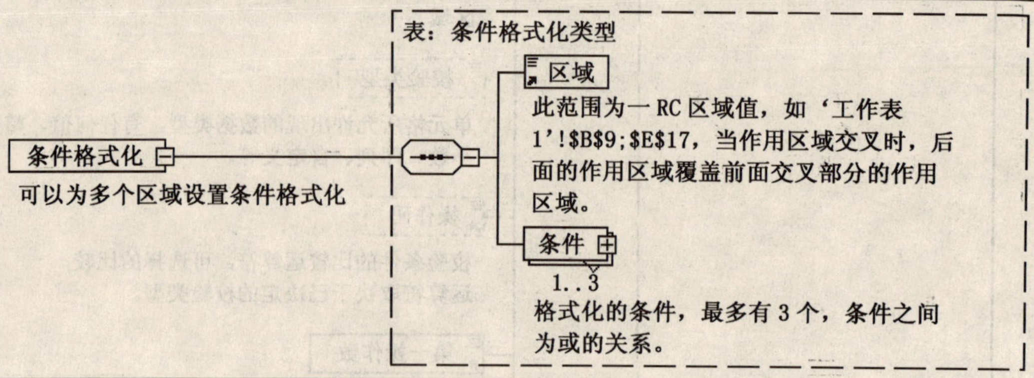					
命名空间	http://schemas.uof.org/cn/2003/uof-spreadsheet					
类型	扩展 表:条件格式化类型					
子元素	表:区域 条件					
属性	名称	类型	可用性	隐含值	固定值	注释
	uof:locID	xsd:string	required		s0017	

5.2.354 元素 表:公用处理规则类型/区域公式集

层次结构	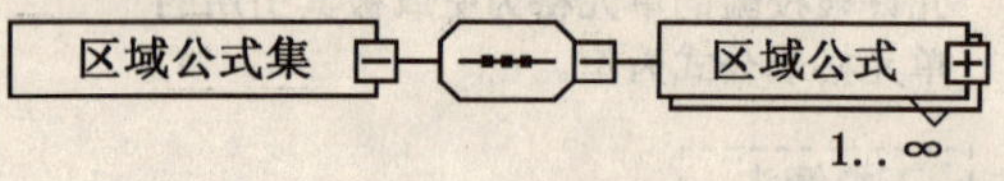					
命名空间	http://schemas.uof.org/cn/2003/uof-spreadsheet					
子元素	区域公式					
属性	名称	类型	可用性	隐含值	固定值	注释
	uof:locID	xsd:string	required		s0122	

5.2.355 元素 表:公用处理规则类型/区域公式集/区域公式

层次结构	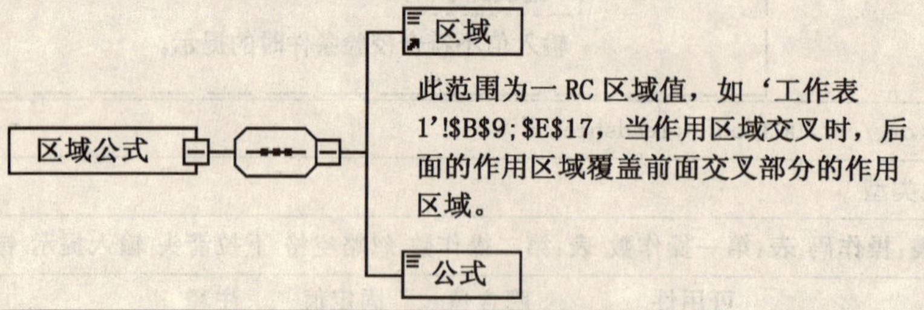					
命名空间	http://schemas.uof.org/cn/2003/uof-spreadsheet					
子元素	表:区域 公式					
属性	名称	类型	可用性	隐含值	固定值	注释
	类型	xsd:string	required			
	uof:locID	xsd:string	required		s0123	
	uof:attrList	xsd:NMTOKENS	required		类型	

5.2.356 元素 表:公用处理规则类型/区域公式集/区域公式/公式

层次结构	公式					
命名空间	http://schemas.uof.org/cn/2003/uof-spreadsheet					
类型	扩展 表:公式					
属性	名称	类型	可用性	隐含值	固定值	注释
	uof:locID	xsd:string	required		s0125	

5.2.357 元素 表:公用处理规则类型/是否 RC 引用

层次结构	是否 RC 引用 表示采用相对地址或绝对地址。						
命名空间	http://schemas.uof.org/cn/2003/uof-spreadsheet						
属性	名称	类型	可用性	隐含值	固定值	注释	
	值	xsd:boolean	optional	false		文档	True:表示采用相对地址; False:采用绝对地址。
	uof:locID	xsd:string	required		s0124		
	uof:attrList	xsd:NMTOKENS	required		值		

5.2.358 复杂类型 表:分组类型

层次结构	表:分组类型						
命名空间	http://schemas.uof.org/cn/2003/uof-spreadsheet						
用于	元素 表:工作表内容类型/分组集/列 表:工作表内容类型/分组集/行						
属性	名称	类型	可用性	隐含值	固定值	注释	
	起始	xsd:positiveInteger	optional			文档	分组的起始行或列号。
	终止	xsd:positiveInteger	optional			文档	终止的行或列号。
	隐藏	xsd:boolean	optional			文档	该分组是否隐藏。

5.2.359 复杂类型 表:刻度类型

层次结构

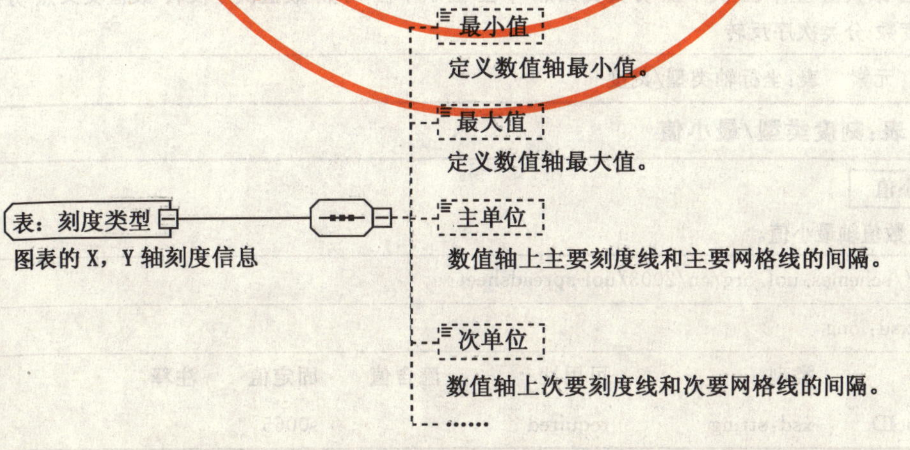

层次结构	表：刻度类型 图表的 X，Y 轴刻度信息 …… 分类交叉点 分类轴交叉于数值轴的分类号，描述数值轴的信息。 单位 数值轴显示的量级，如百，千，万。 显示单位 图表中是否显示刻度单位。 对数 数值轴显示为对数刻度。 数值次序反转 将数值轴分类次序反转。 数值交叉点 数值轴交叉于分类轴的点，用于描述分类轴的信息。 分类标签数 分类轴中每两条相邻刻度线之间的分类个数。例如输入“1”表示每两条相邻刻度线中包含 1 个分类，输入“2”表示两条刻度线中包含 2 个分类。 分类刻度数 分类轴中分类数据被标注的频率。例如输入“1”表示每个分类数据均被标注一次，输入“2”表示每两个分类数据被标注一次，依此类推。 分类次序反转 将分类轴分类次序反转。
命名空间	http://schemas.uof.org/cn/2003/uof-spreadsheet
子元素	最小值 最大值 主单位 次单位 分类交叉点 单位 显示单位 对数 数值次序反转 数值交叉点 分类标签数 分类刻度数 分类次序反转
用于	元素 表:坐标轴类型/刻度

5.2.360 元素 表:刻度类型/最小值

层次结构	最小值 定义数值轴最小值。					
命名空间	http://schemas.uof.org/cn/2003/uof-spreadsheet					
类型	扩展 xsd:long					
属性	名称	类型	可用性	隐含值	固定值	注释
	uof:locID	xsd:string	required		s0065	

5.2.361 元素 表:刻度类型/最大值

层次结构	最大值 定义数值轴最大值。
命名空间	http://schemas.uof.org/cn/2003/uof-spreadsheet
类型	扩展 xsd:long
属性	名称 类型 可用性 隐含值 固定值 注释 uof:locID xsd:string required s0066

5.2.362 元素 表:刻度类型/主单位

层次结构	主单位 数值轴上主要刻度线和主要网格线的间隔。
命名空间	http://schemas.uof.org/cn/2003/uof-spreadsheet
类型	扩展 xsd:long
属性	名称 类型 可用性 隐含值 固定值 注释 uof:locID xsd:string required s0067

5.2.363 元素 表:刻度类型/次单位

层次结构	次单位 数值轴上次要刻度线和次要网格线的间隔。
命名空间	http://schemas.uof.org/cn/2003/uof-spreadsheet
类型	扩展 xsd:long
属性	名称 类型 可用性 隐含值 固定值 注释 uof:locID xsd:string required s0068

5.2.364 元素 表:刻度类型/分类交叉点

层次结构	分类交叉点 分类轴交叉于数值轴的分类号，描述数值轴的信息。
命名空间	http://schemas.uof.org/cn/2003/uof-spreadsheet
类型	扩展 xsd:long
属性	名称 类型 可用性 隐含值 固定值 注释 uof:locID xsd:string required s0069

5.2.365 元素 表:刻度类型/单位

层次结构	单位 数值轴显示的量级，如百、千、万。
命名空间	http://schemas.uof.org/cn/2003/uof-spreadsheet
类型	扩展 表:显示单位

刻面	枚举 none 枚举 hundreds 枚举 thousands 枚举 ten thousands 枚举 one hundred thousands 枚举 millions 枚举 ten millions 枚举 one hundred millions 枚举 trillions					
属性	名称	类型	可用性	隐含值	固定值	注释
	uof:locID	xsd:string	required		s0070	

5.2.366 元素 表:刻度类型/显示单位

层次结构	显示单位 图表中是否显示刻度单位					
命名空间	http://schemas.uof.org/cn/2003/uof-spreadsheet					
属性	名称	类型	可用性	隐含值	固定值	注释
	值	xsd:boolean	required			
	uof:locID	xsd:string	required		s0071	
	uof:attrList	xsd:NMTOKENS	required		值	

5.2.367 元素 表:刻度类型/对数

层次结构	对数 数值轴显示为对数刻度。					
命名空间	http://schemas.uof.org/cn/2003/uof-spreadsheet					
属性	名称	类型	可用性	隐含值	固定值	注释
	值	xsd:boolean	required			
	uof:locID	xsd:string	required		s0072	
	uof:attrList	xsd:NMTOKENS	required		值	

5.2.368 元素 表:刻度类型/数值次序反转

层次结构	数值次序反转 将数值轴分类次序反转。					
命名空间	http://schemas.uof.org/cn/2003/uof-spreadsheet					
属性	名称	类型	可用性	隐含值	固定值	注释
	uof:locID	xsd:string	required		s0073	

5.2.369 元素 表:刻度类型/数值交叉点

层次结构	数值交叉点 数值轴交叉于分类轴的点，用于描述分类轴的信息。					
命名空间	http://schemas.uof.org/cn/2003/uof-spreadsheet					
类型	扩展 xsd:int					
属性	名称	类型	可用性	隐含值	固定值	注释
	uof:locID	xsd:string	required		s0074	

5.2.370　元素 表:刻度类型/分类标签数

层次结构	分类标签数 分类轴中每两条相邻刻度线之间的分类个数。例如输入“1”表示每两条相邻刻度线中包含1个分类，输入“2”表示两条刻度线中包含2个分类。
命名空间	http://schemas.uof.org/cn/2003/uof-spreadsheet
类型	扩展 xsd:unsignedInt
属性	名称　uof:locID　类型　xsd:string　可用性　required　隐含值　固定值　s0075　注释

5.2.371　元素 表:刻度类型/分类刻度数

层次结构	分类刻度数 分类轴中分类数据被标注的频率。例如输入“1”表示每个分类数据均被标注一次，输入“2”表示每两个分类数据被标注一次，依此类推。
命名空间	http://schemas.uof.org/cn/2003/uof-spreadsheet
类型	扩展 xsd:unsignedInt
属性	名称　uof:locID　类型　xsd:string　可用性　required　隐含值　固定值　s0076　注释

5.2.372　元素 表:刻度类型/分类次序反转

层次结构	分类次序反转 将分类轴分类次序反转。
命名空间	http://schemas.uof.org/cn/2003/uof-spreadsheet
属性	名称　uof:locID　类型　xsd:string　可用性　required　隐含值　固定值　s0077　注释

5.2.373　复杂类型 表:单元格式样类型

层次结构	表:单元格式样类型 电子表格中的式样 字体格式 字体设置信息。 对齐格式 对齐的设置信息。 数字格式 单元格内的数字的格式，有数值型、货币型等11种，还可以自定义，这些类型都有不同的格式码。 边框 边框的设置信息，最多有6种边框。 填充
命名空间	http://schemas.uof.org/cn/2003/uof-spreadsheet
子元素	字体格式 对齐格式 数字格式 边框 表:填充
用于	元素　式样表类型/单元格式样

属性	名称	类型	可用性	隐含值	固定值	注释
	标识符	xsd:ID	required			
	名称	xsd:string	required			
	类型	uof:式样类型	required			

5.2.374 元素 表:单元格式样类型/字体格式

<table>
<tr><td>层次结构</td><td>字体格式
字体设置信息

字：句属性类型
- 字体
字体属性，指定当前句使用的中、西文字体，字号大小及颜色。
- 粗体
粗体效果。
- 斜体
斜体效果。
- 突出显示
突出显示效果。
- 边框
文字边框。文字边框的四个边框的设置是相同的。
- 填充
填充，句属性只支持颜色或图案的填充。
- 删除线
删除线效果。分单线与双线两种。
- 下划线
下划线效果。
- 着重号
着重号效果。
- 隐藏文字
隐藏文字效果。
- 空心
空心文字效果。
- 浮雕
浮雕效果。包括阴文或阳文效果。
- 阴影
阴影效果。
- 醒目字体
醒目字体效果。包括大写、小写、首字母大写及小型大写。
- 位置
- 上下标
- 缩放
字符横向缩放。例：“150”表示放大至 1.5 倍宽。
- 字符间距
字符间距值。
- 调整字间距
自动调整字间距的值。
- 字符对齐网格
设置了文档网格情况下，字符是否对齐网格。</td></tr>
</table>

命名空间	http://schemas.uof.org/cn/2003/uof-spreadsheet
类型	扩展 字:句属性类型
子元素	字体 粗体 斜体 突出显示 边框 填充 删除线 下划线 着重号 隐藏文字 空心 浮雕 阴影 醒目字体 位置 上下标 缩放 字符间距 调整字间距 字符对齐网格
属性	名称 类型 可用性 隐含值 固定值 注释 uof:locID xsd:string required s0113 uof:attrList xsd:NMTOKENS required 式样引用

5.2.375 元素 表:单元格式样类型/对齐格式

层次结构	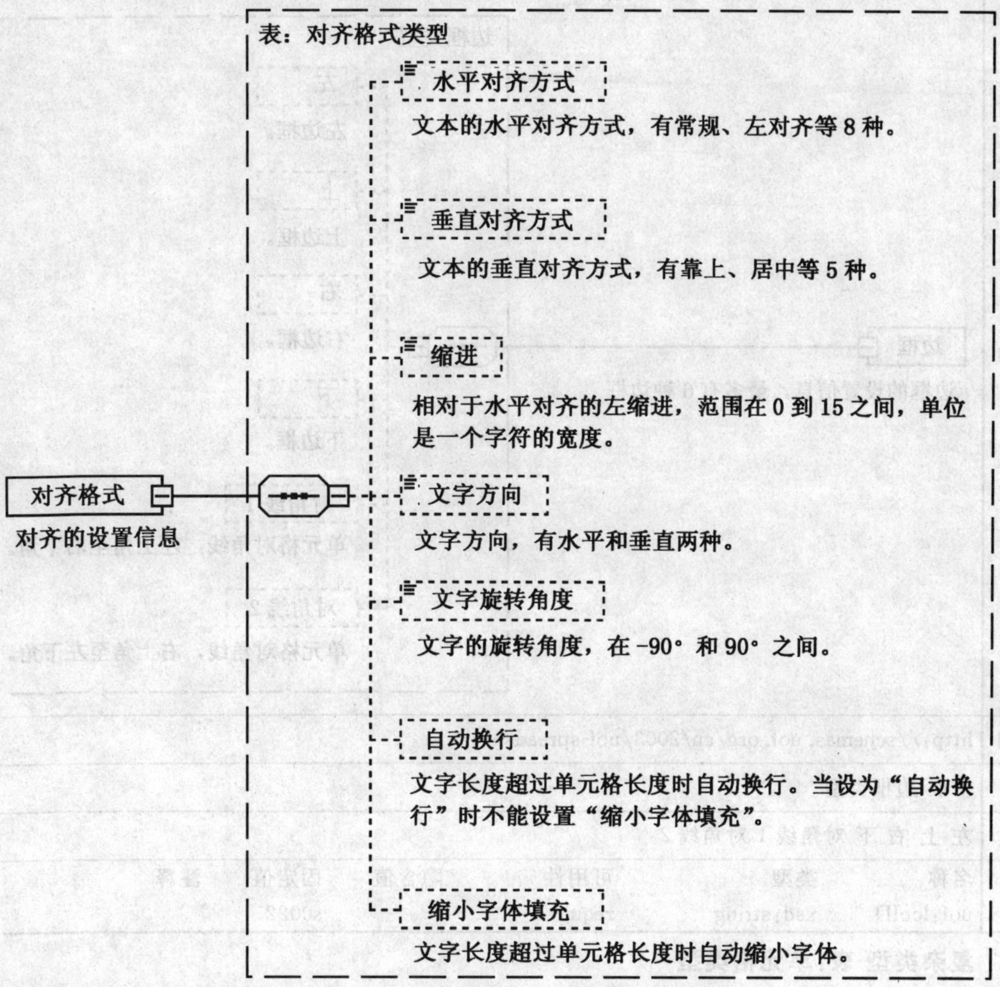
命名空间	http://schemas.uof.org/cn/2003/uof-spreadsheet
类型	扩展 表:对齐格式类型
子元素	水平对齐方式 垂直对齐方式 缩进 文字方向 文字旋转角度 自动换行 缩小字体填充
属性	名称 类型 可用性 隐含值 固定值 注释 uof:locID xsd:string required s0114

5.2.376 元素 表:单元格式样类型/数字格式

层次结构	数字格式 单元格内的数字的格式，有数值型、货币型等11种，还可以自定义，这些类型都有不同的格式码

命名空间	http://schemas. uof. org/cn/2003/uof-spreadsheet					
属性	名称	类型	可用性	隐含值	固定值	注释
	分类名称	数值分类名称	optional			
	格式码	xsd:string	optional			
	uof:locID	xsd:string	required		s0021	
	uof:attrList	xsd:NMTOKENS	required		分类名称 格式码	

5.2.377　元素 表:单元格式样类型/边框

层次结构

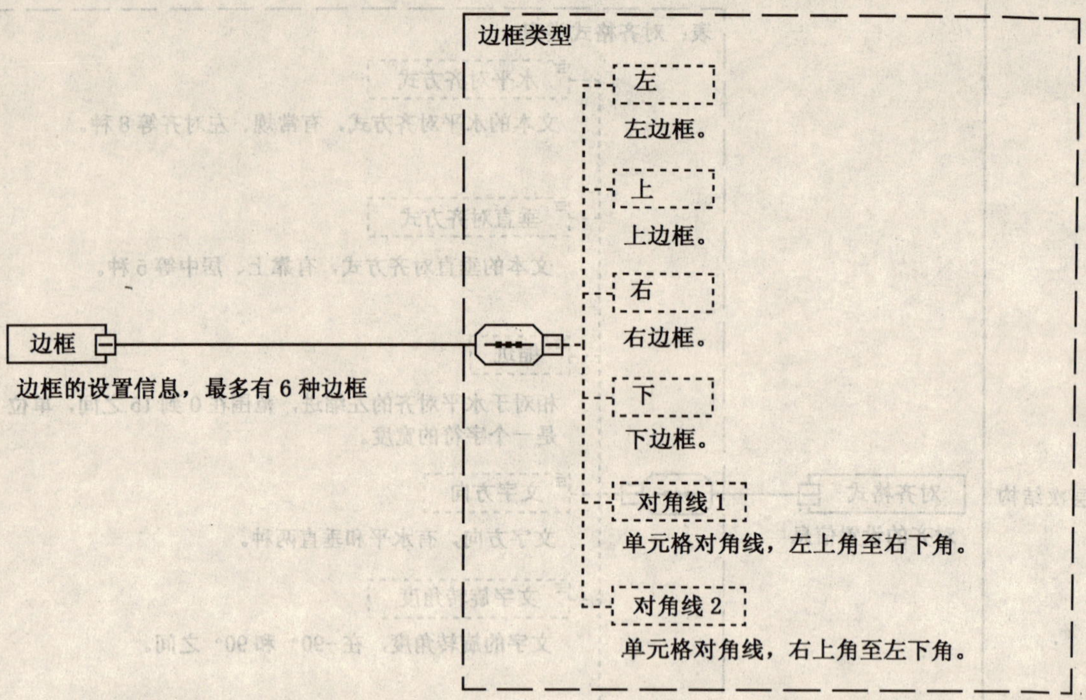

命名空间	http://schemas. uof. org/cn/2003/uof-spreadsheet					
类型	扩展 边框类型					
子元素	左 上 右 下 对角线 1 对角线 2					
属性	名称	类型	可用性	隐含值	固定值	注释
	uof:locID	xsd:string	required		s0022	

5.2.378　复杂类型 表:单元格类型

层次结构

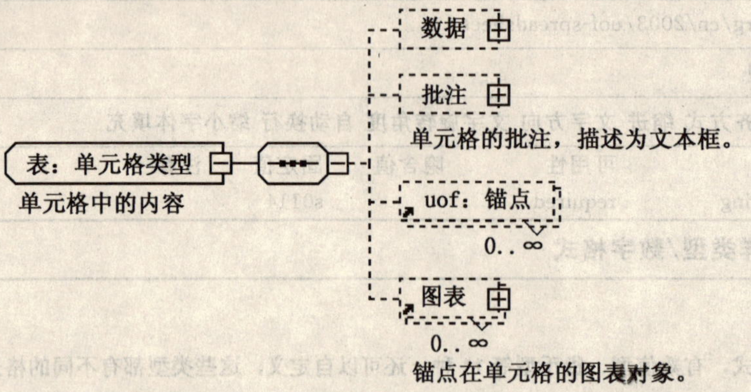

命名空间	http://schemas.uof.org/cn/2003/uof-spreadsheet						
子元素	数据 批注 锚点 表:图表						
用于	元素 表:工作表内容类型/行/单元格						
属性	名称	类型	可用性	隐含值	固定值	注释	
	列号	xsd:positiveInteger	optional				
	式样引用	xsd:IDREF	optional			文档	单元格的格式化信息。
	超链接引用	xsd:IDREF	optional			文档	单元格的超链接信息。
	合并列数	xsd:positiveInteger	optional			文档	如果此单元格是合并单元格的第一个单元格(左上角),此属性记录了向右合并的列数(不包括本身)。
	合并行数	xsd:positiveInteger	optional			文档	如果此单元格是合并单元格的第一个单元格(左上角),此属性记录了向下合并的行数(不包括本身)。

5.2.379 元素 表:单元格类型/数据

层次结构	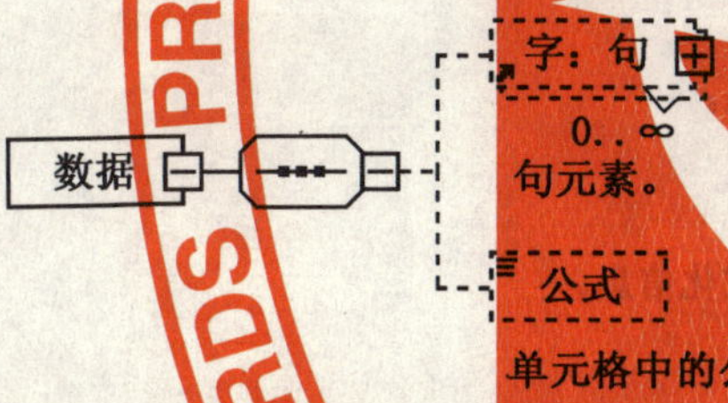						
命名空间	http://schemas.uof.org/cn/2003/uof-spreadsheet						
子元素	字:句 公式						
属性	名称	类型	可用性	隐含值	固定值	注释	
	数据类型	单元格数据类型	optional			文档	单元格的数据类型
	uof:locID	xsd:string	required		s0051		
	uof:attrList	xsd:NMTOKENS	required		数据类型		

5.2.380 元素 表:单元格类型/数据/公式

层次结构	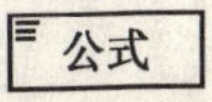 单元格中的公式					
命名空间	http://schemas.uof.org/cn/2003/uof-spreadsheet					
类型	扩展 表:公式					
属性	名称	类型	可用性	隐含值	固定值	注释
	uof:locID	xsd:string	required		s0052	

5.2.381 元素 表:单元格类型/批注

层次结构	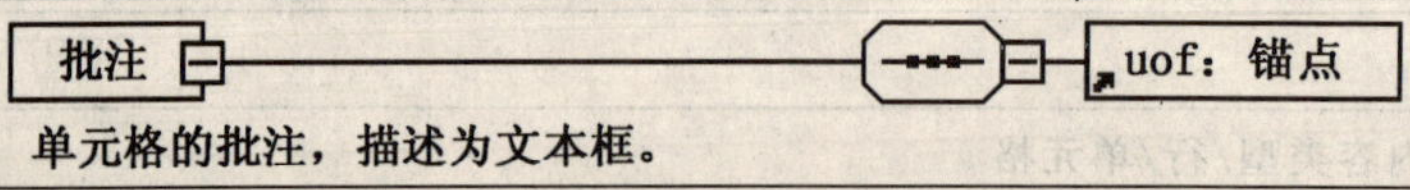					
命名空间	http://schemas.uof.org/cn/2003/uof-spreadsheet					
子元素	锚点					
属性	名称	类型	可用性	隐含值	固定值	注释
	uof:locID	xsd:string	required		s0053	
	是否显示	xsd:boolean	optional	false		
	uof:attrList	xsd:NMTOKENS	required		是否显示	

5.2.382 复杂类型 表:图表类型

层次结构	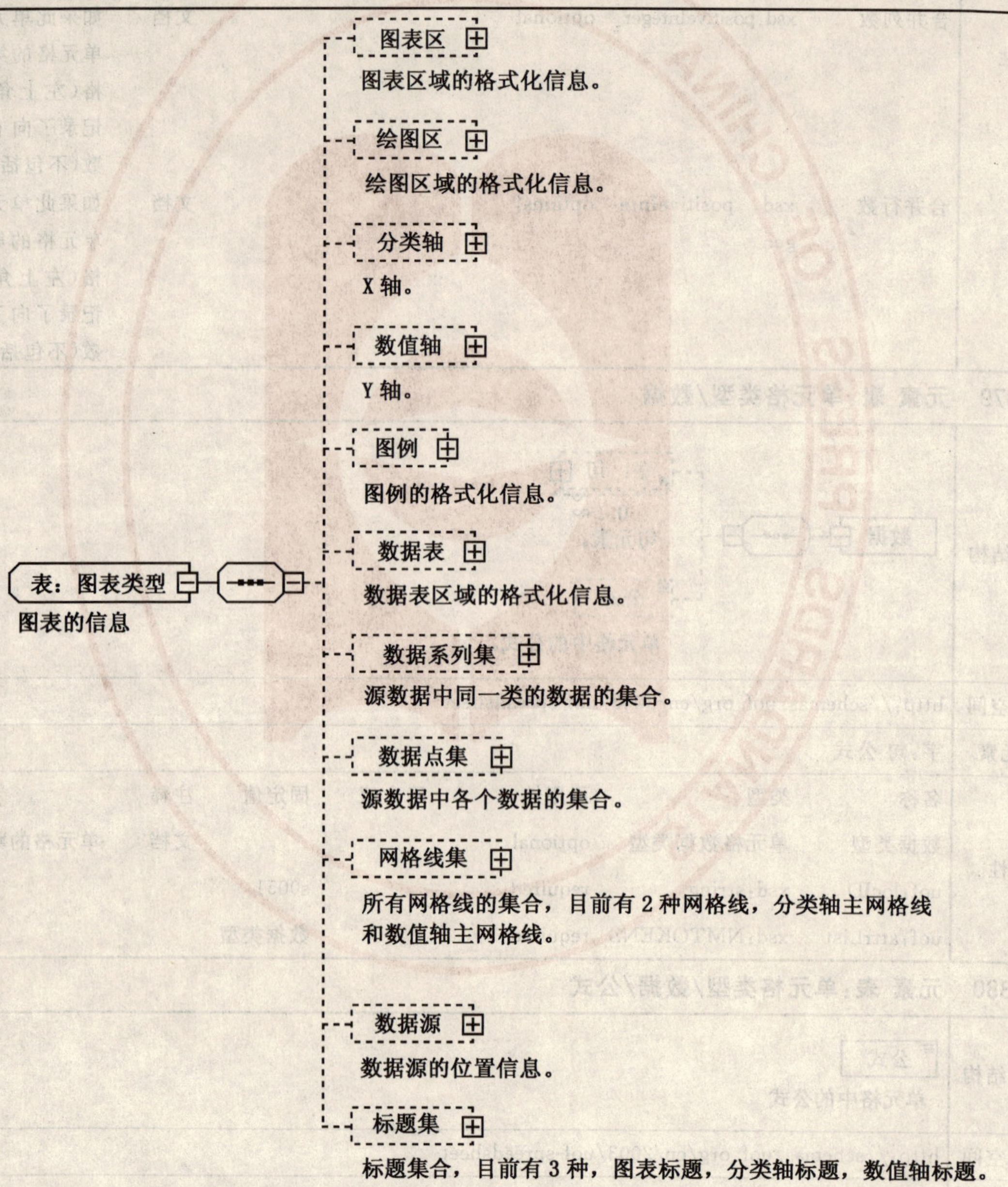
命名空间	http://schemas.uof.org/cn/2003/uof-spreadsheet
子元素	图表区 绘图区 分类轴 数值轴 图例 数据表 数据系列集 数据点集 网格线集 数据源 标题集
用于	元素 表:图表

	名称	类型	可用性	隐含值	固定值	注释
属性	类型	xsd:string	required			
	子类型	xsd:string	required			
	宽度	uof:长度类型	required			
	高度	uof:长度类型	required			
	x 坐标	xsd:int	required			
	y 坐标	xsd:int	required			
	随动方式	随动方式	optional			

5.2.383 元素 表:图表类型/图表区

<table>
<tr><td>层次结构</td><td colspan="6">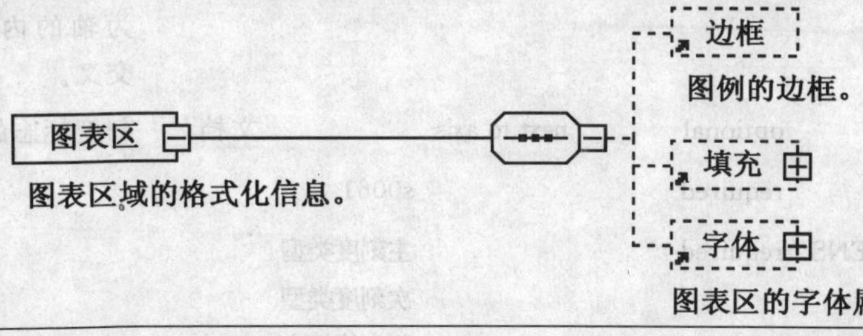
</td></tr>
<tr><td>命名空间</td><td colspan="6">http://schemas.uof.org/cn/2003/uof-spreadsheet</td></tr>
<tr><td>子元素</td><td colspan="6">表:边框 表:填充 表:字体</td></tr>
<tr><td rowspan="2">属性</td><td>名称</td><td>类型</td><td>可用性</td><td>隐含值</td><td>固定值</td><td>注释</td></tr>
<tr><td>uof:locID</td><td>xsd:string</td><td>required</td><td></td><td>s0056</td><td></td></tr>
</table>

5.2.384 元素 表:图表类型/绘图区

<table>
<tr><td>层次结构</td><td colspan="6">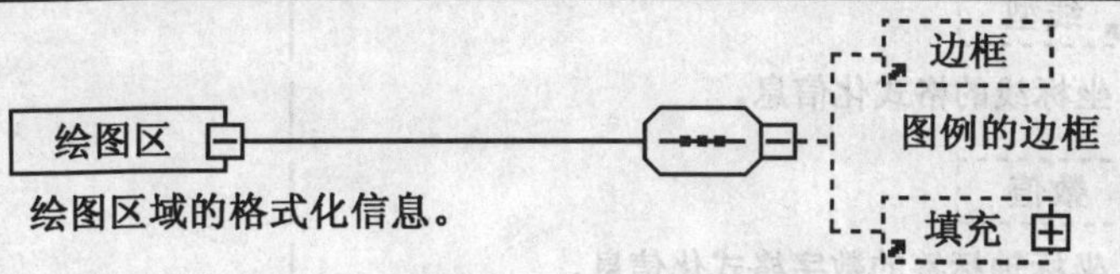
</td></tr>
<tr><td>命名空间</td><td colspan="6">http://schemas.uof.org/cn/2003/uof-spreadsheet</td></tr>
<tr><td>子元素</td><td colspan="6">表:边框 表:填充</td></tr>
<tr><td rowspan="2">属性</td><td>名称</td><td>类型</td><td>可用性</td><td>隐含值</td><td>固定值</td><td>注释</td></tr>
<tr><td>uof:locID</td><td>xsd:string</td><td>required</td><td></td><td>s0060</td><td></td></tr>
</table>

5.2.385 元素 表:图表类型/分类轴

<table>
<tr><td>层次结构</td><td>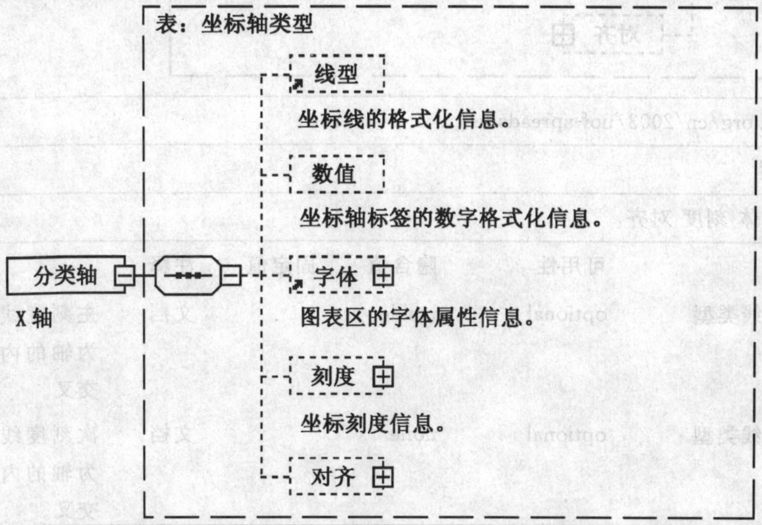
</td></tr>
</table>

命名空间	http://schemas.uof.org/cn/2003/uof-spreadsheet						
类型	扩展 表:坐标轴类型						
子元素	表:线型 数值 表:字体 刻度 对齐						
属性	名称	类型	可用性	隐含值	固定值	注释	
	主刻度类型	刻度线类型	optional	inside		文档	主刻度线的位置,分为轴的内部,外部和交叉。
	次刻度类型	刻度线类型	optional	none		文档	次刻度线的位置,分为轴的内部,外部和交叉。
	刻度线标志	刻度标志	optional	next to axis		文档	刻度标志的位置。
	uof:locID	xsd:string	required		s0061		
	uof:attrList	xsd:NMTOKENS	required		主刻度类型 次刻度类型 刻度线标志		

5.2.386 元素 表:图表类型/数值轴

层次结构	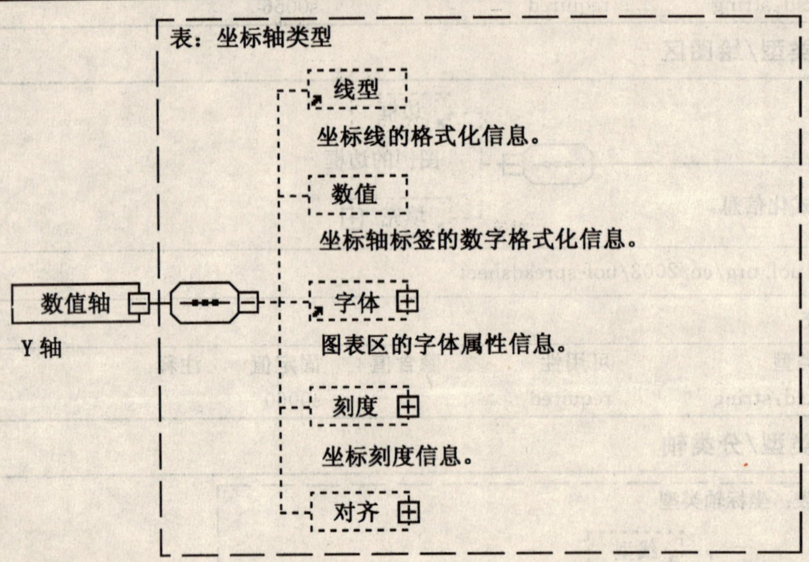						
命名空间	http://schemas.uof.org/cn/2003/uof-spreadsheet						
类型	扩展 表:坐标轴类型						
子元素	表:线型 数值 表:字体 刻度 对齐						
属性	名称	类型	可用性	隐含值	固定值	注释	
	主刻度类型	刻度线类型	optional	inside		文档	主刻度线的位置,分为轴的内部,外部和交叉。
	次刻度类型	刻度线类型	optional	none		文档	次刻度线的位置,分为轴的内部,外部和交叉。

	名称	类型	可用性	隐含值	固定值	注释
属性	刻度线标志	刻度标志	optional	next to axis		文档 刻度标志的位置。
	uof:locID	xsd:string	required		s0082	
	uof:attrList	xsd:NMTOKENS	required		主刻度类型 次刻度类型 刻度线标志	

5.2.387 元素 表:图表类型/图例

层次结构	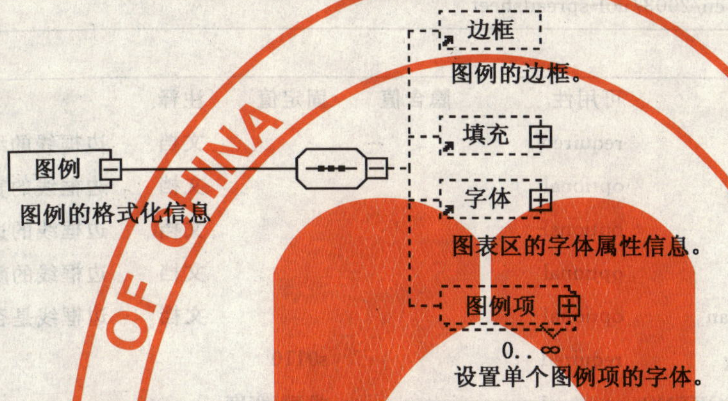 					
命名空间	http://schemas.uof.org/cn/2003/uof-spreadsheet					
子元素	表:边框 表:填充 表:字体 图例项					
属性	名称	类型	可用性	隐含值	固定值	注释
	位置	图例位置	optional			
	uof:locID	xsd:string	required		s0083	
	uof:attrList	xsd:NMTOKENS	required		位置	

5.2.388 元素 表:图表类型/图例/图例项

层次结构	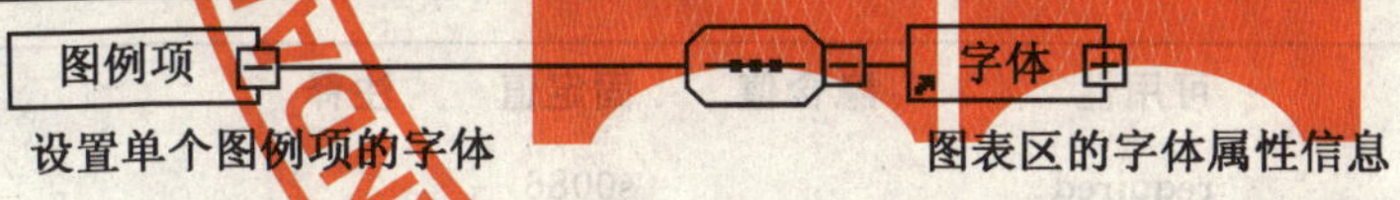 					
命名空间	http://schemas.uof.org/cn/2003/uof-spreadsheet					
子元素	表:字体					
属性	名称	类型	可用性	隐含值	固定值	注释
	系列	xsd:int	required			
	uof:locID	xsd:string	required		s0084	
	uof:attrList	xsd:NMTOKENS	required		系列	

5.2.389 元素 表:图表类型/数据表

层次结构	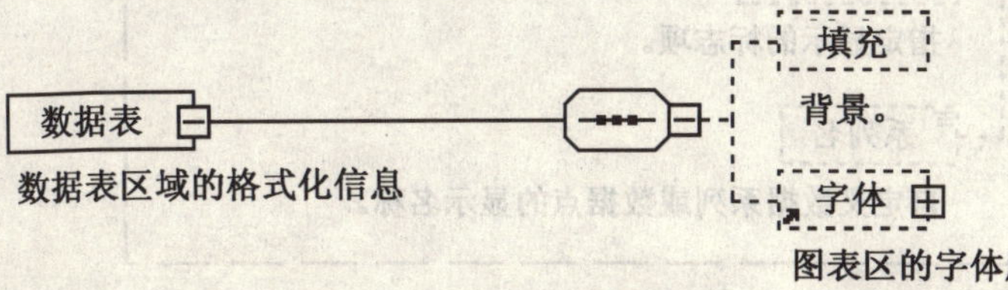

命名空间	http://schemas.uof.org/cn/2003/uof-spreadsheet						
子元素	填充 表:字体						
属性	名称	类型	可用性	隐含值	固定值	注释	
	uof:locID	xsd:string	required		s0085		

5.2.390 元素 表:图表类型/数据表/填充

层次结构	填充 背景						
命名空间	http://schemas.uof.org/cn/2003/uof-spreadsheet						
类型	扩展 边框线类型						
属性	名称	类型	可用性	隐含值	固定值	注释	
	类型	线型类型	required			文档	边框线的线型。
	宽度	长度类型	optional			文档	边框线的宽度。
	边距	长度类型	optional			文档	边框线的边距。
	颜色	颜色类型	optional			文档	边框线的颜色。
	阴影	xsd:boolean	optional			文档	边框线是否有阴影。
	uof:locID	xsd:string	required		s0110		
	uof:attrList	xsd:NMTOKENS	required		类型 宽度 边距 颜色 阴影		

5.2.391 元素 表:图表类型/数据系列集

层次结构	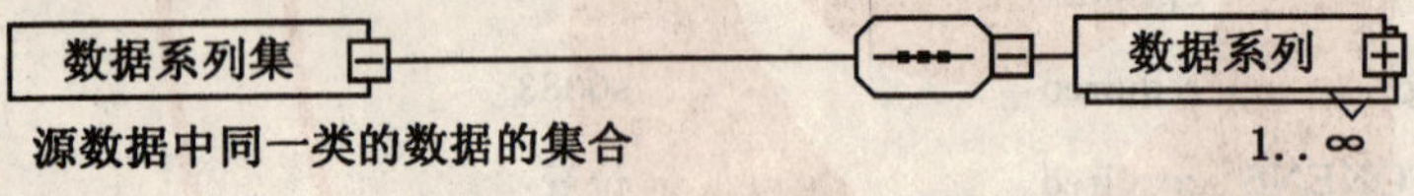					
命名空间	http://schemas.uof.org/cn/2003/uof-spreadsheet					
子元素	数据系列					
属性	名称	类型	可用性	隐含值	固定值	注释
	uof:locID	xsd:string	required		s0086	

5.2.392 元素 表:图表类型/数据系列集/数据系列

层次结构	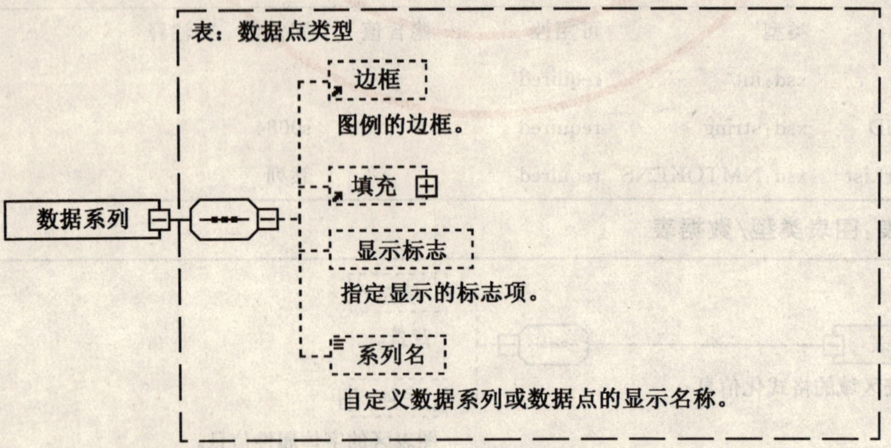

命名空间	http://schemas.uof.org/cn/2003/uof-spreadsheet						
类型	扩展 表:数据点类型						
子元素	表:边框 表:填充 显示标志 系列名						
属性	名称	类型	可用性	隐含值	固定值	注释	
	系列	xsd:positiveInteger	required			文档	指明是哪个系列
	uof:locID	xsd:string	required		s0087		
	uof:attrList	xsd:NMTOKENS	required		系列		

5.2.393 元素 表:图表类型/数据点集

层次结构	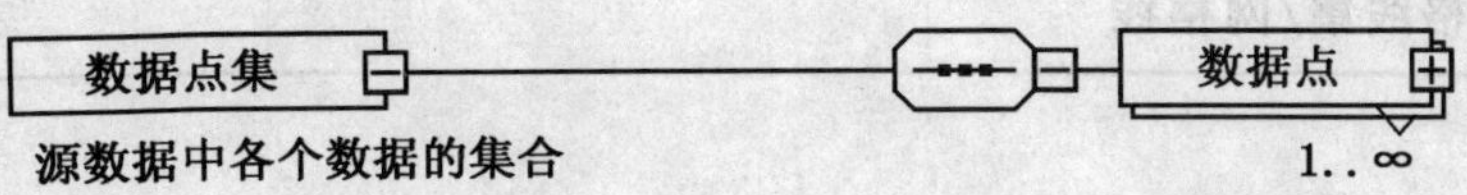					
命名空间	http://schemas.uof.org/cn/2003/uof-spreadsheet					
子元素	数据点					
属性	名称	类型	可用性	隐含值	固定值	注释
	uof:locID	xsd:string	required		s0090	

5.2.394 元素 表:图表类型/数据点集/数据点

层次结构	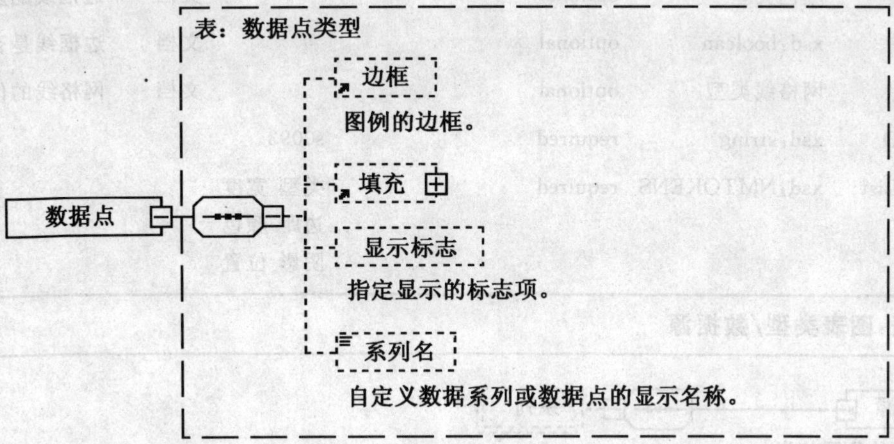						
命名空间	http://schemas.uof.org/cn/2003/uof-spreadsheet						
类型	扩展 表:数据点类型						
子元素	表:边框 表:填充 显示标志 系列名						
属性	名称	类型	可用性	隐含值	固定值	注释	
	系列	xsd:positiveInteger	required			文档	系列号
	点	xsd:positiveInteger	required			文档	点号
	uof:locID	xsd:string	required		s0091		
	uof:attrList	xsd:NMTOKENS	required		系列 点		

5.2.395 元素 表:图表类型/网格线集

层次结构	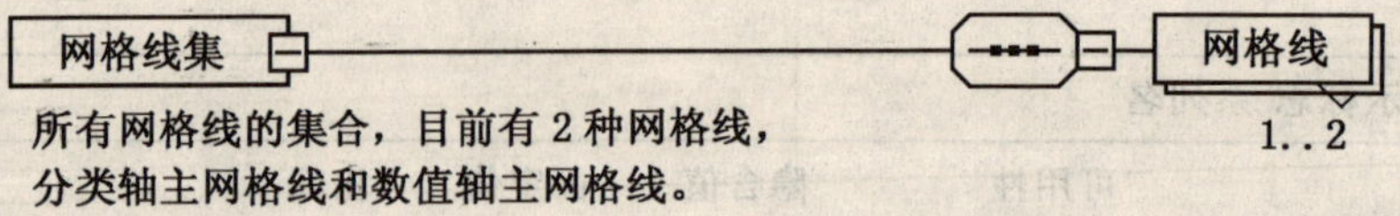						
命名空间	http://schemas.uof.org/cn/2003/uof-spreadsheet						
子元素	网格线						
属性	名称	类型	可用性	隐含值	固定值	注释	
	uof:locID	xsd:string	required		s0092		

5.2.396 元素 表:图表类型/网格线集/网格线

层次结构	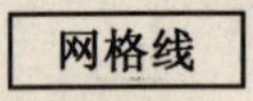						
命名空间	http://schemas.uof.org/cn/2003/uof-spreadsheet						
类型	扩展 边框线类型						
属性	名称	类型	可用性	隐含值	固定值	注释	
	类型	线型类型	required			文档	边框线的线型。
	宽度	长度类型	optional			文档	边框线的宽度。
	边距	长度类型	optional			文档	边框线的边距。
	颜色	颜色类型	optional			文档	边框线的颜色。
	阴影	xsd:boolean	optional			文档	边框线是否有阴影。
	位置	网格线类型	optional			文档	网格线的位置。
	uof:locID	xsd:string	required		s0093		
	uof:attrList	xsd:NMTOKENS	required		类型 宽度 边距 颜色 阴影 位置		

5.2.397 元素 表:图表类型/数据源

层次结构							
命名空间	http://schemas.uof.org/cn/2003/uof-spreadsheet						
子元素	系列						
属性	名称	类型	可用性	隐含值	固定值	注释	
	数据区域	区域					
	系列产生	系列产生类型					
	uof:locID	xsd:string	required		s0094		
	uof:attrList	xsd:NMTOKENS	required		数据区域 系列产生		

5.2.398 元素 表:图表类型/数据源/系列

层次结构	系列 系列的一些定义信息，如系列的值、名称等。					
命名空间	http://schemas.uof.org/cn/2003/uof-spreadsheet					
属性	名称	类型	可用性	隐含值	固定值	注释
	系列名	公式	optional			
	系列值	公式	optional			
	分类名	公式	optional			
	uof:locID	xsd:string	required		s0095	
	uof:attrList	xsd:NMTOKENS	required		系列名 系列值 分类名	

5.2.399 元素 表:图表类型/标题集

层次结构	 标题集合，目前有3种，图表标题，分类轴标题，数值轴标题。					
命名空间	http://schemas.uof.org/cn/2003/uof-spreadsheet					
子元素	标题					
属性	名称	类型	可用性	隐含值	固定值	注释
	uof:locID	xsd:string	required		s0096	

5.2.400 元素 表:图表类型/标题集/标题

层次结构	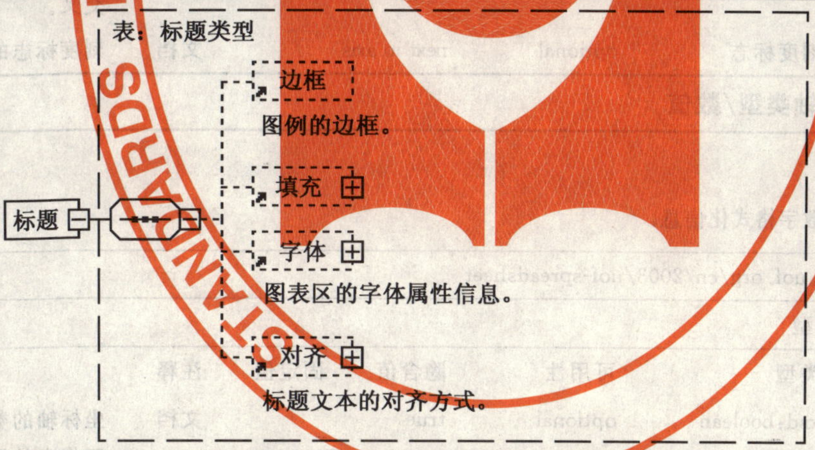					
命名空间	http://schemas.uof.org/cn/2003/uof-spreadsheet					
类型	扩展 表:标题类型					
子元素	表:边框 表:填充 表:字体 表:对齐					
属性	名称	类型	可用性	隐含值	固定值	注释
	名称	xsd:string	optional			文档 标题内容
	位置	xsd:string	optional			
	uof:locID	xsd:string	required		s0097	
	uof:attrList	xsd:NMTOKENS	required		名称 位置	

5.2.401 复杂类型 表:坐标轴类型

层次结构	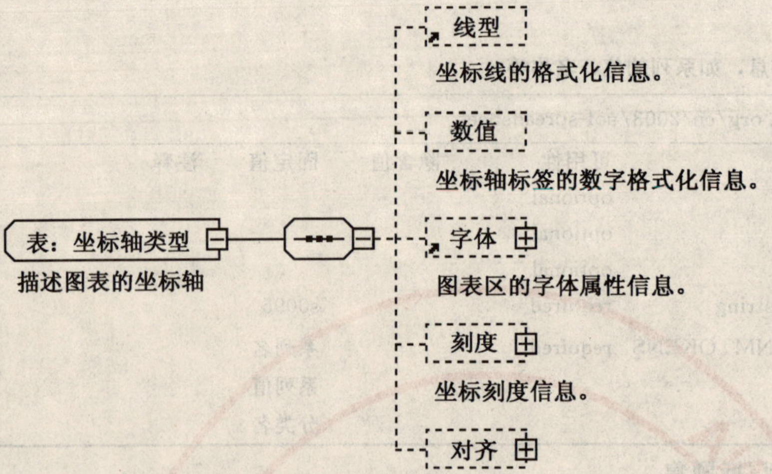						
命名空间	http://schemas.uof.org/cn/2003/uof-spreadsheet						
子元素	表:线型 数值 表:字体 刻度 对齐						
用于	元素 表:图表类型/分类轴 表:图表类型/数值轴						
属性	名称	类型	可用性	隐含值	固定值	注释	
	主刻度类型	刻度线类型	optional	inside		文档	主刻度线的位置,分为轴的内部、外部和交叉。
	次刻度类型	刻度线类型	optional	none		文档	次刻度线的位置,分为轴的内部,外部和交叉。
	刻度线标志	刻度标志	optional	next to axis		文档	刻度标志的位置。

5.2.402 元素 表:坐标轴类型/数值

层次结构	数值 坐标轴标签的数字格式化信息。						
命名空间	http://schemas.uof.org/cn/2003/uof-spreadsheet						
类型	扩展 表:数值类型						
属性	名称	类型	可用性	隐含值	固定值	注释	
	链接到源	xsd:boolean	optional	true		文档	坐标轴的数值格式与工作表的源数值格式保持一致。
	分类名称	数值分类名称	optional				
	格式码	xsd:string	optional				
	uof:locID	xsd:string	required		s0063		
	uof:attrList	xsd:NMTOKENS	required		链接到源 分类名称 格式码		

5.2.403　元素 表：坐标轴类型/刻度

层次结构	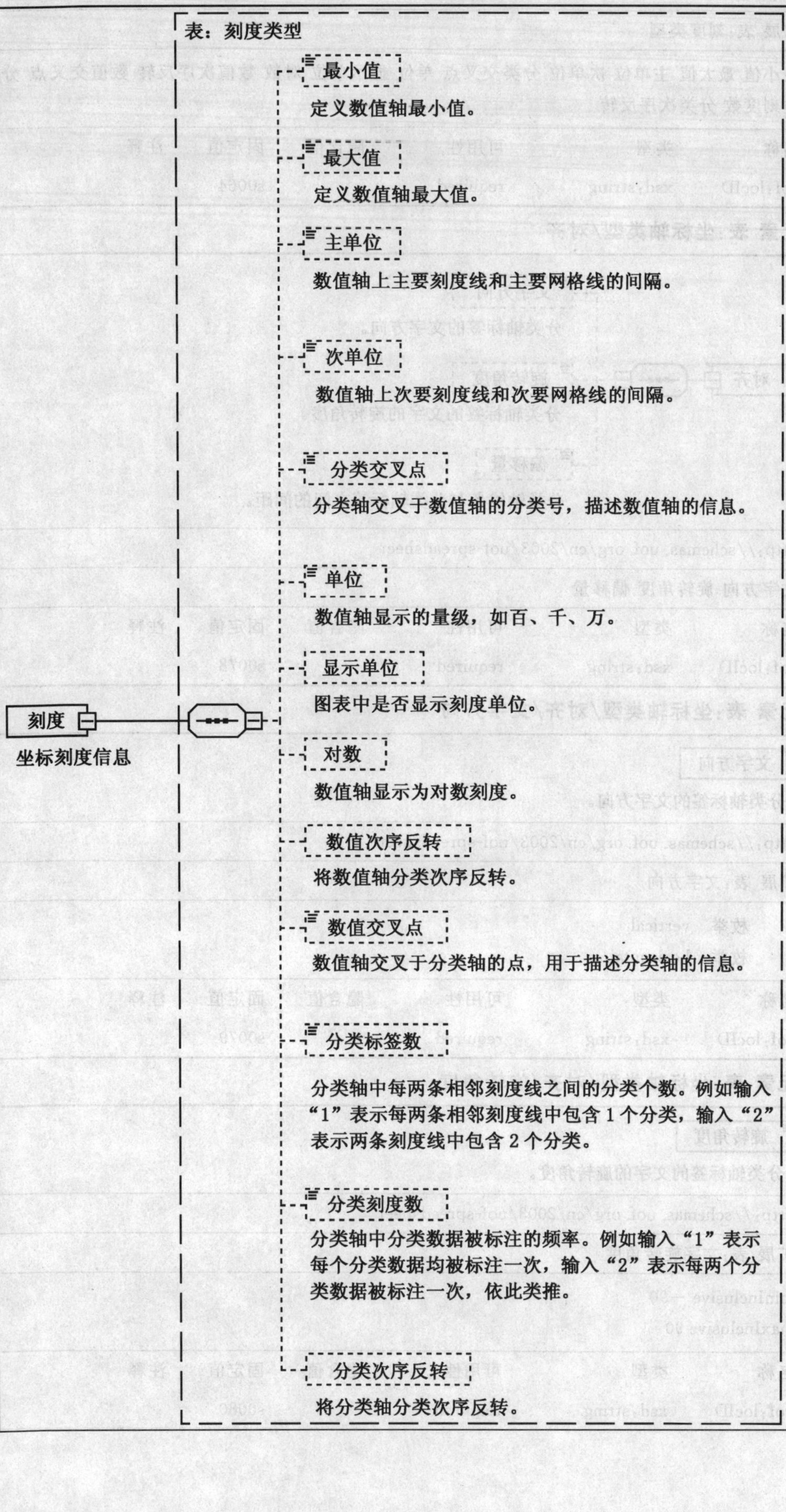

命名空间	http://schemas.uof.org/cn/2003/uof-spreadsheet
类型	扩展 表:刻度类型
子元素	最小值 最大值 主单位 次单位 分类交叉点 单位 显示单位 对数 数值次序反转 数值交叉点 分类标签数 分类刻度数 分类次序反转
属性	名称 类型 可用性 隐含值 固定值 注释 uof:locID xsd:string required s0064

5.2.404 元素 表:坐标轴类型/对齐

层次结构	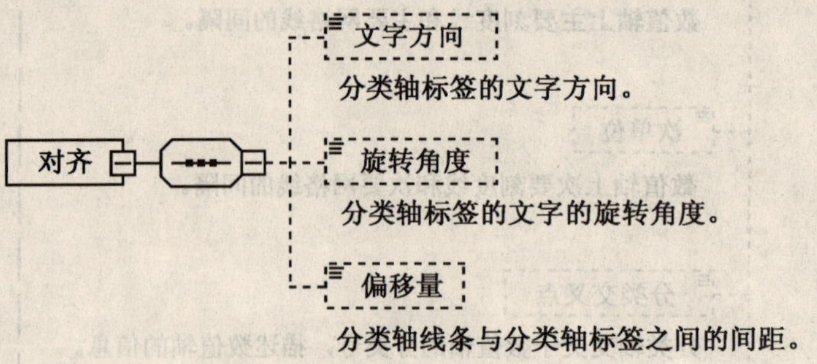
命名空间	http://schemas.uof.org/cn/2003/uof-spreadsheet
子元素	文字方向 旋转角度 偏移量
属性	名称 类型 可用性 隐含值 固定值 注释 uof:locID xsd:string required s0078

5.2.405 元素 表:坐标轴类型/对齐/文字方向

层次结构	文字方向 分类轴标签的文字方向。
命名空间	http://schemas.uof.org/cn/2003/uof-spreadsheet
类型	扩展 表:文字方向
刻面	枚举 vertical 枚举 horizontal
属性	名称 类型 可用性 隐含值 固定值 注释 uof:locID xsd:string required s0079

5.2.406 元素 表:坐标轴类型/对齐/旋转角度

层次结构	旋转角度 分类轴标签的文字的旋转角度。
命名空间	http://schemas.uof.org/cn/2003/uof-spreadsheet
类型	扩展 表:文字旋转角度
刻面	minInclusive −90 maxInclusive 90
属性	名称 类型 可用性 隐含值 固定值 注释 uof:locID xsd:string required s0080

5.2.407 元素 表:坐标轴类型/对齐/偏移量

层次结构	偏移量 分类轴线条与分类轴标签之间的间距
命名空间	http://schemas.uof.org/cn/2003/uof-spreadsheet
类型	扩展 表:偏移量
刻面	minInclusive 0 maxInclusive 1000
属性	名称 类型 可用性 隐含值 固定值 注释 uof:locID xsd:string required s0081

5.2.408 复杂类型 表:对齐格式类型

层次结构	
命名空间	http://schemas.uof.org/cn/2003/uof-spreadsheet
子元素	水平对齐方式 垂直对齐方式 缩进 文字方向 文字旋转角度 自动换行 缩小字体填充
用于	元素 表:单元格式样类型/对齐格式 表:对齐

5.2.409 元素 表:对齐格式类型/水平对齐方式

层次结构	水平对齐方式 文本的水平对齐方式，有常规、左对齐等8种。
命名空间	http://schemas.uof.org/cn/2003/uof-spreadsheet

类型	扩展 表:水平对齐
刻面	枚举 general 枚举 left 枚举 center 枚举 right 枚举 fill 枚举 justify 枚举 center across selection 枚举 distributed
属性	名称 类型 可用性 隐含值 固定值 注释 uof:locID xsd:string required s0115

5.2.410 元素 表:对齐格式类型/垂直对齐方式

层次结构	垂直对齐方式 文本的垂直对齐方式，有靠上、居中等5种。
命名空间	http://schemas.uof.org/cn/2003/uof-spreadsheet
类型	扩展 表:垂直对齐
刻面	枚举 top 枚举 center 枚举 bottom 枚举 justify 枚举 distributed
属性	名称 类型 可用性 隐含值 固定值 注释 uof:locID xsd:string required s0116

5.2.411 元素 表:对齐格式类型/缩进

层次结构	缩进 相对于水平对齐的左缩进，范围在0到15之间，单位是一个字符的宽度。
命名空间	http://schemas.uof.org/cn/2003/uof-spreadsheet
类型	扩展 表:缩进量
刻面	minInclusive 0 maxInclusive 15
属性	名称 类型 可用性 隐含值 固定值 注释 uof:locID xsd:string required s0117

5.2.412 元素 表:对齐格式类型/文字方向

层次结构	文字方向 文字方向，有水平和垂直两种。
命名空间	http://schemas.uof.org/cn/2003/uof-spreadsheet
类型	扩展 表:文字方向
刻面	枚举 vertical 枚举 horizontal
属性	名称 类型 可用性 隐含值 固定值 注释 uof:locID xsd:string required s0118

5.2.413 元素 表:对齐格式类型/文字旋转角度

层次结构	文字旋转角度 文字的旋转角度，在－90°和90°之间。					
命名空间	http://schemas.uof.org/cn/2003/uof-spreadsheet					
类型	扩展 表:文字旋转角度					
刻面	minInclusive　－90 maxInclusive　90					
属性	名称	类型	可用性	隐含值	固定值	注释
	uof:locID	xsd:string	required		s0119	

5.2.414 元素 表:对齐格式类型/自动换行

层次结构	自动换行 文字长度超过单元格长度时自动换行。当设为“自动换行”时不能设置“缩小字体填充”。					
命名空间	http://schemas.uof.org/cn/2003/uof-spreadsheet					
属性	名称	类型	可用性	隐含值	固定值	注释
	值	xsd:boolean	required			
	uof:locID	xsd:string	required		s0120	
	uof:attrList	xsd:NMTOKENS	required		值	

5.2.415 元素 表:对齐格式类型/缩小字体填充

层次结构	缩小字体填充 文字长度超过单元格长度时自动缩小字体。					
命名空间	http://schemas.uof.org/cn/2003/uof-spreadsheet					
属性	名称	类型	可用性	隐含值	固定值	注释
	值	xsd:boolean	required			
	uof:locID	xsd:string	required		s0121	
	uof:attrList	xsd:NMTOKENS	required		值	

5.2.416 复杂类型 表:工作表内容类型

层次结构

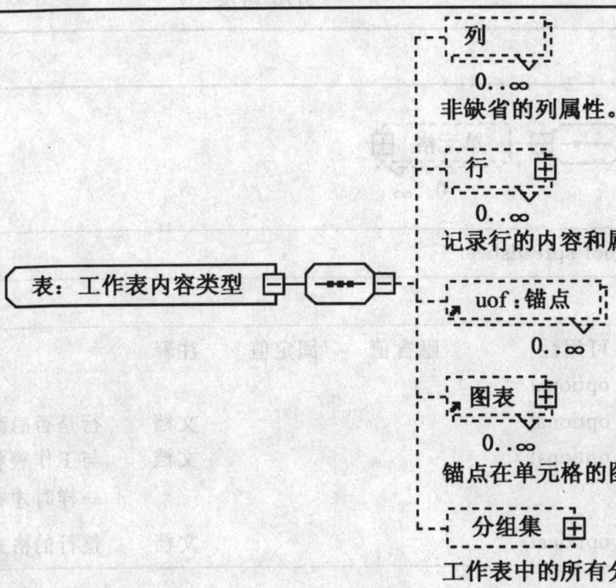

命名空间	http://schemas.uof.org/cn/2003/uof-spreadsheet
子元素	列 行 锚点 表:图表 分组集
用于	元素 表:工作表类型/工作表内容

属性：

名称	类型	可用性	隐含值	固定值	注释	
最大列	xsd:nonNegative-Integer	optional	0		文档	工作表有内容的最大列。
最大行	xsd:nonNegative-Integer	optional	0		文档	工作表有内容的最大行。
缺省行高	uof:长度类型	optional			文档	缺省的行高。
缺省列宽	uof:长度类型	optional			文档	缺省的列宽。

5.2.417　元素 表:工作表内容类型/列

层次结构	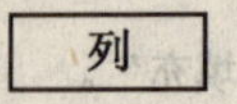 非缺省的列属性。
命名空间	http://schemas.uof.org/cn/2003/uof-spreadsheet

属性：

名称	类型	可用性	隐含值	固定值	注释	
列号	xsd:positiveInteger	optional				
隐藏	xsd:boolean	optional			文档	列是否隐藏。
列宽	uof:长度类型	optional			文档	当列宽与缺省列宽不一样时，记录列的宽度。
式样引用	xsd:IDREF	optional			文档	整列的格式化信息。
跨度	xsd:unsignedInt	optional			文档	此列往后属性相同(包括隐藏，列宽)的列的个数。
uof:locID	xsd:string	required		s0048		
uof:attrList	xsd:NMTOKENS	required		列号 隐藏 列宽 式样引用 跨度		

5.2.418　元素 表:工作表内容类型/行

层次结构	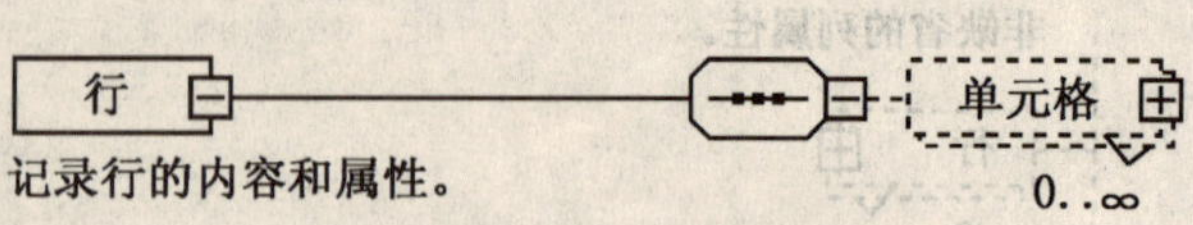 记录行的内容和属性。
命名空间	http://schemas.uof.org/cn/2003/uof-spreadsheet
子元素	单元格

属性：

名称	类型	可用性	隐含值	固定值	注释	
行号	xsd:positiveInteger	optional				
隐藏	xsd:boolean	optional			文档	行是否隐藏。
行高	uof:长度类型	optional			文档	与工作表标准行高不一样时才有此属性。
式样引用	xsd:IDREF	optional			文档	整行的格式化信息。

属性	名称	类型	可用性	隐含值	固定值	注释
	跨度	xsd:unsignedInt	optional		文档	此行向后属性相同(包括隐藏,行高)的行的个数。后面的行不再记录属性,有内容时只记录单元格的内容。
	uof:locID	xsd:string	required		s0049	
	uof:attrList	xsd:NMTOKENS	required		行号 隐藏 行高 式样 引用 跨度	

5.2.419　元素 表:工作表内容类型/行/单元格

层次结构	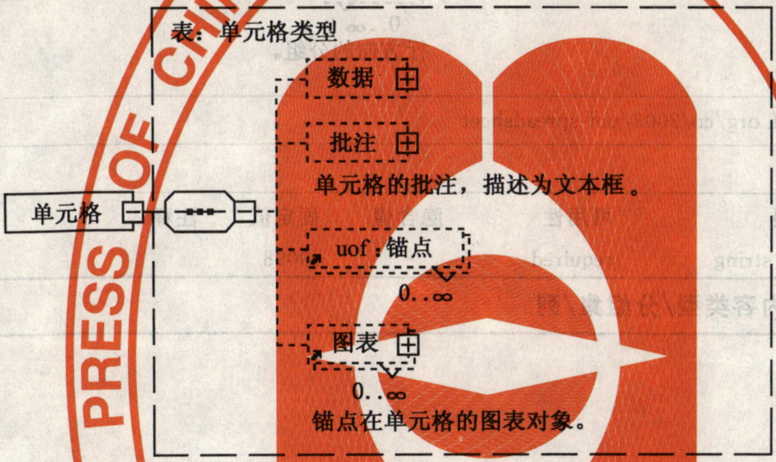					
命名空间	http://schemas.uof.org/cn/2003/uof-spreadsheet					
类型	扩展 表:单元格类型					
子元素	数据 批注 锚点 表:图表					
属性	名称	类型	可用性	隐含值	固定值	注释
	列号	xsd:positiveInteger	optional			
	式样引用	xsd:IDREF	optional		文档	单元格的格式化信息。
	超链接引用	xsd:IDREF	optional		文档	单元格的超链接信息。
	合并列数	xsd:positiveInteger	optional		文档	如果此单元格是合并单元格的第一个单元格(左上角),此属性记录了向右合并的列数(不包括本身)。
	合并行数	xsd:positiveInteger	optional		文档	如果此单元格是合并单元格的第一个单元格(左上角),此属性记录了向下合并的行数(不包括本身)。

	名称	类型	可用性	隐含值	固定值	注释
属性	uof:locID	xsd:string	required		s0050	
	uof:attrList	xsd:NMTOKENS	required		列号 式样 引用 超链 接引用 合并列数 合并行数	

5.2.420 元素 表:工作表内容类型/分组集

层次结构	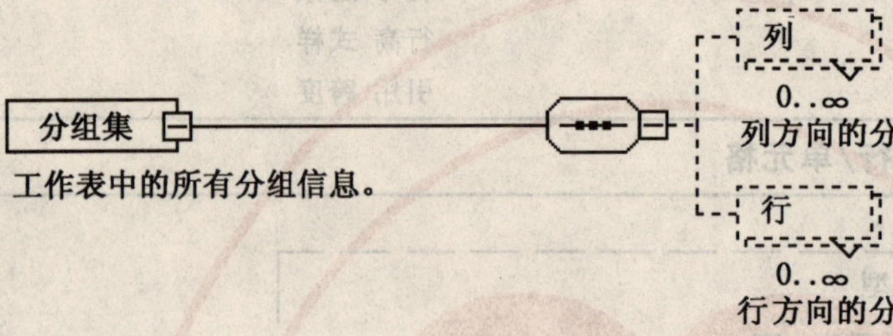
命名空间	http://schemas.uof.org/cn/2003/uof-spreadsheet
子元素	列 行

	名称	类型	可用性	隐含值	固定值	注释
属性	uof:locID	xsd:string	required		s0098	

5.2.421 元素 表:工作表内容类型/分组集/列

层次结构	列 列方向的分组。
命名空间	http://schemas.uof.org/cn/2003/uof-spreadsheet
类型	扩展 表:分组类型

	名称	类型	可用性	隐含值	固定值	注释
属性	起始	xsd:positiveInteger	optional			文档 分组的起始行或列号。
	终止	xsd:positiveInteger	optional			文档 终止的行或列号。
	隐藏	xsd:boolean	optional			文档 该分组是否隐藏。
	uof:locID	xsd:string	required		s0099	
	uof:attrList	xsd:NMTOKENS	required		起始 终止 隐藏	

5.2.422 元素 表:工作表内容类型/分组集/行

层次结构	行 行方向的分组。
命名空间	http://schemas.uof.org/cn/2003/uof-spreadsheet
类型	扩展 表:分组类型

	名称	类型	可用性	隐含值	固定值	注释
属性	起始	xsd:positiveInteger	optional		文档	分组的起始行或列号。
	终止	xsd:positiveInteger	optional		文档	终止的行或列号。
	隐藏	xsd:boolean	optional		文档	该分组是否隐藏。
	uof:locID	xsd:string	required		s0100	
	uof:attrList	xsd:NMTOKENS	required		起始 终止 隐藏	

5.2.423 复杂类型 表:工作表属性类型

层次结构	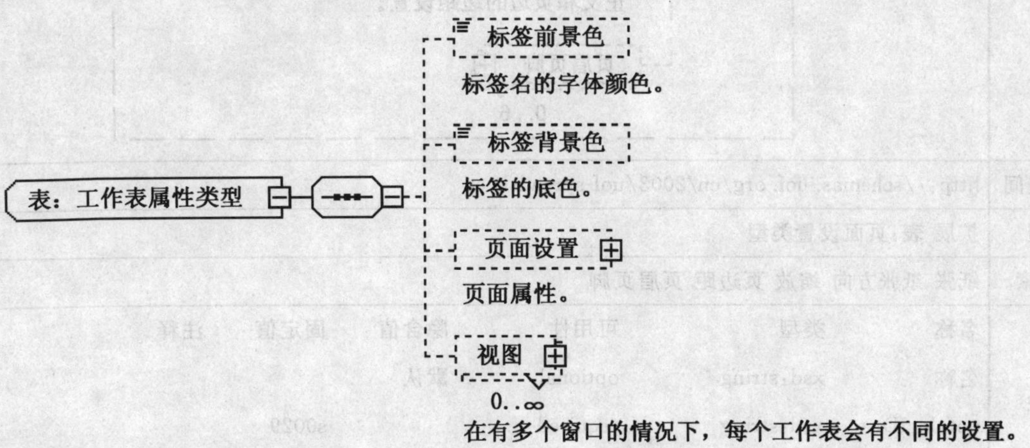
命名空间	http://schemas.uof.org/cn/2003/uof-spreadsheet
子元素	标签前景色 标签背景色 页面设置 视图
用于	元素 表:工作表类型/工作表属性

5.2.424 元素 表:工作表属性类型/标签前景色

层次结构	标签前景色 标签名的字体颜色。
命名空间	http://schemas.uof.org/cn/2003/uof-spreadsheet
类型	扩展 颜色类型
属性	名称 类型 可用性 隐含值 固定值 注释 uof:locID xsd:string required s0027

5.2.425 元素 表:工作表属性类型/标签背景色

层次结构	标签背景色 标签的底色。
命名空间	http://schemas.uof.org/cn/2003/uof-spreadsheet
类型	扩展 颜色类型
属性	名称 类型 可用性 隐含值 固定值 注释 uof:locID xsd:string required s0028

5.2.426 元素 表:工作表属性类型/页面设置

层次结构	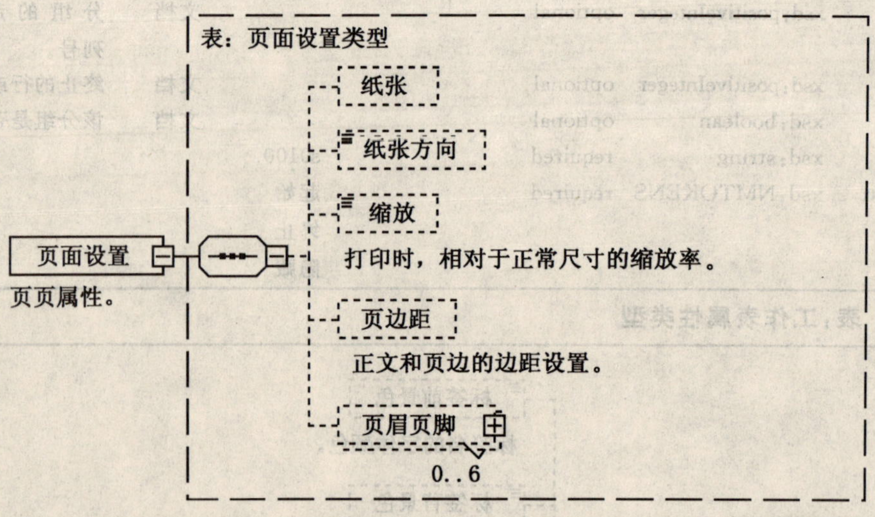
命名空间	http://schemas.uof.org/cn/2003/uof-spreadsheet
类型	扩展 表:页面设置类型
子元素	纸张 纸张方向 缩放 页边距 页眉页脚

属性

名称	类型	可用性	隐含值	固定值	注释
名称	xsd:string	optional	默认		
uof:locID	xsd:string	required		s0029	
uof:attrList	xsd:NMTOKENS	required		名称	

5.2.427 元素 表:工作表属性类型/视图

层次结构	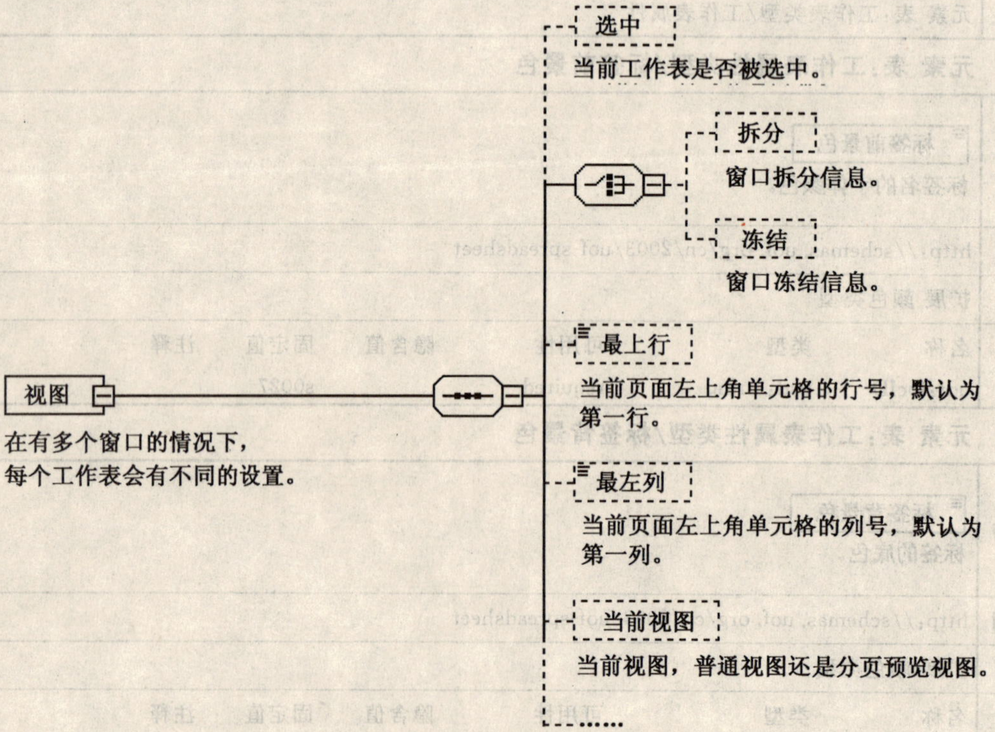

层次结构	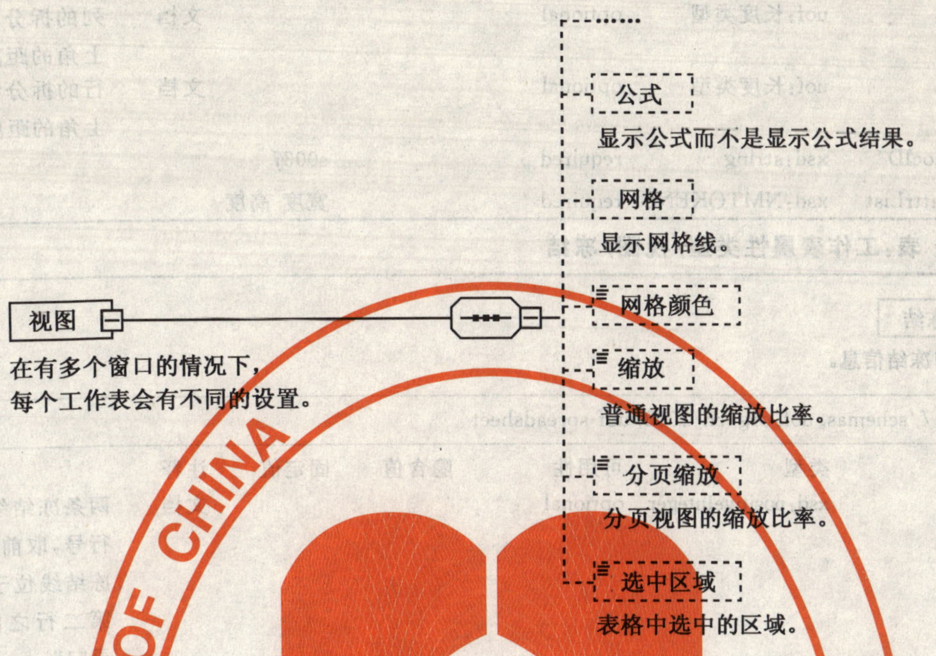					
命名空间	http://schemas.uof.org/cn/2003/uof-spreadsheet					
子元素	选中 拆分 冻结 最上行 最左列 当前视图 公式 网格 网格颜色 缩放 分页缩放 选中区域					
属性	名称	类型	可用性	隐含值	固定值	注释
	窗口标识符	xsd:int				
	uof:locID	xsd:string	required		s0035	
	uof:attrList	xsd:NMTOKENS	required		窗口标识符	

5.2.428　元素 表:工作表属性类型/视图/选中

层次结构	选中 当前工作表是否被选中。					
命名空间	http://schemas.uof.org/cn/2003/uof-spreadsheet					
属性	名称	类型	可用性	隐含值	固定值	注释
	值	xsd:boolean	required			
	uof:locID	xsd:string	required		s0036	
	uof:attrList	xsd:NMTOKENS	required		值	

5.2.429　元素 表:工作表属性类型/视图/拆分

层次结构	拆分 窗口拆分信息。
命名空间	http://schemas.uof.org/cn/2003/uof-spreadsheet

	名称	类型	可用性	隐含值	固定值	注释	
属性	宽度	uof:长度类型	optional			文档	列的拆分线距表格左上角的距离。
	高度	uof:长度类型	optional			文档	行的拆分线距表格左上角的距离。
	uof:locID	xsd:string	required		s0037		
	uof:attrList	xsd:NMTOKENS	required		宽度 高度		

5.2.430 元素 表:工作表属性类型/视图/冻结

层次结构	冻结 窗口冻结信息。						
命名空间	http://schemas.uof.org/cn/2003/uof-spreadsheet						
属性	名称	类型	可用性	隐含值	固定值	注释	
	行号	xsd:positiveInteger	optional			文档	两条冻结线交叉点的行号,取前一行号,如冻结线位于第一行和第二行之间,行号记录“1”。
	列号	xsd:positiveInteger	optional			文档	两条冻结线交叉点的列号,取前一列号,如冻结线位于第一列和第二列之间,列号记录“1”。
	uof:locID	xsd:string	required		s0038		
	uof:attrList	xsd:NMTOKENS	required		行号 列号		

5.2.431 元素 表:工作表属性类型/视图/最上行

层次结构	最上行 当前页面左上角单元格的行号，默认为第一行。					
命名空间	http://schemas.uof.org/cn/2003/uof-spreadsheet					
类型	扩展 xsd:positiveInteger					
属性	名称	类型	可用性	隐含值	固定值	注释
	uof:locID	xsd:string	required		s0039	

5.2.432 元素 表:工作表属性类型/视图/最左列

层次结构	最左列 当前页面左上角单元格的列号，默认为第一列。					
命名空间	http://schemas.uof.org/cn/2003/uof-spreadsheet					
类型	扩展 xsd:positiveInteger					
属性	名称	类型	可用性	隐含值	固定值	注释
	uof:locID	xsd:string	required		s0040	

5.2.433 元素 表:工作表属性类型/视图/当前视图

层次结构	当前视图 当前视图，普通视图还是分页预览视图。					
命名空间	http://schemas.uof.org/cn/2003/uof-spreadsheet					
属性	名称	类型	可用性	隐含值	固定值	注释
	类型	xsd:string				
	uof:locID	xsd:string	required		s0041	
	uof:attrList	xsd:NMTOKENS	required			

5.2.434 元素 表:工作表属性类型/视图/公式

层次结构	公式 显示公式而不是显示公式结果。					
命名空间	http://schemas.uof.org/cn/2003/uof-spreadsheet					
属性	名称	类型	可用性	隐含值	固定值	注释
	值	xsd:boolean	required			
	uof:locID	xsd:string	required		s0042	
	uof:attrList	xsd:NMTOKENS	required		值	

5.2.435 元素 表:工作表属性类型/视图/网格

层次结构	网格 显示网格线。					
命名空间	http://schemas.uof.org/cn/2003/uof-spreadsheet					
属性	名称	类型	可用性	隐含值	固定值	注释
	值	xsd:boolean	required			
	uof:locID	xsd:string	required		s0043	
	uof:attrList	xsd:NMTOKENS	required		值	

5.2.436 元素 表:工作表属性类型/视图/网格颜色

层次结构	网格颜色					
命名空间	http://schemas.uof.org/cn/2003/uof-spreadsheet					
类型	扩展 颜色类型					
属性	名称	类型	可用性	隐含值	固定值	注释
	uof:locID	xsd:string	required		s0044	

5.2.437 元素 表:工作表属性类型/视图/缩放

层次结构	缩放 普通视图的缩放比率。					
命名空间	http://schemas.uof.org/cn/2003/uof-spreadsheet					
类型	扩展 xsd:float					
属性	名称	类型	可用性	隐含值	固定值	注释
	uof:locID	xsd:string	required		s0045	

5.2.438 元素 表:工作表属性类型/视图/分页缩放

层次结构	分页缩放 分页视图的缩放比率。					
命名空间	http://schemas.uof.org/cn/2003/uof-spreadsheet					
类型	扩展 xsd:float					
属性	名称	类型	可用性	隐含值	固定值	注释
	uof:locID	xsd:string	required		s0046	

5.2.439 元素 表:工作表属性类型/视图/选中区域

层次结构	选中区域 表格中选中的区域。					
命名空间	http://schemas.uof.org/cn/2003/uof-spreadsheet					
类型	扩展 表:区域					
属性	名称	类型	可用性	隐含值	固定值	注释
	uof:locID	xsd:string	required		s0047	

5.2.440 复杂类型 表:工作表类型

层次结构	表:工作表类型 工作表的内容。 工作表属性 工作表的视图信息等。 工作表内容 筛选 工作表中筛选的信息。 图表 锚点在单元格的图表对象。 分页符集 记录电子表格中的分页线。						
命名空间	http://schemas.uof.org/cn/2003/uof-spreadsheet						
子元素	工作表属性 工作表内容 筛选 表:图表 分页符集						
用于	元素 表:电子表格类型/主体/工作表						
属性	名称	类型	可用性	隐含值	固定值	注释	
	标识符	xsd:ID	required				
	名称	xsd:string	optional			文档	工作表的标签名。
	隐藏	xsd:boolean	optional			文档	该工作表是否为隐藏。
	背景	uof:颜色类型	optional			文档	工作表的背景颜色。
	式样引用	xsd:IDREF				文档	引用单元格式样。

5.2.441 元素 表:工作表类型/工作表属性

<table>
<tr><td>层次结构</td><td>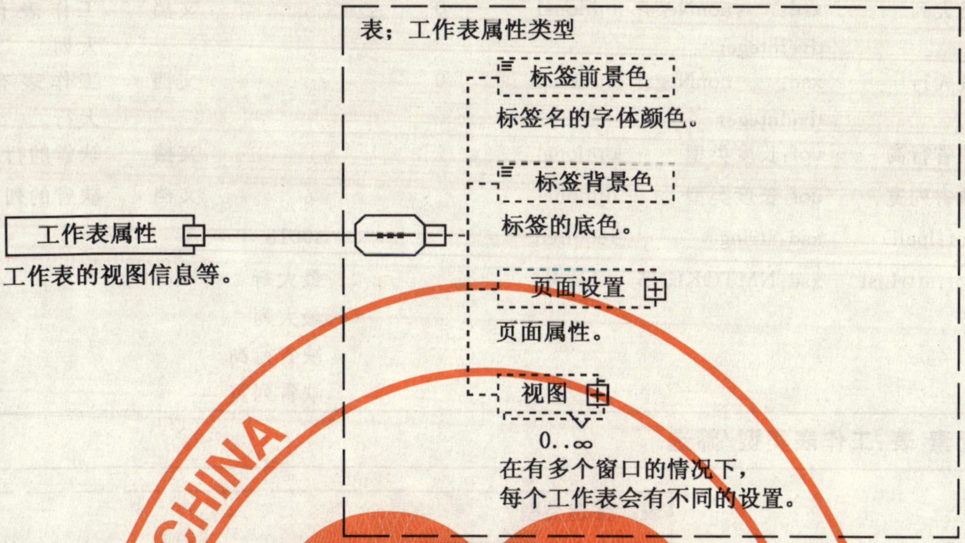
</td></tr>
<tr><td>命名空间</td><td>http://schemas.uof.org/cn/2003/uof-spreadsheet</td></tr>
<tr><td>类型</td><td>扩展 表:工作表属性类型</td></tr>
<tr><td>子元素</td><td>标签前景色 标签背景色 页面设置 视图</td></tr>
<tr><td>属性</td><td>
<table>
<tr><td>名称</td><td>类型</td><td>可用性</td><td>隐含值</td><td>固定值</td><td>注释</td></tr>
<tr><td>uof:locID</td><td>xsd:string</td><td>required</td><td></td><td>s0026</td><td></td></tr>
</table>
</td></tr>
</table>

5.2.442 元素 表:工作表类型/工作表内容

<table>
<tr><td>层次结构</td><td>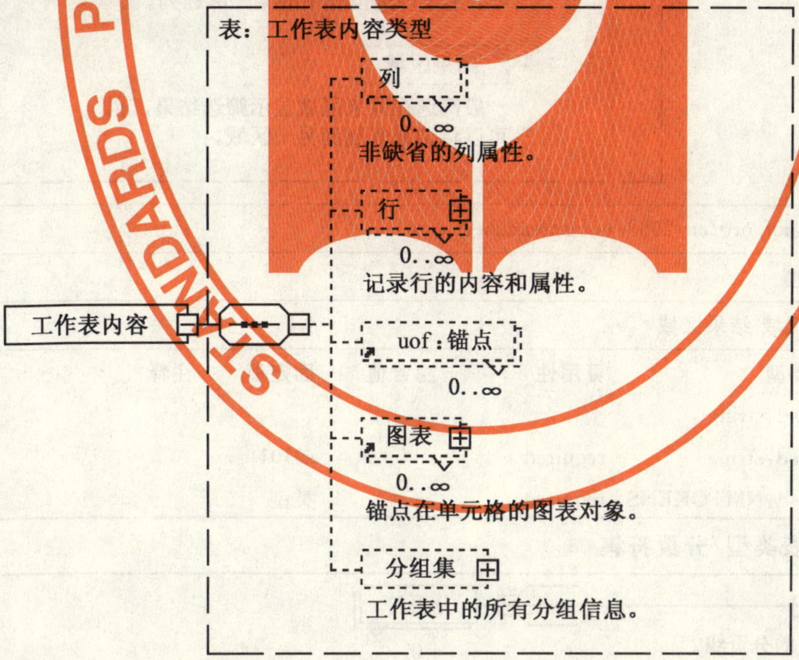
</td></tr>
<tr><td>命名空间</td><td>http://schemas.uof.org/cn/2003/uof-spreadsheet</td></tr>
<tr><td>类型</td><td>扩展 表:工作表内容类型</td></tr>
<tr><td>子元素</td><td>列 行 锚点 表:图表 分组集</td></tr>
</table>

	名称	类型	可用性	隐含值	固定值	注释
属性	最大列	xsd:nonNegativeInteger	optional	0		文档　工作表有内容的最大列。
	最大行	xsd:nonNegativeInteger	optional	0		文档　工作表有内容的最大行。
	缺省行高	uof:长度类型	optional			文档　缺省的行高。
	缺省列宽	uof:长度类型	optional			文档　缺省的列宽。
	uof:locID	xsd:string	required		s0018	
	uof:attrList	xsd:NMTOKENS	required		最大行 最大列 缺省行高 缺省列宽	

5.2.443 元素 表:工作表类型/筛选

层次结构	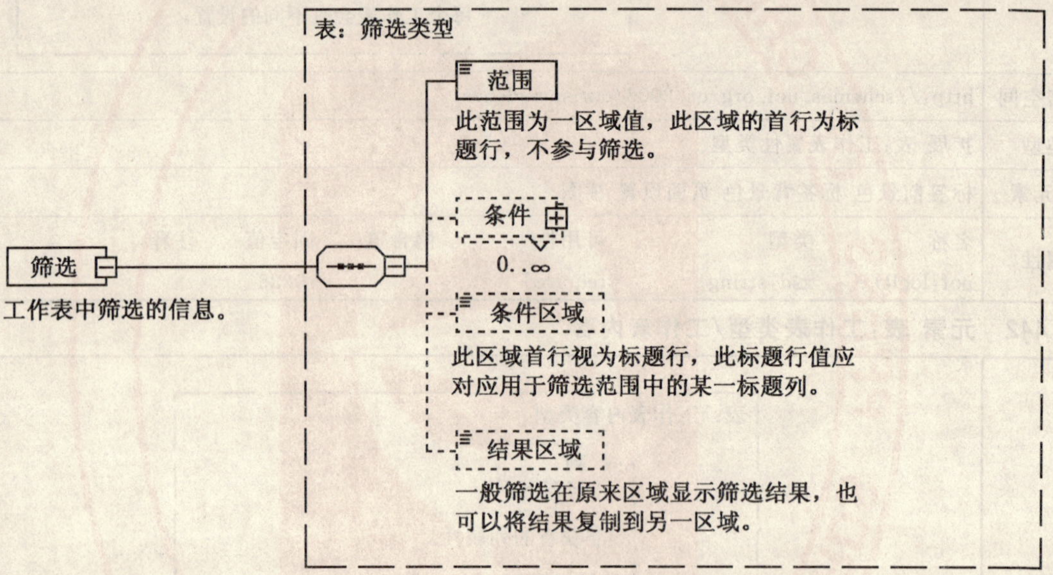
命名空间	http://schemas.uof.org/cn/2003/uof-spreadsheet
类型	扩展 表:筛选类型
子元素	范围 条件 条件区域 结果区域

	名称	类型	可用性	隐含值	固定值	注释
属性	类型	xsd:string				
	uof:locID	xsd:string	required		s0101	
	uof:attrList	xsd:NMTOKENS	required		类型	

5.2.444 元素 表:工作表类型/分页符集

层次结构	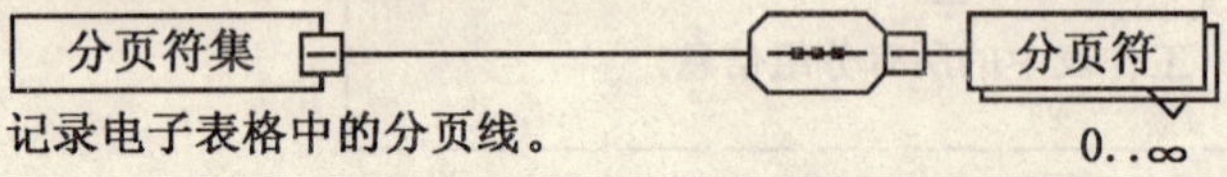
命名空间	http://schemas.uof.org/cn/2003/uof-spreadsheet
子元素	分页符

	名称	类型	可用性	隐含值	固定值	注释
属性	uof:locID	xsd:string	required		s0111	

5.2.445 元素 表:工作表类型/分页符集/分页符

层次结构	分页符						
命名空间	http://schemas.uof.org/cn/2003/uof-spreadsheet						
属性	名称	类型	可用性	隐含值	固定值	注释	
	行号	xsd:positiveInteger	optional			文档	分页符所在的行
	列号	xsd:positiveInteger	optional			文档	分页符所在的列
	uof:locID	xsd:string	required		s0112		
	uof:attrList	xsd:NMTOKENS	required		行号 列号		

5.2.446 复杂类型 表:数值类型

层次结构	表:数值类型						
命名空间	http://schemas.uof.org/cn/2003/uof-spreadsheet						
用于	元素 表:坐标轴类型/数值						
属性	名称	类型	可用性	隐含值	固定值	注释	
	链接到源	xsd:boolean	optional	true		文档	坐标轴的数值格式与工作表的源数值格式保持一致。
	分类名称	数值分类名称	optional				
	格式码	xsd:string	optional				

5.2.447 复杂类型 表:数据有效性类型

层次结构

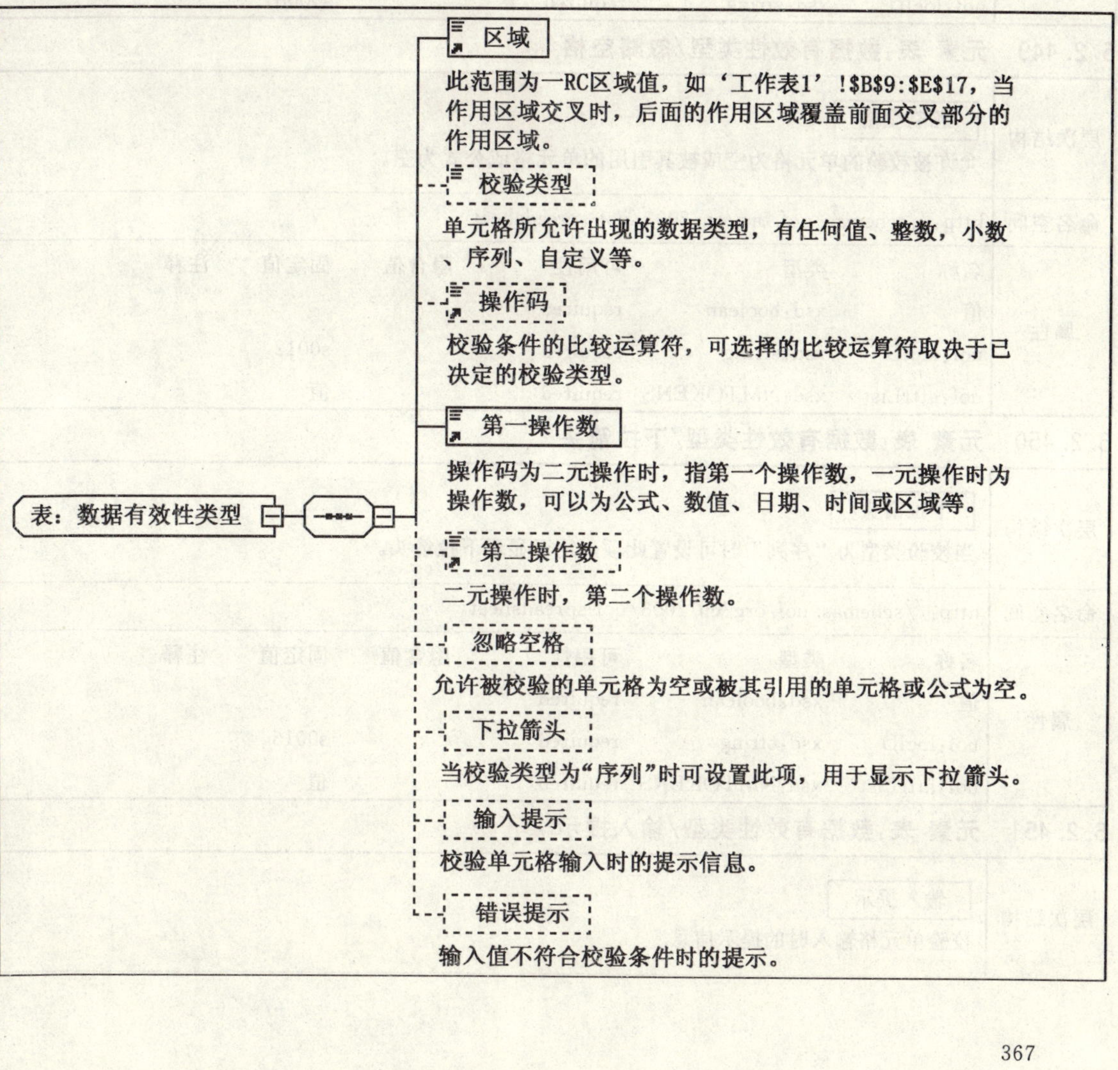

命名空间	http://schemas.uof.org/cn/2003/uof-spreadsheet
子元素	表:区域 校验类型 表:操作码 表:第一操作数 表:第二操作数 忽略空格 下拉箭头 输入提示 错误提示
用于	元素 表:公用处理规则类型/数据有效性集/数据有效性

5.2.448 元素 表:数据有效性类型/校验类型

层次结构	校验类型 单元格所允许出现的数据类型，有任何值、整数，小数、序列、自定义等。
命名空间	http://schemas.uof.org/cn/2003/uof-spreadsheet
类型	扩展 表:校验类型
刻面	枚举 any value 枚举 whole number 枚举 decimal 枚举 list 枚举 date 枚举 time 枚举 text length 枚举 custom

属性：

名称	类型	可用性	隐含值	固定值	注释
uof:locID	xsd:string	required		s0008	

5.2.449 元素 表:数据有效性类型/忽略空格

层次结构	忽略空格 允许被校验的单元格为空或被其引用的单元格或公式为空。
命名空间	http://schemas.uof.org/cn/2003/uof-spreadsheet

属性：

名称	类型	可用性	隐含值	固定值	注释
值	xsd:boolean	required			
uof:locID	xsd:string	required		s0012	
uof:attrList	xsd:NMTOKENS	required		值	

5.2.450 元素 表:数据有效性类型/下拉箭头

层次结构	下拉箭头 当校验类型为“序列”时可设置此项，用于显示下拉箭头。
命名空间	http://schemas.uof.org/cn/2003/uof-spreadsheet

属性：

名称	类型	可用性	隐含值	固定值	注释
值	xsd:boolean	required			
uof:locID	xsd:string	required		s0013	
uof:attrList	xsd:NMTOKENS	required		值	

5.2.451 元素 表:数据有效性类型/输入提示

层次结构	输入提示 校验单元格输入时的提示信息。

命名空间	http://schemas.uof.org/cn/2003/uof-spreadsheet
属性	名称 类型 可用性 隐含值 固定值 注释 显示 xsd:boolean optional true 文档 是否显示提示。 标题 xsd:string optional 文档 提示的标题。 内容 xsd:string optional 文档 提示的内容。 uof:locID xsd:string required s0014 uof:attrList xsd:NMTOKENS required 显示 标题 内容

5.2.452 元素 表:数据有效性类型/错误提示

层次结构	错误提示 输入值不符合校验条件时的提示。
命名空间	http://schemas.uof.org/cn/2003/uof-spreadsheet
属性	名称 类型 可用性 隐含值 固定值 注释 显示 xsd:boolean optional true 文档 是否显示出错信息。 类型 xsd:string optional 文档 输入错误时,提示对话框的类型,分终止、警告、信息三种。 标题 xsd:string optional 文档 出错提示的标题。 内容 xsd:string optional 文档 出错提示的内容。 uof:locID xsd:string required s0015 uof:attrList xsd:NMTOKENS required 显示 类型 标题 内容

5.2.453 复杂类型 表:数据标志类型

层次结构	表:数据标志类型 是否显示所选中的信息,其中百分数选项需要图表为百分数图表,气泡大小为气泡图特有。
命名空间	http://schemas.uof.org/cn/2003/uof-spreadsheet
用于	元素 表:数据点类型/显示标志
属性	名称 类型 可用性 隐含值 固定值 注释 系列名 xsd:boolean optional 类别名 xsd:boolean optional 数值 xsd:boolean optional 百分数 xsd:boolean optional 分隔符 xsd:int optional 图例标志 xsd:boolean optional

5.2.454 复杂类型 表:数据点类型

层次结构	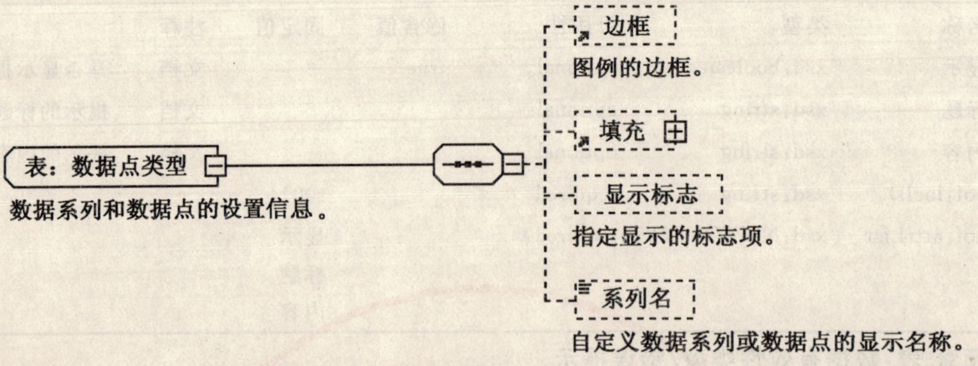
命名空间	http://schemas.uof.org/cn/2003/uof-spreadsheet
子元素	表:边框 表:填充 显示标志 系列名
用于	元素 表:图表类型/数据点集/数据点 表:图表类型/数据系列集/数据系列

5.2.455 元素 表:数据点类型/显示标志

层次结构	显示标志 指定显示的标志项。					
命名空间	http://schemas.uof.org/cn/2003/uof-spreadsheet					
类型	扩展 表:数据标志类型					
属性	名称	类型	可用性	隐含值	固定值	注释
	系列名	xsd:boolean	optional			
	类别名	xsd:boolean	optional			
	数值	xsd:boolean	optional			
	百分数	xsd:boolean	optional			
	分隔符	xsd:int	optional			
	图例标志	xsd:boolean	optional			
	uof:locID	xsd:string	required		s0088	
	uof:attrList	xsd:NMTOKENS	required		系列名 类别名 数值 百分数 分隔符 图例标志	

5.2.456 元素 表:数据点类型/系列名

层次结构	系列名 自定义数据系列或数据点的显示名称。					
命名空间	http://schemas.uof.org/cn/2003/uof-spreadsheet					
类型	扩展 xsd:string					
属性	名称	类型	可用性	隐含值	固定值	注释
	uof:locID	xsd:string	required		s0089	

5.2.457 复杂类型 表:条件格式化类型

层次结构	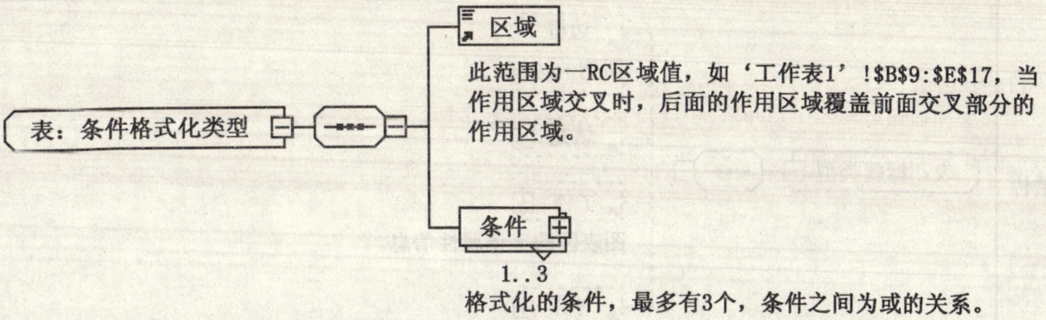
命名空间	http://schemas.uof.org/cn/2003/uof-spreadsheet
子元素	表:区域 条件
用于	元素 表:公用处理规则类型/条件格式化集/条件格式化

5.2.458 元素 表:条件格式化类型/条件

层次结构	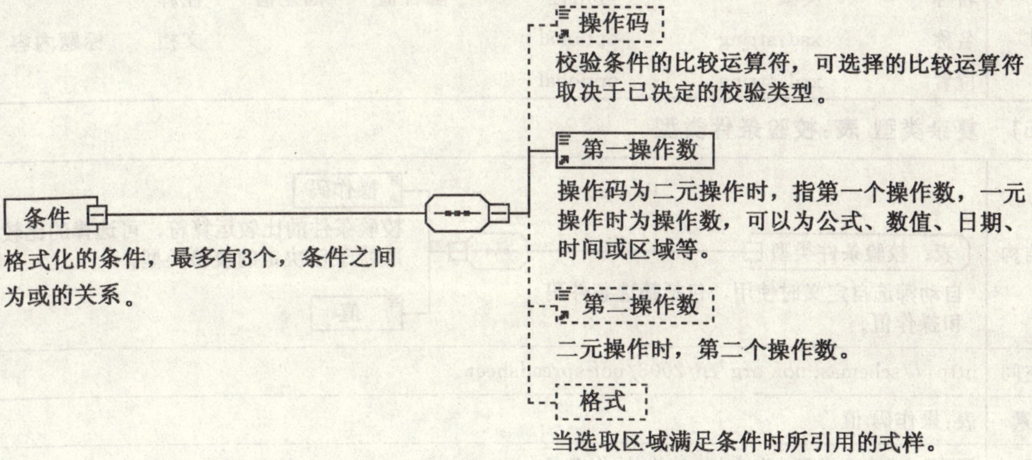
命名空间	http://schemas.uof.org/cn/2003/uof-spreadsheet
子元素	表:操作码 表:第一操作数 表:第二操作数 格式

属性：

名称	类型	可用性	隐含值	固定值	注释
类型	xsd:string	optional			文档 条件作用于单元格数值还是公式。
uof:locID	xsd:string	required		s0019	
uof:attrList	xsd:NMTOKENS	required		类型	

5.2.459 元素 表:条件格式化类型/条件/格式

层次结构	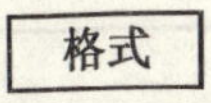 当选取区域满足条件时所引用的式样。
命名空间	http://schemas.uof.org/cn/2003/uof-spreadsheet

属性：

名称	类型	可用性	隐含值	固定值	注释
式样引用	xsd:IDREF	required			
uof:locID	xsd:string	required		s0023	
uof:attrList	xsd:NMTOKENS	required		式样引用	

5.2.460 复杂类型 表:标题类型

层次结构	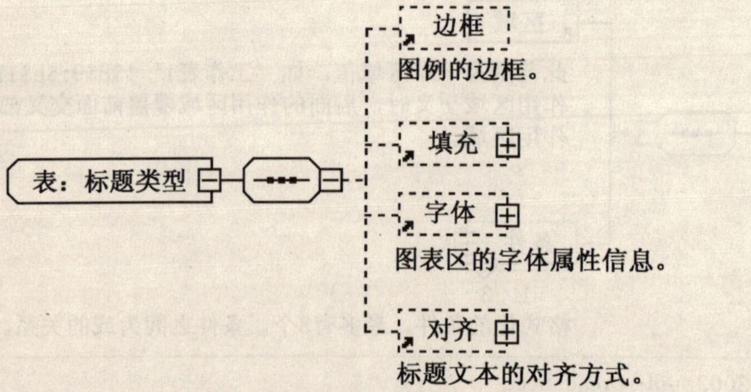
命名空间	http://schemas.uof.org/cn/2003/uof-spreadsheet
子元素	表:边框 表:填充 表:字体 表:对齐
用于	元素 表:图表类型/标题集/标题
属性	名称 类型 可用性 隐含值 固定值 注释 名称 xsd:string optional 文档 标题内容 位置 xsd:string optional

5.2.461 复杂类型 表:校验条件类型

层次结构	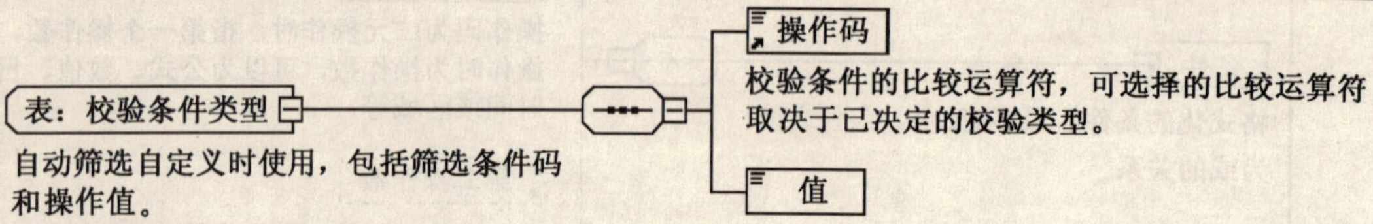
命名空间	http://schemas.uof.org/cn/2003/uof-spreadsheet
子元素	表:操作码 值
用于	元素 表:筛选类型/条件/自定义/操作条件

5.2.462 元素 表:校验条件类型/值

层次结构	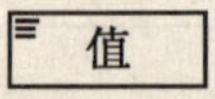					
命名空间	http://schemas.uof.org/cn/2003/uof-spreadsheet					
类型	扩展 表:单元格值					
属性	名称	类型	可用性	隐含值	固定值	注释
	uof:locID	xsd:string	required		s0107	

5.2.463 复杂类型 表:电子表格类型

层次结构	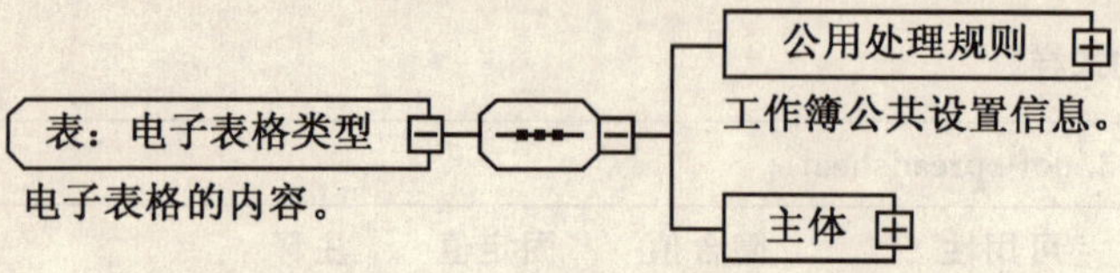
命名空间	http://schemas.uof.org/cn/2003/uof-spreadsheet
子元素	公用处理规则 主体
用于	元素 UOF/电子表格

5.2.464 元素 表:电子表格类型/公用处理规则

层次结构	
命名空间	http://schemas. uof. org/cn/2003/uof-spreadsheet
类型	扩展 表:公用处理规则类型
子元素	度量单位 精确度以显示值为准 日期系统-1904 计算设置 数据有效性集 条件格式化集 区域公式集 是否RC引用
属性	名称: uof:locID; 类型: xsd:string; 可用性: required; 隐含值: ; 固定值: s0000; 注释:

5.2.465 元素 表:电子表格类型/主体

层次结构	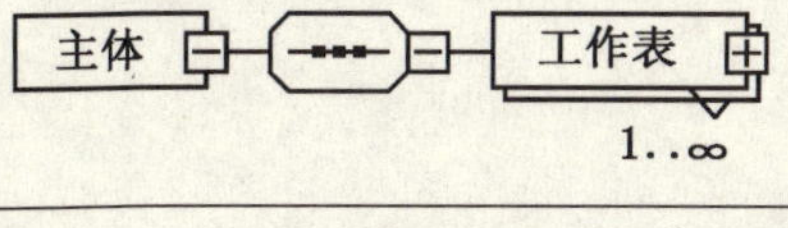
命名空间	http://schemas. uof. org/cn/2003/uof-spreadsheet
子元素	工作表
属性	名称: uof:locID; 类型: xsd:string; 可用性: required; 隐含值: ; 固定值: s0024; 注释:

5.2.466 元素 表:电子表格类型/主体/工作表

层次结构	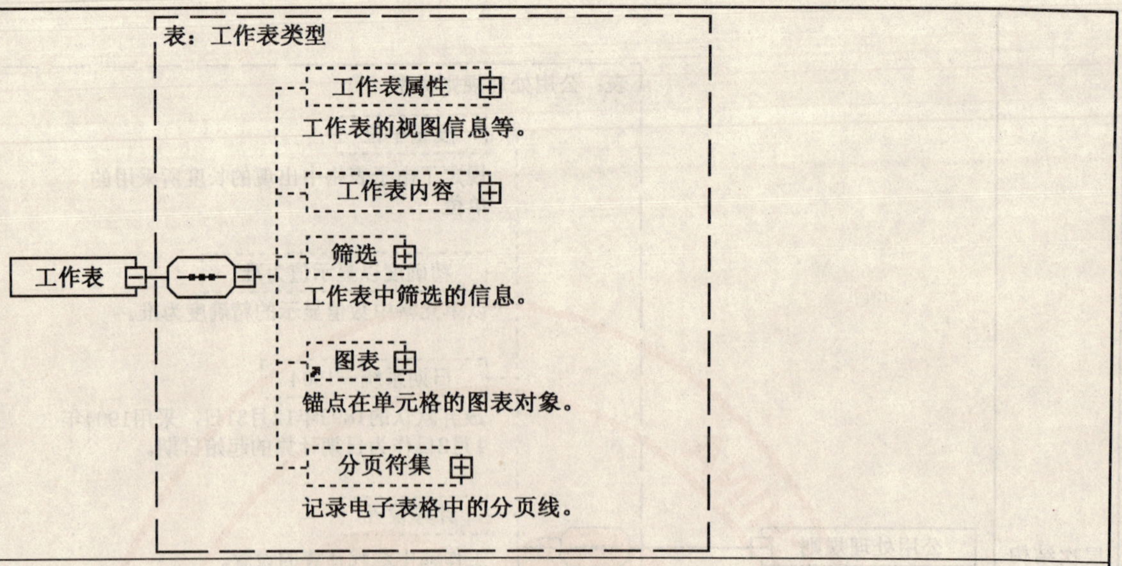
命名空间	http://schemas.uof.org/cn/2003/uof-spreadsheet
类型	扩展 表:工作表类型
子元素	工作表属性 工作表内容 筛选 表:图表 分页符集

属性	名称	类型	可用性	隐含值	固定值	注释	
	标识符	xsd:ID	required				
	名称	xsd:string	optional			文档	工作表的标签名。
	隐藏	xsd:boolean	optional			文档	该工作表是否为隐藏。
	背景	uof:颜色类型	optional			文档	工作表的背景颜色。
	式样引用	xsd:IDREF				文档	引用单元格式样。
	uof:locID	xsd:string	required		s0025		
	uof:attrList	xsd:NMTOKENS	required		标识符 名称 隐藏 背景 式样引用		

5.2.467 复杂类型 表:筛选类型

层次结构	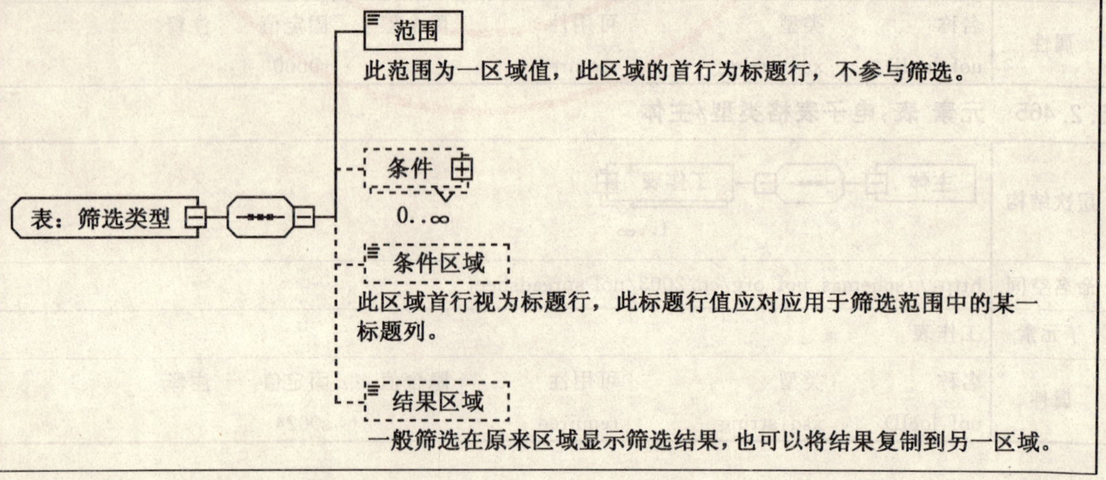

命名空间	http://schemas.uof.org/cn/2003/uof-spreadsheet
子元素	范围 条件 条件区域 结果区域
用于	元素 表:工作表类型/筛选
属性	名称 类型 可用性 隐含值 固定值 注释 类型 xsd:string

5.2.468 元素 表:筛选类型/范围

层次结构	范围 此范围为一区域值，此区域的首行为标题行，不参与筛选。
命名空间	http://schemas.uof.org/cn/2003/uof-spreadsheet
类型	扩展 表:区域
属性	名称 类型 可用性 隐含值 固定值 注释 uof:locID xsd:string required s0102

5.2.469 元素 表:筛选类型/条件

层次结构	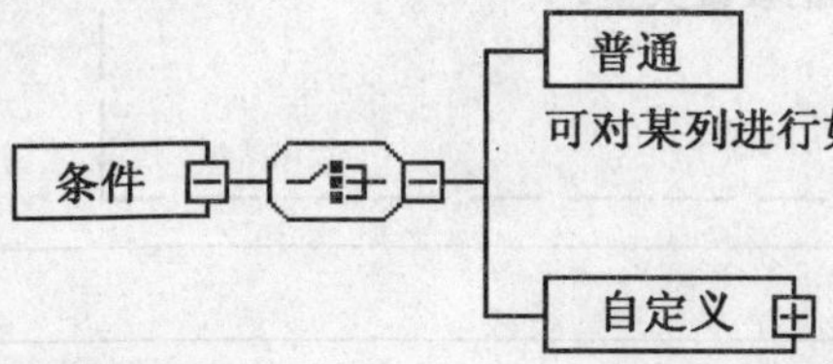 可对某列进行如下筛选：前几列，后几列，占前百分比，占后百分比。 可以是自定义筛选或者为取某一单元格值的筛选。
命名空间	http://schemas.uof.org/cn/2003/uof-spreadsheet
子元素	普通 自定义
属性	名称 类型 可用性 隐含值 固定值 注释 列号 xsd:int required 文档 当选择自动筛选后可选择根据哪一列进行筛选。 uof:locID xsd:string required s0103 uof:attrList xsd:NMTOKENS required 列号

5.2.470 元素 表:筛选类型/条件/普通

层次结构	普通 可对某列进行如下筛选：前几列，后几列，占前百分比，占后百分比。
命名空间	http://schemas.uof.org/cn/2003/uof-spreadsheet
属性	名称 类型 可用性 隐含值 固定值 注释 类型 普通筛选类型 optional 文档 设置自动筛选中前几个的条件。 值 xsd:string optional uof:locID xsd:string required s0104 uof:attrList xsd:NMTOKENS required 类型 值

5.2.471 元素 表:筛选类型/条件/自定义

层次结构	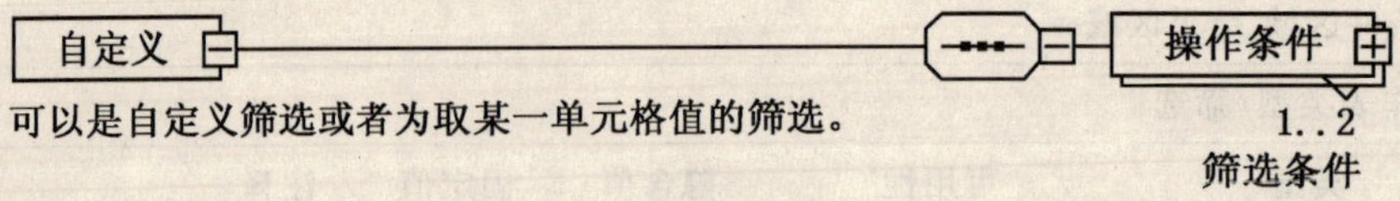 可以是自定义筛选或者为取某一单元格值的筛选。
命名空间	http://schemas.uof.org/cn/2003/uof-spreadsheet
子元素	操作条件
属性	见下表

名称	类型	可用性	隐含值	固定值	注释
类型	xsd:string				
uof:locID	xsd:string	required		s0105	
uof:attrList	xsd:NMTOKENS	required		类型	

5.2.472 元素 表:筛选类型/条件/自定义/操作条件

层次结构	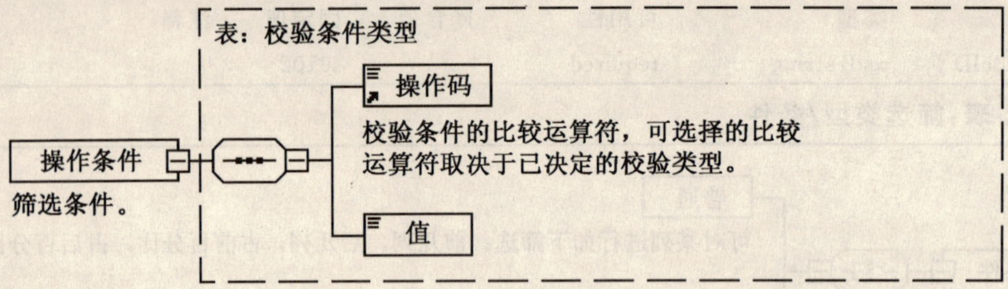 筛选条件。 校验条件的比较运算符，可选择的比较运算符取决于已决定的校验类型。
命名空间	http://schemas.uof.org/cn/2003/uof-spreadsheet
类型	扩展 表:校验条件类型
子元素	表:操作码 值
属性	见下表

名称	类型	可用性	隐含值	固定值	注释
uof:locID	xsd:string	required		s0106	

5.2.473 元素 表:筛选类型/条件区域

层次结构	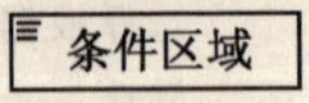 此区域首行视为标题行，此标题行值应对应用于筛选范围中的某一标题列。
命名空间	http://schemas.uof.org/cn/2003/uof-spreadsheet
类型	扩展 表:区域
属性	见下表

名称	类型	可用性	隐含值	固定值	注释
uof:locID	xsd:string	required		s0108	

5.2.474 元素 表:筛选类型/结果区域

层次结构	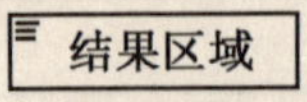 一般筛选在原来区域显示筛选结果，也可以将结果复制到另一区域。
命名空间	http://schemas.uof.org/cn/2003/uof-spreadsheet
类型	扩展 表:区域
属性	见下表

名称	类型	可用性	隐含值	固定值	注释
uof:locID	xsd:string	required		s0109	

5.2.475　复杂类型 表:页面设置类型

层次结构	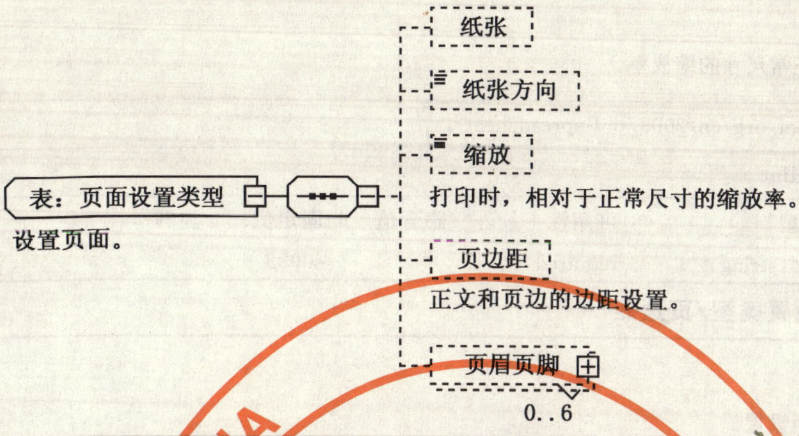					
命名空间	http://schemas.uof.org/cn/2003/uof-spreadsheet					
子元素	纸张 纸张方向 缩放 页边距 页眉页脚					
用于	元素 表:工作表属性类型/页面设置					
属性	名称	类型	可用性	隐含值	固定值	注释
	名称	xsd:string	optional	默认		

5.2.476　元素 表:页面设置类型/纸张

层次结构	纸张					
命名空间	http://schemas.uof.org/cn/2003/uof-spreadsheet					
类型	扩展 纸张类型					
属性	名称	类型	可用性	隐含值	固定值	注释
	纸型	xsd:string	optional			文档 纸型，如A4、B5等，标识了纸张的宽度和高度。
	宽度	长度类型	required			文档 纸张的宽度。
	高度	长度类型	required			文档 纸张的高度。
	uof:locID	xsd:string	required		s0030	
	uof:attrList	xsd:NMTOKENS	required		纸型 宽度 高度	

5.2.477　元素 表:页面设置类型/纸张方向

层次结构	纸张方向					
命名空间	http://schemas.uof.org/cn/2003/uof-spreadsheet					
类型	扩展 纸张方向类型					
刻面	枚举 landscape 枚举 portrait					
属性	名称	类型	可用性	隐含值	固定值	注释
	uof:locID	xsd:string	required		s0031	

5.2.478 元素 表:页面设置类型/缩放

层次结构	缩放 打印时，相对于正常尺寸的缩放率。					
命名空间	http://schemas.uof.org/cn/2003/uof-spreadsheet					
类型	扩展 xsd:unsignedInt					
属性	名称	类型	可用性	隐含值	固定值	注释
	uof:locID	xsd:string	required		s0032	

5.2.479 元素 表:页面设置类型/页边距

层次结构	页边距 正文和页边的边距设置。					
命名空间	http://schemas.uof.org/cn/2003/uof-spreadsheet					
类型	扩展 页边距类型					
属性	名称	类型	可用性	隐含值	固定值	注释
	左	长度类型	optional			文档 左页边距，即距左页边的距离。
	上	长度类型	optional			文档 上页边距，即距左页边的距离。
	右	长度类型	optional			文档 右页边距，即距右页边的距离。
	下	长度类型	optional			文档 下页边距，即距下页边的距离。
	uof:locID	xsd:string	required		s0033	
	uof:attrList	xsd:NMTOKENS	required		左 上 右 下	

5.2.480 元素 表:页面设置类型/页眉页脚

层次结构	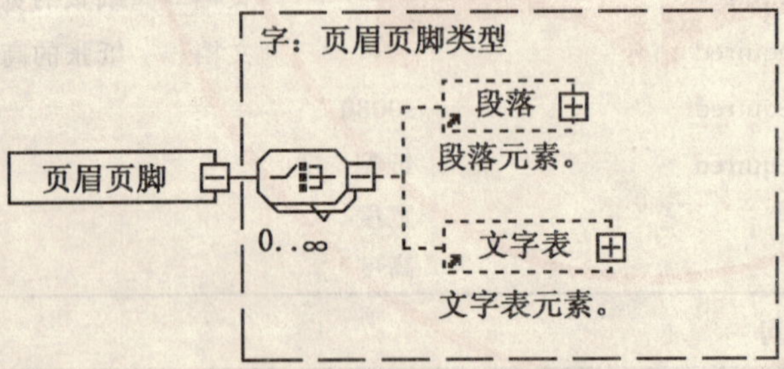					
命名空间	http://schemas.uof.org/cn/2003/uof-spreadsheet					
类型	扩展 字:页眉页脚类型					
子元素	字:段落 字:文字表					
属性	名称	类型	可用性	隐含值	固定值	注释
	位置	页眉页脚位置	required			文档 页眉或页脚的不同部分，分左，中，右。
	uof:locID	xsd:string	required		s0034	
	uof:attrList	xsd:NMTOKENS	required		位置	

5.2.481 简单类型 表:偏移量

命名空间	http://schemas.uof.org/cn/2003/uof-spreadsheet
类型	restriction of xsd:int
用于	元素 表:坐标轴类型/对齐/偏移量
刻面	minInclusive 0 maxInclusive 1000

5.2.482 简单类型 表:公式

命名空间	http://schemas.uof.org/cn/2003/uof-spreadsheet	
类型	xsd:string	
用于	元素	表:单元格类型/数据/公式 表:公用处理规则类型/区域公式集/区域公式/公式
	简单类型	表:单元格值 表:命名表达式
	属性	表:图表类型/数据源/系列/@分类名 表:图表类型/数据源/系列/@系列值 表:图表类型/数据源/系列/@系列名

5.2.483 简单类型 表:刻度标志

命名空间	http://schemas.uof.org/cn/2003/uof-spreadsheet	
类型	restriction of xsd:string	
用于	attribute 表:坐标轴类型/@刻度线标志	
刻面	枚举	none
	枚举	outside
	枚举	inside
	枚举	next to axis

5.2.484 简单类型 表:刻度线类型

命名空间	http://schemas.uof.org/cn/2003/uof-spreadsheet	
类型	restriction of xsd:string	
用于	属性 表:坐标轴类型/@主刻度类型 表:坐标轴类型/@次刻度类型	
刻面	枚举	none
	枚举	outside
	枚举	inside
	枚举	cross

5.2.485 简单类型 表:区域

命名空间	http://schemas.uof.org/cn/2003/uof-spreadsheet	
类型	xsd:string	
用于	元素	表:筛选类型/条件区域 表:筛选类型/结果区域 表:筛选类型/范围 表:区域 表:工作表属性类型/视图/选中区域
	简单类型	表:单元格值 表:命名表达式
	attribute	表:图表类型/数据源/@数据区域

5.2.486 简单类型 表:区域类型

命名空间	http://schemas.uof.org/cn/2003/uof-spreadsheet	
类型	restriction of xsd:string	
刻面	枚举	userdefine
	枚举	system
	枚举	auto

5.2.487 简单类型 表:单元格值

命名空间	http://schemas.uof.org/cn/2003/uof-spreadsheet
类型	union of (表:公式，xsd:double，xsd:string，表:区域)
用于	元素 表:校验条件类型/值 表:第一操作数 表:第二操作数

5.2.488 简单类型 表:单元格数据类型

命名空间	http://schemas.uof.org/cn/2003/uof-spreadsheet
类型	restriction of xsd:string
用于	attribute 表:单元格类型/数据/@数据类型
刻面	枚举 text 枚举 number 枚举 date 枚举 error 枚举 boolean

5.2.489 简单类型 表:命名表达式

命名空间	http://schemas.uof.org/cn/2003/uof-spreadsheet
类型	union of (表:区域，表:公式)
用于	attribute 书签类型/命名表达式/@行列区域

5.2.490 简单类型 表:图例位置

命名空间	http://schemas.uof.org/cn/2003/uof-spreadsheet
类型	restriction of xsd:string
用于	attribute 表:图表类型/图例/@位置
刻面	枚举 bottom 枚举 top 枚举 corner 枚举 left 枚举 right

5.2.491 简单类型 表:垂直对齐

命名空间	http://schemas.uof.org/cn/2003/uof-spreadsheet
类型	restriction of xsd:string
用于	元素 表:对齐格式类型/垂直对齐方式
刻面	枚举 top 枚举 center 枚举 bottom 枚举 justify 枚举 distributed

5.2.492 简单类型 表:数值分类名称

命名空间	http://schemas.uof.org/cn/2003/uof-spreadsheet
类型	restriction of xsd:string
用于	attribute 表:数字格式/@分类名称

刻面	枚举 general 枚举 number 枚举 currency 枚举 accounting 枚举 date 枚举 time 枚举 percentage 枚举 fraction 枚举 scientific 枚举 text 枚举 specialization 枚举 custom

5.2.493 简单类型 表:文字方向

命名空间	http://schemas.uof.org/cn/2003/uof-spreadsheet
类型	restriction of xsd:string
用于	元素 表:对齐格式类型/文字方向 表:坐标轴类型/对齐/文字方向
刻面	枚举 vertical 枚举 horizontal

5.2.494 简单类型 表:文字旋转角度

命名空间	http://schemas.uof.org/cn/2003/uof-spreadsheet
类型	restriction of xsd:int
用于	元素 表:对齐格式类型/文字旋转角度 表:坐标轴类型/对齐/旋转角度
刻面	minInclusive −90
	maxInclusive 90

5.2.495 简单类型 表:显示单位

命名空间	http://schemas.uof.org/cn/2003/uof-spreadsheet
类型	restriction of xsd:string
用于	元素 表:刻度类型/单位
刻面	枚举 none 枚举 hundreds 枚举 thousands 枚举 ten thousands 枚举 one hundred thousands 枚举 millions 枚举 ten millions 枚举 one hundred millions 枚举 trillions

5.2.496 简单类型 表:普通筛选类型

命名空间	http://schemas.uof.org/cn/2003/uof-spreadsheet
类型	restriction of xsd:string
用于	attribute 表:筛选类型/条件/普通/@类型
刻面	枚举 topitem 枚举 toppercent 枚举 bottomitem 枚举 bottompercent 枚举 value

5.2.497 简单类型 表:条件操作符

命名空间	http://schemas.uof.org/cn/2003/uof-spreadsheet
类型	restriction of xsd:string
用于	元素 表:操作码
刻面	枚举 equal to 枚举 not equal to 枚举 greater than 枚举 greater than or equal to 枚举 less than 枚举 less than or equal to 枚举 start with 枚举 not start with 枚举 end with 枚举 not end with 枚举 contain 枚举 not contain 枚举 between 枚举 not between

5.2.498 简单类型 表:标题名

命名空间	http://schemas.uof.org/cn/2003/uof-spreadsheet
类型	restriction of xsd:string
刻面	枚举 chart 枚举 category axis 枚举 value axis 枚举 minor value axis 枚举 minor category axis

5.2.499 简单类型 表:校验类型

命名空间	http://schemas.uof.org/cn/2003/uof-spreadsheet
类型	restriction of xsd:string
用于	元素 表:数据有效性类型/校验类型

刻面	枚举 any value 枚举 whole number 枚举 decimal 枚举 list 枚举 date 枚举 time 枚举 text length 枚举 custom

5.2.500 简单类型 表:水平对齐

命名空间	http://schemas.uof.org/cn/2003/uof-spreadsheet
类型	restriction of xsd:string
用于	元素 表:对齐格式类型/水平对齐方式
刻面	枚举 general 枚举 left 枚举 center 枚举 right 枚举 fill 枚举 justify 枚举 center across selection 枚举 distributed

5.2.501 简单类型 表:系列产生类型

命名空间	http://schemas.uof.org/cn/2003/uof-spreadsheet
类型	restriction of xsd:string
用于	attribute 表:图表类型/数据源/@系列产生
刻面	枚举 row 枚举 col

5.2.502 简单类型 表:缩进量

命名空间	http://schemas.uof.org/cn/2003/uof-spreadsheet
类型	restriction of xsd:int
用于	元素 表:对齐格式类型/缩进
刻面	minInclusive 0 maxInclusive 15

5.2.503 简单类型 表:网格线类型

命名空间	http://schemas.uof.org/cn/2003/uof-spreadsheet
类型	restriction of xsd:string
用于	attribute 表:图表类型/网格线集/网格线/@位置
刻面	枚举 category axis 枚举 value axis

5.2.504 简单类型 表:随动方式

命名空间	http://schemas.uof.org/cn/2003/uof-spreadsheet
类型	restriction of xsd:string
用于	attribute 表:图表类型/@随动方式
刻面	枚举 move and re-size 枚举 move 枚举 none

5.2.505 简单类型 表:页眉页脚位置

命名空间	http://schemas.uof.org/cn/2003/uof-spreadsheet
类型	restriction of xsd:string
用于	attribute 表:页面设置类型/页眉页脚/@位置
刻面	枚举 headerleft 枚举 headercenter 枚举 headerright 枚举 footerleft 枚举 footercenter 枚举 footerright

5.2.506 属性组 表:数字格式

命名空间	http://schemas.uof.org/cn/2003/uof-spreadsheet					
用于	元素 表:单元格式样类型/数字格式 复杂类型 表:数值类型					
属性	名称	类型	可用性	隐含值	固定值	注释
	分类名称	数值分类名称	optional			
	格式码	xsd:string	optional			

5.2.507 元素 演:声音

层次结构	演:声音						
命名空间	http://schemas.uof.org/cn/2003/uof-slideshow						
用于	元素 演:幻灯片类型/切换 演:动画类型/增强						
属性	名称	类型	可用性	隐含值	固定值	注释	
	uof:locID	xsd:string	required		p0061		
	预定义声音	xsd:string	optional	none		文档	预定义的声音样本,如掌声、鼓声……
	自定义声音	xsd:string	optional			文档	声音文件路径,表示自定义的声音。
	uof:attrList	xsd:NMTOKENS	required		预定义声音 自定义声音		

5.2.508 元素 演:背景

层次结构	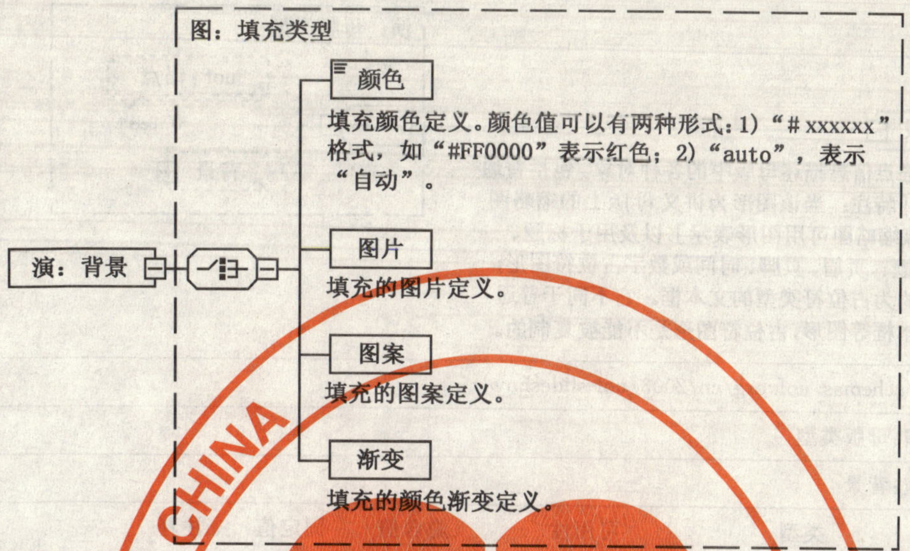
命名空间	http://schemas.uof.org/cn/2003/uof-slideshow
类型	扩展 图:填充类型
子元素	颜色 图片 图案 渐变
用于	复杂类型 演:幻灯片备注类型 演:幻灯片类型 演:母版类型
属性	名称 类型 可用性 隐含值 固定值 注释 uof:locID xsd:string required p0057

5.2.509 复杂类型 演:主体类型

层次结构	
命名空间	http://schemas.uof.org/cn/2003/uof-slideshow
子元素	母版集 幻灯片集
用于	元素 演:演示文档类型/主体

5.2.510 元素 演:主体类型/母版集

层次结构	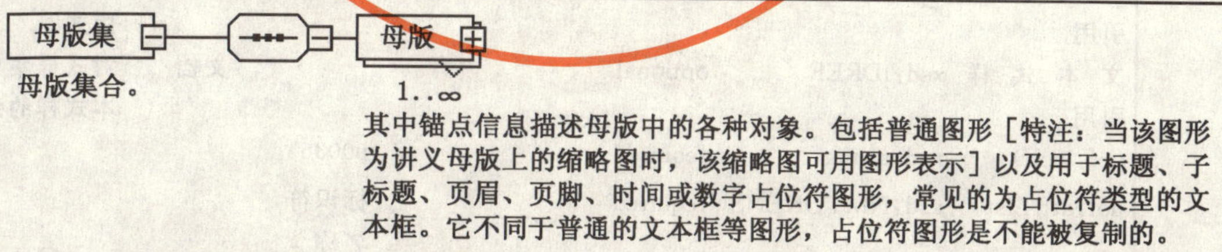
命名空间	http://schemas.uof.org/cn/2003/uof-slideshow
子元素	母版
属性	名称 类型 可用性 隐含值 固定值 注释 uof:locID xsd:string required p0035

5.2.511 元素 演:主体类型/母版集/母版

层次结构	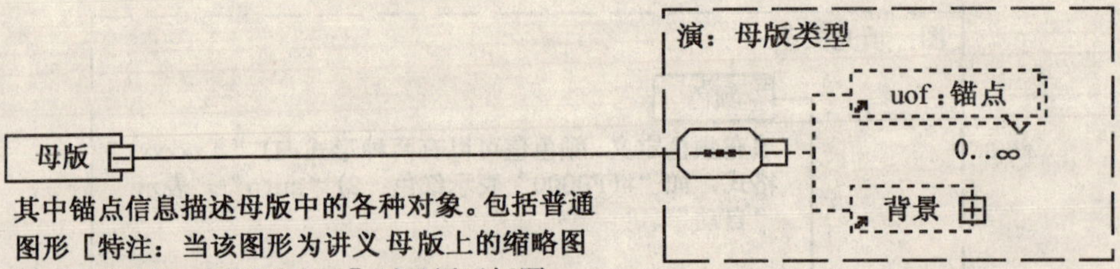 其中锚点信息描述母版中的各种对象。包括普通图形［特注：当该图形为讲义 母版上的缩略图时，该缩略图可用图形表示］以及用于标题、子标题、页眉、页脚、时间或数字占位符图形，常见的为占位符类型的文本框。它不同于普通的文本框等图形，占位符图形是不能被复制的。						
命名空间	http://schemas.uof.org/cn/2003/uof-slideshow						
类型	扩展 演:母版类型						
子元素	锚点 演:背景						
属性	名称	类型	可用性	隐含值	固定值	注释	
	标识符	xsd:ID	optional			文档	标识一个特定的母版，以被幻灯片引用。参见名称注释。
	名称	xsd:string	optional			文档	要保证每个母版名称各不相同，以被每个幻灯片页引用。注意只有类型为幻灯片的母版才被幻灯片直接引用；讲义类型的母版会引用到一个页面版式［注意它不是界面上选择的版式，而是讲义视图上缩略图对应的版式］。
	类型	xsd:string	optional				
	页面设置引用	xsd:IDREF	optional			文档	母版采用的页面设置引用。每种类型的母版可能采用不同类型的页面设置。
	配色方案引用	xsd:IDREF	optional			文档	母版上采用的配色方案。
	页面版式引用	xsd:IDREF	optional			文档	讲义母版引用的页面版式。
	文本式样引用	xsd:IDREF	optional			文档	对式样集中幻灯片文本式样的引用。
	uof:locID	xsd:string	required		p0036		
	uof:attrList	xsd:NMTOKENS	required		标识符 名称 类型 页面设置引用 配色方案引用 页面版式引用 文本式样引用		

5.2.512 元素 演:主体类型/幻灯片集

层次结构	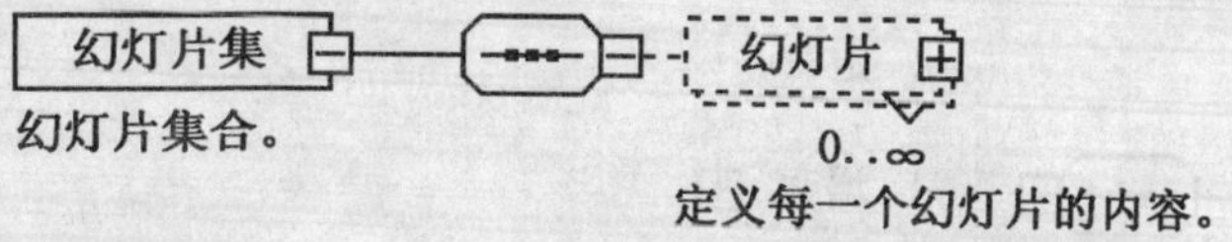					
命名空间	http://schemas.uof.org/cn/2003/uof slidcshow					
子元素	幻灯片					
属性	名称	类型	可用性	隐含值	固定值	注释
	uof:locID	xsd:string	required		p0039	

5.2.513 元素 演:主体类型/幻灯片集/幻灯片

层次结构	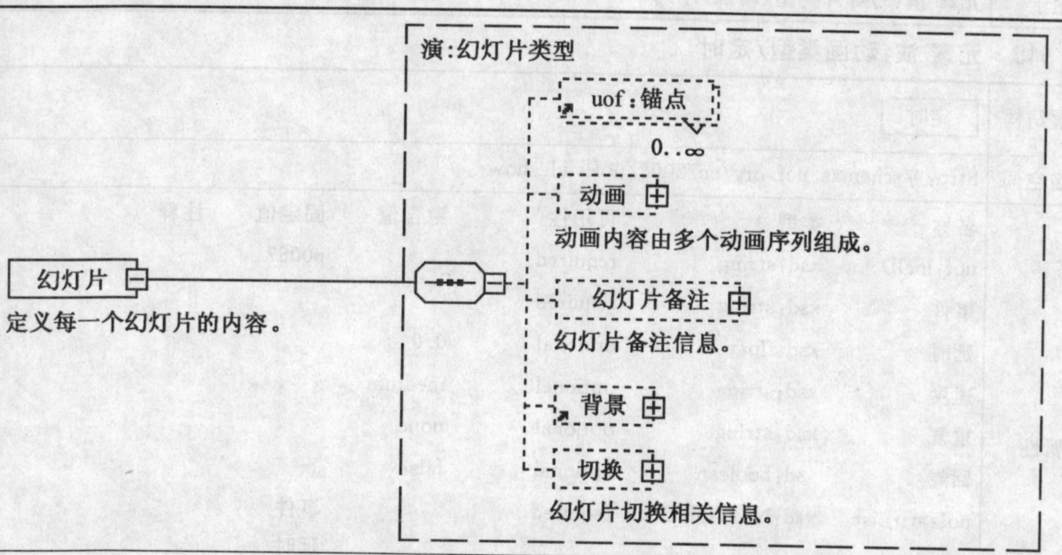					
命名空间	http://schemas.uof.org/cn/2003/uof-slideshow					
类型	扩展 演:幻灯片类型					
子元素	锚点 动画 幻灯片备注 演:背景 切换					
属性	名称	类型	可用性	隐含值	固定值	注释
	名称	xsd:string	optional			
	标识符	xsd:ID	optional			
	母版引用	xsd:IDREF	required			文档 类型为幻灯片母版引用。
	配色方案引用	xsd:IDREF	optional			
	页面版式引用	xsd:IDREF	optional			
	显示	xsd:boolean	optional	true		
	显示背景	xsd:boolean	optional	true		
	显示背景对象	xsd:boolean	optional	true		
	uof:locID	xsd:string	required		p0040	
	uof:attrList	xsd:NMTOKENS	required		名称 标识符 母版引用 配色方案引用 页面版式引用 显示 显示背景 显示背景对象	

5.2.514 复杂类型 演:动画类型

层次结构	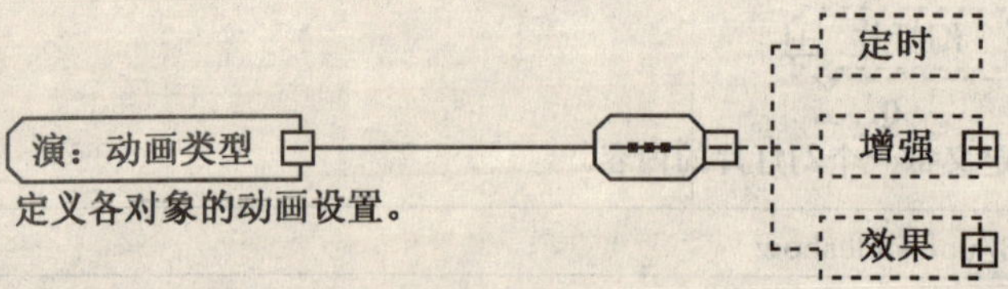
命名空间	http://schemas.uof.org/cn/2003/uof-slideshow
子元素	定时 增强 效果
用于	元素 演:幻灯片类型/动画/序列

5.2.515 元素 演:动画类型/定时

层次结构	定时					
命名空间	http://schemas.uof.org/cn/2003/uof-slideshow					
属性	名称	类型	可用性	隐含值	固定值	注释
	uof:locID	xsd:string	required		p0067	
	事件	xsd:string	required			
	延时	xsd:float	optional	0.0		
	速度	xsd:string	optional	medium		
	重复	xsd:string	optional	none		
	回卷	xsd:boolean	optional	false		
	uof:attrList	xsd:NMTOKENS	required		事件 延时 速度 重复 回卷	

5.2.516 元素 演:动画类型/增强

层次结构	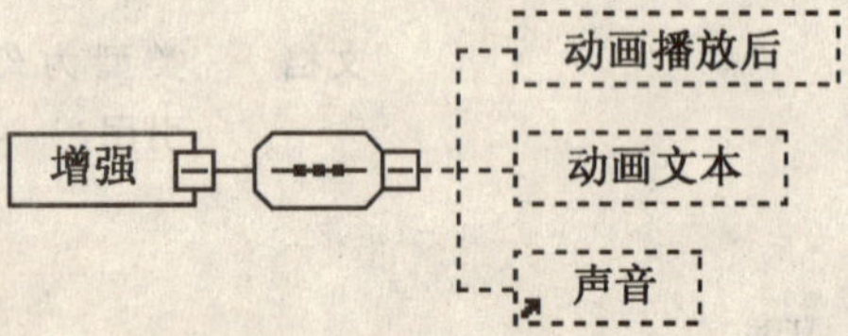					
命名空间	http://schemas.uof.org/cn/2003/uof-slideshow					
子元素	动画播放后 动画文本 演:声音					
属性	名称	类型	可用性	隐含值	固定值	注释
	uof:locID	xsd:string	required		p0068	

5.2.517 元素 演:动画类型/增强/动画播放后

层次结构	动画播放后
命名空间	http://schemas.uof.org/cn/2003/uof-slideshow

属性	名称	类型	可用性	隐含值	固定值	注释
	uof:locID	xsd:string	required		p0070	
	颜色	uof:颜色类型	optional			
	变暗	xsd:boolean	optional	false		
	播放后隐藏	xsd:boolean	optional	false		
	单击后隐藏	xsd:boolean	optional	false		
	uof:attrList	xsd:NMTOKENS	required		颜色 变暗 播放后隐藏 单击后隐藏	

5.2.518 元素 演:动画类型/增强/动画文本

层次结构	动画文本					
命名空间	http://schemas.uof.org/cn/2003/uof-slideshow					
属性	名称	类型	可用性	隐含值	固定值	注释
	uof:locID	xsd:string	required		p0071	
	发送	xsd:string	optional	all at once		
	间隔	xsd:float	optional	0		文档 单位:秒
	动画形状	xsd:boolean	optional	false		
	相反顺序	xsd:boolean	optional	false		
	uof:attrList	xsd:NMTOKENS	required		发送 间隔 动画形状 相反顺序	

5.2.519 元素 演:动画类型/效果

层次结构	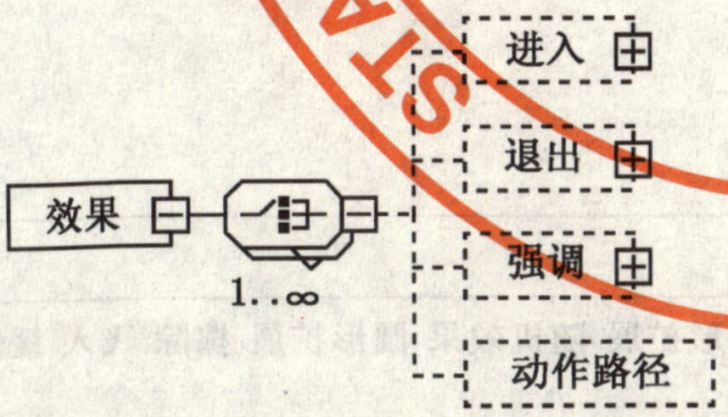 					
命名空间	http://schemas.uof.org/cn/2003/uof-slideshow					
子元素	进入 退出 强调 动作路径					
属性	名称	类型	可用性	隐含值	固定值	注释
	uof:locID	xsd:string	required		p0069	

5.2.520 元素 演:动画类型/效果/进入

层次结构	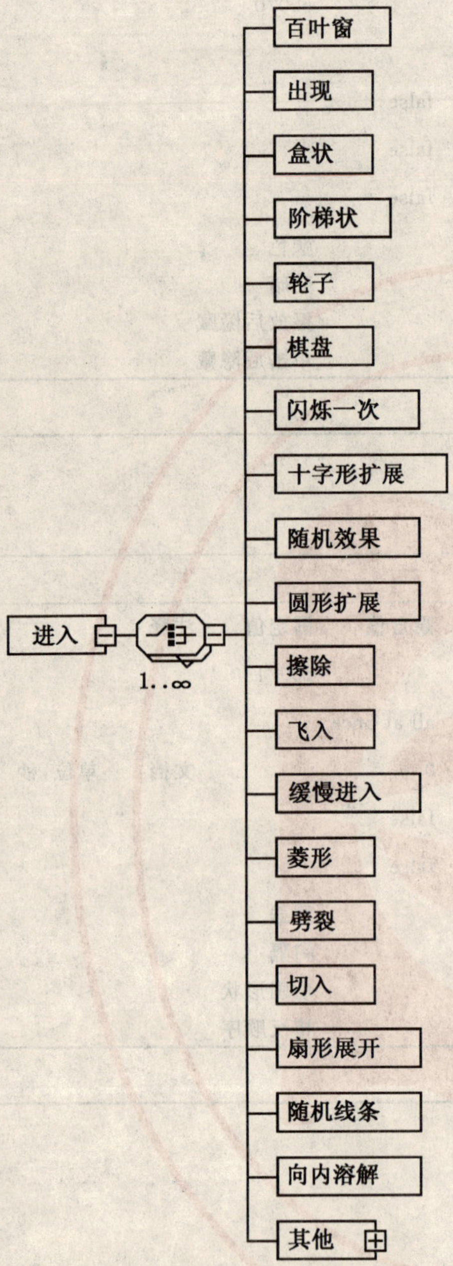
命名空间	http://schemas.uof.org/cn/2003/uof-slideshow
子元素	百叶窗 出现 盒状 阶梯状 轮子 棋盘 闪烁一次 十字形扩展 随机效果 圆形扩展 擦除 飞入 缓慢进入 菱形 劈裂 切入 扇形展开 随机线条 向内溶解 其他
属性	名称 类型 可用性 隐含值 固定值 注释 uof:locID xsd:string required p0073

5.2.521 元素 演:动画类型/效果/进入/百叶窗

层次结构	百叶窗
命名空间	http://schemas.uof.org/cn/2003/uof-slideshow

属性	名称	类型	可用性	隐含值	固定值	注释
	uof:locID	xsd:string	required		p0080	
	速度	xsd:string	optional	very fast		
	方向	xsd:string	optional	horizontal		
	uof:attrList	xsd:NMTOKENS	required		速度 方向	

5.2.522 元素 演:动画类型/效果/进入/出现

层次结构	出现					
命名空间	http://schemas.uof.org/cn/2003/uof-slideshow					
属性	名称	类型	可用性	隐含值	固定值	注释
	uof:locID	xsd:string	required		p0081	

5.2.523 元素 演:动画类型/效果/进入/盒状

层次结构	盒状					
命名空间	http://schemas.uof.org/cn/2003/uof-slideshow					
属性	名称	类型	可用性	隐含值	固定值	注释
	uof:locID	xsd:string	required		p0082	
	速度	xsd:string	optional	very fast		
	方向	xsd:string	optional	in		
	uof:attrList	xsd:NMTOKENS	required		速度 方向	

5.2.524 元素 演:动画类型/效果/进入/阶梯状

层次结构	阶梯状					
命名空间	http://schemas.uof.org/cn/2003/uof-slideshow					
属性	名称	类型	可用性	隐含值	固定值	注释
	uof:locID	xsd:string	required		p0083	
	速度	xsd:string	optional	very fast		
	方向	xsd:string	optional	left down		
	uof:attrList	xsd:NMTOKENS	required		速度 方向	

5.2.525 元素 演:动画类型/效果/进入/轮子

层次结构	轮子					
命名空间	http://schemas.uof.org/cn/2003/uof-slideshow					
属性	名称	类型	可用性	隐含值	固定值	注释
	uof:locID	xsd:string	required		p0084	
	速度	xsd:string	optional	medium		
	辐射状	xsd:string	optional	4		
	uof:attrList	xsd:NMTOKENS	required		速度 辐射状	

5.2.526 元素 演:动画类型/效果/进入/棋盘

层次结构	棋盘					
命名空间	http://schemas.uof.org/cn/2003/uof-slideshow					
属性	名称	类型	可用性	隐含值	固定值	注释
	uof:locID	xsd:string	required		p0085	
	速度	xsd:string	optional	very fast		
	方向	xsd:string	optional	across		
	uof:attrList	xsd:NMTOKENS	required		速度 方向	

5.2.527 元素 演:动画类型/效果/进入/闪烁一次

层次结构	闪烁一次					
命名空间	http://schemas.uof.org/cn/2003/uof-slideshow					
属性	名称	类型	可用性	隐含值	固定值	注释
	uof:locID	xsd:string	required		p0086	
	速度	xsd:string	optional	fast		
	uof:attrList	xsd:NMTOKENS	required		速度	

5.2.528 元素 演:动画类型/效果/进入/十字形扩展

层次结构	十字形扩展					
命名空间	http://schemas.uof.org/cn/2003/uof-slideshow					
属性	名称	类型	可用性	隐含值	固定值	注释
	uof:locID	xsd:string	required		p0087	
	速度	xsd:string	optional	medium		
	方向	xsd:string	optional	in		
	uof:attrList	xsd:NMTOKENS	required		速度 方向	

5.2.529 元素 演:动画类型/效果/进入/随机效果

层次结构	随机效果					
命名空间	http://schemas.uof.org/cn/2003/uof-slideshow					
属性	名称	类型	可用性	隐含值	固定值	注释
	uof:locID	xsd:string	required		p0088	

5.2.530 元素 演:动画类型/效果/进入/圆形扩展

层次结构	圆形扩展
命名空间	http://schemas.uof.org/cn/2003/uof-slideshow

	名称	类型	可用性	隐含值	固定值	注释
属性	uof:locID	xsd:string	required		p0089	
	速度	xsd:string	optional	medium		
	方向	xsd:string	optional	in		
	uof:attrList	xsd:NMTOKENS	required		速度 方向	

5.2.531 元素 演:动画类型/效果/进入/擦除

层次结构	擦除
命名空间	http://schemas.uof.org/cn/2003/uof-slideshow

	名称	类型	可用性	隐含值	固定值	注释
属性	uof:locID	xsd:string	required		p0090	
	速度	xsd:string	optional	very fast		
	方向	xsd:string	optional	from bottom		
	uof:attrList	xsd:NMTOKENS	required		速度 方向	

5.2.532 元素 演:动画类型/效果/进入/飞入

层次结构	飞入
命名空间	http://schemas.uof.org/cn/2003/uof-slideshow

	名称	类型	可用性	隐含值	固定值	注释
属性	uof:locID	xsd:string	required		p0091	
	速度	xsd:string	optional	very fast		
	方向	xsd:string	optional	from bottom		
	uof:attrList	xsd:NMTOKENS	required		速度 方向	

5.2.533 元素 演:动画类型/效果/进入/缓慢进入

层次结构	缓慢进入
命名空间	http://schemas.uof.org/cn/2003/uof-slideshow

	名称	类型	可用性	隐含值	固定值	注释
属性	uof:locID	xsd:string	required		p0092	
	速度	xsd:string	optional	very slow		
	方向	xsd:string	optional	from bottom		
	uof:attrList	xsd:NMTOKENS	required		速度 方向	

5.2.534 元素 演:动画类型/效果/进入/菱形

层次结构	菱形
命名空间	http://schemas.uof.org/cn/2003/uof-slideshow

属性	名称 类型 可用性 隐含值 固定值 注释 uof:locID xsd:string required p0093 速度 xsd:string optional medium 方向 xsd:string optional in uof:attrList xsd:NMTOKENS required 速度 方向

5.2.535 元素 演:动画类型/效果/进入/劈裂

层次结构	劈裂
命名空间	http://schemas.uof.org/cn/2003/uof-slideshow
属性	名称 类型 可用性 隐含值 固定值 注释 uof:locID xsd:string required p0094 速度 xsd:string optional very fast 方向 xsd:string optional horizontal in uof:attrList xsd:NMTOKENS required 速度 方向

5.2.536 元素 演:动画类型/效果/进入/切入

层次结构	切入
命名空间	http://schemas.uof.org/cn/2003/uof-slideshow
属性	名称 类型 可用性 隐含值 固定值 注释 uof:locID xsd:string required p0095 速度 xsd:string optional very fast 方向 xsd:string optional from bottom uof:attrList xsd:NMTOKENS required 速度 方向

5.2.537 元素 演:动画类型/效果/进入/扇形展开

层次结构	扇形展开
命名空间	http://schemas.uof.org/cn/2003/uof-slideshow
属性	名称 类型 可用性 隐含值 固定值 注释 uof:locID xsd:string required p0096 速度 xsd:string optional medium uof:attrList xsd:NMTOKENS required 速度

5.2.538 元素 演:动画类型/效果/进入/随机线条

层次结构	随机线条
命名空间	http://schemas.uof.org/cn/2003/uof-slideshow

属性	名称 类型 可用性 隐含值 固定值 注释 uof:locID xsd:string required p0097 速度 xsd:string optional very fast 方向 xsd:string optional horizontal uof:attrList xsd:NMTOKENS required 速度 方向

5.2.539 元素 演:动画类型/效果/进入/向内溶解

层次结构	向内溶解
命名空间	http://schemas.uof.org/cn/2003/uof-slideshow
属性	名称 类型 可用性 隐含值 固定值 注释 uof:locID xsd:string required p0098 速度 xsd:string optional very fast uof:attrList xsd:NMTOKENS required 速度

5.2.540 元素 演:动画类型/效果/进入/其他

层次结构	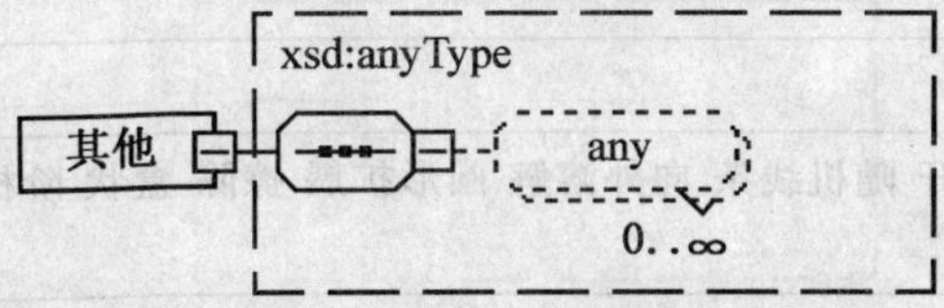
命名空间	http://schemas.uof.org/cn/2003/uof-slideshow
类型	扩展 xsd:any 类型
属性	名称 类型 可用性 隐含值 固定值 注释 uof:locID xsd:string required p0099

5.2.541 元素 演:动画类型/效果/退出

层次结构	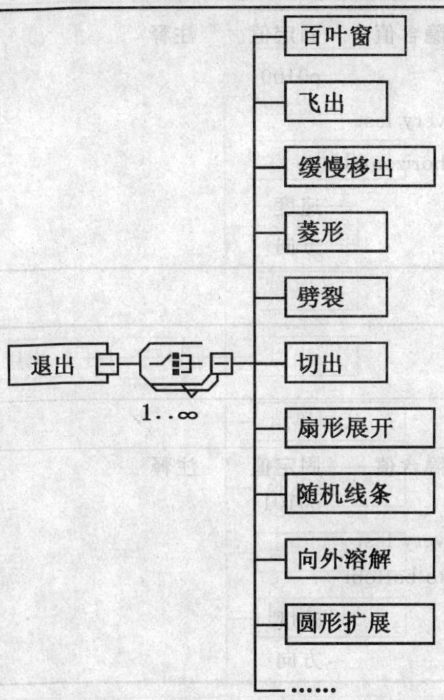

层次结构	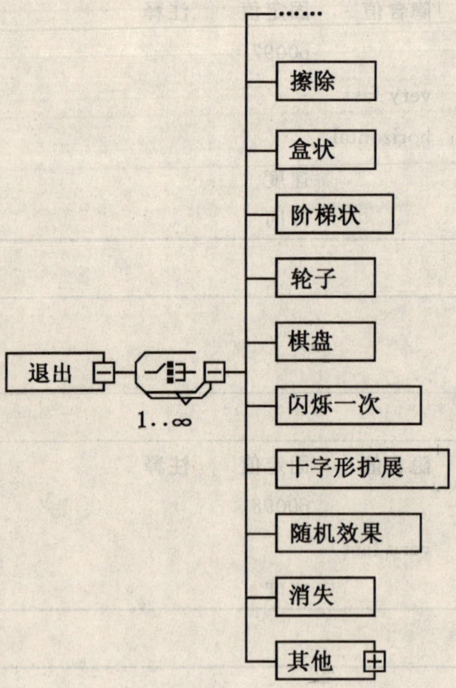
命名空间	http://schemas.uof.org/cn/2003/uof-slideshow
子元素	百叶窗 飞出 缓慢移出 菱形 劈裂 切出 扇形展开 随机线条 向外溶解 圆形扩展 擦除 盒状 阶梯状 轮子 棋盘 闪烁一次 十字形扩展 随机效果 消失 其他

属性：

名称	类型	可用性	隐含值	固定值	注释
uof:locID	xsd:string	required		p0074	

5.2.542 元素 演:动画类型/效果/退出/百叶窗

层次结构	百叶窗
命名空间	http://schemas.uof.org/cn/2003/uof-slideshow

属性：

名称	类型	可用性	隐含值	固定值	注释
uof:locID	xsd:string	required		p0100	
速度	xsd:string	optional	very fast		
方向	xsd:string	optional	horizontal		
uof:attrList	xsd:NMTOKENS	required		速度 方向	

5.2.543 元素 演:动画类型/效果/退出/飞出

层次结构	飞出
命名空间	http://schemas.uof.org/cn/2003/uof-slideshow

属性：

名称	类型	可用性	隐含值	固定值	注释
uof:locID	xsd:string	required		p0101	
速度	xsd:string	optional	very fast		
方向	xsd:string	optional	to bottom		
uof:attrList	xsd:NMTOKENS	required		速度 方向	

5.2.544 元素 演:动画类型/效果/退出/缓慢移出

层次结构	缓慢移出					
命名空间	http://schemas.uof.org/cn/2003/uof-slideshow					
属性	名称	类型	可用性	隐含值	固定值	注释
	uof:locID	xsd:string	required		p0102	
	速度	xsd:string	optional	very slow		
	方向	xsd:string	optional	to bottom		
	uof:attrList	xsd:NMTOKENS	required		速度 方向	

5.2.545 元素 演:动画类型/效果/退出/菱形

层次结构	菱形					
命名空间	http://schemas.uof.org/cn/2003/uof-slideshow					
属性	名称	类型	可用性	隐含值	固定值	注释
	uof:locID	xsd:string	required		p0103	
	速度	xsd:string	optional	medium		
	方向	xsd:string	optional	in		
	uof:attrList	xsd:NMTOKENS	required		速度 方向	

5.2.546 元素 演:动画类型/效果/退出/劈裂

层次结构	劈裂					
命名空间	http://schemas.uof.org/cn/2003/uof-slideshow					
属性	名称	类型	可用性	隐含值	固定值	注释
	uof:locID	xsd:string	required		p0104	
	速度	xsd:string	optional	very fast		
	方向	xsd:string	optional	vertical in		
	uof:attrList	xsd:NMTOKENS	required		速度 方向	

5.2.547 元素 演:动画类型/效果/退出/切出

层次结构	切出					
命名空间	http://schemas.uof.org/cn/2003/uof-slideshow					
属性	名称	类型	可用性	隐含值	固定值	注释
	uof:locID	xsd:string	required		p0105	
	速度	xsd:string	optional	very fast		
	方向	xsd:string	optional	to bottom		
	uof:attrList	xsd:NMTOKENS	required		速度 方向	

5.2.548 元素 演:动画类型/效果/退出/扇形展开

层次结构	扇形展开					
命名空间	http://schemas.uof.org/cn/2003/uof-slideshow					
属性	名称	类型	可用性	隐含值	固定值	注释
	uof:locID	xsd:string	required		p0106	
	速度	xsd:string	optional	medium		
	uof:attrList	xsd:NMTOKENS	required		速度	

5.2.549 元素 演:动画类型/效果/退出/随机线条

层次结构	随机线条					
命名空间	http://schemas.uof.org/cn/2003/uof-slideshow					
属性	名称	类型	可用性	隐含值	固定值	注释
	uof:locID	xsd:string	required		p0107	
	速度	xsd:string	optional	very fast		
	方向	xsd:string	optional	horizontal		
	uof:attrList	xsd:NMTOKENS	required		速度 方向	

5.2.550 元素 演:动画类型/效果/退出/向外溶解

层次结构	向外溶解					
命名空间	http://schemas.uof.org/cn/2003/uof-slideshow					
属性	名称	类型	可用性	隐含值	固定值	注释
	uof:locID	xsd:string	required		p0108	
	速度	xsd:string	optional	very fast		
	uof:attrList	xsd:NMTOKENS	required		速度	

5.2.551 元素 演:动画类型/效果/退出/圆形扩展

层次结构	圆形扩展					
命名空间	http://schemas.uof.org/cn/2003/uof-slideshow					
属性	名称	类型	可用性	隐含值	固定值	注释
	uof:locID	xsd:string	required		p0109	
	速度	xsd:string	optional	medium		
	方向	xsd:string	optional	in		
	uof:attrList	xsd:NMTOKENS	required		速度 方向	

5.2.552 元素 演:动画类型/效果/退出/擦除

层次结构	擦除					
命名空间	http://schemas.uof.org/cn/2003/uof-slideshow					
属性	名称	类型	可用性	隐含值	固定值	注释
	uof:locID	xsd:string	required		p0110	
	速度	xsd:string	optional	very fast		
	方向	xsd:string	optional	from bottom		
	uof:attrList	xsd:NMTOKENS	required		速度 方向	

5.2.553 元素 演:动画类型/效果/退出/盒状

层次结构	盒状
命名空间	http://schemas.uof.org/cn/2003/uof-slideshow

属性	名称	类型	可用性	隐含值	固定值	注释
	uof:locID	xsd:string	required		p0111	
	速度	xsd:string	optional	very fast		
	方向	xsd:string	optional	in		
	uof:attrList	xsd:NMTOKENS	required		速度 方向	

5.2.554 元素 演:动画类型/效果/退出/阶梯状

层次结构	阶梯状
命名空间	http://schemas.uof.org/cn/2003/uof-slideshow

属性	名称	类型	可用性	隐含值	固定值	注释
	uof:locID	xsd:string	required		p0112	
	速度	xsd:string	optional	very fast		
	方向	xsd:string	optional	left down		
	uof:attrList	xsd:NMTOKENS	required		速度 方向	

5.2.555 元素 演:动画类型/效果/退出/轮子

层次结构	轮子
命名空间	http://schemas.uof.org/cn/2003/uof-slideshow

属性	名称	类型	可用性	隐含值	固定值	注释
	uof:locID	xsd:string	required		p0113	
	速度	xsd:string	optional	medium		
	轮辐	xsd:string	optional	4		
	uof:attrList	xsd:NMTOKENS	required		速度 轮辐	

5.2.556 元素 演:动画类型/效果/退出/棋盘

层次结构	棋盘
命名空间	http://schemas.uof.org/cn/2003/uof-slideshow

属性	名称	类型	可用性	隐含值	固定值	注释
	uof:locID	xsd:string	required		p0114	
	速度	xsd:string	optional	very fast		
	方向	xsd:string	optional	across		
	uof:attrList	xsd:NMTOKENS	required		速度 方向	

5.2.557 元素 演:动画类型/效果/退出/闪烁一次

层次结构	闪烁一次
命名空间	http://schemas.uof.org/cn/2003/uof-slideshow

属性	名称	类型	可用性	隐含值	固定值	注释
	uof:locID	xsd:string	required		p0115	
	速度	xsd:string	optional	fast		
	uof:attrList	xsd:NMTOKENS	required		速度	

5.2.558 元素 演:动画类型/效果/退出/十字形扩展

层次结构	十字形扩展
命名空间	http://schemas.uof.org/cn/2003/uof-slideshow

属性	名称	类型	可用性	隐含值	固定值	注释
	uof:locID	xsd:string	required		p0116	
	速度	xsd:string	optional	medium		
	方向	xsd:string	optional	in		
	uof:attrList	xsd:NMTOKENS	required		速度 方向	

5.2.559 元素 演:动画类型/效果/退出/随机效果

层次结构	随机效果
命名空间	http://schemas.uof.org/cn/2003/uof-slideshow

属性	名称	类型	可用性	隐含值	固定值	注释
	uof:locID	xsd:string	required		p0117	

5.2.560 元素 演:动画类型/效果/退出/消失

层次结构	消失
命名空间	http://schemas.uof.org/cn/2003/uof-slideshow

属性	名称	类型	可用性	隐含值	固定值	注释
	uof:locID	xsd:string	required		p0118	

5.2.561 元素 演:动画类型/效果/退出/其他

层次结构	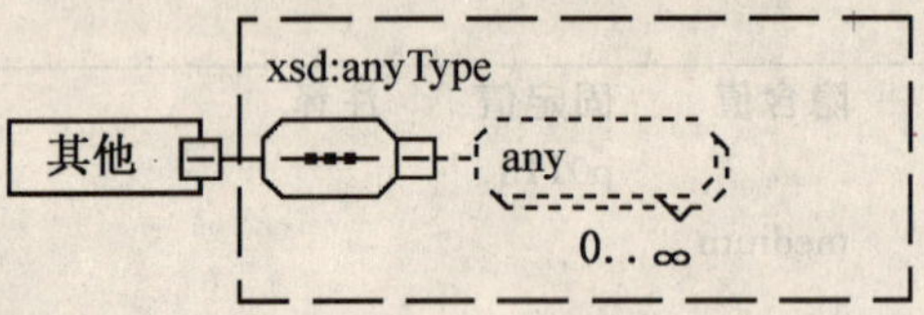
命名空间	http://schemas.uof.org/cn/2003/uof-slideshow
类型	扩展 xsd:any 类型

属性	名称	类型	可用性	隐含值	固定值	注释
	uof:locID	xsd:string	required		p0119	

5.2.562 元素 演:动画类型/效果/强调

层次结构	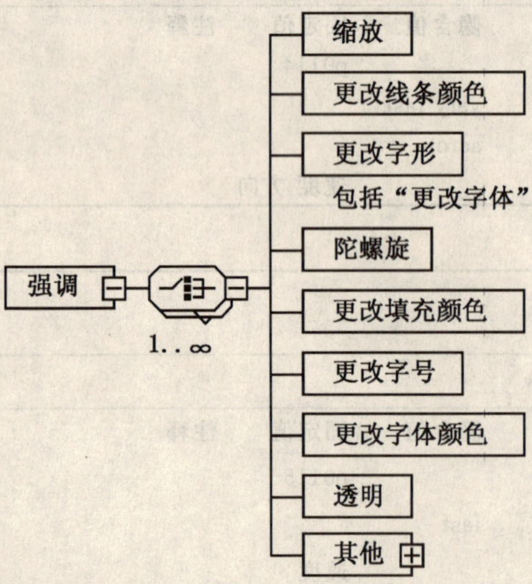

命名空间	http://schemas.uof.org/cn/2003/uof-slideshow					
子元素	缩放 更改线条颜色 更改字形 陀螺旋 更改填充颜色 更改字号 更改字体颜色 透明 其他					
属性	名称	类型	可用性	隐含值	固定值	注释
	uof:locID	xsd:string	required		p0075	

5.2.563 元素 演:动画类型/效果/强调/缩放

层次结构	缩放					
命名空间	http://schemas.uof.org/cn/2003/uof-slideshow					
属性	名称	类型	可用性	隐含值	固定值	注释
	uof:locID	xsd:string	required		p0120	
	速度	xsd:string	optional	medium		
	方向	xsd:string	optional	both		
	预定义尺寸	xsd:string	optional			
	自定义尺寸	uof:百分比类型	optional	150		文档 以百分比表示,例如:150%。
	uof:attrList	xsd:NMTOKENS	required		速度 方向 预定义尺寸 自定义尺寸	

5.2.564 元素 演:动画类型/效果/强调/更改线条颜色

层次结构	更改线条颜色					
命名空间	http://schemas.uof.org/cn/2003/uof-slideshow					
属性	名称	类型	可用性	隐含值	固定值	注释
	uof:locID	xsd:string	required		p0121	
	速度	xsd:string	optional	medium		
	颜色	uof:颜色类型	optional			
	uof:attrList	xsd:NMTOKENS	required		速度 颜色	

5.2.565 元素 演:动画类型/效果/强调/更改字形

层次结构	更改字形 包括"更改字体"。					
命名空间	http://schemas.uof.org/cn/2003/uof-slideshow					
属性	名称	类型	可用性	隐含值	固定值	注释
	uof:locID	xsd:string	required		p0122	
	字形	xsd:IDREF	optional			文档 引用 字:句式样。
	期间	xsd:string	optional	until end of slide		文档 单位:秒。
	uof:attrList	xsd:NMTOKENS	required		字形 期间	

5.2.566 元素 演:动画类型/效果/强调/陀螺旋

层次结构	陀螺旋					
命名空间	http://schemas.uof.org/cn/2003/uof-slideshow					
属性	名称	类型	可用性	隐含值	固定值	注释
	uof:locID	xsd:string	required		p0123	
	速度	xsd:string	optional	medium		
	顺时针方向	xsd:boolean	optional	true		文档 true 为顺时针方向,否则为逆时针方向。
	预定义角度	xsd:string	optional			
	自定义角度	xsd:nonNegativeInteger	optional	360		文档 以度数为单位,例如:360°。
	uof:attrList	xsd:NMTOKENS	required		速度 顺时针方向 预定义角度 自定义角度	

5.2.567 元素 演:动画类型/效果/强调/更改填充颜色

层次结构	更改填充颜色					
命名空间	http://schemas.uof.org/cn/2003/uof-slideshow					
属性	名称	类型	可用性	隐含值	固定值	注释
	uof:locID	xsd:string	required		p0124	
	速度	xsd:string	optional	medium		
	颜色	uof:颜色类型	optional			
	uof:attrList	xsd:NMTOKENS	required		速度 颜色	

5.2.568 元素 演:动画类型/效果/强调/更改字号

层次结构	更改字号					
命名空间	http://schemas.uof.org/cn/2003/uof-slideshow					
属性	名称	类型	可用性	隐含值	固定值	注释
	uof:locID	xsd:string	required		p0125	
	速度	xsd:string	optional	medium		
	预定义尺寸	xsd:string	optional			
	自定义尺寸	uof:百分比类型	optional	150		文档 百分比表示,例如:150%。
	uof:attrList	xsd:NMTOKENS	required		速度 预定义尺寸 自定义尺寸。	

5.2.569 元素 演:动画类型/效果/强调/更改字体颜色

层次结构	更改字体颜色					
命名空间	http://schemas.uof.org/cn/2003/uof-slideshow					
属性	名称	类型	可用性	隐含值	固定值	注释
	uof:locID	xsd:string	required		p0126	
	速度	xsd:string	optional	medium		
	颜色	uof:颜色类型	optional			
	uof:attrList	xsd:NMTOKENS	required		速度 颜色	

5.2.570 元素 演:动画类型/效果/强调/透明

层次结构	透明					
命名空间	http://schemas.uof.org/cn/2003/uof-slideshow					
属性	名称	类型	可用性	隐含值	固定值	注释
	uof:locID	xsd:string	required		p0127	
	预定义透明度	xsd:string	optional			
	自定义透明度	uof:百分比类型	optional			文档 百分比表示，例如：50%。
	期间	xsd:string	optional	until next click		文档 单位：秒。
	uof:attrList	xsd:NMTOKENS	required		预定义透明度 自定义透明度 期间	

5.2.571 元素 演:动画类型/效果/强调/其他

层次结构	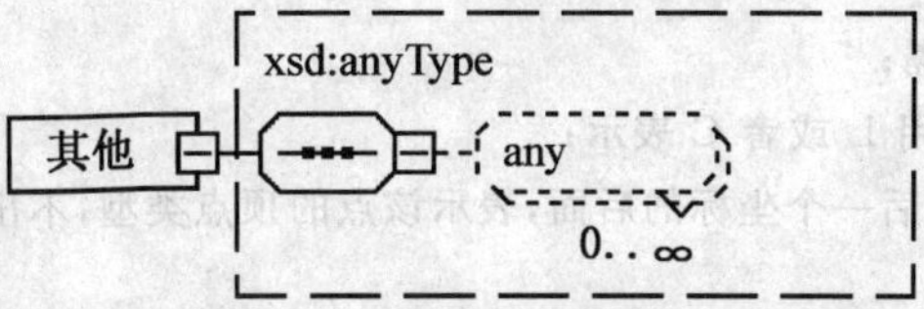					
命名空间	http://schemas.uof.org/cn/2003/uof-slideshow					
类型	扩展 xsd:any 类型					
属性	名称	类型	可用性	隐含值	固定值	注释
	uof:locID	xsd:string	required		p0128	

5.2.572 元素 演:动画类型/效果/动作路径

层次结构	动作路径
命名空间	http://schemas.uof.org/cn/2003/uof-slideshow

<table>
<tr><td rowspan="4">属性</td><td>名称</td><td>类型</td><td>可用性</td><td>隐含值</td><td>固定值</td><td>注释</td></tr>
<tr><td>路径</td><td>xsd:string</td><td>required</td><td></td><td></td><td>文档 见下文注释。例如:"M 0 0 ha C 120 143 708 515 720 855 hg L 75 2040 he C 342 2242 2055 2307 2325 2070 C 3345 1650 3429 895 3720 585 ha M 800 1100 L 3000 300"</td></tr>
<tr><td>uof:locID</td><td>xsd:string</td><td>required</td><td></td><td>p0133</td><td></td></tr>
<tr><td>uof:attrList</td><td>xsd:NMTOKENS</td><td>required</td><td></td><td>路径</td><td></td></tr>
<tr><td>注释</td><td colspan="6">a) 命令符有 M,Z,L,C,ha,hg,he,hc 八种,其中 M,L,C 分别带有表示坐标位置的参数,每个命令符所带的参数格式和代表的含义见下表:
<table>
<tr><td>命令</td><td>名称</td><td>参数个数</td><td>参数含义</td><td>说　明</td></tr>
<tr><td>M</td><td>Moveto</td><td>2</td><td>表示开始点坐标 x,y</td><td>线起始点,一般开始应为 M,如有断点续画,可再出现一个 M</td></tr>
<tr><td>Z</td><td>closepath</td><td>无参数</td><td></td><td>关闭路径。当前路径上画一条直线从起始点到结束点</td></tr>
<tr><td>L</td><td>Lineto</td><td>2</td><td>表示直线的终点坐标 x,y</td><td>画直线</td></tr>
<tr><td>C</td><td>Curveto</td><td>6</td><td>表示曲线的路径 x1,y1 x2,y2 x,y</td><td>画曲线</td></tr>
<tr><td>ha</td><td>自动顶点</td><td>无参数</td><td></td><td>跟随在坐标点之后,表示顶点类型</td></tr>
<tr><td>hg</td><td>平滑顶点</td><td>无参数</td><td></td><td>跟随在坐标点之后,表示顶点类型</td></tr>
<tr><td>he</td><td>直线点</td><td>无参数</td><td></td><td>跟随在坐标点之后,表示顶点类型</td></tr>
<tr><td>hc</td><td>角部顶点</td><td>无参数</td><td></td><td>跟随在坐标点之后,表示顶点类型</td></tr>
</table>
b) 参数的类型为 float 型,表示该路径中的相对于坐标原点的像素值,坐标原点是指最小包含路径的矩形的左上角。如图 1 中的顶点(0,0)为坐标原点;
c) Path 必须以 M 命令符开始;
d) Path 中命令符或参数之间都以空格作为间隔;
e) 坐标点后面可以画直线或画曲线两种 分别用 L 或者 C 表示;
ha,hg,he,hc 命令符出现在某段直线或曲线的最后一个坐标的后面,表示该点的顶点类型,不出现的话,默认是 ha(自动顶点)。</td></tr>
</table>

5.2.573　复杂类型 演:幻灯片备注类型

<table>
<tr><td>层次结构</td><td>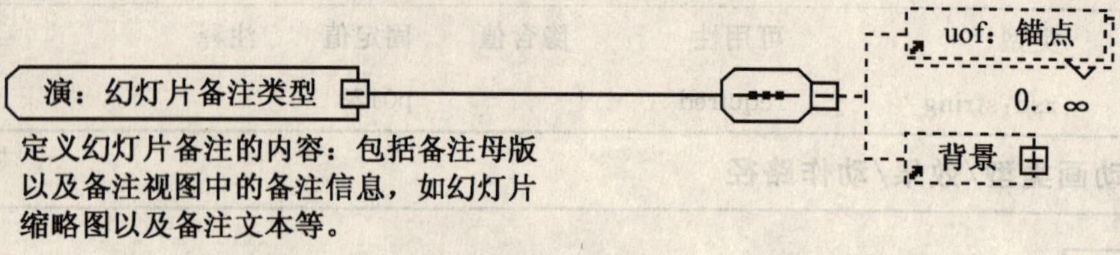
</td></tr>
<tr><td>命名空间</td><td>http://schemas.uof.org/cn/2003/uof-slideshow</td></tr>
</table>

子元素	锚点 演:背景					
用于	元素 演:幻灯片类型/幻灯片备注					
属性	名称	类型	可用性	隐含值	固定值	注释
	备注母版引用	xsd:IDREF	optional			

5.2.574 复杂类型 演:幻灯片类型

层次结构

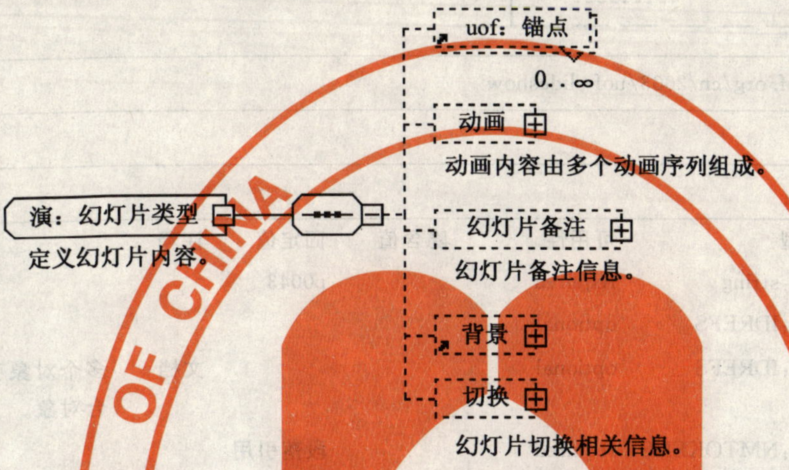

命名空间	http://schemas.uof.org/cn/2003/uof-slideshow					
子元素	锚点 动画 幻灯片备注 演:背景 切换					
用于	元素 演:主体类型/幻灯片集/幻灯片					
属性	名称	类型	可用性	隐含值	固定值	注释
	名称	xsd:string	optional			
	标识符	xsd:ID	optional			
	母版引用	xsd:IDREF	required			文档类型为幻灯片母版引用。
	配色方案引用	xsd:IDREF	optional			
	页面版式引用	xsd:IDREF	optional			
	显示	xsd:boolean	optional	true		
	显示背景	xsd:boolean	optional	true		
	显示背景对象	xsd:boolean	optional	true		

5.2.575 元素 演:幻灯片类型/动画

层次结构

命名空间	http://schemas.uof.org/cn/2003/uof-slideshow					
子元素	序列					
属性	名称	类型	可用性	隐含值	固定值	注释
	uof:locID	xsd:string	required		p0042	

5.2.576 元素 演:幻灯片类型/动画/序列

层次结构	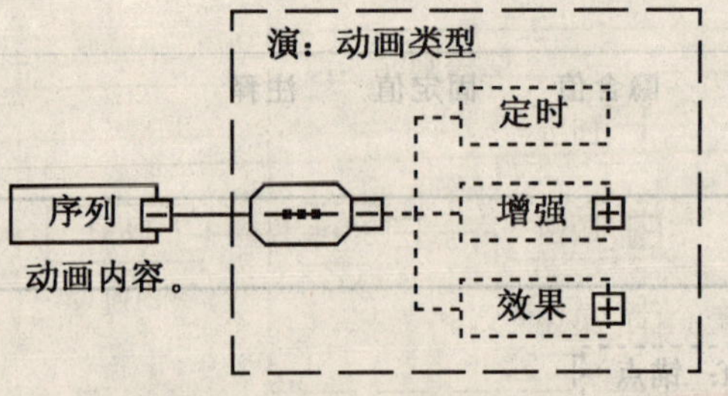
命名空间	http://schemas.uof.org/cn/2003/uof-slideshow
类型	扩展 演:动画类型
子元素	定时 增强 效果

属性

名称	类型	可用性	隐含值	固定值	注释
uof:locID	xsd:string	required		p0043	
段落引用	xsd:IDREFS	optional			
动画对象	xsd:IDREFS	optional			文档 多个对象引用表示组合对象。
uof:attrList	xsd:NMTOKENS	required		段落引用 动画对象	

5.2.577 元素 演:幻灯片类型/幻灯片备注

层次结构	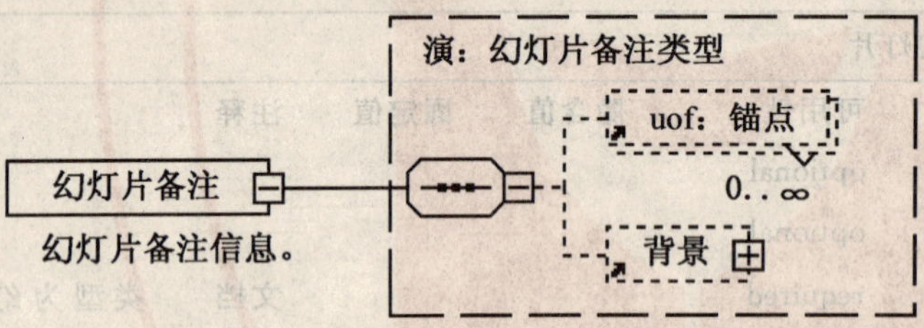
命名空间	http://schemas.uof.org/cn/2003/uof-slideshow
类型	扩展 演:幻灯片备注类型
子元素	锚点 演:背景

属性

名称	类型	可用性	隐含值	固定值	注释
备注母版引用	xsd:IDREF	optional			
uof:locID	xsd:string	required		p0054	
uof:attrList	xsd:NMTOKENS	required		备注母版引用	

5.2.578 元素 演:幻灯片类型/切换

层次结构	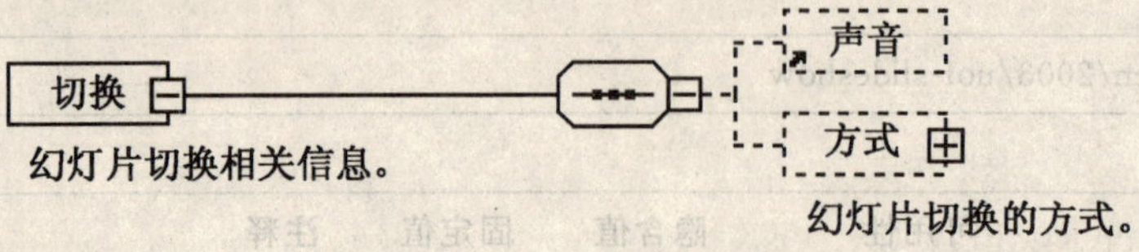

命名空间	http://schemas.uof.org/cn/2003/uof-slideshow
子元素	演:声音 方式
属性	名称 类型 可用性 隐含值 固定值 注释 uof:locID xsd:string required p0058 效果 xsd:string optional none 速度 xsd:string optional middle uof:attrList xsd:NMTOKENS required 效果 速度

5.2.579 元素 演:幻灯片类型/切换/方式

层次结构	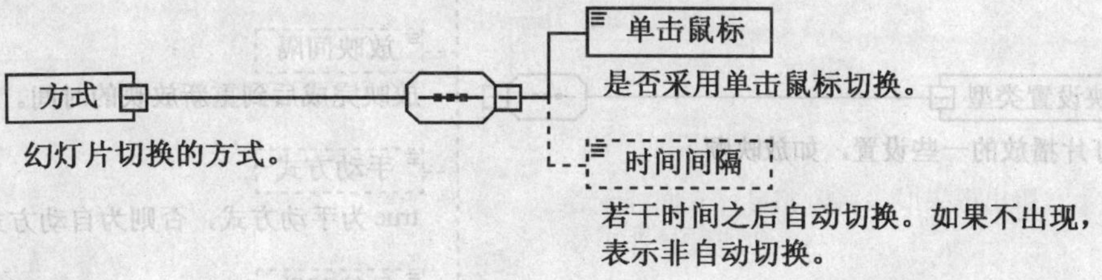
命名空间	http://schemas.uof.org/cn/2003/uof-slideshow
子元素	单击鼠标 时间间隔
属性	名称 类型 可用性 隐含值 固定值 注释 uof:locID xsd:string required p0062

5.2.580 元素 演:幻灯片类型/切换/方式/单击鼠标

层次结构	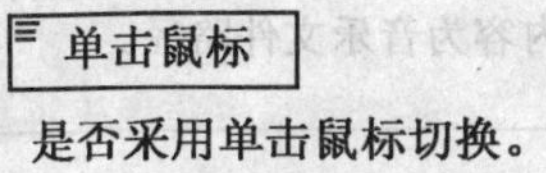
命名空间	http://schemas.uof.org/cn/2003/uof-slideshow
类型	扩展 xsd:boolean
属性	名称 类型 可用性 隐含值 固定值 注释 uof:locID xsd:string required p0065

5.2.581 元素 演:幻灯片类型/切换/方式/时间间隔

层次结构	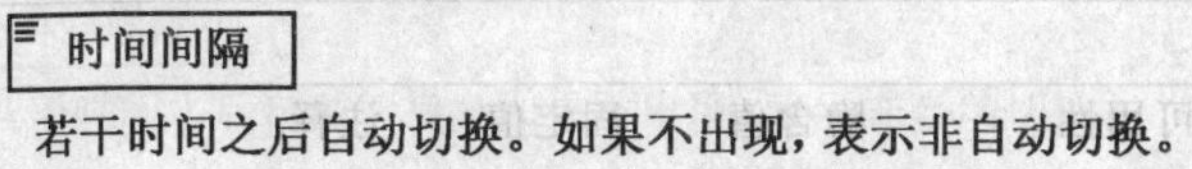
命名空间	http://schemas.uof.org/cn/2003/uof-slideshow
类型	扩展 xsd:float
属性	名称 类型 可用性 隐含值 固定值 注释 uof:locID xsd:string required p0066

5.2.582 复杂类型 演:放映设置类型

层次结构	演：放映设置类型 定义幻灯片播放的一些设置，如放映顺序等。 幻灯片序列 0..∞ 自定义幻灯片序列或默认序列。 放映顺序 放映顺序。 全屏放映 是否全屏放映。 循环放映 是否循环放映。 放映间隔 放映完成后到重新放映的时间。 手动方式 true 为手动方式，否则为自动方式。 导航帮助 使用导航帮助。 放映动画 指定是否放映动画。 前端显示 放映时始终在最前端显示。 背景音乐 如果该元素存在，则播放背景音乐。元素内容为音乐文件路径。
命名空间	http://schemas.uof.org/cn/2003/uof-slideshow
子元素	幻灯片序列 放映顺序 全屏放映 循环放映 放映间隔 手动方式 导航帮助 放映动画 前端显示 背景音乐
用于	元素 演:演示文档类型/公用处理规则/放映设置

5.2.583 元素 演:放映设置类型/幻灯片序列

层次结构	幻灯片序列 自定义幻灯片序列或默认序列。					
命名空间	http://schemas.uof.org/cn/2003/uof-slideshow					
类型	扩展 xsd:IDREFS					
属性	名称	类型	可用性	隐含值	固定值	注释
	标识符	xsd:ID	required			
	名称	xsd:string	optional			
	自定义	xsd:boolean	optional			
	uof:locID	xsd:string	required		p0022	
	uof:attrList	xsd:NMTOKENS	required		标识符 名称 自定义	

5.2.584 元素 演:放映设置类型/放映顺序

层次结构	放映顺序 放映顺序。
命名空间	http://schemas.uof.org/cn/2003/uof-slideshow
属性	名称 类型 可用性 隐含值 固定值 注释 名称 xsd:string optional 序列引用 xsd:IDREF optional uof:locID xsd:string required p0023 uof:attrList xsd:NMTOKENS required 名称 序列引用

5.2.585 元素 演:放映设置类型/全屏放映

层次结构	全屏放映 是否全屏放映。
命名空间	http://schemas.uof.org/cn/2003/uof-slideshow
类型	扩展 xsd:boolean
属性	名称 类型 可用性 隐含值 固定值 注释 uof:locID xsd:string required p0024

5.2.586 元素 演:放映设置类型/循环放映

层次结构	循环放映 是否循环放映。
命名空间	http://schemas.uof.org/cn/2003/uof-slideshow
类型	扩展 xsd:boolean
属性	名称 类型 可用性 隐含值 固定值 注释 uof:locID xsd:string required p0025

5.2.587 元素 演:放映设置类型/放映间隔

层次结构	放映间隔 放映完成后到重新放映的时间。
命名空间	http://schemas.uof.org/cn/2003/uof-slideshow
类型	扩展 xsd:duration
属性	名称 类型 可用性 隐含值 固定值 注释 uof:locID xsd:string required p0026

5.2.588 元素 演:放映设置类型/手动方式

层次结构	手动方式 true为手动方式,否则为自动方式。

命名空间	http://schemas.uof.org/cn/2003/uof-slideshow
类型	扩展 xsd:boolean
属性	名称 类型 可用性 隐含值 固定值 注释 uof:locID xsd:string required p0027

5.2.589 元素 演:放映设置类型/导航帮助

层次结构	导航帮助 使用导航帮助。
命名空间	http://schemas.uof.org/cn/2003/uof-slideshow
类型	扩展 xsd:boolean
属性	名称 类型 可用性 隐含值 固定值 注释 uof:locID xsd:string required p0029

5.2.590 元素 演:放映设置类型/放映动画

层次结构	放映动画 指定是否放映动画。
命名空间	http://schemas.uof.org/cn/2003/uof-slideshow
类型	扩展 xsd:boolean
属性	名称 类型 可用性 隐含值 固定值 注释 uof:locID xsd:string required p0030

5.2.591 元素 演:放映设置类型/前端显示

层次结构	前端显示 放映时始终在最前端显示。
命名空间	http://schemas.uof.org/cn/2003/uof-slideshow
类型	扩展 xsd:boolean
属性	名称 类型 可用性 隐含值 固定值 注释 uof:locID xsd:string required p0031

5.2.592 元素 演:放映设置类型/背景音乐

层次结构	背景音乐 如果该元素存在，则播放背景音乐。元素内容为音乐文件路径。
命名空间	http://schemas.uof.org/cn/2003/uof-slideshow
属性	名称 类型 可用性 隐含值 固定值 注释 uof:locID xsd:string required p0033

5.2.593 复杂类型 演:文本式样类型

层次结构	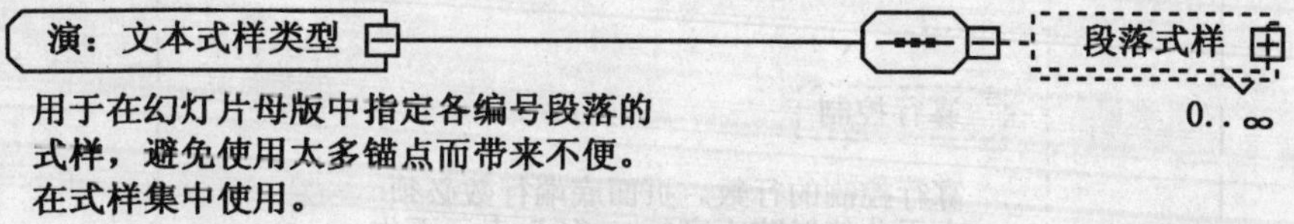
命名空间	http://schemas.uof.org/cn/2003/uof-slideshow
子元素	段落式样
用于	元素 演:演示文档类型/公用处理规则/文本式样集/文本式样
属性	名称 类型 可用性 隐含值 固定值 注释 标识符 xsd:ID required 名称 xsd:string

5.2.594 元素 演:文本式样类型/段落式样

层次结构	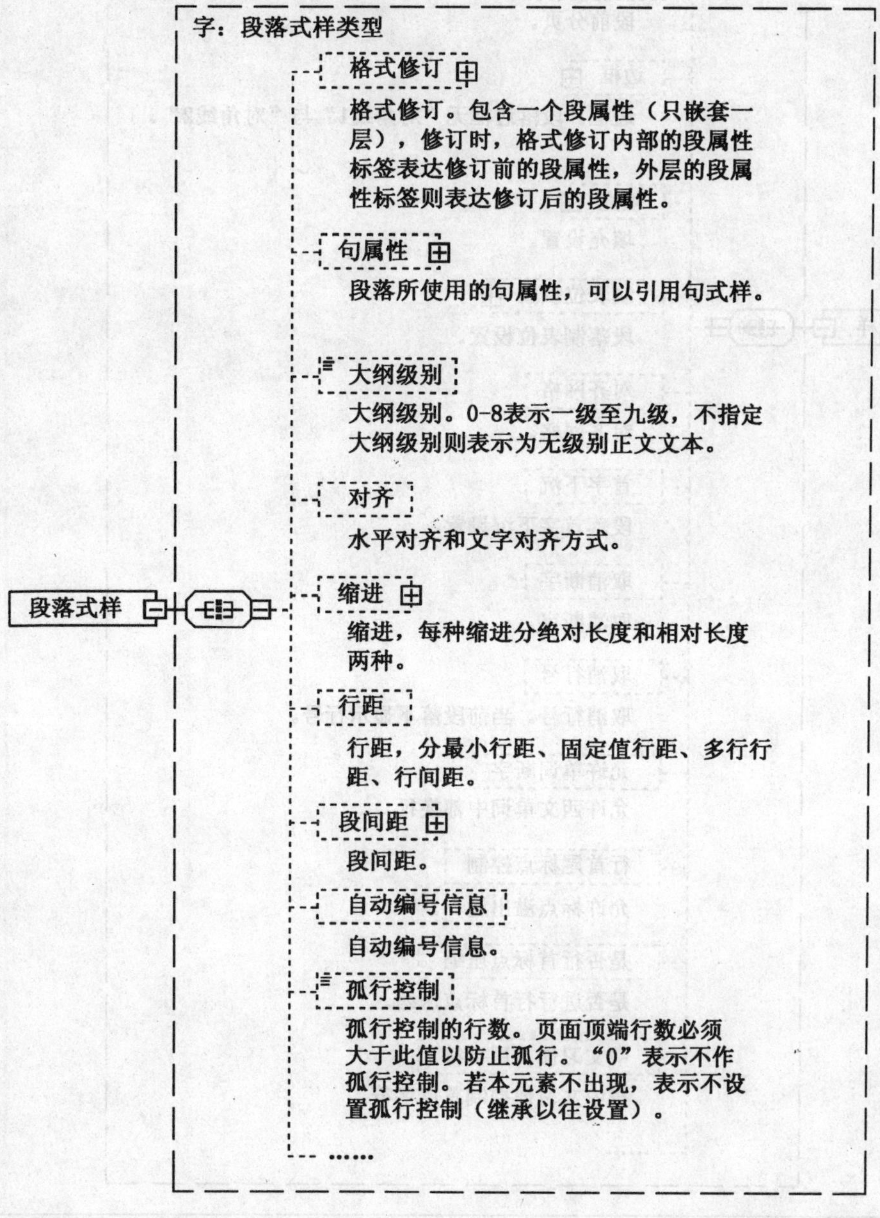

层次结构	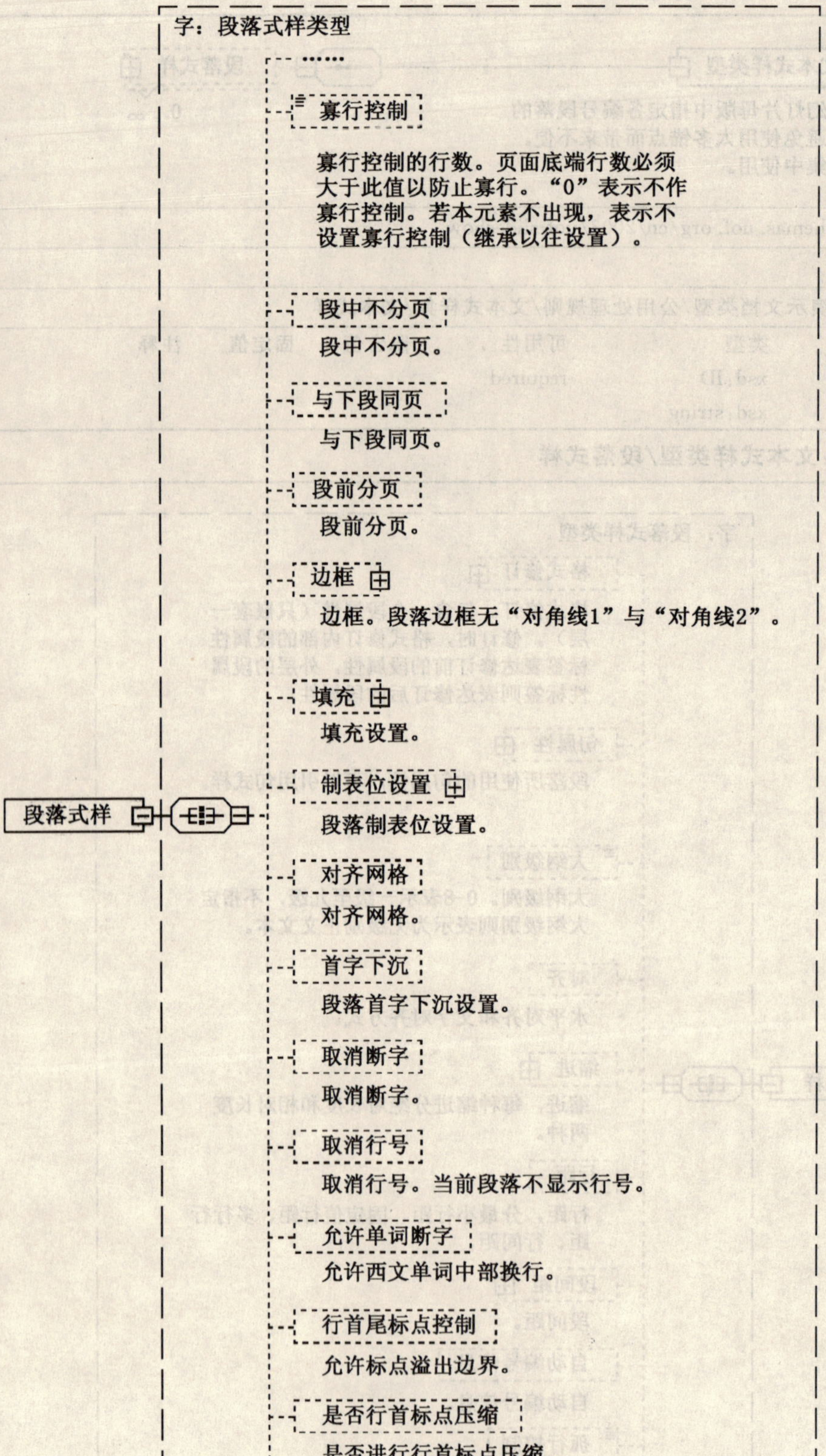

字：段落式样类型
段落式样
寡行控制
寡行控制的行数。页面底端行数必须大于此值以防止寡行。“0”表示不作寡行控制。若本元素不出现，表示不设置寡行控制（继承以往设置）。
段中不分页
段中不分页。
与下段同页
与下段同页。
段前分页
段前分页。
边框
边框。段落边框无“对角线1”与“对角线2”。
填充
填充设置。
制表位设置
段落制表位设置。
对齐网格
对齐网格。
首字下沉
段落首字下沉设置。
取消断字
取消断字。
取消行号
取消行号。当前段落不显示行号。
允许单词断字
允许西文单词中部换行。
行首尾标点控制
允许标点溢出边界。
是否行首标点压缩
是否进行行首标点压缩。
中文习惯首尾字符
按中文习惯控制首尾字符。

层次结构	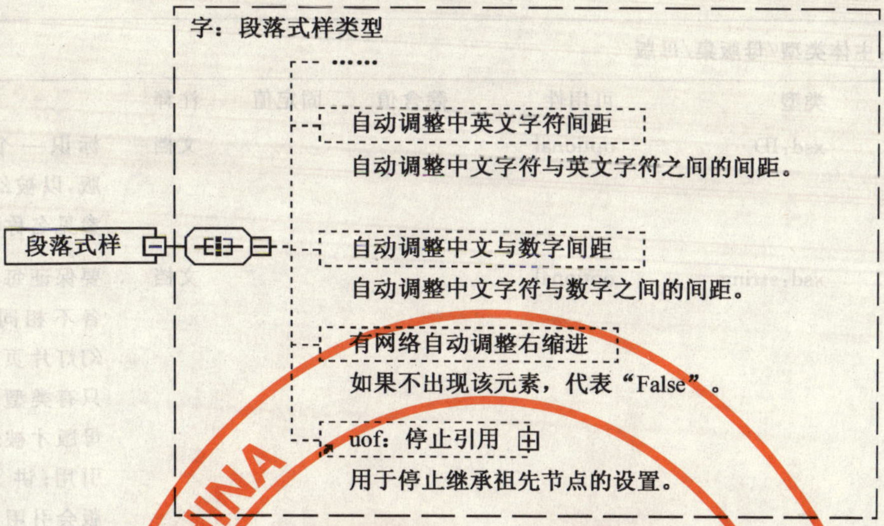
命名空间	http://schemas.uof.org/cn/2003/uof-slideshow
类型	字:段落式样类型
子元素	格式修订 句属性 大纲级别 对齐 缩进 行距 段间距 自动编号信息 孤行控制 寡行控制 段中不分页 与下段同页 段前分页 边框 填充 制表位设置 对齐网格 首字下沉 取消断字 取消行号 允许单词断字 行首尾标点控制 是否行首标点压缩 中文习惯首尾字符 自动调整中英文字符间距 自动调整中文与数字间距 有网格自动调整右缩进 停止引用
属性	名称 | 类型 | 可用性 | 隐含值 | 固定值 | 注释 标识符 | xsd:ID | required | | | 文档 式样的标识符，供引用。 名称 | xsd:string | required | | | 文档 式样名称。 类型 | uof:式样类型 | required | | | 文档 指定当前式样是否是系统默认的基式样，用户定义式样，还是自动式样。 别名 | xsd:string | optional | | | 文档 式样别名。 基式样引用 | xsd:IDREF | optional | | | 文档 指定当前式样的基式样。

5.2.595 复杂类型 演:母版类型

层次结构	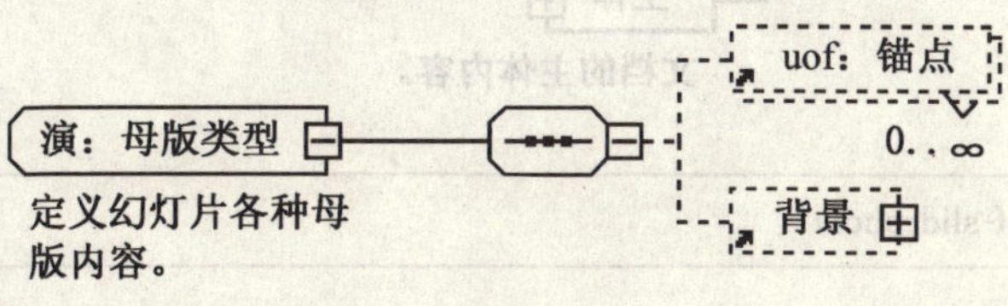
命名空间	http://schemas.uof.org/cn/2003/uof-slideshow

子元素	锚点 演:背景
用于	元素 演:主体类型/母版集/母版

属性

名称	类型	可用性	隐含值	固定值	注释	
标识符	xsd:ID	optional			文档	标识一个特定的母版,以被幻灯片引用。参见名称注释。
名称	xsd:string	optional			文档	要保证每个母版名称各不相同,以被每个幻灯片页引用。注意只有类型为幻灯片的母版才被幻灯片直接引用;讲义类型的母版会引用到一个页面版式[注意它不是界面上选择的版式,而是讲义视图上缩略图对应的版式]。
类型	xsd:string	optional				
页面设置引用	xsd:IDREF	optional			文档	母版采用的页面设置引用。 每种类型的母版可能采用不同类型的页面设置。
配色方案引用	xsd:IDREF	optional			文档	母版上采用的配色方案。
页面版式引用	xsd:IDREF	optional			文档	讲义母版引用的页面版式。
文本式样引用	xsd:IDREF	optional			文档	对式样集中幻灯片文本式样的引用。

5.2.596 复杂类型 演:演示文档类型

层次结构	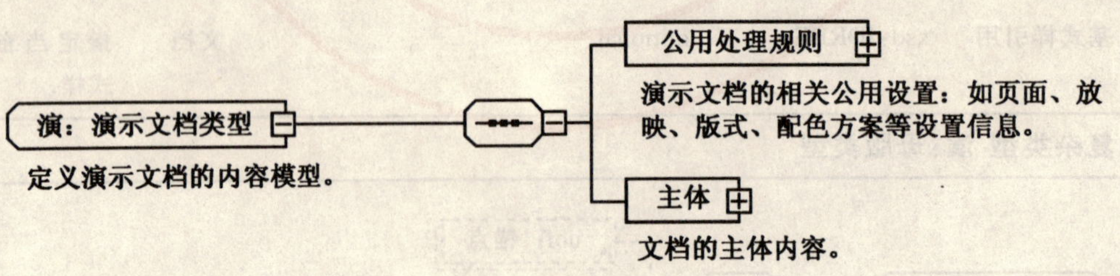
命名空间	http://schemas.uof.org/cn/2003/uof-slideshow
子元素	公用处理规则 主体
用于	元素 UOF/演示文稿

5.2.597 元素 演:演示文档类型/公用处理规则

<table>
<tr><td>层次结构</td><td colspan="6">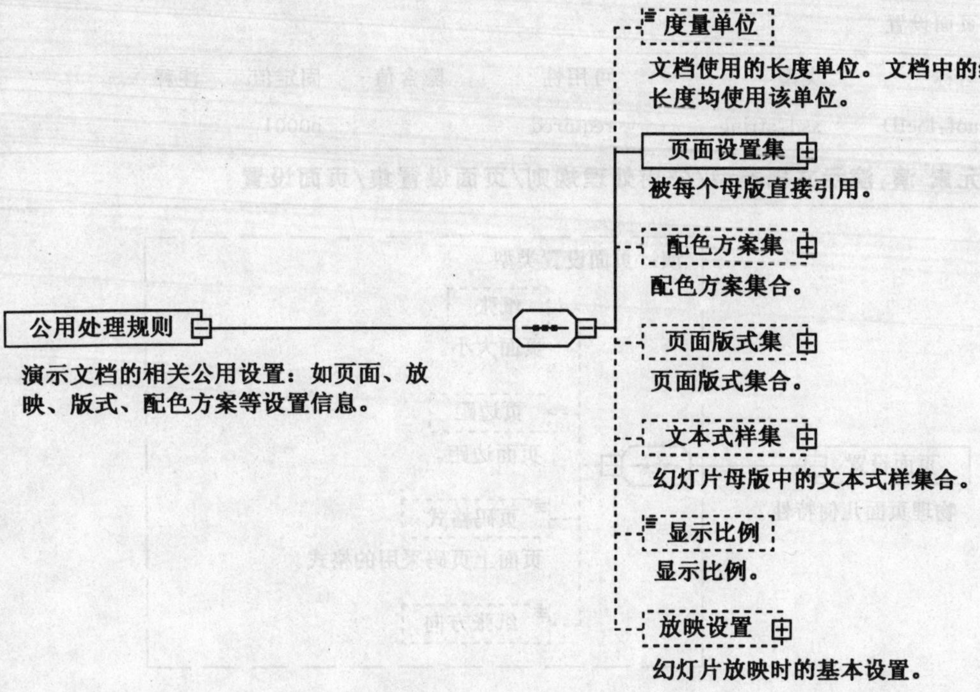
</td></tr>
<tr><td>命名空间</td><td colspan="6">http://schemas.uof.org/cn/2003/uof-slideshow</td></tr>
<tr><td>子元素</td><td colspan="6">度量单位 页面设置集 配色方案集 页面版式集 文本式样集 显示比例 放映设置</td></tr>
<tr><td rowspan="2">属性</td><td>名称</td><td>类型</td><td>可用性</td><td>隐含值</td><td>固定值</td><td>注释</td></tr>
<tr><td>uof:locID</td><td>xsd:string</td><td>required</td><td></td><td>p0000</td><td></td></tr>
</table>

5.2.598 元素 演:演示文档类型/公用处理规则/度量单位

<table>
<tr><td>层次结构</td><td colspan="6">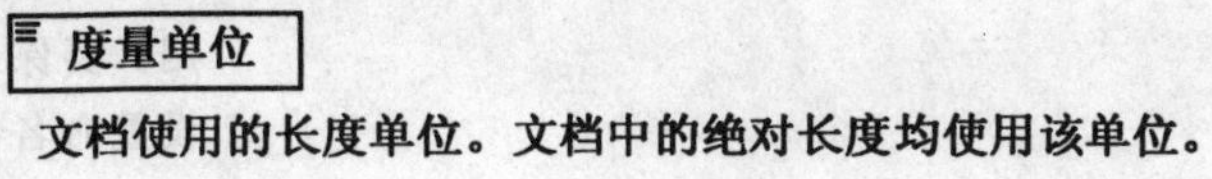
</td></tr>
<tr><td>命名空间</td><td colspan="6">http://schemas.uof.org/cn/2003/uof-slideshow</td></tr>
<tr><td>类型</td><td colspan="6">扩展 度量单位类型</td></tr>
<tr><td>刻面</td><td colspan="6">枚举 cm
枚举 mm
枚举 inch
枚举 pt</td></tr>
<tr><td rowspan="2">属性</td><td>名称</td><td>类型</td><td>可用性</td><td>隐含值</td><td>固定值</td><td>注释</td></tr>
<tr><td>uof:locID</td><td>xsd:string</td><td>required</td><td></td><td>p0055</td><td></td></tr>
</table>

5.2.599 元素 演:演示文档类型/公用处理规则/页面设置集

<table>
<tr><td>层次结构</td><td>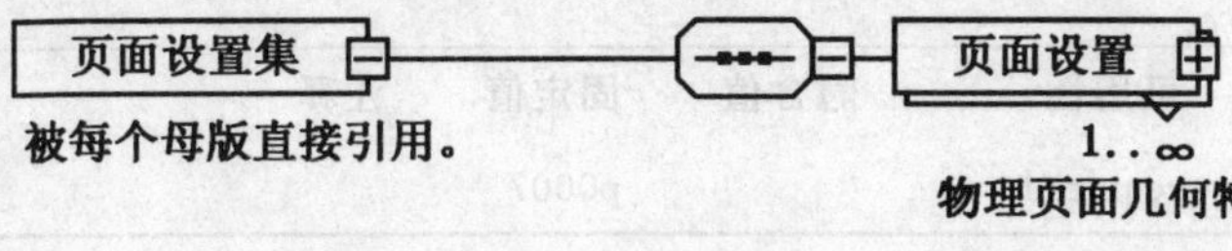
</td></tr>
</table>

命名空间	http://schemas.uof.org/cn/2003/uof-slideshow					
子元素	页面设置					
属性	名称	类型	可用性	隐含值	固定值	注释
	uof:locID	xsd:string	required		p0001	

5.2.600　元素 演:演示文档类型/公用处理规则/页面设置集/页面设置

层次结构	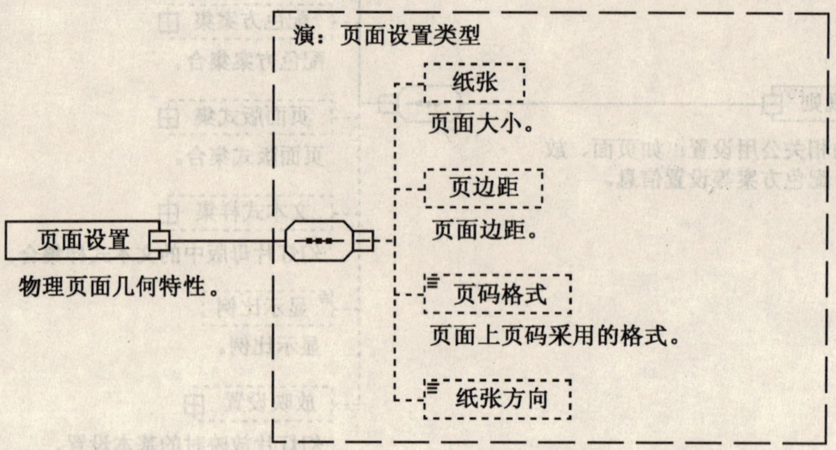					
命名空间	http://schemas.uof.org/cn/2003/uof-slideshow					
类型	扩展 演:页面设置类型					
子元素	纸张 页边距 页码格式 纸张方向					
属性	名称	类型	可用性	隐含值	固定值	注释
	标识符	xsd:ID	required			
	名称	xsd:string	optional		文档	被每个母版直接引用。要保证多个页面设置命名各不相同。
	uof:locID	xsd:string	required		p0002	
	uof:attrList	xsd:NMTOKENS	required		标识符 名称	

5.2.601　元素 演:演示文档类型/公用处理规则/配色方案集

层次结构	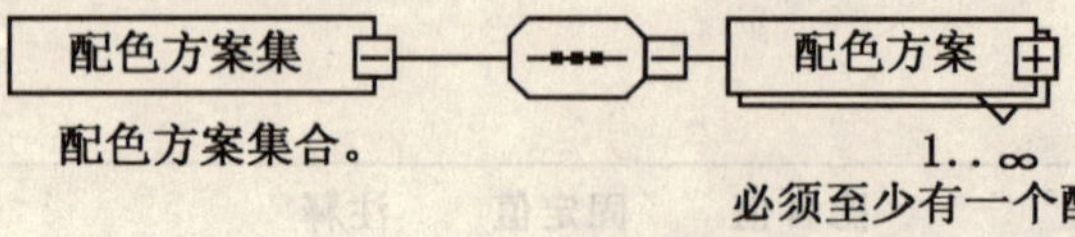					
命名空间	http://schemas.uof.org/cn/2003/uof-slideshow					
子元素	配色方案					
属性	名称	类型	可用性	隐含值	固定值	注释
	uof:locID	xsd:string	required		p0007	

5.2.602　元素 演:演示文档类型/公用处理规则/配色方案集/配色方案

<table>
<tr><td>层次结构</td><td>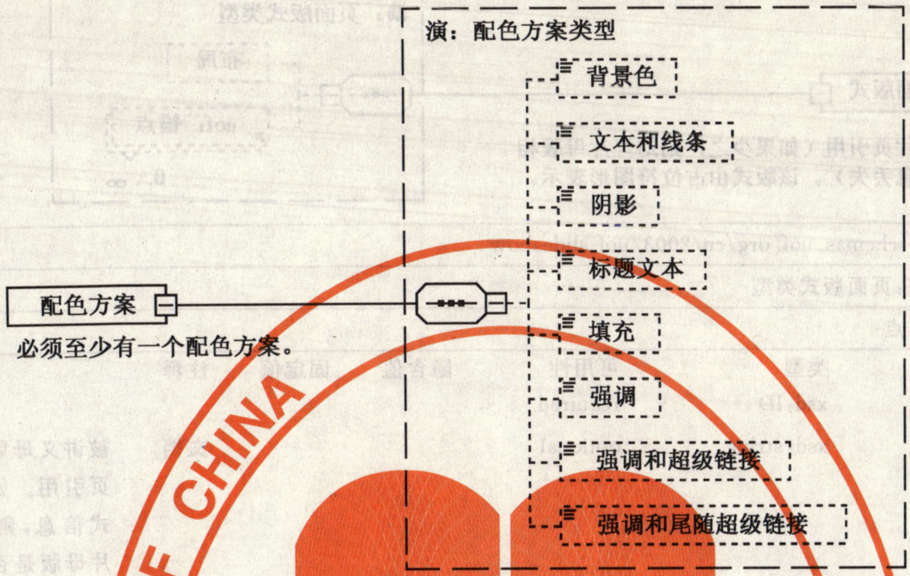
</td></tr>
<tr><td>命名空间</td><td>http://schemas.uof.org/cn/2003/uof-slideshow</td></tr>
<tr><td>类型</td><td>扩展 演:配色方案类型</td></tr>
<tr><td>子元素</td><td>背景色 文本和线条 阴影 标题文本 填充 强调 强调和超级链接 强调和尾随超级链接</td></tr>
<tr><td>属性</td><td><table>
<tr><td>名称</td><td>类型</td><td>可用性</td><td>隐含值</td><td>固定值</td><td>注释</td></tr>
<tr><td>标识符</td><td>xsd:ID</td><td>optional</td><td></td><td></td><td></td></tr>
<tr><td>名称</td><td>xsd:string</td><td>optional</td><td></td><td></td><td></td></tr>
<tr><td>类型</td><td>xsd:string</td><td>optional</td><td></td><td></td><td></td></tr>
<tr><td>uof:locID</td><td>xsd:string</td><td>required</td><td></td><td>p0008</td><td></td></tr>
<tr><td>uof:attrList</td><td>xsd:NMTOKENS</td><td>required</td><td></td><td>标识符
名称
类型</td><td></td></tr>
</table></td></tr>
</table>

5.2.603　元素 演:演示文档类型/公用处理规则/页面版式集

<table>
<tr><td>层次结构</td><td>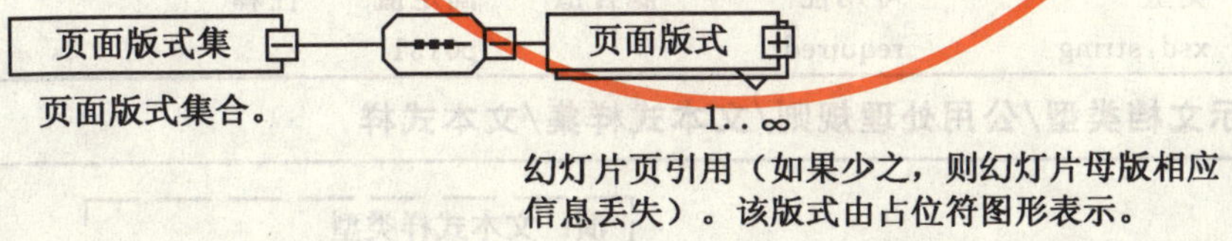
</td></tr>
<tr><td>命名空间</td><td>http://schemas.uof.org/cn/2003/uof-slideshow</td></tr>
<tr><td>子元素</td><td>页面版式</td></tr>
<tr><td>属性</td><td><table>
<tr><td>名称</td><td>类型</td><td>可用性</td><td>隐含值</td><td>固定值</td><td>注释</td></tr>
<tr><td>uof:locID</td><td>xsd:string</td><td>required</td><td></td><td>p0017</td><td></td></tr>
</table></td></tr>
</table>

5.2.604 元素 演:演示文档类型/公用处理规则/页面版式集/页面版式

层次结构

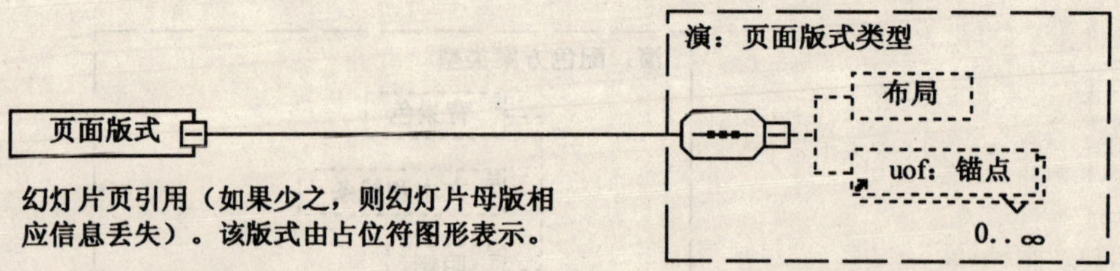

命名空间	http://schemas.uof.org/cn/2003/uof-slideshow
类型	扩展 演:页面版式类型
子元素	布局 锚点

属性

名称	类型	可用性	隐含值	固定值	注释
标识符	xsd:ID	required			
名称	xsd:string	optional			文档 被讲义母版或幻灯片页引用。如果丢失版式信息，则无论幻灯片母版是否记录了对应的版式信息如对应的文本框，该母版信息也会丢失。反之该母版中版式信息对应的信息记录则是冗余的，可以不记录。
uof:locID	xsd:string	required		p0018	
uof:attrList	xsd:NMTOKENS	required		标识符 名称	

5.2.605 元素 演:演示文档类型/公用处理规则/文本式样集

层次结构

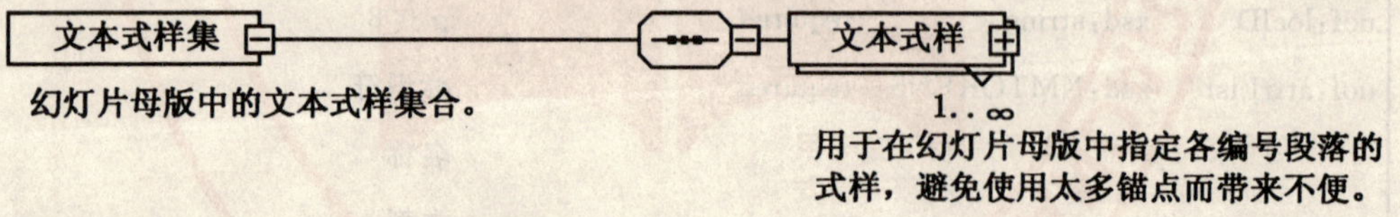

命名空间	http://schemas.uof.org/cn/2003/uof-slideshow
子元素	文本式样

属性

名称	类型	可用性	隐含值	固定值	注释
uof:locID	xsd:string	required		p0131	

5.2.606 元素 演:演示文档类型/公用处理规则/文本式样集/文本式样

层次结构

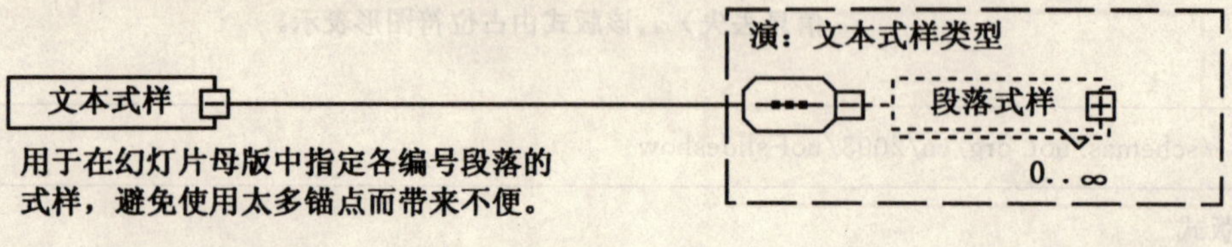

命名空间	http://schemas.uof.org/cn/2003/uof-slideshow
类型	扩展 演:文本式样类型
子元素	段落式样

	名称	类型	可用性	隐含值	固定值	注释
属性	标识符	xsd:ID	required			
	名称	xsd:string				
	uof:locID	xsd:string	required		p0132	
	uof:attrList	xsd:NMTOKENS	required		标识符 名称	

5.2.607 元素 演:演示文档类型/公用处理规则/显示比例

层次结构	显示比例 显示比例。					
命名空间	http://schemas.uof.org/cn/2003/uof-slideshow					
类型	扩展 xsd:positiveInteger					
属性	名称	类型	可用性	隐含值	固定值	注释
	uof:locID	xsd:string	required		p0020	

5.2.608 元素 演:演示文档类型/公用处理规则/放映设置

层次结构	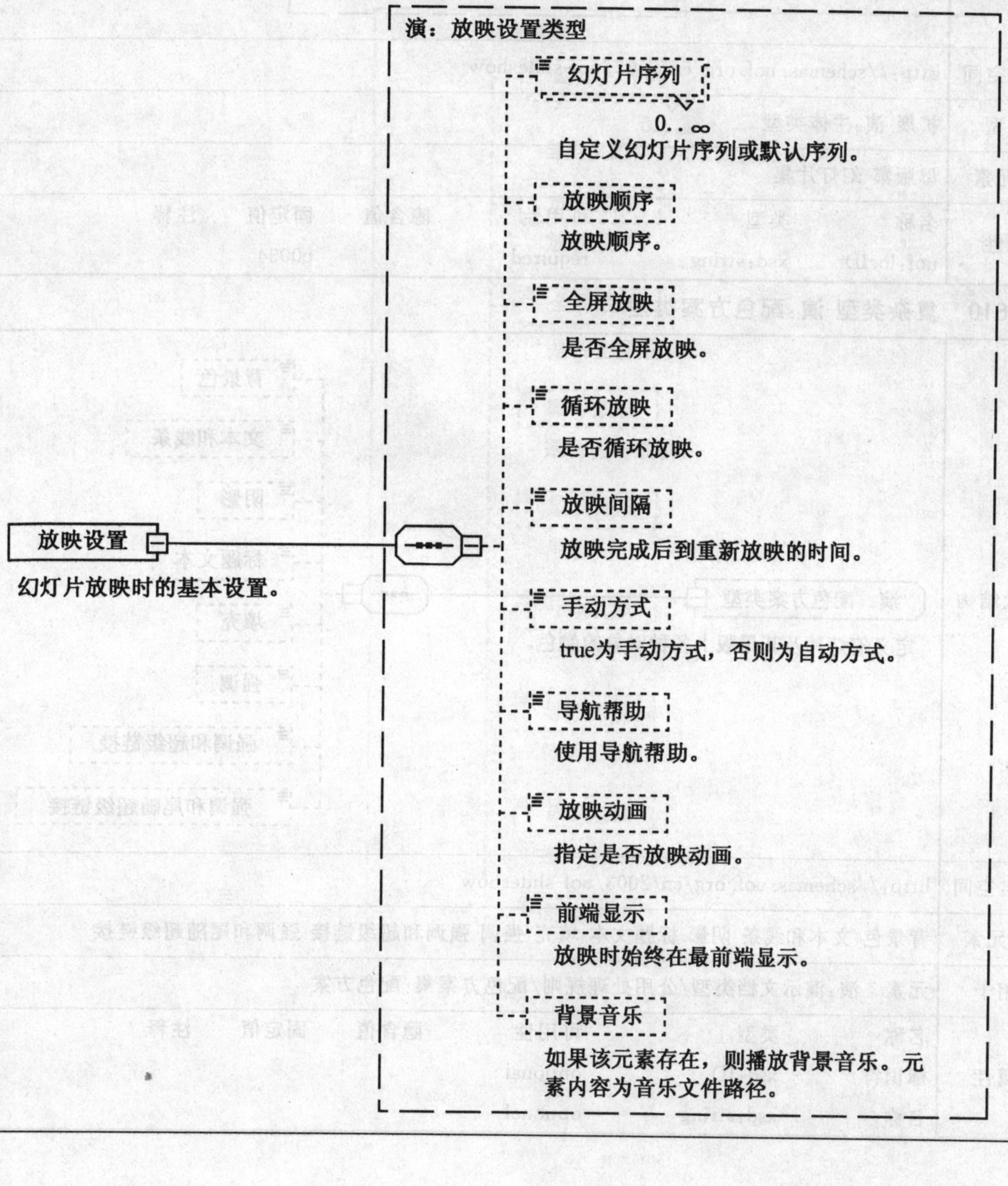

命名空间	http://schemas.uof.org/cn/2003/uof-slideshow
类型	扩展 演:放映设置类型
子元素	幻灯片序列 放映顺序 全屏放映 循环放映 放映间隔 手动方式 导航帮助 放映动画 前端显示 背景音乐
属性	名称 类型 可用性 隐含值 固定值 注释 uof:locID xsd:string required p0021

5.2.609 元素 演:演示文档类型/主体

层次结构	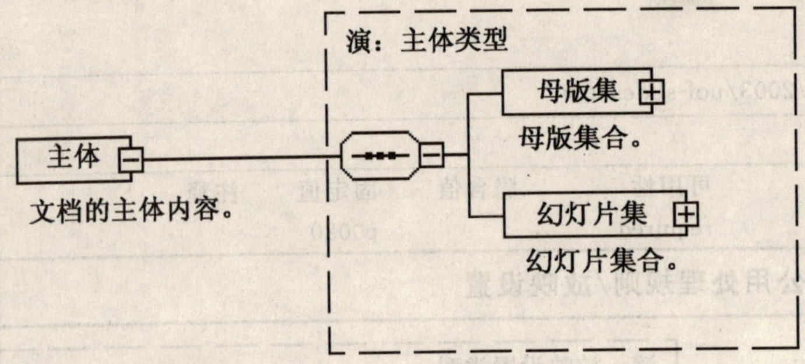
命名空间	http://schemas.uof.org/cn/2003/uof-slideshow
类型	扩展 演:主体类型
子元素	母版集 幻灯片集
属性	名称 类型 可用性 隐含值 固定值 注释 uof:locID xsd:string required p0034

5.2.610 复杂类型 演:配色方案类型

层次结构	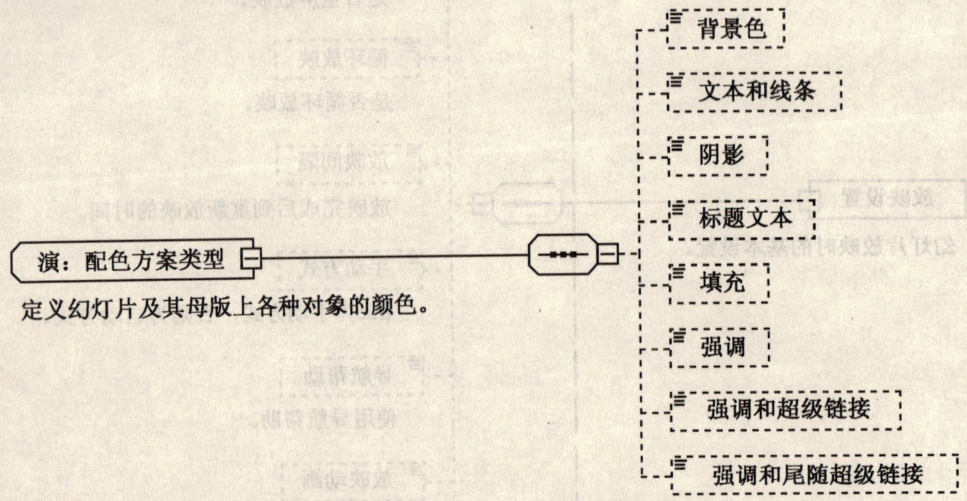
命名空间	http://schemas.uof.org/cn/2003/uof-slideshow
子元素	背景色 文本和线条 阴影 标题文本 填充 强调 强调和超级链接 强调和尾随超级链接
用于	元素 演:演示文档类型/公用处理规则/配色方案集/配色方案
属性	名称 类型 可用性 隐含值 固定值 注释 标识符 xsd:ID optional 名称 xsd:string optional

5.2.611 元素 演:配色方案类型/背景色

层次结构	背景色
命名空间	http://schemas.uof.org/cn/2003/uof-slideshow
类型	扩展 颜色类型
属性	名称 类型 可用性 隐含值 固定值 注释 uof:locID xsd:string required p0009

5.2.612 元素 演:配色方案类型/文本和线条

层次结构	文本和线条
命名空间	http://schemas.uof.org/cn/2003/uof-slideshow
类型	扩展 颜色类型
属性	名称 类型 可用性 隐含值 固定值 注释 uof:locID xsd:string required p0010

5.2.613 元素 演:配色方案类型/阴影

层次结构	阴影
命名空间	http://schemas.uof.org/cn/2003/uof-slideshow
类型	扩展 颜色类型
属性	名称 类型 可用性 隐含值 固定值 注释 uof:locID xsd:string required p0011

5.2.614 元素 演:配色方案类型/标题文本

层次结构	标题文本
命名空间	http://schemas.uof.org/cn/2003/uof-slideshow
类型	扩展 颜色类型
属性	名称 类型 可用性 隐含值 固定值 注释 uof:locID xsd:string required p0012

5.2.615 元素 演:配色方案类型/填充

层次结构	填充
命名空间	http://schemas.uof.org/cn/2003/uof-slideshow
类型	扩展 颜色类型
属性	名称 类型 可用性 隐含值 固定值 注释 uof:locID xsd:string required p0013

5.2.616 元素 演:配色方案类型/强调

层次结构	强调
命名空间	http://schemas.uof.org/cn/2003/uof-slideshow

类型	扩展 颜色类型					
属性	名称	类型	可用性	隐含值	固定值	注释
	uof:locID	xsd:string	required		p0014	

5.2.617 元素 演:配色方案类型/强调和超级链接

层次结构	强调和超级链接					
命名空间	http://schemas.uof.org/cn/2003/uof-slideshow					
类型	扩展 颜色类型					
属性	名称	类型	可用性	隐含值	固定值	注释
	uof:locID	xsd:string	required		p0015	

5.2.618 元素 演:配色方案类型/强调和尾随超级链接

层次结构	强调和尾随超级链接					
命名空间	http://schemas.uof.org/cn/2003/uof-slideshow					
类型	扩展 颜色类型					
属性	名称	类型	可用性	隐含值	固定值	注释
	uof:locID	xsd:string	required		p0016	

5.2.619 复杂类型 演:页面版式类型

层次结构	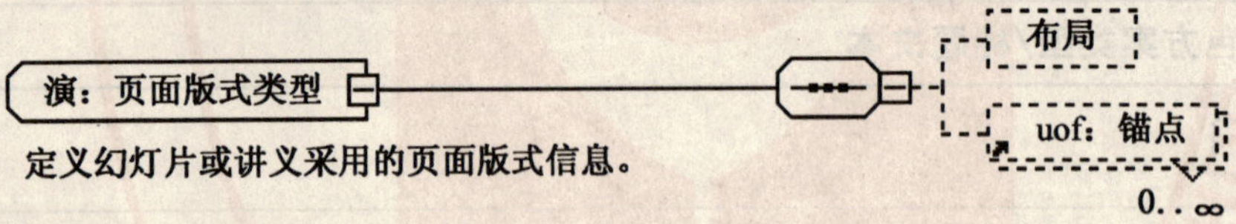					
命名空间	http://schemas.uof.org/cn/2003/uof-slideshow					
子元素	布局 锚点					
用于	元素 演:演示文档类型/公用处理规则/页面版式集/页面版式					
属性	名称	类型	可用性	隐含值	固定值	注释
	标识符	xsd:ID	required			
	名称	xsd:string	optional			文档被讲义母版或幻灯片页引用。如果丢失版式信息,则无论幻灯片母版是否记录了对应的版式信息如对应的文本框,该母版信息也会丢失。反之该母版中版式信息对应的信息记录则是冗余的,可以不记录。

5.2.620 元素 演:页面版式类型/布局

层次结构	布局					
命名空间	http://schemas.uof.org/cn/2003/uof-slideshow					
属性	名称	类型	可用性	隐含值	固定值	注释
	类型	xsd:string	required			
	uof:locID	xsd:string	required		p0129	
	uof:attrList	xsd:NMTOKENS	required		类型	

5.2.621 复杂类型 演:页面设置类型

层次结构	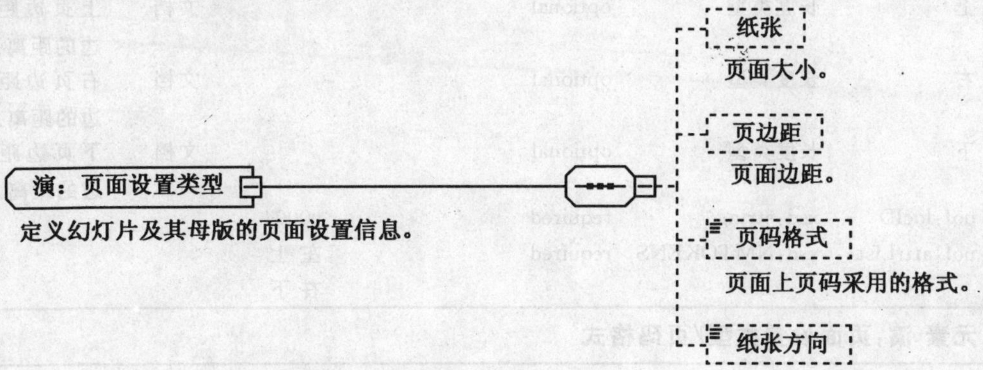						
命名空间	http://schemas.uof.org/cn/2003/uof-slideshow						
子元素	纸张 页边距 页码格式 纸张方向						
用于	元素 演:演示文档类型/公用处理规则/页面设置集/页面设置						
属性	名称	类型	可用性	隐含值	固定值	注释	
	标识符	xsd:ID	required				
	名称	xsd:string	optional			文档	被每个母版直接引用。要保证多个页面设置命名各不相同。

5.2.622 元素 演:页面设置类型/纸张

层次结构	纸张 页面大小。						
命名空间	http://schemas.uof.org/cn/2003/uof-slideshow						
类型	扩展 纸张类型						
属性	名称	类型	可用性	隐含值	固定值	注释	
	纸型	xsd:string	optional			文档	纸型,如A4、B5等,标识了纸张的宽度和高度。
	宽度	长度类型	required			文档	纸张的宽度。
	高度	长度类型	required			文档	纸张的高度。
	uof:locID	xsd:string	required		p0003		
	uof:attrList	xsd:NMTOKENS	required		宽度 高度 纸型		

5.2.623 元素 演:页面设置类型/页边距

<table>
<tr><td>层次结构</td><td colspan="6">页边距
页面边距。</td></tr>
<tr><td>命名空间</td><td colspan="6">http://schemas.uof.org/cn/2003/uof-slideshow</td></tr>
<tr><td>类型</td><td colspan="6">扩展 页边距类型</td></tr>
<tr><td rowspan="7">属性</td><td>名称</td><td>类型</td><td>可用性</td><td>隐含值</td><td>固定值</td><td>注释</td></tr>
<tr><td>左</td><td>长度类型</td><td>optional</td><td></td><td></td><td>文档 左页边距,即距左页边的距离。</td></tr>
<tr><td>上</td><td>长度类型</td><td>optional</td><td></td><td></td><td>文档 上页边距,即距左页边的距离。</td></tr>
<tr><td>右</td><td>长度类型</td><td>optional</td><td></td><td></td><td>文档 右页边距,即距右页边的距离。</td></tr>
<tr><td>下</td><td>长度类型</td><td>optional</td><td></td><td></td><td>文档 下页边距,即距下页边的距离。</td></tr>
<tr><td>uof:locID</td><td>xsd:string</td><td>required</td><td></td><td>p0004</td><td></td></tr>
<tr><td>uof:attrList</td><td>xsd:NMTOKENS</td><td>required</td><td></td><td>左 上 右 下</td><td></td></tr>
</table>

5.2.624 元素 演:页面设置类型/页码格式

<table>
<tr><td>层次结构</td><td colspan="6">页码格式
页面上页码采用的格式。</td></tr>
<tr><td>命名空间</td><td colspan="6">http://schemas.uof.org/cn/2003/uof-slideshow</td></tr>
<tr><td>类型</td><td colspan="6">扩展 字:数字格式类型</td></tr>
<tr><td>刻面</td><td colspan="6">枚举 decimal
枚举 upper-roman
枚举 lower-roman
枚举 upper-letter
枚举 lower-letter
枚举 ordinal
枚举 cardinal-text
枚举 ordinal-text
枚举 hex
枚举 decimal-full-width
枚举 decimal-half-width
枚举 decimal-enclosed-circle
枚举 decimal-enclosed-fullstop
枚举 decimal-enclosed-paren
枚举 decimal-enclosed-circle-chinese
枚举 ideograph-enclosed-circle
枚举 ideograph-traditional
枚举 ideograph-zodiac
枚举 chinese-counting
枚举 chinese-legal-simplified</td></tr>
<tr><td rowspan="2">属性</td><td>名称</td><td>类型</td><td>可用性</td><td>隐含值</td><td>固定值</td><td>注释</td></tr>
<tr><td>uof:locID</td><td>xsd:string</td><td>required</td><td></td><td>p0005</td><td></td></tr>
</table>

5.2.625 元素 演:页面设置类型/纸张方向

层次结构	纸张方向
命名空间	http://schemas.uof.org/cn/2003/uof-slideshow
类型	扩展 纸张方向类型
刻面	枚举 landscape
	枚举 portrait
属性	名称 类型 可用性 隐含值 固定值 注释 uof:locID xsd:string required p0006

5.2.626 简单类型 演:运动方向

命名空间	http://schemas.uof.org/cn/2003/uof-slideshow
类型	restriction of xsd:string
刻面	枚举 top 枚举 bottom 枚举 left 枚举 right 枚举 top left 枚举 lower right 枚举 lower left 枚举 top right

5.2.627 元素 图:图形

层次结构	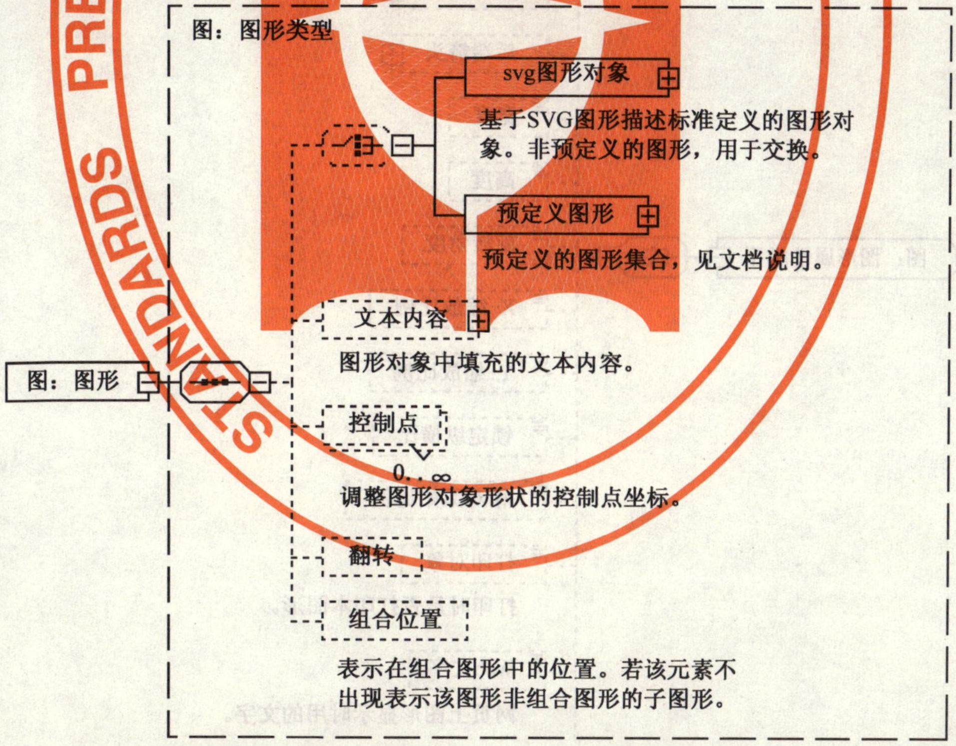
命名空间	http://schemas.uof.org/cn/2003/graph
类型	扩展 图:图形类型
子元素	svg图形对象 预定义图形 文本内容 控制点 翻转 组合位置

用于	元素　UOF/对象集					
属性	名称	类型	可用性	隐含值	固定值	注释
	层次	xsd:int	optional			
	标识符	xsd:ID	required			
	组合列表	xsd:IDREFS	optional			文档　通过图形 ID 的引用列表，构造组合图形。
	其他对象	xsd:IDREF	optional			
	uof:locID	xsd:string	required		g0000	
	uof:attrList	xsd:NMTOKENS	required		层次 标识符 组合列表 其他对象	

5.2.628　复杂类型 图:图形属性类型

层次结构	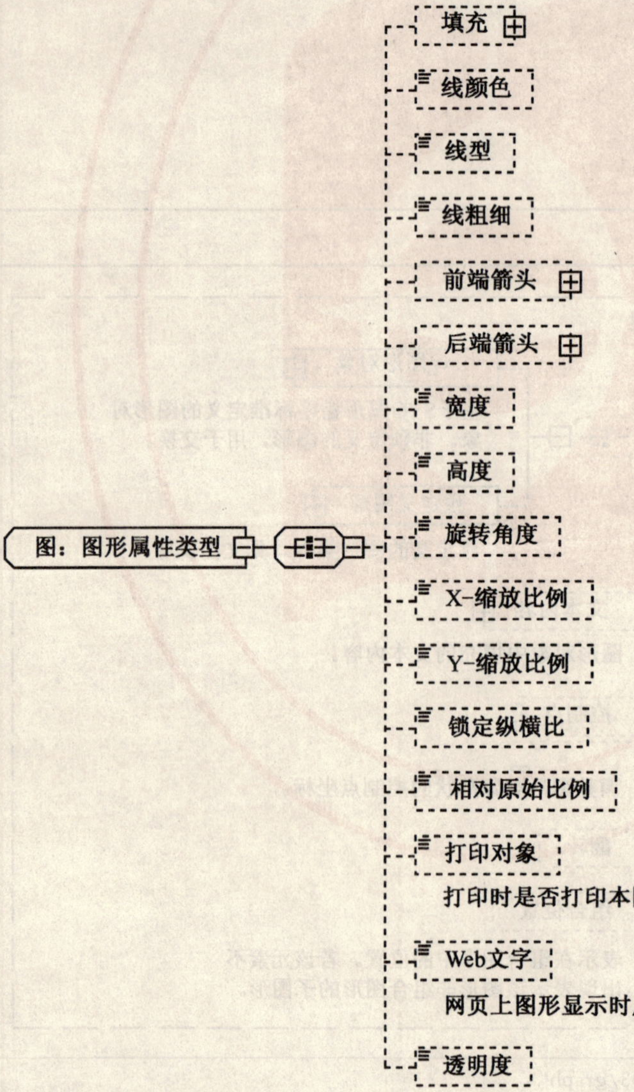
命名空间	http://schemas.uof.org/cn/2003/graph

子元素	填充 线颜色 线型 线粗细 前端箭头 后端箭头 宽度 高度 旋转角度 X-缩放比例 Y-缩放比例 锁定纵横比 相对原始比例 打印对象 Web 文字 透明度
用于	元素　图:图形类型/预定义图形/属性

5.2.629　元素 图:图形属性类型/填充

层次结构	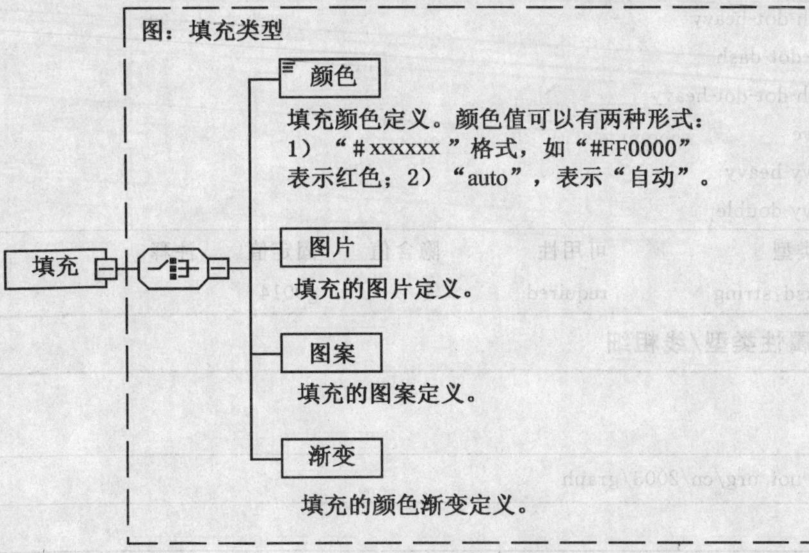
命名空间	http://schemas.uof.org/cn/2003/graph
类型	扩展 图:填充类型
子元素	颜色 图片 图案 渐变
属性	名称　类型　可用性　隐含值　固定值　注释 uof:locID　xsd:string　required　　g0012

5.2.630　元素 图:图形属性类型/线颜色

层次结构	线颜色
命名空间	http://schemas.uof.org/cn/2003/graph
类型	扩展 颜色类型
属性	名称　类型　可用性　隐含值　固定值　注释 uof:locID　xsd:string　required　　g0013

5.2.631　元素 图:图形属性类型/线型

层次结构	线型
命名空间	http://schemas.uof.org/cn/2003/graph
类型	扩展 线型类型
刻面	枚举 none 枚举 single 枚举 double 枚举 thick 枚举 dotted

刻面	枚举 dotted-heavy 枚举 dash 枚举 dashed-heavy 枚举 dash-long 枚举 dash-long-hcavy 枚举 dot-dash 枚举 dash-dot-heavy 枚举 dot-dot-dash 枚举 dash-dot-dot-heavy 枚举 wave 枚举 wavy-heavy 枚举 wavy-double
属性	名称 类型 可用性 隐含值 固定值 注释 uof:locID xsd:string required g0014

5.2.632 元素 图:图形属性类型/线粗细

层次结构	线粗细
命名空间	http://schemas. uof. org/cn/2003/graph
类型	扩展 xsd:float
属性	名称 类型 可用性 隐含值 固定值 注释 uof:locID xsd:string required g0016

5.2.633 元素 图:图形属性类型/前端箭头

层次结构	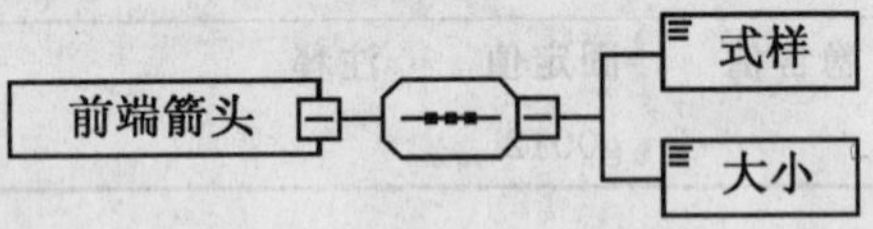
命名空间	http://schemas. uof. org/cn/2003/graph
子元素	式样 大小
属性	名称 类型 可用性 隐含值 固定值 注释 uof:locID xsd:string required g0017

5.2.634 元素 图:图形属性类型/前端箭头/式样

层次结构	式样
命名空间	http://schemas. uof. org/cn/2003/graph
类型	扩展 图:箭头式样类型
刻面	枚举 normal 枚举 open 枚举 diamond 枚举 stealth 枚举 oval
属性	名称 类型 可用性 隐含值 固定值 注释 uof:locID xsd:string required g0018

5.2.635 元素 图:图形属性类型/前端箭头/大小

层次结构	大小					
命名空间	http://schemas.uof.org/cn/2003/graph					
类型	扩展 图:箭头大小类型					
刻面	minInclusive 1 maxInclusive 9					
属性	名称	类型	可用性	隐含值	固定值	注释
	uof:locID	xsd:string	required		g0019	

5.2.636 元素 图:图形属性类型/后端箭头

层次结构	后端箭头 → 式样, 大小					
命名空间	http://schemas.uof.org/cn/2003/graph					
子元素	式样 大小					
属性	名称	类型	可用性	隐含值	固定值	注释
	uof:locID	xsd:string	required		g0020	

5.2.637 元素 图:图形属性类型/后端箭头/式样

层次结构	式样					
命名空间	http://schemas.uof.org/cn/2003/graph					
类型	扩展 图:箭头式样类型					
刻面	枚举 normal 枚举 open 枚举 diamond 枚举 stealth 枚举 oval					
属性	名称	类型	可用性	隐含值	固定值	注释
	uof:locID	xsd:string	required		g0021	

5.2.638 元素 图:图形属性类型/后端箭头/大小

层次结构	大小					
命名空间	http://schemas.uof.org/cn/2003/graph					
类型	扩展 图:箭头大小类型					
刻面	minInclusive 1 maxInclusive 9					
属性	名称	类型	可用性	隐含值	固定值	注释
	uof:locID	xsd:string	required		g0022	

5.2.639 元素 图:图形属性类型/宽度

层次结构	宽度					
命名空间	http://schemas.uof.org/cn/2003/graph					
类型	扩展 xsd:float					
属性	名称	类型	可用性	隐含值	固定值	注释
	uof:locID	xsd:string	required		g0023	

5.2.640 元素 图:图形属性类型/高度

层次结构	高度					
命名空间	http://schemas.uof.org/cn/2003/graph					
类型	扩展 xsd:float					
属性	名称	类型	可用性	隐含值	固定值	注释
	uof:locID	xsd:string	required		g0024	

5.2.641 元素 图:图形属性类型/旋转角度

层次结构	旋转角度					
命名空间	http://schemas.uof.org/cn/2003/graph					
类型	扩展 xsd:float					
属性	名称	类型	可用性	隐含值	固定值	注释
	uof:locID	xsd:string	required		g0025	

5.2.642 元素 图:图形属性类型/X-缩放比例

层次结构	X-缩放比例					
命名空间	http://schemas.uof.org/cn/2003/graph					
类型	扩展 xsd:float					
属性	名称	类型	可用性	隐含值	固定值	注释
	uof:locID	xsd:string	required		g0026	

5.2.643 元素 图:图形属性类型/Y-缩放比例

层次结构	Y-缩放比例					
命名空间	http://schemas.uof.org/cn/2003/graph					
类型	扩展 xsd:float					
属性	名称	类型	可用性	隐含值	固定值	注释
	uof:locID	xsd:string	required		g0027	

5.2.644 元素 图:图形属性类型/锁定纵横比

层次结构	锁定纵横比
命名空间	http://schemas.uof.org/cn/2003/graph
类型	扩展 xsd:float
属性	名称: uof:locID；类型: xsd:string；可用性: required；隐含值: ；固定值: g0028；注释:

5.2.645 元素 图:图形属性类型/相对原始比例

层次结构	相对原始比例
命名空间	http://schemas.uof.org/cn/2003/graph
类型	扩展 xsd:float
属性	名称: uof:locID；类型: xsd:string；可用性: required；隐含值: ；固定值: g0029；注释:

5.2.646 元素 图:图形属性类型/打印对象

层次结构	打印对象 打印时是否打印本图形。
命名空间	http://schemas.uof.org/cn/2003/graph
类型	扩展 xsd:boolean
属性	名称: uof:locID；类型: xsd:string；可用性: required；隐含值: ；固定值: g0032；注释:

5.2.647 元素 图:图形属性类型/Web 文字

层次结构	Web文字 网页上图形显示时用的文字。
命名空间	http://schemas.uof.org/cn/2003/graph
类型	扩展 xsd:string
属性	名称: uof:locID；类型: xsd:string；可用性: required；隐含值: ；固定值: g0033；注释:

5.2.648 元素 图:图形属性类型/透明度

层次结构	透明度
命名空间	http://schemas.uof.org/cn/2003/graph
类型	扩展 xsd:float
属性	名称: uof:locID；类型: xsd:string；可用性: required；隐含值: ；固定值: g0038；注释:

5.2.649 复杂类型 图:图形类型

层次结构	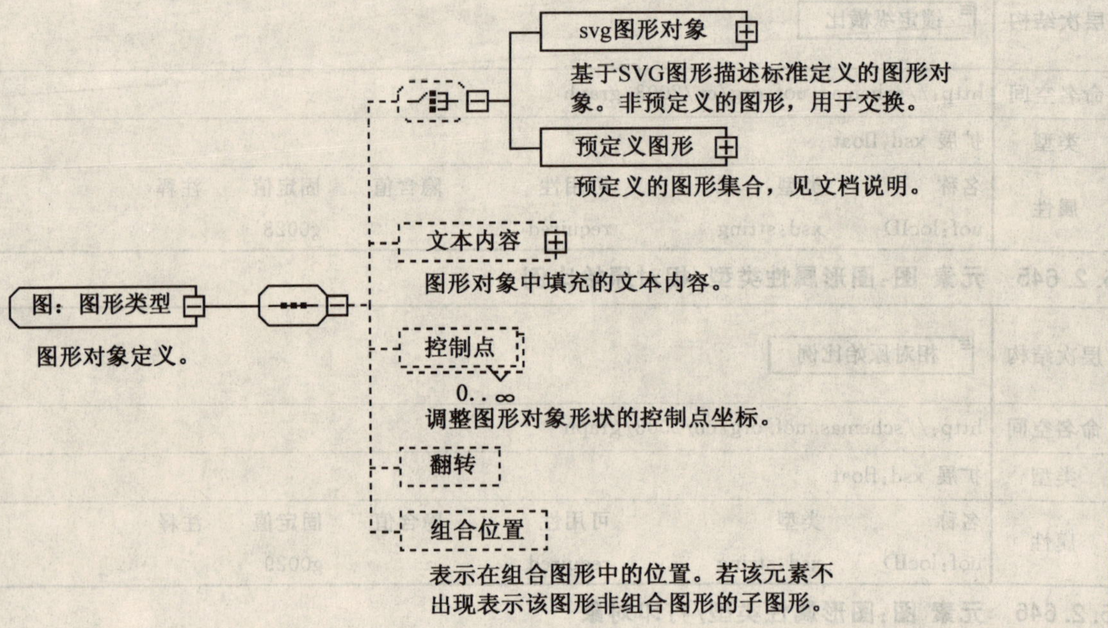
命名空间	http://schemas.uof.org/cn/2003/graph
子元素	svg 图形对象 预定义图形 文本内容 控制点 翻转 组合位置
用于	元素　图:图形

5.2.650 元素 图:图形类型/svg 图形对象

层次结构	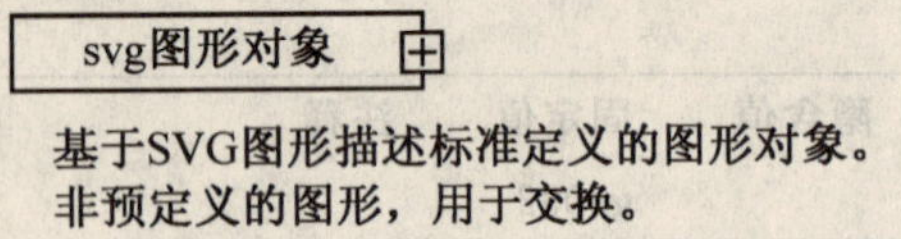
命名空间	http://schemas.uof.org/cn/2003/graph
类型	svg:svg 类型

5.2.651 元素 图:图形类型/预定义图形

层次结构	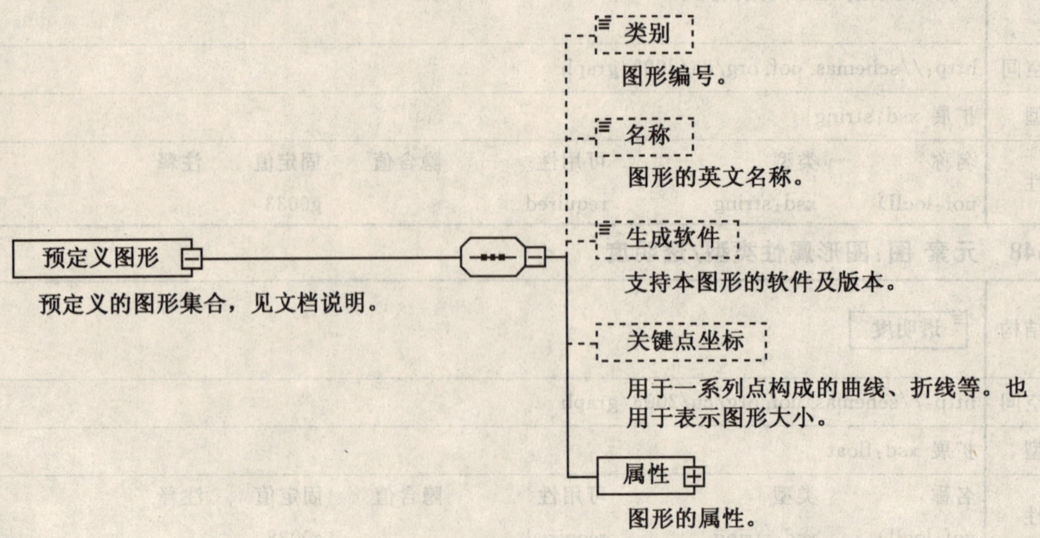

命名空间	http://schemas.uof.org/cn/2003/graph					
子元素	类别 名称 生成软件 关键点坐标 属性					
属性	名称	类型	可用性	隐含值	固定值	注释
	uof:locID	xsd:string	required		g0005	

5.2.652 元素 图:图形类型/预定义图形/类别

层次结构	类别 图形编号。					
命名空间	http://schemas.uof.org/cn/2003/graph					
类型	扩展 xsd:string					
属性	名称	类型	可用性	隐含值	固定值	注释
	uof:locID	xsd:string	required		g0006	

5.2.653 元素 图:图形类型/预定义图形/名称

层次结构	名称 图形的英文名称。					
命名空间	http://schemas.uof.org/cn/2003/graph					
类型	扩展 xsd:string					
属性	名称	类型	可用性	隐含值	固定值	注释
	uof:locID	xsd:string	required		g0007	

5.2.654 元素 图:图形类型/预定义图形/生成软件

层次结构	生成软件 支持本图形的软件及版本。					
命名空间	http://schemas.uof.org/cn/2003/graph					
类型	扩展 xsd:string					
属性	名称	类型	可用性	隐含值	固定值	注释
	uof:locID	xsd:string	required		g0008	

5.2.655 元素 图:图形类型/预定义图形/关键点坐标

层次结构	关键点坐标 用于一系列点构成的曲线、折线等。也 用于表示图形大小。					
命名空间	http://schemas.uof.org/cn/2003/graph					
属性	名称	类型	可用性	隐含值	固定值	注释
	uof:locID	xsd:string	required		g0009	
	路径	xsd:string	required			文档 见:"演:动画类型/效果/动作路径"的注释。
	uof:attrList	xsd:NMTOKENS	required		路径	

5.2.656 元素 图:图形类型/预定义图形/属性

层次结构	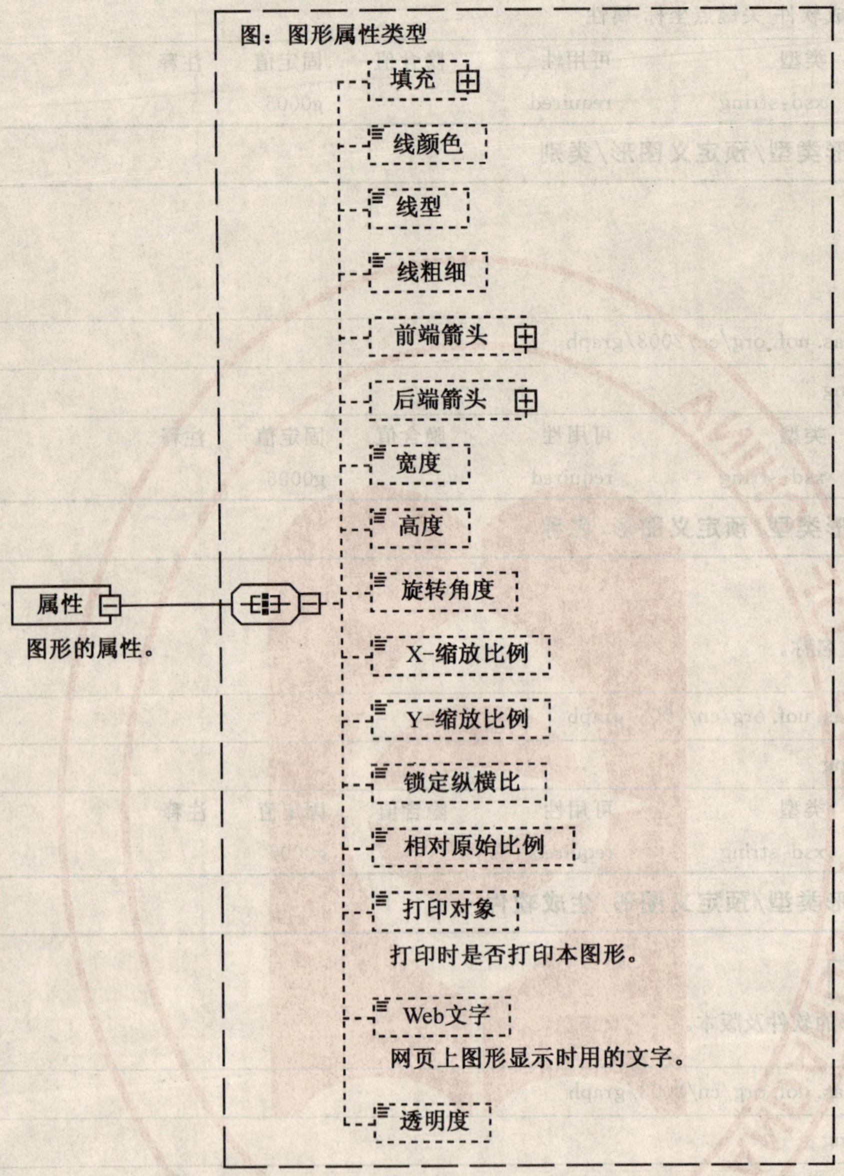
命名空间	http://schemas.uof.org/cn/2003/graph
类型	扩展 图:图形属性类型
子元素	填充 线颜色 线型 线粗细 前端箭头 后端箭头 宽度 高度 旋转角度 X-缩放比例 Y-缩放比例 锁定纵横比 相对原始比例 打印对象 Web 文字 透明度
属性	名称 类型 可用性 隐含值 固定值 注释 uof:locID xsd:string required g0011

5.2.657 元素 图:图形类型/文本内容

层次结构	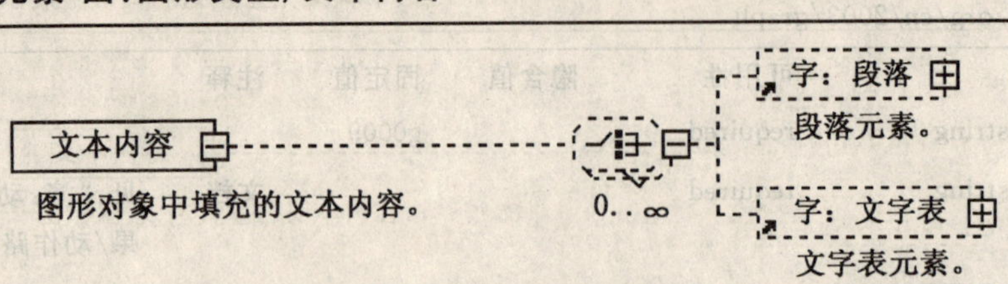

命名空间	http://schemas.uof.org/cn/2003/graph						
子元素	字:段落 字:文字表						
属性	名称	类型	可用性	隐含值	固定值	注释	
	文本框	xsd:boolean	optional			文档	图形对象是否在加入文本内容后成为文本框。
	左边距	xsd:float	optional			文档	填充文本与图形对象中文本区域左边的距离。
	右边距	xsd:float	optional			文档	填充文本与图形对象中文本区域右边的距离。
	上边距	xsd:float	optional			文档	填充文本与图形对象中文本区域上边的距离。
	下边距	xsd:float	optional			文档	填充文本与图形对象中文本区域右边的距离。
	水平对齐	xsd:string	optional			文档	常用于演示文稿中指定文本的显示位置。
	垂直对齐	xsd:string	optional			文档	常用于演示文稿中指定文本的显示位置。
	文字排列方向	xsd:string					
	自动换行	xsd:boolean	optional			文档	填充文本在图形对象的文本区域中是否自动换行。
	大小适应文字	xsd:boolean	optional			文档	图形对象是否自动调整大小以适应文本区域中填充文字的添加。
	前一链接	xsd:IDREF	optional			文档	在图形对象成为文本框时有效。描述前一链接文本框的锚点标识符。
	后一链接	xsd:IDREF	optional			文档	在图形对象成为文本框时有效。描述后一链接文本框的锚点标识符。
	uof:locID	xsd:string	required		g0002		
	uof:attrList	xsd:NMTOKENS	required		文本框 左边距 右边距 上边距 下边距 水平对齐 垂直对齐 文字排列方向 自动换行 大小适应文字 前一链接 后一链接		

5.2.658　元素 图:图形类型/控制点

层次结构	控制点 调整图形对象形状的控制点坐标。					
命名空间	http://schemas.uof.org/cn/2003/graph					
属性	名称	类型	可用性	隐含值	固定值	注释
	x 坐标	xsd:float	required			文档　图形对象控制点的横坐标,为相对值:与起始点 x 坐标之距离/图形宽度。
	y 坐标	xsd:float	required			文档　图形对象控制点的纵坐标,为相对值:与起始点 y 坐标之距离/图形高度。
	uof:locID	xsd:string	required		g0003	
	uof:attrList	xsd:NMTOKENS	required		x 坐标 y 坐标	

5.2.659　元素 图:图形类型/翻转

层次结构	翻转					
命名空间	http://schemas.uof.org/cn/2003/graph					
属性	名称	类型	可用性	隐含值	固定值	注释
	方向	xsd:string	required			
	uof:locID	xsd:string	required		g0040	
	uof:attrList	xsd:NMTOKENS	required		方向	

5.2.660　元素 图:图形类型/组合位置

层次结构	组合位置 表示在组合图形中的位置。若该元素不出现表示该图形非组合图形的子图形。					
命名空间	http://schemas.uof.org/cn/2003/graph					
属性	名称	类型	可用性	隐含值	固定值	注释
	x 坐标	xsd:float	optional			文档　相对于组合图形原点的 x 方向距离。
	y 坐标	xsd:float	optional			文档　相对于组合图形原点的 y 方向距离。
	uof:locID	xsd:string	required		g0041	
	uof:attrList	xsd:NMTOKENS	required		x 坐标 y 坐标	

5.2.661 复杂类型 图:填充类型

层次结构	图:填充类型 文字、段落、表格、页面等的填充定义，如颜色、图片、图案等。 颜色：填充颜色定义。颜色值可以有两种形式：1）“#xxxxxx”格式，如“#FF0000”表示红色；2）“auto”，表示“自动”。 图片：填充的图片定义。 图案：填充的图案定义。 渐变：填充的颜色渐变定义。
命名空间	http://schemas.uof.org/cn/2003/graph
子元素	颜色 图片 图案 渐变
用于	元素 字:句属性类型/填充 字:段落属性类型/填充 字:单元格属性类型/填充 字:文字表属性类型/填充 字:节属性类型/填充 图:图形属性类型/填充 演:背景 表:填充

5.2.662 元素 图:填充类型/颜色

层次结构	颜色 填充颜色定义。颜色值可以有两种形式：1）“#xxxxxx”格式，如“#FF0000”表示红色；2）“auto”，表示“自动”。					
命名空间	http://schemas.uof.org/cn/2003/graph					
类型	扩展 颜色类型					
属性	名称	类型	可用性	隐含值	固定值	注释
	uof:locID	xsd:string	required		g0034	

5.2.663 元素 图:填充类型/图片

层次结构	图片 填充的图片定义。					
命名空间	http://schemas.uof.org/cn/2003/graph					
属性	名称	类型	可用性	隐含值	固定值	注释
	位置	xsd:string	optional			文档 图片在填充对象中的对齐方式。
	图形引用	xsd:IDREF	optional			文档 对图片的引用。
	类型	xsd:string	optional			文档 图片的类型。
	名称	xsd:string	optional			文档 图片的名称。
	uof:locID	xsd:string	required		g0035	
	uof:attrList	xsd:NMTOKENS	required		位置 图形引用 类型 名称	

5.2.664 元素 图:填充类型/图案

<table>
<tr><td>层次结构</td><td colspan="7">图案
填充的图案定义。</td></tr>
<tr><td>命名空间</td><td colspan="7">http://schemas.uof.org/cn/2003/graph</td></tr>
<tr><td rowspan="7">属性</td><td>名称</td><td>类型</td><td>可用性</td><td>隐含值</td><td>固定值</td><td colspan="2">注释</td></tr>
<tr><td>类型</td><td>xsd:string</td><td>optional</td><td></td><td></td><td>文档</td><td>图案的类型。</td></tr>
<tr><td>图形引用</td><td>xsd:IDREF</td><td>optional</td><td></td><td></td><td>文档</td><td>对图形的引用。</td></tr>
<tr><td>前景色</td><td>uof:颜色类型</td><td>optional</td><td></td><td></td><td>文档</td><td>图案的前景色。</td></tr>
<tr><td>背景色</td><td>uof:颜色类型</td><td>optional</td><td></td><td></td><td>文档</td><td>图案的背景色。</td></tr>
<tr><td>uof:locID</td><td>xsd:string</td><td>required</td><td></td><td>g0036</td><td></td><td></td></tr>
<tr><td>uof:attrList</td><td>xsd:NMTOKENS</td><td>required</td><td></td><td>类型
图形引用
前景色
背景色</td><td></td><td></td></tr>
</table>

5.2.665 元素 图:填充类型/渐变

<table>
<tr><td>层次结构</td><td colspan="7">渐变
填充的颜色渐变定义。</td></tr>
<tr><td>命名空间</td><td colspan="7">http://schemas.uof.org/cn/2003/graph</td></tr>
<tr><td rowspan="14">属性</td><td>名称</td><td>类型</td><td>可用性</td><td>隐含值</td><td>固定值</td><td colspan="2">注释</td></tr>
<tr><td>起始色</td><td>uof:颜色类型</td><td>optional</td><td></td><td></td><td>文档</td><td>渐变填充的起始颜色。</td></tr>
<tr><td>终止色</td><td>uof:颜色类型</td><td>optional</td><td></td><td></td><td>文档</td><td>渐变填充的终止颜色。</td></tr>
<tr><td>种子类型</td><td>xsd:string</td><td>optional</td><td></td><td></td><td>文档</td><td>填充时渐变的方式。</td></tr>
<tr><td>起始浓度</td><td>xsd:float</td><td>optional</td><td></td><td></td><td>文档</td><td>起始颜色的浓度，取值为0～100。</td></tr>
<tr><td>终止浓度</td><td>xsd:float</td><td>optional</td><td></td><td></td><td>文档</td><td>终止颜色的浓度，取值为0～100。</td></tr>
<tr><td>渐变方向</td><td>xsd:nonNegativeInteger</td><td>optional</td><td></td><td></td><td>文档</td><td>渐变方向的角度表示，0～360°。</td></tr>
<tr><td>边界</td><td>xsd:nonNegativeInteger</td><td>optional</td><td></td><td></td><td>文档</td><td>起始色渐变到终止色的范围。</td></tr>
<tr><td>种子 x 位置</td><td>xsd:nonNegativeInteger</td><td>optional</td><td></td><td></td><td>文档</td><td>渐变过程中渐变方式种子的横坐标。</td></tr>
<tr><td>种子 y 位置</td><td>xsd:nonNegativeInteger</td><td>optional</td><td></td><td></td><td>文档</td><td>渐变过程中渐变方式种子的纵坐标。</td></tr>
<tr><td>类型</td><td>xsd:string</td><td>optional</td><td></td><td></td><td>文档</td><td>记录系统预设或用户自定义的渐变类型。</td></tr>
<tr><td>uof:locID</td><td>xsd:string</td><td>required</td><td></td><td>g0037</td><td></td><td></td></tr>
<tr><td>uof:attrList</td><td>xsd:NMTOKENS</td><td>required</td><td></td><td>起始色
终止色
种子类型
起始浓度
终止浓度
渐变方向
边界
种子 x 位置
种子 y 位置
类型</td><td></td><td></td></tr>
</table>

5.2.666 简单类型 图:箭头大小类型

命名空间	http://schemas.uof.org/cn/2003/graph
类型	restriction of xsd:int
用于	元素 图:图形属性类型/前端箭头/大小 图:图形属性类型/后端箭头/大小
刻面	minInclusive 1 maxInclusive 9

5.2.667 简单类型 图:箭头式样类型

命名空间	http://schemas.uof.org/cn/2003/graph
类型	restriction of xsd:string
用于	元素 图:图形属性类型/前端箭头/式样 图:图形属性类型/后端箭头/式样
刻面	枚举 normal 枚举 open 枚举 diamond 枚举 stealth 枚举 oval

5.2.668 简单类型 图:随动方式类型

命名空间	http://schemas.uof.org/cn/2003/graph
类型	restriction of xsd:string
用于	attribute 锚点/@随动方式
刻面	枚举 movesize 枚举 move 枚举 none

6 文档存储格式规范

6.1 文档存储规范基本结构

中文办公软件文件存储格式的基本结构如图2所示,包括XML文件、用户定义XML文件、二进制文件(文档外部引用的多媒体文件)以及文件定位信息(存储文件包中组成模块的位置信息)。

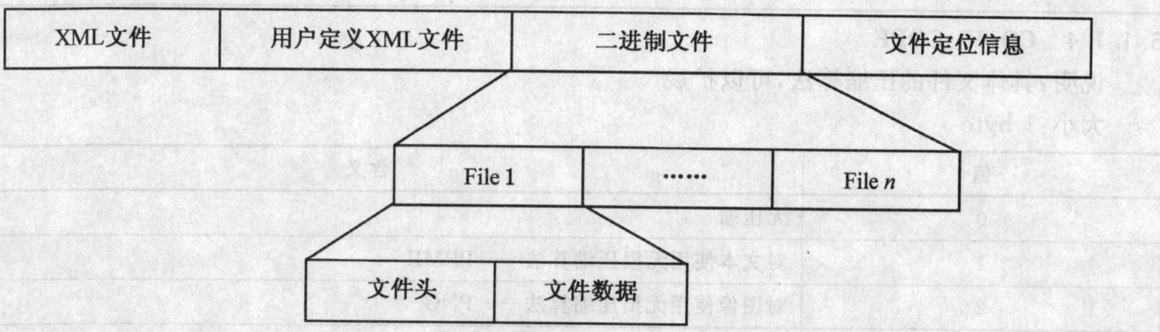

图2 文档存储规范基本结构

XML文件是一个纯文本结构树,由前述的文档格式规范定义,用以描述办公软件文档的基本信息。

用户定义XML文件是用户定义的逻辑格式文档,与XML文件通过标识符关联,提供了办公软件文档支持用户定义逻辑格式的途径。

文档中对于多媒体文件的处理采用两种方式。一种是内嵌Base64编码多媒体数据;另一种是外挂多媒体数据文件。对于外挂多媒体数据文件方式在存储结构中就会出现二进制文件块。

为了标示存储结构中各个模块的位置，在存储结构中包括了文件定位信息。

XML 格式文件和用户定义 XML 文件都是 XML 文件。XML 文件可以压缩，也可以不压缩，由用户根据需要通过软件界面的选项自行决定。如果用户选择压缩 XML 文件，可以大量的减小 XML 文件的存储空间和传送时间。如果采用加密机制，还可以增加文档的安全保密性。如果用户选择不压缩 XML 文件，XML 文件以它原有的结构存在，方便检索和快速浏览。当压缩时，XML 文件(包括内嵌的 Base64 编码数据)一并采用文本文件用的压缩方法。压缩后的文件，也由文件头和文件数据构成。

图 2 中的二进制文件 File1 至 File*n*，是 UOF 的外挂多媒体数据文件，由文件头信息和文件数据信息组成。可以通过文件的文件头信息定位各个文件。XML 文件与外挂文件通过内部文件名进行关联。

6.1.1 二进制文件构成

6.1.1.1 HEADER_ CRC

说明：循环冗余码校验块(从 BLOCK_SIZE 到 comment data)。

大小：2 bytes。

6.1.1.2 BLOCK_SIZE

说明：块的大小(从 BLOCK_SIZE 到 comment data)

大小：2 bytes

6.1.1.3 BLOCK_FLAGS

说明：块标志

大小：1 bytes

详细说明：保留的 6 位可为加密使用。

位	含义
0	固定值 0
1	如果设置，包里包含一个注释块
2	保留，必须设为 0
3	保留，必须设为 0
4	保留，必须设为 0
5	保留，必须设为 0
6	保留，必须设为 0
7	保留，必须设为 0

6.1.1.4 COMP_CODE

说明：具体文件的压缩算法，可以扩展

大小：1 byte

值	含义
0	无压缩
1	对文本使用无损压缩算法——PPMII
2	对图像使用无损压缩算法——PNG
3	对图像使用有损压缩算法——JPEG2000
4	对声音使用有损压缩算法——VORBIS
5	预留
…	预留
254	预留
255	对其他文件使用无损压缩算法——DEFLATE

6.1.1.5 **DATA_CRC32**

说明:文件数据的32位循环冗余码校验。

大小:4 bytes。

6.1.1.6 **COMP_SIZE**

说明:压缩后文件大小。

大小:4 bytes。

6.1.1.7 **ORIG_SIZE**

说明:未压缩文件大小。

大小:4 bytes。

6.1.1.8 **NAME_LEN**

说明:文件名长度。

大小:2 bytes。

6.1.1.9 **FILE_NAME**

说明:文件名。

大小:变长。

6.1.1.10 [**comment data size**]

说明:注释块大小,只有当BLOCK_FLAGS的第1位设置时才存在。

大小:2 bytes。

6.1.1.11 [**comment data**]

说明:注释块,只有当BLOCK_FLAGS的第1位设置时才存在。

大小:变长。

6.1.1.12 **compressed data**]

说明:压缩数据块,COMP_FLAGS的值不同,该块结构也不同。

大小:变长。

二进制文件打包时自动针对不同的信息类型和用户通过界面进行的选择,由打包压缩模块自动采用最适合的压缩算法进行压缩和打包处理。

6.1.2 **文件定位信息**

文件定位信息描述XML文件的文件大小,用来快速定位各文件块的位置。

文件定位信息不放在XML文件之前,而是放在UOF文档的最后是基于两种考虑:一是UOF文档以XML文件开始,方便文件的读取;二是方便程序直接找到定位信息后,快速定位XML文件之后的各文件块。

当XML文件不存在任何外挂文件和用户定义文档类型定义XML文件并且XML文件不进行压缩时,文件定位信息不存在。

文件定位信息如下。

6.1.2.1 **用户定义 XML 文件大小**

XML_USR_FILE_SIZE

说明:用户定义XML文件的文件大小,当该文件不存在时,为0。

大小:4 bytes。

6.1.2.2 **文件大小**

XML_FILE_SIZE

说明:全部文件的文件大小之和,当用户定义XML文件不存在时,该大小就是第一个XML文件的大小。

大小:4 bytes。

6.1.2.3 文件标记

XML_FILE_FLAG

说明：标记：

第一个字节预留。

第二个字节(x)设置如下：

如果 x&0x01！=0 表示 XML 压缩，否则没有压缩。

如果 x&0x02！=0 表示用户 XML 压缩，否则没有压缩。

最后两个字节置 0，用来判断是否是一个未压缩的纯 XML 文件包，如果是“/>”，表示是一个未压缩的纯 XML 文件包，否则不是。

大小：4 bytes。

6.2 压缩和打包的实现方式

压缩和打包的 API 实现方式，建议采用文件接口方式，即办公软件先形成一个(或两个)临时 XML 文件以及其他外挂文件，然后由压缩打包模块对之进行相关处理，最后形成中文办公文档文件。

以接口方式可以保证简单、界面清楚、责任分明。这样做，一方面，接口 API 比较容易定义，不影响办公软件本来的流程和开发进度；另一方面，系统发生故障时，问题比较容易界定，从而也非常有利于软件系统的调试和维护。

存储格式支持用户选择 XML 文件是否压缩、图像文件采用有损压缩或是无损压缩以及声音文件采用有损压缩或是无损压缩。

6.3 支持的文件格式

中文办公软件文档格式支持的文件格式如下所示：

文本	TXT/XML/HTML
声音	WAV/MID/MP3/AMR/OGG/AU/RA/SND
图像(含图形)	BMP/TIF/GIF/PNG/JPG/SVG/PBM/RAS
动态视频	AVI/MPEG1/MPEG2/MPEG4/QT/RM/ASF
其他	

6.4 支持的压缩算法

中文办公软件文档格式支持压缩算法如下所示：

文件类型		拟采用算法	知识产权情况
纯文本	TXT	PPMII	没有专利
	XML		
	HTML		
图像	BMP	PNG，JPEG2000	PNG 没有专利 JPEG2000 有专利，不收专利费
	TIF		
	GIF		
	PNG		
	JPG		
音频	WAV	VORBIS	没有专利
其他		DEFLATE	没有专利

附 录 A
（规范性附录）
XML 文档类型定义

A.1 uof.xsd

〈? xml version="1.0" encoding="UTF-8"?〉

〈xsd:schema

xmlns:图="http://schemas.uof.org/cn/2003/graph"

xmlns:数="http://www.w3.org/1998/Math/MathML"

xmlns:字="http://schemas.uof.org/cn/2003/uof-wordproc"

xmlns:演="http://schemas.uof.org/cn/2003/uof-slideshow"

xmlns:表="http://schemas.uof.org/cn/2003/uof-spreadsheet"

xmlns="http://schemas.uof.org/cn/2003/uof"

xmlns:xsd="http://www.w3.org/2001/XMLSchema"

targetNamespace="http://schemas.uof.org/cn/2003/uof"

elementFormDefault="qualified" attributeFormDefault="qualified" version="1.0"〉

〈xsd:annotation〉

〈xsd:documentation〉

中文办公软件格式标准。© 2006 United Office Format 版权所有。© 2006 United Office Format. All rights reserved.

版本:1.0。Version 1.0

内部版本:060803。Internal version 060803

〈/xsd:documentation〉

〈/xsd:annotation〉

〈xsd:annotation〉

〈xsd:documentation〉导入“文字处理”、“电子表格”、“演示文稿”及其他相关命名空间〈/xsd:documentation〉

〈/xsd:annotation〉

〈xsd:import namespace="http://schemas.uof.org/cn/2003/uof-wordproc" schemaLocation="字.xsd"/〉

〈xsd:import namespace="http://schemas.uof.org/cn/2003/uof-spreadsheet" schemaLocation="表.xsd"/〉

〈xsd:import namespace="http://schemas.uof.org/cn/2003/uof-slideshow" schemaLocation="演.xsd"/〉

〈xsd:import namespace="http://schemas.uof.org/cn/2003/graph" schemaLocation="图.xsd"/〉

〈xsd:import namespace="http://www.w3.org/1998/Math/MathML" schemaLocation="数.xsd"/〉

〈! --最后 locID 编号:u0072--〉

〈xsd:element name="UOF" id="ue0000"〉

〈xsd:annotation〉

〈xsd:documentation〉UOF 是中文办公软件文档格式标准根元素。〈/xsd:documentation〉

```
    </xsd:annotation>
    <xsd:complexType>
      <xsd:sequence>
        <xsd:element name="元数据" id="ue0001">
          <xsd:annotation>
            <xsd:documentation>文档的基本属性说明,待扩充。
            </xsd:documentation>
          </xsd:annotation>
          <xsd:complexType>
            <xsd:complexContent>
              <xsd:extension base="元数据类型">
                <xsd:attribute ref="locID" use="required" fixed="u0001"/>
              </xsd:extension>
            </xsd:complexContent>
          </xsd:complexType>
        </xsd:element>
        <xsd:element name="书签集" id="ue0027" minOccurs="0">
          <xsd:annotation>
            <xsd:documentation>书签集合。书签的统一管理可以方便用户进行检索和引用。</
xsd:documentation>
          </xsd:annotation>
          <xsd:complexType>
            <xsd:sequence>
              <xsd:element name="书签" id="ue0028" maxOccurs="unbounded">
                <xsd:annotation>
                  <xsd:documentation>书签的定义。</xsd:documentation>
                </xsd:annotation>
                <xsd:complexType>
                  <xsd:complexContent>
                    <xsd:extension base="书签类型">
                      <xsd:attribute ref="locID" use="required" fixed="u0028"/>
                      <xsd:attribute ref="attrList" use="required" fixed="名称"/>
                    </xsd:extension>
                  </xsd:complexContent>
                </xsd:complexType>
              </xsd:element>
            </xsd:sequence>
            <xsd:attribute ref="locID" use="required" fixed="u0027"/>
          </xsd:complexType>
        </xsd:element>
        <xsd:element name="链接集" id="ue0031" minOccurs="0">
          <xsd:annotation>
            <xsd:documentation>超级链接集合。超级链接的统一管理可以方便用户进行检索和引
```

用。〈/xsd:documentation〉
〈/xsd:annotation〉
〈xsd:complexType〉
〈xsd:sequence〉
〈xsd:element name="超级链接" id="ue0032" maxOccurs="unbounded"〉
〈xsd:annotation〉
〈xsd:documentation〉超级链接的描述。定义了文档中出现的超级链接全部属性，可以是互联网地址(例如:http://www. UOF. org)、本地存储设备中的路径(例如，c:\UOF\documents)、或者网络路径(例如，\\myserver\public\documents)，也可以是本文档或其他文档中的书签。〈/xsd:documentation〉
〈/xsd:annotation〉
〈xsd:complexType〉
〈xsd:complexContent〉
〈xsd:extension base="超级链接类型"〉
〈xsd:attribute ref="locID" use="required" fixed="u0032"/〉
〈xsd:attribute ref="attrList" use="required" fixed="标识符 目标 书签 式样引用 已访问式样引用 提示 链源"/〉
〈/xsd:extension〉
〈/xsd:complexContent〉
〈/xsd:complexType〉
〈/xsd:element〉
〈/xsd:sequence〉
〈xsd:attribute ref="locID" use="required" fixed="u0031"/〉
〈/xsd:complexType〉
〈/xsd:element〉
〈xsd:element name="式样集" id="ue0039"〉
〈xsd:annotation〉
〈xsd:documentation〉式样集合的定义。〈/xsd:documentation〉
〈/xsd:annotation〉
〈xsd:complexType〉
〈xsd:complexContent〉
〈xsd:extension base="式样表类型"〉
〈xsd:attribute ref="locID" use="required" fixed="u0039"/〉
〈/xsd:extension〉
〈/xsd:complexContent〉
〈/xsd:complexType〉
〈/xsd:element〉
〈xsd:element name="对象集" id="ue0033" minOccurs="0"〉
〈xsd:annotation〉
〈xsd:documentation〉对象集合。文档中使用的图形、OLE 等各种对象的集合，统一的管理可以方便文档中的对象引用，同时减少文档的存储空间。〈/xsd:documentation〉
〈/xsd:annotation〉
〈xsd:complexType〉

〈xsd:choice maxOccurs="unbounded"〉

〈xsd:element ref="图:图形" minOccurs="0" maxOccurs="unbounded"/〉

〈xsd:element name="数学公式" id="ue0034" minOccurs="0" maxOccurs="unbounded"〉

〈xsd:annotation〉

〈xsd:documentation〉以 mathML 标准格式描述的数学公式对象。〈/xsd:documentation〉

〈/xsd:annotation〉

〈xsd:complexType〉

〈xsd:sequence〉

〈xsd:element ref="数:math"/〉

〈/xsd:sequence〉

〈xsd:attribute ref="locID" use="required" fixed="u0034"/〉

〈xsd:attribute ref="attrList" use="required" fixed="标识符"/〉

〈xsd:attribute name="标识符" type="xsd:ID" use="required"/〉

〈/xsd:complexType〉

〈/xsd:element〉

〈xsd:element name="其他对象" id="ue0036" minOccurs="0" maxOccurs="unbounded"〉

〈xsd:annotation〉

〈xsd:documentation〉文档中可能包括的其他对象，包括 OLE 对象等。〈/xsd:documentation〉

〈/xsd:annotation〉

〈xsd:complexType〉

〈xsd:choice〉

〈xsd:element name="数据" id="ue0037"〉

〈xsd:annotation〉

〈xsd:documentation〉用以描述对象的二进制数据，采用 Base64 编码格式。或者 UOF 其他内部格式文档模块。〈/xsd:documentation〉

〈xsd:documentation〉用以描述对象的二进制数据，采用 Base64 编码格式。〈/xsd:documentation〉

〈/xsd:annotation〉

〈xsd:complexType〉

〈xsd:complexContent〉

〈xsd:extension base="xsd:anyType"〉

〈xsd:attribute ref="locID" use="required" fixed="u0037"/〉

〈/xsd:extension〉

〈/xsd:complexContent〉

〈/xsd:complexType〉

〈/xsd:element〉

〈xsd:element name="路径" id="ue0038"〉

〈xsd:annotation〉

〈xsd:documentation〉用以描述引用对象的位置，位置可以在本地存储设备

```
中,也可以在网络上的任意位置。〈/xsd:documentation〉
                    〈/xsd:annotation〉
                    〈xsd:complexType〉
                      〈xsd:simpleContent〉
                        〈xsd:extension base="xsd:anyURI"〉
                          〈xsd:attribute ref="locID" use="required" fixed="u0038"/〉
                        〈/xsd:extension〉
                      〈/xsd:simpleContent〉
                    〈/xsd:complexType〉
                  〈/xsd:element〉
                〈/xsd:choice〉
                〈xsd:attribute ref="locID" use="required" fixed="u0036"/〉
                〈xsd:attribute name="标识符" type="xsd:ID" use="required"/〉
                〈xsd:attribute name="内嵌" type="xsd:boolean" use="optional"/〉
                〈xsd:attribute name="公共类型" use="optional"〉
                  〈xsd:annotation〉
                    〈xsd:documentation〉类型标识。公共类型为共同支持的媒体数据类型,属于
可交换的内容。〈/xsd:documentation〉
                  〈/xsd:annotation〉
                  〈xsd:simpleType〉
                    〈xsd:restriction base="xsd:string"〉
                      〈xsd:enumeration value="text"/〉
                      〈xsd:enumeration value="xml"/〉
                      〈xsd:enumeration value="html"/〉
                      〈xsd:enumeration value="wav"/〉
                      〈xsd:enumeration value="midi"/〉
                      〈xsd:enumeration value="ra"/〉
                      〈xsd:enumeration value="au"/〉
                      〈xsd:enumeration value="mp3"/〉
                      〈xsd:enumeration value="snd"/〉
                      〈xsd:enumeration value="png"/〉
                      〈xsd:enumeration value="jpg"/〉
                      〈xsd:enumeration value="bmp"/〉
                      〈xsd:enumeration value="pbm"/〉
                      〈xsd:enumeration value="ras"/〉
                      〈xsd:enumeration value="gif"/〉
                      〈xsd:enumeration value="svg"/〉
                      〈xsd:enumeration value="avi"/〉
                      〈xsd:enumeration value="mpeg1"/〉
                      〈xsd:enumeration value="mpeg2"/〉
                      〈xsd:enumeration value="mpeg4"/〉
                      〈xsd:enumeration value="qt"/〉
                      〈xsd:enumeration value="rm"/〉
```

```
                    〈xsd:enumeration value="asf"/〉
                  〈/xsd:restriction〉
                〈/xsd:simpleType〉
              〈/xsd:attribute〉
              〈xsd:attribute name="私有类型" type="xsd:string" use="optional"〉
                〈xsd:annotation〉
                  〈xsd:documentation〉类型标识。私有类型为不可交换的媒体数据。OLE 数
据由于描述复杂,各厂商描述区别较大,目前作为私有类型处理。〈/xsd:documentation〉
                〈/xsd:annotation〉
              〈/xsd:attribute〉
              〈xsd:attribute ref="attrList" use="required" fixed="标识符 内嵌 公共类型 私
有类型"/〉
            〈/xsd:complexType〉
          〈/xsd:element〉
        〈/xsd:choice〉
        〈xsd:attribute ref="locID" fixed="u0033"/〉
      〈/xsd:complexType〉
    〈/xsd:element〉
    〈xsd:element name="用户数据集" minOccurs="0"〉
      〈xsd:annotation〉
        〈xsd:documentation〉用于电子公文等应用,对应“公文域”的集合。〈/xsd:documenta-
tion〉
      〈/xsd:annotation〉
      〈xsd:complexType〉
        〈xsd:sequence〉
          〈xsd:element name="用户数据" maxOccurs="unbounded"〉
            〈xsd:annotation〉
              〈xsd:documentation〉用于电子公文等应用,对应“公文域”。通过"UOF/节点路
径”指出文档的哪一部分作为用户数据(“公文域”)。并 通过“用户 XML/节点路径”对应到用户 XML
数据的相应元素上。〈/xsd:documentation〉
            〈/xsd:annotation〉
            〈xsd:complexType〉
              〈xsd:all〉
                〈xsd:element name="限制" minOccurs="0"〉
                  〈xsd:complexType〉
                  〈xsd:attribute name="可否显示" type="xsd:boolean" default="true"/〉
                      〈xsd:attribute name="可否编辑" type="xsd:boolean" default=
"true"/〉
                      〈xsd:attribute name="可否打印" type="xsd:boolean" default=
"true"/〉
                    〈xsd:attribute ref="locID" use="required" fixed="u0070"/〉
                    〈xsd:attribute ref="attrList" use="required" fixed="可否显示 可否编
辑 可否打印"/〉
```

```
        〈/xsd:complexType〉
      〈/xsd:element〉
      〈xsd:element name="用户 XML" minOccurs="0"〉
        〈xsd:complexType〉
          〈xsd:attribute name="schema" type="xsd:string"〉
            〈xsd:annotation〉
              〈xsd:documentation〉用户 XML 数据所对应的 schema。〈/xsd:documentation〉
            〈/xsd:annotation〉
          〈/xsd:attribute〉
          〈xsd:attribute name="文件名" type="xsd:string"〉
            〈xsd:annotation〉
              〈xsd:documentation〉用户 XML 文件的 URL。〈/xsd:documentation〉
            〈/xsd:annotation〉
          〈/xsd:attribute〉
          〈xsd:attribute name="节点路径" type="xsd:string"〉
            〈xsd:annotation〉
              〈xsd:documentation〉用户 XML 数据的元素位置。〈/xsd:documentation〉
            〈/xsd:annotation〉
          〈/xsd:attribute〉
          〈xsd:attribute ref="locID" use="required" fixed="u0071"/〉
          〈xsd:attribute ref="attrList" use="required" fixed="schema 文件路径 节点路径"/〉
        〈/xsd:complexType〉
      〈/xsd:element〉
      〈xsd:element name="UOF" minOccurs="0"〉
        〈xsd:complexType〉
          〈xsd:attribute name="节点路径" type="xsd:string"〉
            〈xsd:annotation〉
              〈xsd:documentation〉UOF 元素的位置。〈/xsd:documentation〉
            〈/xsd:annotation〉
          〈/xsd:attribute〉
          〈xsd:attribute ref="locID" use="required" fixed="u0072"/〉
          〈xsd:attribute ref="attrList" use="required" fixed="节点路径"/〉
        〈/xsd:complexType〉
      〈/xsd:element〉
    〈/xsd:all〉
    〈xsd:attribute name="名称" type="xsd:string"/〉
    〈xsd:attribute ref="locID" use="required" fixed="u0069"/〉
    〈xsd:attribute ref="attrList" use="required" fixed="名称"/〉
  〈/xsd:complexType〉
```

```
      </xsd:element>
    </xsd:sequence>
    <xsd:attribute ref="locID" use="required" fixed="u0068"/>
  </xsd:complexType>
</xsd:element>
<xsd:choice>
  <xsd:element name="文字处理" id="ue0047">
    <xsd:annotation>
      <xsd:documentation>文字处理应用的文档格式描述。</xsd:documentation>
    </xsd:annotation>
    <xsd:complexType>
      <xsd:complexContent>
        <xsd:extension base="字:文字处理文档类型">
          <xsd:attribute ref="locID" use="required" fixed="u0047"/>
        </xsd:extension>
      </xsd:complexContent>
    </xsd:complexType>
  </xsd:element>
  <xsd:element name="演示文稿" id="ue0048">
    <xsd:annotation>
      <xsd:documentation>演示文稿应用的文档格式描述。</xsd:documentation>
    </xsd:annotation>
    <xsd:complexType>
      <xsd:complexContent>
        <xsd:extension base="演:演示文档类型">
          <xsd:attribute ref="locID" use="required" fixed="u0048"/>
        </xsd:extension>
      </xsd:complexContent>
    </xsd:complexType>
  </xsd:element>
  <xsd:element name="电子表格" id="ue0049">
    <xsd:annotation>
      <xsd:documentation>电子表格应用的文档格式描述。</xsd:documentation>
    </xsd:annotation>
    <xsd:complexType>
      <xsd:complexContent>
        <xsd:extension base="表:电子表格类型">
          <xsd:attribute ref="locID" use="required" fixed="u0049"/>
        </xsd:extension>
      </xsd:complexContent>
    </xsd:complexType>
  </xsd:element>
</xsd:choice>
```

```
〈xsd:element name="扩展区" minOccurs="0"〉
 〈xsd:complexType〉
   〈xsd:sequence〉
     〈xsd:element name="扩展" maxOccurs="unbounded"〉
       〈xsd:complexType〉
         〈xsd:sequence〉
           〈xsd:element name="软件名称"〉
             〈xsd:complexType〉
               〈xsd:simpleContent〉
                 〈xsd:extension base="xsd:string"〉
                   〈xsd:attribute ref="locID" use="required" fixed="u0052"/〉
                 〈/xsd:extension〉
               〈/xsd:simpleContent〉
             〈/xsd:complexType〉
           〈/xsd:element〉
           〈xsd:element name="软件版本"〉
             〈xsd:complexType〉
               〈xsd:simpleContent〉
                 〈xsd:extension base="xsd:string"〉
                   〈xsd:attribute ref="locID" use="required" fixed="u0053"/〉
                 〈/xsd:extension〉
               〈/xsd:simpleContent〉
             〈/xsd:complexType〉
           〈/xsd:element〉
           〈xsd:element name="扩展内容" minOccurs="0"〉
             〈xsd:complexType〉
               〈xsd:sequence〉
                 〈xsd:element name="路径"〉
                   〈xsd:annotation〉
                     〈xsd:documentation〉Xpath 路径表达式。〈/xsd:documentation〉
                   〈/xsd:annotation〉
                   〈xsd:complexType〉
                     〈xsd:simpleContent〉
                       〈xsd:extension base="xsd:string"〉
                         〈xsd:attribute ref="locID" use="required" fixed=
"u0065"/〉
                       〈/xsd:extension〉
                     〈/xsd:simpleContent〉
                   〈/xsd:complexType〉
                 〈/xsd:element〉
                 〈xsd:element name="内容" minOccurs="0"〉
                   〈xsd:complexType〉
                     〈xsd:complexContent〉
```

```
                                〈xsd:extension base="xsd:anyType"〉
                                    〈xsd:attribute ref="locID" use="required" fixed=
"u0056"/〉
                                〈/xsd:extension〉
                              〈/xsd:complexContent〉
                            〈/xsd:complexType〉
                          〈/xsd:element〉
                        〈/xsd:sequence〉
                        〈xsd:attribute ref="locID" use="required" fixed="u0054"/〉
                      〈/xsd:complexType〉
                    〈/xsd:element〉
                  〈/xsd:sequence〉
                  〈xsd:attribute ref="locID" use="required" fixed="u0051"/〉
                〈/xsd:complexType〉
              〈/xsd:element〉
            〈/xsd:sequence〉
            〈xsd:attribute ref="locID" use="required" fixed="u0050"/〉
          〈/xsd:complexType〉
        〈/xsd:element〉
        〈xsd:element name="数字签名" type="xsd:anyType" minOccurs="0"/〉
      〈/xsd:sequence〉
      〈xsd:attribute name="language" use="required"〉
        〈xsd:simpleType〉
          〈xsd:restriction base="xsd:string"〉
            〈xsd:enumeration value="cn"/〉
            〈xsd:enumeration value="en"/〉
          〈/xsd:restriction〉
        〈/xsd:simpleType〉
      〈/xsd:attribute〉
      〈xsd:attribute name="version" type="xsd:string" use="required" fixed="1.0"〉
        〈xsd:annotation〉
          〈xsd:documentation〉1.0〈/xsd:documentation〉
        〈/xsd:annotation〉
      〈/xsd:attribute〉
      〈xsd:attribute ref="locID" use="required" fixed="u0000"/〉
    〈/xsd:complexType〉
  〈/xsd:element〉
  〈xsd:annotation〉
    〈xsd:documentation〉以下为元素语种标识符和属性列表名称〈/xsd:documentation〉
  〈/xsd:annotation〉
  〈xsd:attribute name="locID" type="xsd:string"〉
    〈xsd:annotation〉
      〈xsd:documentation〉元素语种标识符〈/xsd:documentation〉
```

```
  〈/xsd:annotation〉
〈/xsd:attribute〉
〈xsd:attribute name="attrList" type="xsd:NMTOKENS"〉
  〈xsd:annotation〉
    〈xsd:documentation〉元素属性列表名称〈/xsd:documentation〉
  〈/xsd:annotation〉
〈/xsd:attribute〉
〈xsd:annotation〉
  〈xsd:documentation〉以下为共用基本类型〈/xsd:documentation〉
〈/xsd:annotation〉
〈xsd:simpleType name="长度类型"〉
  〈xsd:annotation〉
    〈xsd:documentation〉长度类型。长度类型的单位在公共处理规则里边设置，整个文档的长度使
用一种统一的单位。〈/xsd:documentation〉
  〈/xsd:annotation〉
  〈xsd:restriction base="xsd:float"/〉
〈/xsd:simpleType〉
〈xsd:simpleType name="颜色类型"〉
  〈xsd:annotation〉
    〈xsd:documentation〉颜色类型。颜色值可以有两种形式：1)"＃xxxxxx"格式，如"＃FF0000"表
示红色；2)"auto"，表示"自动"。〈/xsd:documentation〉
  〈/xsd:annotation〉
  〈xsd:union〉
    〈xsd:simpleType〉
      〈xsd:restriction base="xsd:string"〉
        〈xsd:pattern value="＃[0-9a-fA-F]{6}"/〉
      〈/xsd:restriction〉
    〈/xsd:simpleType〉
    〈xsd:simpleType〉
      〈xsd:restriction base="xsd:string"〉
        〈xsd:enumeration value="auto"/〉
      〈/xsd:restriction〉
    〈/xsd:simpleType〉
  〈/xsd:union〉
〈/xsd:simpleType〉
〈xsd:simpleType name="度量单位类型"〉
  〈xsd:annotation〉
    〈xsd:documentation〉度量单位的类型。〈/xsd:documentation〉
  〈/xsd:annotation〉
  〈xsd:restriction base="xsd:string"〉
    〈xsd:enumeration value="cm"/〉
    〈xsd:enumeration value="mm"/〉
    〈xsd:enumeration value="inch"/〉
```

```
    <xsd:enumeration value="pt"/>
  </xsd:restriction>
</xsd:simpleType>
<xsd:simpleType name="百分比类型">
  <xsd:annotation>
    <xsd:documentation>非负浮点数。例如:15 表示 15%。</xsd:documentation>
  </xsd:annotation>
  <xsd:restriction base="xsd:float">
    <xsd:minInclusive value="0.0"/>
  </xsd:restriction>
</xsd:simpleType>
<xsd:complexType name="页边距类型">
  <xsd:annotation>
    <xsd:documentation>页边距的类型。</xsd:documentation>
  </xsd:annotation>
  <xsd:attribute name="左" type="长度类型" use="optional">
    <xsd:annotation>
      <xsd:documentation>左页边距,即距左页边的距离。</xsd:documentation>
    </xsd:annotation>
  </xsd:attribute>
  <xsd:attribute name="上" type="长度类型" use="optional">
    <xsd:annotation>
      <xsd:documentation>上页边距,即距上页边的距离。</xsd:documentation>
    </xsd:annotation>
  </xsd:attribute>
  <xsd:attribute name="右" type="长度类型" use="optional">
    <xsd:annotation>
      <xsd:documentation>右页边距,即距右页边的距离。</xsd:documentation>
    </xsd:annotation>
  </xsd:attribute>
  <xsd:attribute name="下" type="长度类型" use="optional">
    <xsd:annotation>
      <xsd:documentation>下页边距,即距下页边的距离。</xsd:documentation>
    </xsd:annotation>
  </xsd:attribute>
</xsd:complexType>
<xsd:complexType name="纸张类型">
  <xsd:annotation>
    <xsd:documentation>定义纸张大小。</xsd:documentation>
  </xsd:annotation>
  <xsd:attribute name="纸型" type="xsd:string" use="optional">
    <xsd:annotation>
      <xsd:documentation>纸型,如 A4、B5 等,标识了纸张的宽度和高度。</xsd:documentation>
```

```
      </xsd:annotation>
    </xsd:attribute>
    <xsd:attribute name="宽度" type="长度类型" use="required">
      <xsd:annotation>
        <xsd:documentation>纸张的宽度。</xsd:documentation>
      </xsd:annotation>
    </xsd:attribute>
    <xsd:attribute name="高度" type="长度类型" use="required">
      <xsd:annotation>
        <xsd:documentation>纸张的高度。</xsd:documentation>
      </xsd:annotation>
    </xsd:attribute>
  </xsd:complexType>
  <xsd:simpleType name="纸张方向类型">
    <xsd:annotation>
      <xsd:documentation>纸张方向类型。分“横向”与“纵向”两种。</xsd:documentation>
    </xsd:annotation>
    <xsd:restriction base="xsd:string">
      <xsd:enumeration value="landscape">
        <xsd:annotation>
          <xsd:documentation>纸张方向为横向。</xsd:documentation>
        </xsd:annotation>
      </xsd:enumeration>
      <xsd:enumeration value="portrait">
        <xsd:annotation>
          <xsd:documentation>纸张方向为纵向。</xsd:documentation>
        </xsd:annotation>
      </xsd:enumeration>
    </xsd:restriction>
  </xsd:simpleType>
  <xsd:simpleType name="线型类型">
    <xsd:annotation>
      <xsd:documentation>线型,用于边框线,下划线等。</xsd:documentation>
    </xsd:annotation>
    <xsd:restriction base="xsd:string">
      <xsd:enumeration value="none"/>
      <xsd:enumeration value="single"/>
      <xsd:enumeration value="double"/>
      <xsd:enumeration value="thick"/>
      <xsd:enumeration value="dotted"/>
      <xsd:enumeration value="dotted-heavy"/>
      <xsd:enumeration value="dash"/>
      <xsd:enumeration value="dashed-heavy"/>
```

```
    <xsd:enumeration value="dash-long"/>
    <xsd:enumeration value="dash-long-heavy"/>
    <xsd:enumeration value="dot-dash"/>
    <xsd:enumeration value="dash-dot-heavy"/>
    <xsd:enumeration value="dot-dot-dash"/>
    <xsd:enumeration value="dash-dot-dot-heavy"/>
    <xsd:enumeration value="wave"/>
    <xsd:enumeration value="wavy-heavy"/>
    <xsd:enumeration value="wavy-double"/>
  </xsd:restriction>
</xsd:simpleType>
<xsd:complexType name="边框线类型">
  <xsd:annotation>
    <xsd:documentation>边框线类型。</xsd:documentation>
  </xsd:annotation>
  <xsd:attribute name="类型" type="线型类型" use="required">
    <xsd:annotation>
      <xsd:documentation>边框线的线型。</xsd:documentation>
    </xsd:annotation>
  </xsd:attribute>
  <xsd:attribute name="宽度" type="长度类型" use="optional">
    <xsd:annotation>
      <xsd:documentation>边框线的宽度。</xsd:documentation>
    </xsd:annotation>
  </xsd:attribute>
  <xsd:attribute name="边距" type="长度类型" use="optional">
    <xsd:annotation>
      <xsd:documentation>边框线的边距。</xsd:documentation>
    </xsd:annotation>
  </xsd:attribute>
  <xsd:attribute name="颜色" type="颜色类型" use="optional" id="ua0038">
    <xsd:annotation>
      <xsd:documentation>边框线的颜色。</xsd:documentation>
    </xsd:annotation>
  </xsd:attribute>
  <xsd:attribute name="阴影" type="xsd:boolean" use="optional" id="ua0039">
    <xsd:annotation>
      <xsd:documentation>边框线是否有阴影。</xsd:documentation>
    </xsd:annotation>
  </xsd:attribute>
</xsd:complexType>
<xsd:complexType name="边框类型">
  <xsd:annotation>
```

```
    〈xsd:documentation〉边框类型。页面、段落等对象均利用此边框特性。〈/xsd:documentation〉
  〈/xsd:annotation〉
  〈xsd:sequence〉
    〈xsd:element name="左" minOccurs="0"〉
      〈xsd:annotation〉
        〈xsd:documentation〉左边框。〈/xsd:documentation〉
      〈/xsd:annotation〉
      〈xsd:complexType〉
        〈xsd:complexContent〉
          〈xsd:extension base="边框线类型"〉
            〈xsd:attribute ref="locID" use="required" fixed="u0057"/〉
            〈xsd:attribute ref="attrList" use="required" fixed="类型 宽度 边距 颜色 阴影"/〉
          〈/xsd:extension〉
        〈/xsd:complexContent〉
      〈/xsd:complexType〉
    〈/xsd:element〉
    〈xsd:element name="上" minOccurs="0"〉
      〈xsd:annotation〉
        〈xsd:documentation〉上边框。〈/xsd:documentation〉
      〈/xsd:annotation〉
      〈xsd:complexType〉
        〈xsd:complexContent〉
          〈xsd:extension base="边框线类型"〉
            〈xsd:attribute ref="locID" use="required" fixed="u0058"/〉
            〈xsd:attribute ref="attrList" use="required" fixed="类型 宽度 边距 颜色 阴影"/〉
          〈/xsd:extension〉
        〈/xsd:complexContent〉
      〈/xsd:complexType〉
    〈/xsd:element〉
    〈xsd:element name="右" minOccurs="0"〉
      〈xsd:annotation〉
        〈xsd:documentation〉右边框。〈/xsd:documentation〉
      〈/xsd:annotation〉
      〈xsd:complexType〉
        〈xsd:complexContent〉
          〈xsd:extension base="边框线类型"〉
            〈xsd:attribute ref="locID" use="required" fixed="u0059"/〉
            〈xsd:attribute ref="attrList" use="required" fixed="类型 宽度 边距 颜色 阴影"/〉
          〈/xsd:extension〉
        〈/xsd:complexContent〉
      〈/xsd:complexType〉
    〈/xsd:element〉
    〈xsd:element name="下" minOccurs="0"〉
```

```
        <xsd:annotation>
          <xsd:documentation>下边框。</xsd:documentation>
        </xsd:annotation>
        <xsd:complexType>
          <xsd:complexContent>
            <xsd:extension base="边框线类型">
              <xsd:attribute ref="locID" use="required" fixed="u0060"/>
              <xsd:attribute ref="attrList" use="required" fixed="类型 宽度 边距 颜色 阴影"/>
            </xsd:extension>
          </xsd:complexContent>
        </xsd:complexType>
      </xsd:element>
      <xsd:element name="对角线 1" minOccurs="0">
        <xsd:annotation>
          <xsd:documentation>单元格对角线,左上角至右下角。</xsd:documentation>
        </xsd:annotation>
        <xsd:complexType>
          <xsd:complexContent>
            <xsd:extension base="边框线类型">
              <xsd:attribute ref="locID" use="required" fixed="u0061"/>
              <xsd:attribute ref="attrList" use="required" fixed="类型 宽度 边距 颜色 阴影"/>
            </xsd:extension>
          </xsd:complexContent>
        </xsd:complexType>
      </xsd:element>
      <xsd:element name="对角线 2" minOccurs="0">
        <xsd:annotation>
          <xsd:documentation>单元格对角线,右上角至左下角。</xsd:documentation>
        </xsd:annotation>
        <xsd:complexType>
          <xsd:complexContent>
            <xsd:extension base="边框线类型">
              <xsd:attribute ref="locID" use="required" fixed="u0062"/>
              <xsd:attribute ref="attrList" use="required" fixed="类型 宽度 边距 颜色 阴影"/>
            </xsd:extension>
          </xsd:complexContent>
        </xsd:complexType>
      </xsd:element>
    </xsd:sequence>
  </xsd:complexType>
  <xsd:simpleType name="式样类型">
    <xsd:annotation>
      <xsd:documentation>式样的分类。</xsd:documentation>
```

```
    〈/xsd:annotation〉
    〈xsd:restriction base="xsd:string"〉
      〈xsd:enumeration value="default"〉
        〈xsd:annotation〉
          〈xsd:documentation〉系统默认的式样类型。〈/xsd:documentation〉
        〈/xsd:annotation〉
      〈/xsd:enumeration〉
      〈xsd:enumeration value="custom"〉
        〈xsd:annotation〉
          〈xsd:documentation〉用户自定义的式样类型。〈/xsd:documentation〉
        〈/xsd:annotation〉
      〈/xsd:enumeration〉
      〈xsd:enumeration value="auto"〉
        〈xsd:annotation〉
          〈xsd:documentation〉自动的式样类型。〈/xsd:documentation〉
        〈/xsd:annotation〉
      〈/xsd:enumeration〉
    〈/xsd:restriction〉
  〈/xsd:simpleType〉
  〈xsd:annotation〉
    〈xsd:documentation〉以上为共用基本类型〈/xsd:documentation〉
  〈/xsd:annotation〉
  〈xsd:complexType name="元数据类型"〉
    〈xsd:annotation〉
      〈xsd:documentation〉定义文档的基本属性集合。〈/xsd:documentation〉
    〈/xsd:annotation〉
    〈xsd:all〉
      〈xsd:element name="标题" id="ue0002" minOccurs="0"〉
        〈xsd:annotation〉
          〈xsd:documentation〉文档的标题。标题可以与文件名不同,可用于文档的检索。〈/xsd:
documentation〉
        〈/xsd:annotation〉
        〈xsd:complexType〉
          〈xsd:simpleContent〉
            〈xsd:extension base="xsd:string"〉
              〈xsd:attribute ref="locID" use="required" fixed="u0002"/〉
            〈/xsd:extension〉
          〈/xsd:simpleContent〉
        〈/xsd:complexType〉
      〈/xsd:element〉
      〈xsd:element name="主题" id="ue0003" minOccurs="0"〉
        〈xsd:annotation〉
          〈xsd:documentation〉文档的主题。用于将文档按照相同的主题分组,并可检索具有相同主
```

```
题的文档。</xsd:documentation>
        </xsd:annotation>
        <xsd:complexType>
          <xsd:simpleContent>
            <xsd:extension base="xsd:string">
              <xsd:attribute ref="locID" use="required" fixed="u0003"/>
            </xsd:extension>
          </xsd:simpleContent>
        </xsd:complexType>
      </xsd:element>
      <xsd:element name="创建者" id="ue0004" minOccurs="0">
        <xsd:annotation>
          <xsd:documentation>文档的创建者。</xsd:documentation>
        </xsd:annotation>
        <xsd:complexType>
          <xsd:simpleContent>
            <xsd:extension base="xsd:string">
              <xsd:attribute ref="locID" use="required" fixed="u0004"/>
            </xsd:extension>
          </xsd:simpleContent>
        </xsd:complexType>
      </xsd:element>
      <xsd:element name="作者" id="ue0005" minOccurs="0">
        <xsd:annotation>
          <xsd:documentation>文档的作者。</xsd:documentation>
        </xsd:annotation>
        <xsd:complexType>
          <xsd:simpleContent>
            <xsd:extension base="xsd:string">
              <xsd:attribute ref="locID" use="required" fixed="u0005"/>
            </xsd:extension>
          </xsd:simpleContent>
        </xsd:complexType>
      </xsd:element>
      <xsd:element name="最后作者" id="ue0006" minOccurs="0">
        <xsd:annotation>
          <xsd:documentation>文档的最后一次保存时的作者。</xsd:documentation>
        </xsd:annotation>
        <xsd:complexType>
          <xsd:simpleContent>
            <xsd:extension base="xsd:string">
              <xsd:attribute ref="locID" use="required" fixed="u0006"/>
            </xsd:extension>
```

```
    〈/xsd:simpleContent〉
  〈/xsd:complexType〉
〈/xsd:element〉
〈xsd:element name="摘要" id="ue0007" minOccurs="0"〉
  〈xsd:annotation〉
    〈xsd:documentation〉文档的摘要与注释。〈/xsd:documentation〉
  〈/xsd:annotation〉
  〈xsd:complexType〉
    〈xsd:simpleContent〉
      〈xsd:extension base="xsd:string"〉
        〈xsd:attribute ref="locID" use="required" fixed="u0007"/〉
      〈/xsd:extension〉
    〈/xsd:simpleContent〉
  〈/xsd:complexType〉
〈/xsd:element〉
〈xsd:element name="创建日期" id="ue0008" minOccurs="0"〉
  〈xsd:annotation〉
    〈xsd:documentation〉文档的创建日期。〈/xsd:documentation〉
  〈/xsd:annotation〉
  〈xsd:complexType〉
    〈xsd:simpleContent〉
      〈xsd:extension base="xsd:dateTime"〉
        〈xsd:attribute ref="locID" use="required" fixed="u0008"/〉
      〈/xsd:extension〉
    〈/xsd:simpleContent〉
  〈/xsd:complexType〉
〈/xsd:element〉
〈xsd:element name="编辑次数" id="ue0009" minOccurs="0"〉
  〈xsd:annotation〉
    〈xsd:documentation〉文档的编辑次数。〈/xsd:documentation〉
  〈/xsd:annotation〉
  〈xsd:complexType〉
    〈xsd:simpleContent〉
      〈xsd:extension base="xsd:string"〉
        〈xsd:attribute ref="locID" use="required" fixed="u0009"/〉
      〈/xsd:extension〉
    〈/xsd:simpleContent〉
  〈/xsd:complexType〉
〈/xsd:element〉
〈xsd:element name="编辑时间" id="ue0010" minOccurs="0"〉
  〈xsd:annotation〉
    〈xsd:documentation〉文档编辑的总时间。〈/xsd:documentation〉
  〈/xsd:annotation〉
```

```
    〈xsd:complexType〉
      〈xsd:simpleContent〉
        〈xsd:extension base="xsd:duration"〉
          〈xsd:attribute ref="locID" use="required" fixed="u0010"/〉
        〈/xsd:extension〉
      〈/xsd:simpleContent〉
    〈/xsd:complexType〉
  〈/xsd:element〉
  〈xsd:element name="创建应用程序" id="ue0011" minOccurs="0"〉
    〈xsd:annotation〉
      〈xsd:documentation〉创建文档的应用程序。〈/xsd:documentation〉
    〈/xsd:annotation〉
    〈xsd:complexType〉
      〈xsd:simpleContent〉
        〈xsd:extension base="xsd:string"〉
          〈xsd:attribute ref="locID" use="required" fixed="u0011"/〉
        〈/xsd:extension〉
      〈/xsd:simpleContent〉
    〈/xsd:complexType〉
  〈/xsd:element〉
  〈xsd:element name="分类" id="ue0012" minOccurs="0"〉
    〈xsd:annotation〉
      〈xsd:documentation〉文档的分类。用于文档的检索和分组。〈/xsd:documentation〉
    〈/xsd:annotation〉
    〈xsd:complexType〉
      〈xsd:simpleContent〉
        〈xsd:extension base="xsd:string"〉
          〈xsd:attribute ref="locID" use="required" fixed="u0012"/〉
        〈/xsd:extension〉
      〈/xsd:simpleContent〉
    〈/xsd:complexType〉
  〈/xsd:element〉
  〈xsd:element name="文档模板" id="ue0013" minOccurs="0"〉
    〈xsd:annotation〉
      〈xsd:documentation〉文档的模板。〈/xsd:documentation〉
    〈/xsd:annotation〉
    〈xsd:complexType〉
      〈xsd:simpleContent〉
        〈xsd:extension base="xsd:anyURI"〉
          〈xsd:attribute ref="locID" use="required" fixed="u0013"/〉
        〈/xsd:extension〉
      〈/xsd:simpleContent〉
    〈/xsd:complexType〉
```

```
</xsd:element>
<xsd:element name="关键字集" id="ue0014" minOccurs="0">
  <xsd:annotation>
    <xsd:documentation>关键字集合，每一个关键字用一个“关键字”元素来表达。</xsd:documentation>
  </xsd:annotation>
  <xsd:complexType>
    <xsd:sequence>
      <xsd:element name="关键字" id="ue0015" maxOccurs="unbounded">
        <xsd:annotation>
          <xsd:documentation>用于文档检索的关键字。</xsd:documentation>
        </xsd:annotation>
        <xsd:complexType>
          <xsd:simpleContent>
            <xsd:extension base="xsd:string">
              <xsd:attribute ref="locID" use="required" fixed="u0015"/>
            </xsd:extension>
          </xsd:simpleContent>
        </xsd:complexType>
      </xsd:element>
    </xsd:sequence>
    <xsd:attribute ref="locID" use="required" fixed="u0014"/>
  </xsd:complexType>
</xsd:element>
<xsd:element name="用户自定义元数据集" id="ue0016" minOccurs="0">
  <xsd:annotation>
    <xsd:documentation>用户自定义元数据集合。</xsd:documentation>
  </xsd:annotation>
  <xsd:complexType>
    <xsd:sequence>
      <xsd:element name="用户自定义元数据" id="ue0017" maxOccurs="unbounded">
        <xsd:annotation>
          <xsd:documentation>用户自定义元数据，可以指定一个名称，并指定一种类型。</xsd:documentation>
        </xsd:annotation>
        <xsd:complexType>
          <xsd:simpleContent>
            <xsd:extension base="xsd:string">
              <xsd:attribute ref="locID" use="required" fixed="u0017"/>
              <xsd:attribute ref="attrList" use="required" fixed="名称 类型"/>
              <xsd:attribute name="名称" type="xsd:string" use="optional" id="ua0000"/>
              <xsd:attribute name="类型" use="optional" id="ua0001">
```

```
                〈xsd:simpleType〉
                  〈xsd:restriction base="xsd:string"〉
                    〈xsd:enumeration value="float"/〉
                    〈xsd:enumeration value="datetime"/〉
                    〈xsd:enumeration value="string"/〉
                    〈xsd:enumeration value="boolean"/〉
                  〈/xsd:restriction〉
                〈/xsd:simpleType〉
              〈/xsd:attribute〉
            〈/xsd:extension〉
          〈/xsd:simpleContent〉
        〈/xsd:complexType〉
      〈/xsd:element〉
    〈/xsd:sequence〉
    〈xsd:attribute ref="locID" use="required" fixed="u0016"/〉
  〈/xsd:complexType〉
〈/xsd:element〉
〈xsd:element name="公司名称" id="ue0018" minOccurs="0"〉
  〈xsd:annotation〉
    〈xsd:documentation〉文档所属的公司名称。可以用于文档的检索,也可以用作文档的分组。〈/xsd:documentation〉
  〈/xsd:annotation〉
  〈xsd:complexType〉
    〈xsd:simpleContent〉
      〈xsd:extension base="xsd:string"〉
        〈xsd:attribute ref="locID" use="required" fixed="u0018"/〉
      〈/xsd:extension〉
    〈/xsd:simpleContent〉
  〈/xsd:complexType〉
〈/xsd:element〉
〈xsd:element name="经理名称" id="ue0019" minOccurs="0"〉
  〈xsd:annotation〉
    〈xsd:documentation〉经理姓名。可以用作文档的检索,也可以用作文档的分组。〈/xsd:documentation〉
  〈/xsd:annotation〉
  〈xsd:complexType〉
    〈xsd:simpleContent〉
      〈xsd:extension base="xsd:string"〉
        〈xsd:attribute ref="locID" use="required" fixed="u0019"/〉
      〈/xsd:extension〉
    〈/xsd:simpleContent〉
  〈/xsd:complexType〉
〈/xsd:element〉
```

```
〈xsd:element name="页数" id="ue0020" minOccurs="0"〉
  〈xsd:annotation〉
    〈xsd:documentation〉统计数据,文档总页数。〈/xsd:documentation〉
  〈/xsd:annotation〉
  〈xsd:complexType〉
    〈xsd:simpleContent〉
      〈xsd:extension base="xsd:long"〉
        〈xsd:attribute ref="locID" use="required" fixed="u0020"/〉
      〈/xsd:extension〉
    〈/xsd:simpleContent〉
  〈/xsd:complexType〉
〈/xsd:element〉
〈xsd:element name="字数" id="ue0021" minOccurs="0"〉
  〈xsd:annotation〉
    〈xsd:documentation〉统计数据,文档总字数。〈/xsd:documentation〉
  〈/xsd:annotation〉
  〈xsd:complexType〉
    〈xsd:simpleContent〉
      〈xsd:extension base="xsd:long"〉
        〈xsd:attribute ref="locID" use="required" fixed="u0021"/〉
      〈/xsd:extension〉
    〈/xsd:simpleContent〉
  〈/xsd:complexType〉
〈/xsd:element〉
〈xsd:element name="英文字符数" id="ue0022" minOccurs="0"〉
  〈xsd:annotation〉
    〈xsd:documentation〉统计数据,文档英文字符总数。〈/xsd:documentation〉
  〈/xsd:annotation〉
  〈xsd:complexType〉
    〈xsd:simpleContent〉
      〈xsd:extension base="xsd:long"〉
        〈xsd:attribute ref="locID" use="required" fixed="u0022"/〉
      〈/xsd:extension〉
    〈/xsd:simpleContent〉
  〈/xsd:complexType〉
〈/xsd:element〉
〈xsd:element name="中文字符数" id="ue0023" minOccurs="0"〉
  〈xsd:annotation〉
    〈xsd:documentation〉统计数据,文档中文字符总数。〈/xsd:documentation〉
  〈/xsd:annotation〉
  〈xsd:complexType〉
    〈xsd:simpleContent〉
      〈xsd:extension base="xsd:long"〉
```

```
            <xsd:attribute ref="locID" use="required" fixed="u0023"/>
          </xsd:extension>
        </xsd:simpleContent>
      </xsd:complexType>
    </xsd:element>
    <xsd:element name="行数" id="ue0024" minOccurs="0">
      <xsd:annotation>
        <xsd:documentation>统计数据,文档总行数。</xsd:documentation>
      </xsd:annotation>
      <xsd:complexType>
        <xsd:simpleContent>
          <xsd:extension base="xsd:long">
            <xsd:attribute ref="locID" use="required" fixed="u0024"/>
          </xsd:extension>
        </xsd:simpleContent>
      </xsd:complexType>
    </xsd:element>
    <xsd:element name="段落数" id="ue0025" minOccurs="0">
      <xsd:annotation>
        <xsd:documentation>统计数据,文档总段落数。</xsd:documentation>
      </xsd:annotation>
      <xsd:complexType>
        <xsd:simpleContent>
          <xsd:extension base="xsd:long">
            <xsd:attribute ref="locID" use="required" fixed="u0025"/>
          </xsd:extension>
        </xsd:simpleContent>
      </xsd:complexType>
    </xsd:element>
    <xsd:element name="对象数" id="ue0026" minOccurs="0">
      <xsd:annotation>
        <xsd:documentation>统计数据,文档中对象数。</xsd:documentation>
      </xsd:annotation>
      <xsd:complexType>
        <xsd:simpleContent>
          <xsd:extension base="xsd:long">
            <xsd:attribute ref="locID" use="required" fixed="u0026"/>
          </xsd:extension>
        </xsd:simpleContent>
      </xsd:complexType>
    </xsd:element>
  </xsd:all>
</xsd:complexType>
```

```
〈xsd:complexType name="书签类型"〉
  〈xsd:annotation〉
    〈xsd:documentation〉书签类型。〈/xsd:documentation〉
  〈/xsd:annotation〉
  〈xsd:choice minOccurs="0" maxOccurs="unbounded"〉
    〈xsd:element name="文本位置" id="ue0029"〉
      〈xsd:annotation〉
        〈xsd:documentation〉文档中位置区域的引用。〈/xsd:documentation〉
      〈/xsd:annotation〉
      〈xsd:complexType〉
        〈xsd:complexContent〉
          〈xsd:extension base="字:区域引用类型"〉
            〈xsd:attribute ref="locID" use="required" fixed="u0029"/〉
            〈xsd:attribute ref="attrList" use="required" fixed="区域引用"/〉
          〈/xsd:extension〉
        〈/xsd:complexContent〉
      〈/xsd:complexType〉
    〈/xsd:element〉
    〈xsd:element name="命名表达式" id="ue0030"〉
      〈xsd:annotation〉
        〈xsd:documentation〉电子表格文档中的区域地址。〈/xsd:documentation〉
      〈/xsd:annotation〉
      〈xsd:complexType〉
        〈xsd:attribute ref="locID" use="required" fixed="u0030"/〉
        〈xsd:attribute ref="attrList" use="required" fixed="行列区域 工作表名"/〉
        〈xsd:attribute name="行列区域" type="表:命名表达式" use="optional"〉
          〈xsd:annotation〉
            〈xsd:documentation〉以电子表格中行和列数值定义的区域。〈/xsd:documentation〉
          〈/xsd:annotation〉
        〈/xsd:attribute〉
        〈xsd:attribute name="工作表名" type="xsd:string" use="optional"〉
          〈xsd:annotation〉
            〈xsd:documentation〉记录命名表达式所属的工作表,以区分命名表达式是工作表私有
的还是公有的。〈/xsd:documentation〉
          〈/xsd:annotation〉
        〈/xsd:attribute〉
      〈/xsd:complexType〉
    〈/xsd:element〉
  〈/xsd:choice〉
  〈xsd:attribute name="名称" type="xsd:ID" use="required" id="ua0002"〉
    〈xsd:annotation〉
      〈xsd:documentation〉书签的名称和标识符。〈/xsd:documentation〉
    〈/xsd:annotation〉
```

〈/xsd:attribute〉
〈/xsd:complexType〉
〈xsd:complexType name="超级链接类型"〉
〈xsd:annotation〉
〈xsd:documentation〉超级链接信息。超级链接的载体为文本区域、对象、电子表格中的区域引用等等。〈/xsd:documentation〉
〈/xsd:annotation〉
〈xsd:attribute name="标识符" type="xsd:ID" use="optional" id="ua0006"〉
〈xsd:annotation〉
〈xsd:documentation〉超级链接的标识符。〈/xsd:documentation〉
〈/xsd:annotation〉
〈/xsd:attribute〉
〈xsd:attribute name="目标" type="xsd:anyURI" use="optional" id="ua0007"〉
〈xsd:annotation〉
〈xsd:documentation〉超级链接的目标地址,可以是本地存储文件、网络文件或互联网地址等等。〈/xsd:documentation〉
〈/xsd:annotation〉
〈/xsd:attribute〉
〈xsd:attribute name="书签" type="xsd:string" use="optional" id="ua0008"〉
〈xsd:annotation〉
〈xsd:documentation〉超级链接的目标书签地址。如果目标书签在本文档中,则此属性值为书签的标识符;若目标书签在外部文档中,则此属性值为外部文档书签的标识符。〈/xsd:documentation〉
〈/xsd:annotation〉
〈/xsd:attribute〉
〈xsd:attribute name="式样引用" type="xsd:IDREF" use="optional" id="ua0009"〉
〈xsd:annotation〉
〈xsd:documentation〉超级链接在未访问之前的式样,引用的是句式样。〈/xsd:documentation〉
〈/xsd:annotation〉
〈/xsd:attribute〉
〈xsd:attribute name="已访问式样引用" type="xsd:IDREF" use="optional" id="ua0010"〉
〈xsd:annotation〉
〈xsd:documentation〉超级链接在访问之后的式样,引用的是句式样。〈/xsd:documentation〉
〈/xsd:annotation〉
〈/xsd:attribute〉
〈xsd:attribute name="提示" type="xsd:string" use="optional" id="ua0011"〉
〈xsd:annotation〉
〈xsd:documentation〉提示文字。是鼠标移到超级链接载体上时显示的屏幕提示。〈/xsd:documentation〉
〈/xsd:annotation〉
〈/xsd:attribute〉
〈xsd:attribute name="链源" type="xsd:string" use="optional" id="ua0012"〉
〈xsd:annotation〉

〈xsd:documentation〉作为超级链接载体的区域的标识符的引用，如果在电子表格中，就是表格中地址的引用。〈/xsd:documentation〉
〈/xsd:annotation〉
〈/xsd:attribute〉
〈/xsd:complexType〉
〈xsd:complexType name="修订信息类型"〉
〈xsd:annotation〉
〈xsd:documentation〉存放作者、时间、修订类型等修订信息〈/xsd:documentation〉
〈/xsd:annotation〉
〈xsd:attribute name="标识符" type="xsd:ID" use="required" id="ua0040"〉
〈xsd:annotation〉
〈xsd:documentation〉修订信息的标识符。〈/xsd:documentation〉
〈/xsd:annotation〉
〈/xsd:attribute〉
〈xsd:attribute name="作者标识符引用" type="xsd:IDREF" use="optional" id="ua0041"〉
〈xsd:annotation〉
〈xsd:documentation〉修订作者的标识符引用。〈/xsd:documentation〉
〈/xsd:annotation〉
〈/xsd:attribute〉
〈xsd:attribute name="日期" type="xsd:dateTime" use="optional" id="ua0042"〉
〈xsd:annotation〉
〈xsd:documentation〉修订的日期和时间。〈/xsd:documentation〉
〈/xsd:annotation〉
〈/xsd:attribute〉
〈/xsd:complexType〉
〈xsd:complexType name="式样表类型"〉
〈xsd:annotation〉
〈xsd:documentation〉式样表。包括字体、句、段落、文字表、单元格等对象的式样。〈/xsd:documentation〉
〈/xsd:annotation〉
〈xsd:sequence〉
〈xsd:element name="字体集" id="ue0040" minOccurs="0"〉
〈xsd:annotation〉
〈xsd:documentation〉字体式样定义的集合。〈/xsd:documentation〉
〈/xsd:annotation〉
〈xsd:complexType〉
〈xsd:sequence〉
〈xsd:element name="字体声明" id="ue0041" maxOccurs="unbounded"〉
〈xsd:annotation〉
〈xsd:documentation〉字体的名称和字体族描述。〈/xsd:documentation〉
〈/xsd:annotation〉
〈xsd:complexType〉
〈xsd:complexContent〉

```
                <xsd:extension base="字体声明类型">
                    <xsd:attribute ref="locID" use="required" fixed="u0041"/>
                    <xsd:attribute ref="attrList" use="required" fixed="标识符 名称 字体
族"/>
                </xsd:extension>
              </xsd:complexContent>
            </xsd:complexType>
          </xsd:element>
        </xsd:sequence>
        <xsd:attribute ref="locID" use="required" fixed="u0040"/>
      </xsd:complexType>
    </xsd:element>
    <xsd:element name="自动编号集" id="ue0042" minOccurs="0">
      <xsd:annotation>
        <xsd:documentation>自动编号式样定义的集合。</xsd:documentation>
      </xsd:annotation>
      <xsd:complexType>
        <xsd:complexContent>
          <xsd:extension base="字:自动编号集类型">
            <xsd:attribute ref="locID" use="required" fixed="u0042"/>
          </xsd:extension>
        </xsd:complexContent>
      </xsd:complexType>
    </xsd:element>
    <xsd:element name="句式样" id="ue0043" minOccurs="0" maxOccurs="unbounded">
      <xsd:annotation>
        <xsd:documentation>句式样的定义。</xsd:documentation>
      </xsd:annotation>
      <xsd:complexType>
        <xsd:complexContent>
          <xsd:extension base="字:句式样类型">
            <xsd:attribute ref="locID" use="required" fixed="u0043"/>
            <xsd:attribute ref="attrList" use="required" fixed="标识符 名称 类型 别名 基式
样引用"/>
          </xsd:extension>
        </xsd:complexContent>
      </xsd:complexType>
    </xsd:element>
    <xsd:element name="段落式样" id="ue0044" minOccurs="0" maxOccurs="unbounded">
      <xsd:annotation>
        <xsd:documentation>段落式样的定义。</xsd:documentation>
      </xsd:annotation>
      <xsd:complexType>
```

```
        <xsd:complexContent>
          <xsd:extension base="字:段落式样类型">
            <xsd:attribute ref="locID" use="required" fixed="u0044"/>
            <xsd:attribute ref="attrList" use="required" fixed="标识符 名称 类型 别名 基式
样引用"/>
          </xsd:extension>
        </xsd:complexContent>
      </xsd:complexType>
    </xsd:element>
    <xsd:element name="文字表式样" id="ue0045" minOccurs="0" maxOccurs="unbounded">
      <xsd:annotation>
        <xsd:documentation>文字表格式样的定义。</xsd:documentation>
      </xsd:annotation>
      <xsd:complexType>
        <xsd:complexContent>
          <xsd:extension base="字:文字表式样类型">
            <xsd:attribute ref="locID" use="required" fixed="u0045"/>
            <xsd:attribute ref="attrList" use="required" fixed="标识符 名称 类型 别名 基式
样引用"/>
          </xsd:extension>
        </xsd:complexContent>
      </xsd:complexType>
    </xsd:element>
    <xsd:element name="单元格式样" id="ue0046" minOccurs="0" maxOccurs="unbounded">
      <xsd:annotation>
        <xsd:documentation>电子表格中单元格式样的定义。</xsd:documentation>
      </xsd:annotation>
      <xsd:complexType>
        <xsd:complexContent>
          <xsd:extension base="表:单元格式样类型">
            <xsd:attribute ref="locID" use="required" fixed="u0046"/>
            <xsd:attribute ref="attrList" use="required" fixed="标识符 名称 类型"/>
          </xsd:extension>
        </xsd:complexContent>
      </xsd:complexType>
    </xsd:element>
  </xsd:sequence>
</xsd:complexType>
<xsd:complexType name="字体声明类型">
  <xsd:annotation>
    <xsd:documentation>字体声明基本信息定义。</xsd:documentation>
  </xsd:annotation>
  <xsd:attribute name="标识符" type="xsd:ID" use="required" id="ua0017">
```

```
      〈xsd:annotation〉
        〈xsd:documentation〉字体标识符。〈/xsd:documentation〉
      〈/xsd:annotation〉
    〈/xsd:attribute〉
    〈xsd:attribute name="名称" type="xsd:string" use="required" id="ua0018"〉
      〈xsd:annotation〉
        〈xsd:documentation〉字体的名称。〈/xsd:documentation〉
      〈/xsd:annotation〉
    〈/xsd:attribute〉
    〈xsd:attribute name="字体族" type="xsd:string" use="optional" id="ua0019"〉
      〈xsd:annotation〉
        〈xsd:documentation〉字体族名称。〈/xsd:documentation〉
      〈/xsd:annotation〉
    〈/xsd:attribute〉
  〈/xsd:complexType〉
  〈xsd:element name="锚点"〉
    〈xsd:complexType〉
      〈xsd:attribute ref="locID" use="required" fixed="u0064"/〉
      〈xsd:attribute ref="attrList" use="required" fixed="x坐标 y坐标 宽度 高度 图形引用 随动
方式 缩略图 占位符"/〉
      〈xsd:attribute name="x坐标" type="xsd:float" use="optional"/〉
      〈xsd:attribute name="y坐标" type="xsd:float" use="optional"/〉
      〈xsd:attribute name="宽度" type="xsd:float" use="optional"/〉
      〈xsd:attribute name="高度" type="xsd:float" use="optional"/〉
      〈xsd:attribute name="图形引用" type="xsd:IDREF" use="required"/〉
      〈xsd:attribute name="随动方式" type="图:随动方式类型" use="optional"/〉
      〈xsd:attribute name="缩略图" type="xsd:boolean" use="optional"〉
        〈xsd:annotation〉
          〈xsd:documentation〉演示文档中备注幻灯片中的缩略图〈/xsd:documentation〉
        〈/xsd:annotation〉
      〈/xsd:attribute〉
      〈xsd:attribute name="占位符" use="optional"〉
        〈xsd:annotation〉
          〈xsd:documentation〉页面版式和演示文稿母版中的占位符类型。〈/xsd:documentation〉
        〈/xsd:annotation〉
        〈xsd:simpleType〉
          〈xsd:restriction base="xsd:string"〉
            〈xsd:enumeration value="title"/〉
            〈xsd:enumeration value="subtitle"/〉
            〈xsd:enumeration value="text"/〉
            〈xsd:enumeration value="clipart"/〉
            〈xsd:enumeration value="graphics"/〉
            〈xsd:enumeration value="chart"/〉
```

```
            〈xsd:enumeration value="spreadsheet"/〉
            〈xsd:enumeration value="object"/〉
            〈xsd:enumeration value="header"/〉
            〈xsd:enumeration value="footer"/〉
            〈xsd:enumeration value="date"/〉
            〈xsd:enumeration value="number"/〉
            〈xsd:enumeration value="vertical_text"/〉
            〈xsd:enumeration value="vertical_title"/〉
            〈xsd:enumeration value="vertical_subtitle"/〉
            〈xsd:enumeration value="media_clip"/〉
            〈xsd:enumeration value="table"/〉
            〈xsd:enumeration value="centertitle"/〉
            〈xsd:enumeration value="outline"/〉
            〈xsd:enumeration value="handout"/〉
            〈xsd:enumeration value="notes"/〉
          〈/xsd:restriction〉
        〈/xsd:simpleType〉
      〈/xsd:attribute〉
    〈/xsd:complexType〉
  〈/xsd:element〉
  〈xsd:element name="停止引用"〉
    〈xsd:annotation〉
      〈xsd:documentation〉用于停止继承祖先节点的设置。〈/xsd:documentation〉
    〈/xsd:annotation〉
    〈xsd:complexType〉
      〈xsd:sequence〉
        〈xsd:element name="路径" minOccurs="0" maxOccurs="unbounded"〉
          〈xsd:annotation〉
            〈xsd:documentation〉XPath 形式,仅限当前节点和属性,不支持完整的 XPath 路径。〈/
xsd:documentation〉
          〈/xsd:annotation〉
          〈xsd:complexType〉
            〈xsd:simpleContent〉
              〈xsd:extension base="xsd:string"〉
                〈xsd:attribute ref="locID" use="required" fixed="u0067"/〉
              〈/xsd:extension〉
            〈/xsd:simpleContent〉
          〈/xsd:complexType〉
        〈/xsd:element〉
      〈/xsd:sequence〉
      〈xsd:attribute ref="locID" use="required" fixed="u0066"/〉
    〈/xsd:complexType〉
  〈/xsd:element〉
```

```
</xsd:schema>
```

A.2 字.xsd

```
<?xml version="1.0" encoding="UTF-8"?>
<xsd:schema xmlns="http://schemas.uof.org/cn/2003/uof-wordproc"
xmlns:xsd="http://www.w3.org/2001/XMLSchema"
xmlns:图="http://schemas.uof.org/cn/2003/graph"
xmlns:uof="http://schemas.uof.org/cn/2003/uof"
targetNamespace="http://schemas.uof.org/cn/2003/uof-wordproc"
elementFormDefault="qualified" attributeFormDefault="qualified" version="1.0">
  <xsd:annotation>
    <xsd:documentation>
    中文办公软件格式标准文字处理部分。© 2003 United Office Format 版权所有。© 2003 United Office Format. All rights reserved.
    版本:1.0。Version 1.0
    内部版本:060803。Internal version 060803
    </xsd:documentation>
  </xsd:annotation>
  <xsd:annotation>
    <xsd:documentation>导入 uof 命名空间</xsd:documentation>
  </xsd:annotation>
  <xsd:import namespace="http://schemas.uof.org/cn/2003/uof" schemaLocation="uof.xsd"/>
  <xsd:import namespace="http://schemas.uof.org/cn/2003/graph" schemaLocation="图.xsd"/>
  <!--最后 locID 编号:t0205-->
  <xsd:simpleType name="数字格式类型">
    <xsd:annotation>
      <xsd:documentation>数字格式类型。描述数字序列的格式。</xsd:documentation>
    </xsd:annotation>
    <xsd:restriction base="xsd:string">
      <xsd:enumeration value="decimal"/>
      <xsd:enumeration value="upper-roman"/>
      <xsd:enumeration value="lower-roman"/>
      <xsd:enumeration value="upper-letter"/>
      <xsd:enumeration value="lower-letter"/>
      <xsd:enumeration value="ordinal"/>
      <xsd:enumeration value="cardinal-text"/>
      <xsd:enumeration value="ordinal-text"/>
      <xsd:enumeration value="hex"/>
      <xsd:enumeration value="decimal-full-width"/>
      <xsd:enumeration value="decimal-half-width"/>
      <xsd:enumeration value="decimal-enclosed-circle"/>
      <xsd:enumeration value="decimal-enclosed-fullstop"/>
      <xsd:enumeration value="decimal-enclosed-paren"/>
```

```
        <xsd:enumeration value="decimal-enclosed-circle-chinese"/>
        <xsd:enumeration value="ideograph-enclosed-circle"/>
        <xsd:enumeration value="ideograph-traditional"/>
        <xsd:enumeration value="ideograph-zodiac"/>
        <xsd:enumeration value="chinese-counting"/>
        <xsd:enumeration value="chinese-legal-simplified"/>
      </xsd:restriction>
    </xsd:simpleType>
    <xsd:complexType name="位置类型">
      <xsd:annotation>
        <xsd:documentation>锚点、文字表等位置表示。</xsd:documentation>
      </xsd:annotation>
      <xsd:all>
        <xsd:element name="水平" minOccurs="0">
          <xsd:annotation>
            <xsd:documentation>水平位置值可以是一个长度，或是一个枚举值。</xsd:documenta-
tion>
          </xsd:annotation>
          <xsd:complexType>
            <xsd:choice>
              <xsd:element name="绝对">
                <xsd:complexType>
                  <xsd:attribute name="值" type="xsd:float" use="required"/>
                  <xsd:attribute ref="uof:locID" use="required" fixed="t0177"/>
                  <xsd:attribute ref="uof:attrList" use="required" fixed="值"/>
                </xsd:complexType>
              </xsd:element>
              <xsd:element name="相对">
                <xsd:complexType>
                  <xsd:attribute name="值" use="required">
                    <xsd:simpleType>
                      <xsd:restriction base="xsd:string">
                        <xsd:enumeration value="left"/>
                        <xsd:enumeration value="center"/>
                        <xsd:enumeration value="right"/>
                      </xsd:restriction>
                    </xsd:simpleType>
                  </xsd:attribute>
                  <xsd:attribute ref="uof:locID" use="required" fixed="t0178"/>
                  <xsd:attribute ref="uof:attrList" use="required" fixed="值"/>
                </xsd:complexType>
              </xsd:element>
            </xsd:choice>
```

```
        〈xsd:attribute name="相对于" use="optional"〉
          〈xsd:simpleType〉
            〈xsd:restriction base="xsd:string"〉
              〈xsd:enumeration value="margin"/〉
              〈xsd:enumeration value="page"/〉
              〈xsd:enumeration value="column"/〉
              〈xsd:enumeration value="char"/〉
            〈/xsd:restriction〉
          〈/xsd:simpleType〉
        〈/xsd:attribute〉
        〈xsd:attribute ref="uof:locID" use="required" fixed="t0176"/〉
        〈xsd:attribute ref="uof:attrList" use="required" fixed="相对于"/〉
      〈/xsd:complexType〉
    〈/xsd:element〉
    〈xsd:element name="垂直" minOccurs="0"〉
      〈xsd:annotation〉
        〈xsd:documentation〉垂直位置值可以是一个长度,或是一个枚举值。〈/xsd:documenta-
tion〉
      〈/xsd:annotation〉
      〈xsd:complexType〉
        〈xsd:choice〉
          〈xsd:element name="绝对"〉
            〈xsd:complexType〉
              〈xsd:attribute name="值" type="xsd:float" use="required"/〉
              〈xsd:attribute ref="uof:locID" use="required" fixed="t0180"/〉
              〈xsd:attribute ref="uof:attrList" use="required" fixed="值"/〉
            〈/xsd:complexType〉
          〈/xsd:element〉
          〈xsd:element name="相对"〉
            〈xsd:complexType〉
              〈xsd:attribute name="值" use="required"〉
                〈xsd:simpleType〉
                  〈xsd:restriction base="xsd:string"〉
                    〈xsd:enumeration value="top"/〉
                    〈xsd:enumeration value="center"/〉
                    〈xsd:enumeration value="bottom"/〉
                  〈/xsd:restriction〉
                〈/xsd:simpleType〉
              〈/xsd:attribute〉
              〈xsd:attribute ref="uof:locID" use="required" fixed="t0181"/〉
              〈xsd:attribute ref="uof:attrList" use="required" fixed="值"/〉
            〈/xsd:complexType〉
          〈/xsd:element〉
```

```
          〈/xsd:choice〉
          〈xsd:attribute name="相对于" use="optional"〉
            〈xsd:simpleType〉
              〈xsd:restriction base="xsd:string"〉
                〈xsd:enumeration value="margin"/〉
                〈xsd:enumeration value="page"/〉
                〈xsd:enumeration value="paragraph"/〉
                〈xsd:enumeration value="line"/〉
              〈/xsd:restriction〉
            〈/xsd:simpleType〉
          〈/xsd:attribute〉
          〈xsd:attribute ref="uof:locID" use="required" fixed="t0179"/〉
          〈xsd:attribute ref="uof:attrList" use="required" fixed="相对于"/〉
        〈/xsd:complexType〉
      〈/xsd:element〉
    〈/xsd:all〉
  〈/xsd:complexType〉
  〈xsd:complexType name="缩进类型"〉
    〈xsd:annotation〉
      〈xsd:documentation〉自动编号、段落、文字表的缩进。〈/xsd:documentation〉
    〈/xsd:annotation〉
    〈xsd:all〉
      〈xsd:element name="左" minOccurs="0"〉
        〈xsd:annotation〉
          〈xsd:documentation〉左缩进〈/xsd:documentation〉
        〈/xsd:annotation〉
        〈xsd:complexType〉
          〈xsd:choice〉
            〈xsd:element name="绝对"〉
              〈xsd:complexType〉
                〈xsd:attribute name="值" type="uof:长度类型" use="required"/〉
                〈xsd:attribute ref="uof:locID" use="required" fixed="t0185"/〉
                〈xsd:attribute ref="uof:attrList" use="required" fixed="值"/〉
              〈/xsd:complexType〉
            〈/xsd:element〉
            〈xsd:element name="相对"〉
              〈xsd:complexType〉
                〈xsd:attribute name="值" type="xsd:float" use="required"/〉
                〈xsd:attribute ref="uof:locID" use="required" fixed="t0186"/〉
                〈xsd:attribute ref="uof:attrList" use="required" fixed="值"/〉
              〈/xsd:complexType〉
            〈/xsd:element〉
          〈/xsd:choice〉
```

```
        <xsd:attribute ref="uof:locID" use="required" fixed="t0182"/>
      </xsd:complexType>
    </xsd:element>
    <xsd:element name="右" minOccurs="0">
      <xsd:annotation>
        <xsd:documentation>右缩进</xsd:documentation>
      </xsd:annotation>
      <xsd:complexType>
        <xsd:choice>
          <xsd:element name="绝对">
            <xsd:complexType>
              <xsd:attribute name="值" type="uof:长度类型" use="required"/>
              <xsd:attribute ref="uof:locID" use="required" fixed="t0187"/>
              <xsd:attribute ref="uof:attrList" use="required" fixed="值"/>
            </xsd:complexType>
          </xsd:element>
          <xsd:element name="相对">
            <xsd:complexType>
              <xsd:attribute name="值" type="xsd:float" use="required"/>
              <xsd:attribute ref="uof:locID" use="required" fixed="t0188"/>
              <xsd:attribute ref="uof:attrList" use="required" fixed="值"/>
            </xsd:complexType>
          </xsd:element>
        </xsd:choice>
        <xsd:attribute ref="uof:locID" use="required" fixed="t0183"/>
      </xsd:complexType>
    </xsd:element>
    <xsd:element name="首行" minOccurs="0">
      <xsd:annotation>
        <xsd:documentation>首行缩进</xsd:documentation>
      </xsd:annotation>
      <xsd:complexType>
        <xsd:choice>
          <xsd:element name="绝对">
            <xsd:complexType>
              <xsd:attribute name="值" type="uof:长度类型" use="required"/>
              <xsd:attribute ref="uof:locID" use="required" fixed="t0189"/>
              <xsd:attribute ref="uof:attrList" use="required" fixed="值"/>
            </xsd:complexType>
          </xsd:element>
          <xsd:element name="相对">
            <xsd:complexType>
              <xsd:attribute name="值" type="xsd:float" use="required"/>
```

```
            <xsd:attribute ref="uof:locID" use="required" fixed="t0190"/>
            <xsd:attribute ref="uof:attrList" use="required" fixed="值"/>
          </xsd:complexType>
        </xsd:element>
      </xsd:choice>
      <xsd:attribute ref="uof:locID" use="required" fixed="t0184"/>
    </xsd:complexType>
  </xsd:element>
 </xsd:all>
</xsd:complexType>
<xsd:complexType name="锚点类型">
 <xsd:annotation>
  <xsd:documentation>锚点类型。锚点用于描述对象的位置等属性。</xsd:documentation>
 </xsd:annotation>
 <xsd:sequence>
  <xsd:element name="锚点属性">
   <xsd:annotation>
    <xsd:documentation>锚点属性。</xsd:documentation>
   </xsd:annotation>
   <xsd:complexType>
    <xsd:sequence>
     <xsd:element name="宽度" minOccurs="0">
      <xsd:annotation>
       <xsd:documentation>锚点宽度。</xsd:documentation>
      </xsd:annotation>
      <xsd:complexType>
       <xsd:simpleContent>
        <xsd:extension base="uof:长度类型">
         <xsd:attribute ref="uof:locID" use="required" fixed="t0112"/>
        </xsd:extension>
       </xsd:simpleContent>
      </xsd:complexType>
     </xsd:element>
     <xsd:element name="高度" minOccurs="0">
      <xsd:annotation>
       <xsd:documentation>锚点高度。</xsd:documentation>
      </xsd:annotation>
      <xsd:complexType>
       <xsd:simpleContent>
        <xsd:extension base="uof:长度类型">
         <xsd:attribute ref="uof:locID" use="required" fixed="t0113"/>
        </xsd:extension>
       </xsd:simpleContent>
```

```
    </xsd:complexType>
  </xsd:element>
  <xsd:element name="位置" minOccurs="0">
    <xsd:annotation>
      <xsd:documentation>锚点位置。</xsd:documentation>
    </xsd:annotation>
    <xsd:complexType>
      <xsd:complexContent>
        <xsd:extension base="位置类型">
          <xsd:attribute ref="uof:locID" use="required" fixed="t0114"/>
        </xsd:extension>
      </xsd:complexContent>
    </xsd:complexType>
  </xsd:element>
  <xsd:element name="绕排" minOccurs="0">
    <xsd:annotation>
      <xsd:documentation>绕排属性。</xsd:documentation>
    </xsd:annotation>
    <xsd:complexType>
      <xsd:attribute name="绕排方式" use="optional">
        <xsd:annotation>
          <xsd:documentation>锚点的绕排方式。</xsd:documentation>
        </xsd:annotation>
        <xsd:simpleType>
          <xsd:restriction base="xsd:string">
            <xsd:enumeration value="tight">
              <xsd:annotation>
              <xsd:documentation>紧密型</xsd:documentation>
              </xsd:annotation>
            </xsd:enumeration>
            <xsd:enumeration value="square">
              <xsd:annotation>
              <xsd:documentation>四周型</xsd:documentation>
              </xsd:annotation>
            </xsd:enumeration>
            <xsd:enumeration value="through">
              <xsd:annotation>
              <xsd:documentation>穿越型</xsd:documentation>
              </xsd:annotation>
            </xsd:enumeration>
            <xsd:enumeration value="top-bottom">
              <xsd:annotation>
              <xsd:documentation>上下型</xsd:documentation>
```

```
                〈/xsd:annotation〉
              〈/xsd:enumeration〉
              〈xsd:enumeration value="behindtext"/〉
              〈xsd:enumeration value="infrontoftext"/〉
            〈/xsd:restriction〉
          〈/xsd:simpleType〉
        〈/xsd:attribute〉
        〈xsd:attribute name="环绕文字" use="optional"〉
          〈xsd:annotation〉
            〈xsd:documentation〉环绕文字属性。〈/xsd:documentation〉
          〈/xsd:annotation〉
          〈xsd:simpleType〉
            〈xsd:restriction base="xsd:string"〉
              〈xsd:enumeration value="left"/〉
              〈xsd:enumeration value="right"/〉
              〈xsd:enumeration value="both"/〉
              〈xsd:enumeration value="largest"/〉
            〈/xsd:restriction〉
          〈/xsd:simpleType〉
        〈/xsd:attribute〉
        〈xsd:attribute name="绕排顶点" type="xsd:string" use="optional"〉
          〈xsd:annotation〉
            〈xsd:documentation〉绕排顶点，描述锚点的绕排路径。如："20 20 20 30 30 30 30 20"。〈/xsd:documentation〉
          〈/xsd:annotation〉
        〈/xsd:attribute〉
        〈xsd:attribute ref="uof:locID" use="required" fixed="t0115"/〉
        〈xsd:attribute ref="uof:attrList" use="required" fixed="绕排方式 环绕文字 绕排顶点"/〉
      〈/xsd:complexType〉
    〈/xsd:element〉
    〈xsd:element name="边距" minOccurs="0"〉
      〈xsd:annotation〉
        〈xsd:documentation〉绕排时离正文距离。〈/xsd:documentation〉
      〈/xsd:annotation〉
      〈xsd:complexType〉
        〈xsd:attribute name="上" type="uof:长度类型" use="optional"〉
          〈xsd:annotation〉
            〈xsd:documentation〉上边距，锚点上边的外部留空长度。〈/xsd:documentation〉
          〈/xsd:annotation〉
        〈/xsd:attribute〉
        〈xsd:attribute name="左" type="uof:长度类型" use="optional"〉
```

〈xsd:annotation〉
〈xsd:documentation〉左边距，锚点左边的外部留空长度。〈/xsd:documentation〉
〈/xsd:annotation〉
〈/xsd:attribute〉
〈xsd:attribute name="右" type="uof:长度类型" use="optional"〉
〈xsd:annotation〉
〈xsd:documentation〉右边距，锚点右边的外部留空长度。〈/xsd:documentation〉
〈/xsd:annotation〉
〈/xsd:attribute〉
〈xsd:attribute name="下" type="uof:长度类型" use="optional"〉
〈xsd:annotation〉
〈xsd:documentation〉下边距，锚点下边的外部留空长度。〈/xsd:documentation〉
〈/xsd:annotation〉
〈/xsd:attribute〉
〈xsd:attribute ref="uof:locID" use="required" fixed="t0116"/〉
〈xsd:attribute ref="uof:attrList" use="required" fixed="上 左 右 下"/〉
〈/xsd:complexType〉
〈/xsd:element〉
〈xsd:element name="锁定" minOccurs="0"〉
〈xsd:annotation〉
〈xsd:documentation〉锁定锚点。当锁定时，锚点移动时始终相对于页面中的某一点。〈/xsd:documentation〉
〈/xsd:annotation〉
〈xsd:complexType〉
〈xsd:attribute name="值" type="xsd:boolean" use="required"/〉
〈xsd:attribute ref="uof:locID" use="required" fixed="t0117"/〉
〈xsd:attribute ref="uof:attrList" use="required" fixed="值"/〉
〈/xsd:complexType〉
〈/xsd:element〉
〈xsd:element name="保护" minOccurs="0"〉
〈xsd:annotation〉
〈xsd:documentation〉对象不可编辑。〈/xsd:documentation〉
〈/xsd:annotation〉
〈xsd:complexType〉
〈xsd:attribute name="值" type="xsd:boolean" use="required"/〉
〈xsd:attribute ref="uof:locID" use="required" fixed="t0118"/〉
〈xsd:attribute ref="uof:attrList" use="required" fixed="值"/〉
〈/xsd:complexType〉
〈/xsd:element〉
〈xsd:element name="允许重叠" minOccurs="0"〉

```
            〈xsd:annotation〉
              〈xsd:documentation〉允许重叠。允许重叠时,相同绕排方式的文字将允许重叠在一
起。〈/xsd:documentation〉
            〈/xsd:annotation〉
            〈xsd:complexType〉
              〈xsd:attribute name="值" type="xsd:boolean" use="required"/〉
              〈xsd:attribute ref="uof:locID" use="required" fixed="t0119"/〉
              〈xsd:attribute ref="uof:attrList" use="required" fixed="值"/〉
            〈/xsd:complexType〉
          〈/xsd:element〉
        〈/xsd:sequence〉
        〈xsd:attribute ref="uof:locID" use="required" fixed="t0111"/〉
      〈/xsd:complexType〉
    〈/xsd:element〉
    〈xsd:element name="图形"〉
      〈xsd:annotation〉
        〈xsd:documentation〉对象描述。引用对象表中的某一个对象。〈/xsd:documentation〉
      〈/xsd:annotation〉
      〈xsd:complexType〉
        〈xsd:attribute name="图形引用" type="xsd:IDREF" use="required"/〉
        〈xsd:attribute ref="uof:locID" use="required" fixed="t0120"/〉
        〈xsd:attribute ref="uof:attrList" use="required" fixed="图形引用"/〉
      〈/xsd:complexType〉
    〈/xsd:element〉
  〈/xsd:sequence〉
  〈xsd:attribute name="标识符" type="xsd:ID" use="optional"/〉
  〈xsd:attribute name="类型" use="required"〉
    〈xsd:annotation〉
      〈xsd:documentation〉锚点类型。如果为 as-char,则为嵌入式。〈/xsd:documentation〉
    〈/xsd:annotation〉
    〈xsd:simpleType〉
      〈xsd:restriction base="xsd:string"〉
        〈xsd:enumeration value="normal"〉
          〈xsd:annotation〉
            〈xsd:documentation〉普通型。〈/xsd:documentation〉
          〈/xsd:annotation〉
        〈/xsd:enumeration〉
        〈xsd:enumeration value="inline"〉
          〈xsd:annotation〉
            〈xsd:documentation〉嵌入式。〈/xsd:documentation〉
          〈/xsd:annotation〉
        〈/xsd:enumeration〉
      〈/xsd:restriction〉
```

```
      〈/xsd:simpleType〉
    〈/xsd:attribute〉
  〈/xsd:complexType〉
  〈xsd:attributeGroup name="式样属性"〉
    〈xsd:annotation〉
      〈xsd:documentation〉式样属性组。〈/xsd:documentation〉
    〈/xsd:annotation〉
    〈xsd:attribute name="标识符" type="xsd:ID" use="required"〉
      〈xsd:annotation〉
        〈xsd:documentation〉式样的标识符,供引用。〈/xsd:documentation〉
      〈/xsd:annotation〉
    〈/xsd:attribute〉
    〈xsd:attribute name="名称" type="xsd:string" use="required"〉
      〈xsd:annotation〉
        〈xsd:documentation〉式样名称。〈/xsd:documentation〉
      〈/xsd:annotation〉
    〈/xsd:attribute〉
    〈xsd:attribute name="类型" type="uof:式样类型" use="required"〉
      〈xsd:annotation〉
        〈xsd:documentation〉指定当前式样是否是系统默认的基式样,用户定义式样,还是自动式样。
〈/xsd:documentation〉
      〈/xsd:annotation〉
    〈/xsd:attribute〉
    〈xsd:attribute name="别名" type="xsd:string" use="optional"〉
      〈xsd:annotation〉
        〈xsd:documentation〉式样别名。〈/xsd:documentation〉
      〈/xsd:annotation〉
    〈/xsd:attribute〉
    〈xsd:attribute name="基式样引用" type="xsd:IDREF" use="optional"〉
      〈xsd:annotation〉
        〈xsd:documentation〉指定当前式样的基式样。〈/xsd:documentation〉
      〈/xsd:annotation〉
    〈/xsd:attribute〉
  〈/xsd:attributeGroup〉
  〈xsd:complexType name="自动编号类型"〉
    〈xsd:annotation〉
      〈xsd:documentation〉自动编号类型,自动编号包含自动编号与项目符号的设置。〈/xsd:docu-
mentation〉
    〈/xsd:annotation〉
    〈xsd:sequence〉
      〈xsd:element name="级别" minOccurs="0" maxOccurs="9"〉
        〈xsd:annotation〉
          〈xsd:documentation〉多级编号的级别。〈/xsd:documentation〉
```

```
      〈/xsd:annotation〉
      〈xsd:complexType〉
        〈xsd:sequence〉
          〈xsd:element name="项目符号" minOccurs="0"〉
            〈xsd:complexType〉
              〈xsd:simpleContent〉
                〈xsd:extension base="xsd:string"〉
                  〈xsd:attribute ref="uof:locID" fixed="t0171"/〉
                〈/xsd:extension〉
              〈/xsd:simpleContent〉
            〈/xsd:complexType〉
          〈/xsd:element〉
          〈xsd:element name="符号字体" minOccurs="0"〉
            〈xsd:annotation〉
              〈xsd:documentation〉项目符号的句属性。用以设置声明项目符号的属性,如:字体、
下划线等。〈/xsd:documentation〉
            〈/xsd:annotation〉
            〈xsd:complexType〉
              〈xsd:complexContent〉
                〈xsd:extension base="句属性类型"〉
                  〈xsd:attribute name="式样引用" type="xsd:IDREF" use="optional"/〉
                  〈xsd:attribute ref="uof:locID" use="required" fixed="t0160"/〉
                  〈xsd:attribute ref="uof:attrList" use="required" fixed="式样引用"/〉
                〈/xsd:extension〉
              〈/xsd:complexContent〉
            〈/xsd:complexType〉
          〈/xsd:element〉
          〈xsd:element name="链接式样引用" minOccurs="0"〉
            〈xsd:annotation〉
              〈xsd:documentation〉链接样式,引用一个段样式。声明编号及后面的文本的样式,
如:标题、正文等。〈/xsd:documentation〉
            〈/xsd:annotation〉
            〈xsd:complexType〉
              〈xsd:simpleContent〉
                〈xsd:extension base="xsd:IDREF"〉
                  〈xsd:attribute ref="uof:locID" use="required" fixed="t0161"/〉
                〈/xsd:extension〉
              〈/xsd:simpleContent〉
            〈/xsd:complexType〉
          〈/xsd:element〉
          〈xsd:element name="编号格式" minOccurs="0"〉
            〈xsd:annotation〉
              〈xsd:documentation〉本级序列格式。如 1,2,3;a,b,c。〈/xsd:documentation〉
```

```
        〈/xsd:annotation〉
        〈xsd:complexType〉
          〈xsd:simpleContent〉
            〈xsd:extension base="数字格式类型"〉
              〈xsd:attribute ref="uof:locID" use="required" fixed="t0162"/〉
            〈/xsd:extension〉
          〈/xsd:simpleContent〉
        〈/xsd:complexType〉
      〈/xsd:element〉
      〈xsd:element name="编号格式表示" minOccurs="0"〉
        〈xsd:annotation〉
          〈xsd:documentation〉字符串描述的编号格式。如:%1.%2〈/xsd:documentation〉
        〈/xsd:annotation〉
        〈xsd:complexType〉
          〈xsd:simpleContent〉
            〈xsd:extension base="xsd:string"〉
              〈xsd:attribute ref="uof:locID" use="required" fixed="t0163"/〉
            〈/xsd:extension〉
          〈/xsd:simpleContent〉
        〈/xsd:complexType〉
      〈/xsd:element〉
      〈xsd:element name="图片符号引用" minOccurs="0"〉
        〈xsd:annotation〉
          〈xsd:documentation〉表示图片符号的图形的引用,图形定义于对象集中。〈/xsd:
documentation〉
        〈/xsd:annotation〉
        〈xsd:complexType〉
          〈xsd:simpleContent〉
            〈xsd:extension base="xsd:IDREF"〉
              〈xsd:attribute name="宽度" type="xsd:float" use="optional"/〉
              〈xsd:attribute name="高度" type="xsd:float" use="optional"/〉
              〈xsd:attribute ref="uof:locID" use="required" fixed="t0164"/〉
              〈xsd:attribute ref="uof:attrList" use="required" fixed="宽度 高度"/〉
            〈/xsd:extension〉
          〈/xsd:simpleContent〉
        〈/xsd:complexType〉
      〈/xsd:element〉
      〈xsd:element name="缩进" minOccurs="0"〉
        〈xsd:annotation〉
          〈xsd:documentation〉相对页边距、栏边距或图形边框的缩进。〈/xsd:documenta-
tion〉
        〈/xsd:annotation〉
        〈xsd:complexType〉
```

```
        〈xsd:complexContent〉
          〈xsd:extension base="缩进类型"〉
            〈xsd:attribute ref="uof:locID" use="required" fixed="t0165"/〉
          〈/xsd:extension〉
        〈/xsd:complexContent〉
      〈/xsd:complexType〉
    〈/xsd:element〉
    〈xsd:element name="制表符位置" minOccurs="0"〉
      〈xsd:annotation〉
        〈xsd:documentation〉编号与正文之间的制表位的位置。〈/xsd:documentation〉
      〈/xsd:annotation〉
      〈xsd:complexType〉
        〈xsd:simpleContent〉
          〈xsd:extension base="uof:长度类型"〉
            〈xsd:attribute ref="uof:locID" use="required" fixed="t0166"/〉
          〈/xsd:extension〉
        〈/xsd:simpleContent〉
      〈/xsd:complexType〉
    〈/xsd:element〉
    〈xsd:element name="起始编号" minOccurs="0"〉
      〈xsd:annotation〉
        〈xsd:documentation〉编号的起始值。〈/xsd:documentation〉
      〈/xsd:annotation〉
      〈xsd:complexType〉
        〈xsd:simpleContent〉
          〈xsd:extension base="xsd:nonNegativeInteger"〉
            〈xsd:attribute ref="uof:locID" use="required" fixed="t0167"/〉
          〈/xsd:extension〉
        〈/xsd:simpleContent〉
      〈/xsd:complexType〉
    〈/xsd:element〉
    〈xsd:element name="正规格式" minOccurs="0"〉
      〈xsd:annotation〉
        〈xsd:documentation〉强制使用正规格式,即使用阿拉伯数字编号。〈/xsd:documentation〉
      〈/xsd:annotation〉
      〈xsd:complexType〉
        〈xsd:attribute name="值" type="xsd:boolean" use="required"〉
          〈xsd:annotation〉
            〈xsd:documentation〉是否使用正规形式(即阿拉伯数字)。〈/xsd:documentation〉
          〈/xsd:annotation〉
        〈/xsd:attribute〉
```

```
              〈xsd:attribute ref="uof:locID" use="required" fixed="t0168"/〉
              〈xsd:attribute ref="uof:attrList" use="required" fixed="值"/〉
            〈/xsd:complexType〉
          〈/xsd:element〉
        〈/xsd:sequence〉
        〈xsd:attribute name="级别值" use="required"〉
          〈xsd:annotation〉
            〈xsd:documentation〉当前级别值。〈/xsd:documentation〉
          〈/xsd:annotation〉
          〈xsd:simpleType〉
            〈xsd:restriction base="xsd:nonNegativeInteger"/〉
          〈/xsd:simpleType〉
        〈/xsd:attribute〉
        〈xsd:attribute name="编号对齐方式" use="optional"〉
          〈xsd:annotation〉
            〈xsd:documentation〉编号的水平对齐方式。〈/xsd:documentation〉
          〈/xsd:annotation〉
          〈xsd:simpleType〉
            〈xsd:restriction base="xsd:string"〉
              〈xsd:enumeration value="left"/〉
              〈xsd:enumeration value="center"/〉
              〈xsd:enumeration value="right"/〉
            〈/xsd:restriction〉
          〈/xsd:simpleType〉
        〈/xsd:attribute〉
        〈xsd:attribute name="尾随字符" use="optional"〉
          〈xsd:simpleType〉
            〈xsd:restriction base="xsd:string"〉
              〈xsd:enumeration value="tab"/〉
              〈xsd:enumeration value="space"/〉
              〈xsd:enumeration value="none"/〉
            〈/xsd:restriction〉
          〈/xsd:simpleType〉
        〈/xsd:attribute〉
        〈xsd:attribute ref="uof:locID" use="required" fixed="t0159"/〉
        〈xsd:attribute ref="uof:attrList" use="required" fixed="级别值 编号对齐方式 尾随字
符"/〉
      〈/xsd:complexType〉
    〈/xsd:element〉
  〈/xsd:sequence〉
  〈xsd:attribute name="标识符" type="xsd:ID" use="required"〉
    〈xsd:annotation〉
      〈xsd:documentation〉项目符号标识符,使用项目符号的文字通过该标识符引用项目编号。〈/
```

```
xsd:documentation〉
        〈/xsd:annotation〉
      〈/xsd:attribute〉
      〈xsd:attribute name="名称" type="xsd:string" use="optional"〉
        〈xsd:annotation〉
          〈xsd:documentation〉项目编号名称。〈/xsd:documentation〉
        〈/xsd:annotation〉
      〈/xsd:attribute〉
      〈xsd:attribute name="父编号引用" type="xsd:IDREF" use="optional"〉
        〈xsd:annotation〉
          〈xsd:documentation〉用于在自动编号间建立父子关系。〈/xsd:documentation〉
        〈/xsd:annotation〉
      〈/xsd:attribute〉
    〈/xsd:complexType〉
    〈xsd:complexType name="自动编号集类型"〉
      〈xsd:annotation〉
        〈xsd:documentation〉自动编号集合类型。〈/xsd:documentation〉
      〈/xsd:annotation〉
      〈xsd:sequence〉
        〈xsd:element name="自动编号" minOccurs="0" maxOccurs="unbounded"〉
          〈xsd:annotation〉
            〈xsd:documentation〉一组自动编号设置。〈/xsd:documentation〉
          〈/xsd:annotation〉
          〈xsd:complexType〉
            〈xsd:complexContent〉
              〈xsd:extension base="自动编号类型"〉
                〈xsd:attribute name="多级编号" type="xsd:boolean" use="optional" default="
false"/〉
                〈xsd:attribute ref="uof:locID" use="required" fixed="t0169"/〉
                〈xsd:attribute ref="uof:attrList" use="required" fixed="标识符 名称 父编号引用
多级编号"/〉
              〈/xsd:extension〉
            〈/xsd:complexContent〉
          〈/xsd:complexType〉
        〈/xsd:element〉
      〈/xsd:sequence〉
    〈/xsd:complexType〉
    〈xsd:simpleType name="字符位置类型"〉
      〈xsd:annotation〉
        〈xsd:documentation〉字符位置效果,也用于表示上下标。指定位置和字符缩放值。例:"-20
20"表示下移 20 个单位长度的距离,字符缩小至 20%,"super"表示上标,"sub"表示下标。〈/xsd:docu-
mentation〉
      〈/xsd:annotation〉
```

```
  〈xsd:union〉
    〈xsd:simpleType〉
      〈xsd:list itemType="xsd:float"/〉
    〈/xsd:simpleType〉
    〈xsd:simpleType〉
      〈xsd:restriction base="xsd:token"〉
        〈xsd:enumeration value="sub"/〉
        〈xsd:enumeration value="super"/〉
      〈/xsd:restriction〉
    〈/xsd:simpleType〉
  〈/xsd:union〉
〈/xsd:simpleType〉
〈xsd:complexType name="句属性类型"〉
  〈xsd:annotation〉
    〈xsd:documentation〉句子属性类型,句子属性为句子内嵌属性集。〈/xsd:documentation〉
  〈/xsd:annotation〉
  〈xsd:all〉
    〈xsd:element name="字体" minOccurs="0"〉
      〈xsd:annotation〉
        〈xsd:documentation〉字体属性,指定当前句使用的中、西文字体,字号大小及颜色。〈/xsd:
documentation〉
      〈/xsd:annotation〉
      〈xsd:complexType〉
        〈xsd:attribute name="西文字体引用" type="xsd:IDREF" use="optional"〉
          〈xsd:annotation〉
            〈xsd:documentation〉使用的英文字体。〈/xsd:documentation〉
          〈/xsd:annotation〉
        〈/xsd:attribute〉
        〈xsd:attribute name="中文字体引用" type="xsd:IDREF" use="optional"〉
          〈xsd:annotation〉
            〈xsd:documentation〉使用的中文字体。〈/xsd:documentation〉
          〈/xsd:annotation〉
        〈/xsd:attribute〉
        〈xsd:attribute name="特殊字体引用" type="xsd:IDREF" use="optional"〉
          〈xsd:annotation〉
            〈xsd:documentation〉用于表示特殊符号。〈/xsd:documentation〉
          〈/xsd:annotation〉
        〈/xsd:attribute〉
        〈xsd:attribute name="西文绘制" type="xsd:boolean" use="optional" default="false"〉
          〈xsd:annotation〉
            〈xsd:documentation〉表示当前字符是使用中文字体还是西文字体进行绘制。不出现
表示"false"。〈/xsd:documentation〉
          〈/xsd:annotation〉
```

```
        〈/xsd:attribute〉
        〈xsd:attribute name="字号" type="xsd:float" use="optional"〉
          〈xsd:annotation〉
            〈xsd:documentation〉字号大小(磅值)。〈/xsd:documentation〉
          〈/xsd:annotation〉
        〈/xsd:attribute〉
        〈xsd:attribute name="相对字号" type="uof:百分比类型" use="optional"〉
          〈xsd:annotation〉
            〈xsd:documentation〉字号相对大小,相对于前面出现字号的百分数表示。〈/xsd:doc-
umentation〉
          〈/xsd:annotation〉
        〈/xsd:attribute〉
        〈xsd:attribute name="颜色" type="uof:颜色类型" use="optional"〉
          〈xsd:annotation〉
            〈xsd:documentation〉字体颜色。〈/xsd:documentation〉
          〈/xsd:annotation〉
        〈/xsd:attribute〉
        〈xsd:attribute ref="uof:locID" use="required" fixed="t0088"/〉
        〈xsd:attribute ref="uof:attrList" use="required" fixed="西文字体引用 中文字体引用
特殊字体引用 西文绘制 字号 相对字号 颜色"/〉
      〈/xsd:complexType〉
    〈/xsd:element〉
    〈xsd:element name="粗体" minOccurs="0"〉
      〈xsd:annotation〉
        〈xsd:documentation〉粗体效果。〈/xsd:documentation〉
      〈/xsd:annotation〉
      〈xsd:complexType〉
        〈xsd:attribute name="值" type="xsd:boolean" use="required"/〉
        〈xsd:attribute ref="uof:locID" use="required" fixed="t0089"/〉
        〈xsd:attribute ref="uof:attrList" use="required" fixed="值"/〉
      〈/xsd:complexType〉
    〈/xsd:element〉
    〈xsd:element name="斜体" minOccurs="0"〉
      〈xsd:annotation〉
        〈xsd:documentation〉斜体效果。〈/xsd:documentation〉
      〈/xsd:annotation〉
      〈xsd:complexType〉
        〈xsd:attribute name="值" type="xsd:boolean" use="required"/〉
        〈xsd:attribute ref="uof:locID" use="required" fixed="t0090"/〉
        〈xsd:attribute ref="uof:attrList" use="required" fixed="值"/〉
      〈/xsd:complexType〉
    〈/xsd:element〉
    〈xsd:element name="突出显示" minOccurs="0"〉
```

```
        〈xsd:annotation〉
          〈xsd:documentation〉突出显示效果。〈/xsd:documentation〉
        〈/xsd:annotation〉
        〈xsd:complexType〉
          〈xsd:attribute name="颜色" type="uof:颜色类型" use="required"/〉
          〈xsd:attribute ref="uof:locID" use="required" fixed="t0091"/〉
          〈xsd:attribute ref="uof:attrList" use="required" fixed="颜色"/〉
        〈/xsd:complexType〉
      〈/xsd:element〉
      〈xsd:element name="边框" minOccurs="0"〉
        〈xsd:annotation〉
          〈xsd:documentation〉文字边框。文字边框的四个边框的设置是相同的。〈/xsd:documentation〉
        〈/xsd:annotation〉
        〈xsd:complexType〉
          〈xsd:complexContent〉
            〈xsd:extension base="uof:边框线类型"〉
              〈xsd:attribute ref="uof:locID" use="required" fixed="t0092"/〉
              〈xsd:attribute ref="uof:attrList" use="required" fixed="类型 宽度 边距 颜色 阴影"/〉
            〈/xsd:extension〉
          〈/xsd:complexContent〉
        〈/xsd:complexType〉
      〈/xsd:element〉
      〈xsd:element name="填充" minOccurs="0"〉
        〈xsd:annotation〉
          〈xsd:documentation〉填充,句属性只支持颜色或图案的填充。〈/xsd:documentation〉
        〈/xsd:annotation〉
        〈xsd:complexType〉
          〈xsd:complexContent〉
            〈xsd:extension base="图:填充类型"〉
              〈xsd:attribute ref="uof:locID" use="required" fixed="t0093"/〉
            〈/xsd:extension〉
          〈/xsd:complexContent〉
        〈/xsd:complexType〉
      〈/xsd:element〉
      〈xsd:element name="删除线" minOccurs="0"〉
        〈xsd:annotation〉
          〈xsd:documentation〉删除线效果。分单线与双线两种。〈/xsd:documentation〉
        〈/xsd:annotation〉
        〈xsd:complexType〉
          〈xsd:attribute name="类型" use="required"〉
            〈xsd:annotation〉
```

```
            <xsd:documentation>指定一种删除线的名称，或"无"。</xsd:documentation>
          </xsd:annotation>
          <xsd:simpleType>
            <xsd:restriction base="xsd:string">
              <xsd:enumeration value="none">
                <xsd:annotation>
                  <xsd:documentation>无</xsd:documentation>
                </xsd:annotation>
              </xsd:enumeration>
              <xsd:enumeration value="single">
                <xsd:annotation>
                  <xsd:documentation>单线</xsd:documentation>
                </xsd:annotation>
              </xsd:enumeration>
              <xsd:enumeration value="double">
                <xsd:annotation>
                  <xsd:documentation>双线</xsd:documentation>
                </xsd:annotation>
              </xsd:enumeration>
            </xsd:restriction>
          </xsd:simpleType>
        </xsd:attribute>
        <xsd:attribute ref="uof:locID" use="required" fixed="t0094"/>
        <xsd:attribute ref="uof:attrList" use="required" fixed="类型"/>
      </xsd:complexType>
    </xsd:element>
    <xsd:element name="下划线" minOccurs="0">
      <xsd:annotation>
        <xsd:documentation>下划线效果。</xsd:documentation>
        <xsd:documentation>下划线效果。</xsd:documentation>
      </xsd:annotation>
      <xsd:complexType>
        <xsd:attribute name="类型" type="uof:线型类型" use="required">
          <xsd:annotation>
            <xsd:documentation>指定下划线的类型。</xsd:documentation>
          </xsd:annotation>
        </xsd:attribute>
        <xsd:attribute name="颜色" type="uof:颜色类型" use="optional">
          <xsd:annotation>
            <xsd:documentation>指定下划线的颜色。</xsd:documentation>
          </xsd:annotation>
        </xsd:attribute>
        <xsd:attribute name="字下划线" type="xsd:boolean" use="optional">
```

```
        〈xsd:annotation〉
          〈xsd:documentation〉若为字下划线,则空格下无下划线。〈/xsd:documentation〉
        〈/xsd:annotation〉
      〈/xsd:attribute〉
      〈xsd:attribute ref="uof:locID" use="required" fixed="t0095"/〉
      〈xsd:attribute ref="uof:attrList" use="required" fixed="类型 颜色 字下划线"/〉
    〈/xsd:complexType〉
  〈/xsd:element〉
  〈xsd:element name="着重号" minOccurs="0"〉
    〈xsd:annotation〉
      〈xsd:documentation〉着重号效果。〈/xsd:documentation〉
    〈/xsd:annotation〉
    〈xsd:complexType〉
      〈xsd:attribute name="类型" use="required"〉
        〈xsd:annotation〉
          〈xsd:documentation〉指定着重号的类型。〈/xsd:documentation〉
        〈/xsd:annotation〉
        〈xsd:simpleType〉
          〈xsd:restriction base="xsd:string"〉
            〈xsd:enumeration value="none"/〉
            〈xsd:enumeration value="dot"/〉
          〈/xsd:restriction〉
        〈/xsd:simpleType〉
      〈/xsd:attribute〉
      〈xsd:attribute name="颜色" type="uof:颜色类型" use="optional"〉
        〈xsd:annotation〉
          〈xsd:documentation〉指定着重号的颜色。〈/xsd:documentation〉
        〈/xsd:annotation〉
      〈/xsd:attribute〉
      〈xsd:attribute name="字着重号" type="xsd:boolean" use="optional"〉
        〈xsd:annotation〉
          〈xsd:documentation〉若为字着重号,则空格下面不加着重号。〈/xsd:documentation〉
        〈/xsd:annotation〉
      〈/xsd:attribute〉
      〈xsd:attribute ref="uof:locID" use="required" fixed="t0096"/〉
      〈xsd:attribute ref="uof:attrList" use="required" fixed="类型 颜色 字着重号"/〉
    〈/xsd:complexType〉
  〈/xsd:element〉
  〈xsd:element name="隐藏文字" minOccurs="0"〉
    〈xsd:annotation〉
      〈xsd:documentation〉隐藏文字效果。〈/xsd:documentation〉
    〈/xsd:annotation〉
    〈xsd:complexType〉
```

```
      <xsd:attribute name="值" type="xsd:boolean" use="required"/>
      <xsd:attribute ref="uof:locID" use="required" fixed="t0097"/>
      <xsd:attribute ref="uof:attrList" use="required" fixed="值"/>
    </xsd:complexType>
  </xsd:element>
  <xsd:element name="空心" minOccurs="0">
    <xsd:annotation>
      <xsd:documentation>空心文字效果。</xsd:documentation>
    </xsd:annotation>
    <xsd:complexType>
      <xsd:attribute name="值" type="xsd:boolean" use="required"/>
      <xsd:attribute ref="uof:locID" use="required" fixed="t0098"/>
      <xsd:attribute ref="uof:attrList" use="required" fixed="值"/>
    </xsd:complexType>
  </xsd:element>
  <xsd:element name="浮雕" minOccurs="0">
    <xsd:annotation>
      <xsd:documentation>浮雕效果。包括阴文或阳文效果。</xsd:documentation>
    </xsd:annotation>
    <xsd:complexType>
      <xsd:attribute name="类型" use="required">
        <xsd:annotation>
          <xsd:documentation>指定是阳文还是阴文,或无浮雕效果。</xsd:documentation>
        </xsd:annotation>
        <xsd:simpleType>
          <xsd:restriction base="xsd:string">
            <xsd:enumeration value="emboss"/>
            <xsd:enumeration value="engrave"/>
            <xsd:enumeration value="none"/>
          </xsd:restriction>
        </xsd:simpleType>
      </xsd:attribute>
      <xsd:attribute ref="uof:locID" use="required" fixed="t0099"/>
      <xsd:attribute ref="uof:attrList" use="required" fixed="类型"/>
    </xsd:complexType>
  </xsd:element>
  <xsd:element name="阴影" minOccurs="0">
    <xsd:annotation>
      <xsd:documentation>阴影效果。</xsd:documentation>
    </xsd:annotation>
    <xsd:complexType>
      <xsd:attribute name="值" type="xsd:boolean" use="required"/>
      <xsd:attribute ref="uof:locID" use="required" fixed="t0100"/>
```

```
        <xsd:attribute ref="uof:attrList" use="required" fixed="值"/>
      </xsd:complexType>
    </xsd:element>
    <xsd:element name="醒目字体" minOccurs="0">
      <xsd:annotation>
        <xsd:documentation>醒目字体效果。包括大写、小写、首字母大写及小型大写。</xsd:documentation>
      </xsd:annotation>
      <xsd:complexType>
        <xsd:attribute name="类型" use="required">
          <xsd:simpleType>
            <xsd:restriction base="xsd:string">
              <xsd:enumeration value="lowercase"/>
              <xsd:enumeration value="uppercase"/>
              <xsd:enumeration value="small-caps"/>
              <xsd:enumeration value="capital"/>
              <xsd:enumeration value="none"/>
            </xsd:restriction>
          </xsd:simpleType>
        </xsd:attribute>
        <xsd:attribute ref="uof:locID" use="required" fixed="t0101"/>
        <xsd:attribute ref="uof:attrList" use="required" fixed="类型"/>
    </xsd:complexType>
    </xsd:element>
    <xsd:element name="位置" minOccurs="0">
      <xsd:complexType>
        <xsd:simpleContent>
          <xsd:extension base="字符位置类型">
            <xsd:attribute ref="uof:locID" use="required" fixed="t0102"/>
          </xsd:extension>
        </xsd:simpleContent>
      </xsd:complexType>
    </xsd:element>
    <xsd:element name="上下标" minOccurs="0">
      <xsd:complexType>
        <xsd:attribute name="值">
          <xsd:simpleType>
            <xsd:restriction base="xsd:string">
              <xsd:enumeration value="sup"/>
              <xsd:enumeration value="sub"/>
              <xsd:enumeration value="none"/>
            </xsd:restriction>
          </xsd:simpleType>
```

```
        〈/xsd:attribute〉
        〈xsd:attribute ref="uof:locID" use="required" fixed="t0205"/〉
        〈xsd:attribute ref="uof:attrList" use="required" fixed="值"/〉
      〈/xsd:complexType〉
    〈/xsd:element〉
    〈xsd:element name="缩放" minOccurs="0"〉
      〈xsd:annotation〉
        〈xsd:documentation〉字符横向缩放。例:"150"表示放大至1.5倍宽。〈/xsd:documentation〉
      〈/xsd:annotation〉
      〈xsd:complexType〉
        〈xsd:simpleContent〉
          〈xsd:extension base="xsd:float"〉
            〈xsd:attribute ref="uof:locID" use="required" fixed="t0103"/〉
          〈/xsd:extension〉
        〈/xsd:simpleContent〉
      〈/xsd:complexType〉
    〈/xsd:element〉
    〈xsd:element name="字符间距" minOccurs="0"〉
      〈xsd:annotation〉
        〈xsd:documentation〉字符间距值。〈/xsd:documentation〉
      〈/xsd:annotation〉
      〈xsd:complexType〉
        〈xsd:simpleContent〉
          〈xsd:extension base="uof:长度类型"〉
            〈xsd:attribute ref="uof:locID" use="required" fixed="t0104"/〉
          〈/xsd:extension〉
        〈/xsd:simpleContent〉
      〈/xsd:complexType〉
    〈/xsd:element〉
    〈xsd:element name="调整字间距" minOccurs="0"〉
      〈xsd:annotation〉
        〈xsd:documentation〉自动调整字间距的值。〈/xsd:documentation〉
      〈/xsd:annotation〉
      〈xsd:complexType〉
        〈xsd:simpleContent〉
          〈xsd:extension base="uof:长度类型"〉
            〈xsd:attribute ref="uof:locID" use="required" fixed="t0105"/〉
          〈/xsd:extension〉
        〈/xsd:simpleContent〉
      〈/xsd:complexType〉
    〈/xsd:element〉
    〈xsd:element name="字符对齐网格" minOccurs="0"〉
```

```
        〈xsd:annotation〉
          〈xsd:documentation〉设置了文档网格情况下,字符是否对齐网格。〈/xsd:documentation〉
        〈/xsd:annotation〉
        〈xsd:complexType〉
          〈xsd:attribute name="值" type="xsd:boolean" use="required"/〉
          〈xsd:attribute ref="uof:locID" use="required" fixed="t0106"/〉
          〈xsd:attribute ref="uof:attrList" use="required" fixed="值"/〉
        〈/xsd:complexType〉
      〈/xsd:element〉
    〈/xsd:all〉
  〈/xsd:complexType〉
  〈xsd:complexType name="句式样类型"〉
    〈xsd:annotation〉
      〈xsd:documentation〉句子式样类型,句子式样由式样集统一管理。〈/xsd:documentation〉
    〈/xsd:annotation〉
    〈xsd:complexContent〉
      〈xsd:extension base="句属性类型"〉
        〈xsd:attributeGroup ref="式样属性"/〉
      〈/xsd:extension〉
    〈/xsd:complexContent〉
  〈/xsd:complexType〉
  〈xsd:complexType name="脚注设置类型"〉
    〈xsd:annotation〉
      〈xsd:documentation〉脚注设置类型。〈/xsd:documentation〉
    〈/xsd:annotation〉
    〈xsd:attribute name="位置" use="optional"〉
      〈xsd:annotation〉
        〈xsd:documentation〉脚注出现的位置。〈/xsd:documentation〉
      〈/xsd:annotation〉
      〈xsd:simpleType〉
        〈xsd:restriction base="xsd:string"〉
          〈xsd:enumeration value="page-bottom"/〉
          〈xsd:enumeration value="below-text"/〉
        〈/xsd:restriction〉
      〈/xsd:simpleType〉
    〈/xsd:attribute〉
    〈xsd:attribute name="格式" type="数字格式类型" use="optional"〉
      〈xsd:annotation〉
        〈xsd:documentation〉脚注使用的数字格式。〈/xsd:documentation〉
      〈/xsd:annotation〉
    〈/xsd:attribute〉
    〈xsd:attribute name="起始编号" type="xsd:nonNegativeInteger" use="optional"〉
      〈xsd:annotation〉
```

```
        〈xsd:documentation〉脚注的起始编号。〈/xsd:documentation〉
      〈/xsd:annotation〉
    〈/xsd:attribute〉
    〈xsd:attribute name="编号方式" use="optional"〉
      〈xsd:annotation〉
        〈xsd:documentation〉脚注的编号方式。〈/xsd:documentation〉
      〈/xsd:annotation〉
      〈xsd:simpleType〉
        〈xsd:restriction base="xsd:string"〉
          〈xsd:enumeration value="continuous"/〉
          〈xsd:enumeration value="section"/〉
          〈xsd:enumeration value="page"/〉
        〈/xsd:restriction〉
      〈/xsd:simpleType〉
    〈/xsd:attribute〉
  〈/xsd:complexType〉
  〈xsd:complexType name="尾注设置类型"〉
    〈xsd:annotation〉
      〈xsd:documentation〉尾注设置类型。〈/xsd:documentation〉
    〈/xsd:annotation〉
    〈xsd:attribute name="位置" use="optional"〉
      〈xsd:annotation〉
        〈xsd:documentation〉尾注出现的位置。〈/xsd:documentation〉
      〈/xsd:annotation〉
      〈xsd:simpleType〉
        〈xsd:restriction base="xsd:string"〉
          〈xsd:enumeration value="section-end"/〉
          〈xsd:enumeration value="doc-end"/〉
        〈/xsd:restriction〉
      〈/xsd:simpleType〉
    〈/xsd:attribute〉
    〈xsd:attribute name="格式" type="数字格式类型" use="optional"〉
      〈xsd:annotation〉
        〈xsd:documentation〉尾注使用的数字格式。〈/xsd:documentation〉
      〈/xsd:annotation〉
    〈/xsd:attribute〉
    〈xsd:attribute name="起始编号" type="xsd:integer" use="optional"〉
      〈xsd:annotation〉
        〈xsd:documentation〉尾注的起始编号。〈/xsd:documentation〉
      〈/xsd:annotation〉
    〈/xsd:attribute〉
    〈xsd:attribute name="编号方式" use="optional"〉
      〈xsd:annotation〉
```

```
        〈xsd:documentation〉尾注的编号方式。〈/xsd:documentation〉
      〈/xsd:annotation〉
      〈xsd:simpleType〉
        〈xsd:restriction base="xsd:string"〉
          〈xsd:enumeration value="continuous"/〉
          〈xsd:enumeration value="section"/〉
          〈xsd:enumeration value="page"/〉
        〈/xsd:restriction〉
      〈/xsd:simpleType〉
    〈/xsd:attribute〉
  〈/xsd:complexType〉
  〈xsd:complexType name="脚注尾注类型"〉
    〈xsd:annotation〉
      〈xsd:documentation〉脚注尾注类型。〈/xsd:documentation〉
    〈/xsd:annotation〉
    〈xsd:sequence minOccurs="0" maxOccurs="unbounded"〉
      〈xsd:element ref="段落" minOccurs="0"/〉
      〈xsd:element ref="文字表" minOccurs="0"/〉
    〈/xsd:sequence〉
    〈xsd:attribute name="引文体" type="xsd:string" use="optional"〉
      〈xsd:annotation〉
        〈xsd:documentation〉引文体。若该属性为空，则使用全局脚注尾注设置。〈/xsd:documentation〉
      〈/xsd:annotation〉
    〈/xsd:attribute〉
  〈/xsd:complexType〉
  〈xsd:complexType name="句类型"〉
    〈xsd:annotation〉
      〈xsd:documentation〉句子类型。句子是具有相同字符属性的一段连续的文本流。〈/xsd:documentation〉
    〈/xsd:annotation〉
    〈xsd:choice minOccurs="0" maxOccurs="unbounded"〉
      〈xsd:element name="句属性"〉
        〈xsd:annotation〉
          〈xsd:documentation〉句属性。描述句子的格式信息。句属性元素可以不出现，若出现，则必须作为句子的第一个子元素。〈/xsd:documentation〉
        〈/xsd:annotation〉
        〈xsd:complexType〉
          〈xsd:complexContent〉
            〈xsd:extension base="句属性类型"〉
              〈xsd:attribute name="式样引用" type="xsd:IDREF" use="optional"/〉
              〈xsd:attribute ref="uof:locID" use="required" fixed="t0086"/〉
              〈xsd:attribute ref="uof:attrList" use="required" fixed="式样引用"/〉
```

```
            〈/xsd:extension〉
          〈/xsd:complexContent〉
        〈/xsd:complexType〉
      〈/xsd:element〉
      〈xsd:element name="脚注"〉
        〈xsd:annotation〉
          〈xsd:documentation〉脚注。〈/xsd:documentation〉
        〈/xsd:annotation〉
        〈xsd:complexType〉
          〈xsd:complexContent〉
            〈xsd:extension base="脚注尾注类型"〉
              〈xsd:attribute ref="uof:locID" use="required" fixed="t0107"/〉
              〈xsd:attribute ref="uof:attrList" use="required" fixed="引文体"/〉
            〈/xsd:extension〉
          〈/xsd:complexContent〉
        〈/xsd:complexType〉
      〈/xsd:element〉
      〈xsd:element name="尾注"〉
        〈xsd:annotation〉
          〈xsd:documentation〉尾注。〈/xsd:documentation〉
        〈/xsd:annotation〉
        〈xsd:complexType〉
          〈xsd:complexContent〉
            〈xsd:extension base="脚注尾注类型"〉
              〈xsd:attribute ref="uof:locID" use="required" fixed="t0108"/〉
              〈xsd:attribute ref="uof:attrList" use="required" fixed="引文体"/〉
            〈/xsd:extension〉
          〈/xsd:complexContent〉
        〈/xsd:complexType〉
      〈/xsd:element〉
      〈xsd:element name="文本串"〉
        〈xsd:annotation〉
          〈xsd:documentation〉纯文本流,即句子的文本内容。一个句子可有多个文本流。〈/xsd:
documentation〉
        〈/xsd:annotation〉
        〈xsd:complexType〉
          〈xsd:simpleContent〉
            〈xsd:extension base="xsd:string"〉
              〈xsd:attribute ref="uof:locID" use="required" fixed="t0109"/〉
              〈xsd:attribute name="udsPath" type="xsd:string" use="optional"〉
                〈xsd:annotation〉
                  〈xsd:documentation〉用于与用户 XML 数据绑定。〈/xsd:documentation〉
                〈/xsd:annotation〉
```

```
            〈/xsd:attribute〉
            〈xsd:attribute ref="uof:attrList" use="required" fixed="udsPath"/〉
          〈/xsd:extension〉
        〈/xsd:simpleContent〉
      〈/xsd:complexType〉
    〈/xsd:element〉
    〈xsd:element name="锚点"〉
      〈xsd:annotation〉
        〈xsd:documentation〉锚点。包含各种图片、图形等对象。“锚点”本身具有大小、位置、绕排方式等属性。〈/xsd:documentation〉
      〈/xsd:annotation〉
      〈xsd:complexType〉
        〈xsd:complexContent〉
          〈xsd:extension base="锚点类型"〉
            〈xsd:attribute ref="uof:locID" use="required" fixed="t0110"/〉
            〈xsd:attribute ref="uof:attrList" use="required" fixed="标识符 类型"/〉
          〈/xsd:extension〉
        〈/xsd:complexContent〉
      〈/xsd:complexType〉
    〈/xsd:element〉
    〈xsd:element name="制表符"〉
      〈xsd:annotation〉
        〈xsd:documentation〉制表符,其位置与类型由段属性中的制表位决定。〈/xsd:documentation〉
      〈/xsd:annotation〉
      〈xsd:complexType〉
        〈xsd:attribute ref="uof:locID" use="required" fixed="t0123"/〉
      〈/xsd:complexType〉
    〈/xsd:element〉
    〈xsd:element name="换行符"〉
      〈xsd:annotation〉
        〈xsd:documentation〉软回车。〈/xsd:documentation〉
      〈/xsd:annotation〉
      〈xsd:complexType〉
        〈xsd:attribute ref="uof:locID" use="required" fixed="t0124"/〉
      〈/xsd:complexType〉
    〈/xsd:element〉
    〈xsd:element name="分栏符"〉
      〈xsd:annotation〉
        〈xsd:documentation〉分栏符。〈/xsd:documentation〉
      〈/xsd:annotation〉
      〈xsd:complexType〉
        〈xsd:attribute ref="uof:locID" use="required" fixed="t0125"/〉
```

```
        〈/xsd:complexType〉
      〈/xsd:element〉
      〈xsd:element name="空格符"〉
        〈xsd:annotation〉
          〈xsd:documentation〉空格符。〈/xsd:documentation〉
        〈/xsd:annotation〉
        〈xsd:complexType〉
          〈xsd:attribute name="个数" type="xsd:positiveInteger" use="optional" default="1"/〉
          〈xsd:attribute ref="uof:locID" use="required" fixed="t0126"/〉
          〈xsd:attribute ref="uof:attrList" use="required" fixed="个数"/〉
        〈/xsd:complexType〉
      〈/xsd:element〉
      〈xsd:element name="分页符"〉
        〈xsd:annotation〉
          〈xsd:documentation〉分页符。〈/xsd:documentation〉
        〈/xsd:annotation〉
        〈xsd:complexType〉
          〈xsd:attribute ref="uof:locID" use="required" fixed="t0127"/〉
        〈/xsd:complexType〉
      〈/xsd:element〉
      〈xsd:element name="引文符号"〉
        〈xsd:annotation〉
          〈xsd:documentation〉用于脚注、尾注中的引文。〈/xsd:documentation〉
        〈/xsd:annotation〉
        〈xsd:complexType〉
          〈xsd:attribute ref="uof:locID" use="required" fixed="t0204"/〉
        〈/xsd:complexType〉
      〈/xsd:element〉
      〈xsd:element name="区域开始"〉
        〈xsd:annotation〉
          〈xsd:documentation〉区域开始。区域开始元素和与其对应的区域结束元素构成一个区域。〈/xsd:documentation〉
        〈/xsd:annotation〉
        〈xsd:complexType〉
          〈xsd:attribute name="标识符" type="xsd:ID" use="required"/〉
          〈xsd:attribute name="名称" type="xsd:string" use="optional"/〉
          〈xsd:attribute name="类型" use="required"〉
            〈xsd:annotation〉
              〈xsd:documentation〉区域有多种用途。类型指明其用途,如超级链接、书签、批注、修订(插入、删除、改变格式)等等。〈/xsd:documentation〉
            〈/xsd:annotation〉
            〈xsd:simpleType〉
```

```
            〈xsd:restriction base="xsd:string"〉
              〈xsd:enumeration value="hyperlink"/〉
              〈xsd:enumeration value="bookmark"/〉
              〈xsd:enumeration value="annotation"/〉
              〈xsd:enumeration value="track-insert"/〉
              〈xsd:enumeration value="track-delete"/〉
              〈xsd:enumeration value="track-format"/〉
            〈/xsd:restriction〉
          〈/xsd:simpleType〉
        〈/xsd:attribute〉
        〈xsd:attribute ref="uof:locID" use="required" fixed="t0121"/〉
        〈xsd:attribute ref="uof:attrList" use="required" fixed="标识符 名称 类型"/〉
      〈/xsd:complexType〉
    〈/xsd:element〉
    〈xsd:element name="区域结束"〉
      〈xsd:annotation〉
        〈xsd:documentation〉区域结束。一个区域结束元素的“标识符引用”属性是对它所对应的
“区域开始”元素的标识符的引用。〈/xsd:documentation〉
      〈/xsd:annotation〉
      〈xsd:complexType〉
        〈xsd:attribute name="标识符引用" type="xsd:IDREF" use="required"〉
          〈xsd:annotation〉
            〈xsd:documentation〉值为相应“区域开始”的标识符。〈/xsd:documentation〉
          〈/xsd:annotation〉
        〈/xsd:attribute〉
        〈xsd:attribute ref="uof:locID" use="required" fixed="t0122"/〉
        〈xsd:attribute ref="uof:attrList" use="required" fixed="标识符引用"/〉
      〈/xsd:complexType〉
    〈/xsd:element〉
  〈/xsd:choice〉
〈/xsd:complexType〉
〈xsd:complexType name="删除类型"〉
  〈xsd:annotation〉
    〈xsd:documentation〉删除类型,一种修订操作。〈/xsd:documentation〉
  〈/xsd:annotation〉
  〈xsd:choice minOccurs="0" maxOccurs="unbounded"〉
    〈xsd:element ref="分节"/〉
    〈xsd:element ref="段落"/〉
    〈xsd:element ref="文字表"/〉
  〈/xsd:choice〉
  〈xsd:attribute name="修订信息引用" type="xsd:IDREF" use="required"/〉
〈/xsd:complexType〉
〈xsd:complexType name="域开始类型"〉
```

```
〈xsd:annotation〉
  〈xsd:documentation〉域开始类型。〈/xsd:documentation〉
〈/xsd:annotation〉
〈xsd:attribute name="类型" type="xsd:string" use="required"/〉
〈xsd:attribute name="锁定" type="xsd:boolean" use="optional"〉
  〈xsd:annotation〉
    〈xsd:documentation〉锁定。锁定的域不允许更新。〈/xsd:documentation〉
  〈/xsd:annotation〉
〈/xsd:attribute〉
〈/xsd:complexType〉
〈xsd:complexType name="域结束类型"〉
  〈xsd:annotation〉
    〈xsd:documentation〉域结束类型。〈/xsd:documentation〉
  〈/xsd:annotation〉
〈/xsd:complexType〉
〈xsd:complexType name="域代码类型"〉
  〈xsd:annotation〉
    〈xsd:documentation〉域代码类型。〈/xsd:documentation〉
  〈/xsd:annotation〉
  〈xsd:choice maxOccurs="unbounded"〉
    〈xsd:element ref="分节"/〉
    〈xsd:element ref="逻辑章节"/〉
    〈xsd:element ref="段落" maxOccurs="unbounded"/〉
    〈xsd:element ref="文字表"/〉
  〈/xsd:choice〉
〈/xsd:complexType〉
〈xsd:complexType name="制表位设置类型"〉
  〈xsd:annotation〉
    〈xsd:documentation〉段属性中制表位的集合。〈/xsd:documentation〉
  〈/xsd:annotation〉
  〈xsd:sequence〉
    〈xsd:element name="制表位" minOccurs="0" maxOccurs="unbounded"〉
      〈xsd:annotation〉
        〈xsd:documentation〉制表位。描述段落中一个制表位的设置。〈/xsd:documentation〉
      〈/xsd:annotation〉
      〈xsd:complexType〉
        〈xsd:annotation〉
          〈xsd:documentation〉制表位类型〈/xsd:documentation〉
        〈/xsd:annotation〉
        〈xsd:attribute name="位置" type="uof:长度类型" use="optional"/〉
        〈xsd:attribute name="类型" use="optional"〉
          〈xsd:annotation〉
            〈xsd:documentation〉制表位类型。〈/xsd:documentation〉
```

```
        〈/xsd:annotation〉
        〈xsd:simpleType〉
          〈xsd:restriction base="xsd:string"〉
            〈xsd:enumeration value="left"/〉
            〈xsd:enumeration value="center"/〉
            〈xsd:enumeration value="right"/〉
            〈xsd:enumeration value="decimal"/〉
          〈/xsd:restriction〉
        〈/xsd:simpleType〉
      〈/xsd:attribute〉
      〈xsd:attribute name="前导符" type="xsd:string" use="optional"〉
        〈xsd:annotation〉
          〈xsd:documentation〉制表位前导符,可以是任意字符。〈/xsd:documentation〉
        〈/xsd:annotation〉
      〈/xsd:attribute〉
      〈xsd:attribute name="制表位字符" type="xsd:string" use="optional"/〉
      〈xsd:attribute ref="uof:locID" use="required" fixed="t0068"/〉
      〈xsd:attribute ref="uof:attrList" use="required" fixed="位置 类型 前导符 制表位字
符"/〉
    〈/xsd:complexType〉
  〈/xsd:element〉
 〈/xsd:sequence〉
〈/xsd:complexType〉
〈xsd:complexType name="首字下沉类型"〉
  〈xsd:annotation〉
    〈xsd:documentation〉首字下沉类型。〈/xsd:documentation〉
  〈/xsd:annotation〉
  〈xsd:attribute name="类型" use="required"〉
    〈xsd:annotation〉
      〈xsd:documentation〉首字下沉的位置类型。下沉:将段落第一个字符设为首字下沉格式并与
左页边距对齐,段落中的文字环绕在该字符的右侧和下方。悬挂:将段落第一个字符设为下沉并将其置
于从段落首行开始的左页边距中。〈/xsd:documentation〉
    〈/xsd:annotation〉
    〈xsd:simpleType〉
      〈xsd:restriction base="xsd:string"〉
        〈xsd:enumeration value="dropped"/〉
        〈xsd:enumeration value="margin"/〉
      〈/xsd:restriction〉
    〈/xsd:simpleType〉
  〈/xsd:attribute〉
  〈xsd:attribute name="字体引用" type="xsd:IDREF" use="optional"〉
    〈xsd:annotation〉
      〈xsd:documentation〉指定下沉的字使用的字体。〈/xsd:documentation〉
```

```
        〈/xsd:annotation〉
      〈/xsd:attribute〉
      〈xsd:attribute name="字符数" type="xsd:positiveInteger" use="optional"〉
        〈xsd:annotation〉
          〈xsd:documentation〉下沉的字包含的字符数。〈/xsd:documentation〉
        〈/xsd:annotation〉
      〈/xsd:attribute〉
      〈xsd:attribute name="行数" type="xsd:positiveInteger" use="required"〉
        〈xsd:annotation〉
          〈xsd:documentation〉下沉字符从段落首行向下扩展的行数。〈/xsd:documentation〉
        〈/xsd:annotation〉
      〈/xsd:attribute〉
      〈xsd:attribute name="间距" type="uof:长度类型" use="required"〉
        〈xsd:annotation〉
          〈xsd:documentation〉下沉的字符与段落正文的间距量。〈/xsd:documentation〉
        〈/xsd:annotation〉
      〈/xsd:attribute〉
    〈/xsd:complexType〉
    〈xsd:complexType name="段落式样类型"〉
      〈xsd:annotation〉
        〈xsd:documentation〉段落式样类型,段落式样由式样集统一管理。〈/xsd:documentation〉
      〈/xsd:annotation〉
      〈xsd:complexContent〉
        〈xsd:extension base="段落属性类型"〉
          〈xsd:attributeGroup ref="式样属性"/〉
        〈/xsd:extension〉
      〈/xsd:complexContent〉
    〈/xsd:complexType〉
    〈xsd:complexType name="段落属性类型"〉
      〈xsd:annotation〉
        〈xsd:documentation〉段落属性类型,段落属性为段落内嵌属性集。〈/xsd:documentation〉
      〈/xsd:annotation〉
      〈xsd:all〉
        〈xsd:element name="格式修订" minOccurs="0"〉
          〈xsd:annotation〉
            〈xsd:documentation〉格式修订。包含一个段属性(只嵌套一层),修订时,格式修订内部的
段属性标签表达修订前的段属性,外层的段属性标签则表达修订后的段属性。〈/xsd:documentation〉
          〈/xsd:annotation〉
          〈xsd:complexType〉
            〈xsd:sequence〉
              〈xsd:element name="段落属性"〉
                〈xsd:complexType〉
                  〈xsd:complexContent〉
```

```
            <xsd:extension base="段落属性类型">
              <xsd:attribute name="式样引用" type="xsd:IDREF" use="optional"/>
              <xsd:attribute ref="uof:locID" use="required" fixed="t0052"/>
              <xsd:attribute ref="uof:attrList" use="required" fixed="式样引用"/>
            </xsd:extension>
          </xsd:complexContent>
        </xsd:complexType>
      </xsd:element>
    </xsd:sequence>
    <xsd:attribute name="修订信息引用" type="xsd:IDREF" use="required"/>
    <xsd:attribute ref="uof:locID" use="required" fixed="t0053"/>
    <xsd:attribute ref="uof:attrList" use="required" fixed="修订信息引用"/>
  </xsd:complexType>
</xsd:element>
<xsd:element name="句属性" minOccurs="0">
  <xsd:annotation>
    <xsd:documentation>段落所使用的句属性,可以引用句式样。</xsd:documentation>
  </xsd:annotation>
  <xsd:complexType>
    <xsd:complexContent>
      <xsd:extension base="句属性类型">
        <xsd:attribute name="式样引用" type="xsd:IDREF" use="optional">
          <xsd:annotation>
            <xsd:documentation>引用句式样。</xsd:documentation>
          </xsd:annotation>
        </xsd:attribute>
        <xsd:attribute ref="uof:locID" use="required" fixed="t0086"/>
        <xsd:attribute ref="uof:attrList" use="required" fixed="式样引用"/>
      </xsd:extension>
    </xsd:complexContent>
  </xsd:complexType>
</xsd:element>
<xsd:element name="大纲级别" minOccurs="0">
  <xsd:annotation>
    <xsd:documentation>大纲级别。0～8 表示一级至九级,不指定大纲级别则表示为无级别正
文文本。</xsd:documentation>
  </xsd:annotation>
  <xsd:complexType>
    <xsd:simpleContent>
      <xsd:extension base="xsd:nonNegativeInteger">
        <xsd:attribute ref="uof:locID" use="required" fixed="t0054"/>
      </xsd:extension>
    </xsd:simpleContent>
```

```
    〈/xsd:complexType〉
  〈/xsd:element〉
  〈xsd:element name="对齐" minOccurs="0"〉
    〈xsd:annotation〉
      〈xsd:documentation〉水平对齐和文字对齐方式。〈/xsd:documentation〉
    〈/xsd:annotation〉
    〈xsd:complexType〉
      〈xsd:attribute name="水平对齐" use="optional"〉
        〈xsd:annotation〉
          〈xsd:documentation〉水平对齐方式〈/xsd:documentation〉
        〈/xsd:annotation〉
        〈xsd:simpleType〉
          〈xsd:restriction base="xsd:string"〉
            〈xsd:enumeration value="left"〉
              〈xsd:annotation〉
                〈xsd:documentation〉左对齐〈/xsd:documentation〉
              〈/xsd:annotation〉
            〈/xsd:enumeration〉
            〈xsd:enumeration value="right"〉
              〈xsd:annotation〉
                〈xsd:documentation〉右对齐〈/xsd:documentation〉
              〈/xsd:annotation〉
            〈/xsd:enumeration〉
            〈xsd:enumeration value="center"〉
              〈xsd:annotation〉
                〈xsd:documentation〉居中对齐〈/xsd:documentation〉
              〈/xsd:annotation〉
            〈/xsd:enumeration〉
            〈xsd:enumeration value="justified"〉
              〈xsd:annotation〉
                〈xsd:documentation〉两端对齐〈/xsd:documentation〉
              〈/xsd:annotation〉
            〈/xsd:enumeration〉
            〈xsd:enumeration value="distributed"〉
              〈xsd:annotation〉
                〈xsd:documentation〉分散对齐〈/xsd:documentation〉
              〈/xsd:annotation〉
            〈/xsd:enumeration〉
          〈/xsd:restriction〉
        〈/xsd:simpleType〉
      〈/xsd:attribute〉
      〈xsd:attribute name="文字对齐" use="optional"〉
        〈xsd:annotation〉
```

```
        〈xsd:documentation〉文字垂直对齐方式。〈/xsd:documentation〉
      〈/xsd:annotation〉
      〈xsd:simpleType〉
        〈xsd:restriction base="xsd:string"〉
          〈xsd:enumeration value="top"/〉
          〈xsd:enumeration value="center"/〉
          〈xsd:enumeration value="bottom"/〉
          〈xsd:enumeration value="base"/〉
          〈xsd:enumeration value="auto"/〉
        〈/xsd:restriction〉
      〈/xsd:simpleType〉
    〈/xsd:attribute〉
    〈xsd:attribute ref="uof:locID" use="required" fixed="t0055"/〉
    〈xsd:attribute ref="uof:attrList" use="required" fixed="水平对齐 文字对齐"/〉
  〈/xsd:complexType〉
〈/xsd:element〉
〈xsd:element name="缩进" minOccurs="0"〉
  〈xsd:annotation〉
    〈xsd:documentation〉缩进,每种缩进分绝对长度和相对长度两种。〈/xsd:documentation〉
  〈/xsd:annotation〉
  〈xsd:complexType〉
    〈xsd:complexContent〉
      〈xsd:extension base="缩进类型"〉
        〈xsd:attribute ref="uof:locID" use="required" fixed="t0056"/〉
      〈/xsd:extension〉
    〈/xsd:complexContent〉
  〈/xsd:complexType〉
〈/xsd:element〉
〈xsd:element name="行距" minOccurs="0"〉
  〈xsd:annotation〉
    〈xsd:documentation〉行距,分最小行距、固定值行距、多行行距、行间距。〈/xsd:documen-
tation〉
  〈/xsd:annotation〉
  〈xsd:complexType〉
    〈xsd:attribute name="类型" use="required"〉
      〈xsd:simpleType〉
        〈xsd:restriction base="xsd:string"〉
          〈xsd:enumeration value="at-least"/〉
          〈xsd:enumeration value="fixed"/〉
          〈xsd:enumeration value="multi-lines"/〉
          〈xsd:enumeration value="line-space"/〉
        〈/xsd:restriction〉
      〈/xsd:simpleType〉
```

```
        </xsd:attribute>
        <xsd:attribute name="值" type="xsd:float" use="required"/>
        <xsd:attribute ref="uof:locID" use="required" fixed="t0057"/>
        <xsd:attribute ref="uof:attrList" usc="required" fixed="类型 值"/>
      </xsd:complexType>
    </xsd:element>
    <xsd:element name="段间距" minOccurs="0">
      <xsd:annotation>
        <xsd:documentation>段间距。</xsd:documentation>
      </xsd:annotation>
      <xsd:complexType>
        <xsd:all>
          <xsd:element name="段前距" minOccurs="0">
            <xsd:complexType>
              <xsd:choice>
                <xsd:element name="自动">
                  <xsd:complexType>
                    <xsd:attribute ref="uof:locID" use="required" fixed="t0198"/>
                  </xsd:complexType>
                </xsd:element>
                <xsd:element name="绝对值">
                  <xsd:complexType>
                    <xsd:attribute ref="uof:locID" use="required" fixed="t0199"/>
                    <xsd:attribute name="值" type="uof:长度类型" use="required"/>
                    <xsd:attribute ref="uof:attrList" use="required" fixed="值"/>
                  </xsd:complexType>
                </xsd:element>
                <xsd:element name="相对值">
                  <xsd:complexType>
                    <xsd:attribute ref="uof:locID" use="required" fixed="t0200"/>
                    <xsd:attribute name="值" type="xsd:float" use="required"/>
                    <xsd:attribute ref="uof:attrList" use="required" fixed="值"/>
                  </xsd:complexType>
                </xsd:element>
              </xsd:choice>
              <xsd:attribute ref="uof:locID" use="required" fixed="t0196"/>
            </xsd:complexType>
          </xsd:element>
          <xsd:element name="段后距" minOccurs="0">
            <xsd:complexType>
              <xsd:choice>
                <xsd:element name="自动">
                  <xsd:complexType>
```

```
                <xsd:attribute ref="uof:locID" use="required" fixed="t0201"/>
              </xsd:complexType>
            </xsd:element>
            <xsd:element name="绝对值">
              <xsd:complexType>
                <xsd:attribute ref="uof:locID" use="required" fixed="t0202"/>
                <xsd:attribute name="值" type="uof:长度类型" use="required"/>
                <xsd:attribute ref="uof:attrList" use="required" fixed="值"/>
              </xsd:complexType>
            </xsd:element>
            <xsd:element name="相对值">
              <xsd:complexType>
                <xsd:attribute ref="uof:locID" use="required" fixed="t0203"/>
                <xsd:attribute name="值" type="xsd:float" use="required"/>
                <xsd:attribute ref="uof:attrList" use="required" fixed="值"/>
              </xsd:complexType>
            </xsd:element>
          </xsd:choice>
          <xsd:attribute ref="uof:locID" use="required" fixed="t0197"/>
        </xsd:complexType>
      </xsd:element>
    </xsd:all>
    <xsd:attribute ref="uof:locID" use="required" fixed="t0058"/>
  </xsd:complexType>
</xsd:element>
<xsd:element name="自动编号信息" minOccurs="0">
  <xsd:annotation>
    <xsd:documentation>自动编号信息。</xsd:documentation>
  </xsd:annotation>
  <xsd:complexType>
    <xsd:attribute name="编号引用" type="xsd:IDREF" use="required">
      <xsd:annotation>
        <xsd:documentation>指定当前段落引用的自动编号。</xsd:documentation>
      </xsd:annotation>
    </xsd:attribute>
    <xsd:attribute name="编号级别" use="required">
      <xsd:annotation>
        <xsd:documentation>指定当前段落为编号中的哪一个级别。</xsd:documentation>
      </xsd:annotation>
      <xsd:simpleType>
        <xsd:restriction base="xsd:nonNegativeInteger"/>
      </xsd:simpleType>
    </xsd:attribute>
```

```
〈xsd:attribute name="重新编号" type="xsd:boolean" use="optional"〉
  〈xsd:annotation〉
    〈xsd:documentation〉当前段落开始重新编号。〈/xsd:documentation〉
  〈/xsd:annotation〉
〈/xsd:attribute〉
〈xsd:attribute name="起始编号" type="xsd:nonNegativeInteger" use="optional"〉
  〈xsd:annotation〉
    〈xsd:documentation〉重新编号的起始值。〈/xsd:documentation〉
  〈/xsd:annotation〉
〈/xsd:attribute〉
〈xsd:attribute ref="uof:locID" use="required" fixed="t0059"/〉
〈xsd:attribute ref="uof:attrList" use="required" fixed="编号引用 编号级别 重新编号
起始编号"/〉
      〈/xsd:complexType〉
    〈/xsd:element〉
    〈xsd:element name="孤行控制" minOccurs="0"〉
      〈xsd:annotation〉
        〈xsd:documentation〉孤行控制的行数。页面顶端行数必须大于此值以防止孤行。"0"表示
不作孤行控制。若本元素不出现,表示不设置孤行控制(继承以往设置)。〈/xsd:documentation〉
      〈/xsd:annotation〉
      〈xsd:complexType〉
        〈xsd:simpleContent〉
          〈xsd:extension base="xsd:nonNegativeInteger"〉
            〈xsd:attribute ref="uof:locID" use="required" fixed="t0060"/〉
          〈/xsd:extension〉
        〈/xsd:simpleContent〉
      〈/xsd:complexType〉
    〈/xsd:element〉
    〈xsd:element name="寡行控制" minOccurs="0"〉
      〈xsd:annotation〉
        〈xsd:documentation〉寡行控制的行数。页面底端行数必须大于此值以防止寡行。"0"表示
不作寡行控制。若本元素不出现,表示不设置寡行控制(继承以往设置)。〈/xsd:documentation〉
      〈/xsd:annotation〉
      〈xsd:complexType〉
        〈xsd:simpleContent〉
          〈xsd:extension base="xsd:nonNegativeInteger"〉
            〈xsd:attribute ref="uof:locID" use="required" fixed="t0061"/〉
          〈/xsd:extension〉
        〈/xsd:simpleContent〉
      〈/xsd:complexType〉
    〈/xsd:element〉
    〈xsd:element name="段中不分页" minOccurs="0"〉
      〈xsd:annotation〉
```

```
        <xsd:documentation>段中不分页。</xsd:documentation>
      </xsd:annotation>
      <xsd:complexType>
        <xsd:attribute name="值" type="xsd:boolean" use="required"/>
        <xsd:attribute ref="uof:locID" use="required" fixed="t0062"/>
        <xsd:attribute ref="uof:attrList" use="required" fixed="值"/>
      </xsd:complexType>
    </xsd:element>
    <xsd:element name="与下段同页" minOccurs="0">
      <xsd:annotation>
        <xsd:documentation>与下段同页。</xsd:documentation>
      </xsd:annotation>
      <xsd:complexType>
        <xsd:attribute name="值" type="xsd:boolean" use="required"/>
        <xsd:attribute ref="uof:locID" use="required" fixed="t0063"/>
        <xsd:attribute ref="uof:attrList" use="required" fixed="值"/>
      </xsd:complexType>
    </xsd:element>
    <xsd:element name="段前分页" minOccurs="0">
      <xsd:annotation>
        <xsd:documentation>段前分页。</xsd:documentation>
      </xsd:annotation>
      <xsd:complexType>
        <xsd:attribute name="值" type="xsd:boolean" use="required"/>
        <xsd:attribute ref="uof:locID" use="required" fixed="t0064"/>
        <xsd:attribute ref="uof:attrList" use="required" fixed="值"/>
      </xsd:complexType>
    </xsd:element>
    <xsd:element name="边框" minOccurs="0">
      <xsd:annotation>
        <xsd:documentation>边框。段落边框无“对角线1”与“对角线2”。</xsd:documentation>
      </xsd:annotation>
      <xsd:complexType>
        <xsd:complexContent>
          <xsd:extension base="uof:边框类型">
            <xsd:attribute ref="uof:locID" use="required" fixed="t0065"/>
          </xsd:extension>
        </xsd:complexContent>
      </xsd:complexType>
    </xsd:element>
    <xsd:element name="填充" minOccurs="0">
      <xsd:annotation>
        <xsd:documentation>填充设置。</xsd:documentation>
```

```
    </xsd:annotation>
    <xsd:complexType>
      <xsd:complexContent>
        <xsd:extension base="图:填充类型">
          <xsd:attribute ref="uof:locID" use="required" fixed="t0066"/>
        </xsd:extension>
      </xsd:complexContent>
    </xsd:complexType>
  </xsd:element>
  <xsd:element name="制表位设置" minOccurs="0">
    <xsd:annotation>
      <xsd:documentation>段落制表位设置。</xsd:documentation>
    </xsd:annotation>
    <xsd:complexType>
      <xsd:complexContent>
        <xsd:extension base="制表位设置类型">
          <xsd:attribute ref="uof:locID" use="required" fixed="t0067"/>
        </xsd:extension>
      </xsd:complexContent>
    </xsd:complexType>
  </xsd:element>
  <xsd:element name="对齐网格" minOccurs="0">
    <xsd:annotation>
      <xsd:documentation>对齐网格。</xsd:documentation>
    </xsd:annotation>
    <xsd:complexType>
      <xsd:attribute name="值" type="xsd:boolean" use="required"/>
      <xsd:attribute ref="uof:locID" use="required" fixed="t0069"/>
      <xsd:attribute ref="uof:attrList" use="required" fixed="值"/>
    </xsd:complexType>
  </xsd:element>
  <xsd:element name="首字下沉" minOccurs="0">
    <xsd:annotation>
      <xsd:documentation>段落首字下沉设置。</xsd:documentation>
    </xsd:annotation>
    <xsd:complexType>
      <xsd:complexContent>
        <xsd:extension base="首字下沉类型">
          <xsd:attribute ref="uof:locID" use="required" fixed="t0070"/>
          <xsd:attribute ref="uof:attrList" use="required" fixed="类型 字体引用 字符数 行
数 间距"/>
        </xsd:extension>
      </xsd:complexContent>
```

```
    </xsd:complexType>
  </xsd:element>
  <xsd:element name="取消断字" minOccurs="0">
    <xsd:annotation>
      <xsd:documentation>取消断字。</xsd:documentation>
    </xsd:annotation>
    <xsd:complexType>
      <xsd:attribute name="值" type="xsd:boolean" use="required"/>
      <xsd:attribute ref="uof:locID" use="required" fixed="t0071"/>
      <xsd:attribute ref="uof:attrList" use="required" fixed="值"/>
    </xsd:complexType>
  </xsd:element>
  <xsd:element name="取消行号" minOccurs="0">
    <xsd:annotation>
      <xsd:documentation>取消行号。当前段落不显示行号。</xsd:documentation>
    </xsd:annotation>
    <xsd:complexType>
      <xsd:attribute name="值" type="xsd:boolean" use="required"/>
      <xsd:attribute ref="uof:locID" use="required" fixed="t0072"/>
      <xsd:attribute ref="uof:attrList" use="required" fixed="值"/>
    </xsd:complexType>
  </xsd:element>
  <xsd:element name="允许单词断字" minOccurs="0">
    <xsd:annotation>
      <xsd:documentation>允许西文单词中部换行。</xsd:documentation>
    </xsd:annotation>
    <xsd:complexType>
      <xsd:attribute name="值" type="xsd:boolean" use="required"/>
      <xsd:attribute ref="uof:locID" use="required" fixed="t0073"/>
      <xsd:attribute ref="uof:attrList" use="required" fixed="值"/>
    </xsd:complexType>
  </xsd:element>
  <xsd:element name="行首尾标点控制" minOccurs="0">
    <xsd:annotation>
      <xsd:documentation>允许标点溢出边界。</xsd:documentation>
    </xsd:annotation>
    <xsd:complexType>
      <xsd:attribute name="值" type="xsd:boolean" use="required"/>
      <xsd:attribute ref="uof:locID" use="required" fixed="t0074"/>
      <xsd:attribute ref="uof:attrList" use="required" fixed="值"/>
    </xsd:complexType>
  </xsd:element>
  <xsd:element name="是否行首标点压缩" minOccurs="0">
```

```
      〈xsd:annotation〉
        〈xsd:documentation〉是否进行行首标点压缩。〈/xsd:documentation〉
      〈/xsd:annotation〉
      〈xsd:complexType〉
        〈xsd:attribute name="值" type="xsd:boolean" use="required"/〉
        〈xsd:attribute ref="uof:locID" use="required" fixed="t0075"/〉
        〈xsd:attribute ref="uof:attrList" use="required" fixed="值"/〉
      〈/xsd:complexType〉
    〈/xsd:element〉
    〈xsd:element name="中文习惯首尾字符" minOccurs="0"〉
      〈xsd:annotation〉
        〈xsd:documentation〉按中文习惯控制首尾字符。〈/xsd:documentation〉
      〈/xsd:annotation〉
      〈xsd:complexType〉
        〈xsd:attribute name="值" type="xsd:boolean" use="required"/〉
        〈xsd:attribute ref="uof:locID" use="required" fixed="t0076"/〉
        〈xsd:attribute ref="uof:attrList" use="required" fixed="值"/〉
      〈/xsd:complexType〉
    〈/xsd:element〉
    〈xsd:element name="自动调整中英文字符间距" minOccurs="0"〉
      〈xsd:annotation〉
        〈xsd:documentation〉自动调整中文字符与英文字符之间的间距。〈/xsd:documentation〉
      〈/xsd:annotation〉
      〈xsd:complexType〉
        〈xsd:attribute name="值" type="xsd:boolean" use="required"/〉
        〈xsd:attribute ref="uof:locID" use="required" fixed="t0077"/〉
        〈xsd:attribute ref="uof:attrList" use="required" fixed="值"/〉
      〈/xsd:complexType〉
    〈/xsd:element〉
    〈xsd:element name="自动调整中文与数字间距" minOccurs="0"〉
      〈xsd:annotation〉
        〈xsd:documentation〉自动调整中文字符与数字之间的间距。〈/xsd:documentation〉
      〈/xsd:annotation〉
      〈xsd:complexType〉
        〈xsd:attribute name="值" type="xsd:boolean" use="required"/〉
        〈xsd:attribute ref="uof:locID" use="required" fixed="t0078"/〉
        〈xsd:attribute ref="uof:attrList" use="required" fixed="值"/〉
      〈/xsd:complexType〉
    〈/xsd:element〉
    〈xsd:element name="有网格自动调整右缩进" minOccurs="0"〉
      〈xsd:annotation〉
        〈xsd:documentation〉如果不出现该元素,代表"False"。〈/xsd:documentation〉
      〈/xsd:annotation〉
```

```
        〈xsd:complexType〉
          〈xsd:attribute name="值" type="xsd:boolean" use="optional" default="false"/〉
          〈xsd:attribute ref="uof:locID" use="required" fixed="t0195"/〉
          〈xsd:attribute ref="uof:attrList" use="required" fixed="值"/〉
        〈/xsd:complexType〉
      〈/xsd:element〉
      〈xsd:element ref="uof:停止引用" minOccurs="0"/〉
    〈/xsd:all〉
  〈/xsd:complexType〉
  〈xsd:complexType name="段落类型"〉
    〈xsd:annotation〉
      〈xsd:documentation〉段落类型。〈/xsd:documentation〉
    〈/xsd:annotation〉
    〈xsd:sequence〉
      〈xsd:element name="段落属性" minOccurs="0"〉
        〈xsd:annotation〉
          〈xsd:documentation〉段属性。描述段落的格式信息。段属性元素可以不出现,若出现,则
必须作为段的第一个子元素。〈/xsd:documentation〉
        〈/xsd:annotation〉
        〈xsd:complexType〉
          〈xsd:complexContent〉
            〈xsd:extension base="段落属性类型"〉
              〈xsd:attribute name="式样引用" type="xsd:IDREF" use="optional"/〉
              〈xsd:attribute ref="uof:locID" use="required" fixed="t0052"/〉
              〈xsd:attribute ref="uof:attrList" use="required" fixed="式样引用"/〉
            〈/xsd:extension〉
          〈/xsd:complexContent〉
        〈/xsd:complexType〉
      〈/xsd:element〉
      〈xsd:choice minOccurs="0" maxOccurs="unbounded"〉
        〈xsd:element ref="句"/〉
        〈xsd:sequence〉
          〈xsd:element name="域开始"〉
            〈xsd:annotation〉
              〈xsd:documentation〉标识一个域的开始。域代码紧随其出现,以描述具体的域信息。
〈/xsd:documentation〉
            〈/xsd:annotation〉
            〈xsd:complexType〉
              〈xsd:complexContent〉
                〈xsd:extension base="域开始类型"〉
                  〈xsd:attribute ref="uof:locID" use="required" fixed="t0079"/〉
                  〈xsd:attribute ref="uof:attrList" use="required" fixed="类型 锁定"/〉
                〈/xsd:extension〉
```

```
                </xsd:complexContent>
              </xsd:complexType>
            </xsd:element>
            <xsd:element name="域代码">
              <xsd:annotation>
                <xsd:documentation>紧随域开始，描述具体的域信息。</xsd:documentation>
              </xsd:annotation>
              <xsd:complexType>
                <xsd:complexContent>
                  <xsd:extension base="域代码类型">
                    <xsd:attribute ref="uof:locID" use="required" fixed="t0080"/>
                  </xsd:extension>
                </xsd:complexContent>
              </xsd:complexType>
            </xsd:element>
          </xsd:sequence>
          <xsd:element name="域结束">
            <xsd:annotation>
              <xsd:documentation>标识一个域的结束。</xsd:documentation>
            </xsd:annotation>
            <xsd:complexType>
              <xsd:complexContent>
                <xsd:extension base="域结束类型">
                  <xsd:attribute ref="uof:locID" use="required" fixed="t0081"/>
                </xsd:extension>
              </xsd:complexContent>
            </xsd:complexType>
          </xsd:element>
          <xsd:element name="删除">
            <xsd:annotation>
              <xsd:documentation>删除文字。包含修订删除的文字流。</xsd:documentation>
            </xsd:annotation>
            <xsd:complexType>
              <xsd:complexContent>
                <xsd:extension base="删除类型">
                  <xsd:attribute ref="uof:locID" use="required" fixed="t0084"/>
                  <xsd:attribute ref="uof:attrList" use="required" fixed="修订信息引用"/>
                </xsd:extension>
              </xsd:complexContent>
            </xsd:complexType>
          </xsd:element>
        </xsd:choice>
      </xsd:sequence>
```

```
</xsd:complexType>
<xsd:simpleType name="单元格垂直对齐类型">
  <xsd:restriction base="xsd:string">
    <xsd:enumeration value="top"/>
    <xsd:enumeration value="bottom"/>
    <xsd:enumeration value="center"/>
    <xsd:enumeration value="both"/>
  </xsd:restriction>
</xsd:simpleType>
<xsd:complexType name="单元格属性类型">
  <xsd:annotation>
    <xsd:documentation>文字表单元格属性类型。</xsd:documentation>
  </xsd:annotation>
  <xsd:sequence>
    <xsd:element name="宽度" minOccurs="0">
      <xsd:annotation>
        <xsd:documentation>单元格宽度,分绝对宽度与相对宽度(百分比)。实际单元格宽度可能
会根据单元格文字内容进行自动调整。</xsd:documentation>
      </xsd:annotation>
      <xsd:complexType>
        <xsd:attribute name="绝对值" type="uof:长度类型" use="optional"/>
        <xsd:attribute name="相对值" type="uof:百分比类型" use="optional">
          <xsd:annotation>
            <xsd:documentation>单元格相对宽度,百分比。</xsd:documentation>
          </xsd:annotation>
        </xsd:attribute>
        <xsd:attribute ref="uof:locID" use="required" fixed="t0150"/>
        <xsd:attribute ref="uof:attrList" use="required" fixed="绝对值 相对值"/>
      </xsd:complexType>
    </xsd:element>
    <xsd:element name="单元格边距" minOccurs="0">
      <xsd:annotation>
        <xsd:documentation>单元格边距。</xsd:documentation>
      </xsd:annotation>
      <xsd:complexType>
        <xsd:attribute name="上" type="uof:长度类型" use="optional">
          <xsd:annotation>
            <xsd:documentation>上边距,锚点上边的外部留空长度。</xsd:documentation>
          </xsd:annotation>
        </xsd:attribute>
        <xsd:attribute name="左" type="uof:长度类型" use="optional">
          <xsd:annotation>
            <xsd:documentation>左边距,锚点左边的外部留空长度。</xsd:documentation>
```

```
        〈/xsd:annotation〉
      〈/xsd:attribute〉
      〈xsd:attribute name="右" type="uof:长度类型" use="optional"〉
        〈xsd:annotation〉
          〈xsd:documentation〉右边距,锚点右边的外部留空长度。〈/xsd:documentation〉
        〈/xsd:annotation〉
      〈/xsd:attribute〉
      〈xsd:attribute name="下" type="uof:长度类型" use="optional"〉
        〈xsd:annotation〉
          〈xsd:documentation〉下边距,锚点下边的外部留空长度。〈/xsd:documentation〉
        〈/xsd:annotation〉
      〈/xsd:attribute〉
      〈xsd:attribute ref="uof:locID" use="required" fixed="t0151"/〉
      〈xsd:attribute ref="uof:attrList" use="required" fixed="上 左 右 下"/〉
    〈/xsd:complexType〉
  〈/xsd:element〉
  〈xsd:element name="边框" minOccurs="0"〉
    〈xsd:annotation〉
      〈xsd:documentation〉单元格边框设置。〈/xsd:documentation〉
    〈/xsd:annotation〉
    〈xsd:complexType〉
      〈xsd:complexContent〉
        〈xsd:extension base="uof:边框类型"〉
          〈xsd:attribute ref="uof:locID" use="required" fixed="t0152"/〉
        〈/xsd:extension〉
      〈/xsd:complexContent〉
    〈/xsd:complexType〉
  〈/xsd:element〉
  〈xsd:element name="填充" minOccurs="0"〉
    〈xsd:annotation〉
      〈xsd:documentation〉填充设置。〈/xsd:documentation〉
    〈/xsd:annotation〉
    〈xsd:complexType〉
      〈xsd:complexContent〉
        〈xsd:extension base="图:填充类型"〉
          〈xsd:attribute ref="uof:locID" use="required" fixed="t0153"/〉
        〈/xsd:extension〉
      〈/xsd:complexContent〉
    〈/xsd:complexType〉
  〈/xsd:element〉
  〈xsd:element name="垂直对齐方式" minOccurs="0"〉
    〈xsd:annotation〉
      〈xsd:documentation〉垂直对齐方式。〈/xsd:documentation〉
```

```
    </xsd:annotation>
    <xsd:complexType>
      <xsd:simpleContent>
        <xsd:extension base="单元格垂直对齐类型">
          <xsd:attribute ref="uof:locID" use="required" fixed="t0154"/>
        </xsd:extension>
      </xsd:simpleContent>
    </xsd:complexType>
  </xsd:element>
  <xsd:element name="跨行" minOccurs="0">
    <xsd:annotation>
      <xsd:documentation>跨行数。</xsd:documentation>
    </xsd:annotation>
    <xsd:complexType>
      <xsd:attribute name="值" use="required">
        <xsd:annotation>
          <xsd:documentation>2 表示纵向合并两个单元格</xsd:documentation>
        </xsd:annotation>
        <xsd:simpleType>
          <xsd:restriction base="xsd:positiveInteger">
            <xsd:minInclusive value="2"/>
          </xsd:restriction>
        </xsd:simpleType>
      </xsd:attribute>
      <xsd:attribute ref="uof:locID" use="required" fixed="t0155"/>
      <xsd:attribute ref="uof:attrList" use="required" fixed="值"/>
    </xsd:complexType>
  </xsd:element>
  <xsd:element name="跨列" minOccurs="0">
    <xsd:annotation>
      <xsd:documentation>跨列数。</xsd:documentation>
    </xsd:annotation>
    <xsd:complexType>
      <xsd:attribute name="值" use="required">
        <xsd:annotation>
          <xsd:documentation>2 表示横向合并两个单元格</xsd:documentation>
        </xsd:annotation>
        <xsd:simpleType>
          <xsd:restriction base="xsd:positiveInteger">
            <xsd:minInclusive value="2"/>
          </xsd:restriction>
        </xsd:simpleType>
      </xsd:attribute>
```

```
          <xsd:attribute ref="uof:locID" use="required" fixed="t0156"/>
          <xsd:attribute ref="uof:attrList" use="required" fixed="值"/>
        </xsd:complexType>
      </xsd:element>
      <xsd:element name="自动换行" minOccurs="0">
        <xsd:annotation>
          <xsd:documentation>自动换行。</xsd:documentation>
        </xsd:annotation>
        <xsd:complexType>
          <xsd:attribute name="值" type="xsd:boolean" use="required"/>
          <xsd:attribute ref="uof:locID" use="required" fixed="t0157"/>
          <xsd:attribute ref="uof:attrList" use="required" fixed="值"/>
        </xsd:complexType>
      </xsd:element>
      <xsd:element name="适应文字" minOccurs="0">
        <xsd:annotation>
          <xsd:documentation>适应文字。</xsd:documentation>
        </xsd:annotation>
        <xsd:complexType>
          <xsd:attribute name="值" type="xsd:boolean" use="required"/>
          <xsd:attribute ref="uof:locID" use="required" fixed="t0158"/>
          <xsd:attribute ref="uof:attrList" use="required" fixed="值"/>
        </xsd:complexType>
      </xsd:element>
      <xsd:element ref="uof:停止引用" minOccurs="0"/>
    </xsd:sequence>
  </xsd:complexType>
  <xsd:complexType name="单元格类型">
    <xsd:annotation>
      <xsd:documentation>文字表单元格类型。</xsd:documentation>
    </xsd:annotation>
    <xsd:sequence>
      <xsd:element name="单元格属性" minOccurs="0">
        <xsd:annotation>
          <xsd:documentation>单元格属性。</xsd:documentation>
        </xsd:annotation>
        <xsd:complexType>
          <xsd:complexContent>
            <xsd:extension base="单元格属性类型">
              <xsd:attribute ref="uof:locID" use="required" fixed="t0149"/>
            </xsd:extension>
          </xsd:complexContent>
        </xsd:complexType>
```

```
      </xsd:element>
      <xsd:sequence minOccurs="0" maxOccurs="unbounded">
        <xsd:annotation>
          <xsd:documentation>单元格内容。单元格可以嵌套表格,且必须有一个以上段落。</xsd:documentation>
        </xsd:annotation>
        <xsd:element ref="段落" minOccurs="0" maxOccurs="unbounded"/>
        <xsd:element ref="文字表" minOccurs="0" maxOccurs="unbounded"/>
      </xsd:sequence>
    </xsd:sequence>
  </xsd:complexType>
  <xsd:complexType name="行属性类型">
    <xsd:annotation>
      <xsd:documentation>文字表表行属性类型。</xsd:documentation>
    </xsd:annotation>
    <xsd:sequence>
      <xsd:element name="高度" minOccurs="0">
        <xsd:annotation>
          <xsd:documentation>文字表行高度。</xsd:documentation>
        </xsd:annotation>
        <xsd:complexType>
          <xsd:attribute name="固定值" type="uof:长度类型" use="optional"/>
          <xsd:attribute name="最小值" type="uof:长度类型" use="optional"/>
          <xsd:attribute ref="uof:locID" use="required" fixed="t0145"/>
          <xsd:attribute ref="uof:attrList" use="required" fixed="固定值 最小值"/>
        </xsd:complexType>
      </xsd:element>
      <xsd:element name="跨页" minOccurs="0">
        <xsd:annotation>
          <xsd:documentation>允许跨页。</xsd:documentation>
        </xsd:annotation>
        <xsd:complexType>
          <xsd:attribute name="值" type="xsd:boolean" use="required"/>
          <xsd:attribute ref="uof:locID" use="required" fixed="t0146"/>
          <xsd:attribute ref="uof:attrList" use="required" fixed="值"/>
        </xsd:complexType>
      </xsd:element>
      <xsd:element name="表头行" minOccurs="0">
        <xsd:annotation>
          <xsd:documentation>指定当前行为表头行。</xsd:documentation>
        </xsd:annotation>
        <xsd:complexType>
          <xsd:attribute name="值" type="xsd:boolean" use="required"/>
```

```
          〈xsd:attribute ref="uof:locID" use="required" fixed="t0147"/〉
          〈xsd:attribute ref="uof:attrList" use="required" fixed="值"/〉
        〈/xsd:complexType〉
      〈/xsd:element〉
    〈/xsd:sequence〉
  〈/xsd:complexType〉
  〈xsd:complexType name="行类型"〉
    〈xsd:annotation〉
      〈xsd:documentation〉文字表表行类型。〈/xsd:documentation〉
    〈/xsd:annotation〉
    〈xsd:sequence〉
      〈xsd:element name="表行属性" minOccurs="0"〉
        〈xsd:annotation〉
          〈xsd:documentation〉表行属性。〈/xsd:documentation〉
        〈/xsd:annotation〉
        〈xsd:complexType〉
          〈xsd:complexContent〉
            〈xsd:extension base="行属性类型"〉
              〈xsd:attribute ref="uof:locID" use="required" fixed="t0144"/〉
            〈/xsd:extension〉
          〈/xsd:complexContent〉
        〈/xsd:complexType〉
      〈/xsd:element〉
      〈xsd:element name="单元格" minOccurs="0" maxOccurs="unbounded"〉
        〈xsd:annotation〉
          〈xsd:documentation〉单元格。〈/xsd:documentation〉
        〈/xsd:annotation〉
        〈xsd:complexType〉
          〈xsd:complexContent〉
            〈xsd:extension base="单元格类型"〉
              〈xsd:attribute ref="uof:locID" use="required" fixed="t0148"/〉
            〈/xsd:extension〉
          〈/xsd:complexContent〉
        〈/xsd:complexType〉
      〈/xsd:element〉
    〈/xsd:sequence〉
  〈/xsd:complexType〉
  〈xsd:simpleType name="文字表对齐类型"〉
    〈xsd:restriction base="xsd:string"〉
      〈xsd:enumeration value="left"/〉
      〈xsd:enumeration value="right"/〉
      〈xsd:enumeration value="center"/〉
    〈/xsd:restriction〉
```

```
  〈/xsd:simpleType〉
  〈xsd:complexType name="文字表属性类型"〉
    〈xsd:annotation〉
      〈xsd:documentation〉文字表属性类型,文字表属性为文字表内嵌属性集。〈/xsd:documenta-
tion〉
    〈/xsd:annotation〉
    〈xsd:all〉
      〈xsd:element name="宽度" minOccurs="0"〉
        〈xsd:annotation〉
          〈xsd:documentation〉表格宽度,分绝对宽度与相对宽度(百分比)。〈/xsd:documentation〉
        〈/xsd:annotation〉
        〈xsd:complexType〉
          〈xsd:attribute name="绝对宽度" type="uof:长度类型" use="optional"/〉
          〈xsd:attribute name="相对宽度" type="uof:百分比类型" use="optional"〉
            〈xsd:annotation〉
              〈xsd:documentation〉表示表格的相对宽度,如“150”表示 150%。〈/xsd:documenta-
tion〉
            〈/xsd:annotation〉
          〈/xsd:attribute〉
          〈xsd:attribute ref="uof:locID" use="required" fixed="t0130"/〉
          〈xsd:attribute ref="uof:attrList" use="required" fixed="绝对宽度 相对宽度"/〉
        〈/xsd:complexType〉
      〈/xsd:element〉
      〈xsd:element name="列宽集" minOccurs="0"〉
        〈xsd:annotation〉
          〈xsd:documentation〉列宽集,描述表格各列宽度。〈/xsd:documentation〉
        〈/xsd:annotation〉
        〈xsd:complexType〉
          〈xsd:sequence〉
            〈xsd:element name="列宽" maxOccurs="unbounded"〉
              〈xsd:annotation〉
                〈xsd:documentation〉各列宽度〈/xsd:documentation〉
              〈/xsd:annotation〉
              〈xsd:complexType〉
                〈xsd:simpleContent〉
                  〈xsd:extension base="uof:长度类型"〉
                    〈xsd:attribute ref="uof:locID" fixed="t0132"/〉
                  〈/xsd:extension〉
                〈/xsd:simpleContent〉
              〈/xsd:complexType〉
            〈/xsd:element〉
          〈/xsd:sequence〉
          〈xsd:attribute ref="uof:locID" fixed="t0131"/〉
```

```
    </xsd:complexType>
  </xsd:element>
  <xsd:element name="对齐" minOccurs="0">
    <xsd:annotation>
      <xsd:documentation>水平对齐。</xsd:documentation>
    </xsd:annotation>
    <xsd:complexType>
      <xsd:simpleContent>
        <xsd:extension base="文字表对齐类型">
          <xsd:attribute ref="uof:locID" use="required" fixed="t0133"/>
        </xsd:extension>
      </xsd:simpleContent>
    </xsd:complexType>
  </xsd:element>
  <xsd:element name="左缩进" minOccurs="0">
    <xsd:annotation>
      <xsd:documentation>左缩进值。</xsd:documentation>
    </xsd:annotation>
    <xsd:complexType>
      <xsd:simpleContent>
        <xsd:extension base="uof:长度类型">
          <xsd:attribute ref="uof:locID" use="required" fixed="t0134"/>
        </xsd:extension>
      </xsd:simpleContent>
    </xsd:complexType>
  </xsd:element>
  <xsd:element name="绕排" minOccurs="0">
    <xsd:annotation>
      <xsd:documentation>绕排属性。</xsd:documentation>
    </xsd:annotation>
    <xsd:complexType>
      <xsd:attribute name="值" use="required">
        <xsd:simpleType>
          <xsd:restriction base="xsd:string">
            <xsd:enumeration value="around"/>
            <xsd:enumeration value="none"/>
          </xsd:restriction>
        </xsd:simpleType>
      </xsd:attribute>
      <xsd:attribute ref="uof:locID" use="required" fixed="t0135"/>
      <xsd:attribute ref="uof:attrList" use="required" fixed="值"/>
    </xsd:complexType>
  </xsd:element>
```

```
〈xsd:element name="绕排边距" minOccurs="0"〉
  〈xsd:annotation〉
    〈xsd:documentation〉绕排时离正文距离，当绕排为“环绕”时才起作用。〈/xsd:documentation〉
  〈/xsd:annotation〉
  〈xsd:complexType〉
    〈xsd:attribute name="上" type="uof:长度类型" use="optional"〉
      〈xsd:annotation〉
        〈xsd:documentation〉上边距，锚点上边的外部留空长度。〈/xsd:documentation〉
      〈/xsd:annotation〉
    〈/xsd:attribute〉
    〈xsd:attribute name="左" type="uof:长度类型" use="optional"〉
      〈xsd:annotation〉
        〈xsd:documentation〉左边距，锚点左边的外部留空长度。〈/xsd:documentation〉
      〈/xsd:annotation〉
    〈/xsd:attribute〉
    〈xsd:attribute name="右" type="uof:长度类型" use="optional"〉
      〈xsd:annotation〉
        〈xsd:documentation〉右边距，锚点右边的外部留空长度。〈/xsd:documentation〉
      〈/xsd:annotation〉
    〈/xsd:attribute〉
    〈xsd:attribute name="下" type="uof:长度类型" use="optional"〉
      〈xsd:annotation〉
        〈xsd:documentation〉下边距，锚点下边的外部留空长度。〈/xsd:documentation〉
      〈/xsd:annotation〉
    〈/xsd:attribute〉
    〈xsd:attribute ref="uof:locID" use="required" fixed="t0139"/〉
    〈xsd:attribute ref="uof:attrList" use="required" fixed="上 左 右 下"/〉
  〈/xsd:complexType〉
〈/xsd:element〉
〈xsd:element name="位置" minOccurs="0"〉
  〈xsd:annotation〉
    〈xsd:documentation〉表格位置，当绕排为“环绕”时才起作用。〈/xsd:documentation〉
  〈/xsd:annotation〉
  〈xsd:complexType〉
    〈xsd:complexContent〉
      〈xsd:extension base="位置类型"〉
        〈xsd:attribute ref="uof:locID" use="required" fixed="t0136"/〉
      〈/xsd:extension〉
    〈/xsd:complexContent〉
  〈/xsd:complexType〉
〈/xsd:element〉
〈xsd:element name="边框" minOccurs="0"〉
```

```
        〈xsd:annotation〉
          〈xsd:documentation〉边框设置。〈/xsd:documentation〉
        〈/xsd:annotation〉
        〈xsd:complexType〉
          〈xsd:complexContent〉
            〈xsd:extension base="uof:边框类型"〉
              〈xsd:attribute ref="uof:locID" use="required" fixed="t0137"/〉
            〈/xsd:extension〉
          〈/xsd:complexContent〉
        〈/xsd:complexType〉
      〈/xsd:element〉
      〈xsd:element name="填充" minOccurs="0"〉
        〈xsd:annotation〉
          〈xsd:documentation〉填充设置。〈/xsd:documentation〉
        〈/xsd:annotation〉
        〈xsd:complexType〉
          〈xsd:complexContent〉
            〈xsd:extension base="图:填充类型"〉
              〈xsd:attribute ref="uof:locID" use="required" fixed="t0138"/〉
            〈/xsd:extension〉
          〈/xsd:complexContent〉
        〈/xsd:complexType〉
      〈/xsd:element〉
      〈xsd:element name="自动调整大小" minOccurs="0"〉
        〈xsd:annotation〉
          〈xsd:documentation〉自动根据表格内容改变大小。〈/xsd:documentation〉
        〈/xsd:annotation〉
        〈xsd:complexType〉
          〈xsd:attribute name="值" type="xsd:boolean" use="required"/〉
          〈xsd:attribute ref="uof:locID" use="required" fixed="t0140"/〉
          〈xsd:attribute ref="uof:attrList" use="required" fixed="值"/〉
        〈/xsd:complexType〉
      〈/xsd:element〉
      〈xsd:element name="默认单元格边距" minOccurs="0"〉
        〈xsd:annotation〉
          〈xsd:documentation〉默认单元格边距。〈/xsd:documentation〉
        〈/xsd:annotation〉
        〈xsd:complexType〉
          〈xsd:attribute name="上" type="uof:长度类型" use="optional"〉
            〈xsd:annotation〉
              〈xsd:documentation〉上边距,锚点上边的外部留空长度。〈/xsd:documentation〉
            〈/xsd:annotation〉
          〈/xsd:attribute〉
```

```
        〈xsd:attribute name="左" type="uof:长度类型" use="optional"〉
          〈xsd:annotation〉
            〈xsd:documentation〉左边距,锚点左边的外部留空长度。〈/xsd:documentation〉
          〈/xsd:annotation〉
        〈/xsd:attribute〉
        〈xsd:attribute name="右" type="uof:长度类型" use="optional"〉
          〈xsd:annotation〉
            〈xsd:documentation〉右边距,锚点右边的外部留空长度。〈/xsd:documentation〉
          〈/xsd:annotation〉
        〈/xsd:attribute〉
        〈xsd:attribute name="下" type="uof:长度类型" use="optional"〉
          〈xsd:annotation〉
            〈xsd:documentation〉下边距,锚点下边的外部留空长度。〈/xsd:documentation〉
          〈/xsd:annotation〉
        〈/xsd:attribute〉
        〈xsd:attribute ref="uof:locID" use="required" fixed="t0141"/〉
        〈xsd:attribute ref="uof:attrList" use="required" fixed="上 左 右 下"/〉
      〈/xsd:complexType〉
    〈/xsd:element〉
    〈xsd:element name="默认单元格间距" minOccurs="0"〉
      〈xsd:annotation〉
        〈xsd:documentation〉默认单元格间距。〈/xsd:documentation〉
      〈/xsd:annotation〉
      〈xsd:complexType〉
        〈xsd:simpleContent〉
          〈xsd:extension base="uof:长度类型"〉
            〈xsd:attribute ref="uof:locID" use="required" fixed="t0142"/〉
          〈/xsd:extension〉
        〈/xsd:simpleContent〉
      〈/xsd:complexType〉
    〈/xsd:element〉
    〈xsd:element ref="uof:停止引用" minOccurs="0"/〉
  〈/xsd:all〉
〈/xsd:complexType〉
〈xsd:complexType name="文字表式样类型"〉
  〈xsd:annotation〉
    〈xsd:documentation〉文字表式样类型,文字表式样由式样表统一管理。〈/xsd:documentation〉
  〈/xsd:annotation〉
  〈xsd:complexContent〉
    〈xsd:extension base="文字表属性类型"〉
      〈xsd:attributeGroup ref="式样属性"/〉
    〈/xsd:extension〉
  〈/xsd:complexContent〉
```

```
</xsd:complexType>
<xsd:complexType name="文字表类型">
  <xsd:annotation>
    <xsd:documentation>文字表类型。</xsd:documentation>
  </xsd:annotation>
  <xsd:sequence>
    <xsd:element name="文字表属性" minOccurs="0">
      <xsd:complexType>
        <xsd:complexContent>
          <xsd:extension base="文字表属性类型">
            <xsd:attribute name="式样引用" type="xsd:IDREF" use="optional"/>
            <xsd:attribute ref="uof:locID" use="required" fixed="t0129"/>
            <xsd:attribute ref="uof:attrList" use="required" fixed="式样引用"/>
          </xsd:extension>
        </xsd:complexContent>
      </xsd:complexType>
    </xsd:element>
    <xsd:element name="行" maxOccurs="unbounded">
      <xsd:annotation>
        <xsd:documentation>表行。</xsd:documentation>
      </xsd:annotation>
      <xsd:complexType>
        <xsd:complexContent>
          <xsd:extension base="行类型">
            <xsd:attribute ref="uof:locID" use="required" fixed="t0143"/>
          </xsd:extension>
        </xsd:complexContent>
      </xsd:complexType>
    </xsd:element>
  </xsd:sequence>
</xsd:complexType>
<xsd:complexType name="区域引用类型">
  <xsd:annotation>
    <xsd:documentation>区域引用类型。</xsd:documentation>
  </xsd:annotation>
  <xsd:attribute name="区域引用" type="xsd:IDREF" use="required">
    <xsd:annotation>
      <xsd:documentation>指定所引用的区域的标识符。</xsd:documentation>
    </xsd:annotation>
  </xsd:attribute>
</xsd:complexType>
<xsd:simpleType name="视图类型">
  <xsd:restriction base="xsd:string">
```

```
      <xsd:enumeration value="page"/>
      <xsd:enumeration value="outline"/>
      <xsd:enumeration value="web"/>
      <xsd:enumeration value="normal"/>
    </xsd:restriction>
  </xsd:simpleType>
  <xsd:complexType name="文档设置类型">
    <xsd:annotation>
      <xsd:documentation>文档设置类型。</xsd:documentation>
    </xsd:annotation>
    <xsd:all>
      <xsd:element name="当前视图">
        <xsd:annotation>
          <xsd:documentation>当前视图。</xsd:documentation>
        </xsd:annotation>
        <xsd:complexType>
          <xsd:simpleContent>
            <xsd:extension base="视图类型">
              <xsd:attribute ref="uof:locID" use="required" fixed="t0002"/>
            </xsd:extension>
          </xsd:simpleContent>
        </xsd:complexType>
      </xsd:element>
      <xsd:element name="缩放" minOccurs="0">
        <xsd:annotation>
          <xsd:documentation>缩放。</xsd:documentation>
        </xsd:annotation>
        <xsd:complexType>
          <xsd:simpleContent>
            <xsd:extension base="xsd:float">
              <xsd:attribute ref="uof:locID" use="required" fixed="t0003"/>
            </xsd:extension>
          </xsd:simpleContent>
        </xsd:complexType>
      </xsd:element>
      <xsd:element name="默认制表位位置" minOccurs="0">
        <xsd:annotation>
          <xsd:documentation>默认制表位长度。</xsd:documentation>
        </xsd:annotation>
        <xsd:complexType>
          <xsd:simpleContent>
            <xsd:extension base="uof:长度类型">
              <xsd:attribute ref="uof:locID" use="required" fixed="t0004"/>
```

```
            </xsd:extension>
          </xsd:simpleContent>
        </xsd:complexType>
      </xsd:element>
      <xsd:element name="修订" minOccurs="0">
        <xsd:annotation>
          <xsd:documentation>当前是否处于修订状态。</xsd:documentation>
          <xsd:documentation>当前是否处于修订状态。</xsd:documentation>
        </xsd:annotation>
        <xsd:complexType>
          <xsd:attribute name="值" type="xsd:boolean" use="optional" default="true"/>
          <xsd:attribute ref="uof:locID" fixed="t0005"/>
          <xsd:attribute ref="uof:attrList" fixed="值"/>
        </xsd:complexType>
      </xsd:element>
      <xsd:element name="度量单位" minOccurs="0">
        <xsd:annotation>
          <xsd:documentation>文档使用的长度单位。文档中的绝对长度均使用该单位。</xsd:
documentation>
        </xsd:annotation>
        <xsd:complexType>
          <xsd:simpleContent>
            <xsd:extension base="uof:度量单位类型">
              <xsd:attribute ref="uof:locID" use="required" fixed="t0006"/>
            </xsd:extension>
          </xsd:simpleContent>
        </xsd:complexType>
      </xsd:element>
      <xsd:element name="标点禁则" minOccurs="0">
        <xsd:annotation>
          <xsd:documentation>标点禁则设置。</xsd:documentation>
        </xsd:annotation>
        <xsd:complexType>
          <xsd:sequence>
            <xsd:element name="行首字符" minOccurs="0">
              <xsd:annotation>
                <xsd:documentation>行首不许出现的字符。</xsd:documentation>
              </xsd:annotation>
              <xsd:complexType>
                <xsd:simpleContent>
                  <xsd:extension base="xsd:string">
                    <xsd:attribute ref="uof:locID" use="required" fixed="t0008"/>
                  </xsd:extension>
```

```
                    </xsd:simpleContent>
                  </xsd:complexType>
                </xsd:element>
                <xsd:element name="行尾字符" minOccurs="0">
                  <xsd:annotation>
                    <xsd:documentation>行尾不许出现的字符。</xsd:documentation>
                  </xsd:annotation>
                  <xsd:complexType>
                    <xsd:simpleContent>
                      <xsd:extension base="xsd:string">
                        <xsd:attribute ref="uof:locID" use="required" fixed="t0009"/>
                      </xsd:extension>
                    </xsd:simpleContent>
                  </xsd:complexType>
                </xsd:element>
              </xsd:sequence>
              <xsd:attribute ref="uof:locID" use="required" fixed="t0007"/>
            </xsd:complexType>
          </xsd:element>
        </xsd:all>
      </xsd:complexType>
      <xsd:complexType name="用户类型">
        <xsd:annotation>
          <xsd:documentation>用户姓名、标识符等信息。</xsd:documentation>
        </xsd:annotation>
        <xsd:attribute name="标识符" type="xsd:ID" use="required">
          <xsd:annotation>
            <xsd:documentation>用户标识符。</xsd:documentation>
          </xsd:annotation>
        </xsd:attribute>
        <xsd:attribute name="姓名" type="xsd:string" use="optional">
          <xsd:annotation>
            <xsd:documentation>用户姓名。</xsd:documentation>
          </xsd:annotation>
        </xsd:attribute>
      </xsd:complexType>
      <xsd:complexType name="修订信息类型">
        <xsd:annotation>
          <xsd:documentation>存放作者、时间、修订类型等修订信息。</xsd:documentation>
        </xsd:annotation>
        <xsd:attribute name="标识符" type="xsd:ID" use="required">
          <xsd:annotation>
            <xsd:documentation>修订信息标识符。</xsd:documentation>
```

```
    〈/xsd：annotation〉
  〈/xsd：attribute〉
  〈xsd：attribute name＝"作者" type＝"xsd：IDREF" use＝"optional"〉
    〈xsd：annotation〉
      〈xsd：documentation〉修订作者。引用用户集中某用户。〈/xsd：documentation〉
    〈/xsd：annotation〉
  〈/xsd：attribute〉
  〈xsd：attribute name＝"日期" type＝"xsd：dateTime" use＝"optional"〉
    〈xsd：annotation〉
      〈xsd：documentation〉修订的时间。〈/xsd：documentation〉
    〈/xsd：annotation〉
  〈/xsd：attribute〉
〈/xsd：complexType〉
〈xsd：complexType name＝"批注类型"〉
  〈xsd：annotation〉
    〈xsd：documentation〉批注内容，包含批注的显示内容以及批注作者、时间等信息。〈/xsd：docu-
mentation〉
  〈/xsd：annotation〉
  〈xsd：choice minOccurs＝"0" maxOccurs＝"unbounded"〉
    〈xsd：element ref＝"段落"/〉
    〈xsd：element ref＝"文字表"/〉
  〈/xsd：choice〉
  〈xsd：attribute name＝"区域引用" type＝"xsd：IDREF" use＝"required"〉
    〈xsd：annotation〉
      〈xsd：documentation〉指定应用此批注的文本的区域。〈/xsd：documentation〉
    〈/xsd：annotation〉
  〈/xsd：attribute〉
  〈xsd：attribute name＝"作者" type＝"xsd：IDREF" use＝"optional"〉
    〈xsd：annotation〉
      〈xsd：documentation〉批注作者，引用用户集中的某用户。〈/xsd：documentation〉
    〈/xsd：annotation〉
  〈/xsd：attribute〉
  〈xsd：attribute name＝"日期" type＝"xsd：dateTime" use＝"optional"〉
    〈xsd：annotation〉
      〈xsd：documentation〉生成批注的时间。〈/xsd：documentation〉
    〈/xsd：annotation〉
  〈/xsd：attribute〉
〈/xsd：complexType〉
〈xsd：complexType name＝"公用处理规则类型"〉
  〈xsd：annotation〉
    〈xsd：documentation〉公用处理规则类型。〈/xsd：documentation〉
  〈/xsd：annotation〉
  〈xsd：sequence〉
```

```
<xsd:element name="文档设置" minOccurs="0">
  <xsd:annotation>
    <xsd:documentation>文档设置信息。</xsd:documentation>
  </xsd:annotation>
  <xsd:complexType>
    <xsd:complexContent>
      <xsd:extension base="文档设置类型">
        <xsd:attribute ref="uof:locID" use="required" fixed="t0001"/>
      </xsd:extension>
    </xsd:complexContent>
  </xsd:complexType>
</xsd:element>
<xsd:element name="用户集" minOccurs="0">
  <xsd:annotation>
    <xsd:documentation>用户集合。对文档用户信息进行统一管理。</xsd:documentation>
  </xsd:annotation>
  <xsd:complexType>
    <xsd:sequence>
      <xsd:element name="用户" maxOccurs="unbounded">
        <xsd:complexType>
          <xsd:complexContent>
            <xsd:extension base="用户类型">
              <xsd:attribute ref="uof:locID" use="required" fixed="t0011"/>
              <xsd:attribute ref="uof:attrList" use="required" fixed="标识符 姓名"/>
            </xsd:extension>
          </xsd:complexContent>
        </xsd:complexType>
      </xsd:element>
    </xsd:sequence>
    <xsd:attribute ref="uof:locID" use="required" fixed="t0010"/>
  </xsd:complexType>
</xsd:element>
<xsd:element name="修订信息集" minOccurs="0">
  <xsd:annotation>
    <xsd:documentation>修订信息集合。对文档的修订信息进行统一管理。</xsd:documen-
tation>
  </xsd:annotation>
  <xsd:complexType>
    <xsd:sequence>
      <xsd:element name="修订信息" maxOccurs="unbounded">
        <xsd:complexType>
          <xsd:complexContent>
            <xsd:extension base="修订信息类型">
```

```
                〈xsd:attribute ref="uof:locID" use="required" fixed="t0013"/〉
                〈xsd:attribute ref="uof:attrList" use="required" fixed="标识符 作者 日
期"/〉
              〈/xsd:extension〉
            〈/xsd:complexContent〉
          〈/xsd:complexType〉
        〈/xsd:element〉
      〈/xsd:sequence〉
      〈xsd:attribute ref="uof:locID" use="required" fixed="t0012"/〉
    〈/xsd:complexType〉
  〈/xsd:element〉
  〈xsd:element name="批注集" minOccurs="0"〉
    〈xsd:annotation〉
      〈xsd:documentation〉批注集合。对文档的批注信息及批注内容进行统一管理。〈/xsd:
documentation〉
    〈/xsd:annotation〉
    〈xsd:complexType〉
      〈xsd:sequence〉
        〈xsd:element name="批注" maxOccurs="unbounded"〉
          〈xsd:annotation〉
            〈xsd:documentation〉批注内容为文本流,即段落或文字表。〈/xsd:documentation〉
          〈/xsd:annotation〉
          〈xsd:complexType〉
            〈xsd:complexContent〉
              〈xsd:extension base="批注类型"〉
                〈xsd:attribute ref="uof:locID" use="required" fixed="t0015"/〉
                〈xsd:attribute ref="uof:attrList" use="required" fixed="区域引用 作者 日
期"/〉
              〈/xsd:extension〉
            〈/xsd:complexContent〉
          〈/xsd:complexType〉
        〈/xsd:element〉
      〈/xsd:sequence〉
      〈xsd:attribute ref="uof:locID" use="required" fixed="t0014"/〉
    〈/xsd:complexType〉
  〈/xsd:element〉
〈/xsd:sequence〉
〈/xsd:complexType〉
〈xsd:complexType name="分栏类型"〉
  〈xsd:annotation〉
    〈xsd:documentation〉分栏类型。〈/xsd:documentation〉
  〈/xsd:annotation〉
  〈xsd:sequence〉
```

〈xsd:element name="栏" minOccurs="0" maxOccurs="unbounded"〉
〈xsd:complexType〉
〈xsd:attribute name="宽度" type="uof:长度类型" use="optional"〉
〈xsd:annotation〉
〈xsd:documentation〉当前栏宽度。当分栏的“等宽”设为“true”时，只设置第一个栏的栏宽；当“等宽”设为“false”时，每一个栏的栏宽均需设置。〈/xsd:documentation〉
〈/xsd:annotation〉
〈/xsd:attribute〉
〈xsd:attribute name="间距" type="uof:长度类型" use="optional"〉
〈xsd:annotation〉
〈xsd:documentation〉当前栏与下一栏之间的间距。当分栏的“等宽”设为“true”时，只设置第一个栏的栏间距；当“等宽”设为“false”时，除最后一栏外的每一个栏的栏间距均需设置。〈/xsd:documentation〉
〈/xsd:annotation〉
〈/xsd:attribute〉
〈xsd:attribute ref="uof:locID" use="required" fixed="t0050"/〉
〈xsd:attribute ref="uof:attrList" use="required" fixed="宽度 间距"/〉
〈/xsd:complexType〉
〈/xsd:element〉
〈/xsd:sequence〉
〈xsd:attribute name="栏数" type="xsd:positiveInteger" use="optional" default="1"〉
〈xsd:annotation〉
〈xsd:documentation〉分栏数目。不分栏的情况下该值为“1”。〈/xsd:documentation〉
〈/xsd:annotation〉
〈/xsd:attribute〉
〈xsd:attribute name="等宽" type="xsd:boolean" use="optional"〉
〈xsd:annotation〉
〈xsd:documentation〉指定所有分栏的宽度相等还是分别设置不同值。〈/xsd:documentation〉
〈/xsd:annotation〉
〈/xsd:attribute〉
〈xsd:attribute name="分隔线" type="uof:线型类型" use="optional"〉
〈xsd:annotation〉
〈xsd:documentation〉分栏之间分隔线，指定一种线型。〈/xsd:documentation〉
〈/xsd:annotation〉
〈/xsd:attribute〉
〈xsd:attribute name="分隔线宽度" type="uof:长度类型" use="optional"〉
〈xsd:annotation〉
〈xsd:documentation〉分隔线宽度。〈/xsd:documentation〉
〈/xsd:annotation〉
〈/xsd:attribute〉
〈xsd:attribute name="分隔线颜色" type="uof:颜色类型" use="optional"〉
〈xsd:annotation〉
〈xsd:documentation〉分隔线颜色。〈/xsd:documentation〉

```
    </xsd:annotation>
   </xsd:attribute>
  </xsd:complexType>
  <xsd:complexType name="页眉页脚类型">
   <xsd:annotation>
    <xsd:documentation>页眉与页脚类型。</xsd:documentation>
   </xsd:annotation>
   <xsd:choice maxOccurs="unbounded">
    <xsd:element ref="段落" minOccurs="0"/>
    <xsd:element ref="文字表" minOccurs="0"/>
   </xsd:choice>
  </xsd:complexType>
  <xsd:simpleType name="节类型类型">
   <xsd:annotation>
    <xsd:documentation>节的起始位置:连续本页、新建页、新建栏、奇数页、偶数页。</xsd:documentation>
   </xsd:annotation>
   <xsd:restriction base="xsd:string">
    <xsd:enumeration value="new-page">
     <xsd:annotation>
      <xsd:documentation>新建页</xsd:documentation>
     </xsd:annotation>
    </xsd:enumeration>
    <xsd:enumeration value="new-column">
     <xsd:annotation>
      <xsd:documentation>新建栏</xsd:documentation>
     </xsd:annotation>
    </xsd:enumeration>
    <xsd:enumeration value="continuous">
     <xsd:annotation>
      <xsd:documentation>连续本页</xsd:documentation>
     </xsd:annotation>
    </xsd:enumeration>
    <xsd:enumeration value="even-page">
     <xsd:annotation>
      <xsd:documentation>偶数页</xsd:documentation>
     </xsd:annotation>
    </xsd:enumeration>
    <xsd:enumeration value="odd-page">
     <xsd:annotation>
      <xsd:documentation>奇数页</xsd:documentation>
     </xsd:annotation>
    </xsd:enumeration>
```

```
    </xsd:restriction>
  </xsd:simpleType>
  <xsd:simpleType name="节垂直对齐方式类型">
    <xsd:restriction base="xsd:string">
      <xsd:enumeration value="top"/>
      <xsd:enumeration value="center"/>
      <xsd:enumeration value="bottom"/>
      <xsd:enumeration value="justified"/>
    </xsd:restriction>
  </xsd:simpleType>
  <xsd:simpleType name="文字排列方向类型">
    <xsd:restriction base="xsd:string">
      <xsd:enumeration value="hori-l2r"/>
      <xsd:enumeration value="hori-r2l">
        <xsd:annotation>
          <xsd:documentation>水平</xsd:documentation>
        </xsd:annotation>
      </xsd:enumeration>
      <xsd:enumeration value="vert-l2r">
        <xsd:annotation>
          <xsd:documentation>垂直从左到右</xsd:documentation>
        </xsd:annotation>
      </xsd:enumeration>
      <xsd:enumeration value="vert-r2l">
        <xsd:annotation>
          <xsd:documentation>垂直从右到左</xsd:documentation>
        </xsd:annotation>
      </xsd:enumeration>
    </xsd:restriction>
  </xsd:simpleType>
  <xsd:complexType name="节属性类型">
    <xsd:annotation>
      <xsd:documentation>节属性类型。</xsd:documentation>
    </xsd:annotation>
    <xsd:sequence>
      <xsd:element name="节类型" minOccurs="0">
        <xsd:complexType>
          <xsd:simpleContent>
            <xsd:extension base="节类型类型">
              <xsd:attribute ref="uof:locID" use="required" fixed="t0020"/>
            </xsd:extension>
          </xsd:simpleContent>
        </xsd:complexType>
```

```
</xsd:element>
<xsd:element name="页边距" minOccurs="0">
  <xsd:annotation>
    <xsd:documentation>页面四周边距。</xsd:documentation>
  </xsd:annotation>
  <xsd:complexType>
    <xsd:complexContent>
      <xsd:extension base="uof:页边距类型">
        <xsd:attribute ref="uof:locID" use="required" fixed="t0021"/>
        <xsd:attribute ref="uof:attrList" use="required" fixed="左 上 右 下"/>
      </xsd:extension>
    </xsd:complexContent>
  </xsd:complexType>
</xsd:element>
<xsd:element name="纸张" minOccurs="0">
  <xsd:annotation>
    <xsd:documentation>纸张类型与大小。</xsd:documentation>
  </xsd:annotation>
  <xsd:complexType>
    <xsd:complexContent>
      <xsd:extension base="uof:纸张类型">
        <xsd:attribute ref="uof:locID" use="required" fixed="t0022"/>
        <xsd:attribute ref="uof:attrList" use="required" fixed="纸型 宽度 高度"/>
      </xsd:extension>
    </xsd:complexContent>
  </xsd:complexType>
</xsd:element>
<xsd:element name="奇偶页页眉页脚不同" minOccurs="0">
  <xsd:annotation>
    <xsd:documentation>奇偶页拥有不同的页眉和页脚属性。</xsd:documentation>
  </xsd:annotation>
  <xsd:complexType>
    <xsd:attribute name="值" type="xsd:boolean" use="required"/>
    <xsd:attribute ref="uof:locID" use="required" fixed="t0023"/>
    <xsd:attribute ref="uof:attrList" use="required" fixed="值"/>
  </xsd:complexType>
</xsd:element>
<xsd:element name="首页页眉页脚不同" minOccurs="0">
  <xsd:annotation>
    <xsd:documentation>首页和其他页拥有不同的页眉和页脚属性。</xsd:documentation>
  </xsd:annotation>
  <xsd:complexType>
    <xsd:attribute name="值" type="xsd:boolean" use="required"/>
```

```
      <xsd:attribute ref="uof:locID" use="required" fixed="t0024"/>
      <xsd:attribute ref="uof:attrList" use="required" fixed="值"/>
    </xsd:complexType>
  </xsd:element>
  <xsd:element name="页眉位置" minOccurs="0">
    <xsd:annotation>
      <xsd:documentation>页眉位置。</xsd:documentation>
    </xsd:annotation>
    <xsd:complexType>
      <xsd:attribute name="距边界" type="uof:长度类型" use="optional">
        <xsd:annotation>
          <xsd:documentation>页眉顶部与页面上边沿的距离。</xsd:documentation>
        </xsd:annotation>
      </xsd:attribute>
      <xsd:attribute name="距版芯" type="uof:长度类型" use="optional">
        <xsd:annotation>
          <xsd:documentation>页眉下边界与版芯的间距。</xsd:documentation>
        </xsd:annotation>
      </xsd:attribute>
      <xsd:attribute ref="uof:locID" use="required" fixed="t0025"/>
      <xsd:attribute ref="uof:attrList" use="required" fixed="距边界 距版芯"/>
    </xsd:complexType>
  </xsd:element>
  <xsd:element name="页脚位置" minOccurs="0">
    <xsd:annotation>
      <xsd:documentation>页脚位置。</xsd:documentation>
    </xsd:annotation>
    <xsd:complexType>
      <xsd:attribute name="距边界" type="uof:长度类型" use="optional">
        <xsd:annotation>
          <xsd:documentation>页脚底部与页面下边沿的距离。</xsd:documentation>
        </xsd:annotation>
      </xsd:attribute>
      <xsd:attribute name="距版芯" type="uof:长度类型" use="optional">
        <xsd:annotation>
          <xsd:documentation>页脚上边界与版芯的间距。</xsd:documentation>
        </xsd:annotation>
      </xsd:attribute>
      <xsd:attribute ref="uof:locID" use="required" fixed="t0026"/>
      <xsd:attribute ref="uof:attrList" use="required" fixed="距边界 距版芯"/>
    </xsd:complexType>
  </xsd:element>
  <xsd:element name="页眉" minOccurs="0">
```

```
      〈xsd:annotation〉
        〈xsd:documentation〉页眉。最多可以含有“奇数页页眉”、“偶数页页眉”及“首页页眉”三种
不同页眉。〈/xsd:documentation〉
      〈/xsd:annotation〉
      〈xsd:complexType〉
        〈xsd:sequence〉
          〈xsd:element name="奇数页页眉" minOccurs="0"〉
            〈xsd:annotation〉
              〈xsd:documentation〉奇数页页眉,当未设置“奇偶页页眉页脚不同”和“首页页眉页
脚不同”时,该页眉应用于所有页。〈/xsd:documentation〉
            〈/xsd:annotation〉
            〈xsd:complexType〉
              〈xsd:complexContent〉
                〈xsd:extension base="页眉页脚类型"〉
                  〈xsd:attribute ref="uof:locID" use="required" fixed="t0028"/〉
                〈/xsd:extension〉
              〈/xsd:complexContent〉
            〈/xsd:complexType〉
          〈/xsd:element〉
          〈xsd:element name="偶数页页眉" minOccurs="0"〉
            〈xsd:annotation〉
              〈xsd:documentation〉偶数页页眉,当设置了“奇偶页页眉页脚不同”时,偶数页使用
该页眉。〈/xsd:documentation〉
            〈/xsd:annotation〉
            〈xsd:complexType〉
              〈xsd:complexContent〉
                〈xsd:extension base="页眉页脚类型"〉
                  〈xsd:attribute ref="uof:locID" use="required" fixed="t0029"/〉
                〈/xsd:extension〉
              〈/xsd:complexContent〉
            〈/xsd:complexType〉
          〈/xsd:element〉
          〈xsd:element name="首页页眉" minOccurs="0"〉
            〈xsd:annotation〉
              〈xsd:documentation〉首页页眉,当设置了“首页页眉页脚不同“时,首页使用该页眉。
〈/xsd:documentation〉
            〈/xsd:annotation〉
            〈xsd:complexType〉
              〈xsd:complexContent〉
                〈xsd:extension base="页眉页脚类型"〉
                  〈xsd:attribute ref="uof:locID" use="required" fixed="t0030"/〉
                〈/xsd:extension〉
              〈/xsd:complexContent〉
```

〈/xsd:complexType〉
〈/xsd:element〉
〈/xsd:sequence〉
〈xsd:attribute ref="uof:locID" use="required" fixed="t0027"/〉
〈/xsd:complexType〉
〈/xsd:element〉
〈xsd:element name="页脚" minOccurs="0"〉
〈xsd:annotation〉
〈xsd:documentation〉页脚。最多可以含有“奇数页页脚”、“偶数页页脚”及“首页页脚”三种不同页脚。〈/xsd:documentation〉
〈/xsd:annotation〉
〈xsd:complexType〉
〈xsd:sequence〉
〈xsd:element name="奇数页页脚" minOccurs="0"〉
〈xsd:annotation〉
〈xsd:documentation〉奇数页页脚，当未设置“奇偶页页眉页脚不同”和“首页页眉页脚不同”时，该页脚应用于所有页。〈/xsd:documentation〉
〈/xsd:annotation〉
〈xsd:complexType〉
〈xsd:complexContent〉
〈xsd:extension base="页眉页脚类型"〉
〈xsd:attribute ref="uof:locID" use="required" fixed="t0032"/〉
〈/xsd:extension〉
〈/xsd:complexContent〉
〈/xsd:complexType〉
〈/xsd:element〉
〈xsd:element name="偶数页页脚" minOccurs="0"〉
〈xsd:annotation〉
〈xsd:documentation〉偶数页页脚，当设置了“奇偶页页眉页脚不同”时，偶数页使用该页脚。〈/xsd:documentation〉
〈/xsd:annotation〉
〈xsd:complexType〉
〈xsd:complexContent〉
〈xsd:extension base="页眉页脚类型"〉
〈xsd:attribute ref="uof:locID" use="required" fixed="t0033"/〉
〈/xsd:extension〉
〈/xsd:complexContent〉
〈/xsd:complexType〉
〈/xsd:element〉
〈xsd:element name="首页页脚" minOccurs="0"〉
〈xsd:annotation〉
〈xsd:documentation〉首页页脚，当设置了“首页页眉页脚不同“时，首页使用该页脚。〈/xsd:documentation〉

```
        〈/xsd:annotation〉
        〈xsd:complexType〉
          〈xsd:complexContent〉
            〈xsd:extension base="页眉页脚类型"〉
              〈xsd:attribute ref="uof:locID" use="required" fixed="t0034"/〉
            〈/xsd:extension〉
          〈/xsd:complexContent〉
        〈/xsd:complexType〉
      〈/xsd:element〉
    〈/xsd:sequence〉
    〈xsd:attribute ref="uof:locID" use="required" fixed="t0031"/〉
  〈/xsd:complexType〉
〈/xsd:element〉
〈xsd:element name="装订线" minOccurs="0"〉
  〈xsd:annotation〉
    〈xsd:documentation〉装订线。指定装订线的位置和距页边距离。〈/xsd:documentation〉
  〈/xsd:annotation〉
  〈xsd:complexType〉
    〈xsd:attribute name="位置" use="optional"〉
      〈xsd:annotation〉
        〈xsd:documentation〉指定装订线是位于左边还是上边。〈/xsd:documentation〉
      〈/xsd:annotation〉
      〈xsd:simpleType〉
        〈xsd:restriction base="xsd:string"〉
          〈xsd:enumeration value="top"/〉
          〈xsd:enumeration value="left"/〉
        〈/xsd:restriction〉
      〈/xsd:simpleType〉
    〈/xsd:attribute〉
    〈xsd:attribute name="距边界" type="uof:长度类型"〉
      〈xsd:annotation〉
        〈xsd:documentation〉装订线与页边的距离。〈/xsd:documentation〉
      〈/xsd:annotation〉
    〈/xsd:attribute〉
    〈xsd:attribute ref="uof:locID" use="required" fixed="t0035"/〉
    〈xsd:attribute ref="uof:attrList" use="required" fixed="位置 距边界"/〉
  〈/xsd:complexType〉
〈/xsd:element〉
〈xsd:element name="对称页边距" minOccurs="0"〉
  〈xsd:annotation〉
    〈xsd:documentation〉对称页边距。调整左右页边距,以便在双面打印时,使相对的两页具
有相同的内侧或外侧页边距。〈/xsd:documentation〉
  〈/xsd:annotation〉
```

```
        〈xsd:complexType〉
          〈xsd:attribute name="值" type="xsd:boolean" use="required"/〉
          〈xsd:attribute ref="uof:locID" use="required" fixed="t0036"/〉
          〈xsd:attribute ref="uof:attrList" use="required" fixed="值"/〉
        〈/xsd:complexType〉
      〈/xsd:element〉
      〈xsd:element name="拼页" minOccurs="0"〉
        〈xsd:annotation〉
          〈xsd:documentation〉拼页。将文档的首页与次页打印在同一张纸上，可将打印出的纸张对折。页面的外侧页边距(装订线)宽度相同，内侧页边距宽度也相同。〈/xsd:documentation〉
        〈/xsd:annotation〉
        〈xsd:complexType〉
          〈xsd:attribute name="值" type="xsd:boolean" use="required"/〉
          〈xsd:attribute ref="uof:locID" use="required" fixed="t0037"/〉
          〈xsd:attribute ref="uof:attrList" use="required" fixed="值"/〉
        〈/xsd:complexType〉
      〈/xsd:element〉
      〈xsd:element name="纸张方向" minOccurs="0"〉
        〈xsd:annotation〉
          〈xsd:documentation〉打印纸张方向，分“横向”与“纵向”两种。〈/xsd:documentation〉
        〈/xsd:annotation〉
        〈xsd:complexType〉
          〈xsd:simpleContent〉
            〈xsd:extension base="uof:纸张方向类型"〉
              〈xsd:attribute ref="uof:locID" use="required" fixed="t0038"/〉
            〈/xsd:extension〉
          〈/xsd:simpleContent〉
        〈/xsd:complexType〉
      〈/xsd:element〉
      〈xsd:element name="纸张来源" minOccurs="0"〉
        〈xsd:annotation〉
          〈xsd:documentation〉纸张来源。〈/xsd:documentation〉
        〈/xsd:annotation〉
        〈xsd:complexType〉
          〈xsd:attribute name="首页" type="xsd:string" use="optional"/〉
          〈xsd:attribute name="其他页" type="xsd:string" use="optional"/〉
          〈xsd:attribute ref="uof:locID" use="required" fixed="t0039"/〉
          〈xsd:attribute ref="uof:attrList" use="required" fixed="首页 其他页"/〉
        〈/xsd:complexType〉
      〈/xsd:element〉
      〈xsd:element name="脚注设置" minOccurs="0"〉
        〈xsd:annotation〉
          〈xsd:documentation〉脚注设置。〈/xsd:documentation〉
```

〈/xsd:annotation〉
〈xsd:complexType〉
〈xsd:complexContent〉
〈xsd:extension base="脚注设置类型"〉
〈xsd:attribute ref="uof:locID" use="required" fixed="t0040"/〉
〈xsd:attribute ref="uof:attrList" use="required" fixed="位置 格式 起始编号 编号方式"/〉
〈/xsd:extension〉
〈/xsd:complexContent〉
〈/xsd:complexType〉
〈/xsd:element〉
〈xsd:element name="尾注设置" minOccurs="0"〉
〈xsd:annotation〉
〈xsd:documentation〉尾注设置。〈/xsd:documentation〉
〈/xsd:annotation〉
〈xsd:complexType〉
〈xsd:complexContent〉
〈xsd:extension base="尾注设置类型"〉
〈xsd:attribute ref="uof:locID" use="required" fixed="t0041"/〉
〈xsd:attribute ref="uof:attrList" use="required" fixed="位置 格式 起始编号 编号方式"/〉
〈/xsd:extension〉
〈/xsd:complexContent〉
〈/xsd:complexType〉
〈/xsd:element〉
〈xsd:element name="页码设置" minOccurs="0"〉
〈xsd:annotation〉
〈xsd:documentation〉页码设置。〈/xsd:documentation〉
〈/xsd:annotation〉
〈xsd:complexType〉
〈xsd:attribute name="首页显示" type="xsd:boolean" use="optional"〉
〈xsd:annotation〉
〈xsd:documentation〉首页上是否打印页码。〈/xsd:documentation〉
〈/xsd:annotation〉
〈/xsd:attribute〉
〈xsd:attribute name="格式" type="数字格式类型" use="optional"〉
〈xsd:annotation〉
〈xsd:documentation〉页码格式,反映页码的表现形式。〈/xsd:documeration〉
〈/xsd:annotation〉
〈/xsd:attribute〉
〈xsd:attribute name="包含章节号" type="xsd:boolean" use="optional"
〈xsd:annotation〉
〈xsd:documentation〉页码中包含章节号。〈/xsd:documentation〉

```
      〈/xsd:annotation〉
    〈/xsd:attribute〉
    〈xsd:attribute name="章节起始样式引用" type="xsd:IDREF" use="optional"〉
      〈xsd:annotation〉
        〈xsd:documentation〉页码中的章节号的起始样式。〈/xsd:documentation〉
      〈/xsd:annotation〉
    〈/xsd:attribute〉
    〈xsd:attribute name="分隔符" use="optional"〉
      〈xsd:annotation〉
        〈xsd:documentation〉页码中章节号与页码之间的分隔符。〈/xsd:documentation〉
      〈/xsd:annotation〉
      〈xsd:simpleType〉
        〈xsd:restriction base="xsd:NMTOKEN"〉
          〈xsd:enumeration value="hyphen"〉
            〈xsd:annotation〉
              〈xsd:documentation〉连字符〈/xsd:documentation〉
            〈/xsd:annotation〉
          〈/xsd:enumeration〉
          〈xsd:enumeration value="period"〉
            〈xsd:annotation〉
              〈xsd:documentation〉点号〈/xsd:documentation〉
            〈/xsd:annotation〉
          〈/xsd:enumeration〉
          〈xsd:enumeration value="em-dash"〉
            〈xsd:annotation〉
              〈xsd:documentation〉长破折号〈/xsd:documentation〉
            〈/xsd:annotation〉
          〈/xsd:enumeration〉
          〈xsd:enumeration value="en-dash"〉
            〈xsd:annotation〉
              〈xsd:documentation〉短破折号〈/xsd:documentation〉
            〈/xsd:annotation〉
          〈/xsd:enumeration〉
          〈xsd:enumeration value="colon"〉
            〈xsd:annotation〉
              〈xsd:documentation〉冒号〈/xsd:documentation〉
            〈/xsd:annotation〉
          〈/xsd:enumeration〉
        〈/xsd:restriction〉
       /xsd:simpleType〉
    〈/d:attribute〉
    〈x:attribute name="起始编号" type="xsd:nonNegativeInteger" use="optional"〉
       sd:annotation〉
```

```
            〈xsd：documentation〉页码的超始编号。〈/xsd：documentation〉
          〈/xsd：annotation〉
        〈/xsd：attribute〉
        〈xsd：attribute ref="uof：locID" use="required" fixed="t0042"/〉
        〈xsd：attribute ref="uof：attrList" use="required" fixed="首页显示 格式 包含章节号 章
节起始样式引用 分隔符 起始编号"/〉
      〈/xsd：complexType〉
    〈/xsd：element〉
    〈xsd：element name="行号设置" minOccurs="0"〉
      〈xsd：annotation〉
        〈xsd：documentation〉行号设置。〈/xsd：documentation〉
      〈/xsd：annotation〉
      〈xsd：complexType〉
        〈xsd：attribute name="使用行号" type="xsd：boolean" use="optional"〉
          〈xsd：annotation〉
            〈xsd：documentation〉是否为文档添加行号。〈/xsd：documentation〉
          〈/xsd：annotation〉
        〈/xsd：attribute〉
        〈xsd：attribute name="编号方式" use="optional"〉
          〈xsd：annotation〉
            〈xsd：documentation〉行号的编号方式。〈/xsd：documentation〉
          〈/xsd：annotation〉
          〈xsd：simpleType〉
            〈xsd：restriction base="xsd：NMTOKEN"〉
              〈xsd：enumeration value="section"〉
                〈xsd：annotation〉
                  〈xsd：documentation〉各节单独编号〈/xsd：documentation〉
                〈/xsd：annotation〉
              〈/xsd：enumeration〉
              〈xsd：enumeration value="page"〉
                〈xsd：annotation〉
                  〈xsd：documentation〉各页单独编号〈/xsd：documentation〉
                〈/xsd：annotation〉
              〈/xsd：enumeration〉
              〈xsd：enumeration value="continuous"〉
                〈xsd：annotation〉
                  〈xsd：documentation〉连续编号〈/xsd：documentation〉
                〈/xsd：annotation〉
              〈/xsd：enumeration〉
            〈/xsd：restriction〉
          〈/xsd：simpleType〉
        〈/xsd：attribute〉
        〈xsd：attribute name="起始编号" type="xsd：positiveInteger" use="optional"〉
```

```
<xsd:annotation>
  <xsd:documentation>行号的起始编号。</xsd:documentation>
  </xsd:annotation>
</xsd:attribute>
<xsd:attribute name="距边界" type="uof:长度类型" use="optional">
  <xsd:annotation>
    <xsd:documentation>行号与正文之间的距离。</xsd:documentation>
  </xsd:annotation>
</xsd:attribute>
<xsd:attribute name="行号间隔" use="optional">
  <xsd:annotation>
    <xsd:documentation>设置间隔多少行来显示行号,如:1 为间隔行数是 1,即显示所有行号;2 为间隔数是 2,即显示行号 2、4、6、8…依此类推。</xsd:documentation>
  </xsd:annotation>
  <xsd:simpleType>
    <xsd:restriction base="xsd:positiveInteger"/>
  </xsd:simpleType>
</xsd:attribute>
<xsd:attribute ref="uof:locID" use="required" fixed="t0043"/>
<xsd:attribute ref="uof:attrList" use="required" fixed="使用行号 编号方式 起始编号 距边界 行号间隔"/>
</xsd:complexType>
</xsd:element>
<xsd:element name="网格设置" minOccurs="0">
  <xsd:annotation>
    <xsd:documentation>网格设置。</xsd:documentation>
  </xsd:annotation>
  <xsd:complexType>
    <xsd:attribute name="网格类型" use="optional">
      <xsd:annotation>
        <xsd:documentation>使用何种文档网格。</xsd:documentation>
      </xsd:annotation>
      <xsd:simpleType>
        <xsd:restriction base="xsd:NMTOKEN">
          <xsd:enumeration value="none">
            <xsd:annotation>
              <xsd:documentation>不使用网格</xsd:documentation>
            </xsd:annotation>
          </xsd:enumeration>
          <xsd:enumeration value="line">
            <xsd:annotation>
              <xsd:documentation>指定行网格</xsd:documentation>
            </xsd:annotation>
```

```
            〈/xsd:enumeration〉
            〈xsd:enumeration value="line-char"〉
              〈xsd:annotation〉
                〈xsd:documentation〉指定行和字符网格〈/xsd:documentation〉
              〈/xsd:annotation〉
            〈/xsd:enumeration〉
            〈xsd:enumeration value="char"〉
              〈xsd:annotation〉
                〈xsd:documentation〉文字对齐字符网格〈/xsd:documentation〉
              〈/xsd:annotation〉
            〈/xsd:enumeration〉
          〈/xsd:restriction〉
        〈/xsd:simpleType〉
      〈/xsd:attribute〉
      〈xsd:attribute name="宽度" type="uof:长度类型" use="optional"〉
        〈xsd:annotation〉
          〈xsd:documentation〉网格字符间距。〈/xsd:documentation〉
        〈/xsd:annotation〉
      〈/xsd:attribute〉
      〈xsd:attribute name="高度" type="uof:长度类型" use="optional"〉
        〈xsd:annotation〉
          〈xsd:documentation〉网格行间距。〈/xsd:documentation〉
        〈/xsd:annotation〉
      〈/xsd:attribute〉
      〈xsd:attribute name="显示网格" type="xsd:boolean" use="optional"〉
        〈xsd:annotation〉
          〈xsd:documentation〉是否显示网格。〈/xsd:documentation〉
        〈/xsd:annotation〉
      〈/xsd:attribute〉
      〈xsd:attribute name="打印网格" type="xsd:boolean" use="optional"〉
        〈xsd:annotation〉
          〈xsd:documentation〉是否打印网格。〈/xsd:documentation〉
        〈/xsd:annotation〉
      〈/xsd:attribute〉
      〈xsd:attribute ref="uof:locID" use="required" fixed="t0044"/〉
      〈xsd:attribute ref="uof:attrList" use="required" fixed="网格类型 宽度 高度 显示网格
打印网格"/〉
    〈/xsd:complexType〉
  〈/xsd:element〉
  〈xsd:element name="垂直对齐方式" minOccurs="0"〉
    〈xsd:annotation〉
      〈xsd:documentation〉垂直对齐方式。〈/xsd:documentation〉
    〈/xsd:annotation〉
```

```
      〈xsd:complexType〉
        〈xsd:simpleContent〉
          〈xsd:extension base="节垂直对齐方式类型"〉
            〈xsd:attribute ref="uof:locID" use="required" fixed="t0045"/〉
          〈/xsd:extension〉
        〈/xsd:simpleContent〉
      〈/xsd:complexType〉
    〈/xsd:element〉
    〈xsd:element name="文字排列方向" minOccurs="0"〉
      〈xsd:annotation〉
        〈xsd:documentation〉文字排列方式。〈/xsd:documentation〉
      〈/xsd:annotation〉
      〈xsd:complexType〉
        〈xsd:simpleContent〉
          〈xsd:extension base="文字排列方向类型"〉
            〈xsd:attribute ref="uof:locID" use="required" fixed="t0046"/〉
          〈/xsd:extension〉
        〈/xsd:simpleContent〉
      〈/xsd:complexType〉
    〈/xsd:element〉
    〈xsd:element name="边框" minOccurs="0"〉
      〈xsd:annotation〉
        〈xsd:documentation〉页面边框，页面边框无“对角线 1”与“对角线 2”。〈/xsd:documentation〉
      〈/xsd:annotation〉
      〈xsd:complexType〉
        〈xsd:complexContent〉
          〈xsd:extension base="uof:边框类型"〉
            〈xsd:attribute ref="uof:locID" use="required" fixed="t0047"/〉
          〈/xsd:extension〉
        〈/xsd:complexContent〉
      〈/xsd:complexType〉
    〈/xsd:element〉
    〈xsd:element name="填充" minOccurs="0"〉
      〈xsd:annotation〉
        〈xsd:documentation〉填充设置。〈/xsd:documentation〉
      〈/xsd:annotation〉
      〈xsd:complexType〉
        〈xsd:complexContent〉
          〈xsd:extension base="图:填充类型"〉
            〈xsd:attribute ref="uof:locID" use="required" fixed="t0048"/〉
          〈/xsd:extension〉
        〈/xsd:complexContent〉
```

```
    〈/xsd:comple
  〈/xsd:element〉  e〉
  〈xsd:element name="
    〈xsd:annotation〉     minOccurs="0"〉
      〈xsd:documentation〉分栏
    〈/xsd:annotation〉          〈/xsd:documentation〉
    〈xsd:complexType〉
      〈xsd:complexContent〉
        〈xsd:extension base="分栏类型"〉
          〈xsd:attribute ref="uof:locID" use="required" fixed="t0049"/〉
          〈xsd:attribute ref="uof:attrList" use="required" fixed="栏数 等宽 分隔线 分隔线
宽度 分隔线颜色"/〉
        〈/xsd:extension〉
      〈/xsd:complexContent〉
    〈/xsd:complexType〉
  〈/xsd:element〉
〈/xsd:sequence〉
〈/xsd:complexType〉
〈xsd:complexType name="分节类型"〉
  〈xsd:annotation〉
    〈xsd:documentation〉分节类型。〈/xsd:documentation〉
  〈/xsd:annotation〉
  〈xsd:sequence〉
    〈xsd:element name="节属性"〉
      〈xsd:annotation〉
        〈xsd:documentation〉节属性。描述紧随分节的章节的页面属性。〈/xsd:documentation〉
      〈/xsd:annotation〉
      〈xsd:complexType〉
        〈xsd:complexContent〉
          〈xsd:extension base="节属性类型"〉
            〈xsd:attribute ref="uof:locID" use="required" fixed="t0018"/〉
          〈/xsd:extension〉
        〈/xsd:complexContent〉
      〈/xsd:complexType〉
    〈/xsd:element〉
  〈/xsd:sequence〉
  〈xsd:attribute name="名称" type="xsd:string" use="optional"/〉
〈/xsd:complexType〉
〈xsd:complexType name="逻辑章节类型"〉
  〈xsd:annotation〉
    〈xsd:documentation〉章节，支持逻辑章节结构。章节只出现在（主体）正文中，而不出现在批注、
表格、文本框等中。〈/xsd:documentation〉
  〈/xsd:annotation〉
```

```
〈xsd:choice minOccurs="0" maxOccurs="unbounded"〉
  〈xsd:element ref="逻辑章节"/〉
  〈xsd:element ref="分节"/〉
  〈xsd:element ref="段落"/〉
  〈xsd:element ref="文字表"/〉
〈/xsd:choice〉
〈/xsd:complexType〉
〈xsd:complexType name="主体类型"〉
  〈xsd:annotation〉
    〈xsd:documentation〉文档主体类型。〈/xsd:documentation〉
  〈/xsd:annotation〉
  〈xsd:choice minOccurs="0" maxOccurs="unbounded"〉
    〈xsd:element ref="分节"/〉
    〈xsd:element ref="逻辑章节"/〉
    〈xsd:element ref="段落"/〉
    〈xsd:element ref="文字表"/〉
  〈/xsd:choice〉
〈/xsd:complexType〉
〈xsd:complexType name="文字处理文档类型"〉
  〈xsd:annotation〉
    〈xsd:documentation〉文字处理文档类型。〈/xsd:documentation〉
  〈/xsd:annotation〉
  〈xsd:sequence〉
    〈xsd:element name="公用处理规则" minOccurs="0"〉
      〈xsd:annotation〉
        〈xsd:documentation〉公用处理规则,包含文档全局设置、批注、修订信息、文档用户等内容。
〈/xsd:documentation〉
      〈/xsd:annotation〉
      〈xsd:complexType〉
        〈xsd:complexContent〉
          〈xsd:extension base="公用处理规则类型"〉
            〈xsd:attribute ref="uof:locID" use="required" fixed="t0000"/〉
          〈/xsd:extension〉
        〈/xsd:complexContent〉
      〈/xsd:complexType〉
    〈/xsd:element〉
    〈xsd:element name="主体"〉
      〈xsd:annotation〉
        〈xsd:documentation〉文字处理文档主体部分。〈/xsd:documentation〉
      〈/xsd:annotation〉
      〈xsd:complexType〉
        〈xsd:complexContent〉
          〈xsd:extension base="主体类型"〉
```

```
            <xsd:attribute ref="uof:locID" use="required" fixed="t0016"/>
          </xsd:extension>
        </xsd:complexContent>
      </xsd:complexType>
    </xsd:element>
  </xsd:sequence>
</xsd:complexType>
<xsd:element name="分节">
  <xsd:annotation>
    <xsd:documentation>分节。分节是两个章节的分隔。一个文档至少有一个分节，且文档最前处必须有一个分节。</xsd:documentation>
  </xsd:annotation>
  <xsd:complexType>
    <xsd:complexContent>
      <xsd:extension base="分节类型">
        <xsd:attribute ref="uof:locID" use="required" fixed="t0017"/>
        <xsd:attribute ref="uof:attrList" use="required" fixed="名称"/>
      </xsd:extension>
    </xsd:complexContent>
  </xsd:complexType>
</xsd:element>
<xsd:element name="逻辑章节">
  <xsd:annotation>
    <xsd:documentation>逻辑章节。</xsd:documentation>
  </xsd:annotation>
  <xsd:complexType>
    <xsd:complexContent>
      <xsd:extension base="逻辑章节类型">
        <xsd:attribute ref="uof:locID" use="required" fixed="t0050"/>
      </xsd:extension>
    </xsd:complexContent>
  </xsd:complexType>
</xsd:element>
<xsd:element name="段落">
  <xsd:annotation>
    <xsd:documentation>段落元素。</xsd:documentation>
  </xsd:annotation>
  <xsd:complexType>
    <xsd:complexContent>
      <xsd:extension base="段落类型">
        <xsd:attribute name="标识符" type="xsd:ID" use="optional">
          <xsd:annotation>
            <xsd:documentation>演示文稿中的动画对象可以通过该标识引用段落。</xsd:docu-
```

```
mentation〉
            〈/xsd:annotation〉
          〈/xsd:attribute〉
          〈xsd:attribute ref="uof:locID" use="required" fixed="t0051"/〉
          〈xsd:attribute ref="uof:attrList" use="required" fixed="标识符"/〉
        〈/xsd:extension〉
      〈/xsd:complexContent〉
    〈/xsd:complexType〉
  〈/xsd:element〉
  〈xsd:element name="句"〉
    〈xsd:annotation〉
      〈xsd:documentation〉句元素。〈/xsd:documentation〉
    〈/xsd:annotation〉
    〈xsd:complexType〉
      〈xsd:complexContent〉
        〈xsd:extension base="句类型"〉
          〈xsd:attribute ref="uof:locID" use="required" fixed="t0085"/〉
        〈/xsd:extension〉
      〈/xsd:complexContent〉
    〈/xsd:complexType〉
  〈/xsd:element〉
  〈xsd:element name="文字表"〉
    〈xsd:annotation〉
      〈xsd:documentation〉文字表元素。〈/xsd:documentation〉
    〈/xsd:annotation〉
    〈xsd:complexType〉
      〈xsd:complexContent〉
        〈xsd:extension base="文字表类型"〉
          〈xsd:attribute ref="uof:locID" use="required" fixed="t0128"/〉
          〈xsd:attribute name="类型" use="optional"〉
            〈xsd:annotation〉
              〈xsd:documentation〉用于与 OpenOffice 兼容。〈/xsd:documentation〉
            〈/xsd:annotation〉
            〈xsd:simpleType〉
              〈xsd:restriction base="xsd:string"〉
                〈xsd:enumeration value="table"/〉
                〈xsd:enumeration value="sub-table"/〉
              〈/xsd:restriction〉
            〈/xsd:simpleType〉
          〈/xsd:attribute〉
          〈xsd:attribute ref="uof:attrList" use="required" fixed="类型"/〉
        〈/xsd:extension〉
      〈/xsd:complexContent〉
```

```
    </xsd:complexType>
  </xsd:element>
</xsd:schema>
```

A.3 表.xsd

```
<? xml version="1.0" encoding="UTF-8"?>
<xsd:schema xmlns="http://schemas.uof.org/cn/2003/uof-spreadsheet"
xmlns:xsd="http://www.w3.org/2001/XMLSchema"
xmlns:uof="http://schemas.uof.org/cn/2003/uof"
xmlns:图="http://schemas.uof.org/cn/2003/graph"
xmlns:字="http://schemas.uof.org/cn/2003/uof-wordproc"
targetNamespace="http://schemas.uof.org/cn/2003/uof-spreadsheet"
elementFormDefault="qualified" attributeFormDefault="qualified" version="1.0">
  <xsd:annotation>
    <xsd:documentation>中文办公软件格式标准电子表格部分。© 2003 United Office Format 版权所有。© 2003 United Office Format. All rights reserved.
    版本:1.0。Version 1.0
    内部版本:060803。Internal version 060803
    </xsd:documentation>
  </xsd:annotation>
  <xsd:import namespace="http://schemas.uof.org/cn/2003/uof" schemaLocation="uof.xsd"/>
  <xsd:import namespace="http://schemas.uof.org/cn/2003/uof-wordproc" schemaLocation="字.xsd"/>
  <xsd:import namespace="http://schemas.uof.org/cn/2003/graph" schemaLocation="图.xsd"/>
  <! --最后 locID 编号:s0125-->
  <xsd:complexType name="电子表格类型">
    <xsd:annotation>
      <xsd:documentation>电子表格的内容</xsd:documentation>
    </xsd:annotation>
    <xsd:sequence>
      <xsd:element name="公用处理规则">
        <xsd:annotation>
          <xsd:documentation>工作簿公共设置信息。</xsd:documentation>
        </xsd:annotation>
        <xsd:complexType>
          <xsd:complexContent>
            <xsd:extension base="公用处理规则类型">
              <xsd:attribute ref="uof:locID" use="required" fixed="s0000"/>
            </xsd:extension>
          </xsd:complexContent>
        </xsd:complexType>
      </xsd:element>
      <xsd:element name="主体">
```

```
        <xsd:complexType>
          <xsd:sequence>
            <xsd:element name="工作表" maxOccurs="unbounded">
              <xsd:complexType>
                <xsd:complexContent>
                  <xsd:extension base="工作表类型">
                    <xsd:attribute ref="uof:locID" use="required" fixed="s0025"/>
                    <xsd:attribute ref="uof:attrList" use="required" fixed="标识符 名称 隐藏 背景 式样引用"/>
                  </xsd:extension>
                </xsd:complexContent>
              </xsd:complexType>
            </xsd:element>
          </xsd:sequence>
          <xsd:attribute ref="uof:locID" use="required" fixed="s0024"/>
        </xsd:complexType>
      </xsd:element>
    </xsd:sequence>
  </xsd:complexType>
  <xsd:complexType name="工作表类型">
    <xsd:annotation>
      <xsd:documentation>工作表的内容</xsd:documentation>
    </xsd:annotation>
    <xsd:sequence>
      <xsd:element name="工作表属性" minOccurs="0">
        <xsd:annotation>
          <xsd:documentation>工作表的视图信息等。</xsd:documentation>
        </xsd:annotation>
        <xsd:complexType>
          <xsd:complexContent>
            <xsd:extension base="工作表属性类型">
              <xsd:attribute ref="uof:locID" use="required" fixed="s0026"/>
            </xsd:extension>
          </xsd:complexContent>
        </xsd:complexType>
      </xsd:element>
      <xsd:element name="工作表内容" minOccurs="0">
        <xsd:complexType>
          <xsd:complexContent>
            <xsd:extension base="工作表内容类型">
              <xsd:attribute ref="uof:locID" use="required" fixed="s0018"/>
              <xsd:attribute ref="uof:attrList" use="required" fixed="最大行 最大列 缺省行高 缺省列宽"/>
```

```
        </xsd:extension>
      </xsd:complexContent>
    </xsd:complexType>
  </xsd:element>
  <xsd:element name="筛选" minOccurs="0">
    <xsd:annotation>
      <xsd:documentation>工作表中筛选的信息</xsd:documentation>
    </xsd:annotation>
    <xsd:complexType>
      <xsd:complexContent>
        <xsd:extension base="筛选类型">
          <xsd:attribute ref="uof:locID" use="required" fixed="s0101"/>
          <xsd:attribute ref="uof:attrList" use="required" fixed="类型"/>
        </xsd:extension>
      </xsd:complexContent>
    </xsd:complexType>
  </xsd:element>
  <xsd:element ref="图表" minOccurs="0"/>
  <xsd:element name="分页符集" minOccurs="0">
    <xsd:annotation>
      <xsd:documentation>记录电子表格中的分页线</xsd:documentation>
    </xsd:annotation>
    <xsd:complexType>
      <xsd:sequence>
        <xsd:element name="分页符" maxOccurs="unbounded">
          <xsd:complexType>
            <xsd:attribute name="行号" type="xsd:positiveInteger" use="optional">
              <xsd:annotation>
                <xsd:documentation>分页符所在的行</xsd:documentation>
              </xsd:annotation>
            </xsd:attribute>
            <xsd:attribute name="列号" type="xsd:positiveInteger" use="optional">
              <xsd:annotation>
                <xsd:documentation>分页符所在的列</xsd:documentation>
              </xsd:annotation>
            </xsd:attribute>
            <xsd:attribute ref="uof:locID" use="required" fixed="s0112"/>
            <xsd:attribute ref="uof:attrList" use="required" fixed="行号 列号"/>
          </xsd:complexType>
        </xsd:element>
      </xsd:sequence>
      <xsd:attribute ref="uof:locID" use="required" fixed="s0111"/>
    </xsd:complexType>
```

```
      </xsd:element>
    </xsd:sequence>
    <xsd:attribute name="标识符" type="xsd:ID" use="required"/>
    <xsd:attribute name="名称" type="xsd:string" use="optional">
      <xsd:annotation>
        <xsd:documentation>工作表的标签名</xsd:documentation>
      </xsd:annotation>
    </xsd:attribute>
    <xsd:attribute name="隐藏" type="xsd:boolean" use="optional">
      <xsd:annotation>
        <xsd:documentation>该工作表是否为隐藏</xsd:documentation>
      </xsd:annotation>
    </xsd:attribute>
    <xsd:attribute name="背景" type="uof:颜色类型" use="optional">
      <xsd:annotation>
        <xsd:documentation>工作表的背景颜色</xsd:documentation>
      </xsd:annotation>
    </xsd:attribute>
    <xsd:attribute name="式样引用" type="xsd:IDREF">
      <xsd:annotation>
        <xsd:documentation>引用单元格式样</xsd:documentation>
      </xsd:annotation>
    </xsd:attribute>
  </xsd:complexType>
  <xsd:complexType name="单元格类型">
    <xsd:annotation>
      <xsd:documentation>单元格中的内容</xsd:documentation>
    </xsd:annotation>
    <xsd:sequence>
      <xsd:element name="数据" minOccurs="0">
        <xsd:complexType>
          <xsd:sequence>
            <xsd:element ref="字:句" minOccurs="0" maxOccurs="unbounded">
              <xsd:annotation>
                <xsd:documentation>单元格中的文字,数值也记录。</xsd:documentation>
              </xsd:annotation>
            </xsd:element>
            <xsd:element name="公式" minOccurs="0">
              <xsd:annotation>
                <xsd:documentation>单元格中的公式</xsd:documentation>
              </xsd:annotation>
              <xsd:complexType>
                <xsd:simpleContent>
```

```
              <xsd:extension base="公式">
                <xsd:attribute ref="uof:locID" use="required" fixed="s0052"/>
              </xsd:extension>
            </xsd:simpleContent>
          </xsd:complexType>
        </xsd:element>
      </xsd:sequence>
      <xsd:attribute name="数据类型" type="单元格数据类型" use="optional">
        <xsd:annotation>
          <xsd:documentation>单元格的数据类型</xsd:documentation>
        </xsd:annotation>
      </xsd:attribute>
      <xsd:attribute ref="uof:locID" use="required" fixed="s0051"/>
      <xsd:attribute ref="uof:attrList" use="required" fixed="数据类型"/>
    </xsd:complexType>
  </xsd:element>
  <xsd:element name="批注" minOccurs="0">
    <xsd:annotation>
      <xsd:documentation>单元格的批注,描述为文本框</xsd:documentation>
    </xsd:annotation>
    <xsd:complexType>
      <xsd:sequence>
        <xsd:element ref="uof:锚点"/>
      </xsd:sequence>
      <xsd:attribute ref="uof:locID" use="required" fixed="s0053"/>
      <xsd:attribute name="是否显示" use="optional" default="false">
        <xsd:simpleType>
          <xsd:restriction base="xsd:boolean"/>
        </xsd:simpleType>
      </xsd:attribute>
      <xsd:attribute ref="uof:attrList" use="required" fixed="是否显示"/>
    </xsd:complexType>
  </xsd:element>
  <xsd:element ref="uof:锚点" minOccurs="0" maxOccurs="unbounded"/>
  <xsd:element ref="图表" minOccurs="0" maxOccurs="unbounded"/>
</xsd:sequence>
<xsd:attribute name="列号" type="xsd:positiveInteger" use="optional"/>
<xsd:attribute name="式样引用" type="xsd:IDREF" use="optional">
  <xsd:annotation>
    <xsd:documentation>单元格的格式化信息</xsd:documentation>
  </xsd:annotation>
</xsd:attribute>
<xsd:attribute name="超链接引用" type="xsd:IDREF" use="optional">
```

```
      〈xsd:annotation〉
        〈xsd:documentation〉单元格的超链接信息。〈/xsd:documentation〉
      〈/xsd:annotation〉
    〈/xsd:attribute〉
    〈xsd:attribute name="合并列数" type="xsd:positiveInteger" use="optional"〉
      〈xsd:annotation〉
        〈xsd:documentation〉如果此单元格是合并单元格的第一个单元格(左上角),此属性记录了向
右合并的列数(不包括本身)。〈/xsd:documentation〉
      〈/xsd:annotation〉
    〈/xsd:attribute〉
    〈xsd:attribute name="合并行数" type="xsd:positiveInteger" use="optional"〉
      〈xsd:annotation〉
        〈xsd:documentation〉如果此单元格是合并单元格的第一个单元格(左上角),此属性记录了向
下合并的行数(不包括本身)。〈/xsd:documentation〉
      〈/xsd:annotation〉
    〈/xsd:attribute〉
  〈/xsd:complexType〉
  〈xsd:complexType name="单元格式样类型"〉
    〈xsd:annotation〉
      〈xsd:documentation〉电子表格中的式样〈/xsd:documentation〉
    〈/xsd:annotation〉
    〈xsd:sequence〉
      〈xsd:element name="字体格式" minOccurs="0"〉
        〈xsd:annotation〉
          〈xsd:documentation〉字体设置信息〈/xsd:documentation〉
        〈/xsd:annotation〉
        〈xsd:complexType〉
          〈xsd:complexContent〉
            〈xsd:extension base="字:句属性类型"〉
              〈xsd:attribute ref="uof:locID" use="required" fixed="s0113"/〉
              〈xsd:attribute ref="uof:attrList" use="required" fixed="式样引用"/〉
            〈/xsd:extension〉
          〈/xsd:complexContent〉
        〈/xsd:complexType〉
      〈/xsd:element〉
      〈xsd:element name="对齐格式" minOccurs="0"〉
        〈xsd:annotation〉
          〈xsd:documentation〉对齐的设置信息〈/xsd:documentation〉
        〈/xsd:annotation〉
        〈xsd:complexType〉
          〈xsd:complexContent〉
            〈xsd:extension base="对齐格式类型"〉
              〈xsd:attribute ref="uof:locID" use="required" fixed="s0114"/〉
```

```
        〈/xsd:extension〉
      〈/xsd:complexContent〉
    〈/xsd:complexType〉
  〈/xsd:element〉
  〈xsd:element name="数字格式" minOccurs="0"〉
    〈xsd:annotation〉
      〈xsd:documentation〉单元格内的数字的格式,有数值型、货币型等 11 种,还可以自定义,这
些类型都有不同的格式码〈/xsd:documentation〉
    〈/xsd:annotation〉
    〈xsd:complexType〉
      〈xsd:attributeGroup ref="数字格式"/〉
      〈xsd:attribute ref="uof:locID" use="required" fixed="s0021"/〉
      〈xsd:attribute ref="uof:attrList" use="required" fixed="分类名称 格式码"/〉
    〈/xsd:complexType〉
  〈/xsd:element〉
  〈xsd:element name="边框" minOccurs="0"〉
    〈xsd:annotation〉
      〈xsd:documentation〉边框的设置信息,最多有 6 种边框〈/xsd:documentation〉
    〈/xsd:annotation〉
    〈xsd:complexType〉
      〈xsd:complexContent〉
        〈xsd:extension base="uof:边框类型"〉
          〈xsd:attribute ref="uof:locID" use="required" fixed="s0022"/〉
        〈/xsd:extension〉
      〈/xsd:complexContent〉
    〈/xsd:complexType〉
  〈/xsd:element〉
  〈xsd:element ref="填充" minOccurs="0"〉
    〈xsd:annotation〉
      〈xsd:documentation〉即单元格的背景设置信息〈/xsd:documentation〉
    〈/xsd:annotation〉
  〈/xsd:element〉
〈/xsd:sequence〉
〈xsd:attribute name="标识符" type="xsd:ID" use="required"/〉
〈xsd:attribute name="名称" type="xsd:string" use="required"/〉
〈xsd:attribute name="类型" type="uof:式样类型" use="required"/〉
〈/xsd:complexType〉
〈xsd:simpleType name="单元格数据类型"〉
  〈xsd:annotation〉
    〈xsd:documentation〉定义了公式、字符串等数据类型〈/xsd:documentation〉
  〈/xsd:annotation〉
  〈xsd:restriction base="xsd:string"〉
    〈xsd:enumeration value="text"/〉
```

```
        〈xsd：enumeration value＝"number"/〉
        〈xsd：enumeration value＝"date"/〉
        〈xsd：enumeration value＝"error"/〉
        〈xsd：enumeration value＝"boolean"/〉
      〈/xsd：restriction〉
    〈/xsd：simpleType〉
〈xsd：complexType name＝"公用处理规则类型"〉
      〈xsd：annotation〉
        〈xsd：documentation〉电子表格的公用处理规则〈/xsd：documentation〉
      〈/xsd：annotation〉
      〈xsd：sequence〉
        〈xsd：element name＝"度量单位" minOccurs＝"0"〉
          〈xsd：annotation〉
            〈xsd：documentation〉规定了电子表格中出现的长度所采用的单位
〈/xsd：documentation〉
          〈/xsd：annotation〉
          〈xsd：complexType〉
            〈xsd：simpleContent〉
              〈xsd：extension base＝"uof：度量单位类型"〉
                〈xsd：attribute ref＝"uof：locID" use＝"required" fixed＝"s0001"/〉
              〈/xsd：extension〉
            〈/xsd：simpleContent〉
          〈/xsd：complexType〉
        〈/xsd：element〉
        〈xsd：element name＝"精确度以显示值为准" minOccurs＝"0"〉
          〈xsd：annotation〉
            〈xsd：documentation〉以单元格中数值显示的精确度为准。〈/xsd：documentation〉
          〈/xsd：annotation〉
          〈xsd：complexType〉
            〈xsd：attribute name＝"值" type＝"xsd：boolean" use＝"required"/〉
            〈xsd：attribute ref＝"uof：locID" use＝"required" fixed＝"s0002"/〉
            〈xsd：attribute ref＝"uof：attrList" use＝"required" fixed＝"值"/〉
          〈/xsd：complexType〉
        〈/xsd：element〉
        〈xsd：element name＝"日期系统—1904" minOccurs＝"0"〉
          〈xsd：annotation〉
            〈xsd：documentation〉放弃默认的 1899 年 12 月 31 日，采用 1904 年 1 月 2 日作为日期计算
的起始日期。〈/xsd：documentation〉
          〈/xsd：annotation〉
          〈xsd：complexType〉
            〈xsd：attribute name＝"值" type＝"xsd：boolean" use＝"required"/〉
            〈xsd：attribute ref＝"uof：locID" use＝"required" fixed＝"s0003"/〉
            〈xsd：attribute ref＝"uof：attrList" use＝"required" fixed＝"值"/〉
```

```
      </xsd:complexType>
    </xsd:element>
    <xsd:element name="计算设置" minOccurs="0">
      <xsd:annotation>
        <xsd:documentation>工作簿中迭代计算的设置。</xsd:documentation>
      </xsd:annotation>
      <xsd:complexType>
        <xsd:attribute name="迭代次数" type="xsd:positiveInteger" use="optional">
          <xsd:annotation>
            <xsd:documentation>迭代运算停止前的最多迭代次数</xsd:documentation>
          </xsd:annotation>
        </xsd:attribute>
        <xsd:attribute name="偏差值" type="xsd:double" use="optional">
          <xsd:annotation>
            <xsd:documentation>两次迭代结果之差的最大值,若小于此值,则迭代终止</xsd:
documentation>
          </xsd:annotation>
        </xsd:attribute>
        <xsd:attribute ref="uof:locID" use="required" fixed="s0004"/>
        <xsd:attribute ref="uof:attrList" use="required" fixed="迭代次数 偏差值"/>
      </xsd:complexType>
    </xsd:element>
    <xsd:element name="数据有效性集" minOccurs="0">
      <xsd:annotation>
        <xsd:documentation>数据有效性集合,记录工作簿中定义的所有有效性校验条件。</xsd:
documentation>
      </xsd:annotation>
      <xsd:complexType>
        <xsd:sequence>
          <xsd:element name="数据有效性" maxOccurs="unbounded">
            <xsd:annotation>
              <xsd:documentation>允许定义多个校验条件</xsd:documentation>
            </xsd:annotation>
            <xsd:complexType>
              <xsd:complexContent>
                <xsd:extension base="数据有效性类型">
                  <xsd:attribute ref="uof:locID" use="required" fixed="s0006"/>
                </xsd:extension>
              </xsd:complexContent>
            </xsd:complexType>
          </xsd:element>
        </xsd:sequence>
        <xsd:attribute ref="uof:locID" use="required" fixed="s0005"/>
```

```
        〈/xsd:complexType〉
      〈/xsd:element〉
      〈xsd:element name="条件格式化集" minOccurs="0"〉
        〈xsd:annotation〉
          〈xsd:documentation〉条件格式化集合,记录工作簿中所有的条件格式化。〈/xsd:documentation〉
        〈/xsd:annotation〉
        〈xsd:complexType〉
          〈xsd:sequence〉
            〈xsd:element name="条件格式化" maxOccurs="unbounded"〉
              〈xsd:annotation〉
                〈xsd:documentation〉可以为多个区域设置条件格式化〈/xsd:documentation〉
              〈/xsd:annotation〉
              〈xsd:complexType〉
                〈xsd:complexContent〉
                  〈xsd:extension base="条件格式化类型"〉
                    〈xsd:attribute ref="uof:locID" use="required" fixed="s0017"/〉
                  〈/xsd:extension〉
                〈/xsd:complexContent〉
              〈/xsd:complexType〉
            〈/xsd:element〉
          〈/xsd:sequence〉
          〈xsd:attribute ref="uof:locID" use="required" fixed="s0016"/〉
        〈/xsd:complexType〉
      〈/xsd:element〉
      〈xsd:element name="区域公式集" minOccurs="0"〉
        〈xsd:complexType〉
          〈xsd:sequence〉
            〈xsd:element name="区域公式" maxOccurs="unbounded"〉
              〈xsd:complexType〉
                〈xsd:sequence〉
                  〈xsd:element ref="区域"/〉
                  〈xsd:element name="公式"〉
                    〈xsd:complexType〉
                      〈xsd:simpleContent〉
                        〈xsd:extension base="公式"〉
                          〈xsd:attribute ref="uof:locID" use="required" fixed="s0125"/〉
                        〈/xsd:extension〉
                      〈/xsd:simpleContent〉
                    〈/xsd:complexType〉
                  〈/xsd:element〉
                〈/xsd:sequence〉
                〈xsd:attribute name="类型" use="required"〉
```

```
                <xsd:simpleType>
                  <xsd:restriction base="xsd:string">
                    <xsd:enumeration value="table"/>
                    <xsd:enumeration value="array"/>
                  </xsd:restriction>
                </xsd:simpleType>
              </xsd:attribute>
              <xsd:attribute ref="uof:locID" use="required" fixed="s0123"/>
              <xsd:attribute ref="uof:attrList" use="required" fixed="类型"/>
            </xsd:complexType>
          </xsd:element>
        </xsd:sequence>
        <xsd:attribute ref="uof:locID" use="required" fixed="s0122"/>
      </xsd:complexType>
    </xsd:element>
    <xsd:element name="是否 RC 引用">
      <xsd:annotation>
        <xsd:documentation>表示采用相对地址或绝对地址。</xsd:documentation>
      </xsd:annotation>
      <xsd:complexType>
        <xsd:attribute name="值" type="xsd:boolean" use="optional" default="false">
          <xsd:annotation>
            <xsd:documentation>True:表示采用相对地址;False:采用绝对地址。</xsd:documentation>
          </xsd:annotation>
        </xsd:attribute>
        <xsd:attribute ref="uof:locID" use="required" fixed="s0124"/>
        <xsd:attribute ref="uof:attrList" use="required" fixed="值"/>
      </xsd:complexType>
    </xsd:element>
  </xsd:sequence>
</xsd:complexType>
<xsd:complexType name="页面设置类型">
  <xsd:annotation>
    <xsd:documentation>设置页面</xsd:documentation>
  </xsd:annotation>
  <xsd:sequence>
    <xsd:element name="纸张" minOccurs="0">
      <xsd:complexType>
        <xsd:complexContent>
          <xsd:extension base="uof:纸张类型">
            <xsd:attribute ref="uof:locID" use="required" fixed="s0030"/>
            <xsd:attribute ref="uof:attrList" use="required" fixed="纸型 宽度 高度"/>
```

```
        </xsd:extension>
      </xsd:complexContent>
    </xsd:complexType>
  </xsd:element>
  <xsd:element name="纸张方向" minOccurs="0">
    <xsd:complexType>
      <xsd:simpleContent>
        <xsd:extension base="uof:纸张方向类型">
          <xsd:attribute ref="uof:locID" use="required" fixed="s0031"/>
        </xsd:extension>
      </xsd:simpleContent>
    </xsd:complexType>
  </xsd:element>
  <xsd:element name="缩放" minOccurs="0">
    <xsd:annotation>
      <xsd:documentation>打印时,相对于正常尺寸的缩放率</xsd:documentation>
    </xsd:annotation>
    <xsd:complexType>
      <xsd:simpleContent>
        <xsd:extension base="xsd:unsignedInt">
          <xsd:attribute ref="uof:locID" use="required" fixed="s0032"/>
        </xsd:extension>
      </xsd:simpleContent>
    </xsd:complexType>
  </xsd:element>
  <xsd:element name="页边距" minOccurs="0">
    <xsd:annotation>
      <xsd:documentation>正文和页边的边距设置</xsd:documentation>
    </xsd:annotation>
    <xsd:complexType>
      <xsd:complexContent>
        <xsd:extension base="uof:页边距类型">
          <xsd:attribute ref="uof:locID" use="required" fixed="s0033"/>
          <xsd:attribute ref="uof:attrList" use="required" fixed="左 上 右 下"/>
        </xsd:extension>
      </xsd:complexContent>
    </xsd:complexType>
  </xsd:element>
  <xsd:element name="页眉页脚" minOccurs="0" maxOccurs="6">
    <xsd:complexType>
      <xsd:complexContent>
        <xsd:extension base="字:页眉页脚类型">
          <xsd:attribute name="位置" type="页眉页脚位置" use="required">
```

```
                <xsd:annotation>
                    <xsd:documentation>页眉或页脚的不同部分,分左,中,右。</xsd:documentation>
                </xsd:annotation>
              </xsd:attribute>
              <xsd:attribute ref="uof:locID" use="required" fixed="s0034"/>
              <xsd:attribute ref="uof:attrList" use="required" fixed="位置"/>
            </xsd:extension>
          </xsd:complexContent>
        </xsd:complexType>
      </xsd:element>
    </xsd:sequence>
    <xsd:attribute name="名称" type="xsd:string" use="optional" default="默认"/>
  </xsd:complexType>
  <xsd:simpleType name="页眉页脚位置">
    <xsd:restriction base="xsd:string">
      <xsd:enumeration value="headerleft"/>
      <xsd:enumeration value="headercenter"/>
      <xsd:enumeration value="headerright"/>
      <xsd:enumeration value="footerleft"/>
      <xsd:enumeration value="footercenter"/>
      <xsd:enumeration value="footerright"/>
    </xsd:restriction>
  </xsd:simpleType>
  <xsd:attributeGroup name="数字格式">
    <xsd:annotation>
      <xsd:documentation>数字格式的属性集</xsd:documentation>
    </xsd:annotation>
    <xsd:attribute name="分类名称" type="数值分类名称" use="optional"/>
    <xsd:attribute name="格式码" type="xsd:string" use="optional"/>
  </xsd:attributeGroup>
  <xsd:simpleType name="文字方向">
    <xsd:annotation>
      <xsd:documentation>文字排列方向,有垂直和水平两种</xsd:documentation>
    </xsd:annotation>
    <xsd:restriction base="xsd:string">
      <xsd:enumeration value="vertical"/>
      <xsd:enumeration value="horizontal"/>
    </xsd:restriction>
  </xsd:simpleType>
  <xsd:complexType name="对齐格式类型">
    <xsd:sequence>
      <xsd:element name="水平对齐方式" minOccurs="0">
```

```
    <xsd:annotation>
      <xsd:documentation>文本的水平对齐方式,有常规、左对齐等8种。</xsd:documentation>
    </xsd:annotation>
    <xsd:complexType>
      <xsd:simpleContent>
        <xsd:extension base="水平对齐">
          <xsd:attribute ref="uof:locID" use="required" fixed="s0115"/>
        </xsd:extension>
      </xsd:simpleContent>
    </xsd:complexType>
  </xsd:element>
  <xsd:element name="垂直对齐方式" minOccurs="0">
    <xsd:annotation>
      <xsd:documentation>文本的垂直对齐方式,有靠上、居中等5种。</xsd:documentation>
    </xsd:annotation>
    <xsd:complexType>
      <xsd:simpleContent>
        <xsd:extension base="垂直对齐">
          <xsd:attribute ref="uof:locID" use="required" fixed="s0116"/>
        </xsd:extension>
      </xsd:simpleContent>
    </xsd:complexType>
  </xsd:element>
  <xsd:element name="缩进" minOccurs="0">
    <xsd:annotation>
      <xsd:documentation>相对于水平对齐的左缩进,范围在0到15之间,单位是一个字符的宽度。</xsd:documentation>
    </xsd:annotation>
    <xsd:complexType>
      <xsd:simpleContent>
        <xsd:extension base="缩进量">
          <xsd:attribute ref="uof:locID" use="required" fixed="s0117"/>
        </xsd:extension>
      </xsd:simpleContent>
    </xsd:complexType>
  </xsd:element>
  <xsd:element name="文字方向" minOccurs="0">
    <xsd:annotation>
      <xsd:documentation>文字方向,有水平和垂直两种</xsd:documentation>
    </xsd:annotation>
    <xsd:complexType>
      <xsd:simpleContent>
        <xsd:extension base="文字方向">
```

```
              〈xsd:attribute ref="uof:locID" use="required" fixed="s0118"/〉
            〈/xsd:extension〉
          〈/xsd:simpleContent〉
        〈/xsd:complexType〉
      〈/xsd:element〉
      〈xsd:element name="文字旋转角度" minOccurs="0"〉
        〈xsd:annotation〉
          〈xsd:documentation〉文字的旋转角度，在－90°和 90°之间。〈/xsd:documentation〉
        〈/xsd:annotation〉
        〈xsd:complexType〉
          〈xsd:simpleContent〉
            〈xsd:extension base="文字旋转角度"〉
              〈xsd:attribute ref="uof:locID" use="required" fixed="s0119"/〉
            〈/xsd:extension〉
          〈/xsd:simpleContent〉
        〈/xsd:complexType〉
      〈/xsd:element〉
      〈xsd:element name="自动换行" minOccurs="0"〉
        〈xsd:annotation〉
          〈xsd:documentation〉文字长度超过单元格长度时自动换行。当设为“自动换行”时不能设
置“缩小字体填充”。〈/xsd:documentation〉
        〈/xsd:annotation〉
        〈xsd:complexType〉
          〈xsd:attribute name="值" type="xsd:boolean" use="required"/〉
          〈xsd:attribute ref="uof:locID" use="required" fixed="s0120"/〉
          〈xsd:attribute ref="uof:attrList" use="required" fixed="值"/〉
        〈/xsd:complexType〉
      〈/xsd:element〉
      〈xsd:element name="缩小字体填充" minOccurs="0"〉
        〈xsd:annotation〉
          〈xsd:documentation〉文字长度超过单元格长度时自动缩小字体。〈/xsd:documentation〉
        〈/xsd:annotation〉
        〈xsd:complexType〉
          〈xsd:attribute name="值" type="xsd:boolean" use="required"/〉
          〈xsd:attribute ref="uof:locID" use="required" fixed="s0121"/〉
          〈xsd:attribute ref="uof:attrList" use="required" fixed="值"/〉
        〈/xsd:complexType〉
      〈/xsd:element〉
    〈/xsd:sequence〉
  〈/xsd:complexType〉
  〈xsd:simpleType name="水平对齐"〉
    〈xsd:annotation〉
      〈xsd:documentation〉指式样中的水平对齐，有 8 种〈/xsd:documentation〉
```

```
    </xsd:annotation>
    <xsd:restriction base="xsd:string">
      <xsd:enumeration value="general"/>
      <xsd:enumeration value="left"/>
      <xsd:enumeration value="center"/>
      <xsd:enumeration value="right"/>
      <xsd:enumeration value="fill"/>
      <xsd:enumeration value="justify"/>
      <xsd:enumeration value="center across selection"/>
      <xsd:enumeration value="distributed"/>
    </xsd:restriction>
  </xsd:simpleType>
  <xsd:simpleType name="垂直对齐">
    <xsd:annotation>
      <xsd:documentation>文字的垂直对齐方式,有五种</xsd:documentation>
    </xsd:annotation>
    <xsd:restriction base="xsd:string">
      <xsd:enumeration value="top"/>
      <xsd:enumeration value="center"/>
      <xsd:enumeration value="bottom"/>
      <xsd:enumeration value="justify"/>
      <xsd:enumeration value="distributed"/>
    </xsd:restriction>
  </xsd:simpleType>
  <xsd:simpleType name="文字旋转角度">
    <xsd:annotation>
      <xsd:documentation>范围在-90°到 90°之间</xsd:documentation>
    </xsd:annotation>
    <xsd:restriction base="xsd:int">
      <xsd:minInclusive value="-90"/>
      <xsd:maxInclusive value="90"/>
    </xsd:restriction>
  </xsd:simpleType>
  <xsd:simpleType name="条件操作符">
    <xsd:restriction base="xsd:string">
      <xsd:enumeration value="equal to"/>
      <xsd:enumeration value="not equal to"/>
      <xsd:enumeration value="greater than"/>
      <xsd:enumeration value="greater than or equal to"/>
      <xsd:enumeration value="less than"/>
      <xsd:enumeration value="less than or equal to"/>
      <xsd:enumeration value="start with"/>
      <xsd:enumeration value="not start with"/>
```

```
        〈xsd:enumeration value="end with"/〉
        〈xsd:enumeration value="not end with"/〉
        〈xsd:enumeration value="contain"/〉
        〈xsd:enumeration value="not contain"/〉
        〈xsd:enumeration value="between"/〉
        〈xsd:enumeration value="not between"/〉
      〈/xsd:restriction〉
    〈/xsd:simpleType〉
    〈xsd:simpleType name="缩进量"〉
      〈xsd:annotation〉
        〈xsd:documentation〉文字缩进量,范围在 0~15 之间〈/xsd:documentation〉
      〈/xsd:annotation〉
      〈xsd:restriction base="xsd:int"〉
        〈xsd:minInclusive value="0"/〉
        〈xsd:maxInclusive value="15"/〉
      〈/xsd:restriction〉
    〈/xsd:simpleType〉
    〈xsd:simpleType name="单元格值"〉
      〈xsd:annotation〉
        〈xsd:documentation〉单元格中可以取的值,这是一个 union 型,包括公式,int,string〈/xsd:doc-
umentation〉
      〈/xsd:annotation〉
      〈xsd:union memberTypes="公式 xsd:double xsd:string 区域"/〉
    〈/xsd:simpleType〉
    〈xsd:simpleType name="公式"〉
      〈xsd:annotation〉
        〈xsd:documentation〉表示电子表格中可使用的所有公式〈/xsd:documentation〉
      〈/xsd:annotation〉
      〈xsd:restriction base="xsd:string"/〉
    〈/xsd:simpleType〉
    〈xsd:simpleType name="命名表达式"〉
      〈xsd:annotation〉
        〈xsd:documentation〉定义了命名表达式〈/xsd:documentation〉
      〈/xsd:annotation〉
      〈xsd:union memberTypes="区域 公式"/〉
    〈/xsd:simpleType〉
    〈xsd:simpleType name="区域"〉
      〈xsd:annotation〉
        〈xsd:documentation〉定义了选取的单元格区域〈/xsd:documentation〉
      〈/xsd:annotation〉
      〈xsd:restriction base="xsd:string"/〉
    〈/xsd:simpleType〉
    〈xsd:simpleType name="区域类型"〉
```

```
〈xsd:restriction base="xsd:string"〉
  〈xsd:enumeration value="userdefine"〉
    〈xsd:annotation〉
      〈xsd:documentation〉某些操作所对应的区域,如设置命名表达式。〈/xsd:documentation〉
    〈/xsd:annotation〉
  〈/xsd:enumeration〉
  〈xsd:enumeration value="system"〉
    〈xsd:annotation〉
      〈xsd:documentation〉
        留待扩展。
      〈/xsd:documentation〉
    〈/xsd:annotation〉
  〈/xsd:enumeration〉
  〈xsd:enumeration value="auto"/〉
〈/xsd:restriction〉
〈/xsd:simpleType〉
〈xsd:simpleType name="校验类型"〉
  〈xsd:annotation〉
    〈xsd:documentation〉有效性检验时,单元格所允许出现的数据类型〈/xsd:documentation〉
  〈/xsd:annotation〉
  〈xsd:restriction base="xsd:string"〉
    〈xsd:enumeration value="any value"/〉
    〈xsd:enumeration value="whole number"/〉
    〈xsd:enumeration value="decimal"/〉
    〈xsd:enumeration value="list"/〉
    〈xsd:enumeration value="date"/〉
    〈xsd:enumeration value="time"/〉
    〈xsd:enumeration value="text length"/〉
    〈xsd:enumeration value="custom"/〉
  〈/xsd:restriction〉
〈/xsd:simpleType〉
〈xsd:complexType name="校验条件类型"〉
  〈xsd:annotation〉
    〈xsd:documentation〉自动筛选自定义时使用,包括筛选条件码和操作值〈/xsd:documentation〉
  〈/xsd:annotation〉
  〈xsd:sequence〉
    〈xsd:element ref="操作码"/〉
    〈xsd:element name="值"〉
      〈xsd:complexType〉
        〈xsd:simpleContent〉
          〈xsd:extension base="单元格值"〉
            〈xsd:attribute ref="uof:locID" use="required" fixed="s0107"/〉
          〈/xsd:extension〉
```

〈/xsd:simpleContent〉
〈/xsd:complexType〉
〈/xsd:element〉
〈/xsd:sequence〉
〈/xsd:complexType〉
〈xsd:complexType name="数据有效性类型"〉
〈xsd:sequence〉
〈xsd:element ref="区域"/〉
〈xsd:element name="校验类型" minOccurs="0"〉
〈xsd:annotation〉
〈xsd:documentation〉单元格所允许出现的数据类型,有任何值、整数、小数、序列、自定义等。〈/xsd:documentation〉
〈/xsd:annotation〉
〈xsd:complexType〉
〈xsd:simpleContent〉
〈xsd:extension base="校验类型"〉
〈xsd:attribute ref="uof:locID" use="required" fixed="s0008"/〉
〈/xsd:extension〉
〈/xsd:simpleContent〉
〈/xsd:complexType〉
〈/xsd:element〉
〈xsd:element ref="操作码" minOccurs="0"/〉
〈xsd:element ref="第一操作数"/〉
〈xsd:element ref="第二操作数" minOccurs="0"/〉
〈xsd:element name="忽略空格" minOccurs="0"〉
〈xsd:annotation〉
〈xsd:documentation〉允许被校验的单元格为空或被其引用的单元格或公式为空。〈/xsd:documentation〉
〈/xsd:annotation〉
〈xsd:complexType〉
〈xsd:attribute name="值" type="xsd:boolean" use="required"/〉
〈xsd:attribute ref="uof:locID" use="required" fixed="s0012"/〉
〈xsd:attribute ref="uof:attrList" use="required" fixed="值"/〉
〈/xsd:complexType〉
〈/xsd:element〉
〈xsd:element name="下拉箭头" minOccurs="0"〉
〈xsd:annotation〉
〈xsd:documentation〉当校验类型为“序列”时可设置此项,用于显示下拉箭头。〈/xsd:documentation〉
〈/xsd:annotation〉
〈xsd:complexType〉
〈xsd:attribute name="值" type="xsd:boolean" use="required"/〉
〈xsd:attribute ref="uof:locID" use="required" fixed="s0013"/〉

```
      <xsd:attribute ref="uof:attrList" use="required" fixed="值"/>
    </xsd:complexType>
  </xsd:element>
  <xsd:element name="输入提示" minOccurs="0">
    <xsd:annotation>
      <xsd:documentation>校验单元格输入时的提示信息。</xsd:documentation>
    </xsd:annotation>
    <xsd:complexType>
      <xsd:attribute name="显示" type="xsd:boolean" use="optional" default="true">
        <xsd:annotation>
          <xsd:documentation>是否显示提示</xsd:documentation>
        </xsd:annotation>
      </xsd:attribute>
      <xsd:attribute name="标题" type="xsd:string" use="optional">
        <xsd:annotation>
          <xsd:documentation>提示的标题</xsd:documentation>
        </xsd:annotation>
      </xsd:attribute>
      <xsd:attribute name="内容" type="xsd:string" use="optional">
        <xsd:annotation>
          <xsd:documentation>提示的内容</xsd:documentation>
        </xsd:annotation>
      </xsd:attribute>
      <xsd:attribute ref="uof:locID" use="required" fixed="s0014"/>
      <xsd:attribute ref="uof:attrList" use="required" fixed="显示 标题 内容"/>
    </xsd:complexType>
  </xsd:element>
  <xsd:element name="错误提示" minOccurs="0">
    <xsd:annotation>
      <xsd:documentation>输入值不符合校验条件时的提示。</xsd:documentation>
    </xsd:annotation>
    <xsd:complexType>
      <xsd:attribute name="显示" type="xsd:boolean" use="optional" default="true">
        <xsd:annotation>
          <xsd:documentation>是否显示出错信息</xsd:documentation>
        </xsd:annotation>
      </xsd:attribute>
      <xsd:attribute name="类型" use="optional">
        <xsd:annotation>
          <xsd:documentation>输入错误时，提示对话框的类型，分终止、警告、信息三种</xsd:
documentation>
        </xsd:annotation>
        <xsd:simpleType>
```

```
            〈xsd:restriction base="xsd:string"〉
              〈xsd:enumeration value="warning"/〉
              〈xsd:enumeration value="stop"/〉
              〈xsd:enumeration value="information"/〉
            〈/xsd:restriction〉
          〈/xsd:simpleType〉
        〈/xsd:attribute〉
        〈xsd:attribute name="标题" type="xsd:string" use="optional"〉
          〈xsd:annotation〉
            〈xsd:documentation〉出错提示的标题〈/xsd:documentation〉
          〈/xsd:annotation〉
        〈/xsd:attribute〉
        〈xsd:attribute name="内容" type="xsd:string" use="optional"〉
          〈xsd:annotation〉
            〈xsd:documentation〉出错提示的内容〈/xsd:documentation〉
          〈/xsd:annotation〉
        〈/xsd:attribute〉
        〈xsd:attribute ref="uof:locID" use="required" fixed="s0015"/〉
        〈xsd:attribute ref="uof:attrList" use="required" fixed="显示 类型 标题 内容"/〉
      〈/xsd:complexType〉
    〈/xsd:element〉
  〈/xsd:sequence〉
〈/xsd:complexType〉
〈xsd:complexType name="条件格式化类型"〉
  〈xsd:sequence〉
    〈xsd:element ref="区域"〉
      〈xsd:annotation〉
        〈xsd:documentation〉格式化作用的区域,如工作表1'!$B$9:$E$17,当作用区域交叉
时,后面的作用区域覆盖前面交叉部分的作用区域。〈/xsd:documentation〉
      〈/xsd:annotation〉
    〈/xsd:element〉
    〈xsd:element name="条件" maxOccurs="3"〉
      〈xsd:annotation〉
        〈xsd:documentation〉格式化的条件,最多有3个,条件之间为或的关系。〈/xsd:documen-
tation〉
      〈/xsd:annotation〉
      〈xsd:complexType〉
        〈xsd:sequence〉
          〈xsd:element ref="操作码" minOccurs="0"〉
            〈xsd:annotation〉
              〈xsd:documentation〉条件运算符,如"等于"、"介于"。〈/xsd:documentation〉
            〈/xsd:annotation〉
          〈/xsd:element〉
```

```
          〈xsd:element ref="第一操作数"〉
            〈xsd:annotation〉
              〈xsd:documentation〉条件运算的第一操作数,当条件类型是为"公式"时,此操作数
为公式内容。〈/xsd:documentation〉
            〈/xsd:annotation〉
          〈/xsd:element〉
          〈xsd:element ref="第二操作数" minOccurs="0"〉
            〈xsd:annotation〉
              〈xsd:documentation〉条件运算的第二操作数。〈/xsd:documentation〉
            〈/xsd:annotation〉
          〈/xsd:element〉
          〈xsd:element name="格式" minOccurs="0"〉
            〈xsd:annotation〉
              〈xsd:documentation〉当选取区域满足条件时所引用的式样。〈/xsd:documentation〉
            〈/xsd:annotation〉
            〈xsd:complexType〉
              〈xsd:attribute name="式样引用" type="xsd:IDREF" use="required"/〉
              〈xsd:attribute ref="uof:locID" use="required" fixed="s0023"/〉
              〈xsd:attribute ref="uof:attrList" use="required" fixed="式样引用"/〉
            〈/xsd:complexType〉
          〈/xsd:element〉
        〈/xsd:sequence〉
        〈xsd:attribute name="类型" use="optional"〉
          〈xsd:annotation〉
            〈xsd:documentation〉条件作用于单元格数值还是公式〈/xsd:documentation〉
          〈/xsd:annotation〉
          〈xsd:simpleType〉
            〈xsd:restriction base="xsd:string"〉
              〈xsd:enumeration value="cell value"/〉
              〈xsd:enumeration value="formula"/〉
            〈/xsd:restriction〉
          〈/xsd:simpleType〉
        〈/xsd:attribute〉
        〈xsd:attribute ref="uof:locID" use="required" fixed="s0019"/〉
        〈xsd:attribute ref="uof:attrList" use="required" fixed="类型"/〉
      〈/xsd:complexType〉
    〈/xsd:element〉
  〈/xsd:sequence〉
〈/xsd:complexType〉
〈xsd:simpleType name="普通筛选类型"〉
  〈xsd:annotation〉
    〈xsd:documentation〉自动筛选时除自定义,全部外的其他筛选条件〈/xsd:documentation〉
  〈/xsd:annotation〉
```

```
〈xsd:restriction base="xsd:string"〉
  〈xsd:enumeration value="topitem"/〉
  〈xsd:enumeration value="toppercent"/〉
  〈xsd:enumeration value="bottomitem"/〉
  〈xsd:enumeration value="bottompercent"/〉
  〈xsd:enumeration value="value"/〉
 〈/xsd:restriction〉
〈/xsd:simpleType〉
〈xsd:complexType name="分组类型"〉
 〈xsd:attribute name="起始" type="xsd:positiveInteger" use="optional"〉
  〈xsd:annotation〉
   〈xsd:documentation〉分组的起始行或列号〈/xsd:documentation〉
  〈/xsd:annotation〉
 〈/xsd:attribute〉
 〈xsd:attribute name="终止" type="xsd:positiveInteger" use="optional"〉
  〈xsd:annotation〉
   〈xsd:documentation〉终止的行或列号〈/xsd:documentation〉
  〈/xsd:annotation〉
 〈/xsd:attribute〉
 〈xsd:attribute name="隐藏" type="xsd:boolean" use="optional"〉
  〈xsd:annotation〉
   〈xsd:documentation〉该分组是否隐藏〈/xsd:documentation〉
  〈/xsd:annotation〉
 〈/xsd:attribute〉
〈/xsd:complexType〉
〈xsd:complexType name="数据点类型"〉
 〈xsd:annotation〉
  〈xsd:documentation〉数据系列和数据点的设置信息〈/xsd:documentation〉
 〈/xsd:annotation〉
 〈xsd:sequence〉
  〈xsd:element ref="边框" minOccurs="0"〉
   〈xsd:annotation〉
    〈xsd:documentation〉边框信息〈/xsd:documentation〉
   〈/xsd:annotation〉
  〈/xsd:element〉
  〈xsd:element ref="填充" minOccurs="0"〉
   〈xsd:annotation〉
    〈xsd:documentation〉图案〈/xsd:documentation〉
   〈/xsd:annotation〉
  〈/xsd:element〉
  〈xsd:element name="显示标志" minOccurs="0"〉
   〈xsd:annotation〉
    〈xsd:documentation〉指定显示的标志项〈/xsd:documentation〉
```

```
        </xsd:annotation>
        <xsd:complexType>
          <xsd:complexContent>
            <xsd:extension base="数据标志类型">
              <xsd:attribute ref="uof:locID" use="required" fixed="s0088"/>
              <xsd:attribute ref="uof:attrList" use="required" fixed="系列名 类别名 数值 百分
数 分隔符 图例标志"/>
            </xsd:extension>
          </xsd:complexContent>
        </xsd:complexType>
      </xsd:element>
      <xsd:element name="系列名" minOccurs="0">
        <xsd:annotation>
          <xsd:documentation>自定义数据系列或数据点的显示名称</xsd:documentation>
        </xsd:annotation>
        <xsd:complexType>
          <xsd:simpleContent>
            <xsd:extension base="xsd:string">
              <xsd:attribute ref="uof:locID" use="required" fixed="s0089"/>
            </xsd:extension>
          </xsd:simpleContent>
        </xsd:complexType>
      </xsd:element>
    </xsd:sequence>
  </xsd:complexType>
  <xsd:simpleType name="系列产生类型">
    <xsd:restriction base="xsd:string">
      <xsd:enumeration value="row"/>
      <xsd:enumeration value="col"/>
    </xsd:restriction>
  </xsd:simpleType>
  <xsd:simpleType name="数值分类名称">
    <xsd:annotation>
      <xsd:documentation>数字形式的分类名</xsd:documentation>
    </xsd:annotation>
    <xsd:restriction base="xsd:string">
      <xsd:enumeration value="general"/>
      <xsd:enumeration value="number"/>
      <xsd:enumeration value="currency"/>
      <xsd:enumeration value="accounting"/>
      <xsd:enumeration value="date"/>
      <xsd:enumeration value="time"/>
      <xsd:enumeration value="percentage"/>
```

```
      〈xsd:enumeration value="fraction"/〉
      〈xsd:enumeration value="scientific"/〉
      〈xsd:enumeration value="text"/〉
      〈xsd:enumeration value="specialization"/〉
      〈xsd:enumeration value="custom"/〉
    〈/xsd:restriction〉
  〈/xsd:simpleType〉
  〈xsd:complexType name="图表类型"〉
    〈xsd:annotation〉
      〈xsd:documentation〉图表的信息〈/xsd:documentation〉
    〈/xsd:annotation〉
    〈xsd:sequence〉
      〈xsd:element name="图表区" minOccurs="0"〉
        〈xsd:annotation〉
          〈xsd:documentation〉图表区域的格式化信息。〈/xsd:documentation〉
        〈/xsd:annotation〉
        〈xsd:complexType〉
          〈xsd:sequence〉
            〈xsd:element ref="边框" minOccurs="0"/〉
            〈xsd:element ref="填充" minOccurs="0"/〉
            〈xsd:element ref="字体" minOccurs="0"/〉
          〈/xsd:sequence〉
          〈xsd:attribute ref="uof:locID" use="required" fixed="s0056"/〉
        〈/xsd:complexType〉
      〈/xsd:element〉
      〈xsd:element name="绘图区" minOccurs="0"〉
        〈xsd:annotation〉
          〈xsd:documentation〉绘图区域的格式化信息。〈/xsd:documentation〉
        〈/xsd:annotation〉
        〈xsd:complexType〉
          〈xsd:sequence〉
            〈xsd:element ref="边框" minOccurs="0"〉
              〈xsd:annotation〉
                〈xsd:documentation〉绘制区域的边框设置。〈/xsd:documentation〉
              〈/xsd:annotation〉
            〈/xsd:element〉
            〈xsd:element ref="填充" minOccurs="0"/〉
          〈/xsd:sequence〉
          〈xsd:attribute ref="uof:locID" use="required" fixed="s0060"/〉
        〈/xsd:complexType〉
      〈/xsd:element〉
      〈xsd:element name="分类轴" minOccurs="0"〉
        〈xsd:annotation〉
```

```
        〈xsd:documentation〉X 轴〈/xsd:documentation〉
      〈/xsd:annotation〉
      〈xsd:complexType〉
        〈xsd:complexContent〉
          〈xsd:extension base="坐标轴类型"〉
            〈xsd:attribute ref="uof:locID" use="required" fixed="s0061"/〉
            〈xsd:attribute ref="uof:attrList" use="required" fixed="主刻度类型 次刻度类型
刻度线标志"/〉
          〈/xsd:extension〉
        〈/xsd:complexContent〉
      〈/xsd:complexType〉
    〈/xsd:element〉
    〈xsd:element name="数值轴" minOccurs="0"〉
      〈xsd:annotation〉
        〈xsd:documentation〉Y 轴〈/xsd:documentation〉
      〈/xsd:annotation〉
      〈xsd:complexType〉
        〈xsd:complexContent〉
          〈xsd:extension base="坐标轴类型"〉
            〈xsd:attribute ref="uof:locID" use="required" fixed="s0082"/〉
            〈xsd:attribute ref="uof:attrList" use="required" fixed="主刻度类型 次刻度类型
刻度线标志"/〉
          〈/xsd:extension〉
        〈/xsd:complexContent〉
      〈/xsd:complexType〉
    〈/xsd:element〉
    〈xsd:element name="图例" minOccurs="0"〉
      〈xsd:annotation〉
        〈xsd:documentation〉图例的格式化信息〈/xsd:documentation〉
      〈/xsd:annotation〉
      〈xsd:complexType〉
        〈xsd:sequence〉
          〈xsd:element ref="边框" minOccurs="0"/〉
          〈xsd:element ref="填充" minOccurs="0"〉
            〈xsd:annotation〉
              〈xsd:documentation〉图例区域的背景〈/xsd:documentation〉
            〈/xsd:annotation〉
          〈/xsd:element〉
          〈xsd:element ref="字体" minOccurs="0"〉
            〈xsd:annotation〉
              〈xsd:documentation〉图例的字体〈/xsd:documentation〉
            〈/xsd:annotation〉
          〈/xsd:element〉
```

```
〈xsd:element name="图例项" minOccurs="0" maxOccurs="unbounded"〉
  〈xsd:annotation〉
    〈xsd:documentation〉设置单个图例项的字体〈/xsd:documentation〉
  〈/xsd:annotation〉
  〈xsd:complexType〉
    〈xsd:sequence〉
      〈xsd:element ref="字体"/〉
    〈/xsd:sequence〉
    〈xsd:attribute name="系列" type="xsd:int" use="required"/〉
    〈xsd:attribute ref="uof:locID" use="required" fixed="s0084"/〉
    〈xsd:attribute ref="uof:attrList" use="required" fixed="系列"/〉
  〈/xsd:complexType〉
〈/xsd:element〉
〈/xsd:sequence〉
〈xsd:attribute name="位置" type="图例位置" use="optional"/〉
〈xsd:attribute ref="uof:locID" use="required" fixed="s0083"/〉
〈xsd:attribute ref="uof:attrList" use="required" fixed="位置"/〉
〈/xsd:complexType〉
〈/xsd:element〉
〈xsd:element name="数据表" minOccurs="0"〉
  〈xsd:annotation〉
    〈xsd:documentation〉数据表区域的格式化信息〈/xsd:documentation〉
  〈/xsd:annotation〉
  〈xsd:complexType〉
    〈xsd:sequence〉
      〈xsd:element name="填充" minOccurs="0"〉
        〈xsd:annotation〉
          〈xsd:documentation〉背景〈/xsd:documentation〉
        〈/xsd:annotation〉
        〈xsd:complexType〉
          〈xsd:complexContent〉
            〈xsd:extension base="uof:边框线类型"〉
              〈xsd:attribute ref="uof:locID" use="required" fixed="s0110"/〉
              〈xsd:attribute ref="uof:attrList" use="required" fixed="类型 宽度 边距 颜色 阴影"/〉
            〈/xsd:extension〉
          〈/xsd:complexContent〉
        〈/xsd:complexType〉
      〈/xsd:element〉
      〈xsd:element ref="字体" minOccurs="0"〉
        〈xsd:annotation〉
          〈xsd:documentation〉字体〈/xsd:documentation〉
        〈/xsd:annotation〉
```

```
        </xsd:element>
      </xsd:sequence>
      <xsd:attribute ref="uof:locID" use="required" fixed="s0085"/>
    </xsd:complexType>
  </xsd:element>
  <xsd:element name="数据系列集" minOccurs="0">
    <xsd:annotation>
      <xsd:documentation>源数据中同一类的数据的集合</xsd:documentation>
    </xsd:annotation>
    <xsd:complexType>
      <xsd:sequence>
        <xsd:element name="数据系列" maxOccurs="unbounded">
          <xsd:complexType>
            <xsd:complexContent>
              <xsd:extension base="数据点类型">
                <xsd:attribute name="系列" type="xsd:positiveInteger" use="required">
                  <xsd:annotation>
                    <xsd:documentation>指明是哪个系列</xsd:documentation>
                  </xsd:annotation>
                </xsd:attribute>
                <xsd:attribute ref="uof:locID" use="required" fixed="s0087"/>
                <xsd:attribute ref="uof:attrList" use="required" fixed="系列"/>
              </xsd:extension>
            </xsd:complexContent>
          </xsd:complexType>
        </xsd:element>
      </xsd:sequence>
      <xsd:attribute ref="uof:locID" use="required" fixed="s0086"/>
    </xsd:complexType>
  </xsd:element>
  <xsd:element name="数据点集" minOccurs="0">
    <xsd:annotation>
      <xsd:documentation>源数据中各个数据的集合</xsd:documentation>
    </xsd:annotation>
    <xsd:complexType>
      <xsd:sequence>
        <xsd:element name="数据点" maxOccurs="unbounded">
          <xsd:complexType>
            <xsd:complexContent>
              <xsd:extension base="数据点类型">
                <xsd:attribute name="系列" type="xsd:positiveInteger" use="required">
                  <xsd:annotation>
                    <xsd:documentation>系列号</xsd:documentation>
```

```
              </xsd:annotation>
            </xsd:attribute>
            <xsd:attribute name="点" type="xsd:positiveInteger" use="required">
              <xsd:annotation>
                <xsd:documentation>点号</xsd:documentation>
              </xsd:annotation>
            </xsd:attribute>
            <xsd:attribute ref="uof:locID" use="required" fixed="s0091"/>
            <xsd:attribute ref="uof:attrList" use="required" fixed="系列 点"/>
          </xsd:extension>
        </xsd:complexContent>
      </xsd:complexType>
    </xsd:element>
  </xsd:sequence>
  <xsd:attribute ref="uof:locID" use="required" fixed="s0090"/>
</xsd:complexType>
</xsd:element>
<xsd:element name="网格线集" minOccurs="0">
  <xsd:annotation>
    <xsd:documentation>所有网格线的集合，目前有 2 种网格线：分类轴主网格线和数值轴主
网格线。</xsd:documentation>
  </xsd:annotation>
  <xsd:complexType>
    <xsd:sequence>
      <xsd:element name="网格线" maxOccurs="2">
        <xsd:complexType>
          <xsd:complexContent>
            <xsd:extension base="uof:边框线类型">
              <xsd:attribute name="位置" type="网格线类型" use="optional">
                <xsd:annotation>
                  <xsd:documentation>网格线的位置</xsd:documentation>
                </xsd:annotation>
              </xsd:attribute>
              <xsd:attribute ref="uof:locID" use="required" fixed="s0093"/>
              <xsd:attribute ref="uof:attrList" use="required" fixed="类型 宽度 边距 颜
色 阴影 位置"/>
            </xsd:extension>
          </xsd:complexContent>
        </xsd:complexType>
      </xsd:element>
    </xsd:sequence>
    <xsd:attribute ref="uof:locID" use="required" fixed="s0092"/>
  </xsd:complexType>
```

```
〈/xsd:element〉
〈xsd:element name="数据源" minOccurs="0"〉
  〈xsd:annotation〉
    〈xsd:documentation〉数据源的位置信息〈/xsd:documentation〉
  〈/xsd:annotation〉
  〈xsd:complexType〉
    〈xsd:sequence〉
      〈xsd:element name="系列" minOccurs="0" maxOccurs="unbounded"〉
        〈xsd:annotation〉
          〈xsd:documentation〉系列的一些定义信息,如系列的值、名称等〈/xsd:documentation〉
        〈/xsd:annotation〉
        〈xsd:complexType〉
          〈xsd:attribute name="系列名" type="公式" use="optional"/〉
          〈xsd:attribute name="系列值" type="公式" use="optional"/〉
          〈xsd:attribute name="分类名" type="公式" use="optional"/〉
          〈xsd:attribute ref="uof:locID" use="required" fixed="s0095"/〉
          〈xsd:attribute ref="uof:attrList" use="required" fixed="系列名 系列值 分类名"/〉
        〈/xsd:complexType〉
      〈/xsd:element〉
    〈/xsd:sequence〉
    〈xsd:attribute name="数据区域" type="区域"/〉
    〈xsd:attribute name="系列产生" type="系列产生类型"/〉
    〈xsd:attribute ref="uof:locID" use="required" fixed="s0094"/〉
    〈xsd:attribute ref="uof:attrList" use="required" fixed="数据区域 系列产生"/〉
  〈/xsd:complexType〉
〈/xsd:element〉
〈xsd:element name="标题集" minOccurs="0"〉
  〈xsd:annotation〉
    〈xsd:documentation〉标题集合,目前有 3 种:图表标题、分类轴标题、数值轴标题。〈/xsd:documentation〉
  〈/xsd:annotation〉
  〈xsd:complexType〉
    〈xsd:sequence〉
      〈xsd:element name="标题" maxOccurs="5"〉
        〈xsd:complexType〉
          〈xsd:complexContent〉
            〈xsd:extension base="标题类型"〉
              〈xsd:attribute ref="uof:locID" use="required" fixed="s0097"/〉
              〈xsd:attribute ref="uof:attrList" use="required" fixed="名称 位置"/〉
            〈/xsd:extension〉
          〈/xsd:complexContent〉
```

```
            〈/xsd:complexType〉
          〈/xsd:element〉
        〈/xsd:sequence〉
        〈xsd:attribute ref="uof:locID" use="required" fixed="s0096"/〉
      〈/xsd:complexType〉
    〈/xsd:element〉
  〈/xsd:sequence〉
  〈xsd:attribute name="类型" use="required"〉
    〈xsd:simpleType〉
      〈xsd:restriction base="xsd:string"〉
        〈xsd:enumeration value="column"/〉
        〈xsd:enumeration value="bar"/〉
        〈xsd:enumeration value="line"/〉
        〈xsd:enumeration value="pie"/〉
      〈/xsd:restriction〉
    〈/xsd:simpleType〉
  〈/xsd:attribute〉
  〈xsd:attribute name="子类型" type="xsd:string" use="required"/〉
  〈xsd:attribute name="宽度" type="uof:长度类型" use="required"/〉
  〈xsd:attribute name="高度" type="uof:长度类型" use="required"/〉
  〈xsd:attribute name="x 坐标" type="xsd:int" use="required"/〉
  〈xsd:attribute name="y 坐标" type="xsd:int" use="required"/〉
  〈xsd:attribute name="随动方式" type="随动方式" use="optional"/〉
〈/xsd:complexType〉
〈xsd:complexType name="数据标志类型"〉
  〈xsd:annotation〉
    〈xsd:documentation〉是否显示所选中的信息,其中百分数选项需要图表为百分数图表,气泡大
小为气泡图特有〈/xsd:documentation〉
  〈/xsd:annotation〉
  〈xsd:attribute name="系列名" type="xsd:boolean" use="optional"/〉
  〈xsd:attribute name="类别名" type="xsd:boolean" use="optional"/〉
  〈xsd:attribute name="数值" type="xsd:boolean" use="optional"/〉
  〈xsd:attribute name="百分数" type="xsd:boolean" use="optional"/〉
  〈xsd:attribute name="分隔符" type="xsd:int" use="optional"/〉
  〈xsd:attribute name="图例标志" type="xsd:boolean" use="optional"/〉
〈/xsd:complexType〉
〈xsd:complexType name="数值类型"〉
  〈xsd:attribute name="链接到源" type="xsd:boolean" use="optional" default="true"〉
    〈xsd:annotation〉
      〈xsd:documentation〉坐标轴的数值格式与工作表的源数值格式保持一致。〈/xsd:documen-
tation〉
    〈/xsd:annotation〉
  〈/xsd:attribute〉
```

```
    〈xsd:attributeGroup ref="数字格式"/〉
  〈/xsd:complexType〉
  〈xsd:simpleType name="显示单位"〉
    〈xsd:annotation〉
      〈xsd:documentation〉数值轴显示的单位信息,有九种〈/xsd:documentation〉
    〈/xsd:annotation〉
    〈xsd:restriction base="xsd:string"〉
      〈xsd:enumeration value="none"/〉
      〈xsd:enumeration value="hundreds"/〉
      〈xsd:enumeration value="thousands"/〉
      〈xsd:enumeration value="ten thousands"/〉
      〈xsd:enumeration value="one hundred thousands"/〉
      〈xsd:enumeration value="millions"/〉
      〈xsd:enumeration value="ten millions"/〉
      〈xsd:enumeration value="one hundred millions"/〉
      〈xsd:enumeration value="trillions"/〉
    〈/xsd:restriction〉
  〈/xsd:simpleType〉
  〈xsd:simpleType name="随动方式"〉
    〈xsd:annotation〉
      〈xsd:documentation〉图表随单元格移动的属性〈/xsd:documentation〉
    〈/xsd:annotation〉
    〈xsd:restriction base="xsd:string"〉
      〈xsd:enumeration value="move and re-size"〉
        〈xsd:annotation〉
          〈xsd:documentation〉随单元格移动并改变大小〈/xsd:documentation〉
        〈/xsd:annotation〉
      〈/xsd:enumeration〉
      〈xsd:enumeration value="move"〉
        〈xsd:annotation〉
          〈xsd:documentation〉随单元格移动但不随单元格改变大小〈/xsd:documentation〉
        〈/xsd:annotation〉
      〈/xsd:enumeration〉
      〈xsd:enumeration value="none"〉
        〈xsd:annotation〉
          〈xsd:documentation〉不随单元格移动并不随单元格改变大小〈/xsd:documentation〉
        〈/xsd:annotation〉
      〈/xsd:enumeration〉
    〈/xsd:restriction〉
  〈/xsd:simpleType〉
  〈xsd:complexType name="刻度类型"〉
    〈xsd:annotation〉
      〈xsd:documentation〉图表的 x,y 轴刻度信息〈/xsd:documentation〉
```

```
  〈/xsd:annotation〉
  〈xsd:sequence〉
    〈xsd:element name="最小值" minOccurs="0"〉
      〈xsd:annotation〉
        〈xsd:documentation〉定义数值轴最小值。〈/xsd:documentation〉
      〈/xsd:annotation〉
      〈xsd:complexType〉
        〈xsd:simpleContent〉
          〈xsd:extension base="xsd:long"〉
            〈xsd:attribute ref="uof:locID" use="required" fixed="s0065"/〉
          〈/xsd:extension〉
        〈/xsd:simpleContent〉
      〈/xsd:complexType〉
    〈/xsd:element〉
    〈xsd:element name="最大值" minOccurs="0"〉
      〈xsd:annotation〉
        〈xsd:documentation〉定义数值轴最大值。〈/xsd:documentation〉
      〈/xsd:annotation〉
      〈xsd:complexType〉
        〈xsd:simpleContent〉
          〈xsd:extension base="xsd:long"〉
            〈xsd:attribute ref="uof:locID" use="required" fixed="s0066"/〉
          〈/xsd:extension〉
        〈/xsd:simpleContent〉
      〈/xsd:complexType〉
    〈/xsd:element〉
    〈xsd:element name="主单位" minOccurs="0"〉
      〈xsd:annotation〉
        〈xsd:documentation〉数值轴上主要刻度线和主要网格线的间隔。〈/xsd:documentation〉
      〈/xsd:annotation〉
      〈xsd:complexType〉
        〈xsd:simpleContent〉
          〈xsd:extension base="xsd:long"〉
            〈xsd:attribute ref="uof:locID" use="required" fixed="s0067"/〉
          〈/xsd:extension〉
        〈/xsd:simpleContent〉
      〈/xsd:complexType〉
    〈/xsd:element〉
    〈xsd:element name="次单位" minOccurs="0"〉
      〈xsd:annotation〉
        〈xsd:documentation〉数值轴上次要刻度线和次要网格线的间隔〈/xsd:documentation〉
      〈/xsd:annotation〉
      〈xsd:complexType〉
```

```
        〈xsd:simpleContent〉
          〈xsd:extension base="xsd:long"〉
            〈xsd:attribute ref="uof:locID" use="required" fixed="s0068"/〉
          〈/xsd:extension〉
        〈/xsd:simpleContent〉
      〈/xsd:complexType〉
    〈/xsd:element〉
    〈xsd:element name="分类交叉点" minOccurs="0"〉
      〈xsd:annotation〉
        〈xsd:documentation〉分类轴交叉于数值轴的分类号,描述数值轴的信息。〈/xsd:documen-
tation〉
      〈/xsd:annotation〉
      〈xsd:complexType〉
        〈xsd:simpleContent〉
          〈xsd:extension base="xsd:long"〉
            〈xsd:attribute ref="uof:locID" use="required" fixed="s0069"/〉
          〈/xsd:extension〉
        〈/xsd:simpleContent〉
      〈/xsd:complexType〉
    〈/xsd:element〉
    〈xsd:element name="单位" minOccurs="0"〉
      〈xsd:annotation〉
        〈xsd:documentation〉数值轴显示的量级,如百、千、万。〈/xsd:documentation〉
      〈/xsd:annotation〉
      〈xsd:complexType〉
        〈xsd:simpleContent〉
          〈xsd:extension base="显示单位"〉
            〈xsd:attribute ref="uof:locID" use="required" fixed="s0070"/〉
          〈/xsd:extension〉
        〈/xsd:simpleContent〉
      〈/xsd:complexType〉
    〈/xsd:element〉
    〈xsd:element name="显示单位" minOccurs="0"〉
      〈xsd:annotation〉
        〈xsd:documentation〉图表中是否显示刻度单位〈/xsd:documentation〉
      〈/xsd:annotation〉
      〈xsd:complexType〉
        〈xsd:attribute name="值" type="xsd:boolean" use="required"/〉
        〈xsd:attribute ref="uof:locID" use="required" fixed="s0071"/〉
        〈xsd:attribute ref="uof:attrList" use="required" fixed="值"/〉
      〈/xsd:complexType〉
    〈/xsd:element〉
    〈xsd:element name="对数" minOccurs="0"〉
```

```
    <xsd:annotation>
      <xsd:documentation>数值轴显示为对数刻度</xsd:documentation>
    </xsd:annotation>
    <xsd:complexType>
      <xsd:attribute name="值" type="xsd:boolean" use="required"/>
      <xsd:attribute ref="uof:locID" use="required" fixed="s0072"/>
      <xsd:attribute ref="uof:attrList" use="required" fixed="值"/>
    </xsd:complexType>
  </xsd:element>
  <xsd:element name="数值次序反转" minOccurs="0">
    <xsd:annotation>
      <xsd:documentation>将数值轴分类次序反转</xsd:documentation>
    </xsd:annotation>
    <xsd:complexType>
      <xsd:attribute ref="uof:locID" use="required" fixed="s0073"/>
    </xsd:complexType>
  </xsd:element>
  <xsd:element name="数值交叉点" minOccurs="0">
    <xsd:annotation>
      <xsd:documentation>数值轴交叉于分类轴的点,用于描述分类轴的信息</xsd:documenta-
tion>
    </xsd:annotation>
    <xsd:complexType>
      <xsd:simpleContent>
        <xsd:extension base="xsd:int">
          <xsd:attribute ref="uof:locID" use="required" fixed="s0074"/>
        </xsd:extension>
      </xsd:simpleContent>
    </xsd:complexType>
  </xsd:element>
  <xsd:element name="分类标签数" minOccurs="0">
    <xsd:annotation>
      <xsd:documentation>分类轴中每两条相邻刻度线之间的分类个数。例如输入“1”表示每两
条相邻刻度线中包含 1 个分类,输入“2”表示两条刻度线中包含 2 个分类。</xsd:documentation>
    </xsd:annotation>
    <xsd:complexType>
      <xsd:simpleContent>
        <xsd:extension base="xsd:unsignedInt">
          <xsd:attribute ref="uof:locID" use="required" fixed="s0075"/>
        </xsd:extension>
      </xsd:simpleContent>
    </xsd:complexType>
  </xsd:element>
```

〈xsd:element name="分类刻度数" minOccurs="0"〉
　〈xsd:annotation〉
　　〈xsd:documentation〉分类轴中分类数据被标注的频率。例如输入“1”表示每个分类数据均被标注一次，输入“2”表示每两个分类数据被标注一次，依此类推。〈/xsd:documentation〉
　〈/xsd:annotation〉
　〈xsd:complexType〉
　　〈xsd:simpleContent〉
　　　〈xsd:extension base="xsd:unsignedInt"〉
　　　　〈xsd:attribute ref="uof:locID" use="required" fixed="s0076"/〉
　　　〈/xsd:extension〉
　　〈/xsd:simpleContent〉
　〈/xsd:complexType〉
〈/xsd:element〉
〈xsd:element name="分类次序反转" minOccurs="0"〉
　〈xsd:annotation〉
　　〈xsd:documentation〉将分类轴分类次序反转〈/xsd:documentation〉
　〈/xsd:annotation〉
　〈xsd:complexType〉
　　〈xsd:attribute ref="uof:locID" use="required" fixed="s0077"/〉
　〈/xsd:complexType〉
〈/xsd:element〉
〈/xsd:sequence〉
〈/xsd:complexType〉
〈xsd:simpleType name="刻度线类型"〉
　〈xsd:annotation〉
　　〈xsd:documentation〉刻度线所在位置〈/xsd:documentation〉
　〈/xsd:annotation〉
　〈xsd:restriction base="xsd:string"〉
　　〈xsd:enumeration value="none"/〉
　　〈xsd:enumeration value="outside"/〉
　　〈xsd:enumeration value="inside"/〉
　　〈xsd:enumeration value="cross"/〉
　〈/xsd:restriction〉
〈/xsd:simpleType〉
〈xsd:simpleType name="刻度标志"〉
　〈xsd:annotation〉
　　〈xsd:documentation〉刻度所在位置的标志〈/xsd:documentation〉
　〈/xsd:annotation〉
　〈xsd:restriction base="xsd:string"〉
　　〈xsd:enumeration value="none"/〉
　　〈xsd:enumeration value="outside"/〉
　　〈xsd:enumeration value="inside"/〉
　　〈xsd:enumeration value="next to axis"/〉

```
    〈/xsd:restriction〉
  〈/xsd:simpleType〉
  〈xsd:simpleType name="图例位置"〉
    〈xsd:annotation〉
      〈xsd:documentation〉图例显示的位置,有五种〈/xsd:documentation〉
    〈/xsd:annotation〉
    〈xsd:restriction base="xsd:string"〉
      〈xsd:enumeration value="bottom"/〉
      〈xsd:enumeration value="top"/〉
      〈xsd:enumeration value="corner"/〉
      〈xsd:enumeration value="left"/〉
      〈xsd:enumeration value="right"/〉
    〈/xsd:restriction〉
  〈/xsd:simpleType〉
  〈xsd:simpleType name="标题名"〉
    〈xsd:annotation〉
      〈xsd:documentation〉图表的所有标题名称,有五种〈/xsd:documentation〉
    〈/xsd:annotation〉
    〈xsd:restriction base="xsd:string"〉
      〈xsd:enumeration value="chart"/〉
      〈xsd:enumeration value="category axis"/〉
      〈xsd:enumeration value="value axis"/〉
      〈xsd:enumeration value="minor value axis"/〉
      〈xsd:enumeration value="minor category axis"/〉
    〈/xsd:restriction〉
  〈/xsd:simpleType〉
  〈xsd:simpleType name="偏移量"〉
    〈xsd:annotation〉
      〈xsd:documentation〉分类轴之间的偏移量,数值在0～1 000之间〈/xsd:documentation〉
    〈/xsd:annotation〉
    〈xsd:restriction base="xsd:int"〉
      〈xsd:minInclusive value="0"/〉
      〈xsd:maxInclusive value="1000"/〉
    〈/xsd:restriction〉
  〈/xsd:simpleType〉
  〈xsd:simpleType name="网格线类型"〉
    〈xsd:restriction base="xsd:string"〉
      〈xsd:enumeration value="category axis"/〉
      〈xsd:enumeration value="value axis"/〉
    〈/xsd:restriction〉
  〈/xsd:simpleType〉
  〈xsd:complexType name="标题类型"〉
    〈xsd:sequence〉
```

```
        <xsd:element ref="边框" minOccurs="0">
          <xsd:annotation>
            <xsd:documentation>标题的边框设置信息</xsd:documentation>
          </xsd:annotation>
        </xsd:element>
        <xsd:element ref="填充" minOccurs="0">
          <xsd:annotation>
            <xsd:documentation>图案</xsd:documentation>
          </xsd:annotation>
        </xsd:element>
        <xsd:element ref="字体" minOccurs="0">
          <xsd:annotation>
            <xsd:documentation>字体设置信息</xsd:documentation>
          </xsd:annotation>
        </xsd:element>
        <xsd:element ref="对齐" minOccurs="0"/>
      </xsd:sequence>
      <xsd:attribute name="名称" type="xsd:string" use="optional">
        <xsd:annotation>
          <xsd:documentation>标题内容</xsd:documentation>
        </xsd:annotation>
      </xsd:attribute>
      <xsd:attribute name="位置" use="optional">
        <xsd:simpleType>
          <xsd:restriction base="xsd:string">
            <xsd:enumeration value="chart"/>
            <xsd:enumeration value="category axis"/>
            <xsd:enumeration value="value axis"/>
          </xsd:restriction>
        </xsd:simpleType>
      </xsd:attribute>
    </xsd:complexType>
    <xsd:complexType name="坐标轴类型">
      <xsd:annotation>
        <xsd:documentation>描述图表的坐标轴</xsd:documentation>
      </xsd:annotation>
      <xsd:sequence>
        <xsd:element ref="线型" minOccurs="0"/>
        <xsd:element name="数值" minOccurs="0">
          <xsd:annotation>
            <xsd:documentation>坐标轴标签的数字格式化信息。</xsd:documentation>
          </xsd:annotation>
          <xsd:complexType>
```

```
        〈xsd:complexContent〉
          〈xsd:extension base="数值类型"〉
            〈xsd:attribute ref="uof:locID" use="required" fixed="s0063"/〉
            〈xsd:attribute ref="uof:attrList" use="required" fixed="链接到源 分类名称 格式
码"/〉
          〈/xsd:extension〉
        〈/xsd:complexContent〉
      〈/xsd:complexType〉
    〈/xsd:element〉
    〈xsd:element ref="字体" minOccurs="0"〉
      〈xsd:annotation〉
        〈xsd:documentation〉坐标轴标签的字体。〈/xsd:documentation〉
      〈/xsd:annotation〉
    〈/xsd:element〉
    〈xsd:element name="刻度" minOccurs="0"〉
      〈xsd:annotation〉
        〈xsd:documentation〉坐标刻度信息〈/xsd:documentation〉
      〈/xsd:annotation〉
      〈xsd:complexType〉
        〈xsd:complexContent〉
          〈xsd:extension base="刻度类型"〉
            〈xsd:attribute ref="uof:locID" use="required" fixed="s0064"/〉
          〈/xsd:extension〉
        〈/xsd:complexContent〉
      〈/xsd:complexType〉
    〈/xsd:element〉
    〈xsd:element name="对齐" minOccurs="0"〉
      〈xsd:complexType〉
        〈xsd:sequence〉
          〈xsd:element name="文字方向" minOccurs="0"〉
            〈xsd:annotation〉
              〈xsd:documentation〉分类轴标签的文字方向。〈/xsd:documentation〉
            〈/xsd:annotation〉
            〈xsd:complexType〉
              〈xsd:simpleContent〉
                〈xsd:extension base="文字方向"〉
                  〈xsd:attribute ref="uof:locID" use="required" fixed="s0079"/〉
                〈/xsd:extension〉
              〈/xsd:simpleContent〉
            〈/xsd:complexType〉
          〈/xsd:element〉
          〈xsd:element name="旋转角度" minOccurs="0"〉
            〈xsd:annotation〉
```

```
                <xsd:documentation>分类轴标签的文字的旋转角度。</xsd:documentation>
              </xsd:annotation>
              <xsd:complexType>
                <xsd:simpleContent>
                  <xsd:extension base="文字旋转角度">
                    <xsd:attribute ref="uof:locID" use="required" fixed="s0080"/>
                  </xsd:extension>
                </xsd:simpleContent>
              </xsd:complexType>
            </xsd:element>
            <xsd:element name="偏移量" minOccurs="0">
              <xsd:annotation>
                <xsd:documentation>分类轴线条与分类轴标签之间的间距</xsd:documentation>
              </xsd:annotation>
              <xsd:complexType>
                <xsd:simpleContent>
                  <xsd:extension base="偏移量">
                    <xsd:attribute ref="uof:locID" use="required" fixed="s0081"/>
                  </xsd:extension>
                </xsd:simpleContent>
              </xsd:complexType>
            </xsd:element>
          </xsd:sequence>
          <xsd:attribute ref="uof:locID" use="required" fixed="s0078"/>
        </xsd:complexType>
      </xsd:element>
    </xsd:sequence>
    <xsd:attribute name="主刻度类型" type="刻度线类型" use="optional" default="inside">
      <xsd:annotation>
        <xsd:documentation>主刻度线的位置,分为轴的内部、外部和交叉。</xsd:documentation>
      </xsd:annotation>
    </xsd:attribute>
    <xsd:attribute name="次刻度类型" type="刻度线类型" use="optional" default="none">
      <xsd:annotation>
        <xsd:documentation>次刻度线的位置,分为轴的内部、外部和交叉。</xsd:documentation>
      </xsd:annotation>
    </xsd:attribute>
    <xsd:attribute name="刻度线标志" type="刻度标志" use="optional" default="next to axis">
      <xsd:annotation>
        <xsd:documentation>刻度标志的位置。</xsd:documentation>
      </xsd:annotation>
    </xsd:attribute>
  </xsd:complexType>
```

```
〈xsd:complexType name="筛选类型"〉
  〈xsd:sequence〉
    〈xsd:element name="范围"〉
      〈xsd:annotation〉
        〈xsd:documentation〉此范围为一区域值,此区域的首行为标题行,不参与筛选〈/xsd:documentation〉
      〈/xsd:annotation〉
      〈xsd:complexType〉
        〈xsd:simpleContent〉
          〈xsd:extension base="区域"〉
            〈xsd:attribute ref="uof:locID" use="required" fixed="s0102"/〉
          〈/xsd:extension〉
        〈/xsd:simpleContent〉
      〈/xsd:complexType〉
    〈/xsd:element〉
    〈xsd:element name="条件" minOccurs="0" maxOccurs="unbounded"〉
      〈xsd:complexType〉
        〈xsd:choice〉
          〈xsd:element name="普通"〉
            〈xsd:annotation〉
              〈xsd:documentation〉可对某列进行如下筛选:前几列、后几列、占前百分比、占后百分比〈/xsd:documentation〉
            〈/xsd:annotation〉
            〈xsd:complexType〉
              〈xsd:attribute name="类型" type="普通筛选类型" use="optional"〉
                〈xsd:annotation〉
                  〈xsd:documentation〉设置自动筛选中前几个的条件〈/xsd:documentation〉
                〈/xsd:annotation〉
              〈/xsd:attribute〉
              〈xsd:attribute name="值" type="xsd:string" use="optional"/〉
              〈xsd:attribute ref="uof:locID" use="required" fixed="s0104"/〉
              〈xsd:attribute ref="uof:attrList" use="required" fixed="类型 值"/〉
            〈/xsd:complexType〉
          〈/xsd:element〉
          〈xsd:element name="自定义"〉
            〈xsd:annotation〉
              〈xsd:documentation〉可以是自定义筛选或者为取某一单元格值的筛选〈/xsd:documentation〉
            〈/xsd:annotation〉
            〈xsd:complexType〉
              〈xsd:sequence〉
                〈xsd:element name="操作条件" maxOccurs="2"〉
                  〈xsd:annotation〉
```

```
                    〈xsd:documentation〉筛选条件〈/xsd:documentation〉
                  〈/xsd:annotation〉
                  〈xsd:complexType〉
                    〈xsd:complexContent〉
                      〈xsd:extension base="校验条件类型"〉
                        〈xsd:attribute ref="uof:locID" use="required" fixed="s0106"/〉
                      〈/xsd:extension〉
                    〈/xsd:complexContent〉
                  〈/xsd:complexType〉
                〈/xsd:element〉
              〈/xsd:sequence〉
              〈xsd:attribute name="类型"〉
                〈xsd:simpleType〉
                  〈xsd:restriction base="xsd:string"〉
                    〈xsd:enumeration value="and"/〉
                    〈xsd:enumeration value="or"/〉
                  〈/xsd:restriction〉
                〈/xsd:simpleType〉
              〈/xsd:attribute〉
              〈xsd:attribute ref="uof:locID" use="required" fixed="s0105"/〉
              〈xsd:attribute ref="uof:attrList" use="required" fixed="类型"/〉
            〈/xsd:complexType〉
          〈/xsd:element〉
        〈/xsd:choice〉
        〈xsd:attribute name="列号" type="xsd:int" use="required"〉
          〈xsd:annotation〉
            〈xsd:documentation〉当选择自动筛选后,可选择根据哪一列进行筛选〈/xsd:documen-
tation〉
          〈/xsd:annotation〉
        〈/xsd:attribute〉
        〈xsd:attribute ref="uof:locID" use="required" fixed="s0103"/〉
        〈xsd:attribute ref="uof:attrList" use="required" fixed="列号"/〉
      〈/xsd:complexType〉
    〈/xsd:element〉
    〈xsd:element name="条件区域" minOccurs="0"〉
      〈xsd:annotation〉
        〈xsd:documentation〉此区域首行视为标题行,此标题行值应对应用于筛选范围中的某一标
题列〈/xsd:documentation〉
      〈/xsd:annotation〉
      〈xsd:complexType〉
        〈xsd:simpleContent〉
          〈xsd:extension base="区域"〉
            〈xsd:attribute ref="uof:locID" use="required" fixed="s0108"/〉
```

```
        </xsd:extension>
      </xsd:simpleContent>
    </xsd:complexType>
  </xsd:element>
  <xsd:element name="结果区域" minOccurs="0">
    <xsd:annotation>
      <xsd:documentation>一般筛选在原来区域显示筛选结果,也可以将结果复制到另一区域</
xsd:documentation>
    </xsd:annotation>
    <xsd:complexType>
      <xsd:simpleContent>
        <xsd:extension base="区域">
          <xsd:attribute ref="uof:locID" use="required" fixed="s0109"/>
        </xsd:extension>
      </xsd:simpleContent>
    </xsd:complexType>
  </xsd:element>
</xsd:sequence>
<xsd:attribute name="类型">
  <xsd:simpleType>
    <xsd:restriction base="xsd:string">
      <xsd:enumeration value="advance"/>
      <xsd:enumeration value="auto"/>
    </xsd:restriction>
  </xsd:simpleType>
</xsd:attribute>
</xsd:complexType>
<xsd:complexType name="工作表属性类型">
  <xsd:sequence>
    <xsd:element name="标签前景色" minOccurs="0">
      <xsd:annotation>
        <xsd:documentation>标签名的字体颜色。</xsd:documentation>
      </xsd:annotation>
      <xsd:complexType>
        <xsd:simpleContent>
          <xsd:extension base="uof:颜色类型">
            <xsd:attribute ref="uof:locID" use="required" fixed="s0027"/>
          </xsd:extension>
        </xsd:simpleContent>
      </xsd:complexType>
    </xsd:element>
    <xsd:element name="标签背景色" minOccurs="0">
      <xsd:annotation>
```

```
        〈xsd:documentation〉标签的底色。〈/xsd:documentation〉
      〈/xsd:annotation〉
      〈xsd:complexType〉
        〈xsd:simpleContent〉
          〈xsd:extension base="uof:颜色类型"〉
            〈xsd:attribute ref="uof:locID" use="required" fixed="s0028"/〉
          〈/xsd:extension〉
        〈/xsd:simpleContent〉
      〈/xsd:complexType〉
    〈/xsd:element〉
    〈xsd:element name="页面设置" minOccurs="0"〉
      〈xsd:annotation〉
        〈xsd:documentation〉页面属性。〈/xsd:documentation〉
      〈/xsd:annotation〉
      〈xsd:complexType〉
        〈xsd:complexContent〉
          〈xsd:extension base="页面设置类型"〉
            〈xsd:attribute ref="uof:locID" use="required" fixed="s0029"/〉
            〈xsd:attribute ref="uof:attrList" use="required" fixed="名称"/〉
          〈/xsd:extension〉
        〈/xsd:complexContent〉
      〈/xsd:complexType〉
    〈/xsd:element〉
    〈xsd:element name="视图" minOccurs="0" maxOccurs="unbounded"〉
      〈xsd:annotation〉
        〈xsd:documentation〉在有多个窗口的情况下,每个工作表会有不同的设置。〈/xsd:documentation〉
      〈/xsd:annotation〉
      〈xsd:complexType〉
        〈xsd:sequence〉
          〈xsd:element name="选中" minOccurs="0"〉
            〈xsd:annotation〉
              〈xsd:documentation〉当前工作表是否被选中。〈/xsd:documentation〉
            〈/xsd:annotation〉
            〈xsd:complexType〉
              〈xsd:attribute name="值" type="xsd:boolean" use="required"/〉
              〈xsd:attribute ref="uof:locID" use="required" fixed="s0036"/〉
              〈xsd:attribute ref="uof:attrList" use="required" fixed="值"/〉
            〈/xsd:complexType〉
          〈/xsd:element〉
          〈xsd:choice〉
            〈xsd:element name="拆分" minOccurs="0"〉
              〈xsd:annotation〉
```

```
                <xsd:documentation>窗口拆分信息。</xsd:documentation>
            </xsd:annotation>
            <xsd:complexType>
                <xsd:attribute name="宽度" type="uof:长度类型" use="optional">
                    <xsd:annotation>
                        <xsd:documentation>列的拆分线距表格左上角的距离。</xsd:documenta-
tion>
                    </xsd:annotation>
                </xsd:attribute>
                <xsd:attribute name="高度" type="uof:长度类型" use="optional">
                    <xsd:annotation>
                        <xsd:documentation>行的拆分线距表格左上角的距离。</xsd:documenta-
tion>
                    </xsd:annotation>
                </xsd:attribute>
                <xsd:attribute ref="uof:locID" use="required" fixed="s0037"/>
                <xsd:attribute ref="uof:attrList" use="required" fixed="宽度 高度"/>
            </xsd:complexType>
        </xsd:element>
        <xsd:element name="冻结" minOccurs="0">
            <xsd:annotation>
                <xsd:documentation>窗口冻结信息。</xsd:documentation>
            </xsd:annotation>
            <xsd:complexType>
                <xsd:attribute name="行号" type="xsd:positiveInteger" use="optional">
                    <xsd:annotation>
                        <xsd:documentation>两条冻结线交叉点的行号，取前一行号，如冻结线位于
第一行和第二行之间，行号记录“1”。</xsd:documentation>
                    </xsd:annotation>
                </xsd:attribute>
                <xsd:attribute name="列号" type="xsd:positiveInteger" use="optional">
                    <xsd:annotation>
                        <xsd:documentation>两条冻结线交叉点的列号，取前一列号，如冻结线位于
第一列和第二列之间，列号记录“1”。</xsd:documentation>
                    </xsd:annotation>
                </xsd:attribute>
                <xsd:attribute ref="uof:locID" use="required" fixed="s0038"/>
                <xsd:attribute ref="uof:attrList" use="required" fixed="行号 列号"/>
            </xsd:complexType>
        </xsd:element>
    </xsd:choice>
    <xsd:element name="最上行" minOccurs="0">
        <xsd:annotation>
```

```
            〈xsd:documentation〉当前页面左上角单元格的行号,默认为第一行。〈/xsd:documentation〉
          〈/xsd:annotation〉
          〈xsd:complexType〉
            〈xsd:simpleContent〉
              〈xsd:extension base="xsd:positiveInteger"〉
                〈xsd:attribute ref="uof:locID" use="required" fixed="s0039"/〉
              〈/xsd:extension〉
            〈/xsd:simpleContent〉
          〈/xsd:complexType〉
        〈/xsd:element〉
        〈xsd:element name="最左列" minOccurs="0"〉
          〈xsd:annotation〉
            〈xsd:documentation〉当前页面左上角单元格的列号,默认为第一列。〈/xsd:documentation〉
          〈/xsd:annotation〉
          〈xsd:complexType〉
            〈xsd:simpleContent〉
              〈xsd:extension base="xsd:positiveInteger"〉
                〈xsd:attribute ref="uof:locID" use="required" fixed="s0040"/〉
              〈/xsd:extension〉
            〈/xsd:simpleContent〉
          〈/xsd:complexType〉
        〈/xsd:element〉
        〈xsd:element name="当前视图" minOccurs="0"〉
          〈xsd:annotation〉
            〈xsd:documentation〉当前视图,是普通视图还是分页预览视图。〈/xsd:documentation〉
          〈/xsd:annotation〉
          〈xsd:complexType〉
            〈xsd:attribute name="类型"〉
              〈xsd:simpleType〉
                〈xsd:restriction base="xsd:string"〉
                  〈xsd:enumeration value="normal"/〉
                  〈xsd:enumeration value="page"/〉
                〈/xsd:restriction〉
              〈/xsd:simpleType〉
            〈/xsd:attribute〉
            〈xsd:attribute ref="uof:locID" use="required" fixed="s0041"/〉
            〈xsd:attribute ref="uof:attrList" use="required"/〉
          〈/xsd:complexType〉
        〈/xsd:element〉
        〈xsd:element name="公式" minOccurs="0"〉
```

```
  〈xsd:annotation〉
    〈xsd:documentation〉显示公式而不是显示公式结果。〈/xsd:documentation〉
  〈/xsd:annotation〉
  〈xsd:complexType〉
    〈xsd:attribute name="值" type="xsd:boolean" use="required"/〉
    〈xsd:attribute ref="uof:locID" use="required" fixed="s0042"/〉
    〈xsd:attribute ref="uof:attrList" use="required" fixed="值"/〉
  〈/xsd:complexType〉
〈/xsd:element〉
〈xsd:element name="网格" minOccurs="0"〉
  〈xsd:annotation〉
    〈xsd:documentation〉显示网格线。〈/xsd:documentation〉
  〈/xsd:annotation〉
  〈xsd:complexType〉
    〈xsd:attribute name="值" type="xsd:boolean" use="required"/〉
    〈xsd:attribute ref="uof:locID" use="required" fixed="s0043"/〉
    〈xsd:attribute ref="uof:attrList" use="required" fixed="值"/〉
  〈/xsd:complexType〉
〈/xsd:element〉
〈xsd:element name="网格颜色" minOccurs="0"〉
  〈xsd:complexType〉
    〈xsd:simpleContent〉
      〈xsd:extension base="uof:颜色类型"〉
        〈xsd:attribute ref="uof:locID" use="required" fixed="s0044"/〉
      〈/xsd:extension〉
    〈/xsd:simpleContent〉
  〈/xsd:complexType〉
〈/xsd:element〉
〈xsd:element name="缩放" minOccurs="0"〉
  〈xsd:annotation〉
    〈xsd:documentation〉普通视图的缩放比率〈/xsd:documentation〉
  〈/xsd:annotation〉
  〈xsd:complexType〉
    〈xsd:simpleContent〉
      〈xsd:extension base="xsd:float"〉
        〈xsd:attribute ref="uof:locID" use="required" fixed="s0045"/〉
      〈/xsd:extension〉
    〈/xsd:simpleContent〉
  〈/xsd:complexType〉
〈/xsd:element〉
〈xsd:element name="分页缩放" minOccurs="0"〉
  〈xsd:annotation〉
    〈xsd:documentation〉分页视图的缩放比率〈/xsd:documentation〉
```

```
          </xsd:annotation>
          <xsd:complexType>
            <xsd:simpleContent>
              <xsd:extension base="xsd:float">
                <xsd:attribute ref="uof:locID" use="required" fixed="s0046"/>
              </xsd:extension>
            </xsd:simpleContent>
          </xsd:complexType>
        </xsd:element>
        <xsd:element name="选中区域" minOccurs="0">
          <xsd:annotation>
            <xsd:documentation>表格中选中的区域</xsd:documentation>
          </xsd:annotation>
          <xsd:complexType>
            <xsd:simpleContent>
              <xsd:extension base="区域">
                <xsd:attribute ref="uof:locID" use="required" fixed="s0047"/>
              </xsd:extension>
            </xsd:simpleContent>
          </xsd:complexType>
        </xsd:element>
      </xsd:sequence>
      <xsd:attribute name="窗口标识符" type="xsd:int"/>
      <xsd:attribute ref="uof:locID" use="required" fixed="s0035"/>
      <xsd:attribute ref="uof:attrList" use="required" fixed="窗口标识符"/>
    </xsd:complexType>
  </xsd:element>
 </xsd:sequence>
</xsd:complexType>
<xsd:complexType name="工作表内容类型">
 <xsd:sequence>
  <xsd:element name="列" minOccurs="0" maxOccurs="unbounded">
    <xsd:annotation>
      <xsd:documentation>非缺省的列属性。</xsd:documentation>
    </xsd:annotation>
    <xsd:complexType>
      <xsd:attribute name="列号" type="xsd:positiveInteger" use="optional"/>
      <xsd:attribute name="隐藏" type="xsd:boolean" use="optional">
        <xsd:annotation>
          <xsd:documentation>列是否隐藏。</xsd:documentation>
        </xsd:annotation>
      </xsd:attribute>
      <xsd:attribute name="列宽" type="uof:长度类型" use="optional">
```

〈xsd:annotation〉
〈xsd:documentation〉当列宽与缺省列宽不一样时,记录列的宽度。〈/xsd:documentation〉
〈/xsd:annotation〉
〈/xsd:attribute〉
〈xsd:attribute name="式样引用" type="xsd:IDREF" use="optional"〉
〈xsd:annotation〉
〈xsd:documentation〉整列的格式化信息。〈/xsd:documentation〉
〈/xsd:annotation〉
〈/xsd:attribute〉
〈xsd:attribute name="跨度" type="xsd:unsignedInt" use="optional"〉
〈xsd:annotation〉
〈xsd:documentation〉此列往后属性相同(包括隐藏,列宽)的列的个数。〈/xsd:documentation〉
〈/xsd:annotation〉
〈/xsd:attribute〉
〈xsd:attribute ref="uof:locID" use="required" fixed="s0048"/〉
〈xsd:attribute ref="uof:attrList" use="required" fixed="列号 隐藏 列宽 式样引用 跨度"/〉
〈/xsd:complexType〉
〈/xsd:element〉
〈xsd:element name="行" minOccurs="0" maxOccurs="unbounded"〉
〈xsd:annotation〉
〈xsd:documentation〉记录行的内容和属性。〈/xsd:documentation〉
〈/xsd:annotation〉
〈xsd:complexType〉
〈xsd:sequence〉
〈xsd:element name="单元格" minOccurs="0" maxOccurs="unbounded"〉
〈xsd:complexType〉
〈xsd:complexContent〉
〈xsd:extension base="单元格类型"〉
〈xsd:attribute ref="uof:locID" use="required" fixed="s0050"/〉
〈xsd:attribute ref="uof:attrList" use="required" fixed="列号 式样引用 超链接引用 合并列数 合并行数"/〉
〈/xsd:extension〉
〈/xsd:complexContent〉
〈/xsd:complexType〉
〈/xsd:element〉
〈/xsd:sequence〉
〈xsd:attribute name="行号" type="xsd:positiveInteger" use="optional"/〉
〈xsd:attribute name="隐藏" type="xsd:boolean" use="optional"〉
〈xsd:annotation〉
〈xsd:documentation〉行是否隐藏〈/xsd:documentation〉

```
        〈/xsd:annotation〉
      〈/xsd:attribute〉
      〈xsd:attribute name="行高" type="uof:长度类型" use="optional"〉
        〈xsd:annotation〉
          〈xsd:documentation〉与工作表标准行高不一样时才有此属性〈/xsd:documentation〉
        〈/xsd:annotation〉
      〈/xsd:attribute〉
      〈xsd:attribute name="式样引用" type="xsd:IDREF" use="optional"〉
        〈xsd:annotation〉
          〈xsd:documentation〉整行的格式化信息〈/xsd:documentation〉
        〈/xsd:annotation〉
      〈/xsd:attribute〉
      〈xsd:attribute name="跨度" type="xsd:unsignedInt" use="optional"〉
        〈xsd:annotation〉
          〈xsd:documentation〉此行向后属性相同(包括隐藏,行高)的行的个数。后面的行不再
记录属性,有内容时只记录单元格的内容。〈/xsd:documentation〉
        〈/xsd:annotation〉
      〈/xsd:attribute〉
      〈xsd:attribute ref="uof:locID" use="required" fixed="s0049"/〉
      〈xsd:attribute ref="uof:attrList" use="required" fixed="行号 隐藏 行高 式样引用 跨
度"/〉
    〈/xsd:complexType〉
  〈/xsd:element〉
  〈xsd:element ref="uof:锚点" minOccurs="0" maxOccurs="unbounded"/〉
  〈xsd:element ref="图表" minOccurs="0" maxOccurs="unbounded"〉
    〈xsd:annotation〉
      〈xsd:documentation〉锚点在工作表的图表对象。〈/xsd:documentation〉
    〈/xsd:annotation〉
  〈/xsd:element〉
  〈xsd:element name="分组集" minOccurs="0"〉
    〈xsd:annotation〉
      〈xsd:documentation〉工作表中的所有分组信息。〈/xsd:documentation〉
    〈/xsd:annotation〉
    〈xsd:complexType〉
      〈xsd:sequence〉
        〈xsd:element name="列" minOccurs="0" maxOccurs="unbounded"〉
          〈xsd:annotation〉
            〈xsd:documentation〉列方向的分组。〈/xsd:documentation〉
          〈/xsd:annotation〉
          〈xsd:complexType〉
            〈xsd:complexContent〉
              〈xsd:extension base="分组类型"〉
                〈xsd:attribute ref="uof:locID" use="required" fixed="s0099"/〉
```

```
                <xsd:attribute ref="uof:attrList" use="required" fixed="起始 终止 隐藏"/>
              </xsd:extension>
            </xsd:complexContent>
          </xsd:complexType>
        </xsd:element>
        <xsd:element name="行" minOccurs="0" maxOccurs="unbounded">
          <xsd:annotation>
            <xsd:documentation>行方向的分组。</xsd:documentation>
          </xsd:annotation>
          <xsd:complexType>
            <xsd:complexContent>
              <xsd:extension base="分组类型">
                <xsd:attribute ref="uof:locID" use="required" fixed="s0100"/>
                <xsd:attribute ref="uof:attrList" use="required" fixed="起始 终止 隐藏"/>
              </xsd:extension>
            </xsd:complexContent>
          </xsd:complexType>
        </xsd:element>
      </xsd:sequence>
      <xsd:attribute ref="uof:locID" use="required" fixed="s0098"/>
    </xsd:complexType>
  </xsd:element>
</xsd:sequence>
<xsd:attribute name="最大列" type="xsd:nonNegativeInteger" use="optional" default="0">
  <xsd:annotation>
    <xsd:documentation>工作表有内容的最大列</xsd:documentation>
  </xsd:annotation>
</xsd:attribute>
<xsd:attribute name="最大行" type="xsd:nonNegativeInteger" use="optional" default="0">
  <xsd:annotation>
    <xsd:documentation>工作表有内容的最大行</xsd:documentation>
  </xsd:annotation>
</xsd:attribute>
<xsd:attribute name="缺省行高" type="uof:长度类型" use="optional">
  <xsd:annotation>
    <xsd:documentation>缺省的行高</xsd:documentation>
  </xsd:annotation>
</xsd:attribute>
<xsd:attribute name="缺省列宽" type="uof:长度类型" use="optional">
  <xsd:annotation>
    <xsd:documentation>缺省的列宽</xsd:documentation>
  </xsd:annotation>
</xsd:attribute>
```

```
〈/xsd:complexType〉
〈xsd:element name="图表"〉
  〈xsd:annotation〉
    〈xsd:documentation〉锚点在单元格的图表对象〈/xsd:documentation〉
  〈/xsd:annotation〉
  〈xsd:complexType〉
    〈xsd:complexContent〉
      〈xsd:extension base="图表类型"〉
        〈xsd:attribute ref="uof:locID" use="required" fixed="s0055"/〉
        〈xsd:attribute ref="uof:attrList" use="required" fixed="类型 子类型 宽度 高度 x 坐标
y 坐标 随动方式"/〉
      〈/xsd:extension〉
    〈/xsd:complexContent〉
  〈/xsd:complexType〉
〈/xsd:element〉
〈xsd:element name="图形"〉
  〈xsd:annotation〉
    〈xsd:documentation〉锚点在单元格的图形对象〈/xsd:documentation〉
  〈/xsd:annotation〉
  〈xsd:complexType〉
    〈xsd:attribute name="图形引用" type="xsd:IDREF" use="optional"/〉
    〈xsd:attribute ref="uof:locID" use="required" fixed="s0054"/〉
    〈xsd:attribute ref="uof:attrList" use="required" fixed="图形引用"/〉
  〈/xsd:complexType〉
〈/xsd:element〉
〈xsd:element name="填充"〉
  〈xsd:complexType〉
    〈xsd:complexContent〉
      〈xsd:extension base="图:填充类型"〉
        〈xsd:attribute ref="uof:locID" use="required" fixed="s0058"/〉
      〈/xsd:extension〉
    〈/xsd:complexContent〉
  〈/xsd:complexType〉
〈/xsd:element〉
〈xsd:element name="字体"〉
  〈xsd:annotation〉
    〈xsd:documentation〉图表区的字体属性信息〈/xsd:documentation〉
  〈/xsd:annotation〉
  〈xsd:complexType〉
    〈xsd:complexContent〉
      〈xsd:extension base="字:句属性类型"〉
        〈xsd:attribute ref="uof:locID" use="required" fixed="s0059"/〉
        〈xsd:attribute ref="uof:attrList" use="required" fixed="式样引用"/〉
```

```
        〈/xsd:extension〉
      〈/xsd:complexContent〉
    〈/xsd:complexType〉
  〈/xsd:element〉
  〈xsd:element name="边框"〉
    〈xsd:annotation〉
      〈xsd:documentation〉图例的边框〈/xsd:documentation〉
    〈/xsd:annotation〉
    〈xsd:complexType〉
      〈xsd:complexContent〉
        〈xsd:extension base="uof:边框线类型"〉
          〈xsd:attribute ref="uof:locID" use="required" fixed="s0057"/〉
          〈xsd:attribute ref="uof:attrList" use="required" fixed="类型 宽度 边距 颜色 阴影"/〉
        〈/xsd:extension〉
      〈/xsd:complexContent〉
    〈/xsd:complexType〉
  〈/xsd:element〉
  〈xsd:element name="对齐"〉
    〈xsd:annotation〉
      〈xsd:documentation〉标题文本的对齐方式〈/xsd:documentation〉
    〈/xsd:annotation〉
    〈xsd:complexType〉
      〈xsd:complexContent〉
        〈xsd:extension base="对齐格式类型"〉
          〈xsd:attribute ref="uof:locID" use="required" fixed="s0020"/〉
        〈/xsd:extension〉
      〈/xsd:complexContent〉
    〈/xsd:complexType〉
  〈/xsd:element〉
  〈xsd:element name="线型"〉
    〈xsd:annotation〉
      〈xsd:documentation〉坐标线的格式化信息。〈/xsd:documentation〉
    〈/xsd:annotation〉
    〈xsd:complexType〉
      〈xsd:complexContent〉
        〈xsd:extension base="uof:边框线类型"〉
          〈xsd:attribute ref="uof:locID" use="required" fixed="s0062"/〉
          〈xsd:attribute ref="uof:attrList" use="required" fixed="类型 宽度 边距 颜色 阴影"/〉
        〈/xsd:extension〉
      〈/xsd:complexContent〉
    〈/xsd:complexType〉
  〈/xsd:element〉
  〈xsd:element name="区域"〉
```

〈xsd:annotation〉

〈xsd:documentation〉此范围为一 RC 区域值,如'工作表 1'! $B$9:$E$17,当作用区域交叉时,后面的作用区域覆盖前面交叉部分的作用区域。〈/xsd:documentation〉

〈/xsd:annotation〉

〈xsd:complexType〉

〈xsd:simpleContent〉

〈xsd:extension base="区域"〉

〈xsd:attribute ref="uof:locID" use="required" fixed="s0007"/〉

〈/xsd:extension〉

〈/xsd:simpleContent〉

〈/xsd:complexType〉

〈/xsd:element〉

〈xsd:element name="操作码"〉

〈xsd:annotation〉

〈xsd:documentation〉校验条件的比较运算符,可选择的比较运算符取决于已决定的校验类型〈/xsd:documentation〉

〈/xsd:annotation〉

〈xsd:complexType〉

〈xsd:simpleContent〉

〈xsd:extension base="条件操作符"〉

〈xsd:attribute ref="uof:locID" use="required" fixed="s0009"/〉

〈/xsd:extension〉

〈/xsd:simpleContent〉

〈/xsd:complexType〉

〈/xsd:element〉

〈xsd:element name="第一操作数"〉

〈xsd:annotation〉

〈xsd:documentation〉操作码为二元操作符时,指第一个操作数,一元操作时为操作数,可以为公式、数值、日期、时间或区域等。〈/xsd:documentation〉

〈/xsd:annotation〉

〈xsd:complexType〉

〈xsd:simpleContent〉

〈xsd:extension base="单元格值"〉

〈xsd:attribute ref="uof:locID" use="required" fixed="s0010"/〉

〈/xsd:extension〉

〈/xsd:simpleContent〉

〈/xsd:complexType〉

〈/xsd:element〉

〈xsd:element name="第二操作数"〉

〈xsd:annotation〉

〈xsd:documentation〉二元操作时,第二个操作数。〈/xsd:documentation〉

〈/xsd:annotation〉

〈xsd:complexType〉

```
<xsd:simpleContent>
  <xsd:extension base="单元格值">
    <xsd:attribute ref="uof:locID" use="required" fixed="s0011"/>
  </xsd:extension>
</xsd:simpleContent>
</xsd:complexType>
</xsd:element>
</xsd:schema>
```

A.4 演.xsd

```
<?xml version="1.0" encoding="UTF-8"?>
<xsd:schema xmlns="http://schemas.uof.org/cn/2003/uof-slideshow"
xmlns:xsd="http://www.w3.org/2001/XMLSchema"
xmlns:svg="http://www.w3.org/2003/svg"
xmlns:uof="http://schemas.uof.org/cn/2003/uof"
xmlns:图="http://schemas.uof.org/cn/2003/graph"
xmlns:字="http://schemas.uof.org/cn/2003/uof-wordproc"
targetNamespace="http://schemas.uof.org/cn/2003/uof-slideshow"
elementFormDefault="qualified" attributeFormDefault="qualified" version="1.0">
  <xsd:annotation>
    <xsd:documentation>
    中文办公软件格式标准演示文稿部分。© 2003 United Office Format 版权所有。© 2003 United Office Format. All rights reserved.
    版本:1.0。Version 1.0
    内部版本:060803。Internal version: 060803
    </xsd:documentation>
  </xsd:annotation>
  <xsd:import namespace="http://schemas.uof.org/cn/2003/uof" schemaLocation="uof.xsd"/>
  <xsd:import namespace="http://schemas.uof.org/cn/2003/uof-wordproc" schemaLocation="字.xsd"/>
  <xsd:import namespace="http://schemas.uof.org/cn/2003/graph" schemaLocation="图.xsd"/>
  <!--最后 locID 编号:p0134-->
  <xsd:element name="背景">
    <xsd:complexType>
      <xsd:complexContent>
        <xsd:extension base="图:填充类型">
          <xsd:attribute ref="uof:locID" use="required" fixed="p0057"/>
        </xsd:extension>
      </xsd:complexContent>
    </xsd:complexType>
  </xsd:element>
  <xsd:element name="声音">
    <xsd:complexType>
```

```
    <xsd:attribute ref="uof:locID" use="required" fixed="p0061"/>
    <xsd:attribute name="预定义声音" use="optional" default="none">
      <xsd:annotation>
        <xsd:documentation>预定义的声音样本,如掌声、鼓声……。</xsd:documentation>
      </xsd:annotation>
      <xsd:simpleType>
        <xsd:restriction base="xsd:string">
          <xsd:enumeration value="none"/>
          <xsd:enumeration value="stop previous sound"/>
          <xsd:enumeration value="applause"/>
          <xsd:enumeration value="arrow"/>
          <xsd:enumeration value="bomb"/>
          <xsd:enumeration value="breeze"/>
          <xsd:enumeration value="camera"/>
          <xsd:enumeration value="cash register"/>
          <xsd:enumeration value="chime"/>
          <xsd:enumeration value="click"/>
          <xsd:enumeration value="coin"/>
          <xsd:enumeration value="drum roll"/>
          <xsd:enumeration value="explosion"/>
          <xsd:enumeration value="hammer"/>
          <xsd:enumeration value="laser"/>
          <xsd:enumeration value="push"/>
          <xsd:enumeration value="suction"/>
          <xsd:enumeration value="typewriter"/>
          <xsd:enumeration value="voltage"/>
          <xsd:enumeration value="whoosh"/>
          <xsd:enumeration value="wind"/>
        </xsd:restriction>
      </xsd:simpleType>
    </xsd:attribute>
    <xsd:attribute name="自定义声音" type="xsd:string" use="optional">
      <xsd:annotation>
        <xsd:documentation>声音文件路径,表示自定义的声音。</xsd:documentation>
      </xsd:annotation>
    </xsd:attribute>
    <xsd:attribute ref="uof:attrList" use="required" fixed="预定义声音 自定义声音"/>
  </xsd:complexType>
</xsd:element>
<xsd:complexType name="演示文档类型">
  <xsd:annotation>
    <xsd:documentation>定义演示文档的内容模型。</xsd:documentation>
  </xsd:annotation>
```

```
〈xsd:sequence〉
  〈xsd:element name="公用处理规则"〉
    〈xsd:annotation〉
      〈xsd:documentation〉演示文档的相关公用设置:如页面、放映、版式、配色方案等设置信息。〈/xsd:documentation〉
    〈/xsd:annotation〉
    〈xsd:complexType〉
      〈xsd:sequence〉
        〈xsd:element name="度量单位" minOccurs="0"〉
          〈xsd:annotation〉
            〈xsd:documentation〉文档使用的长度单位。文档中的绝对长度量均使用该单位。〈/xsd:documentation〉
          〈/xsd:annotation〉
          〈xsd:complexType〉
            〈xsd:simpleContent〉
              〈xsd:extension base="uof:度量单位类型"〉
                〈xsd:attribute ref="uof:locID" use="required" fixed="p0055"/〉
              〈/xsd:extension〉
            〈/xsd:simpleContent〉
          〈/xsd:complexType〉
        〈/xsd:element〉
        〈xsd:element name="页面设置集"〉
          〈xsd:annotation〉
            〈xsd:documentation〉被每个母版直接引用。〈/xsd:documentation〉
          〈/xsd:annotation〉
          〈xsd:complexType〉
            〈xsd:sequence〉
              〈xsd:element name="页面设置" maxOccurs="unbounded"〉
                〈xsd:annotation〉
                  〈xsd:documentation〉物理页面几何特性〈/xsd:documentation〉
                〈/xsd:annotation〉
                〈xsd:complexType〉
                  〈xsd:complexContent〉
                    〈xsd:extension base="页面设置类型"〉
                      〈xsd:attribute ref="uof:locID" use="required" fixed="p0002"/〉
                      〈xsd:attribute ref="uof:attrList" use="required" fixed="标识符 名称"/〉
                    〈/xsd:extension〉
                  〈/xsd:complexContent〉
                〈/xsd:complexType〉
              〈/xsd:element〉
            〈/xsd:sequence〉
            〈xsd:attribute ref="uof:locID" use="required" fixed="p0001"/〉
```

```
        </xsd:complexType>
      </xsd:element>
      <xsd:element name="配色方案集" minOccurs="0">
        <xsd:annotation>
          <xsd:documentation>配色方案集合。</xsd:documentation>
        </xsd:annotation>
        <xsd:complexType>
          <xsd:sequence>
            <xsd:element name="配色方案" maxOccurs="unbounded">
              <xsd:annotation>
                <xsd:documentation>必须至少有一个配色方案。</xsd:documentation>
              </xsd:annotation>
              <xsd:complexType>
                <xsd:complexContent>
                  <xsd:extension base="配色方案类型">
                    <xsd:attribute name="类型" use="optional">
                      <xsd:simpleType>
                        <xsd:restriction base="xsd:string">
                          <xsd:enumeration value="standard"/>
                          <xsd:enumeration value="custom"/>
                        </xsd:restriction>
                      </xsd:simpleType>
                    </xsd:attribute>
                    <xsd:attribute ref="uof:locID" use="required" fixed="p0008"/>
                    <xsd:attribute ref="uof:attrList" use="required" fixed="标识符 名
称 类型"/>
                  </xsd:extension>
                </xsd:complexContent>
              </xsd:complexType>
            </xsd:element>
          </xsd:sequence>
          <xsd:attribute ref="uof:locID" use="required" fixed="p0007"/>
        </xsd:complexType>
      </xsd:element>
      <xsd:element name="页面版式集" minOccurs="0">
        <xsd:annotation>
          <xsd:documentation>页面版式集合。</xsd:documentation>
        </xsd:annotation>
        <xsd:complexType>
          <xsd:sequence>
            <xsd:element name="页面版式" maxOccurs="unbounded">
              <xsd:annotation>
                <xsd:documentation>幻灯片页引用[如果少之，则幻灯片母版相应信息丢
```

```
失]。该版式由占位符图形表示。〈/xsd:documentation〉
                〈/xsd:annotation〉
                〈xsd:complexType〉
                  〈xsd:complexContent〉
                    〈xsd:extension base="页面版式类型"〉
                      〈xsd:attribute ref="uof:locID" use="required" fixed="p0018"/〉
                      〈xsd:attribute ref="uof:attrList" use="required" fixed="标识符 名称"/〉
                    〈/xsd:extension〉
                  〈/xsd:complexContent〉
                〈/xsd:complexType〉
              〈/xsd:element〉
            〈/xsd:sequence〉
            〈xsd:attribute ref="uof:locID" use="required" fixed="p0017"/〉
          〈/xsd:complexType〉
        〈/xsd:element〉
        〈xsd:element name="文本式样集" minOccurs="0"〉
          〈xsd:annotation〉
            〈xsd:documentation〉幻灯片母版中的文本式样集合。〈/xsd:documentation〉
          〈/xsd:annotation〉
          〈xsd:complexType〉
            〈xsd:sequence〉
              〈xsd:element name="文本式样" maxOccurs="unbounded"〉
                〈xsd:annotation〉
                  〈xsd:documentation〉用于在幻灯片母版中指定各编号段落的式样,避免使用太多锚点而带来不便。〈/xsd:documentation〉
                〈/xsd:annotation〉
                〈xsd:complexType〉
                  〈xsd:complexContent〉
                    〈xsd:extension base="文本式样类型"〉
                      〈xsd:attribute ref="uof:locID" use="required" fixed="p0132"/〉
                      〈xsd:attribute ref="uof:attrList" use="required" fixed="标识符 名称"/〉
                    〈/xsd:extension〉
                  〈/xsd:complexContent〉
                〈/xsd:complexType〉
              〈/xsd:element〉
            〈/xsd:sequence〉
            〈xsd:attribute ref="uof:locID" use="required" fixed="p0131"/〉
          〈/xsd:complexType〉
        〈/xsd:element〉
        〈xsd:element name="显示比例" minOccurs="0"〉
          〈xsd:annotation〉
```

```
                〈xsd:documentation〉显示比例。〈/xsd:documentation〉
              〈/xsd:annotation〉
              〈xsd:complexType〉
                〈xsd:simpleContent〉
                  〈xsd:extension base="xsd:positiveInteger"〉
                    〈xsd:attribute ref="uof:locID" use="required" fixed="p0020"/〉
                  〈/xsd:extension〉
                〈/xsd:simpleContent〉
              〈/xsd:complexType〉
            〈/xsd:element〉
            〈xsd:element name="放映设置" minOccurs="0"〉
              〈xsd:annotation〉
                〈xsd:documentation〉幻灯片放映时的基本设置。〈/xsd:documentation〉
              〈/xsd:annotation〉
              〈xsd:complexType〉
                〈xsd:complexContent〉
                  〈xsd:extension base="放映设置类型"〉
                    〈xsd:attribute ref="uof:locID" use="required" fixed="p0021"/〉
                  〈/xsd:extension〉
                〈/xsd:complexContent〉
              〈/xsd:complexType〉
            〈/xsd:element〉
          〈/xsd:sequence〉
          〈xsd:attribute ref="uof:locID" use="required" fixed="p0000"/〉
        〈/xsd:complexType〉
      〈/xsd:element〉
      〈xsd:element name="主体"〉
        〈xsd:annotation〉
          〈xsd:documentation〉文档的主体内容。〈/xsd:documentation〉
        〈/xsd:annotation〉
        〈xsd:complexType〉
          〈xsd:complexContent〉
            〈xsd:extension base="主体类型"〉
              〈xsd:attribute ref="uof:locID" use="required" fixed="p0034"/〉
            〈/xsd:extension〉
          〈/xsd:complexContent〉
        〈/xsd:complexType〉
      〈/xsd:element〉
    〈/xsd:sequence〉
  〈/xsd:complexType〉
  〈xsd:complexType name="主体类型"〉
    〈xsd:annotation〉
      〈xsd:documentation〉定义演示文档的主体内容:幻灯片及其母版等。〈/xsd:documentation〉
```

```
    〈/xsd:annotation〉
    〈xsd:sequence〉
      〈xsd:element name="母版集"〉
        〈xsd:annotation〉
          〈xsd:documentation〉母版集合。〈/xsd:documentation〉
        〈/xsd:annotation〉
        〈xsd:complexType〉
          〈xsd:sequence〉
            〈xsd:element name="母版" maxOccurs="unbounded"〉
              〈xsd:annotation〉
                〈xsd:documentation〉其中锚点信息描述母版中的各种对象。包括普通图形[特注：
当该图形为讲义母版上的缩略图时,该缩略图可用图形表示]以及用于标题、子标题、页眉、页脚、时间或
数字占位符图形,常见的为占位符类型的文本框。它不同于普通的文本框等图形,占位符图形是不能被
复制的。〈/xsd:documentation〉
              〈/xsd:annotation〉
              〈xsd:complexType〉
                〈xsd:complexContent〉
                  〈xsd:extension base="母版类型"〉
                    〈xsd:attribute ref="uof:locID" use="required" fixed="p0036"/〉
                    〈xsd:attribute ref="uof:attrList" use="required" fixed="标识符 名称 类型
页面设置引用 配色方案引用 页面版式引用 文本式样引用"/〉
                  〈/xsd:extension〉
                〈/xsd:complexContent〉
              〈/xsd:complexType〉
            〈/xsd:element〉
          〈/xsd:sequence〉
          〈xsd:attribute ref="uof:locID" use="required" fixed="p0035"/〉
        〈/xsd:complexType〉
      〈/xsd:element〉
      〈xsd:element name="幻灯片集"〉
        〈xsd:annotation〉
          〈xsd:documentation〉幻灯片集合。〈/xsd:documentation〉
        〈/xsd:annotation〉
        〈xsd:complexType〉
          〈xsd:sequence〉
            〈xsd:element name="幻灯片" minOccurs="0" maxOccurs="unbounded"〉
              〈xsd:annotation〉
                〈xsd:documentation〉定义每一个幻灯片的内容。〈/xsd:documentation〉
              〈/xsd:annotation〉
              〈xsd:complexType〉
                〈xsd:complexContent〉
                  〈xsd:extension base="幻灯片类型"〉
                    〈xsd:attribute ref="uof:locID" use="required" fixed="p0040"/〉
```

```
            〈xsd:attribute ref="uof:attrList" use="required" fixed="名称 标识符 母版
引用 配色方案引用 页面版式引用 显示 显示背景 显示背景对象"/〉
          〈/xsd:extension〉
        〈/xsd:complexContent〉
      〈/xsd:complexType〉
    〈/xsd:element〉
   〈/xsd:sequence〉
   〈xsd:attribute ref="uof:locID" use="required" fixed="p0039"/〉
  〈/xsd:complexType〉
 〈/xsd:element〉
〈/xsd:sequence〉
〈/xsd:complexType〉
〈xsd:complexType name="配色方案类型"〉
 〈xsd:annotation〉
  〈xsd:documentation〉定义幻灯片及其母版上各种对象的颜色。〈/xsd:documentation〉
 〈/xsd:annotation〉
 〈xsd:sequence〉
  〈xsd:element name="背景色" minOccurs="0"〉
   〈xsd:complexType〉
    〈xsd:simpleContent〉
     〈xsd:extension base="uof:颜色类型"〉
      〈xsd:attribute ref="uof:locID" use="required" fixed="p0009"/〉
     〈/xsd:extension〉
    〈/xsd:simpleContent〉
   〈/xsd:complexType〉
  〈/xsd:element〉
  〈xsd:element name="文本和线条" minOccurs="0"〉
   〈xsd:complexType〉
    〈xsd:simpleContent〉
     〈xsd:extension base="uof:颜色类型"〉
      〈xsd:attribute ref="uof:locID" use="required" fixed="p0010"/〉
     〈/xsd:extension〉
    〈/xsd:simpleContent〉
   〈/xsd:complexType〉
  〈/xsd:element〉
  〈xsd:element name="阴影" minOccurs="0"〉
   〈xsd:complexType〉
    〈xsd:simpleContent〉
     〈xsd:extension base="uof:颜色类型"〉
      〈xsd:attribute ref="uof:locID" use="required" fixed="p0011"/〉
     〈/xsd:extension〉
    〈/xsd:simpleContent〉
   〈/xsd:complexType〉
```

```
</xsd:element>
<xsd:element name="标题文本" minOccurs="0">
  <xsd:complexType>
    <xsd:simpleContent>
      <xsd:extension base="uof:颜色类型">
        <xsd:attribute ref="uof:locID" use="required" fixed="p0012"/>
      </xsd:extension>
    </xsd:simpleContent>
  </xsd:complexType>
</xsd:element>
<xsd:element name="填充" minOccurs="0">
  <xsd:complexType>
    <xsd:simpleContent>
      <xsd:extension base="uof:颜色类型">
        <xsd:attribute ref="uof:locID" use="required" fixed="p0013"/>
      </xsd:extension>
    </xsd:simpleContent>
  </xsd:complexType>
</xsd:element>
<xsd:element name="强调" minOccurs="0">
  <xsd:complexType>
    <xsd:simpleContent>
      <xsd:extension base="uof:颜色类型">
        <xsd:attribute ref="uof:locID" use="required" fixed="p0014"/>
      </xsd:extension>
    </xsd:simpleContent>
  </xsd:complexType>
</xsd:element>
<xsd:element name="强调和超级链接" minOccurs="0">
  <xsd:complexType>
    <xsd:simpleContent>
      <xsd:extension base="uof:颜色类型">
        <xsd:attribute ref="uof:locID" use="required" fixed="p0015"/>
      </xsd:extension>
    </xsd:simpleContent>
  </xsd:complexType>
</xsd:element>
<xsd:element name="强调和尾随超级链接" minOccurs="0">
  <xsd:complexType>
    <xsd:simpleContent>
      <xsd:extension base="uof:颜色类型">
        <xsd:attribute ref="uof:locID" use="required" fixed="p0016"/>
      </xsd:extension>
```

```
        </xsd:simpleContent>
      </xsd:complexType>
    </xsd:element>
  </xsd:sequence>
  <xsd:attribute name="标识符" type="xsd:ID" use="optional"/>
  <xsd:attribute name="名称" type="xsd:string" use="optional"/>
</xsd:complexType>
<xsd:complexType name="放映设置类型">
  <xsd:annotation>
    <xsd:documentation>定义幻灯片播放的一些设置,如放映顺序等。</xsd:documentation>
  </xsd:annotation>
  <xsd:sequence>
    <xsd:element name="幻灯片序列" minOccurs="0" maxOccurs="unbounded">
      <xsd:annotation>
        <xsd:documentation>自定义幻灯片序列或默认序列。</xsd:documentation>
      </xsd:annotation>
      <xsd:complexType>
        <xsd:simpleContent>
          <xsd:extension base="xsd:IDREFS">
            <xsd:attribute name="标识符" type="xsd:ID" use="required"/>
            <xsd:attribute name="名称" type="xsd:string" use="optional"/>
            <xsd:attribute name="自定义" type="xsd:boolean" use="optional"/>
            <xsd:attribute ref="uof:locID" use="required" fixed="p0022"/>
            <xsd:attribute ref="uof:attrList" use="required" fixed="标识符 名称 自定义"/>
          </xsd:extension>
        </xsd:simpleContent>
      </xsd:complexType>
    </xsd:element>
    <xsd:element name="放映顺序" minOccurs="0">
      <xsd:annotation>
        <xsd:documentation>放映顺序。</xsd:documentation>
      </xsd:annotation>
      <xsd:complexType>
        <xsd:attribute name="名称" type="xsd:string" use="optional"/>
        <xsd:attribute name="序列引用" type="xsd:IDREF" use="optional"/>
        <xsd:attribute ref="uof:locID" use="required" fixed="p0023"/>
        <xsd:attribute ref="uof:attrList" use="required" fixed="名称 序列引用"/>
      </xsd:complexType>
    </xsd:element>
    <xsd:element name="全屏放映" default="true" minOccurs="0">
      <xsd:annotation>
        <xsd:documentation>是否全屏放映。</xsd:documentation>
      </xsd:annotation>
```

```
<xsd:complexType>
  <xsd:simpleContent>
    <xsd:extension base="xsd:boolean">
      <xsd:attribute ref="uof:locID" use="required" fixed="p0024"/>
    </xsd:extension>
  </xsd:simpleContent>
</xsd:complexType>
</xsd:element>
<xsd:element name="循环放映" default="false" minOccurs="0">
  <xsd:annotation>
    <xsd:documentation>是否循环放映。</xsd:documentation>
  </xsd:annotation>
  <xsd:complexType>
    <xsd:simpleContent>
      <xsd:extension base="xsd:boolean">
        <xsd:attribute ref="uof:locID" use="required" fixed="p0025"/>
      </xsd:extension>
    </xsd:simpleContent>
  </xsd:complexType>
</xsd:element>
<xsd:element name="放映间隔" minOccurs="0">
  <xsd:annotation>
    <xsd:documentation>放映完成后到重新放映的时间。</xsd:documentation>
  </xsd:annotation>
  <xsd:complexType>
    <xsd:simpleContent>
      <xsd:extension base="xsd:duration">
        <xsd:attribute ref="uof:locID" use="required" fixed="p0026"/>
      </xsd:extension>
    </xsd:simpleContent>
  </xsd:complexType>
</xsd:element>
<xsd:element name="手动方式" default="false" minOccurs="0">
  <xsd:annotation>
    <xsd:documentation>true 为手动方式,否则为自动方式。</xsd:documentation>
  </xsd:annotation>
  <xsd:complexType>
    <xsd:simpleContent>
      <xsd:extension base="xsd:boolean">
        <xsd:attribute ref="uof:locID" use="required" fixed="p0027"/>
      </xsd:extension>
    </xsd:simpleContent>
  </xsd:complexType>
```

```
    〈/xsd:element〉
    〈xsd:element name="导航帮助" default="false" minOccurs="0"〉
      〈xsd:annotation〉
        〈xsd:documentation〉使用导航帮助。〈/xsd:documentation〉
      〈/xsd:annotation〉
      〈xsd:complexType〉
        〈xsd:simpleContent〉
          〈xsd:extension base="xsd:boolean"〉
            〈xsd:attribute ref="uof:locID" use="required" fixed="p0029"/〉
          〈/xsd:extension〉
        〈/xsd:simpleContent〉
      〈/xsd:complexType〉
    〈/xsd:element〉
    〈xsd:element name="放映动画" default="true" minOccurs="0"〉
      〈xsd:annotation〉
        〈xsd:documentation〉指定是否放映动画。〈/xsd:documentation〉
      〈/xsd:annotation〉
      〈xsd:complexType〉
        〈xsd:simpleContent〉
          〈xsd:extension base="xsd:boolean"〉
            〈xsd:attribute ref="uof:locID" use="required" fixed="p0030"/〉
          〈/xsd:extension〉
        〈/xsd:simpleContent〉
      〈/xsd:complexType〉
    〈/xsd:element〉
    〈xsd:element name="前端显示" default="false" minOccurs="0"〉
      〈xsd:annotation〉
        〈xsd:documentation〉放映时始终在最前端显示。〈/xsd:documentation〉
      〈/xsd:annotation〉
      〈xsd:complexType〉
        〈xsd:simpleContent〉
          〈xsd:extension base="xsd:boolean"〉
            〈xsd:attribute ref="uof:locID" use="required" fixed="p0031"/〉
          〈/xsd:extension〉
        〈/xsd:simpleContent〉
      〈/xsd:complexType〉
    〈/xsd:element〉
    〈xsd:element name="背景音乐" minOccurs="0"〉
      〈xsd:annotation〉
        〈xsd:documentation〉如果该元素存在,则播放背景音乐。元素内容为音乐文件路径。
〈/xsd:documentation〉
      〈/xsd:annotation〉
      〈xsd:complexType〉
```

〈xsd:attribute ref="uof:locID" use="required" fixed="p0033"/〉
〈/xsd:complexType〉
〈/xsd:element〉
〈/xsd:sequence〉
〈/xsd:complexType〉
〈xsd:complexType name="文本式样类型"〉
〈xsd:annotation〉
〈xsd:documentation〉用于在幻灯片母版中指定各编号段落的式样，避免使用太多锚点而带来不便。在式样集中使用。〈/xsd:documentation〉
〈/xsd:annotation〉
〈xsd:sequence〉
〈xsd: element name = "段落式样" type = "字:段落式样类型" minOccurs = "0" maxOccurs="unbounded"/〉
〈/xsd:sequence〉
〈xsd:attribute name="标识符" type="xsd:ID" use="required"/〉
〈xsd:attribute name="名称" type="xsd:string"/〉
〈/xsd:complexType〉
〈xsd:complexType name="幻灯片类型"〉
〈xsd:annotation〉
〈xsd:documentation〉定义幻灯片内容。〈/xsd:documentation〉
〈/xsd:annotation〉
〈xsd:sequence〉
〈xsd:element ref="uof:锚点" minOccurs="0" maxOccurs="unbounded"〉
〈xsd:annotation〉
〈xsd:documentation〉幻灯片上的图形对象。〈/xsd:documentation〉
〈/xsd:annotation〉
〈/xsd:element〉
〈xsd:element name="动画" minOccurs="0"〉
〈xsd:annotation〉
〈xsd:documentation〉动画内容由多个动画序列组成。〈/xsd:documentation〉
〈/xsd:annotation〉
〈xsd:complexType〉
〈xsd:sequence〉
〈xsd:element name="序列" maxOccurs="unbounded"〉
〈xsd:annotation〉
〈xsd:documentation〉动画内容〈/xsd:documentation〉
〈/xsd:annotation〉
〈xsd:complexType〉
〈xsd:complexContent〉
〈xsd:extension base="动画类型"〉
〈xsd:attribute ref="uof:locID" use="required" fixed="p0043"/〉
〈xsd:attribute name="段落引用" type="xsd:IDREFS" use="optional"/〉
〈xsd:attribute name="动画对象" type="xsd:IDREFS" use="optional"〉

```
                    〈xsd:annotation〉
                      〈xsd:documentation〉多个对象引用表示组合对象。〈/xsd:documentation〉
                    〈/xsd:annotation〉
                  〈/xsd:attribute〉
                  〈xsd:attribute ref="uof:attrList" use="required" fixed="段落引用 动画对
象"/〉
                〈/xsd:extension〉
              〈/xsd:complexContent〉
            〈/xsd:complexType〉
          〈/xsd:element〉
        〈/xsd:sequence〉
        〈xsd:attribute ref="uof:locID" use="required" fixed="p0042"/〉
      〈/xsd:complexType〉
    〈/xsd:element〉
    〈xsd:element name="幻灯片备注" minOccurs="0"〉
      〈xsd:annotation〉
        〈xsd:documentation〉幻灯片备注信息。〈/xsd:documentation〉
      〈/xsd:annotation〉
      〈xsd:complexType〉
        〈xsd:complexContent〉
          〈xsd:extension base="幻灯片备注类型"〉
            〈xsd:attribute ref="uof:locID" use="required" fixed="p0054"/〉
            〈xsd:attribute ref="uof:attrList" use="required" fixed="备注母版引用"/〉
          〈/xsd:extension〉
        〈/xsd:complexContent〉
      〈/xsd:complexType〉
    〈/xsd:element〉
    〈xsd:element ref="背景" minOccurs="0"/〉
    〈xsd:element name="切换" minOccurs="0"〉
      〈xsd:annotation〉
        〈xsd:documentation〉幻灯片切换相关信息。〈/xsd:documentation〉
      〈/xsd:annotation〉
      〈xsd:complexType〉
        〈xsd:sequence〉
          〈xsd:element ref="声音" minOccurs="0"/〉
          〈xsd:element name="方式" minOccurs="0"〉
            〈xsd:annotation〉
              〈xsd:documentation〉幻灯片切换的方式。〈/xsd:documentation〉
            〈/xsd:annotation〉
            〈xsd:complexType〉
              〈xsd:sequence〉
                〈xsd:element name="单击鼠标"〉
                  〈xsd:annotation〉
```

```
                  <xsd:documentation>是否采用单击鼠标切换。</xsd:documentation>
                </xsd:annotation>
                <xsd:complexType>
                  <xsd:simpleContent>
                    <xsd:extension base="xsd:boolean">
                      <xsd:attribute ref="uof:locID" use="required" fixed="p0065"/>
                    </xsd:extension>
                  </xsd:simpleContent>
                </xsd:complexType>
              </xsd:element>
              <xsd:element name="时间间隔" minOccurs="0">
                <xsd:annotation>
                  <xsd:documentation>若干时间之后自动切换。如果不出现，表示非自动切换。</xsd:documentation>
                </xsd:annotation>
                <xsd:complexType>
                  <xsd:simpleContent>
                    <xsd:extension base="xsd:float">
                      <xsd:attribute ref="uof:locID" use="required" fixed="p0066"/>
                    </xsd:extension>
                  </xsd:simpleContent>
                </xsd:complexType>
              </xsd:element>
            </xsd:sequence>
            <xsd:attribute ref="uof:locID" use="required" fixed="p0062"/>
          </xsd:complexType>
        </xsd:element>
      </xsd:sequence>
      <xsd:attribute ref="uof:locID" use="required" fixed="p0058"/>
      <xsd:attribute name="效果" use="optional" default="none">
        <xsd:simpleType>
          <xsd:restriction base="xsd:string">
            <xsd:enumeration value="none"/>
            <xsd:enumeration value="blinds horizontal"/>
            <xsd:enumeration value="blinds vertical"/>
            <xsd:enumeration value="box in"/>
            <xsd:enumeration value="box out"/>
            <xsd:enumeration value="checkerboard across"/>
            <xsd:enumeration value="checkerboard down"/>
            <xsd:enumeration value="comb horizontal"/>
            <xsd:enumeration value="comb vertical"/>
            <xsd:enumeration value="cover down"/>
            <xsd:enumeration value="cover left"/>
```

```
〈xsd:enumeration value="cover right"/〉
〈xsd:enumeration value="cover up"/〉
〈xsd:enumeration value="cover left-down"/〉
〈xsd:enumeration value="cover left-up"/〉
〈xsd:enumeration value="cover right-down"/〉
〈xsd:enumeration value="cover right-up"/〉
〈xsd:enumeration value="cut"/〉
〈xsd:enumeration value="cut through black"/〉
〈xsd:enumeration value="dissolve"/〉
〈xsd:enumeration value="fade smoothly"/〉
〈xsd:enumeration value="fade through black"/〉
〈xsd:enumeration value="newsflash"/〉
〈xsd:enumeration value="push down"/〉
〈xsd:enumeration value="push left"/〉
〈xsd:enumeration value="push right"/〉
〈xsd:enumeration value="push up"/〉
〈xsd:enumeration value="random bars horizontal"/〉
〈xsd:enumeration value="random bars vertical"/〉
〈xsd:enumeration value="shape circle"/〉
〈xsd:enumeration value="shape diamond"/〉
〈xsd:enumeration value="shape plus"/〉
〈xsd:enumeration value="split horizontal in"/〉
〈xsd:enumeration value="split horizontal out"/〉
〈xsd:enumeration value="split vertical in"/〉
〈xsd:enumeration value="split vertical out"/〉
〈xsd:enumeration value="strips left-down"/〉
〈xsd:enumeration value="strips left-up"/〉
〈xsd:enumeration value="strips right-down"/〉
〈xsd:enumeration value="strips right-up"/〉
〈xsd:enumeration value="uncover down"/〉
〈xsd:enumeration value="uncover left"/〉
〈xsd:enumeration value="uncover right"/〉
〈xsd:enumeration value="uncover up"/〉
〈xsd:enumeration value="uncover left-down"/〉
〈xsd:enumeration value="uncover left-up"/〉
〈xsd:enumeration value="uncover right-down"/〉
〈xsd:enumeration value="uncover right-up"/〉
〈xsd:enumeration value="wedge"/〉
〈xsd:enumeration value="wheel clockwise - 1 spoke"/〉
〈xsd:enumeration value="wheel clockwise - 2 spoke"/〉
〈xsd:enumeration value="wheel clockwise - 3 spoke"/〉
〈xsd:enumeration value="wheel clockwise - 4 spoke"/〉
〈xsd:enumeration value="wheel clockwise - 8 spoke"/〉
```

```
            <xsd:enumeration value="wipe down"/>
            <xsd:enumeration value="wipe left"/>
            <xsd:enumeration value="wipe right"/>
            <xsd:enumeration value="wipe up"/>
            <xsd:enumeration value="random transition"/>
          </xsd:restriction>
        </xsd:simpleType>
      </xsd:attribute>
      <xsd:attribute name="速度" use="optional" default="middle">
        <xsd:simpleType>
          <xsd:restriction base="xsd:string">
            <xsd:enumeration value="slow"/>
            <xsd:enumeration value="middle"/>
            <xsd:enumeration value="fast"/>
          </xsd:restriction>
        </xsd:simpleType>
      </xsd:attribute>
      <xsd:attribute ref="uof:attrList" use="required" fixed="效果 速度"/>
    </xsd:complexType>
  </xsd:element>
</xsd:sequence>
<xsd:attribute name="名称" type="xsd:string" use="optional"/>
<xsd:attribute name="标识符" type="xsd:ID" use="optional"/>
<xsd:attribute name="母版引用" type="xsd:IDREF" use="required">
  <xsd:annotation>
    <xsd:documentation>类型为幻灯片母版引用。</xsd:documentation>
  </xsd:annotation>
</xsd:attribute>
<xsd:attribute name="配色方案引用" type="xsd:IDREF" use="optional"/>
<xsd:attribute name="页面版式引用" type="xsd:IDREF" use="optional"/>
<xsd:attribute name="显示" type="xsd:boolean" use="optional" default="true"/>
<xsd:attribute name="显示背景" type="xsd:boolean" use="optional" default="true"/>
<xsd:attribute name="显示背景对象" type="xsd:boolean" use="optional" default="true"/>
</xsd:complexType>
<xsd:complexType name="幻灯片备注类型">
  <xsd:annotation>
    <xsd:documentation>定义幻灯片备注的内容:包括备注母版以及备注视图中的备注信息,如幻灯片缩略图以及备注文本等。</xsd:documentation>
  </xsd:annotation>
  <xsd:sequence>
    <xsd:element ref="uof:锚点" minOccurs="0" maxOccurs="unbounded">
      <xsd:annotation>
        <xsd:documentation>包括幻灯片缩略图图形。</xsd:documentation>
```

```
        </xsd:annotation>
      </xsd:element>
      <xsd:element ref="背景" minOccurs="0">
        <xsd:annotation>
          <xsd:documentation>参见母版背景。</xsd:documentation>
        </xsd:annotation>
      </xsd:element>
    </xsd:sequence>
    <xsd:attribute name="备注母版引用" type="xsd:IDREF" use="optional"/>
  </xsd:complexType>
  <xsd:complexType name="动画类型">
    <xsd:annotation>
      <xsd:documentation>定义各对象的动画设置。</xsd:documentation>
    </xsd:annotation>
    <xsd:sequence>
      <xsd:element name="定时" minOccurs="0">
        <xsd:complexType>
          <xsd:attribute ref="uof:locID" use="required" fixed="p0067"/>
          <xsd:attribute name="事件" use="required">
            <xsd:simpleType>
              <xsd:restriction base="xsd:string">
                <xsd:enumeration value="on click"/>
                <xsd:enumeration value="with previous"/>
                <xsd:enumeration value="after previous"/>
              </xsd:restriction>
            </xsd:simpleType>
          </xsd:attribute>
          <xsd:attribute name="延时" type="xsd:float" use="optional" default="0.0"/>
          <xsd:attribute name="速度" use="optional" default="medium">
            <xsd:simpleType>
              <xsd:restriction base="xsd:string">
                <xsd:enumeration value="very slow"/>
                <xsd:enumeration value="slow"/>
                <xsd:enumeration value="medium"/>
                <xsd:enumeration value="fast"/>
                <xsd:enumeration value="very fast"/>
              </xsd:restriction>
            </xsd:simpleType>
          </xsd:attribute>
          <xsd:attribute name="重复" use="optional" default="none">
            <xsd:simpleType>
              <xsd:restriction base="xsd:string">
                <xsd:enumeration value="none"/>
```

```
                    <xsd:enumeration value="2"/>
                    <xsd:enumeration value="3"/>
                    <xsd:enumeration value="4"/>
                    <xsd:enumeration value="5"/>
                    <xsd:enumeration value="10"/>
                    <xsd:enumeration value="until next click"/>
                    <xsd:enumeration value="until end of slide"/>
                  </xsd:restriction>
                </xsd:simpleType>
              </xsd:attribute>
              <xsd:attribute name="回卷" type="xsd:boolean" use="optional" default="false"/>
              <xsd:attribute ref="uof:attrList" use="required" fixed="事件 延时 速度 重复 回卷"/>
            </xsd:complexType>
          </xsd:element>
          <xsd:element name="增强" minOccurs="0">
            <xsd:complexType>
              <xsd:sequence>
                <xsd:element name="动画播放后" minOccurs="0">
                  <xsd:complexType>
                    <xsd:attribute ref="uof:locID" use="required" fixed="p0070"/>
                    <xsd:attribute name="颜色" type="uof:颜色类型" use="optional"/>
                      <xsd:attribute name="变暗" type="xsd:boolean" use="optional" default="false"/>
                      <xsd:attribute name="播放后隐藏" type="xsd:boolean" use="optional" default="false"/>
                      <xsd:attribute name="单击后隐藏" type="xsd:boolean" use="optional" default="false"/>
                    <xsd:attribute ref="uof:attrList" use="required" fixed="颜色 变暗 播放后隐藏 单击后隐藏"/>
                  </xsd:complexType>
                </xsd:element>
                <xsd:element name="动画文本" minOccurs="0">
                  <xsd:complexType>
                    <xsd:attribute ref="uof:locID" use="required" fixed="p0071"/>
                    <xsd:attribute name="发送" use="optional" default="all at once">
                      <xsd:simpleType>
                        <xsd:restriction base="xsd:string">
                          <xsd:enumeration value="all at once"/>
                          <xsd:enumeration value="by word"/>
                          <xsd:enumeration value="by letter"/>
                        </xsd:restriction>
                      </xsd:simpleType>
                    </xsd:attribute>
```

```
<xsd:attribute name="间隔" type="xsd:float" use="optional" default="0">
  <xsd:annotation>
    <xsd:documentation>单位:秒</xsd:documentation>
  </xsd:annotation>
</xsd:attribute>
  <xsd:attribute name="动画形状" type="xsd:boolean" use="optional"
default="false"/>
  <xsd:attribute name="相反顺序" type="xsd:boolean" use="optional"
default="false"/>
<xsd:attribute ref="uof:attrList" use="required" fixed="发送 间隔 动画形状 相
反顺序"/>
          </xsd:complexType>
        </xsd:element>
        <xsd:element ref="声音" minOccurs="0"/>
      </xsd:sequence>
      <xsd:attribute ref="uof:locID" use="required" fixed="p0068"/>
    </xsd:complexType>
  </xsd:element>
  <xsd:element name="效果" minOccurs="0">
    <xsd:complexType>
      <xsd:choice maxOccurs="unbounded">
        <xsd:element name="进入" minOccurs="0">
          <xsd:complexType>
            <xsd:choice maxOccurs="unbounded">
              <xsd:element name="百叶窗">
                <xsd:complexType>
                  <xsd:attribute ref="uof:locID" use="required" fixed="p0080"/>
                  <xsd:attribute name="速度" use="optional" default="very fast">
                    <xsd:simpleType>
                      <xsd:restriction base="xsd:string">
                        <xsd:enumeration value="very slow"/>
                        <xsd:enumeration value="slow"/>
                        <xsd:enumeration value="medium"/>
                        <xsd:enumeration value="fast"/>
                        <xsd:enumeration value="very fast"/>
                      </xsd:restriction>
                    </xsd:simpleType>
                  </xsd:attribute>
                  <xsd:attribute name="方向" use="optional" default="horizontal">
                    <xsd:simpleType>
                      <xsd:restriction base="xsd:string">
                        <xsd:enumeration value="horizontal"/>
                        <xsd:enumeration value="vertical"/>
```

```
          </xsd:restriction>
        </xsd:simpleType>
      </xsd:attribute>
      <xsd:attribute ref="uof:attrList" use="required" fixed="速度 方向"/>
    </xsd:complexType>
  </xsd:element>
  <xsd:element name="出现">
    <xsd:complexType>
      <xsd:attribute ref="uof:locID" use="required" fixed="p0081"/>
    </xsd:complexType>
  </xsd:element>
  <xsd:element name="盒状">
    <xsd:complexType>
      <xsd:attribute ref="uof:locID" use="required" fixed="p0082"/>
      <xsd:attribute name="速度" use="optional" default="very fast">
        <xsd:simpleType>
          <xsd:restriction base="xsd:string">
            <xsd:enumeration value="very slow"/>
            <xsd:enumeration value="slow"/>
            <xsd:enumeration value="medium"/>
            <xsd:enumeration value="fast"/>
            <xsd:enumeration value="very fast"/>
          </xsd:restriction>
        </xsd:simpleType>
      </xsd:attribute>
      <xsd:attribute name="方向" use="optional" default="in">
        <xsd:simpleType>
          <xsd:restriction base="xsd:string">
            <xsd:enumeration value="in"/>
            <xsd:enumeration value="out"/>
          </xsd:restriction>
        </xsd:simpleType>
      </xsd:attribute>
      <xsd:attribute ref="uof:attrList" use="required" fixed="速度 方向"/>
    </xsd:complexType>
  </xsd:element>
  <xsd:element name="阶梯状">
    <xsd:complexType>
      <xsd:attribute ref="uof:locID" use="required" fixed="p0083"/>
      <xsd:attribute name="速度" use="optional" default="very fast">
        <xsd:simpleType>
          <xsd:restriction base="xsd:string">
            <xsd:enumeration value="very slow"/>
```

```
                <xsd:enumeration value="slow"/>
                <xsd:enumeration value="medium"/>
                <xsd:enumeration value="fast"/>
                <xsd:enumeration value="very fast"/>
              </xsd:restriction>
            </xsd:simpleType>
          </xsd:attribute>
          <xsd:attribute name="方向" use="optional" default="left down">
            <xsd:simpleType>
              <xsd:restriction base="xsd:string">
                <xsd:enumeration value="left down"/>
                <xsd:enumeration value="left up"/>
                <xsd:enumeration value="right down"/>
                <xsd:enumeration value="right up"/>
              </xsd:restriction>
            </xsd:simpleType>
          </xsd:attribute>
          <xsd:attribute ref="uof:attrList" use="required" fixed="速度 方向"/>
        </xsd:complexType>
      </xsd:element>
      <xsd:element name="轮子">
        <xsd:complexType>
          <xsd:attribute ref="uof:locID" use="required" fixed="p0084"/>
          <xsd:attribute name="速度" use="optional" default="medium">
            <xsd:simpleType>
              <xsd:restriction base="xsd:string">
                <xsd:enumeration value="very slow"/>
                <xsd:enumeration value="slow"/>
                <xsd:enumeration value="medium"/>
                <xsd:enumeration value="fast"/>
                <xsd:enumeration value="very fast"/>
              </xsd:restriction>
            </xsd:simpleType>
          </xsd:attribute>
          <xsd:attribute name="辐射状" use="optional" default="4">
            <xsd:simpleType>
              <xsd:restriction base="xsd:string">
                <xsd:enumeration value="1"/>
                <xsd:enumeration value="2"/>
                <xsd:enumeration value="3"/>
                <xsd:enumeration value="4"/>
                <xsd:enumeration value="8"/>
              </xsd:restriction>
```

```
        〈/xsd:simpleType〉
      〈/xsd:attribute〉
      〈xsd:attribute ref="uof:attrList" use="required" fixed="速度 辐射状"/〉
    〈/xsd:complexType〉
  〈/xsd:element〉
  〈xsd:element name="棋盘"〉
    〈xsd:complexType〉
      〈xsd:attribute ref="uof:locID" use="required" fixed="p0085"/〉
      〈xsd:attribute name="速度" use="optional" default="very fast"〉
        〈xsd:simpleType〉
          〈xsd:restriction base="xsd:string"〉
            〈xsd:enumeration value="very slow"/〉
            〈xsd:enumeration value="slow"/〉
            〈xsd:enumeration value="medium"/〉
            〈xsd:enumeration value="fast"/〉
            〈xsd:enumeration value="very fast"/〉
          〈/xsd:restriction〉
        〈/xsd:simpleType〉
      〈/xsd:attribute〉
      〈xsd:attribute name="方向" use="optional" default="across"〉
        〈xsd:simpleType〉
          〈xsd:restriction base="xsd:string"〉
            〈xsd:enumeration value="across"/〉
            〈xsd:enumeration value="down"/〉
          〈/xsd:restriction〉
        〈/xsd:simpleType〉
      〈/xsd:attribute〉
      〈xsd:attribute ref="uof:attrList" use="required" fixed="速度 方向"/〉
    〈/xsd:complexType〉
  〈/xsd:element〉
  〈xsd:element name="闪烁一次"〉
    〈xsd:complexType〉
      〈xsd:attribute ref="uof:locID" use="required" fixed="p0086"/〉
      〈xsd:attribute name="速度" use="optional" default="fast"〉
        〈xsd:simpleType〉
          〈xsd:restriction base="xsd:string"〉
            〈xsd:enumeration value="very slow"/〉
            〈xsd:enumeration value="slow"/〉
            〈xsd:enumeration value="medium"/〉
            〈xsd:enumeration value="fast"/〉
            〈xsd:enumeration value="very fast"/〉
          〈/xsd:restriction〉
        〈/xsd:simpleType〉
```

```
        </xsd:attribute>
        <xsd:attribute ref="uof:attrList" use="required" fixed="速度"/>
      </xsd:complexType>
    </xsd:element>
    <xsd:element name="十字形扩展">
      <xsd:complexType>
        <xsd:attribute ref="uof:locID" use="required" fixed="p0087"/>
        <xsd:attribute name="速度" use="optional" default="medium">
          <xsd:simpleType>
            <xsd:restriction base="xsd:string">
              <xsd:enumeration value="very slow"/>
              <xsd:enumeration value="slow"/>
              <xsd:enumeration value="medium"/>
              <xsd:enumeration value="fast"/>
              <xsd:enumeration value="very fast"/>
            </xsd:restriction>
          </xsd:simpleType>
        </xsd:attribute>
        <xsd:attribute name="方向" use="optional" default="in">
          <xsd:simpleType>
            <xsd:restriction base="xsd:string">
              <xsd:enumeration value="in"/>
              <xsd:enumeration value="out"/>
            </xsd:restriction>
          </xsd:simpleType>
        </xsd:attribute>
        <xsd:attribute ref="uof:attrList" use="required" fixed="速度 方向"/>
      </xsd:complexType>
    </xsd:element>
    <xsd:element name="随机效果">
      <xsd:complexType>
        <xsd:attribute ref="uof:locID" use="required" fixed="p0088"/>
      </xsd:complexType>
    </xsd:element>
    <xsd:element name="圆形扩展">
      <xsd:complexType>
        <xsd:attribute ref="uof:locID" use="required" fixed="p0089"/>
        <xsd:attribute name="速度" use="optional" default="medium">
          <xsd:simpleType>
            <xsd:restriction base="xsd:string">
              <xsd:enumeration value="very slow"/>
              <xsd:enumeration value="slow"/>
              <xsd:enumeration value="medium"/>
```

```
              <xsd:enumeration value="fast"/>
              <xsd:enumeration value="very fast"/>
            </xsd:restriction>
          </xsd:simpleType>
        </xsd:attribute>
        <xsd:attribute name="方向" use="optional" default="in">
          <xsd:simpleType>
            <xsd:restriction base="xsd:string">
              <xsd:enumeration value="in"/>
              <xsd:enumeration value="out"/>
            </xsd:restriction>
          </xsd:simpleType>
        </xsd:attribute>
        <xsd:attribute ref="uof:attrList" use="required" fixed="速度 方向"/>
      </xsd:complexType>
    </xsd:element>
    <xsd:element name="擦除">
      <xsd:complexType>
        <xsd:attribute ref="uof:locID" use="required" fixed="p0090"/>
        <xsd:attribute name="速度" use="optional" default="very fast">
          <xsd:simpleType>
            <xsd:restriction base="xsd:string">
              <xsd:enumeration value="very slow"/>
              <xsd:enumeration value="slow"/>
              <xsd:enumeration value="medium"/>
              <xsd:enumeration value="fast"/>
              <xsd:enumeration value="very fast"/>
            </xsd:restriction>
          </xsd:simpleType>
        </xsd:attribute>
        <xsd:attribute name="方向" use="optional" default="from bottom">
          <xsd:simpleType>
            <xsd:restriction base="xsd:string">
              <xsd:enumeration value="from bottom"/>
              <xsd:enumeration value="from left"/>
              <xsd:enumeration value="from right"/>
              <xsd:enumeration value="from top"/>
            </xsd:restriction>
          </xsd:simpleType>
        </xsd:attribute>
        <xsd:attribute ref="uof:attrList" use="required" fixed="速度 方向"/>
      </xsd:complexType>
    </xsd:element>
```

```
<xsd:element name="飞入">
  <xsd:complexType>
    <xsd:attribute ref="uof:locID" use="required" fixed="p0091"/>
    <xsd:attribute name="速度" use="optional" default="very fast">
      <xsd:simpleType>
        <xsd:restriction base="xsd:string">
          <xsd:enumeration value="very slow"/>
          <xsd:enumeration value="slow"/>
          <xsd:enumeration value="medium"/>
          <xsd:enumeration value="fast"/>
          <xsd:enumeration value="very fast"/>
        </xsd:restriction>
      </xsd:simpleType>
    </xsd:attribute>
    <xsd:attribute name="方向" use="optional" default="from bottom">
      <xsd:simpleType>
        <xsd:restriction base="xsd:string">
          <xsd:enumeration value="from bottom"/>
          <xsd:enumeration value="from left"/>
          <xsd:enumeration value="from right"/>
          <xsd:enumeration value="from top"/>
          <xsd:enumeration value="from bottom-left"/>
          <xsd:enumeration value="from bottom-right"/>
          <xsd:enumeration value="from top-left"/>
          <xsd:enumeration value="from top-right"/>
        </xsd:restriction>
      </xsd:simpleType>
    </xsd:attribute>
    <xsd:attribute ref="uof:attrList" use="required" fixed="速度 方向"/>
  </xsd:complexType>
</xsd:element>
<xsd:element name="缓慢进入">
  <xsd:complexType>
    <xsd:attribute ref="uof:locID" use="required" fixed="p0092"/>
    <xsd:attribute name="速度" use="optional" default="very slow">
      <xsd:simpleType>
        <xsd:restriction base="xsd:string">
          <xsd:enumeration value="very slow"/>
          <xsd:enumeration value="slow"/>
          <xsd:enumeration value="medium"/>
          <xsd:enumeration value="fast"/>
          <xsd:enumeration value="very fast"/>
        </xsd:restriction>
```

```
            </xsd:simpleType>
          </xsd:attribute>
          <xsd:attribute name="方向" use="optional" default="from bottom">
            <xsd:simpleType>
              <xsd:restriction base="xsd:string">
                <xsd:enumeration value="from bottom"/>
                <xsd:enumeration value="from left"/>
                <xsd:enumeration value="from right"/>
                <xsd:enumeration value="from top"/>
              </xsd:restriction>
            </xsd:simpleType>
          </xsd:attribute>
          <xsd:attribute ref="uof:attrList" use="required" fixed="速度 方向"/>
        </xsd:complexType>
      </xsd:element>
      <xsd:element name="菱形">
        <xsd:complexType>
          <xsd:attribute ref="uof:locID" use="required" fixed="p0093"/>
          <xsd:attribute name="速度" use="optional" default="medium">
            <xsd:simpleType>
              <xsd:restriction base="xsd:string">
                <xsd:enumeration value="very slow"/>
                <xsd:enumeration value="slow"/>
                <xsd:enumeration value="medium"/>
                <xsd:enumeration value="fast"/>
                <xsd:enumeration value="very fast"/>
              </xsd:restriction>
            </xsd:simpleType>
          </xsd:attribute>
          <xsd:attribute name="方向" use="optional" default="in">
            <xsd:simpleType>
              <xsd:restriction base="xsd:string">
                <xsd:enumeration value="in"/>
                <xsd:enumeration value="out"/>
              </xsd:restriction>
            </xsd:simpleType>
          </xsd:attribute>
          <xsd:attribute ref="uof:attrList" use="required" fixed="速度 方向"/>
        </xsd:complexType>
      </xsd:element>
      <xsd:element name="劈裂">
        <xsd:complexType>
          <xsd:attribute ref="uof:locID" use="required" fixed="p0094"/>
```

```
〈xsd:attribute name="速度" use="optional" default="very fast"〉
  〈xsd:simpleType〉
    〈xsd:restriction base="xsd:string"〉
      〈xsd:enumeration value="very slow"/〉
      〈xsd:enumeration value="slow"/〉
      〈xsd:enumeration value="medium"/〉
      〈xsd:enumeration value="fast"/〉
      〈xsd:enumeration value="very fast"/〉
    〈/xsd:restriction〉
  〈/xsd:simpleType〉
〈/xsd:attribute〉
〈xsd:attribute name="方向" use="optional" default="horizontal in"〉
  〈xsd:simpleType〉
    〈xsd:restriction base="xsd:string"〉
      〈xsd:enumeration value="horizontal in"/〉
      〈xsd:enumeration value="vertical in"/〉
      〈xsd:enumeration value="horizontal out"/〉
      〈xsd:enumeration value="vertical out"/〉
    〈/xsd:restriction〉
  〈/xsd:simpleType〉
〈/xsd:attribute〉
〈xsd:attribute ref="uof:attrList" use="required" fixed="速度 方向"/〉
  〈/xsd:complexType〉
〈/xsd:element〉
〈xsd:element name="切入"〉
  〈xsd:complexType〉
    〈xsd:attribute ref="uof:locID" use="required" fixed="p0095"/〉
    〈xsd:attribute name="速度" use="optional" default="very fast"〉
      〈xsd:simpleType〉
        〈xsd:restriction base="xsd:string"〉
          〈xsd:enumeration value="very slow"/〉
          〈xsd:enumeration value="slow"/〉
          〈xsd:enumeration value="medium"/〉
          〈xsd:enumeration value="fast"/〉
          〈xsd:enumeration value="very fast"/〉
        〈/xsd:restriction〉
      〈/xsd:simpleType〉
    〈/xsd:attribute〉
    〈xsd:attribute name="方向" use="optional" default="from bottom"〉
      〈xsd:simpleType〉
        〈xsd:restriction base="xsd:string"〉
          〈xsd:enumeration value="from bottom"/〉
          〈xsd:enumeration value="from left"/〉
```

```
              〈xsd:enumeration value="from right"/〉
              〈xsd:enumeration value="from top"/〉
            〈/xsd:restriction〉
          〈/xsd:simpleType〉
        〈/xsd:attribute〉
        〈xsd:attribute ref="uof:attrList" use="required" fixed="速度 方向"/〉
      〈/xsd:complexType〉
    〈/xsd:element〉
    〈xsd:element name="扇形展开"〉
      〈xsd:complexType〉
        〈xsd:attribute ref="uof:locID" use="required" fixed="p0096"/〉
        〈xsd:attribute name="速度" use="optional" default="medium"〉
          〈xsd:simpleType〉
            〈xsd:restriction base="xsd:string"〉
              〈xsd:enumeration value="very slow"/〉
              〈xsd:enumeration value="slow"/〉
              〈xsd:enumeration value="medium"/〉
              〈xsd:enumeration value="fast"/〉
              〈xsd:enumeration value="very fast"/〉
            〈/xsd:restriction〉
          〈/xsd:simpleType〉
        〈/xsd:attribute〉
        〈xsd:attribute ref="uof:attrList" use="required" fixed="速度"/〉
      〈/xsd:complexType〉
    〈/xsd:element〉
    〈xsd:element name="随机线条"〉
      〈xsd:complexType〉
        〈xsd:attribute ref="uof:locID" use="required" fixed="p0097"/〉
        〈xsd:attribute name="速度" use="optional" default="very fast"〉
          〈xsd:simpleType〉
            〈xsd:restriction base="xsd:string"〉
              〈xsd:enumeration value="very slow"/〉
              〈xsd:enumeration value="slow"/〉
              〈xsd:enumeration value="medium"/〉
              〈xsd:enumeration value="fast"/〉
              〈xsd:enumeration value="very fast"/〉
            〈/xsd:restriction〉
          〈/xsd:simpleType〉
        〈/xsd:attribute〉
        〈xsd:attribute name="方向" use="optional" default="horizontal"〉
          〈xsd:simpleType〉
            〈xsd:restriction base="xsd:string"〉
              〈xsd:enumeration value="horizontal"/〉
```

```
                    <xsd:enumeration value="vertical"/>
                  </xsd:restriction>
                </xsd:simpleType>
              </xsd:attribute>
              <xsd:attribute ref="uof:attrList" use="required" fixed="速度 方向"/>
            </xsd:complexType>
          </xsd:element>
          <xsd:element name="向内溶解">
            <xsd:complexType>
              <xsd:attribute ref="uof:locID" use="required" fixed="p0098"/>
              <xsd:attribute name="速度" use="optional" default="very fast">
                <xsd:simpleType>
                  <xsd:restriction base="xsd:string">
                    <xsd:enumeration value="very slow"/>
                    <xsd:enumeration value="slow"/>
                    <xsd:enumeration value="medium"/>
                    <xsd:enumeration value="fast"/>
                    <xsd:enumeration value="very fast"/>
                  </xsd:restriction>
                </xsd:simpleType>
              </xsd:attribute>
              <xsd:attribute ref="uof:attrList" use="required" fixed="速度"/>
            </xsd:complexType>
          </xsd:element>
          <xsd:element name="其他">
            <xsd:complexType>
              <xsd:complexContent>
                <xsd:extension base="xsd:anyType">
                  <xsd:attribute ref="uof:locID" use="required" fixed="p0099"/>
                </xsd:extension>
              </xsd:complexContent>
            </xsd:complexType>
          </xsd:element>
        </xsd:choice>
        <xsd:attribute ref="uof:locID" use="required" fixed="p0073"/>
      </xsd:complexType>
    </xsd:element>
    <xsd:element name="退出" minOccurs="0">
      <xsd:complexType>
        <xsd:choice maxOccurs="unbounded">
          <xsd:element name="百叶窗">
            <xsd:complexType>
              <xsd:attribute ref="uof:locID" use="required" fixed="p0100'/>
```

```
〈xsd:attribute name="速度" use="optional" default="very fast"〉
  〈xsd:simpleType〉
    〈xsd:restriction base="xsd:string"〉
      〈xsd:enumeration value="very slow"/〉
      〈xsd:enumeration value="slow"/〉
      〈xsd:enumeration value="medium"/〉
      〈xsd:enumeration value="fast"/〉
      〈xsd:enumeration value="very fast"/〉
    〈/xsd:restriction〉
  〈/xsd:simpleType〉
〈/xsd:attribute〉
〈xsd:attribute name="方向" use="optional" default="horizontal"〉
  〈xsd:simpleType〉
    〈xsd:restriction base="xsd:string"〉
      〈xsd:enumeration value="horizontal"/〉
      〈xsd:enumeration value="vertical"/〉
    〈/xsd:restriction〉
  〈/xsd:simpleType〉
〈/xsd:attribute〉
〈xsd:attribute ref="uof:attrList" use="required" fixed="速度 方向"/〉
〈/xsd:complexType〉
〈/xsd:element〉
〈xsd:element name="飞出"〉
〈xsd:complexType〉
〈xsd:attribute ref="uof:locID" use="required" fixed="p0101"/〉
〈xsd:attribute name="速度" use="optional" default="very fast"〉
  〈xsd:simpleType〉
    〈xsd:restriction base="xsd:string"〉
      〈xsd:enumeration value="very slow"/〉
      〈xsd:enumeration value="slow"/〉
      〈xsd:enumeration value="medium"/〉
      〈xsd:enumeration value="fast"/〉
      〈xsd:enumeration value="very fast"/〉
    〈/xsd:restriction〉
  〈/xsd:simpleType〉
〈/xsd:attribute〉
〈xsd:attribute name="方向" use="optional" default="to bottom"〉
  〈xsd:simpleType〉
    〈xsd:restriction base="xsd:string"〉
      〈xsd:enumeration value="to bottom"/〉
      〈xsd:enumeration value="to left"/〉
      〈xsd:enumeration value="to right"/〉
      〈xsd:enumeration value="to top"/〉
```

```
              <xsd:enumeration value="to bottom-left"/>
              <xsd:enumeration value="to bottom-right"/>
              <xsd:enumeration value="to top-left"/>
              <xsd:enumeration value="to top-right"/>
            </xsd:restriction>
          </xsd:simpleType>
        </xsd:attribute>
        <xsd:attribute ref="uof:attrList" use="required" fixed="速度 方向"/>
      </xsd:complexType>
    </xsd:element>
    <xsd:element name="缓慢移出">
      <xsd:complexType>
        <xsd:attribute ref="uof:locID" use="required" fixed="p0102"/>
        <xsd:attribute name="速度" use="optional" default="very slow">
          <xsd:simpleType>
            <xsd:restriction base="xsd:string">
              <xsd:enumeration value="very slow"/>
              <xsd:enumeration value="slow"/>
              <xsd:enumeration value="medium"/>
              <xsd:enumeration value="fast"/>
              <xsd:enumeration value="very fast"/>
            </xsd:restriction>
          </xsd:simpleType>
        </xsd:attribute>
        <xsd:attribute name="方向" use="optional" default="to bottom">
          <xsd:simpleType>
            <xsd:restriction base="xsd:string">
              <xsd:enumeration value="to bottom"/>
              <xsd:enumeration value="to left"/>
              <xsd:enumeration value="to right"/>
              <xsd:enumeration value="to top"/>
            </xsd:restriction>
          </xsd:simpleType>
        </xsd:attribute>
        <xsd:attribute ref="uof:attrList" use="required" fixed="速度 方向"/>
      </xsd:complexType>
    </xsd:element>
    <xsd:element name="菱形">
      <xsd:complexType>
        <xsd:attribute ref="uof:locID" use="required" fixed="p0103"/>
        <xsd:attribute name="速度" use="optional" default="medium">
          <xsd:simpleType>
            <xsd:restriction base="xsd:string">
```

```
                <xsd:enumeration value="very slow"/>
                <xsd:enumeration value="slow"/>
                <xsd:enumeration value="medium"/>
                <xsd:enumeration value="fast"/>
                <xsd:enumeration value="very fast"/>
              </xsd:restriction>
            </xsd:simpleType>
          </xsd:attribute>
          <xsd:attribute name="方向" use="optional" default="in">
            <xsd:simpleType>
              <xsd:restriction base="xsd:string">
                <xsd:enumeration value="in"/>
                <xsd:enumeration value="out"/>
              </xsd:restriction>
            </xsd:simpleType>
          </xsd:attribute>
          <xsd:attribute ref="uof:attrList" use="required" fixed="速度 方向"/>
        </xsd:complexType>
      </xsd:element>
      <xsd:element name="劈裂">
        <xsd:complexType>
          <xsd:attribute ref="uof:locID" use="required" fixed="p0104"/>
          <xsd:attribute name="速度" use="optional" default="very fast">
            <xsd:simpleType>
              <xsd:restriction base="xsd:string">
                <xsd:enumeration value="very slow"/>
                <xsd:enumeration value="slow"/>
                <xsd:enumeration value="medium"/>
                <xsd:enumeration value="fast"/>
                <xsd:enumeration value="very fast"/>
              </xsd:restriction>
            </xsd:simpleType>
          </xsd:attribute>
          <xsd:attribute name="方向" use="optional" default="vertical in">
            <xsd:simpleType>
              <xsd:restriction base="xsd:string">
                <xsd:enumeration value="horizontal in"/>
                <xsd:enumeration value="vertical in"/>
                <xsd:enumeration value="horizontal out"/>
                <xsd:enumeration value="vertical out"/>
              </xsd:restriction>
            </xsd:simpleType>
          </xsd:attribute>
```

```
        <xsd:attribute ref="uof:attrList" use="required" fixed="速度 方向"/>
      </xsd:complexType>
    </xsd:element>
    <xsd:element name="切出">
      <xsd:complexType>
        <xsd:attribute ref="uof:locID" use="required" fixed="p0105"/>
        <xsd:attribute name="速度" use="optional" default="very fast">
          <xsd:simpleType>
            <xsd:restriction base="xsd:string">
              <xsd:enumeration value="very slow"/>
              <xsd:enumeration value="slow"/>
              <xsd:enumeration value="medium"/>
              <xsd:enumeration value="fast"/>
              <xsd:enumeration value="very fast"/>
            </xsd:restriction>
          </xsd:simpleType>
        </xsd:attribute>
        <xsd:attribute name="方向" use="optional" default="to bottom">
          <xsd:simpleType>
            <xsd:restriction base="xsd:string">
              <xsd:enumeration value="to bottom"/>
              <xsd:enumeration value="to left"/>
              <xsd:enumeration value="to right"/>
              <xsd:enumeration value="to top"/>
            </xsd:restriction>
          </xsd:simpleType>
        </xsd:attribute>
        <xsd:attribute ref="uof:attrList" use="required" fixed="速度 方向"/>
      </xsd:complexType>
    </xsd:element>
    <xsd:element name="扇形展开">
      <xsd:complexType>
        <xsd:attribute ref="uof:locID" use="required" fixed="p0106"/>
        <xsd:attribute name="速度" use="optional" default="medium">
          <xsd:simpleType>
            <xsd:restriction base="xsd:string">
              <xsd:enumeration value="very slow"/>
              <xsd:enumeration value="slow"/>
              <xsd:enumeration value="medium"/>
              <xsd:enumeration value="fast"/>
              <xsd:enumeration value="very fast"/>
            </xsd:restriction>
          </xsd:simpleType>
```

```
            〈/xsd:attribute〉
            〈xsd:attribute ref="uof:attrList" use="required" fixed="速度"/〉
          〈/xsd:complexType〉
        〈/xsd:element〉
        〈xsd:element name="随机线条"〉
          〈xsd:complexType〉
            〈xsd:attribute ref="uof:locID" use="required" fixed="p0107"/〉
            〈xsd:attribute name="速度" use="optional" default="very fast"〉
              〈xsd:simpleType〉
                〈xsd:restriction base="xsd:string"〉
                  〈xsd:enumeration value="very slow"/〉
                  〈xsd:enumeration value="slow"/〉
                  〈xsd:enumeration value="medium"/〉
                  〈xsd:enumeration value="fast"/〉
                  〈xsd:enumeration value="very fast"/〉
                〈/xsd:restriction〉
              〈/xsd:simpleType〉
            〈/xsd:attribute〉
            〈xsd:attribute name="方向" use="optional" default="horizontal"〉
              〈xsd:simpleType〉
                〈xsd:restriction base="xsd:string"〉
                  〈xsd:enumeration value="horizontal"/〉
                  〈xsd:enumeration value="vertical"/〉
                〈/xsd:restriction〉
              〈/xsd:simpleType〉
            〈/xsd:attribute〉
            〈xsd:attribute ref="uof:attrList" use="required" fixed="速度 方向"/〉
          〈/xsd:complexType〉
        〈/xsd:element〉
        〈xsd:element name="向外溶解"〉
          〈xsd:complexType〉
            〈xsd:attribute ref="uof:locID" use="required" fixed="p0108"/〉
            〈xsd:attribute name="速度" use="optional" default="very fast"〉
              〈xsd:simpleType〉
                〈xsd:restriction base="xsd:string"〉
                  〈xsd:enumeration value="very slow"/〉
                  〈xsd:enumeration value="slow"/〉
                  〈xsd:enumeration value="medium"/〉
                  〈xsd:enumeration value="fast"/〉
                  〈xsd:enumeration value="very fast"/〉
                〈/xsd:restriction〉
              〈/xsd:simpleType〉
            〈/xsd:attribute〉
```

```
      <xsd:attribute ref="uof:attrList" use="required" fixed="速度"/>
    </xsd:complexType>
  </xsd:element>
  <xsd:element name="圆形扩展">
    <xsd:complexType>
      <xsd:attribute ref="uof:locID" use="required" fixed="p0109"/>
      <xsd:attribute name="速度" use="optional" default="medium">
        <xsd:simpleType>
          <xsd:restriction base="xsd:string">
            <xsd:enumeration value="very slow"/>
            <xsd:enumeration value="slow"/>
            <xsd:enumeration value="medium"/>
            <xsd:enumeration value="fast"/>
            <xsd:enumeration value="very fast"/>
          </xsd:restriction>
        </xsd:simpleType>
      </xsd:attribute>
      <xsd:attribute name="方向" use="optional" default="in">
        <xsd:simpleType>
          <xsd:restriction base="xsd:string">
            <xsd:enumeration value="in"/>
            <xsd:enumeration value="out"/>
          </xsd:restriction>
        </xsd:simpleType>
      </xsd:attribute>
      <xsd:attribute ref="uof:attrList" use="required" fixed="速度 方向"/>
    </xsd:complexType>
  </xsd:element>
  <xsd:element name="擦除">
    <xsd:complexType>
      <xsd:attribute ref="uof:locID" use="required" fixed="p0110"/>
      <xsd:attribute name="速度" use="optional" default="very fast">
        <xsd:simpleType>
          <xsd:restriction base="xsd:string">
            <xsd:enumeration value="very slow"/>
            <xsd:enumeration value="slow"/>
            <xsd:enumeration value="medium"/>
            <xsd:enumeration value="fast"/>
            <xsd:enumeration value="very fast"/>
          </xsd:restriction>
        </xsd:simpleType>
      </xsd:attribute>
      <xsd:attribute name="方向" use="optional" default="from bottom">
```

```
        〈xsd:simpleType〉
          〈xsd:restriction base="xsd:string"〉
            〈xsd:enumeration value="from bottom"/〉
            〈xsd:enumeration value="from left"/〉
            〈xsd:cnumeration value="from right"/〉
            〈xsd:enumeration value="from top"/〉
          〈/xsd:restriction〉
        〈/xsd:simpleType〉
      〈/xsd:attribute〉
      〈xsd:attribute ref="uof:attrList" use="required" fixed="速度 方向"/〉
    〈/xsd:complexType〉
  〈/xsd:element〉
  〈xsd:element name="盒状"〉
    〈xsd:complexType〉
      〈xsd:attribute ref="uof:locID" use="required" fixed="p0111"/〉
      〈xsd:attribute name="速度" use="optional" default="very fast"〉
        〈xsd:simpleType〉
          〈xsd:restriction base="xsd:string"〉
            〈xsd:enumeration value="very slow"/〉
            〈xsd:enumeration value="slow"/〉
            〈xsd:enumeration value="medium"/〉
            〈xsd:enumeration value="fast"/〉
            〈xsd:enumeration value="very fast"/〉
          〈/xsd:restriction〉
        〈/xsd:simpleType〉
      〈/xsd:attribute〉
      〈xsd:attribute name="方向" use="optional" default="in"〉
        〈xsd:simpleType〉
          〈xsd:restriction base="xsd:string"〉
            〈xsd:enumeration value="in"/〉
            〈xsd:enumeration value="out"/〉
          〈/xsd:restriction〉
        〈/xsd:simpleType〉
      〈/xsd:attribute〉
      〈xsd:attribute ref="uof:attrList" use="required" fixed="速度 方向"/〉
    〈/xsd:complexType〉
  〈/xsd:element〉
  〈xsd:element name="阶梯状"〉
    〈xsd:complexType〉
      〈xsd:attribute ref="uof:locID" use="required" fixed="p0112"/〉
      〈xsd:attribute name="速度" use="optional" default="very fast"〉
        〈xsd:simpleType〉
          〈xsd:restriction base="xsd:string"〉
```

```
〈xsd:enumeration value="very slow"/〉
〈xsd:enumeration value="slow"/〉
〈xsd:enumeration value="medium"/〉
〈xsd:enumeration value="fast"/〉
〈xsd:enumeration value="very fast"/〉
〈/xsd:restriction〉
〈/xsd:simpleType〉
〈/xsd:attribute〉
〈xsd:attribute name="方向" use="optional" default="left down"〉
〈xsd:simpleType〉
〈xsd:restriction base="xsd:string"〉
〈xsd:enumeration value="left down"/〉
〈xsd:enumeration value="left up"/〉
〈xsd:enumeration value="right down"/〉
〈xsd:enumeration value="right up"/〉
〈/xsd:restriction〉
〈/xsd:simpleType〉
〈/xsd:attribute〉
〈xsd:attribute ref="uof:attrList" use="required" fixed="速度 方向"/〉
〈/xsd:complexType〉
〈/xsd:element〉
〈xsd:element name="轮子"〉
〈xsd:complexType〉
〈xsd:attribute ref="uof:locID" use="required" fixed="p0113"/〉
〈xsd:attribute name="速度" use="optional" default="medium"〉
〈xsd:simpleType〉
〈xsd:restriction base="xsd:string"〉
〈xsd:enumeration value="very slow"/〉
〈xsd:enumeration value="slow"/〉
〈xsd:enumeration value="medium"/〉
〈xsd:enumeration value="fast"/〉
〈xsd:enumeration value="very fast"/〉
〈/xsd:restriction〉
〈/xsd:simpleType〉
〈/xsd:attribute〉
〈xsd:attribute name="轮辐" use="optional" default="4"〉
〈xsd:simpleType〉
〈xsd:restriction base="xsd:string"〉
〈xsd:enumeration value="1"/〉
〈xsd:enumeration value="2"/〉
〈xsd:enumeration value="3"/〉
〈xsd:enumeration value="4"/〉
〈xsd:enumeration value="8"/〉
```

```
            〈/xsd:restriction〉
          〈/xsd:simpleType〉
        〈/xsd:attribute〉
        〈xsd:attribute ref="uof:attrList" use="required" fixed="速度 轮辐"/〉
      〈/xsd:complexType〉
    〈/xsd:element〉
    〈xsd:element name="棋盘"〉
      〈xsd:complexType〉
        〈xsd:attribute ref="uof:locID" use="required" fixed="p0114"/〉
        〈xsd:attribute name="速度" use="optional" default="very fast"〉
          〈xsd:simpleType〉
            〈xsd:restriction base="xsd:string"〉
              〈xsd:enumeration value="very slow"/〉
              〈xsd:enumeration value="slow"/〉
              〈xsd:enumeration value="medium"/〉
              〈xsd:enumeration value="fast"/〉
              〈xsd:enumeration value="very fast"/〉
            〈/xsd:restriction〉
          〈/xsd:simpleType〉
        〈/xsd:attribute〉
        〈xsd:attribute name="方向" use="optional" default="across"〉
          〈xsd:simpleType〉
            〈xsd:restriction base="xsd:string"〉
              〈xsd:enumeration value="across"/〉
              〈xsd:enumeration value="down"/〉
            〈/xsd:restriction〉
          〈/xsd:simpleType〉
        〈/xsd:attribute〉
        〈xsd:attribute ref="uof:attrList" use="required" fixed="速度 方向"/〉
      〈/xsd:complexType〉
    〈/xsd:element〉
    〈xsd:element name="闪烁一次"〉
      〈xsd:complexType〉
        〈xsd:attribute ref="uof:locID" use="required" fixed="p0115"/〉
        〈xsd:attribute name="速度" use="optional" default="fast"〉
          〈xsd:simpleType〉
            〈xsd:restriction base="xsd:string"〉
              〈xsd:enumeration value="very slow"/〉
              〈xsd:enumeration value="slow"/〉
              〈xsd:enumeration value="medium"/〉
              〈xsd:enumeration value="fast"/〉
              〈xsd:enumeration value="very fast"/〉
            〈/xsd:restriction〉
```

```
            </xsd:simpleType>
          </xsd:attribute>
          <xsd:attribute ref="uof:attrList" use="required" fixed="速度"/>
        </xsd:complexType>
      </xsd:element>
      <xsd:element name="十字形扩展">
        <xsd:complexType>
          <xsd:attribute ref="uof:locID" use="required" fixed="p0116"/>
          <xsd:attribute name="速度" use="optional" default="medium">
            <xsd:simpleType>
              <xsd:restriction base="xsd:string">
                <xsd:enumeration value="very slow"/>
                <xsd:enumeration value="slow"/>
                <xsd:enumeration value="medium"/>
                <xsd:enumeration value="fast"/>
                <xsd:enumeration value="very fast"/>
              </xsd:restriction>
            </xsd:simpleType>
          </xsd:attribute>
          <xsd:attribute name="方向" use="optional" default="in">
            <xsd:simpleType>
              <xsd:restriction base="xsd:string">
                <xsd:enumeration value="in"/>
                <xsd:enumeration value="out"/>
              </xsd:restriction>
            </xsd:simpleType>
          </xsd:attribute>
          <xsd:attribute ref="uof:attrList" use="required" fixed="速度 方向"/>
        </xsd:complexType>
      </xsd:element>
      <xsd:element name="随机效果">
        <xsd:complexType>
          <xsd:attribute ref="uof:locID" use="required" fixed="p0117"/>
        </xsd:complexType>
      </xsd:element>
      <xsd:element name="消失">
        <xsd:complexType>
          <xsd:attribute ref="uof:locID" use="required" fixed="p0118"/>
        </xsd:complexType>
      </xsd:element>
      <xsd:element name="其他">
        <xsd:complexType>
          <xsd:complexContent>
```

```
〈xsd:extension base="xsd:anyType"〉
  〈xsd:attribute ref="uof:locID" use="required" fixed="p0119"/〉
〈/xsd:extension〉
〈/xsd:complexContent〉
〈/xsd:complexType〉
〈/xsd:element〉
〈/xsd:choice〉
〈xsd:attribute ref="uof:locID" use="required" fixed="p0074"/〉
〈/xsd:complexType〉
〈/xsd:element〉
〈xsd:element name="强调" minOccurs="0"〉
  〈xsd:complexType〉
    〈xsd:choice maxOccurs="unbounded"〉
      〈xsd:element name="缩放"〉
        〈xsd:complexType〉
          〈xsd:attribute ref="uof:locID" use="required" fixed="p0120"/〉
          〈xsd:attribute name="速度" use="optional" default="medium"〉
            〈xsd:simpleType〉
              〈xsd:restriction base="xsd:string"〉
                〈xsd:enumeration value="very slow"/〉
                〈xsd:enumeration value="slow"/〉
                〈xsd:enumeration value="medium"/〉
                〈xsd:enumeration value="fast"/〉
                〈xsd:enumeration value="very fast"/〉
              〈/xsd:restriction〉
            〈/xsd:simpleType〉
          〈/xsd:attribute〉
          〈xsd:attribute name="方向" use="optional" default="both"〉
            〈xsd:simpleType〉
              〈xsd:restriction base="xsd:string"〉
                〈xsd:enumeration value="horizontal"/〉
                〈xsd:enumeration value="vertical"/〉
                〈xsd:enumeration value="both"/〉
              〈/xsd:restriction〉
            〈/xsd:simpleType〉
          〈/xsd:attribute〉
          〈xsd:attribute name="预定义尺寸" use="optional"〉
            〈xsd:simpleType〉
              〈xsd:restriction base="xsd:string"〉
                〈xsd:enumeration value="tiny"/〉
                〈xsd:enumeration value="smaller"/〉
                〈xsd:enumeration value="larger"/〉
                〈xsd:enumeration value="huge"/〉
```

```
              〈/xsd:restriction〉
            〈/xsd:simpleType〉
          〈/xsd:attribute〉
          〈xsd:attribute name="自定义尺寸" type="uof:百分比类型" use="optional" default="150"〉
            〈xsd:annotation〉
              〈xsd:documentation〉以百分比表示,例如:150%。〈/xsd:documentation〉
            〈/xsd:annotation〉
          〈/xsd:attribute〉
          〈xsd:attribute ref="uof:attrList" use="required" fixed="速度 方向 预定义尺寸 自定义尺寸"/〉
        〈/xsd:complexType〉
      〈/xsd:element〉
      〈xsd:element name="更改线条颜色"〉
        〈xsd:complexType〉
          〈xsd:attribute ref="uof:locID" use="required" fixed="p0121"/〉
          〈xsd:attribute name="速度" use="optional" default="medium"〉
            〈xsd:simpleType〉
              〈xsd:restriction base="xsd:string"〉
                〈xsd:enumeration value="very slow"/〉
                〈xsd:enumeration value="slow"/〉
                〈xsd:enumeration value="medium"/〉
                〈xsd:enumeration value="fast"/〉
                〈xsd:enumeration value="very fast"/〉
              〈/xsd:restriction〉
            〈/xsd:simpleType〉
          〈/xsd:attribute〉
          〈xsd:attribute name="颜色" type="uof:颜色类型" use="optional"/〉
          〈xsd:attribute ref="uof:attrList" use="required" fixed="速度 颜色"/〉
        〈/xsd:complexType〉
      〈/xsd:element〉
      〈xsd:element name="更改字形"〉
        〈xsd:annotation〉
          〈xsd:documentation〉包括“更改字体”。〈/xsd:documentation〉
        〈/xsd:annotation〉
        〈xsd:complexType〉
          〈xsd:attribute ref="uof:locID" use="required" fixed="p0122"/〉
          〈xsd:attribute name="字形" type="xsd:IDREF" use="optional"〉
            〈xsd:annotation〉
              〈xsd:documentation〉引用 字:句式样。〈/xsd:documentation〉
            〈/xsd:annotation〉
          〈/xsd:attribute〉
```

```
〈xsd:attribute name="期间" use="optional" default="until end of slide"〉
  〈xsd:annotation〉
    〈xsd:documentation〉单位:秒。〈/xsd:documentation〉
  〈/xsd:annotation〉
  〈xsd:simpleType〉
    〈xsd:restriction base="xsd:string"〉
      〈xsd:enumeration value="0.5"/〉
      〈xsd:enumeration value="1.0"/〉
      〈xsd:enumeration value="2.0"/〉
      〈xsd:enumeration value="3.0"/〉
      〈xsd:enumeration value="4.0"/〉
      〈xsd:enumeration value="5.0"/〉
      〈xsd:enumeration value="until next click"/〉
      〈xsd:enumeration value="until end of slide"/〉
    〈/xsd:restriction〉
  〈/xsd:simpleType〉
〈/xsd:attribute〉
〈xsd:attribute ref="uof:attrList" use="required" fixed="字形 期间"/〉
〈/xsd:complexType〉
〈/xsd:element〉
〈xsd:element name="陀螺旋"〉
〈xsd:complexType〉
〈xsd:attribute ref="uof:locID" use="required" fixed="p0123"/〉
〈xsd:attribute name="速度" use="optional" default="medium"〉
  〈xsd:simpleType〉
    〈xsd:restriction base="xsd:string"〉
      〈xsd:enumeration value="very slow"/〉
      〈xsd:enumeration value="slow"/〉
      〈xsd:enumeration value="medium"/〉
      〈xsd:enumeration value="fast"/〉
      〈xsd:enumeration value="very fast"/〉
    〈/xsd:restriction〉
  〈/xsd:simpleType〉
〈/xsd:attribute〉
〈xsd:attribute name="顺时针方向" type="xsd:boolean" use="optional"
default="true"〉
  〈xsd:annotation〉
    〈xsd:documentation〉true 为顺时针方向,否则为逆时针方向。
〈/xsd:documentation〉
  〈/xsd:annotation〉
〈/xsd:attribute〉
〈xsd:attribute name="预定义角度" use="optional"〉
  〈xsd:simpleType〉
```

```
            〈xsd:restriction base="xsd:string"〉
              〈xsd:enumeration value="quarter spin"/〉
              〈xsd:enumeration value="half spin"/〉
              〈xsd:enumeration value="full spin"/〉
              〈xsd:enumeration value="two spins"/〉
            〈/xsd:restriction〉
          〈/xsd:simpleType〉
        〈/xsd:attribute〉
          〈xsd:attribute name="自定义角度" type="xsd:nonNegativeInteger" use="optional" default="360"〉
          〈xsd:annotation〉
                    〈xsd:documentation〉以度数为单位，例如：360°。〈/xsd:documentation〉
          〈/xsd:annotation〉
        〈/xsd:attribute〉
        〈xsd:attribute ref="uof:attrList" use="required" fixed="速度 顺时针方向 预定义角度 自定义角度"/〉
      〈/xsd:complexType〉
    〈/xsd:element〉
    〈xsd:element name="更改填充颜色"〉
      〈xsd:complexType〉
        〈xsd:attribute ref="uof:locID" use="required" fixed="p0124"/〉
        〈xsd:attribute name="速度" use="optional" default="medium"〉
          〈xsd:simpleType〉
            〈xsd:restriction base="xsd:string"〉
              〈xsd:enumeration value="very slow"/〉
              〈xsd:enumeration value="slow"/〉
              〈xsd:enumeration value="medium"/〉
              〈xsd:enumeration value="fast"/〉
              〈xsd:enumeration value="very fast"/〉
            〈/xsd:restriction〉
          〈/xsd:simpleType〉
        〈/xsd:attribute〉
        〈xsd:attribute name="颜色" type="uof:颜色类型" use="optional"/〉
        〈xsd:attribute ref="uof:attrList" use="required" fixed="速度 颜色"/〉
      〈/xsd:complexType〉
    〈/xsd:element〉
    〈xsd:element name="更改字号"〉
      〈xsd:complexType〉
        〈xsd:attribute ref="uof:locID" use="required" fixed="p0125"/〉
        〈xsd:attribute name="速度" use="optional" default="medium"〉
          〈xsd:simpleType〉
            〈xsd:restriction base="xsd:string"〉
```

```
                        <xsd:enumeration value="very slow"/>
                        <xsd:enumeration value="slow"/>
                        <xsd:enumeration value="medium"/>
                        <xsd:enumeration value="fast"/>
                        <xsd:enumeration value="very fast"/>
                    </xsd:restriction>
                </xsd:simpleType>
            </xsd:attribute>
            <xsd:attribute name="预定义尺寸" use="optional">
                <xsd:simpleType>
                    <xsd:restriction base="xsd:string">
                        <xsd:enumeration value="tiny"/>
                        <xsd:enumeration value="smaller"/>
                        <xsd:enumeration value="lager"/>
                        <xsd:enumeration value="huge"/>
                    </xsd:restriction>
                </xsd:simpleType>
            </xsd:attribute>
                <xsd: attribute name = "自定义尺寸" type = "uof: 百分比类型"
use="optional" default="150">
                <xsd:annotation>
                    <xsd:documentation>百分比表示,例如:150%。</xsd:documentation>
                </xsd:annotation>
            </xsd:attribute>
                        <xsd: attribute ref = "uof: attrList" use = "required"
fixed="速度 预定义尺寸 自定义尺寸"/>
        </xsd:complexType>
    </xsd:element>
    <xsd:element name="更改字体颜色">
        <xsd:complexType>
            <xsd:attribute ref="uof:locID" use="required" fixed="p0126"/>
            <xsd:attribute name="速度" use="optional" default="medium">
                <xsd:simpleType>
                    <xsd:restriction base="xsd:string">
                        <xsd:enumeration value="very slow"/>
                        <xsd:enumeration value="slow"/>
                        <xsd:enumeration value="medium"/>
                        <xsd:enumeration value="fast"/>
                        <xsd:enumeration value="very fast"/>
                    </xsd:restriction>
                </xsd:simpleType>
            </xsd:attribute>
            <xsd:attribute name="颜色" type="uof:颜色类型" use="optional"/>
```

```
        〈xsd:attribute ref="uof:attrList" use="required" fixed="速度 颜色"/〉
      〈/xsd:complexType〉
    〈/xsd:element〉
    〈xsd:element name="透明"〉
      〈xsd:complexType〉
        〈xsd:attribute ref="uof:locID" use="required" fixed="p0127"/〉
        〈xsd:attribute name="预定义透明度" use="optional"〉
          〈xsd:simpleType〉
            〈xsd:restriction base="xsd:string"〉
              〈xsd:enumeration value="25"/〉
              〈xsd:enumeration value="50"/〉
              〈xsd:enumeration value="75"/〉
              〈xsd:enumeration value="100"/〉
            〈/xsd:restriction〉
          〈/xsd:simpleType〉
        〈/xsd:attribute〉
        〈xsd:attribute name="自定义透明度" type="uof:百分比类型" use="optional"〉
          〈xsd:annotation〉
            〈xsd:documentation〉百分比表示,例如:50%。〈/xsd:documentation〉
          〈/xsd:annotation〉
        〈/xsd:attribute〉
        〈xsd:attribute name="期间" use="optional" default="until next click"〉
          〈xsd:annotation〉
            〈xsd:documentation〉单位:秒。〈/xsd:documentation〉
          〈/xsd:annotation〉
          〈xsd:simpleType〉
            〈xsd:restriction base="xsd:string"〉
              〈xsd:enumeration value="0.5"/〉
              〈xsd:enumeration value="1.0"/〉
              〈xsd:enumeration value="2.0"/〉
              〈xsd:enumeration value="3.0"/〉
              〈xsd:enumeration value="4.0"/〉
              〈xsd:enumeration value="5.0"/〉
              〈xsd:enumeration value="until next click"/〉
              〈xsd:enumeration value="until end of slide"/〉
            〈/xsd:restriction〉
          〈/xsd:simpleType〉
        〈/xsd:attribute〉
        〈xsd:attribute ref="uof:attrList" use="required" fixed="预定义透明度 自定义透明度 期间"/〉
      〈/xsd:complexType〉
    〈/xsd:element〉
```

```
                〈xsd:element name="其他"〉
                  〈xsd:complexType〉
                    〈xsd:complexContent〉
                      〈xsd:extension base="xsd:anyType"〉
                        〈xsd:attribute ref="uof:locID" use="required" fixed="p0128"/〉
                      〈/xsd:extension〉
                    〈/xsd:complexContent〉
                  〈/xsd:complexType〉
                〈/xsd:element〉
              〈/xsd:choice〉
              〈xsd:attribute ref="uof:locID" use="required" fixed="p0075"/〉
            〈/xsd:complexType〉
          〈/xsd:element〉
          〈xsd:element name="动作路径" minOccurs="0"〉
            〈xsd:complexType〉
              〈xsd:attribute name="路径" use="required"〉
                〈xsd:annotation〉
                  〈xsd:documentation〉形式为" x1 y1 (moveto | lineto | curveto | arc | close-
path) x2 y2……"。为节约空间不再分解.〈/xsd:documentation〉
                〈/xsd:annotation〉
                〈xsd:simpleType〉
                  〈xsd:restriction base="xsd:string"〉
                    〈xsd:pattern value="(\s)?(M(\s(\d+(\.\d*)?)){2}(\s(ha|hg|he|
hc))?((\s((L(\s(\d+(\.\d*)?)){2}(\s(ha|hg|he|hc))?)|(C(\s(\d+(\.\d*)?)){6}(\s(ha|
hg|he|hc))?))))*(\s(Z))?(\s)?)*"/〉
                  〈/xsd:restriction〉
                〈/xsd:simpleType〉
              〈/xsd:attribute〉
              〈xsd:attribute ref="uof:locID" use="required" fixed="p0133" id="p0133"/〉
              〈xsd:attribute ref="uof:attrList" use="required" fixed="路径"/〉
            〈/xsd:complexType〉
          〈/xsd:element〉
        〈/xsd:choice〉
        〈xsd:attribute ref="uof:locID" use="required" fixed="p0069"/〉
      〈/xsd:complexType〉
    〈/xsd:element〉
  〈/xsd:sequence〉
〈/xsd:complexType〉
〈xsd:complexType name="页面设置类型"〉
  〈xsd:annotation〉
    〈xsd:documentation〉定义幻灯片及其母版的页面设置信息。〈/xsd:documentation〉
  〈/xsd:annotation〉
  〈xsd:sequence〉
```

```
〈xsd:element name="纸张" minOccurs="0"〉
  〈xsd:annotation〉
    〈xsd:documentation〉页面大小。〈/xsd:documentation〉
  〈/xsd:annotation〉
  〈xsd:complexType〉
    〈xsd:complexContent〉
      〈xsd:extension base="uof:纸张类型"〉
        〈xsd:attribute ref="uof:locID" use="required" fixed="p0003"/〉
        〈xsd:attribute ref="uof:attrList" use="required" fixed="宽度 高度 纸型"/〉
      〈/xsd:extension〉
    〈/xsd:complexContent〉
  〈/xsd:complexType〉
〈/xsd:element〉
〈xsd:element name="页边距" minOccurs="0"〉
  〈xsd:annotation〉
    〈xsd:documentation〉页面边距。〈/xsd:documentation〉
  〈/xsd:annotation〉
  〈xsd:complexType〉
    〈xsd:complexContent〉
      〈xsd:extension base="uof:页边距类型"〉
        〈xsd:attribute ref="uof:locID" use="required" fixed="p0004"/〉
        〈xsd:attribute ref="uof:attrList" use="required" fixed="左 上 右 下"/〉
      〈/xsd:extension〉
    〈/xsd:complexContent〉
  〈/xsd:complexType〉
〈/xsd:element〉
〈xsd:element name="页码格式" minOccurs="0"〉
  〈xsd:annotation〉
    〈xsd:documentation〉页面上页码采用的格式。〈/xsd:documentation〉
  〈/xsd:annotation〉
  〈xsd:complexType〉
    〈xsd:simpleContent〉
      〈xsd:extension base="字:数字格式类型"〉
        〈xsd:attribute ref="uof:locID" use="required" fixed="p0005"/〉
      〈/xsd:extension〉
    〈/xsd:simpleContent〉
  〈/xsd:complexType〉
〈/xsd:element〉
〈xsd:element name="纸张方向" minOccurs="0"〉
  〈xsd:complexType〉
    〈xsd:simpleContent〉
      〈xsd:extension base="uof:纸张方向类型"〉
        〈xsd:attribute ref="uof:locID" use="required" fixed="p0006"/〉
```

```
            </xsd:extension>
          </xsd:simpleContent>
        </xsd:complexType>
      </xsd:element>
    </xsd:sequence>
    <xsd:attribute name="标识符" type="xsd:ID" use="required"/>
    <xsd:attribute name="名称" type="xsd:string" use="optional">
      <xsd:annotation>
        <xsd:documentation>被每个母版直接引用。要保证多个页面设置命名各不相同。
</xsd:documentation>
      </xsd:annotation>
    </xsd:attribute>
  </xsd:complexType>
  <xsd:complexType name="页面版式类型">
    <xsd:annotation>
      <xsd:documentation>定义幻灯片或讲义采用的页面版式信息。</xsd:documentation>
    </xsd:annotation>
    <xsd:sequence>
      <xsd:element name="布局" minOccurs="0">
        <xsd:complexType>
          <xsd:attribute name="类型" use="required">
            <xsd:simpleType>
              <xsd:restriction base="xsd:string">
                <xsd:enumeration value="title-only"/>
                <xsd:enumeration value="title-subtitle"/>
                <xsd:enumeration value="title-body"/>
                <xsd:enumeration value="2-columns"/>
                <xsd:enumeration value="v-2-rows"/>
                <xsd:enumeration value="v-title-body"/>
                <xsd:enumeration value="big-object"/>
                <xsd:enumeration value="2-rows"/>
                <xsd:enumeration value="column-2-rows"/>
                <xsd:enumeration value="2-rows-column"/>
                <xsd:enumeration value="2-columns-row"/>
                <xsd:enumeration value="4-objects"/>
              </xsd:restriction>
            </xsd:simpleType>
          </xsd:attribute>
          <xsd:attribute ref="uof:locID" use="required" fixed="p0129"/>
          <xsd:attribute ref="uof:attrList" use="required" fixed="类型"/>
        </xsd:complexType>
      </xsd:element>
      <xsd:element ref="uof:锚点" minOccurs="0" maxOccurs="unbounded">
```

〈xsd:annotation〉

〈xsd:documentation〉定义页面版式中标题、子标题、文本、图形、对象类型的图形信息。〈/xsd:documentation〉

〈/xsd:annotation〉

〈/xsd:element〉

〈/xsd:sequence〉

〈xsd:attribute name="标识符" type="xsd:ID" use="required"/〉

〈xsd:attribute name="名称" use="optional"〉

〈xsd:annotation〉

〈xsd:documentation〉

被讲义母版或幻灯片页引用。如果丢失版式信息,则无论幻灯片母版是否记录了对应的版式信息如对应的文本框,该母版信息也会丢失。反之该母版中版式信息对应的信息记录则是冗余的,可以不记录。〈/xsd:documentation〉

〈/xsd:annotation〉

〈xsd:simpleType〉

〈xsd:restriction base="xsd:string"/〉

〈/xsd:simpleType〉

〈/xsd:attribute〉

〈/xsd:complexType〉

〈xsd:complexType name="母版类型"〉

〈xsd:annotation〉

〈xsd:documentation〉定义幻灯片各种母版内容。〈/xsd:documentation〉

〈/xsd:annotation〉

〈xsd:sequence〉

〈xsd:element ref="uof:锚点" minOccurs="0" maxOccurs="unbounded"/〉

〈xsd:element ref="背景" minOccurs="0"〉

〈xsd:annotation〉

〈xsd:documentation〉母版上填充的式样。目前备注和讲义类型的母版可以不实现此功能。〈/xsd:documentation〉

〈/xsd:annotation〉

〈/xsd:element〉

〈/xsd:sequence〉

〈xsd:attribute name="标识符" type="xsd:ID" use="optional"〉

〈xsd:annotation〉

〈xsd:documentation〉标识一个特定的母版,以被幻灯片引用。参见名称注释

〈/xsd:documentation〉

〈/xsd:annotation〉

〈/xsd:attribute〉

〈xsd:attribute name="名称" type="xsd:string" use="optional"〉

〈xsd:annotation〉

〈xsd:documentation〉要保证每个母版名称各不相同,以被每个幻灯片页引用。注意只有类型为幻灯片的母版才被幻灯片直接引用;讲义类型的母版会引用到一个页面版式[注意它不是界面上选择的版式,而是讲义视图上缩略图对应的版式]。

```
        〈/xsd:documentation〉
      〈/xsd:annotation〉
    〈/xsd:attribute〉
    〈xsd:attribute name="类型" use="optional"〉
      〈xsd:simpleType〉
        〈xsd:restriction base="xsd:string"〉
          〈xsd:enumeration value="handout"/〉
          〈xsd:enumeration value="slide"/〉
          〈xsd:enumeration value="notes"/〉
        〈/xsd:restriction〉
      〈/xsd:simpleType〉
    〈/xsd:attribute〉
    〈xsd:attribute name="页面设置引用" type="xsd:IDREF" use="optional"〉
      〈xsd:annotation〉
        〈xsd:documentation〉母版采用的页面设置引用。
每种类型的母版可能采用不同类型的页面设置。
        〈/xsd:documentation〉
      〈/xsd:annotation〉
    〈/xsd:attribute〉
    〈xsd:attribute name="配色方案引用" type="xsd:IDREF" use="optional"〉
      〈xsd:annotation〉
        〈xsd:documentation〉母版上采用的配色方案。〈/xsd:documentation〉
      〈/xsd:annotation〉
    〈/xsd:attribute〉
    〈xsd:attribute name="页面版式引用" type="xsd:IDREF" use="optional"〉
      〈xsd:annotation〉
        〈xsd:documentation〉讲义母版引用的页面版式。〈/xsd:documentation〉
      〈/xsd:annotation〉
    〈/xsd:attribute〉
    〈xsd:attribute name="文本式样引用" type="xsd:IDREF" use="optional"〉
      〈xsd:annotation〉
        〈xsd:documentation〉对式样集中幻灯片文本式样的引用。〈/xsd:documentation〉
      〈/xsd:annotation〉
    〈/xsd:attribute〉
  〈/xsd:complexType〉
  〈xsd:simpleType name="运动方向"〉
    〈xsd:annotation〉
      〈xsd:documentation〉定义动画的各种运动方向。1.0 版本目前定义从上、下、左、右、左上、右下、
左下、右上运动共 8 种方向。
      〈/xsd:documentation〉
    〈/xsd:annotation〉
    〈xsd:restriction base="xsd:string"〉
      〈xsd:enumeration value="top"/〉
```

```
      〈xsd:enumeration value="bottom"/〉
      〈xsd:enumeration value="left"/〉
      〈xsd:enumeration value="right"/〉
      〈xsd:enumeration value="top left"/〉
      〈xsd:enumeration value="lower right"/〉
      〈xsd:enumeration value="lower left"/〉
      〈xsd:enumeration value="top right"/〉
    〈/xsd:restriction〉
  〈/xsd:simpleType〉
〈/xsd:schema〉
```

A.5 图.xsd

```
〈? xml version="1.0" encoding="UTF-8"?〉
〈xsd:schema xmlns="http://schemas.uof.org/cn/2003/graph"
xmlns:svg="http://www.w3.org/2003/svg"
xmlns:uof="http://schemas.uof.org/cn/2003/uof"
xmlns:字="http://schemas.uof.org/cn/2003/uof-wordproc"
xmlns:xsd="http://www.w3.org/2001/XMLSchema"
targetNamespace="http://schemas.uof.org/cn/2003/graph"
elementFormDefault="qualified" attributeFormDefault="qualified" version="1.0"〉
  〈xsd:annotation〉
    〈xsd:documentation〉
    中文办公软件格式标准图形部分。© 2003 United Office Format 版权所有。© 2003 United Office Format. All rights reserved.
    版本:1.0。Version 1.0
    内部版本:060803。Internal version: 060803
    〈/xsd:documentation〉
  〈/xsd:annotation〉
  〈xsd:import namespace="http://www.w3.org/2003/svg" schemaLocation="svg.xsd"/〉
  〈xsd:import namespace="http://schemas.uof.org/cn/2003/uof" schemaLocation="uof.xsd"/〉
  〈xsd:import namespace="http://schemas.uof.org/cn/2003/uof-wordproc" schemaLocation="字.xsd"/〉
  〈!--最后 locID 编号:g0041--〉
  〈xsd:simpleType name="箭头式样类型"〉
    〈xsd:restriction base="xsd:string"〉
      〈xsd:enumeration value="normal"/〉
      〈xsd:enumeration value="open"/〉
      〈xsd:enumeration value="diamond"/〉
      〈xsd:enumeration value="stealth"/〉
      〈xsd:enumeration value="oval"/〉
    〈/xsd:restriction〉
  〈/xsd:simpleType〉
  〈xsd:simpleType name="箭头大小类型"〉
```

```
    〈xsd:restriction base="xsd:int"〉
      〈xsd:minInclusive value="1"/〉
      〈xsd:maxInclusive value="9"/〉
    〈/xsd:restriction〉
  〈/xsd:simpleType〉
  〈xsd:simpleType name="随动方式类型"〉
    〈xsd:restriction base="xsd:string"〉
      〈xsd:enumeration value="movesize"〉
        〈xsd:annotation〉
          〈xsd:documentation〉大小、位置均随单元格而变〈/xsd:documentation〉
        〈/xsd:annotation〉
      〈/xsd:enumeration〉
      〈xsd:enumeration value="move"〉
        〈xsd:annotation〉
          〈xsd:documentation〉大小固定,位置随单元格而变〈/xsd:documentation〉
        〈/xsd:annotation〉
      〈/xsd:enumeration〉
      〈xsd:enumeration value="none"〉
        〈xsd:annotation〉
          〈xsd:documentation〉大小和位置均不随单元格而变〈/xsd:documentation〉
        〈/xsd:annotation〉
      〈/xsd:enumeration〉
    〈/xsd:restriction〉
  〈/xsd:simpleType〉
  〈xsd:complexType name="填充类型"〉
    〈xsd:annotation〉
      〈xsd:documentation〉文字、段落、表格、页面等的填充定义,如颜色、图片、图案等。〈/xsd:docu-
mentation〉
    〈/xsd:annotation〉
    〈xsd:choice〉
      〈xsd:element name="颜色"〉
        〈xsd:annotation〉
          〈xsd:documentation〉填充颜色定义。颜色值可以有两种形式:1)"#xxxxxx"格式,如"#
FF0000"表示红色;2)"auto",表示"自动"。〈/xsd:documentation〉
        〈/xsd:annotation〉
        〈xsd:complexType〉
          〈xsd:simpleContent〉
            〈xsd:extension base="uof:颜色类型"〉
              〈xsd:attribute ref="uof:locID" use="required" fixed="g0034"/〉
            〈/xsd:extension〉
          〈/xsd:simpleContent〉
        〈/xsd:complexType〉
      〈/xsd:element〉
```

```
〈xsd:element name="图片"〉
  〈xsd:annotation〉
    〈xsd:documentation〉填充的图片定义。〈/xsd:documentation〉
  〈/xsd:annotation〉
  〈xsd:complexType〉
    〈xsd:attribute name="位置" use="optional"〉
      〈xsd:annotation〉
        〈xsd:documentation〉图片在填充对象中的对齐方式。〈/xsd:documentation〉
      〈/xsd:annotation〉
      〈xsd:simpleType〉
        〈xsd:restriction base="xsd:string"〉
          〈xsd:enumeration value="stretch"〉
            〈xsd:annotation〉
              〈xsd:documentation〉以填充对象的大小为基础,拉伸图片以填充对象。〈/xsd:
documentation〉
            〈/xsd:annotation〉
          〈/xsd:enumeration〉
          〈xsd:enumeration value="tile"〉
            〈xsd:annotation〉
              〈xsd:documentation〉图片以平铺的方式填充对象。〈/xsd:documentation〉
            〈/xsd:annotation〉
          〈/xsd:enumeration〉
          〈xsd:enumeration value="center"〉
            〈xsd:annotation〉
              〈xsd:documentation〉图片在填充对象时居中。〈/xsd:documentation〉
            〈/xsd:annotation〉
          〈/xsd:enumeration〉
        〈/xsd:restriction〉
      〈/xsd:simpleType〉
    〈/xsd:attribute〉
    〈xsd:attribute name="图形引用" type="xsd:IDREF" use="optional"〉
      〈xsd:annotation〉
        〈xsd:documentation〉对图片的引用。〈/xsd:documentation〉
      〈/xsd:annotation〉
    〈/xsd:attribute〉
    〈xsd:attribute name="类型" type="xsd:string" use="optional"〉
      〈xsd:annotation〉
        〈xsd:documentation〉图片的类型。〈/xsd:documentation〉
      〈/xsd:annotation〉
    〈/xsd:attribute〉
    〈xsd:attribute name="名称" type="xsd:string" use="optional"〉
      〈xsd:annotation〉
        〈xsd:documentation〉图片的名称。〈/xsd:documentation〉
```

```
        〈/xsd:annotation〉
      〈/xsd:attribute〉
      〈xsd:attribute ref="uof:locID" use="required" fixed="g0035"/〉
      〈xsd:attribute ref="uof:attrList" use="required" fixed="位置 图形引用 类型 名称"/〉
    〈/xsd:complexType〉
  〈/xsd:element〉
  〈xsd:element name="图案"〉
    〈xsd:annotation〉
      〈xsd:documentation〉填充的图案定义。〈/xsd:documentation〉
    〈/xsd:annotation〉
    〈xsd:complexType〉
      〈xsd:attribute name="类型" type="xsd:string" use="optional"〉
        〈xsd:annotation〉
          〈xsd:documentation〉图案的类型。〈/xsd:documentation〉
        〈/xsd:annotation〉
      〈/xsd:attribute〉
      〈xsd:attribute name="图形引用" type="xsd:IDREF" use="optional"〉
        〈xsd:annotation〉
          〈xsd:documentation〉对图形的引用。〈/xsd:documentation〉
        〈/xsd:annotation〉
      〈/xsd:attribute〉
      〈xsd:attribute name="前景色" type="uof:颜色类型" use="optional"〉
        〈xsd:annotation〉
          〈xsd:documentation〉图案的前景色。〈/xsd:documentation〉
        〈/xsd:annotation〉
      〈/xsd:attribute〉
      〈xsd:attribute name="背景色" type="uof:颜色类型" use="optional"〉
        〈xsd:annotation〉
          〈xsd:documentation〉图案的背景色。〈/xsd:documentation〉
        〈/xsd:annotation〉
      〈/xsd:attribute〉
      〈xsd:attribute ref="uof:locID" use="required" fixed="g0036"/〉
      〈xsd:attribute ref="uof:attrList" use="required" fixed="类型 图形引用 前景色 背景色"/〉
    〈/xsd:complexType〉
  〈/xsd:element〉
  〈xsd:element name="渐变"〉
    〈xsd:annotation〉
      〈xsd:documentation〉填充的颜色渐变定义。〈/xsd:documentation〉
    〈/xsd:annotation〉
    〈xsd:complexType〉
      〈xsd:attribute name="起始色" type="uof:颜色类型" use="optional"〉
        〈xsd:annotation〉
```

```
        〈xsd:documentation〉渐变填充的起始颜色。〈/xsd:documentation〉
      〈/xsd:annotation〉
    〈/xsd:attribute〉
    〈xsd:attribute name="终止色" type="uof:颜色类型" use="optional"〉
      〈xsd:annotation〉
        〈xsd:documentation〉渐变填充的终止颜色。〈/xsd:documentation〉
      〈/xsd:annotation〉
    〈/xsd:attribute〉
    〈xsd:attribute name="种子类型" use="optional"〉
      〈xsd:annotation〉
        〈xsd:documentation〉填充时渐变的方式。〈/xsd:documentation〉
      〈/xsd:annotation〉
      〈xsd:simpleType〉
        〈xsd:restriction base="xsd:string"〉
          〈xsd:enumeration value="linear"〉
            〈xsd:annotation〉
              〈xsd:documentation〉线形渐变。〈/xsd:documentation〉
            〈/xsd:annotation〉
          〈/xsd:enumeration〉
          〈xsd:enumeration value="radar"〉
            〈xsd:annotation〉
              〈xsd:documentation〉雷达形渐变。〈/xsd:documentation〉
            〈/xsd:annotation〉
          〈/xsd:enumeration〉
          〈xsd:enumeration value="square"〉
            〈xsd:annotation〉
              〈xsd:documentation〉正方形渐变。〈/xsd:documentation〉
            〈/xsd:annotation〉
          〈/xsd:enumeration〉
          〈xsd:enumeration value="rectangle"〉
            〈xsd:annotation〉
              〈xsd:documentation〉长方形渐变。〈/xsd:documentation〉
            〈/xsd:annotation〉
          〈/xsd:enumeration〉
          〈xsd:enumeration value="oval"〉
            〈xsd:annotation〉
              〈xsd:documentation〉椭圆形渐变。〈/xsd:documentation〉
            〈/xsd:annotation〉
          〈/xsd:enumeration〉
        〈/xsd:restriction〉
      〈/xsd:simpleType〉
    〈/xsd:attribute〉
    〈xsd:attribute name="起始浓度" type="xsd:float" use="optional"〉
```

```
    〈xsd:annotation〉
      〈xsd:documentation〉起始颜色的浓度，取值为 0～100。〈/xsd:documentation〉
    〈/xsd:annotation〉
  〈/xsd:attribute〉
  〈xsd:attribute name="终止浓度" type="xsd:float" use="optional"〉
    〈xsd:annotation〉
      〈xsd:documentation〉终止颜色的浓度，取值为 0～100。〈/xsd:documentation〉
    〈/xsd:annotation〉
  〈/xsd:attribute〉
  〈xsd:attribute name="渐变方向" use="optional"〉
    〈xsd:annotation〉
      〈xsd:documentation〉渐变方向的角度表示，0～360°。〈/xsd:documentation〉
    〈/xsd:annotation〉
    〈xsd:simpleType〉
      〈xsd:restriction base="xsd:nonNegativeInteger"〉
        〈xsd:enumeration value="0"/〉
        〈xsd:enumeration value="45"/〉
        〈xsd:enumeration value="90"/〉
        〈xsd:enumeration value="135"/〉
        〈xsd:enumeration value="180"/〉
        〈xsd:enumeration value="225"/〉
        〈xsd:enumeration value="270"/〉
        〈xsd:enumeration value="315"/〉
        〈xsd:enumeration value="360"/〉
      〈/xsd:restriction〉
    〈/xsd:simpleType〉
  〈/xsd:attribute〉
  〈xsd:attribute name="边界" type="xsd:nonNegativeInteger" use="optional"〉
    〈xsd:annotation〉
      〈xsd:documentation〉起始色渐变到终止色的范围。〈/xsd:documentation〉
    〈/xsd:annotation〉
  〈/xsd:attribute〉
  〈xsd:attribute name="种子 X 位置" type="xsd:nonNegativeInteger" use="optional"〉
    〈xsd:annotation〉
      〈xsd:documentation〉渐变过程中渐变方式种子的横坐标。〈/xsd:documentation〉
    〈/xsd:annotation〉
  〈/xsd:attribute〉
  〈xsd:attribute name="种子 Y 位置" type="xsd:nonNegativeInteger" use="optional"〉
    〈xsd:annotation〉
      〈xsd:documentation〉渐变过程中渐变方式种子的纵坐标。〈/xsd:documentation〉
    〈/xsd:annotation〉
  〈/xsd:attribute〉
  〈xsd:attribute name="类型" type="xsd:string" use="optional"〉
```

〈xsd:annotation〉
〈xsd:documentation〉记录系统预设或用户自定义的渐变类型。〈/xsd:documentation〉
〈/xsd:annotation〉
〈/xsd:attribute〉
〈xsd:attribute ref="uof:locID" use="required" fixed="g0037"/〉
〈xsd:attribute ref="uof:attrList" use="required" fixed="起始色 终止色 种子类型 起始浓度 终止浓度 渐变方向 边界 种子X位置 种子Y位置 类型"/〉
〈/xsd:complexType〉
〈/xsd:element〉
〈/xsd:choice〉
〈/xsd:complexType〉
〈xsd:complexType name="图形类型"〉
〈xsd:annotation〉
〈xsd:documentation〉图形对象定义。〈/xsd:documentation〉
〈/xsd:annotation〉
〈xsd:sequence〉
〈xsd:choice minOccurs="0"〉
〈xsd:element name="svg 图形对象" type="svg:svgType"〉
〈xsd:annotation〉
〈xsd:documentation〉基于SVG图形描述标准定义的图形对象。非预定义的图形，用于交换。〈/xsd:documentation〉
〈/xsd:annotation〉
〈/xsd:element〉
〈xsd:element name="预定义图形"〉
〈xsd:annotation〉
〈xsd:documentation〉预定义的图形集合，见文档说明〈/xsd:documentation〉
〈/xsd:annotation〉
〈xsd:complexType〉
〈xsd:sequence〉
〈xsd:element name="类别" minOccurs="0"〉
〈xsd:annotation〉
〈xsd:documentation〉图形编号。〈/xsd:documentation〉
〈xsd:documentation〉例如："圆"、"矩形"等。〈/xsd:documentation〉
〈/xsd:annotation〉
〈xsd:complexType〉
〈xsd:simpleContent〉
〈xsd:extension base="xsd:string"〉
〈xsd:attribute ref="uof:locID" use="required" fixed="g0006"/〉
〈/xsd:extension〉
〈/xsd:simpleContent〉
〈/xsd:complexType〉
〈/xsd:element〉
〈xsd:element name="名称" minOccurs="0"〉

```
        〈xsd:annotation〉
          〈xsd:documentation〉图形的英文名称。〈/xsd:documentation〉
        〈/xsd:annotation〉
        〈xsd:complexType〉
          〈xsd:simpleContent〉
            〈xsd:extension base="xsd:string"〉
              〈xsd:attribute ref="uof:locID" use="required" fixed="g0007"/〉
            〈/xsd:extension〉
          〈/xsd:simpleContent〉
        〈/xsd:complexType〉
      〈/xsd:element〉
      〈xsd:element name="生成软件" minOccurs="0"〉
        〈xsd:annotation〉
          〈xsd:documentation〉支持本图形的软件及版本。〈/xsd:documentation〉
        〈/xsd:annotation〉
        〈xsd:complexType〉
          〈xsd:simpleContent〉
            〈xsd:extension base="xsd:string"〉
              〈xsd:attribute ref="uof:locID" use="required" fixed="g0008"/〉
            〈/xsd:extension〉
          〈/xsd:simpleContent〉
        〈/xsd:complexType〉
      〈/xsd:element〉
      〈xsd:element name="关键点坐标" minOccurs="0"〉
        〈xsd:annotation〉
          〈xsd:documentation〉用于一系列点构成的曲线、折线等。也用于表示图形大小。
〈/xsd:documentation〉
        〈/xsd:annotation〉
        〈xsd:complexType〉
          〈xsd:attribute ref="uof:locID" use="required" fixed="g0009"/〉
          〈xsd:attribute name="路径" use="required"〉
            〈xsd:annotation〉
              〈xsd:documentation〉形式为" x1 y1 (moveto | lineto | curveto | arc | close-
path) x2 y2 ......"。为节约空间不再分解。〈/xsd:documentation〉
            〈/xsd:annotation〉
            〈xsd:simpleType〉
              〈xsd:restriction base="xsd:string"〉
                〈xsd:pattern value="(\s)? (M(\s(\d+(\.\d*)?)){2}(\s(ha|hg|he|
hc))? ((\s((L(\s(\d+(\.\d*)?)){2}(\s(ha|hg|he|hc))?)|(C(\s(\d+(\.\d*)?)){6}(\s(ha|
hg|he|hc))?)))) * (\s(Z))? (\s)?) * "/〉
              〈/xsd:restriction〉
            〈/xsd:simpleType〉
          〈/xsd:attribute〉
```

```
                <xsd:attribute ref="uof:attrList" use="required" fixed="路径"/>
              </xsd:complexType>
            </xsd:element>
            <xsd:element name="属性">
              <xsd:annotation>
                <xsd:documentation>图形的属性。</xsd:documentation>
              </xsd:annotation>
              <xsd:complexType>
                <xsd:complexContent>
                  <xsd:extension base="图形属性类型">
                    <xsd:attribute ref="uof:locID" use="required" fixed="g0011"/>
                  </xsd:extension>
                </xsd:complexContent>
              </xsd:complexType>
            </xsd:element>
          </xsd:sequence>
          <xsd:attribute ref="uof:locID" use="required" fixed="g0005"/>
        </xsd:complexType>
      </xsd:element>
    </xsd:choice>
    <xsd:element name="文本内容" minOccurs="0">
      <xsd:annotation>
        <xsd:documentation>图形对象中填充的文本内容。</xsd:documentation>
      </xsd:annotation>
      <xsd:complexType>
        <xsd:choice minOccurs="0" maxOccurs="unbounded">
          <xsd:element ref="字:段落" minOccurs="0"/>
          <xsd:element ref="字:文字表" minOccurs="0"/>
        </xsd:choice>
        <xsd:attribute name="文本框" type="xsd:boolean" use="optional">
          <xsd:annotation>
            <xsd:documentation>图形对象是否在加入文本内容后成为文本框。</xsd:documen-
tation>
          </xsd:annotation>
        </xsd:attribute>
        <xsd:attribute name="左边距" type="xsd:float" use="optional">
          <xsd:annotation>
            <xsd:documentation>填充文本与图形对象中文本区域左边的距离。</xsd:documen-
tation>
          </xsd:annotation>
        </xsd:attribute>
        <xsd:attribute name="右边距" type="xsd:float" use="optional">
          <xsd:annotation>
```

〈xsd:documentation〉填充文本与图形对象中文本区域下边的距离。〈/xsd:documentation〉
〈/xsd:annotation〉
〈/xsd:attribute〉
〈xsd:attribute name="上边距" type="xsd:float" use="optional"〉
〈xsd:annotation〉
〈xsd:documentation〉填充文本与图形对象中文本区域上边的距离。〈/xsd:documentation〉
〈/xsd:annotation〉
〈/xsd:attribute〉
〈xsd:attribute name="下边距" type="xsd:float" use="optional"〉
〈xsd:annotation〉
〈xsd:documentation〉填充文本与图形对象中文本区域下边的距离。〈/xsd:documentation〉
〈/xsd:annotation〉
〈/xsd:attribute〉
〈xsd:attribute name="水平对齐" use="optional"〉
〈xsd:annotation〉
〈xsd:documentation〉常用于演示文稿中指定文本的显示位置。〈/xsd:documentation〉
〈/xsd:annotation〉
〈xsd:simpleType〉
〈xsd:restriction base="xsd:string"〉
〈xsd:enumeration value="left"/〉
〈xsd:enumeration value="center"/〉
〈xsd:enumeration value="right"/〉
〈xsd:enumeration value="justify"/〉
〈/xsd:restriction〉
〈/xsd:simpleType〉
〈/xsd:attribute〉
〈xsd:attribute name="垂直对齐" use="optional"〉
〈xsd:annotation〉
〈xsd:documentation〉常用于演示文稿中指定文本的显示位置。〈/xsd:documentation〉
〈/xsd:annotation〉
〈xsd:simpleType〉
〈xsd:restriction base="xsd:string"〉
〈xsd:enumeration value="top"/〉
〈xsd:enumeration value="middle"/〉
〈xsd:enumeration value="bottom"/〉
〈xsd:enumeration value="justify"/〉
〈/xsd:restriction〉
〈/xsd:simpleType〉
〈/xsd:attribute〉
〈xsd:attribute name="文字排列方向"〉

```
〈xsd:simpleType〉
    〈xsd:restriction base="xsd:string"〉
        〈xsd:enumeration value="hori-l2r"/〉
        〈xsd:enumeration value="hori-r2l"/〉
        〈xsd:enumeration value="vert-l2r"/〉
        〈xsd:enumeration value="vert-r2l"/〉
    〈/xsd:restriction〉
〈/xsd:simpleType〉
〈/xsd:attribute〉
〈xsd:attribute name="自动换行" type="xsd:boolean" use="optional"〉
    〈xsd:annotation〉
        〈xsd:documentation〉填充文本在图形对象的文本区域中是否自动换行。〈/xsd:documentation〉
    〈/xsd:annotation〉
〈/xsd:attribute〉
〈xsd:attribute name="大小适应文字" type="xsd:boolean" use="optional"〉
    〈xsd:annotation〉
        〈xsd:documentation〉图形对象是否自动调整大小以适应文本区域中填充文字的添加。〈/xsd:documentation〉
    〈/xsd:annotation〉
〈/xsd:attribute〉
〈xsd:attribute name="前一链接" type="xsd:IDREF" use="optional"〉
    〈xsd:annotation〉
        〈xsd:documentation〉在图形对象成为文本框时有效。描述前一链接文本框的锚点标识符。〈/xsd:documentation〉
    〈/xsd:annotation〉
〈/xsd:attribute〉
〈xsd:attribute name="后一链接" type="xsd:IDREF" use="optional"〉
    〈xsd:annotation〉
        〈xsd:documentation〉在图形对象成为文本框时有效。描述后一链接文本框的锚点标识符。〈/xsd:documentation〉
    〈/xsd:annotation〉
〈/xsd:attribute〉
〈xsd:attribute ref="uof:locID" use="required" fixed="g0002"/〉
〈xsd:attribute ref="uof:attrList" use="required" fixed="文本框 左边距 右边距 上边距 下边距 水平对齐 垂直对齐 文字排列方向 自动换行 大小适应文字 前一链接 后一链接"/〉
〈/xsd:complexType〉
〈/xsd:element〉
〈xsd:element name="控制点" minOccurs="0" maxOccurs="unbounded"〉
    〈xsd:annotation〉
        〈xsd:documentation〉调整图形对象形状的控制点坐标。〈/xsd:documentation〉
    〈/xsd:annotation〉
    〈xsd:complexType〉
```

```
        〈xsd:attribute name="x 坐标" type="xsd:float" use="required"〉
          〈xsd:annotation〉
            〈xsd:documentation〉图形对象控制点的横坐标。为相对值:与起始点 x 坐标之距离/
图形宽度。〈/xsd:documentation〉
          〈/xsd:annotation〉
        〈/xsd:attribute〉
        〈xsd:attribute name="y 坐标" type="xsd:float" use="required"〉
          〈xsd:annotation〉
            〈xsd:documentation〉图形对象控制点的纵坐标。为相对值:与起始点 y 坐标之距离/
图形高度。〈/xsd:documentation〉
          〈/xsd:annotation〉
        〈/xsd:attribute〉
        〈xsd:attribute ref="uof:locID" use="required" fixed="g0003"/〉
        〈xsd:attribute ref="uof:attrList" use="required" fixed="x 坐标 y 坐标"/〉
      〈/xsd:complexType〉
    〈/xsd:element〉
    〈xsd:element name="翻转" minOccurs="0"〉
      〈xsd:complexType〉
        〈xsd:attribute name="方向" use="required"〉
          〈xsd:simpleType〉
            〈xsd:restriction base="xsd:string"〉
              〈xsd:enumeration value="x"〉
                〈xsd:annotation〉
                  〈xsd:documentation〉水平翻转。〈/xsd:documentation〉
                〈/xsd:annotation〉
              〈/xsd:enumeration〉
              〈xsd:enumeration value="y"〉
                〈xsd:annotation〉
                  〈xsd:documentation〉垂直翻转。〈/xsd:documentation〉
                〈/xsd:annotation〉
              〈/xsd:enumeration〉
              〈xsd:enumeration value="xy"〉
                〈xsd:annotation〉
                  〈xsd:documentation〉水平加垂直翻转〈/xsd:documentation〉
                〈/xsd:annotation〉
              〈/xsd:enumeration〉
            〈/xsd:restriction〉
          〈/xsd:simpleType〉
        〈/xsd:attribute〉
        〈xsd:attribute ref="uof:locID" use="required" fixed="g0040"/〉
        〈xsd:attribute ref="uof:attrList" use="required" fixed="方向"/〉
      〈/xsd:complexType〉
    〈/xsd:element〉
```

〈xsd:element name="组合位置" minOccurs="0"〉
〈xsd:annotation〉
〈xsd:documentation〉表示在组合图形中的位置。若该元素不出现表示该图形非组合图形的子图形。〈/xsd:documentation〉
〈/xsd:annotation〉
〈xsd:complexType〉
〈xsd:attribute name="x 坐标" type="xsd:float" use="optional"〉
〈xsd:annotation〉
〈xsd:documentation〉相对于组合图形原点的 x 方向距离。〈/xsd:documentation〉
〈/xsd:annotation〉
〈/xsd:attribute〉
〈xsd:attribute name="y 坐标" type="xsd:float" use="optional"〉
〈xsd:annotation〉
〈xsd:documentation〉相对于组合图形原点的 y 方向距离。〈/xsd:documentation〉
〈/xsd:annotation〉
〈/xsd:attribute〉
〈xsd:attribute ref="uof:locID" use="required" fixed="g0041"/〉
〈xsd:attribute ref="uof:attrList" use="required" fixed="x 坐标 y 坐标"/〉
〈/xsd:complexType〉
〈/xsd:element〉
〈/xsd:sequence〉
〈/xsd:complexType〉
〈xsd:element name="图形"〉
〈xsd:complexType〉
〈xsd:complexContent〉
〈xsd:extension base="图形类型"〉
〈xsd:attribute name="层次" type="xsd:int" use="optional"/〉
〈xsd:attribute name="标识符" type="xsd:ID" use="required"/〉
〈xsd:attribute name="组合列表" type="xsd:IDREFS" use="optional"〉
〈xsd:annotation〉
〈xsd:documentation〉通过图形 ID 的引用列表,构造组合图形。〈/xsd:documentation〉
〈/xsd:annotation〉
〈/xsd:attribute〉
〈xsd:attribute name="其他对象" type="xsd:IDREF" use="optional"/〉
〈xsd:attribute ref="uof:locID" use="required" fixed="g0000"/〉
〈xsd:attribute ref="uof:attrList" use="required" fixed="层次 标识符 组合列表 其他对象"/〉
〈/xsd:extension〉
〈/xsd:complexContent〉
〈/xsd:complexType〉
〈/xsd:element〉
〈xsd:complexType name="图形属性类型"〉
〈xsd:all〉

```
〈xsd:element name="填充" minOccurs="0"〉
  〈xsd:complexType〉
    〈xsd:complexContent〉
      〈xsd:extension base="填充类型"〉
        〈xsd:attribute ref="uof:locID" use="required" fixed="g0012"/〉
      〈/xsd:extension〉
    〈/xsd:complexContent〉
  〈/xsd:complexType〉
〈/xsd:element〉
〈xsd:element name="线颜色" minOccurs="0"〉
  〈xsd:complexType〉
    〈xsd:simpleContent〉
      〈xsd:extension base="uof:颜色类型"〉
        〈xsd:attribute ref="uof:locID" use="required" fixed="g0013"/〉
      〈/xsd:extension〉
    〈/xsd:simpleContent〉
  〈/xsd:complexType〉
〈/xsd:element〉
〈xsd:element name="线型" minOccurs="0"〉
  〈xsd:complexType〉
    〈xsd:simpleContent〉
      〈xsd:extension base="uof:线型类型"〉
        〈xsd:attribute ref="uof:locID" use="required" fixed="g0014"/〉
      〈/xsd:extension〉
    〈/xsd:simpleContent〉
  〈/xsd:complexType〉
〈/xsd:element〉
〈xsd:element name="线粗细" minOccurs="0"〉
  〈xsd:complexType〉
    〈xsd:simpleContent〉
      〈xsd:extension base="xsd:float"〉
        〈xsd:attribute ref="uof:locID" use="required" fixed="g0016"/〉
      〈/xsd:extension〉
    〈/xsd:simpleContent〉
  〈/xsd:complexType〉
〈/xsd:element〉
〈xsd:element name="前端箭头" minOccurs="0"〉
  〈xsd:complexType〉
    〈xsd:sequence〉
      〈xsd:element name="式样"〉
        〈xsd:complexType〉
          〈xsd:simpleContent〉
            〈xsd:extension base="箭头式样类型"〉
```

```
              〈xsd:attribute ref="uof:locID" use="required" fixed="g0018"/〉
            〈/xsd:extension〉
          〈/xsd:simpleContent〉
        〈/xsd:complexType〉
      〈/xsd:elcment〉
      〈xsd:element name="大小"〉
        〈xsd:complexType〉
          〈xsd:simpleContent〉
            〈xsd:extension base="箭头大小类型"〉
              〈xsd:attribute ref="uof:locID" use="required" fixed="g0019"/〉
            〈/xsd:extension〉
          〈/xsd:simpleContent〉
        〈/xsd:complexType〉
      〈/xsd:element〉
    〈/xsd:sequence〉
    〈xsd:attribute ref="uof:locID" use="required" fixed="g0017"/〉
  〈/xsd:complexType〉
〈/xsd:element〉
〈xsd:element name="后端箭头" minOccurs="0"〉
  〈xsd:complexType〉
    〈xsd:sequence〉
      〈xsd:element name="式样"〉
        〈xsd:complexType〉
          〈xsd:simpleContent〉
            〈xsd:extension base="箭头式样类型"〉
              〈xsd:attribute ref="uof:locID" use="required" fixed="g0021"/〉
            〈/xsd:extension〉
          〈/xsd:simpleContent〉
        〈/xsd:complexType〉
      〈/xsd:element〉
      〈xsd:element name="大小"〉
        〈xsd:complexType〉
          〈xsd:simpleContent〉
            〈xsd:extension base="箭头大小类型"〉
              〈xsd:attribute ref="uof:locID" use="required" fixed="g0022"/〉
            〈/xsd:extension〉
          〈/xsd:simpleContent〉
        〈/xsd:complexType〉
      〈/xsd:element〉
    〈/xsd:sequence〉
    〈xsd:attribute ref="uof:locID" use="required" fixed="g0020"/〉
  〈/xsd:complexType〉
〈/xsd:element〉
```

```
〈xsd:element name="宽度" minOccurs="0"〉
  〈xsd:complexType〉
    〈xsd:simpleContent〉
      〈xsd:extension base="xsd:float"〉
        〈xsd:attribute ref="uof:locID" use="required" fixed="g0023"/〉
      〈/xsd:extension〉
    〈/xsd:simpleContent〉
  〈/xsd:complexType〉
〈/xsd:element〉
〈xsd:element name="高度" minOccurs="0"〉
  〈xsd:complexType〉
    〈xsd:simpleContent〉
      〈xsd:extension base="xsd:float"〉
        〈xsd:attribute ref="uof:locID" use="required" fixed="g0024"/〉
      〈/xsd:extension〉
    〈/xsd:simpleContent〉
  〈/xsd:complexType〉
〈/xsd:element〉
〈xsd:element name="旋转角度" minOccurs="0"〉
  〈xsd:complexType〉
    〈xsd:simpleContent〉
      〈xsd:extension base="xsd:float"〉
        〈xsd:attribute ref="uof:locID" use="required" fixed="g0025"/〉
      〈/xsd:extension〉
    〈/xsd:simpleContent〉
  〈/xsd:complexType〉
〈/xsd:element〉
〈xsd:element name="X-缩放比例" minOccurs="0"〉
  〈xsd:complexType〉
    〈xsd:simpleContent〉
      〈xsd:extension base="xsd:float"〉
        〈xsd:attribute ref="uof:locID" use="required" fixed="g0026"/〉
      〈/xsd:extension〉
    〈/xsd:simpleContent〉
  〈/xsd:complexType〉
〈/xsd:element〉
〈xsd:element name="Y-缩放比例" minOccurs="0"〉
  〈xsd:complexType〉
    〈xsd:simpleContent〉
      〈xsd:extension base="xsd:float"〉
        〈xsd:attribute ref="uof:locID" use="required" fixed="g0027"/〉
      〈/xsd:extension〉
    〈/xsd:simpleContent〉
```

```
    </xsd:complexType>
  </xsd:element>
  <xsd:element name="锁定纵横比" minOccurs="0">
    <xsd:complexType>
      <xsd:simpleContent>
        <xsd:extension base="xsd:float">
          <xsd:attribute ref="uof:locID" use="required" fixed="g0028"/>
        </xsd:extension>
      </xsd:simpleContent>
    </xsd:complexType>
  </xsd:element>
  <xsd:element name="相对原始比例" minOccurs="0">
    <xsd:complexType>
      <xsd:simpleContent>
        <xsd:extension base="xsd:float">
          <xsd:attribute ref="uof:locID" use="required" fixed="g0029"/>
        </xsd:extension>
      </xsd:simpleContent>
    </xsd:complexType>
  </xsd:element>
  <xsd:element name="打印对象" minOccurs="0">
    <xsd:annotation>
      <xsd:documentation>打印时是否打印本图形。</xsd:documentation>
    </xsd:annotation>
    <xsd:complexType>
      <xsd:simpleContent>
        <xsd:extension base="xsd:boolean">
          <xsd:attribute ref="uof:locID" use="required" fixed="g0032"/>
        </xsd:extension>
      </xsd:simpleContent>
    </xsd:complexType>
  </xsd:element>
  <xsd:element name="Web 文字" minOccurs="0">
    <xsd:annotation>
      <xsd:documentation>网页上图形显示时用的文字。</xsd:documentation>
    </xsd:annotation>
    <xsd:complexType>
      <xsd:simpleContent>
        <xsd:extension base="xsd:string">
          <xsd:attribute ref="uof:locID" use="required" fixed="g0033"/>
        </xsd:extension>
      </xsd:simpleContent>
    </xsd:complexType>
```

```
        </xsd:element>
        <xsd:element name="透明度" minOccurs="0">
          <xsd:complexType>
            <xsd:simpleContent>
              <xsd:extension base="xsd:float">
                <xsd:attribute ref="uof:locID" use="required" fixed="g0038"/>
              </xsd:extension>
            </xsd:simpleContent>
          </xsd:complexType>
        </xsd:element>
      </xsd:all>
    </xsd:complexType>
</xsd:schema>
```

附 录 B
(规范性附录)
用户 XML 数据支持方案

用户 XML 数据指的是用户在其他应用系统中定义和使用的逻辑数据，这些数据可能会导入中文办公软件，按照 UOF 的规范进行格式编排，之后成为内容与格式混排的 UOF 文档。排版过程虽然赋予用户 XML 数据以良好的显现格式，但是在实际应用中，可能仍然希望用户 XML 数据能有一定的独立性，即可以随时独立地导入和导出用户 XML 数据，这样使得这些用户 XML 数据既可以按一定格式显现，也可以用于其他的应用目的，体现出“内容与格式分离”的优势。

中文办公软件的生命力很大程度上决定于是否能支持各种应用，最关键的就是要能支持用户 XML 数据的导入和导出，并根据需要，随时可以用“用户定义大纲(User Defined Schema，UDS)”对用户 XML 数据进行有效性验证。即要求 UOF 能够支持 UDS。利用 XML 的可扩展性和灵活性的优势，可是实现内容与格式描述既保持独立，又相互关联。

UOF 建议，在存在用户 XML 数据的时候，应在内存空间或外存空间中分别存储用户 XML 数据和 UOF 的内容，用 XPath 绑定两者。UOF 文件可以这样存储：

用户 XML 数据 (UDS 实例树)	UOF 格式树	其他内容

用户 XML 数据和 UOF 格式树的关联示意如下：

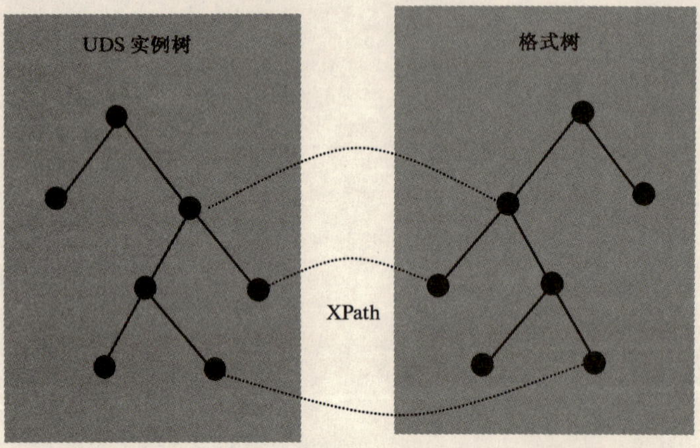

为了支持用户 XML 数据，在 UOF 文档类型定义中为“句”元素增加了一个属性：udsPath 指定该“句”内容对应到用户 XML 文档树的哪个节点。usdPath 的属性值是 XPath 表达式。

这样，一个实际的文档将可能会是如下形式：

```
<! -- 用户 XML 数据 -->
<uds:Book>
  <uds:Title/>
  <uds:Author/>
  <uds:Author/>
  <uds:Date/>
  <uds:ISBN/>
  <uds:Publisher/>
</uds:Book>
<! -- 导入了用户 XML 数据的 UOF -->
<uof>
```

```
<文档>
  <式样/>
  <主体>
    <分节/>
    <表>
      <表属性/>
      <行>
        <列>
          <句>
            <文本串 udsPath="uds:Book/uds:Title">C Programming Language</文本串>
          </句>
        </列>
        <列>
          <句>
            <文本串 udsPath="uds:Book/uds:Author[1]">Brian W. Kernighan</文本串>
            <文本串 udsPath="uds:Book/uds:Author[2]">Dennis Ritchie</文本串>
          </句>
        </列>
        <列>
          <句>
            <文本串 udsPath="uds:Book/uds:Date">1989-3-1</文本串>
          </句>
        </列>
        <列>
          <句>
            <文本串 udsPath="uds:Book/uds:ISBN">0131103628</文本串>
          </句>
        </列>
        <列>
          <句>
            <文本串 udsPath="uds:Book/uds:Publisher">Pearson Education</文本串>
          </句>
        </列>
      </行>
    </表>
  </主体>
</文档>
</uof>
```

这个例子将用户描述图书信息的 XML 数据导入 UOF 中，并排版成表格形式加以显现。

注：本例仅用于说明目的，其中的 UOF 置标可能与实际有出入。

UOF 的设计充分考虑到对用户 XML 数据的支持，不但在 UOF 文档类型定义的必要元素中加入了 udsPath 这样的机制，在文档存储格式中也考虑到了这一点，为中文办公软件厂商在开发中实现这一功能提供了必要的条件。但是，中文办公软件开发者仍然需要考虑如何实现这种功能，例如，如何导入导出用户 XML 数据，如何使用户可以随时建立用户 XML 数据节点和 UOF 节点的关联，并如何在文档的编辑过程中维护这种关联，等等。本规范并不规定这些与实现相关的细节。

附 录 C
(规范性附录)
多语种支持方案

中文办公软件格式标准采用 GB 13000.1 编码字符集。文档类型定义采用中文作为主版本。使国外用户理解中文办公文档的结构,需要时可发布英文副版本。中文办公软件的开发和格式应用应该基于中文主版本。

UOF 的多语种支持的目标是 UOF 实例中置标内容的中外文转换。对于 UOF 文档类型定义中文内容的中外文转换不做规定。国外机构可以将 UOF 文档类型定义翻译成自己需要的语种,并据此生成相应语种的文档实例,但是需要在实例中保留所有语种相关的标识号。

C.1 约定

为了能够实现国际化的需要,UOF 中文置标内容的使用范围限定为元素名、属性名和类型名,其他内容(例如枚举类型值)应该尽量采用英文表达。

C.2 置标内容的中外文转换

C.2.1 增加的全局属性

在 UOF 空间中,增加两个全局属性:locID 和 attriList,分别用作元素语种标识符和“属性列表”属性的名称。这两个属性专门用于多语种转换。

<xsd:attribute name="locID" type="xsd:string"/>

<xsd:attribute name="attrList" type="xsd:NMTOKENS"/>

C.2.2 元素的处理

UOF 实例中元素名的中外文转换采用标识符对应的方式,通过对相同语义和名称的元素指定唯一的标识符,达到中外文版本相同元素的严格对应。这样,可以通过 XSL 式样单(参见 REC-xslt-19991116,REC-xsl-20011015)进行简单的转换,使任何语种的 UOF 文档都能通过单一式样单转换到中文置标版本。同时也能做到外文版本间的互译。

特作如下规定:

元素语种标识符:uof:locID (Localization ID)

不同命名空间的元素 ID 为:

UOF:	u0000——u9999
文字处理:	t0000——t9999
电子表格处理:	s0000——s9999
演示文稿处理:	p0000——p9999
图形处理:	g0000——g9999

例如:

<uof:标题 uof:locID="u0002" ...>

外文置标的文档,UOF 实例元素应该有与中文版本一致的 uof:locID。例如:

<ns:Title uof:locID="u0002" ...>

当收到外文置标的文档时,相同 uof:locID 的元素具有同样的语义和名称,因此可以确定该元素的中文名称为“标题”。

C.2.3 属性的处理

属性名的翻译仅限于 UOF 的范围,同时应该保证一个元素其在不同命名空间定义的属性不会重名。将采用如下方式：

每个指定UOF属性的元素，将强制出现一个特殊的Name Tokens类型的属性attrList。这个属性的值列出了该元素允许出现的所有UOF属性名的一个有序列表。例如：

<字:字体 uof:locID="t0088" uof:attrList="字号 颜色" 字:字号="14" />

外文置标的文档，对于每个指定属性的元素应该有相应的属性uof:attriList，其属性值中属性列表的顺序和每个属性的语义必须与相应的中文属性列表一致。

当收到外文置标的UOF文档时，对于带有属性的UOF元素（即在UOF各个命名空间定义的元素），将所有属于UOF各个命名空间的属性的命名空间前缀去除，与属性列表中的属性名进行匹配，以确定实际出现的属性名应该对应的中文名称。例如，对应上例的情况中，如果相应的外文置标的元素是：

<w:font uof:locID="t0088" uof:attrList="size color" w:size="14" />

对于元素"w:font"，其在UOF各命名空间定义的属性"w:size"，去掉命名空间前缀后，然后分别与属性列表uof:attrList="size color"中的每个名称匹配，确定实际出现的元素处于属性列表的第一个位置，从而确定中文元素名应为"字号"。

附 录 D
（规范性附录）
功能扩展支持方案

UOF确定了中文办公软件首要支持的核心功能，同时支持为将来版本保留扩展的空间，为办公软件厂商的实现保留添加特色的余地。

虽然UOF采用XML描述文档格式，从根本上保障了扩展的能力，但是如果没有一个妥当的方案支持这种扩展，将导致一系列问题，例如：

与UOF不兼容。由于在文档中加入了额外的内容，无法通过现有的文档类型定义的验证。

不同厂商文档交换出现困难。一个软件产品加入的扩展，无法为另一个产品理解，不知如何处理。如果仅仅满足将不理解的扩展内容"原样保存"，如果文档内容更改导致扩展内容的"父节点"改变，"原样保存"也难以实现。

UOF的扩展不断累积，将导致文档体积变大，文档格式描述中会积存大量垃圾。

标准格式与扩展格式分离的优点是可以方便提取标准的内容，有效地隔离各自的扩展，不会相互影响。这里的分离是一个相对的概念，标准格式与扩展格式仍然同属于一个XML文档，但是在UOF的描述中设一个专门的扩展区。

D.1 扩展设计

图D1中，软件名称和版本指的是支持扩展内容的办公软件的名称和版本。扩展的概念包含元素扩展和属性扩展。扩展内容的定位采用XPath的路径描述，可以处理诸如"所有XXX元素"、特定层次的元素、特定的元素、所有元素的属性、特定元素的属性、特定的属性等需求。如果XPath指定的内容不存在，如何进行处理完全由办公软件来决定，或者添加或者忽略，这里不做任何语义的规定。"内容"是指扩展的元素内容或扩展的属性值，如果XPath路径为"/uof/元数据/作者身份"，"内容"为"管理员"，含义是在"/uof/元数据"路径下新增元素：

<作者身份>管理员</作者身份>

如果XPath路径为"/uof/元数据/作者@身份"。"内容"为"管理员"，表示要为元素"/uof/元数据/作者"新增属性：

<作者 身份="管理员">张三</作者>

……

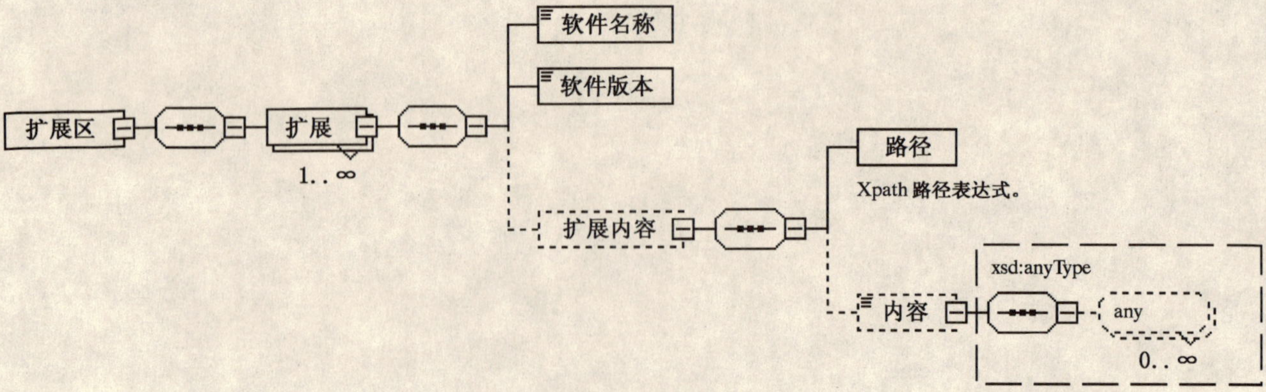

图D1 schema的扩展设计

D.2 不同的办公软件对扩展内容的处理

不同的中文办公软件仅处理可以识别的扩展内容。对于扩展区的其他不能识别/处理的内容应该在文档处理时忽略，但在文档保存时原样保留下来。某个办公软件在处理自己的扩展内容时，应该对扩展内容加以维护，及时删除废弃的扩展内容，避免垃圾的累积。

D.3 Any 元素和属性

Any 元素和属性仅用于未来标准的扩展，不用 Any 来支持非标准的扩展. 已发布的 UOF 标准中，部分元素和属性的类型为 Any，其目的是为 UOF 的后续版本保留扩充的空间，并尽可能向前兼容。各办公软件研制厂商自行扩充的内容应该采用扩展区的扩展设计，以获得更大的灵活性，并利于管理。

附 录 E
（规范性附录）
域代码定义

E.1 域开关

E.1.1 通用开关

* Upper	大写
* Lower	小写
* FirstCap	句首字母大写
* Caps	词首字母大写
* SBCHAR	半角
* DBCHAR	全角

E.1.2 格式开关

* Arabic	1,2,3
* ALPHABETIC	A,B,C
* alphabetic	a,b,c
* ROMAN	I,II,III
* roman	i,ii,iii
* CHINESENUM3	一,二,三
* CHINESENUM2	壹,贰,叁
* ZODIAC1	甲,乙,丙
* ZODIAC2	子,丑,寅
* GB1	1.,2.,3.
* GB2	(1),(2),(3)
* GB3	①,②,③
* GB4	(一),(二),(三)

E.1.3 数字格式开关

\# "#,##0"	#,##0
\# "#,##0.00"	#,##0.00
\# "¥#,##0.00;(¥#,##0.00)"	¥#,##0.00;(¥#,##0.00)
\# "0"	0
\# "0%"	0%
\# "0.00"	0.00
\# "0.00%"	0.00%

E.1.4 日期时间格式开关

\@ "M/d/yyyy"	M/d/yyyy
\@ "dddd，MMMM dd，yyyy"	dddd，MMMM dd，yyyy
\@ "MMMM d，yyyy"	MMMM d，yyyy
\@ "M/d/yy"	M/d/yy
\@ "yyyy-MM-dd"	yyyy-MM-dd
\@ "d-MMM-yy"	d-MMM-yy
\@ "M. d. yyyy"	M. d. yyyy
\@ "MMM. d，yy"	MMM. d，yy
\@ "d MMMM yyyy"	d MMMM yyyy
\@ "MMMM yy"	MMMM yy
\@ "MMM-yy"	MMM-yy
\@ "M/d/yyyy h:mm am/pm"	M/d/yyyy h:mm am/pm
\@ "M/d/yyyy h:mm:ss am/pm"	M/d/yyyy h:mm:ss am/pm
\@ "h:mm am/pm"	h:mm am/pm
\@ "h:mm:ss am/pm"	h:mm:ss am/pm
\@ HH:mm	HH:mm
\@ HH:mm:ss	HH:mm:ss

E.2 域代码

E.2.1 REF

名称:REF

作用:插入由书签标记的文本

域代码:REF Bookmark [开关][通用开关]

域代码开关:

\f	包括并增长脚注、尾注或批注编号
\h	创建到所标段落的超级链接
\n	从所标段落插入段落编号(按其在文档中出现的形式)
\p	插入所标段落的相对位置
\r	插入相关内容中所标段落的段落编号
\t	隐藏所有的非定界符字符
\w	插入完整内容中所标段落的段落编号

E.2.2 TOC

名称:TOC

作用:创建目录

域代码:TOC [开关]

域代码开关:

\a	创建图表目录,但不包含题注标签和编号
\b	用书签指定用来创建目录的文档区域
\c	创建给定题注标签的图表目录
\d	指定序列和页码之间的分隔符
\f	通过使用 TC 项而不是大纲级别来创建目录
\h	在目录内建立目录项与页码之间的超级链接
\l	定义用于创建目录的目录项域级别
\n	在不带页码的目录中创建目录或目录项范围
\o	用大纲级别代码目录项创建目录
\p	定义目录项和其页码间的分隔符
\s	用序列类型创建目录
\t	通过使用除标准大纲样式之外的样式名来创建目录
\u	使用应用的段落大纲创建目录
\w	保留目录项中的制表符
\x	保留目录项中的换号符
\z	当用 WEB 版式视图显示时在目录内隐藏页码

E.2.3 INDEX

名称:INDEX

作用:创建索引

域代码:INDEX [开关]

域代码开关:

\b	用书签来指定要创建索引的文档区域
\c	在页面上创建多栏索引(最大值为 4)
\d	用\s 开关,定义序列和页码之间的分隔符
\e	定义索引项和其页码之间使用的分隔符
\f	通过只用指定词条类型创建索引
\g	定义在页面范围中使用的分隔符
\h ""	在索引中各组之间插入以"索引类目"样式设置了格式的空行
\h "A"	在索引中各组之间插入以"索引类目"样式设置了格式的类目字母
\l	在多页引用的页码之间定义分隔符
\p	将索引限制为指定的字母
\r	以主索引项的形式将次索引项运行到同一行上
\s	包括用页码引用的序列号
\y	为多音索引项启用确定拼音功能
\z "####"	"####"定义 Word 用于生成索引的语言标识号

E.2.4 XE

名称:XE

作用:标记索引项

域代码:XE [开关]

域代码开关:

\b	将索引项的页码设为加粗
\f	定义索引项类型
\i	将索引项的页码设为倾斜
\r	为域包含页码中页面的书签的范围
\t	插入开关后的文字来代替页码
\y	开关后的文字为多音索引项定义所属拼音项

E.2.5 SEQ

名称:SEQ

作用:自动序列号,如用于题注等

域代码:SEQ Identifier [bookmark] [switches]

域代码开关:

\c	插入前边最近的序列号
\h	隐藏域结果(用于交叉引用)
\n	插入下一序列号
\r	给“r”后的编号重设序列号
\s	在“s”之后的标题级别处重设序列号

E.2.6 LINK

名称:LINK

作用:通过使用 OLE 插入文件的局部

域代码:LINK ClassName "FileName" [PlaceReference][开关]

域代码开关:

\a	使域能够自动更新
\b	用位图格式插入链接的对象
\d	图形数据没有与文档一起保存,使得文件变小
\h	将链接的对象插入为 HTML 格式的文字
\p	将链接的对象插入为一幅图片
\r	以 RTF 格式文字插入链接对象
\t	以文本形式插入链接对象

E.2.7 TIME

名称:TIME

作用:当前时间

域代码:TIME [日期时间格式开关]

域代码开关:见“日期时间格式开关”

E.2.8 PAGE

名称:PAGE

作用:插入当前页码

域代码:PAGE [格式开关]

域代码开关:见“格式开关”

E.2.9 AUTHOR

名称:AUTHOR

作用:文档作者的姓名

域代码:AUTHOR [“作者名”][通用开关]

域代码开关:见“通用开关”

E.2.10 FILENAME

名称:FILENAME

作用:文件名称和位置

域代码:FILENAME [开关][通用开关]

域代码开关:

\p	将文件系统路径加入到文件名中

E.2.11 TITLE

名称:TITLE

作用:文档标题

域代码:TITLE [“标题”][通用开关]

域代码开关:见“通用开关”

E.2.12 SECTION

名称:SECTION

作用:插入当前节号

域代码:SECTION [格式开关][数字格式开关]

域代码开关:见“格式开关”、“数字格式开关”

E.2.13 NUMCHARS

名称:NUMCHARS

作用:文档字符数

域代码:NUMCHARS [格式开关][数字格式开关]

域代码开关:见“格式开关”、“数字格式开关”

E.2.14 SAVEDATE

名称:SAVEDATE

作用:修改时间(上次保存文档的日期)

域代码:SAVEDATE [日期时间格式开关]

域代码开关:见“日期时间格式开关”

E.2.15 CREATEDATE

名称:CREATEDATE

作用:创建日期

域代码:CREATEDATE [日期时间格式开关]

域代码开关:见“日期时间格式开关”

E.2.16 NUMPAGES

名称:NUMPAGES

作用:文档页数

域代码:NUMPAGES [格式开关][数字格式开关]

域代码开关:见“格式开关”、“数字格式开关”

E.2.17 REVISION

名称：REVISION

作用：版本号

域代码：REVISION［格式开关］

域代码开关：见“格式开关”

E.2.18 PAGEINSECTION

名称：PAGEINSECTION

作用：当前节内页号

域代码：PAGEINSECTION［格式开关］

域代码开关：见“格式开关”

E.2.19 TEXTPLACEHOLDER

名称：TEXTPLACEHOLDER

作用：占位符（文本）

域代码：TEXTPLACEHOLDER

域代码开关：无

附 录 F
（规范性附录）
数字格式的格式码描述

F.1 数字格式

数字格式分为12种：常规型、数值型、货币型、会计型、日期型、时间型、百分数、分数型、科学型、文本型、特殊型、自定义型。

格式码是以字符串来表示，格式码通过约定的格式来表示一定的意义。

F.2 格式码的规则

格式码使用通用模型：包括四个部分：正数格式，负数格式，零格式，文本格式。格式码的通用模型相当于下式：[>;0]正数格式[<;0]负数格式；零格式；文本格式。在这个通用模型中，包含3个数字段和1个文本段：大于零的数据使用正数格式；小于零的数据使用负数格式；等于零的数据使用零格式；输入单元格的正文使用文本格式。格式化字符最多只有4部分，如果没有四部分组成则其他缺少的部分应按照缺省的值来处理。

示例：

格式代码	数 值	显 示
"正数："($＃，＃＃0.00)；"负数："($ ＃，＃＃0.00)；"零"；"文本："@	12	正数：($12.00)
	−0.3	负数：($0.30)
	0	零
	this is a book	文本：this is a book
[红色]"正数："($＃，＃＃0.00)；[蓝色]"负数："($＃，＃＃0.00)；[黄色]"零"；"文本："@	12	正数：($12.00)
	−0.3	负数：($0.30)
	0	零
	this is a book	文本：this is a book
[蓝色]；[红色]；[黄色]；[绿色]	12	12
	−0.3	0.3
	0	0
	this is a book	this is a book

格式化字符分界线：自定义格式化字符进行分解的时候，只以"；"为标准，不考虑其他符号对"；"的影响。

F.3 自定义数据格式类型

F.3.1 在单元格中同时显示文本和数字

若要在文本中同时显示文本和数字，可将文本字符括在双直引号("")中，或在单个字符前加反斜线(\)。应将字符放在格式代码的合适部分中。例如，键入格式"$0.00"剩余"；$-0.00"短缺""来显示一个"＄132.45 剩余"的正值和一个"＄-234.56 短缺"的负值。

下面的字符不用引号：

＄,＋,－,\,(),:,!,^,&,'(左单引号),'(右单引号),～,{},＝,＜,＞,和空格符。

示例：

格式代码	数　值	显　示
0.00"公斤"	12	12.00 公斤
0.00\斤	12	12.00 斤

F.3.2　包括文本输入部分

如果包含文本标准，则文本标准总是数字格式的最后一个部分。

若要在数字格式中包括文本标准，在要显示的输入单元格中的文本的地方加入符号(@)，如果文本标准中没有@，所输入的文本将不会显示出来。如果要一直显示某些带有输入文本的指定文本字符，则应将附加文本用双引号括起来，例如："abcd"@格式和"abcd"格式是有分别的，"abcd"@是显示 abcd 加上另外输入的字符，而"abcd"只显示另外输入的字符。

如果格式中不包含文本标准，那么输入的文本将不受格式代码的影响。

F.3.3　添加空格

若要在数字格式中创建一个字符宽的空格，在字符前加上一条下划线(_)，例如，在下划线后跟一个右括号(_))，可使正数和括号内的负数对齐。

"???.???"这种格式在小数后面加空格，以使上下单元格的小数点位置对齐。

F.3.4　重复的字符

在数字格式代码中使用星号(＊)，可使星号之后的字符填充整个列宽。例如：键入 0＊－可在数字后包含足够的短划线以填充整个单元格。

F.3.5　小数点位置和有效数字

若要设置分数或带小数点的数字的格式，在格式化代码的相应部分包含下面的数字位置标识符。

如果某一数字小数点右侧的位数大于所设定格式中位置标识符的位数，该数字将按位置标识符位数进行舍入。

示例：

格式代码	数　值	显　示
＃＃＃＃.＃	1234.59	1234.6
0.＃	0.643	0.6

如果数字小数点左侧的位数大于位置标识符的位数，那么多余的位数也会显示出来。

示例：

格式代码	数　值	显　示
＃.＃	123.56	123.6

如果所设定的格式中的小数点左侧只有一个数字符号(＃)，那么小于 1 的数字将以小数点开始。

示例：

格式代码	数　值	显　示
＃.＃	0.657	.7
＃.＃	123.56	123.6

其中格式代码中符号的意义如下：＃：只显示有意义的数字而不显示无意义的零。

0：如果数字位数少于格式中的零的个数，则其后将显示无意义的 0。

示例：

格式代码	数　值	显　示
#.0000	12.4	12.4000

?：在小数点两边为无意义的零添加空格，以便小数点对齐。还可对具有不等长数字的分数使用。

示例：

格式代码	数　值	显　示
???.???	44.334	44.334
	12.3456	12.346
	2.8	2.8

F.3.6　千位分隔符

在数字格式中包含逗号，可使逗号显示千位分隔符，或将数字放大1 000倍。

示例：

格式代码	数　值	显　示
#.###	12000	12,000
#,	12000	12
0.0,,	123456789	123.5

F.3.7　颜色

要在自定义格式的某个段中设置颜色，只需在该段中增加用方括号括住的颜色名。可识别的颜色共8种名为：[黑色]、[红色]、[白色]、[蓝色]、[绿色]、[黄色]、[青色]和[洋红]。特别注意：不同语言版本中的颜色名表示方法不同，如英文版中颜色名必须表示为：[Black]、[Blue]、[Cyan]、[Green]、[Magenta]、[Red]、[White]、[Yellow]，相应的中文版本中的颜色名必须用中文表示。颜色代码必须为该段的第一项。

F.3.8　条件

要设置满足指定条件数字的格式，格式代码中应加入带中括号的条件。条件由比较运算符和数值两部分组成。可以使用六种逻辑符号来设计一个条件格式：＞(大于)、＞＝(大于或等于)、＜(小于)、＜＝(小于或等于)、＝(等于)、＜或＞(不等于)来表示。

示例，下面的格式以红色字体显示了小于或等于100的数字，而以蓝色字体显示了大于100的数字：

[红色][＜＝100]；[蓝色][＞100]

F.3.9　隐藏输入数据

用自定义格式来达到隐藏输入数据的目的，比如格式"；##；0"只显示负数和零，输入的正数则不显示；格式"；；；"则隐藏所有的输入值。自定义格式只改变数据的显示外观，并不改变数据的值，也就是说不影响数据的计算。

F.3.10　货币符号

货币符号除￥，$，US$外，其余的符号应该在方括号中，并且第一个字符为$，即为[$ * * *]的格式。

F.3.11　百分比

若要以百分比格式显示数字，在数字格式中包含百分号(%)。

示例：

格式代码	数　值	显　示
#.00%	0.283	28.30%
#.#%	2	200.00%

F.3.12　科学计数法

若要以科学计数法显示数字，在相应部分中使用下列指数代码："E-"、"E+"、"e-"和"e+"。在格式代码中，如果指数代码的右侧含有 0(零)或 #(数字符号)，将按科学计数法显示数字，并插入 E 或 e。右侧 0 或 # 的代码个数决定了指数的位数，E- 或 e- 将在指数为负数时中填加负号，指数为正数时则不加符号。E+ 或 e+ 在指数为正时填加正号，指数为负时填加减号。

F.3.13　时间和日期

时间和日期的格式中对于 m 这个字符有两种用法：可以代表月份(month)，也可以代表分钟(minute)

如果"m"紧跟在"h"或"hh"代码之后，或是后面紧接"ss"代码，那么它是指分钟；否则它是指月份。

如果格式中包括"AM"或"PM"，则按 12 小时方式计时，"AM"或"A"表示从午夜十二点到中午十二点之间的时间，"PM"或"P"表示从中午十二点到午夜十二点之间的时间，否则，按 24 小时计时。

F.4　各种格式的代码

F.4.1　常规型

格式代码	数　值	显　示	说　明
G/通用格式	234234	234234	

F.4.2　数值型

格式代码	数　值	显　示	说　明
0.00_	345	345.00	下划线后有一空格
0.00;[红色]0.00	345	345.00	
	−345	345.00	负数显示红色
0.00_);(0.00)	345	345.00	后面有一空格
	−345	(345.00)	
0.00_);[红色](0.00)	345	345.00	
	−345	(345.00)	
####.#	1234.59	1234.6	
	345	345.	后面有一小数点
	0.56	.6	前面有个小数点
0.#	0.643	0.6	
	23	23.	后面有一小数点
#,###	12000	12,000	带有千分位分隔符
#,	12000	12	
0.0,,	123456789	123.5	带有两个千分位分隔符
0.00*!	345	345.00!!!!!!!!	带有*号，!号填充满单元格
"a"0.00	345	a345.00	

F.4.3 货币型

格式代码	数　值	显　示	说　明
￥#,##0.00;￥-#,##0.00	345	￥345.00	
	—345	￥—345.00	
$#,##0.00;-$#,##0.00	345	$345.00	
	—345	-$345.00	
US$#,##0.00;-"US$"#,##0.00	345	US$345.00	
	—345	-US$345.00	
#,##0.00[$$-C0C];	345	345.00$	
-#,##0.00[$$-C0C]	—345	—345.00$	
[$$-2C0A]#,##0.00;	345	$345.00	
[$$-2C0A]-#,##0.00	—345	$—345.00	
[$AFA]#,##0.00;	345	AFA345.00	
[$AFA]-#,##0.00	—345	AFA—345.00	

F.4.4 会计型

格式代码	数　值	显　示	说　明
_￥* #,##0.00_;	345	￥345.00	显示两端对齐
_￥* -#,##0.00_;	—345	￥—345.00	显示两端对齐
_￥* "-"??_;	0	￥-	显示两端对齐
_@_	Abc	Abc	

F.4.5 日期型

格式代码	数　值	显　示	说　明
[DBNum1]yyyy"年"m"月"d"日"	2002-8-9	二〇〇二年八月九日	
[DBNum1]yyyy"年"m"月"	2002-8-9	二〇〇二年八月	
[DBNum1]m"月"d"日"	2002-8-9	八月九日	
yyyy"年"m"月"d"日"	2002-8-9	2002-8-9	
yyyy"年"m"月"	2002-8-9	2002年8月	
m"月"d"日"	2002-8-9	8月9日	
′aaaa	2002-8-9	星期五	
′aaa	2002-8-9	五	
yyyy/m/d	2002-8-9	2002-8-9	
yyyy/m/d h:mm AM/PM	2002-8-9	2002-8-9 1:30PM	
yyyy/m/d h:mm	2002-8-9	2002-8-9 13:30	
yy/m/d	2002-8-9	02-8-9	
m/d	2002-8-9	8-9	
m/d/yy	2002-8-9	8-9-02	

格式代码	数　值	显　示	说　明
mm/dd/yy	2002-8-9	08-09-02	
d/mmm	2002-8-9	9-Aug	
d/mmm/yy	2002-8-9	9-Aug-02	
dd/mmm/yy	2002-8-9	09-Aug-02	
mmm/yy	2002-8-9	Aug-02	
mmmm/yy	2002-8-9	August-02	
dd-mmm-yyyy	2002-8-9	09-Aug-2002	
mmmmm	2002-8-9	A	
mmmmm/yy	2002-8-9	A-02	

F.4.6　时间型

格式代码	数　值	显　示	说　明
h:mm	1.234	5:36	
h:mm AM/PM	1.234	5:36 AM	
h:mm:ss	1.234	5:36:58	
h:mm:ss AM/PM	1.234	5:36:58 AM	
h"时"mm"分"	1.234	5时36分	
h"时"mm"分"ss"秒"	1.234	5时36分58秒	
上午/下午 h"时"mm"分"	1.234	上午5时36分	
上午/下午 h"时"mm"分"ss"秒"	1.234	上午5时36分57秒	
[DBNum1]h"时"mm"分"	1.234	五时三十六分	
[DBNum1]上午/下午 h"时"mm"分"	1.234	上午五时三十六分	

F.4.7　分数型

格式代码	数　值	显　示	说　明
# ??? /???	12.345	12 69/200	分母为固定位数
# ? /2	12.3	12 1/2	分母为固定数字

F.4.8　百分数型

格式代码	数　值	显　示	说　明
#.00%	0.283	’28.30%	
#.#%	2	’200.%	

F.4.9　科学计数法

格式代码	数　值	显　示	说　明
0.00E+00	12345	1.23E+04	
	0.12345	1.23E-01	
0.00E-00	12345	1.23E04	
	0.12345	1.23E-01	

F.4.10 特殊型

格式代码	数　值	显　示	说　明
000000	12345	012345	邮编
[DBNum1][$-804]G/通用格式	12345	一万二千三百四十五	中文小写数字
[DBNum2][$-804]G/通用格式	12345	壹万贰仟叁佰肆拾伍	中文大写数字

附 录 G
（规范性附录）
数字格式枚举说明

本文档仅保留了最常用的数字格式枚举（依据标准制定的最小集原则），以适应中文办公软件需要。

数值	UOF 枚举名	说　明
0	decimal	阿拉伯数字：1，2，3，4，...
1	upper-roman	大写罗马数字：I，II，III，IV，...
2	lower-roman	小写罗马数字：i，ii，iii，iv，...
3	upper-letter	大写字母：A，B，C，D，...
4	lower-letter	小写字母：a，b，c，d，...
5	ordinal	英文序数：1st，2nd，3rd
6	cardinal-text	英文基数：One，Two，Three
7	ordinal-text	英文文本序数：First，Second，Third
8	hex	十六进制
14	decimal-full-width	全角数字：１，２，３，４，...
15	decimal-half-width	半角数字：1，2，3，4，...
18	decimal-enclosed-circle	①，②，③，...
26	decimal-enclosed-fullstop	全角带句点：1.，2.，3.，...
27	decimal-enclosed-paren	(1)，(2)，(3)，...
28	decimal-enclosed-circle-chinese	中文：①，②，③，...
29	ideograph-enclosed-circle	㈠，㈡，㈢，...
30	ideograph-traditional	甲，乙，丙，...
31	ideograph-zodiac	子，丑，寅，...
37	chinese-counting	中文小写：一，二，三，...
38	chinese-legal-simplified	中文大写：壹，贰，叁，...

附 录 H
（规范性附录）
图案（纹理）填充枚举

枚 举 名	图 案
ptn001	
ptn002	
ptn003	
ptn004	
ptn005	
ptn006	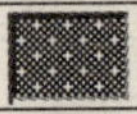
ptn007	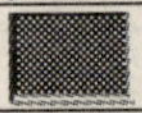
ptn008	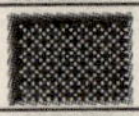
ptn009	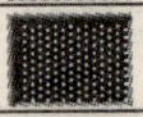
ptn010	
ptn011	
ptn012	
ptn013	
ptn014	
ptn015	
ptn016	
ptn017	
ptn018	
ptn019	
ptn020	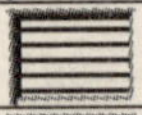
ptn021	
ptn022	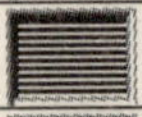
ptn023	
ptn024	
ptn025	
ptn026	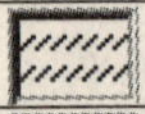
ptn027	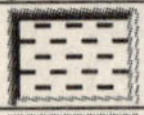
ptn028	

枚举名	图案
ptn029	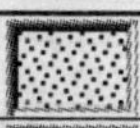
ptn030	
ptn031	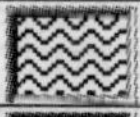
ptn032	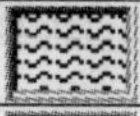
ptn033	
ptn034	
ptn035	
ptn036	
ptn037	
ptn038	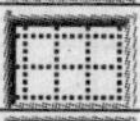
ptn039	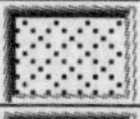
ptn040	
ptn041	
ptn042	
ptn043	
ptn044	
ptn045	
ptn046	
ptn047	
ptn048	

附 录 I
(规范性附录)
预定义图形类别枚举

下表描述了标准中支持的预定义图形种类,其中类型编号为预定义图形的类别,中文名为预定义中的图形的名称。

类型编号	中 文 名	英 文 名	图 例
11	矩形	Rectangle	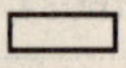
12	平行四边形	Parallelogram	
13	梯形	Trapezoid	
14	菱形	Diamond	
15	圆角矩形	Rounded Rectangle	
16	八边形	Octagon	
17	等腰三角形	Isosceles Triangle	
18	右三角形	Right Triangle	
19	椭圆	Oval	
21	右箭头	Right Arrow	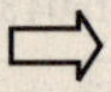
22	左箭头	Left Arrow	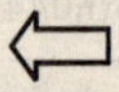
23	上箭头	Up Arrow	
24	下箭头	Down Arrow	
25	左右箭头	Left-Right Arrow	
26	上下箭头	Up-Down Arrow	
27	十字箭头	Quad Arrow	
28	丁字箭头	Left-Right-Up Arrow	
29	圆角右箭头	Bent Arrow	
31	过程	Process	
32	可选过程	Alternate Process	
33	决策	Decision	
34	数据	Data	
35	预定义过程	Predefined Process	
36	内部存储	Internal Storage	
37	文档	Document	
38	多文档	Multidocument	
39	中止	Terminator	

类型编号	中文名	英文名	图例
41	爆炸形 1	Explosion 1	
42	爆炸形 2	Explosion 2	
43	十字星	4-Point Star	
44	五角星	5-Point Star	
45	八角星	8-Point Star	
46	十六角星	16-Point Star	
47	二十四角星	24-Point Star	
48	三十二角星	32-Point Star	
49	上凸带形	Up Ribbon	
51	矩形标注	Rectangular Callout	
52	圆角矩形标注	Rounded Rectangular Callout	
53	椭圆形标注	Oval Callout	
54	云形标注	Cloud Callout	
55	线型标注(1)	Line Callout1	
56	线型标注(2)	Line Callout2	
57	线型标注(3)	Line Callout3	
58	线型标注(4)	Line Callout4	
59	线型标注(带强调线)(1)	Line Callout1(Accent Bar)	
61	直线	Line	
62	箭头	Arrow	
63	双箭头	Double Arrow	
64	曲线	Curve	
65	任意多边形	Freeform	
66	自由曲线	Scribble	
71	直接连接符	Straight Connector	
72	直接箭头连接符	Straight Arrow Connector	
73	直接双箭头连接符	Straight Double—Arrow Connector	
74	肘形连接符	Elbow Connector	
75	肘形箭头连接符	Elbow Arrow Connector	
76	肘形双箭头连接符	Elbow Double—Arrow Connector	
77	曲线连接符	Curved Connector	
78	曲线箭头连接符	Curved Arrow Connector	

类型编号	中 文 名	英 文 名	图 例
79	曲线双箭头连接符	Curved Double—Arrow Connector	
110	六边形	Hexagon	
111	十字形	Cross	
112	正五边形	Regual Pentagon	
113	圆柱形	Can	
114	立方形	Cube	
115	棱台	Bevel	
116	折角形	Folded Corner	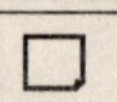
117	笑脸	Smiley Face	
118	同心圆	Donut	
119	禁止符	"No" Symbol	
120	空心弧	Block Arc	
121	心形	Heart	
122	闪电型	Lightning	
123	太阳型	Sun	
124	新月型	Moon	
125	弧形	Arc	
126	双括号	Double Bracket	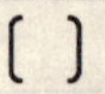
127	双大括号	Double Brace	
128	缺角矩形	Plaque	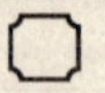
129	左小括号	Left Bracket	
130	右小括号	Right Bracket	
131	左大括号	Left Brace	
132	右大括号	Right Brace	
210	手杖形箭头	U-Turn Arrow	
211	直角双向箭头	Left-Up Arrow	
212	直角上箭头	Bent-Up Arrow	
213	右弧形箭头	Curved Right Arrow	
214	左弧形箭头	Curved Left Arrow	
215	上弧形箭头	Curved Up Arrow	
216	下弧形箭头	Curved Down Arrow	
217	虚尾箭头	Striped Right Arrow	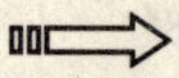

类型编号	中　文　名	英　文　名	图　例
218	燕尾箭头	Notched Right Arrow	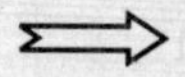
219	五边形	Pentagon Arrow	
220	燕尾形	Chevron Arrow	
221	右箭头标注	Right Arrow Callout	
222	左箭头标注	Left Arrow Callout	
223	上箭头标注	Up Arrow Callout	
224	下箭头标注	Down Arrow Callout	
225	左右箭头标注	Left-Right Arrow Callout	
226	上下箭头标注	Up-Down Arrow Callout	
227	十字箭头标注	Quad Arrow Callout	
228	环形箭头	Circular Arrow	
310	准备	Preparation	
311	人工输入	Manual Input	
312	人工操作	Manual Operation	
313	联系	Connector	
314	离页连接符	Off-page Connector	
315	卡片	Card	
316	资料带	Punched Tape	
317	汇总连接	Summing Junction	
318	或者	Or	
319	对照	Collate	
320	排序	Sort	
321	摘录	Extract	
322	合并	Merge	
323	库存数据	Stored Data	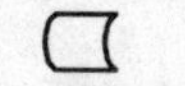
324	延期	Delay	
325	顺序访问存储器	Sequential Access Storage	
326	磁盘	Magnetic Disk	
327	直接访问存储器	Direct Access Storage	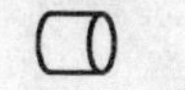
328	显示	Display	
410	前凸带形	Down Ribbon	

类型编号	中 文 名	英 文 名	图 例
411	上凸弯带形	Curved Up Ribbon	
412	前凸弯带形	Curved Down Ribbon	
413	竖卷行	Vertical Scroll	
414	横卷行	Horizontal Scroll	
415	波形	Wave	
416	双波形	Double Wave	
510	线型标注(带强调线)(2)	Line Callout2(Accent Bar)	
511	线型标注(带强调线)(3)	Line Callout3(Accent Bar)	
512	线型标注(带强调线)(4)	Line Callout4(Accent Bar)	
513	线型标注(无边框)(1)	Line Callout1(No Border)	
514	线型标注(无边框)(2)	Line Callout2(No Border)	
515	线型标注(无边框)(3)	Line Callout3(No Border)	
516	线型标注(无边框)(4)	Line Callout4(No Border)	
517	线型标注(带边框和强调线)(1)	Line Callout1(Border and Accent Bar)	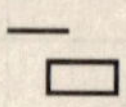
518	线型标注(带边框和强调线)(2)	Line Callout2(Border and Accent Bar)	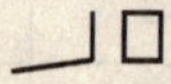
519	线型标注(带边框和强调线)(3)	Line Callout3(Border and Accent Bar)	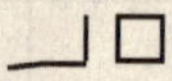
520	线型标注(带边框和强调线)(4)	Line Callout4(Border and Accent Bar)	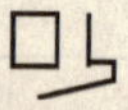

附 录 J
（规范性附录）
电子表格函数定义

电子表格中所用的函数说明如下。

J.1 数学函数

名称	语 法	作 用	参 数	返 回 值	备 注
abs	abs(number)	计算绝对值	number:需要计算其绝对值的实数	实数	
acos	acos(number)	计算反余弦值	number:角度的余弦值,介于−1 到 1 之间	以弧度表示的角度值	
asin	asin(number)	计算反正弦值	number:角度的正弦值,介于−1 到 1 之间	以弧度表示的角度值	
atan	atan(number)	计算反正切值	number:角度的正弦值,介于−1 到 1 之间	以弧度表示的角度值,范围为$-\pi/2$到$\pi/2$	
atan2	atan2(x,y)	计算给定坐标值的反正切值	x:坐标点的 X 坐标 y:坐标点的 Y 坐标	返回以弧度表示的、给定坐标(x,y)反正切值。反正切的角度值等于 x 轴与通过原点和给定坐标点(x,y)的直线之间的夹角。介于$-\pi$到π之间(不包括$-\pi$)的反正切值	若 X 坐标和 Y 坐标都为零,返回错误值＃Div/0!
ceiling	ceiling(number, significance)	计算向上舍入为最接近的舍入基数的倍数的值	number:要四舍五入的数值 significance:需要四舍五入的乘数	返回 number 向上舍入为最接近的舍入基数的倍数	若参数为非数值型,返回错误值＃VALUE!。若数字已经为 signficance 的倍数,则不进行舍入。 若 number 和 nignficance 符号不同,返回错误值＃Num!
cos	cos(number)	计算余弦值	number:以弧度表示的、需要求余弦的角度	返回给定角度的余弦值	
cosh	cosh(number)	计算双曲余弦值	number:要求双曲余弦的任意实数	返回数字的双曲余弦值	

表(续)

名称	语　法	作　用	参　数	返　回　值	备　注
degrees	degrees(angle)	将弧度转换为度	angle:待转换的弧度角	返回角度值	
even	even(number)	计算沿绝对值增大方向取整后最接近的偶数	numbe:将取整为最接近偶数的数值	返回沿绝对值增大方向取整后最接近的偶数	若 number 为非数值参数,则返回错误值＃VALUE!。不论 number 的正负号如何,函数都向远离零的方向舍入,若 number 恰好是偶数,无需进行任何舍入处理
exp	exp(number)	计算 e 的 *n* 次幂。(e 是自然对数的底数)	number:底数 e 的指数	返回 e 的 *n* 次幂	
fact	fact(number)	计算阶乘	number:要计算其阶乘的非负数	返回数的阶乘	若 number 不是整数,则截尾取整
floor	floor(number,significance)	计算向下舍入为最接近的舍入基数的倍数	number:所要四舍五入的数值 significance:基数	返回参数 number 沿绝对值减小的方向向下舍入,使其等于最接近的 Significance 的倍数	若任一参数为非数值参数,则返回错误值＃VALUE!。若 number 和 significance 符号相反,则返回错误值＃Num!。 不论 number 的正负号如何,舍入时参数的绝对值都将减小。若 number 恰好是 nsgnificance 的倍数,则无需进行任何舍入处理
int	int(number)	将数字向下舍入到最接近的整数	number:需要进行向下舍入取整的实数	返回参数向下舍入到最接近的整数的值	
ln	ln(number)	计算自然对数(以 e 为底)	number:用于计算其自然对数的正实数	返回参数的自然对数	
log	log(number,base)	计算对数	number:用于计算对数的正实数 base:对数的底数	返回参数的自然对数	若省略底数,则假定其值为 10

表(续)

名称	语　法	作　用	参　数	返 回 值	备　注
log10	log10(number)	计算以 10 为底的对数	number:用于常用对数计算的正实数	返回以 10 为底的参数的对数	
mod	mod(number, divisor)	计算两数相除的余数	number:被除数 divisor:除数	返回两数相除的余数。结果的正负号与除数相同	若 Divisor 为零,返回错误值 ＃Div/0!
odd	odd(number)	计算指定数值进行向上舍入后的奇数	number:将进行四舍五入的数值	返回对参数进行向上舍入后的奇数	若 number 为非数值参数,则返回错误值＃VALUE!。不论正负号如何,数值都朝着远离 0 的方向舍入。若 number 恰好是奇数,则不须进行任何舍入处理
pi	pi()	返回数学常量 π,精确到小数点后 14 位		返回 3.14159265358979	
power	power(number, power)	计算幂	number:底数,可以为任意实数 power:指数,底数按该指数次幂乘方	返回参数的乘幂	
product	product(number1, number2.....)	计算乘积	number1,number2...:为 1～30 个需要相乘的数字参数	返回所有参数的乘积	
radians	radians(angle)	将角度转换为弧度	angle:需要转换成弧度的角度	返回转换后的弧度	
rand	rand()	返回大于等于 0 及小于 1 的均匀分布随机数		返回大于等于 0 及小于 1 的均匀分布随机数	每次计算工作表时都将返回一个新的数值
randbetween	randbetween(bottom, top)	返回大于等于指定的最小值,小于指定最大值之间的一个随机整数	bottom:将返回的最小整数 top:将返回的最大整数	返回大于等于指定的最小值,小于指定最大值之间的一个随机整数	每次计算工作表时都将返回一个新的数值

表(续)

名称	语　法	作　用	参　数	返　回　值	备　注
round	round(number,num_digits)	返回某个数字按指定位数取整后的数字	number:需要进行四舍五入的数字。 num_digits:指定的位数,按此位数进行四舍五入	返回参数按指定位数取整后的数字	若 num_digits 大于 0,则四舍五入到指定的小数位。若 num_digits 等于 0,则四舍五入到最接近的整数。若 num_digits 小于 0,则在小数点左侧进行四舍五入
sign	sign(number)	返回数字的符号	number:任意实数	当数字为正数时返回 1,为零时返回 0,为负数时返回－1	
sin	sin(number)	计算正弦值	number:以弧度表示的需要求正弦的角度	返回给定角度的正弦值	
sinh	sinh(number)	返回某一数字的双曲正弦值	number:任意实数	返回参数的双曲正弦值	
sqrt	sqrt(number)	返回正平方根	number:要计算平方根的数	返回参数的正平方根	若参数 number 为负值,则返回错误值＃Num!
sqrtpi	sqrtpi(number)	返回某数与 π 的乘积的平方根	number:用来与 π 相乘的数	返回参数与 π 的乘积的平方根	若 number ＜ 0,则函数 SQRTPI 返回错误值＃Num!
subtotal	subtotal(function_num,ref1,ref2,...)	返回数据清单或数据库中的分类汇总	ref1,ref2:要进行分类汇总计算的 1～29 个区域或引用。 function_num:1～11 之间的数字,分别代表:VERAGE、COUNT、COUNTA、MAX、MIN、PRODUCT、STDEV、STDEVP、SUM、VAR 和 VARP	返回分类汇总	若在 ref1,ref2,... 中有其他的分类汇总(嵌套分类汇总),将忽略这些嵌套分类汇总,以避免重复计算。将忽略由数据清单筛选时产生的任何隐藏行。在需要对筛选过的数据清单中的可见数据进行分类汇总时,需要注意。 若所指定的某一引用为三维引用,将返回错误值＃VALUE!

表(续)

名称	语　法	作　用	参　数	返　回　值	备　注
sum	sum(number1,number2,...)	计算某一单元格区域中所有数字之和	number1,number2,...:1～30 个需要求和的参数	返回某一单元格区域中所有数字之和	直接键入到参数表中的数字、逻辑值及数字的文本表达式将被计算。若参数为数组或引用,只有其中的数字将被计算。数组或引用中的空白单元格、逻辑值、文本或错误值将被忽略。若参数为错误值或为不能转换成数字的文本,将会导致错误
sumif	sumif(range,criteria,sum_range)	根据指定条件对若干单元格求和	range:用于条件判断的单元格区域。 criteria:确定哪些单元格将被相加求和的条件,其形式可以为数字、表达式或文本。 sun_range 是需要求和的实际单元格	返回求和的结果	
sumproduct	sumproduct(array1,array2,array3,...)	在给定的几组数组中,将数组间对应的元素相乘,并返回乘积之和	array1,array2,array3,...:2～30 个数组,其相应元素需要进行相乘并求和	返回乘积之和	数组参数必须具有相同的维数,否则,返回错误值#VALUE!。函数将非数值型的数组元素作为 0 处理
tan	tan(number)	计算给定角度的正切值	number:以弧度表示的、为要求正切的角度	返回给定参数的正切值	
tanh	tanh(number)	计算某一数字的双曲正切	number:为任意实数	返回参数的双曲正切	
trunc	trunc(number,num_digits)	将数字的小数部分截去,返回整数	number:需要截尾取整的数字。 num_digits:用于指定取整精度的数字。 num_digits 的默认值为 0	返回将数字的小数部分截去后的整数	和函数 int 类似,都返回整数。本函数直接去除数字的小数部分,而函数 int 则是依照给定数的小数部分的值,将其四舍五入到最接近的整数

J.2 日期与时间函数

名称	语法	作用	参数	返回值	备注
date	date (year, month, day)	计算代表特定日期的序列号。若在输入函数前,单元格格式为“常规”,则结果将设为日期格式	year:可以为一到四位数字。若 year 位于 0(零)到 1899(包含)之间,则将该值加上 1900,再计算年份。 若 year 位于 1900 到 9999(包含)之间,则将使用该数值作为年份。 若 year 小于 0 或大于等于 10000,则将计算错误值＃num!。 month:每年中月份的数字。若所输入的月份大于 12,将从指定年份的一月份开始往上加算。 day:在该月份中第几天的数字。若 day 大于该月份的最大天数,则将从指定月份的第一天开始往上累加	返回给定日期的序列号	
datevalue	datevalue(date_text)	计算 date_text 所表示的日期的序列号	date_text:以日期格式表示的日期的文本		主要功能是将以文本表示的日期转换成一个序列号
day	day(serial_number)	计算以序列号表示的某日期的天数,用整数 1 到 31 表示	serial_number:一个日期值,其中包含要查找的日期。应使用 date 函数来输入日期,或者将日期作为其他公式或函数的结果输入。若日期以文本的形式输入,则会出现问题	返回以序列号表示的某日期的天数,用整数 1 到 31 表示	date_text 必须表示 1899 年 12 月 31 日到 9999 年 12 月 31 日之间的一个日期。若 date_text 超出范围,则函数 datevalue 计算错误值＃value!。 若省略 date_text 中的年份部分,则函数 datevalue 使用计算机系统内部时钟的当前年份。date_text 中的时间信息将被忽略

表(续)

名称	语法	作用	参数	返回值	备注
hour	hour(serial_number)	计算时间值的小时数。即一个介于0(12:00a.m.)到23(11:00p.m.)之间的整数	serial_number:一个时间值,其中包含要查找的小时	返回参数时间值的小时数	时间有多种输入方式:带引号的文本字符串、十进制数或其他公式或函数的结果
minute	minute(serial_number)	计算时间值中的分钟数,为一个介于0到59之间的整数	serial_number:一个时间值,其中包含要查找的分钟		时间有多种输入方式:带引号的文本字符串、十进制数或其他公式或函数的结果
month	month(serial_number)	计算以序列号表示的日期中的月份。月份是介于1(一月)到12(十二月)之间的整数	serial_number:一个日期值,其中包含要查找的月份。应使用date函数来输入日期,或者将日期作为其他公式或函数的结果输入	返回以序列号表示的日期中的月份	若日期以文本的形式输入,则会出现问题
networkdays	networkdays(start_date,end_date,holidays)	计算两个日期之间完整的工作日数值	start_date:一个代表开始日期的日期。 end_date:终止日期。 holidays:表示不在工作日历中的一个或多个日期所构成的可选区域,该清单可以是包含日期的单元格区域,或是表示日期的序列号的数组常量	返回参数start_data和end_data之间完整的工作日数值	工作日不包括周末和专门指定的假期。 若日期以文本的形式输入,则会出现问题。 若任何参数为无效的日期值,则将返回错误值#value!
now	now()	计算当前日期和时间所对应的序列号		返回当前日期和时间所对应的序列号	若在输入函数前,单元格的格式为"常规",则结果将设为日期格式
second	second(serial_number)	计算时间值的秒数。计算的秒数为0到59之间的整数	serial_number:表示一个时间值,其中包含要查找的秒数		时间有多种输入方式:带引号的文本字符串、十进制数或其他公式或函数的结果

表(续)

名称	语法	作用	参数	返回值	备注
time	time(hour, minute, second)	计算某一特定时间的小数值	hour:0(零)到 32767 之间的数值,代表小时。任何大于 23 的数值将除以 24,其余数将视为小时。minute:0 到 32767 之间的数值,代表分钟。任何大于 59 的数值将被转换为小时和分钟。 second:0 到 32767 之间的数值,代表秒。任何大于 59 的数值将被转换为小时、分钟和秒	返回特定时间的小数值	若在输入函数前,单元格的格式为“常规”,则结果将设为日期格式。 函数 time 计算的小数值为 0(零)到 0.99999999 之间的数值,代表从 0:00:00(12:00:00am)到 23:59:59(11:59:59pm)之间的时间
timevalue	timevalue(time_text)	计算由文本字符串所代表的时间的小数值。该小数值为 0 到 0.999999999 之间的数值,代表从 0:00:00(12:00:00am)到 23:59:59(11:59:59pm)之间的时间	time_text:文本字符串,代表以时间格式表示的时间	返回由参数文本字符串所代表的时间的小数值	
today	today()	计算当前日期的序列号		返回当前日期的序列号	
weekday	weekday(serial_number, return_type)	计算某日期为星期几。默认情况下,其值为 1(星期天)到 7(星期六)之间的整数	serial_number:一个顺序的序列号,代表要查找的那一天的日期。 return_type:确定计算值类型的数字	返回某日期为星期几	应使用 date 函数输入日期,或者将函数作为其他公式或函数的结果输入。若日期以文本的形式输入,则会出现问题
weeknum	weeknum(serial_num,return_type)	计算代表一年中的第几周的数字	serial_num:一周中的日期。 return_type:一数字,确定星期计算从哪一天开始。默认值为 1	返回代表一年中的第几周的数字	应使用 date 函数来输入日期,或者将日期作为其他公式或函数的结果输入。 若日期以文本的形式输入,则会出现问题

表(续)

名称	语　法	作　用	参　数	返　回　值	备　注
year	year(serial_number)	计算某日期对应的年份。计算值为1900到9999之间的整数	serial_number:表示一个日期值,其中包含要查找的年份		应使用date函数来输入日期,或者将日期作为其他公式或函数的结果输入。 若日期以文本的形式输入,则会出现问题

J.3　统计函数

名称	语　法	作　用	参　数	返　回　值	备　注
average	average (number1, number2,...)	计算参数的平均值(算术平均值)	number1,number2,...:需要计算平均值的1到30个参数	平均值	参数可以是数字,或者是包含数字的名称、数组或引用。若包含文本、逻辑值和空白单元格则会忽略,但包含零值的单元格将计算在内
averagea	averagea(value1,value2,...)	计算参数列表中数值的平均值(算数平均值)。不仅数字,而且文本和逻辑值(如TRUE和FALSE)也将计算在内	value1,value2,...:需要计算平均值的1到30个单元格、单元格区域或数值	数值的平均值	参数必须为数值、名称、数组或引用。 包含文本的数组或引用参数将作为0计算。空文本也作为0计算。包含TRUE的参数作为1计算;包含FALSE的参数作为0计算
count	count (value1, value2,...)	计算包含数字个数以及包含参数列表中的数字的单元格的个数。可以计算单元格区域或数字数组中数字字段的输入项个数	value1,value2,...:包含或引用各种类型数据的参数(1到30个),但只有数字类型的数据才被计算	个数	计数时,将把数字、日期、或以文本代表的数字计算在内;若参数是一个数组或引用,则只统计数组或引用中的数字;数组或引用中的空白单元格、逻辑值、文字或错误值将被忽略
counta	counta (value1, value2,...)	计算参数列表中非空值的单元格个数。可以计算单元格区域或数组中包含数据的单元格个数	value1,value2,...:所要计算的值,参数个数为1到30个	个数	参数值可以是任何类型。参数可包括空字符,但不包括空白单元格。若参数是数组或单元格引用,则数组或引用中的空白单元格将被忽略

表(续)

名称	语法	作用	参数	返回值	备注
countBlank	countBlank(range)	计算指定单元格区域中空白单元格的个数	range:需要计算其中空白单元格个数的区域	个数	即使单元格中含有返回值为空文本的公式,该单元格也会计算在内,但包含零值的单元格不计算在内
countIf	countIf(range,criteria)	计算区域中满足给定条件的单元格的个数	range:需要计算其中满足条件的单元格数目的单元格区域。 criteria:确定哪些单元格将被计算在内的条件,其形式可以为数字、表达式或文本	个数	
large	large(array,k)	返回数据集中第 k 个最大值	array:需要从中选择第 k 个最大值的数组或数据区域。 k:返回值在数组或数据单元格区域中的位置(从大到小排)	最大值	可以根据相对标准来选择数值。 若数组为空,或者 k≤0 或 k 大于数据点的个数,则返回错误值#num!。 若区域中数据点的个数为 n,则函数 large(array,1)返回最大值,函数 large(array,n)返回最小值
linest	linest(known_ys,known_xs,const,stats)	使用最小二乘法对已知数据进行最佳直线拟合,并返回描述此直线的数组	known_y 和 known_x 是值的集合,const 和 stats 是逻辑值。见注 AJ-1	数组	此函数返回数值数组,所以必须以数组公式的形式输入
max	max(number1,number2,...)	计算一组值中的最大值	number1,number2,...:要从中找出最大值的 1 到 30 个数字参数	最大值	参数可为数字、空白单元格、逻辑值或数字的文本表达式。 若参数为数组或引用,则只有其中的数字将被计算,而空白单元格、逻辑值或文本将被忽略。 若参数不包含数字,返回 0
maxa	maxa(value1,value2,...)	计算参数清单中的最大值。文本值和逻辑值(如 TRUE 和 FALSE)也作为数字来计算	value1,value2,...:需要从中查找最大数值的 1 到 30 个参数	最大值	参数可以为数字、空白单元格、逻辑值或数字的文本表达式。 若参数为错误值,则会产生错误。 若参数为数组或引用,则只使用其中的数值,而忽略其中的空白单元格和文本值。包含 TRUE 的参数作为 1 计算;包含文本或 FALSE 的参数作为 0 计算。若参数不包含任何值,返回 0

表(续)

名称	语 法	作 用	参 数	返回值	备 注
min	min(number1,number2,...)	计算一组值中的最小值	number1,number2,...:要从中找出最小值的1到30个数字参数	最小值	参数可为数字、空白单元格、逻辑值或数字的文本表达式。 若参数为数组或引用,则只有其中的数字将被计算,而空白单元格、逻辑值或文本将被忽略。 若参数不包含数字,返回0
mina	mina(value1, value2,...)	计算参数列表中的最小值。文本值和逻辑值(如TRUE和FALSE)也作为数字来计算	value1,value2,...:需要从中查找最小值的1到30个参数	最小值	参数可以为数字、空白单元格、逻辑值或数字的文本表达式。 若参数为错误值,则会产生错误。 若参数为数组或引用,则只使用其中的数值,而忽略其中的空白单元格和文本值。包含TRUE的参数作为1计算;包含文本或FALSE的参数作为0计算。若参数不包含任何值,返回0
mode	mode(number1, number2,...)	返回在某一数组或数据区域中出现频率最多的数值。mode是一个位置测量函数	number1,number2,...:用于众数计算的1到30个参数,也可以使用单一数组(即对数组区域的引用)来代替由逗号分隔的参数	数值	参数可以是数字,或者是包含数字的名称、数组或引用。 若数组或引用参数包含文本、逻辑值或空白单元格,则这些值将被忽略;但包含零值的单元格将计算在内。 若数据集合中不含有重复的数据,则返回错误值n/a
rank	rank(number, ref, order)	返回一个数字在数字列表中的排位。数字的排位是其大小与列表中其他值的比值(若列表已排过序,则数字的排位就是它当前的位置)	number:需要找到排位的数字。 ref:数字列表数组或对数字列表的引用。ref中的非数值型参数将被忽略。 order:数字,指明排位的方式	排位	若order为0(零)或省略,对数字的排位是基于ref为按照降序排列的列表。 若order不为零,对数字的排位是基于ref为按照升序排列的列表

表(续)

名称	语　法	作　用	参　数	返　回　值	备　注
small	small(array,k)	计算数据集中第 k 个最小值。使用此函数可以返回数据集中特定位置上的数值	array:需要找到第 k 个最小值的数组或数字型数据区域。 k:返回的数据在数组或数据区域里的位置(从小到大)	第 k 个最小值	若 array 为空,或者 k≤0 或 k 超过了数据点个数,怎返回错误值＃num!。若 n 为数组中的数据点个数,则 small(array,1)等于最小值,small(array,n)等于最大值
stdev	stdev (number1, number2,...)	估算样本的标准偏差。标准偏差反映相对于平均值(mean)的离散程度	number1,number2,...:对应于总体样本的 1 到 30 个参数。也可以不使用这种用逗号分隔参数的形式,而用单个数组或对数组的引用	样本的标准偏差	
stdevp	stdevp (number1, number2,...)	计算以参数形式给出的整个样本总体的标准偏差。标准偏差反映相对于平均值(mean)的离散程度	number1,number2,...:对应于样本总体的 1 到 30 个参数。也可以不使用这种用逗号分隔参数的形式,而用单个数组或对数组的引用	总体的标准偏差	文本和逻辑值(TRUE 或 FALSE)将被忽略。若不能忽略逻辑值和文本,则使用 stdevpa 工作表函数
var	var(number1, number2,...)	计算基于给定样本的方差	number1,number2,...:对应于总体样本的 1 到 30 个参数	样本方差	
varp	varp(number1, number2,...)	计算基于整个样本总体的方差	number1,number2,...:对应于样本总体的 1 到 30 个参数	整个样本方差	

注 AJ—1:

参数说明:

known_ys 是关系表达式 y = mx + b 中已知的 y 值集合。

- 若数组 known_ys 在单独一列中,则 known_xs 的每一列被视为一个独立的变量。
- 若数组 known_ys 在单独一行中,则 known_xs 的每一行被视为一个独立的变量。

known_xs 是关系表达式 y = mx + b 中已知的可选 x 值集合。

- 数组 known_xs 可以包含一组或多组变量。若只用到一个变量,只要 known_ys 和 known_xs 维数相同,它们可以是任何形状的区域。若用到多个变量,则 known_ys 必须为向量(即必须为一行或一列)。
- 若省略 known_xs,则假设该数组为{1,2,3,...},其大小与 known_ys 相同。

const 为一逻辑值,用于指定是否将常量 b 强制设为 0。

- 若 const 为 TRUE 或省略,b 将按正常计算。
- 若 const 为 FALSE,b 将被设为 0,并同时调整 m 值使 y = mx。

stats 为一逻辑值,指定是否返回附加回归统计值。

- 若 stats 为 TRUE,则 linest 函数返回附加回归统计值,这时返回的数组为{mn,mn−1,...,m1,b;sen,sen−1,...,se1,seb;r2,sey;f,df;ssreg,ssresid}。
- 若 stats 为 FALSE 或省略,linest 函数只返回系数 m 和常量 b。

附加回归统计值如下:

统计值	说明
se1,se2,...,sen	系数 m1,m2,...,mn 的标准误差值
seb	常量 b 的标准误差值(当 const 为 FALSE 时,seb = ＃n/a)
r2	判定系数。y 的估计值与实际值之比,范围在 0 到 1 之间。若为 1,则样本有很好的相关性,y 的估计值与实际值之间没有差别。若判定系数为 0,则回归公式不能用来预测 y 值
sey	y 估计值的标准误差
f	f 统计或 f 观察值。使用 f 统计可以判断因变量和自变量之间是否偶尔发生过可观察到的关系
df	自由度。用于在统计表上查找 f 临界值。所查得的值和 linest 函数返回的 f 统计值的比值可用来判断模型的置信度
ssreg	回归平方和
ssresid	残差平方和

J.4 查找和引用函数

名称	语　法	作　用	参　数	返　回　值	备　注
address	address(row_num,column_num,abs_num,a1,sheet_text)	按照给定的行号和列号,计算文本类型的单元格地址	row_num:在单元格引用中使用的行号。 column_num:在单元格引用中使用的列号。 abs_num:指定返回的引用类型。 a1:用以指定 a1 或 R1C1 引用样式的逻辑值。若 a1 为 TRUE 或省略,函数返回 a1 样式的引用;若 a1 为 FALSE,函数返回 R1C1 样式的引用; sheet_text:为一文本,指定作为外部引用的工作表的名称,若省略 sheet_text,则不使用任何工作表名	按照给定的行号和列号,返回文本类型的单元格地址	

表(续)

名称	语　　法	作　　用	参　　数	返　回　值	备　　注
areas	areas(reference)	计算引用中包含的区域个数。区域表示连续的单元格区域或某个单元格	reference:对某个单元格或单元格区域的引用,也可以引用多个区域。若需要将几个引用指定为一个参数,则必须用括号括起来	返回引用中包含的区域个数	
choose	choose(index_num, value1,value2,...)	可以使用 index_num 返回数值参数列表中的数值	index_num:用以指明待选参数序号的参数值。index_num 必须为 1 到 29 之间的数字、或者是包含数字 1 到 29 的公式或单元格引用 value1,value2,...:1 到 29 个数值参数,本函数基于 index_num,从中选择一个数值或执行相应的操作。参数可以为数字、单元格引用、已定义的名称、公式、函数或文本	返回数值参数列表中的数值	使用函数 choose 可以基于索引号返回多达 29 个基于 indexnumber 待选数值中的任一数值。若 Index_num 为一个数组(用于建立可生成多个结果或可对在行和列中排列的一组参数进行运算的单个公式。数组区域共用一个公式;数组常量是用作参数的一组常量),则在函数 choose 计算时,每一个值都将计算。 函数 choose 的数值参数不仅可以为单个数值,也可以为区域引用。 若 index_num 小于 1 或大于列表中最后一个值的序号,函数 choose 返回错误值 #VALUE!。 若 Index_num 为小数,则在使用前将被截尾取整
column	column(reference)	计算给定引用的列标	reference:引用	返回给定引用的列标	
columns	columns(array)	计算数组(用于建立可生成多个结果或可对在行和列中排列的一组参数进行运算的单个公式。数组区域共用一个公式;数组常量是用作参数的一组常量)或引用的列数	reference:引用	返回数组(用于建立可生成多个结果或可对在行和列中排列的一组参数进行运算的单个公式。数组区域共用一个公式;数组常量是用作参数的一组常量)或引用的列数	

表(续)

名称	语　　法	作　　用	参　　数	返　回　值	备　　注
hlookup	hlookup(lookup_value,table_array,row_index_num,range_lookup)	在表格或数值数组(用于建立可生成多个结果或可对在行和列中排列的一组参数进行运算的单个公式。数组区域共用一个公式;数组常量是用作参数的一组常量)的首行查找指定的数值,并由此计算表格或数组当前列中指定行处的数值	lookup_value::需要在数据表第1行中进行查找的数值。lookup_value 可以为数值、引用或文本字符串。 table_array:需要在其中查找数据的数据表。可以使用对区域或区域名称的引用。table_array 的第一行的数值可以为文本、数字或逻辑值。 若 range_lookup 为 TRUE,则 table_array 的第一行的数值必须按升序排列:... −2、−1、0、1、2、...、A-Z、FALSE、TRUE;否则,函数将不能给出正确的数值。若 range_lookup 为 FALSE,则 table_array 不必进行排序。文本不区分大小写。 row_index_num:table_array 中待返回的匹配值的行序号。row_index_num 为 1 时,返回 table_array 第一行的数值,row_index_num 为 2 时,返回 table_array 第二行的数值,以此类推。若 row_index_num 小于 1,返回错误值 # VALUE!;若 row_index_num 大于 table-array 的行数,返回错误值 # REF!。 range_lookup:一逻辑值,指明查找时是精确匹配,还是近似匹配。若为 TRUE 或省略,则返回近似匹配值。也就是说,若找不到精确匹配值,则返回小于 lookup_value 的最大数值。若 range_value 为 FALSE,函数将查找精确匹配值,若找不到,则返回错误值 # N/A!	返回表格或数组当前列中指定行处的数值	当比较值位于数据表的首行,并且要查找下面给定行中的数据时,使用函数 hlookup。当比较值位于要查找的数据左边的一列时,使用函数 vlcokup。 hlookup 中的 h 代表"行"。 若函数 hlookup 找不到 lookup_value,且 range_lookup 为 TRUE,则使用小于 lookup_value 的最大值。若函数 hlookup 小于 table_array 第一行中的最小数值,函数 hlookup 返回错误值 # N/A!

表(续)

名称	语法	作用	参数	返回值	备注
index	index (array, row_num, column_num)	计算数据清单或数组中的元素值，此元素由行序号和列序号的索引值给定	array:单元格区域或数组常量。 若数组只包含一行或一列，则相对应的参数 row_num 或 column_num 为可选。 若数组有多行和多列，但只使用 row_num 或 column_num，函数返回数组中的整行或整列，且返回值也为数组。 row_num:数组中某行的行序号，函数从该行返回数值。若省略 row_num，则必须有 column_num。 column_num:数组中某列的列序号，函数从该列返回数值。若省略 column_num，则必须有 row_num	返回数据清单或数组中的元素值	
index	index(reference, row_num, column_num, area_num)	计算指定的行与列交叉处的单元格引用。若引用由不连续的选定区域组成，可以选择某一连续区域	reference:对一个或多个单元格区域的引用。若为引用输入一个不连续的区域，必须用括号括起来。 若引用中的每个区域只包含一行或一列，则相应的参数 row_num 或 column_num 分别为可选项。 row_num:引用中某行的行序号，函数从该行返回一个引用。 column_num:引用中某列的列序号，函数从该列返回一个引用。 area_num:选择引用中的一个区域，并返回该区域中 row_num 和 column_num 的交叉区域。选中或输入的第一个区域序号为 1，第二个为 2，以此类推。若省略 area_num，使用区域 1	返回指定的行与列交叉处的单元格引用	在通过 reference 和 area_num 选择了特定的区域后，row_num 和 column_num 将进一步选择指定的单元格：row_num1 为区域的首行，column_num1 为首列，以此类推。函数返回的引用即为 row_num 和 column_num 的交叉区域。若将 row_num 或 column_num 设置为 0，函数分别返回对整个列或行的引用。 row_num、column_num 和 area_num 必须指向 reference 中的单元格；否则，函数返回错误值 # REF!。若省略 row_num 和 column_num，函数返回由 area_num 所指定的区域。 函数的结果为一个引用，且在其他公式中也被解释为引用。根据公式的需要，函数的返回值可以作为引用或是数值

表(续)

名称	语法	作用	参数	返回值	备注
indirect	indirect(ref_text,a1)	计算由文本字符串指定的引用	ref_text:对单元格的引用,此单元格可以包含a1-样式的引用、R1C1-样式的引用、定义为引用的名称或对文本字符串单元格的引用。若ref_text不是合法的单元格的引用,函数indirect返回错误值#REF!。 若ref_text是对另一个工作簿的引用(外部引用),则那个工作簿必须被打开。若源工作簿没有打开,函数indirect返回错误值#REF!。 a1:一逻辑值,指明包含在单元格ref_text中的引用的类型。若a1为TRUE或省略,ref_text被解释为a1-样式的引用。若a1为FALSE,ref_text被解释为R1C1-样式的引用	返回由文本字符串指定的引用	此函数立即对引用进行计算,并显示其内容。当需要更改公式中单元格的引用,而不更改公式本身,适用本函数
lookup	lookup(lookup_value, lookup_vector, result_vector)	在单行区域或单列区域(向量)中查找数值,然后返回第二个单行区域或单列区域中相同位置的数值	lookup_value:函数在第一个向量中所要查找的数值。lookup_value可以为数字、文本、逻辑值或包含数值的名称或引用。 lookup_vector:只包含一行或一列的区域。lookup_vector的数值可以为文本、数字或逻辑值。result_vector只包含一行或一列的区域,其大小必须与lookup_vector相同	返回向量(单行区域或单列区域)	若找不到lookup_value,则查找lookup_vector中小于或等于lookup_value的最大数值。 若lookup_value小于lookup_vector中的最小值,返回错误值#N/A
lookup	lookup(lookup_value,array)	在数组的第一行或第一列查找指定的数值,然后计算数组的最后一行或最后一列中相同位置的数值	lookup_value:在数组中所要查找的数值。lookup_value可以为数字、文本、逻辑值或包含数值的名称或引用。若找不到lookup_value,则使用数组中小于或等于lookup_value的最大数值。若lookup_value小于第一行或第一列(取决于数组的维数)的最小值,返回错误值#N/A。 array:包含文本、数字或逻辑值的单元格区域,它的值用于与lookup_value进行比较	返回数组的最后一行或最后一列中相同位置的数值	函数lookup的数组形式与函数hlookup和函数vlookup非常相似。不同之处在于函数hlookup在第一行查找lookup_value,函数vlookup在第一列查找,而函数lookup则按照数组的维数查找。 若数组所包含的区域宽度大,高度小(即列数多于行数),函数lookup在第一行查找lookup_value。 若数组为正方形,或者所包含的区域高度大,宽度小(即行数多于列数),函数在第一列查找lookup_value。 函数hlookup和函数vlookup允许按行或按列索引,而函数lookup总是选择行或列的最后一个数值

表(续)

名称	语　法	作　用	参　数	返　回　值	备　注
match	match(lookup_value, lookup_array, match_type)	计算在指定方式下与指定数组(用于建立可生成多个结果或可对在行和列中排列的一组参数进行运算的单个公式。数组区域共用一个公式;数组常量是用作参数的一组常量)匹配的数组中元素的相应位置	lookup_value 为需要在 Look_array 中查找的数值。lookup_value 可以为数值(数字、文本或逻辑值)或对数字、文本或逻辑值的单元格引用。 lookup_array:可能包含所要查找的数值的连续单元格区域。lookup_array 应为数组或数组引用。 match_type:数字－1、0 或 1。match-type 指明如何在 lookup_array 中查找 lookup_value。 若 match_type 为 1,函数查找小于或等于 lookup_value 的最大数值。lookup_array 必须按升序排列:...、－2、－1、0、1、2、...、A-Z、FALSE、TRUE。 若 match_type 为 0,函数查找等于 lookup_value 的第一个数值。lookup_array 可以按任何顺序排列。 若 match_type 为－1,函数查找大于或等于 lookup_value 的最小数值。lookup_array 必须按降序排列:TRUE、FALSE、Z-A、...、2、1、0、－1、－2、...,等等。 若省略 match_type,则假设为 1	返回在指定方式下与指定数组(用于建立可生成多个结果或可对在行和列中排列的一组参数进行运算的单个公式。数组区域共用一个公式;数组常量是用作参数的一组常量)匹配的数组中元素的相应位置	若需要找出匹配元素的位置而不是匹配元素本身,则应该使用 match 函数而不是 lookup 函数。 函数返回 lookup_array 中目标值的位置,而不是数值本身。查找文本值时,函数不区分大小写字母。 若查找不成功,则返回错误值#N/A。若 match_type 为 0 且 lookup_value 为文本,lookup_value 可以包含通配符、星号(*)和问号(?)。星号可以匹配任何字符序列;问号可以匹配单个字符
offset	offset (reference, rows, cols, height, width)	以指定的引用为参照系,通过给定偏移量计算新的引用	reference:作为偏移量参照系的引用区域,必须为对单元格或相连单元格区域的引用;否则,返回错误值#VALUE!。 rows:相对于偏移量参照系的左上角单元格,上(下)偏移的行数。 cols:相对于偏移量参照系的左上角单元格,左(右)偏移的列数。 height:高度,即所要返回的引用区域的行数。height 必须为正数。 width:宽度,即所要返回的引用区域的列数。width 必须为正数	返回新的引用	返回的引用可以为一个单元格或单元格区域。并可以指定返回的行数或列数。 若行数和列数偏移量超出工作表边缘,函数返回错误值#REF!。 若省略 height 或 width,则假设其高度或宽度与 reference 相同。 函数实际上并不移动任何单元格或更改选定区域,它只是返回一个引用。 函数可用于任何需要将引用作为参数的函数

表(续)

名称	语　法	作　用	参　数	返 回 值	备　注
row	row(reference)	计算引用的行号	reference:需要得到其行号的单元格或单元格区域。若省略 reference,则假定是对函数 row 所在单元格的引用。若 reference 为一个单元格区域,并且函数 row 作为垂直数组(用于建立可生成多个结果或可对在行和列中排列的一组参数进行运算的单个公式。数组区域共用一个公式;数组常量是用作参数的一组常量)输入,则函数将 reference 的行号以垂直数组的形式返回。reference 不能引用多个区域	返回引用的行号	
rows	rows(array)	计算引用或数组(用于建立可生成多个结果或可对在行和列中排列的一组参数进行运算的单个公式。数组区域共用一个公式;数组常量是用作参数的一组常量)的行数	array:需要得到其行数的数组、数组公式(数组公式对一组或多组值执行多重计算,并返回一个或多个结果。数组公式括于大括号({})中。按 Ctrl+Shift+Enter 可以输入数组公式。)或对单元格区域的引用	返回引用或数组(用于建立可生成多个结果或可对在行和列中排列的一组参数进行运算的单个公式。数组区域共用一个公式;数组常量是用作参数的一组常量)的行数	
vlookup	vlookup(lookup_value,table_array,col_index_num,range_lookup)	在表格或数值数组的首列查找指定的数值,并由此计算表格或数组当前行中指定列处的数值	lookup_value:需要在数组第一列中查找的数值,可以为数值、引用或文本字符串。 table_array:需要在其中查找数据的数据表。可以使用对区域或区域名称的引用。 若 range_lookup 为 TRUE,则 table_array 的第一列中的数值必须按升序排列:...、−2、−1、0、1、2、...、−Z、FALSE、TRUE;否则,函数 vlookup 不能返回正确的数值。若 range_lookup 为 FALSE,table_array 不必进行排序。table_array 的第一列中的数值可以为文本、数字或逻辑值。文本不区分大小写。 col_index_num:table_array 中待返回的匹配	在表格或数值数组的首列查找指定的数值,并由此返回表格或数组当前行中指定列处的数值	当比较值位于数据表首列时,可以使用函数 vlookup 代替函数 hlookup。 在 vlookup 中的 V 代表垂直。 若函数 vlookup 找不到 lookup_value,且 range_lookup 为 TRUE,则使用小于等于 lookup_value 的最大值。若 lookup_value 小于 table_array 第一列中的最小数值,返回错误值 #N/A。若找不到 lookup_value 且 range_lookup 为 FALSE,返回错误值 #N/A

表(续)

名称	语法	作用	参数	返回值	备注
			值的列序号。col_index_num 为 1 时,返回 table_array 第一列中的数值;col_index_num 为 2,返回 table_array 第二列中的数值,以此类推。若 col_index_num 小于 1,返回错误值值 #VALUE!;若 col_index_num 大于 table_array 的列数,返回错误值 #REF!。 range_lookup:一逻辑值,指明函数返回时是精确匹配还是近似匹配。若为 TRUE 或省略,则返回近似匹配值,也就是说,若找不到精确匹配值,则返回小于 lookup_value 的最大数值;若 range_value 为 FALSE,将返回精确匹配值。若找不到,则返回错误值 #N/A		

J.5 文本函数

名称	语法	作用	参数	备注
asc	asc(text)	对于双字节字符集(dbcs)语言,将全角(双字节)英文字符更改为半角(单字节)字符	text:文本或对包含要更改文本的单元格的引用。若文本中不包含任何全角英文字母,则文本不会被修改	
code	code(text)	计算文本字符串中第一个字符的数字代码	text:需要得到其第一个字符代码的文本	
concatenate	concatenate (text1, text2,...)	将几个文本字符串合并为一个文本字符串	text1,text2,...:1 到 30 个将要合并成单个文本项的文本项。这些文本项可以为文本字符串、数字或对单个单元格的引用	也可以用 &(和号)运算符代替函数 concatenate 实现文本项的合并
exact	exact(text1,text2)	该函数测试两个字符串是否完全相同。若它们完全相同,则计算 TRUE;否则,计算 FALSE。函数 exact 能区分大小写,但忽略格式上的差异	text1:待比较的第一个字符串 text2:待比较的第二个字符串	

表(续)

名称	语法	作用	参数	备注
find	find(find_text,within_text,start_num)	用于查找其他文本字符串(within_text)内的文本字符串(find_text),并从 within_text 的首字符开始计算 find_text 的起始位置编号	find_text:要查找的文本。 within_text:包含要查找文本的文本。 start_num:指定开始进行查找的字符。within_text 中的首字符是编号为 1 的字符。若忽略 start_num,则假设其为 1。 若 find_text 是空文本(""),则 find 会匹配搜索串中的首字符(即:编号为 start_num 或 1 的字符)。 find_text 中不能包含通配符。 若 within_text 中没有 find_text,则计算错误值#value!。 若 start_num 不大于 0,则计算错误值#value!。 若 start_num 大于 within_text 的长度,则计算错误值#value!	也可使用 search 查找其他文本字符串中的某个文本字符串,但是 find 和 search 不同,find 区分大小写并且不允许使用通配符
left	left(text,num_chars)	基于所指定的字符数计算文本字符串中的第一个或前几个字符	text:包含要提取字符的文本字符串。 num_chars:指定要由 left 所提取的字符数。 num_chars:必须大于或等于 0。 若 num_chars 大于文本长度,则 left 计算所有文本。 若省略 num_chars,则假定其为 1	
len	len(text)	计算文本字符串中的字符数	text:要查找其长度的文本。空格将作为字符进行计数	
lower	lower(text)	将一个文本字符串中的所有大写字母转换为小写字母	text:要转换为小写字母的文本。函数 lower 不改变文本中的非字母的字符	
mid	mid(text,start_num,num_chars)	mid 计算文本字符串中从指定位置开始的特定数目的字符,该数目由用户指定	text:包含要提取字符的文本字符串。 ttart_num:文本中要提取的第一个字符的位置。文本中第一个字符的 start_num 为 1,以此类推。 num_chars:指定希望 mid 从文本中计算字符的个数。 若 start_num 大于文本长度,则 mid 计算空文本("")。 若 start_num 小于文本长度,但 start_num 加上 num_chars 超过了文本的长度,则 mid 只计算至多直到文本末尾的字符。 若 start_num 小于 1,则 mid 计算错误值#value!。 若 num_chars 是负数,则 mid 计算错误值#value!	

表(续)

名称	语　法	作　用	参　数	备　注
replace	replace(old_text,start_num,num_chars,new_text)	使用其他文本字符串并根据所指定的字符数替换某文本字符串中的部分文本	old_text:要替换其部分字符的文本。 start_num:要用 new_text 替换的 old_text 中字符的位置。 num_chars:希望 replace 使用 new_text 替换 old_text 中字符的个数。 new_text:要用于替换 old_text 中字符的文本	
rept	rept(text,number_times)	按照给定的次数重复显示文本	text:需要重复显示的文本。 若 number_times 为 0,则 rept 计算""(空文本)。若 number_times 不是整数,则将被截尾取整	可以通过函数 rept 来不断地重复显示某一文本字符串,对单元格进行填充。 函数的结果不能大于 32,767 个字符,否则,将返回错误值＃value!
right	right(text,num_chars)	根据所指定的字符数计算文本字符串中最后一个或多个字符	text:包含要提取字符的文本字符串。 num_chars:指定希望 right 提取的字符数。num_chars 必须大于或等于 0。若 num_chars 大于文本长度,则 right 计算所有文本。若忽略 num_chars,则假定其为 1	
search	search(find_text,within_text,start_num)	计算从 start_num 开始首次找到特定字符或文本字符串的位置上特定字符的编号	find_text:要查找的文本。可以在 find_text 中使用通配符,包括问号(?)和星号(*)。问号可匹配任意的单个字符,星号可匹配任意一串字符。若要查找真正的问号或星号,请在该字符前键入波形符(～)。若没有找到 find_text,则计算错误值＃value!。 within_text:要在其中查找 find_text 的文本。 start_num:within_text 中开始查找的字符的编号。若忽略 start_num,则假定其为 1。若 start_num 不大于 0(零)或大于 within_text,则计算错误值＃value!	使用 search 可确定字符或文本字符串在其他文本字符串中的位置,这样就可使用 mid 或 replace 函数更改文本。 search 在查找文本时不区分大小写。 search 类似于 find,但 find 区分大小写
substitue	substitute(text,old_text,new_text,instance_num)	在文本字符串中用 new_text 替代 old_text	text:需要替换其中字符的文本,或对含有文本的单元格的引用。 old_text:需要替换的旧文本。 new_text:用于替换 old_text 的文本。 instance_num:数值,指定以 new_text 替换第几次出现的 old_text。若指定了 instance_num,则只有满足要求的 old_text 被替换;否则将用 new_text 替换 text 中出现的所有 old_text	若需要在某一文本字符串中替换指定的文本,应使用函数 substitute;若需要在某一文本字符串中替换指定位置处的任意文本,应使用函数 replace

表(续)

名称	语　法	作　用	参　数	备　注
text	text (value, format _ text)	将数值转换为按指定数字格式表示的文本	value:数值、计算结果为数字值的公式,或对包含数字值的单元格的引用。 format_text:指定的数字格式。不能包含星号(*)	使用本函数可以将数值转换为带格式的文本,而其结果将不再作为数字参与计算
trim	trim(text)	除了单词之间的单个空格外,清除文本中所有的空格	text:需要清除其中空格的文本	
upper	upper(text)	将文本转换为大写文本	text:需要转换成大写形式的文本。text 可以为引用或文本字符串	
value	value(text)	将代表数字的文本字符串转换成数字	text:带引号的文本,或对需要进行文本转换的单元格的引用。text 可以是可识别的任意常数、日期或时间格式。若 text 不为这些格式,则函数 value 计算错误值＃value!	

J.6　逻辑函数

名称	语　法	作　用	参　数	返　回　值	备　注
and	and (logical1, logical2,...)	返回逻辑“与”的结果	logical1,logical2,...:待检测的 1 到 30 个条件值,各条件值可为 TRUE 或 FALSE	所有参数的逻辑值为真时,返回 TRUE;只要一个参数的逻辑值为假,即返回 FALSE	参数必须是逻辑值 TRUE 或 FALSE,或者包含逻辑值的数组或引用。若数组或引用参数中包含文本或空白单元格,则这些值将被忽略。若指定的单元格区域内包括非逻辑值,则 and 将返回错误值＃VALUE!
FALSE	FALSE()	返回逻辑值 FALSE		返回逻辑值 FALSE	
if	if(logical_test, value_if_TRUE, value_if_FALSE)	执行真假值判断	logical_test:结果为 TRUE 或 FALSE 的任意值或表达式	根据条件返回 TRUE 或 FALSE	可以使用该函数对数值和公式进行条件检测。函数 if 可以嵌套七层,用 value_if_FALSE 及 value_if_TRUE 参数可以构造复杂的检测条件

表(续)

名称	语法	作用	参数	返回值	备注
not	not(logical)	对参数值求反	logical:一个可以计算出 TRUE 或 FALSE 的逻辑值或逻辑表达式	与参数值相反的值	当要确保一个值不等于某一特定值时,可以使用该函数。 若逻辑值为 FALSE,函数返回 TRUE;若逻辑值为 TRUE,返回 FALSE
or	or(logical1,logical2,...)	返回逻辑"或"的结果	logical1,logical2,...:需要进行检验的 1 到 30 个条件表达式	在其参数组中,任何一个参数逻辑值为 TRUE,即返回 TRUE;所有参数的逻辑值为 FALSE,才返回 FALSE	
TRUE	TRUE()	返回逻辑值 TRUE		返回逻辑值 TRUE	

J.7 信息函数

名称	语法	作用	参数	返回值	备注
isblank	isblank(value)	检验值是否为空白单元格	value:需要进行检验的数值	若值为空白单元格,返回 TRUE,否则返回 FALSE	
iserr	iserr(value)	检验值是否为任意错误值	value:需要进行检验的数值	若值为任意错误值(除去#N/A,返回 TRUE,否则返回 FALSE	
iserror	iserror(value)	检验值是否为任意错误值	value:需要进行检验的数值	若值为任意错误值(#N/A、#VALUE!、#REF!、#DIV/0!、#NUM!、#NAME?或#NULL!),返回 TRUE,否则返回 FALSE	
islogical	islogical(value)	检验值是否为逻辑值	value:需要进行检验的数值	若值为逻辑值,返回 TRUE,否则返回 FALSE	

表(续)

名称	语法	作用	参数	返回值	备注
isna	isna(value)	检验值是否为错误值＃n/a	value:需要进行检验的数值	若值为错误值＃N/A(值不存在),返回 TRUE,否则返回 FALSE	
isnontext	isnontext(value)	检验值是否为不是文本的任意项	value:需要进行检验的数值	若值为不是文本的任意项,返回 TRUE,否则返回 FALSE	注意此函数在值为空白单元格时返回 TRUE
isnumber	isnumber(value)	检验值是否为数字	value:需要进行检验的数值	若值为数字,返回 TRUE,否则返回 FALSE	
isref	isref(value)	检验值是否为引用	value:需要进行检验的数值	若值为引用,返回 TRUE,否则返回 FALSE	
istext	istext(value)	检验值是否为文本	value:需要进行检验的数值	若值为文本,返回 TRUE,否则返回 FALSE	
errorType	errorType (error _ val)	用文本字符串来表示检测的错误值	error_val:需要得到其标号的一个错误值。可以为:＃NULL!、＃DIV/0!、＃VALUE!、＃REF!、＃NAME?、＃NUM!、＃N/A 或其他值	用文本字符串表示的错误信息	尽管 error_val 可以为实际的错误值,但它通常为一个单元格引用,而此单元格中包含需要检测的公式
iseven	iseven(number)	判断数值是否为偶数	number:待测试的数值	若 number 为偶数,返回 TRUE,否则返回 FALSE。 若参数值不是整数,则截尾取整	若参数 number 为非数值型,函数 iseven 返回错误值＃VALUE!
isodd	isodd(number)	判断数值是否为奇数	number:待测试的数值	若 number 为奇数,返回 TRUE,否则返回 FALSE。 若参数值不是整数,则截尾取整	若参数 number 不是数值型,则返回错误值＃VALUE!
n	n(value)	获得转化为数值后的值	value:要转化的值。可转化的值包括:数字、日期、TRUE、FALSE、错误值或其他值	返回转化为数值后的值	

表(续)

名称	语法	作用	参数	返回值	备注
na	na()	计算错误值＃n/a		返回错误值	错误值＃n/a表示“无法得到有效值”。请使用na标志空白单元格。在没有内容的单元格中输入＃n/a,可以避免不小心将空白单元格计算在内而产生的问题(当公式引用到含有＃n/a的单元格时,会计算错误值＃n/a)
type	type(value)	获得数值的类型	value:可以为任意数值,如数字、文本以及逻辑值误差值和数组等等	返回数值的类型	当某一个函数的计算结果取决于特定单元格中数值的类型时,可使用该函数。可以使用该函数来查找函数或公式所计算的数据是何种类型,或用来确定单元格中是否含有公式

附　录　K
（资料性附录）
可能涉及的专利清单

编号	专利名称	申请号	法律状态	专利权人	国家	声明日期
1	计算机文件的智能压缩和解压缩方法	ZL01124158.6	已授权	北京九州软件有限公司	中国	2005/10/10
2	计算机文档的存储及解析方法	200410091557.7	初审合格	北京九州软件有限公司 中国电子技术标准化研究所 北京信息工程学院 中国科学院软件研究所	中国	2005/10/10
3	电子文档数据处理编辑器及电子文档数据编辑控制的方法	200510007719.9	实质审查	中国电子技术标准化研究所 北京信息工程学院	中国	2005/10/20
4	一种 XML 文档处理方法	200510007472.0	实质审查	中国电子技术标准化研究所 北京信息工程学院	中国	2005/10/20
5	同时满足格式和内容分离与混排需求的文档记录方法	200410030997.1	初审合格	中国电子技术标准化研究所	中国	2005/10/20
6	不同语种 XML 文档转换的方法	200410062398.8	初审合格	中国电子技术标准化研究所	中国	2005/10/20

参 考 文 献

[1] W3C REC-xmlschema-0-20010502 XML Schema 第零部分:简介. http://www. w3. org/TR/xmlschema-0/

[2] W3C REC-xmlschema-1-20010502 XML Schema 第一部分:结构. http://www. w3. org/TR/xmlschema-1/

[3] W3C REC-xmlschema-2-20010502 XML Schema 第二部分:数据类型. http://www. w3. org/TR/xmlschema-2/

[4] W3C REC-xml-names-19990114 XML 命名空间. http://www. w3. org/TR/REC-xml-names/

[5] W3C REC-xslt-19991116 可扩展式样语言转换 1.0. http://www. w3. org/TR/xslt

[6] W3C REC-SVG11-20030114 可伸缩矢量图形(SVG) 1.0. http://www. w3. org/TR/SVG/

[7] W3C REC-xslt-19991116 XSL 转换(XSLT) 1.0. http://www. w3. org/TR/xslt

[8] W3C REC-xpath-19991116 XML 路径语言(XPath) 1.0. http://www. w3. org/TR/xpath

[9] W3C REC-xlink-20010627 XML 链接语言(XLink) 1.0. http://www. w3. org/TR/xlink/

[10] W3C REC-xsl-20011015 可扩展的样式表语言(XSL) 1.0. http://www. w3. org/TR/2001/REC-xsl-20011015/